湖北省烟草科学研究院
中国烟草白肋烟试验站

白肋烟杂种优势利用与品质改良

主编 ◎ 曹景林

中国 · 武汉

内 容 简 介

《白肋烟杂种优势利用与品质改良》是对湖北省烟草科学研究院多年来的白肋烟新品种选育和品质改良研究工作的系统性总结。本书以湖北省烟草科学研究院获得的省政府科技成果"湖北省白肋烟系列品种选育、品质改良及生产配套技术创新"为基础，进行补充和完善，主要论述了白肋烟杂种优势利用的途径和方法、烟叶品质改良方法以及种子生产新技术。本书文字简洁，内容丰富，资料翔实，可供烟草育种、农业科研和生产技术人员阅读参考。

图书在版编目(CIP)数据

白肋烟杂种优势利用与品质改良/曹景林主编. —武汉：华中科技大学出版社，2022.5
ISBN 978-7-5680-8190-0

Ⅰ. ①白… Ⅱ. ①曹… Ⅲ. ①烟草-杂种优势-品种改良-研究 Ⅳ. ①S572.33

中国版本图书馆 CIP 数据核字(2022)第 077195 号

白肋烟杂种优势利用与品质改良 曹景林 主编

Baileiyan Zazhong Youshi Liyong yu Pinzhi Gailiang

策划编辑：曾 光
责任编辑：郭星星
封面设计：孢 子
责任监印：徐 露
出版发行：华中科技大学出版社(中国·武汉) 电话：(027)81321913
武汉市东湖新技术开发区华工科技园 邮编：430223
录 排：华中科技大学惠友文印中心
印 刷：武汉市洪林印务有限公司
开 本：787mm×1092mm 1/16
印 张：21.5
字 数：534 千字
版 次：2022 年 5 月第 1 版第 1 次印刷
定 价：98.00 元

编　委　会

主任委员： 杨春雷

副主任委员： 李进平　吴自友

委　　员：（以姓氏笔画为序）

王　毅　李亚培　李进平　李宗平　杨春雷
吴成林　吴自友　张俊杰　黄文昌　曹景林
程君奇

主　　编： 曹景林

副 主 编： 李宗平　程君奇

编写人员：（以姓氏笔画为序）

王　毅　李亚培　李宗平　吴成林　张俊杰
黄文昌　曹景林　程君奇

审　　校： 李宗平　吴成林　程君奇

前　言

烟草育种学是研究选育烟草优良品种的理论与方法的一门科学。其基本任务是运用遗传学以及其他有关学科的理论和技术，对烟草的遗传组成进行有效改良，以培育新的优良品种。

湖北白肋烟育种工作始于20世纪70年代初，是在美国早期育成品种的基础上发展起来的。湖北白肋烟种植初期，栽培品种均为从美国引进的优质品种，主要是易感黑胫病品种Burley 21和中抗黑胫病品种Burley 37。由于烟草黑胫病的危害日益严重，湖北省建始县白肋烟试验站以Burley 21为母本、Burley 37为父本，配制杂交组合，经过鉴定比较，于1976年育成中国第一个白肋烟品种——鄂烟1号，开启了中国白肋烟育种工作的先河。在1986—1995年持续引进的19个美国白肋烟品种的基础上，1997年以来，湖北又培育出了鄂烟2号、鄂烟3号、鄂烟4号、鄂烟5号、鄂烟6号、鄂烟101、鄂烟209、鄂烟211、鄂烟213、鄂烟215、鄂烟216、鹤峰大五号等白肋烟品种，为稳定和发展湖北乃至中国白肋烟产业提供了丰富的品种基础，这些白肋烟品种的选育手段主要就是杂种优势利用。湖北省烟草科学研究院在白肋烟杂种优势利用上能够取得如此巨大的成功，主要归因于对白肋烟主要育种目标性状的深入研究和对种质资源的有效利用。多年来，湖北省烟草科学研究院在广泛搜集、鉴定白肋烟种质资源的基础上，采用多个遗传设计和技术手段，系统探讨了白肋烟品种主要性状的遗传特性，为白肋烟杂种优势利用亲本选配提供了有效的理论支撑。进入21世纪以后，湖北省烟草科学研究院把白肋烟烟碱转化性状改良提上了日程，系统地研究了白肋烟烟碱转化率的遗传和选择效应，提出了培育低烟碱转化率品种的有效方法，并采用连续定向选择方法，对鄂烟1号、鄂烟3号、鄂烟4号、鄂烟5号、鄂烟6号、鄂烟209、鄂烟211等鄂烟系列白肋烟杂交种的亲本进行了烟碱转化性状改造，同时培育出了烟碱转化改良品种鄂烟1号LC和鄂烟3号LC，已在湖北白肋烟生产上得到广泛应用。

2020年，湖北省烟草科学研究院对十余年来白肋烟育种工作进行了高度归纳和总结，形成科技成果"湖北省白肋烟系列品种选育、品质改良及生产配套技术创新"，并获得湖北省科技进步奖三等奖。《白肋烟杂种优势利用与品质改良》就是在科技成果"湖北省白肋烟系列品种选育、品质改良及生产配套技术创新"基础上扩编而成的，补充和完善了相关基础理论研究内容，是对湖北省烟草科学研究院多年来的白肋烟新品种选育和品质改良研究工作的系统性总结。本书主要论述了白肋烟杂种优势利用途径和方法、烟叶品质改良方法以及种子生产新技术等，反映了湖北省烟草科学研究院在白肋烟育种和品质改良方面的最新成就。由于作者知识和技术水平有限，书中难免有疏漏和错误之处，敬请读者不吝指正。

在本书编写过程中，得到了湖北省烟草科学研究院李进平院长、杨春雷院长、王昌军副院长和吴自友副院长，以及湖北省烟草公司科技处李金海处长和李青成处长的大力支持。湖北省烟草科学研究院良种繁育中心、晾晒烟试验基地等也为书稿提供了许多宝贵资料，烟草育种工程研究中心有关同志协助资料整理，他们的工作使本书臻于完善，在此谨致衷心的感谢。

编　者

2021 年 10 月

目　　录

第一章　绪　论

第一节　白肋烟的起源与发展

一、烟草的传播与发展

烟草(*Nicotiana tabacum*)在植物分类学上属于双子叶植物纲(Dicotyledoneae)管花目(Tubiflorae)茄科(Solanaceae)烟草属(*Nicotiana*)。烟属大多数是草本植物,少数是灌木或乔木状,多数为一年生的,也有多年生的,主茎高度从十余厘米到数百厘米,单叶互生,有的品种有叶柄,有的品种无叶柄,叶形主要有椭圆、卵圆、披针、心形几种。烟草种间植株差异较大,但大多都能产生一种特有的植物碱,即烟碱。1561年,法国驻葡萄牙大使 Jean Nicot 将烟草种子带回法国,精心栽培在自己的花园里,人们为了纪念 Jean Nicot,将烟草碱称为 Nicotine。1753年,植物学家 Carolus Linnaeus 把烟草属的学名定为 *Nicotiana*。一般将烟草属分为3个亚属,即普通烟草亚属(*N. Tabacum*)、黄花烟草亚属(*N. Rustica*)和碧冬烟草亚属(*N. Petunioides*)。目前已发现烟草属有76个种,但栽培烟草只有普通烟草(*Nicotiana tabacum* L.)和黄花烟草(*Nicotiana rustica* L.)两个种,其他为野生种。普通烟草又叫红花烟草,是一年生或两、三年生草本植物,一般适宜种植在较温暖地区;黄花烟草是一年生或两年生草本植物,耐寒能力较强,适宜于低温地区种植。国内外栽培的烟草主要是普通烟草种,仅有零星地区栽培黄花烟草种。

相关烟草资源的考察证明,烟草起源于美洲、大洋洲及南太平洋的某些岛屿,其中普通烟草种和黄花烟草种都起源于南美洲的安第斯山脉。野生烟中有45个种分布在北美洲(8个种)和南美洲(37个种),15个种分布在大洋洲,20世纪60年代,又在非洲西南部发现了1个新野生种 *N. africana*。之后半个多世纪的时间,一些研究者相继发现许多新种,其中8个烟草自然种得到普遍认可:*N. burbidgeae*、*N. wuttkei*、*N. heterantha*、*N. truncata*、*N. mutabilis*、*N. azambujae*、*N. paa*、*N. cutleri*。从烟草属植物分布上看,原产于南美洲的烟草属种最多,既有黄花烟草种、普通烟草种,又有碧冬烟草种,而原产于北美洲、澳大利亚和非洲的都属于碧冬烟草亚属;从烟草属植物分类上看,南美洲的烟草属植物分布于三个亚属中,类型最丰富。因此,烟草起源于南美洲的学说最为研究者所认同。

据考古学证据,早在3500年前,南美洲土著居民就已经有了种植和吸食烟草的行为。当地居民最初使用烟草是因为烟草具有解乏提神、镇静止痛和防虫蛇咬伤的重要作用。

自从1492年哥伦布发现美洲新大陆之后，烟草作为一种“药草”被传入欧洲，因其神奇的疗效作用，迅速受到上流社会青睐，被视为治疗百病的灵丹妙药。而烟草作为一种嗜好品，则归因于烟草本身具有令人兴奋的麻醉作用，会让人形成一种强烈的依赖性。因此，自从航海去美洲的水手将烟草种子带回欧洲后，吸食烟草便风靡全球，成为人们的一种消遣、娱乐活动。目前，烟草在世界上分布很广，从北纬60°到南纬45°，从低于海平面的盆地到海拔2500 m的高原和山地都有烟草分布。烟草传入中国大约是在16世纪中叶，最开始传入的是晒晾烟，距今已有400多年的种植历史。接着传入的是黄花烟，距今有200多年的历史。其他类型烟草传入中国的时间较晚，烤烟于20世纪初引进，香料烟于20世纪40年代引进，白肋烟于20世纪60年代引进。现在我国南起海南岛，北至黑龙江，东起黄海之滨，西至新疆伊犁，甚至在西藏海拔3000多米的高山上均有烟草种植，种植区域星罗棋布。

烟草作为一种特殊的消费品，催生了烟草种植业，促进了烟草贸易的发展，现已成为一种高利润的经济作物。目前，烟草作为卷烟制品的主要原料，在世界上有120多个国家和地区种植，遍布亚洲、南美洲、北美洲、非洲及东欧的广大地区。近十几年来，世界烟叶总年产量基本保持稳定(见图1-1)，据统计，目前世界烟草种植面积约5000万亩(1亩＝666.67平方米)，烟叶总年产量约540万吨。其中，中国的烟草种植面积和产量均居世界首位，烟草产量占世界的1/3左右，是全球烟草生产和消费第一大国。当前，烟叶生产在中国国民经济中占有举足轻重的地位，尤其是在边远山区的精准扶贫、容纳劳动力就业和新农村建设中发挥着重要的作用。

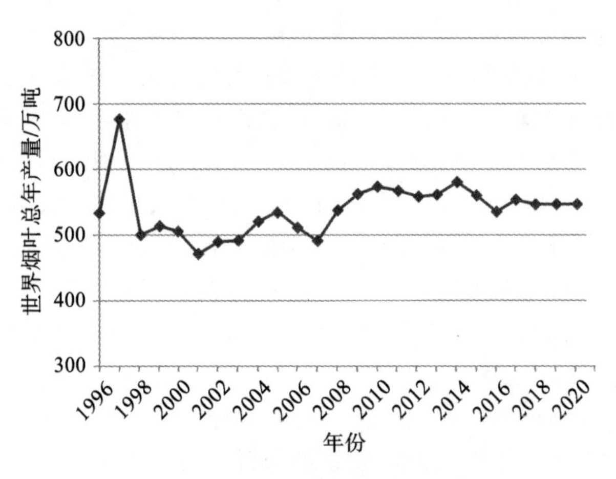

图1-1　1996—2020年世界烟叶总年产量变化

二、白肋烟的起源

普通烟草因调制方法、种源、地区、栽培措施和使用要求不同而形成多种类型，包括烤烟、白肋烟、马里兰烟、雪茄烟、熏烟、香料烟、晒红烟、晒黄烟等类型。其中，白肋烟属于淡色晾烟，是深色晾烟马里兰烟品种的一个突变种。1864年，在美国俄亥俄州布朗县的一个农场的马里兰阔叶烟苗床里初次发现了叶绿素缺陷的突变烟株，后经专门种植证明其具有特殊使用价值，因而发展成为烟草的一个新类型，其名字由原名Burley的音译兼意译而得。

白肋烟的特点是茎秆和叶脉为乳白色，主脉较粗，叶片为黄绿色，叶绿素含量约为其他正常绿色烟的1/3。田间表现为叶片成熟集中，适宜整株或半整株晾制，调制方法是挂在晾棚或晾房内晾干。晾制后的白肋烟，叶片大而薄，烟叶颜色多为浅红棕、浅红黄，叶片结构疏松，弹性强，填充性高，阴燃保火力强，并有良好的吸收能力，容易吸收卷制时的加料(在相同的条件下，白肋烟吸收加料在40%以上，烤烟为10%～20%，晒烟为20%～30%)。白肋烟烟叶中烟碱、总氮、蛋白质含量均较高，含糖量较低。白肋烟香气特殊，劲头大，具有调节香气和吃味的作用，是构成混合型卷烟独特风格不可缺少的原料。

白肋烟目前在全世界广泛种植，主要分布在美洲、亚洲、欧洲、非洲，生产白肋烟的国家近60个，主要种植国家有美国、巴西、马拉维、意大利、西班牙、阿根廷、莫桑比克、泰国、中国、赞比亚等。20世纪以来，世界白肋烟年产量呈上升趋势，60年代世界年产量超过30万吨，70年代世界年产量超过40万吨，80年代世界年产量超过60万吨，90年代世界年产量超过75万吨，到1997年世界年产量达到最高值，为93.7万吨。随后，虽然白肋烟年产量有所波动，但总体趋势是下降的，直到近几年，年产量才基本稳定在55万吨左右，约占世界烟叶总年产量的10%(见图1-2)。

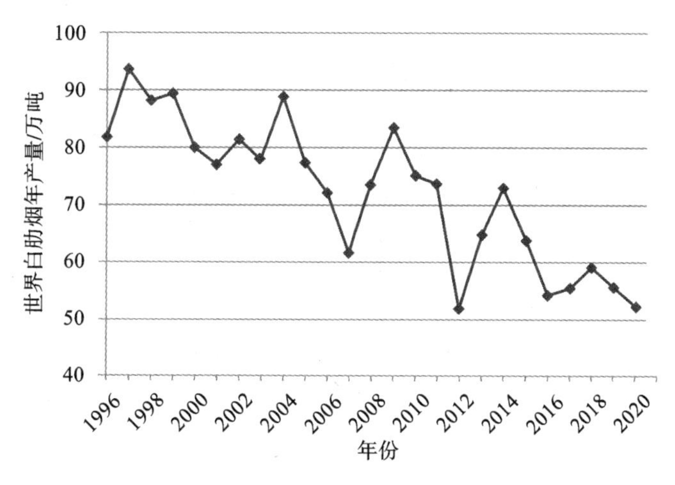

图1-2　1996—2020年世界白肋烟年产量变化

美国是世界上生产白肋烟最多的国家，其白肋烟年产量在1955—1959年期间占世界白肋烟总产量的81%，随后呈下降趋势，到21世纪初白肋烟年产量仅占世界白肋烟总产量的13.6%～16.7%，2017—2019年，美国白肋烟年产量在4.5万吨左右，占世界白肋烟总产量的7.6%～8.2%。巴西白肋烟生产发展较快，1966年年产量为2.7万吨，至2005年年产量达13.7万吨，占世界白肋烟总产量的17.2%，超过美国，成为白肋烟产量的第一位。随后，巴西白肋烟年产量有所下滑，2017—2019年，年产量在6万吨左右，仍比美国多33%左右。马拉维种植白肋烟的历史较长，至2005年白肋烟年产量达11.9万吨，占世界白肋烟总产量的14.9%，也超过美国，占白肋烟产量的第二位，目前已成为全球最大的白肋烟生产国。目前白肋烟年产量较大的国家还有意大利、西班牙、阿根廷等国家。

三、中国白肋烟生产的现状

中国白肋烟生产起步较晚，20世纪60年代才开始引进种植，60年代在湖北省首先试种成功。在总结试种经验的基础上，种植区域逐步转移至湖北省恩施土家族苗族自治州，同时逐步扩大至四川省达州、重庆市万州等地。至 70 年代形成鄂西、川东、渝东白肋烟生产基地，之后在云南省宾川县、湖南省湘西土家族苗族自治州、贵州省松桃苗族自治县等地也试种成功。由于优胜劣汰，至 21 世纪初，中国白肋烟种植区域主要集中在湖北省西南部，其次是重庆、四川、云南等省（市），年种植面积约 2.6 万 hm^2（1 hm^2 = 10 000 m^2），年产量在 4.5 万吨左右。随着中国白肋烟生产技术的不断改进，烟叶品质也不断提高，湖北、四川、重庆等省（市）生产的白肋烟每年都有一定的出口量。但是，到 2005 年以后，国内外市场对中国白肋烟需求量减少，致使中国白肋烟种植面积下滑，年产量降低到 2.3 万吨，仅占世界白肋烟总产量的 2.9%。其中，湖北省成为全国白肋烟种植面积最大的省份，年种植面积约 1 万 hm^2，占全国年种植面积的 60%，主要分布在湖北省西南部的建始县、恩施市、鹤峰县、巴东县、五峰县、长阳县，年产量 1.5 万吨左右。到 2012 年以后，中国白肋烟种植面积再次急剧萎缩，仅余湖北一省种植白肋烟，种植面积一度降到 0.2 万 hm^2 以下。到 2019 年以后，湖北省白肋烟种植面积有所回升，四川、重庆等省（市）白肋烟生产也开始逐渐恢复。目前，中国白肋烟种植面积在 0.5 万 hm^2 左右，年产量 0.8 万吨左右。

第二节　品种在白肋烟生产中的作用

一、烟叶品质是白肋烟烟叶生产持续发展的关键

白肋烟是混合型卷烟的必备原料，但不是唯一的原料。为了在保证烟草特有香味的同时提高吸食的安全性，混合型卷烟所使用原料的范围不断扩大，不仅有白肋烟，还有烤烟、晒烟、香料烟，甚至还包括烟草薄片。为了适应中国广大消费者的吸食需求习惯，中式混合型卷烟相比于国际混合型卷烟，其配方中的白肋烟占比更低，因而对白肋烟的需求量不高，甚至会愈来愈少。由于受到国际市场价格和国内成本的双重影响，自 2013 年以来，国际大卷烟制造商对中国白肋烟的采购量整体呈萎缩趋势，而且受《世界卫生组织烟草控制框架公约》的影响，全球白肋烟需求将继续下滑。可见，白肋烟烟叶原料市场的竞争日益加剧，中国白肋烟烟叶生产仍将面临较大困境。中国白肋烟烟叶生产若要持续发展，则必须提高烟叶的市场竞争力，而提高市场竞争力的关键是提高烟叶品质。优质优价或者质优价廉，才能在激烈的市场竞争中立于不败之地。

白肋烟烟叶作为混合型卷烟生产的必备原料之一，其质量直接影响着混合型卷烟的吸食品质。目前中国白肋烟质量与国外相比存在较大差距。一是烟叶感官质量较差。国产白肋烟与进口白肋烟，尤其是与美国白肋烟相比，特征香气不够明显、香气量少、烟气粗糙且不丰满、成团性差、劲头偏大、呛刺感强，从而导致混合型卷烟香味不足、烟气单薄欠醇厚、口感较差。二是烟叶内化学成分不协调。烟叶的感官质量取决于烟叶的化学成分。与白肋烟感官质量相关的化学成分很多，影响最大的是总氮与烟碱的比值。调制得当的白肋烟很少有糖分，因此用总糖与烟碱的比值来评价烟叶的感官质量并不适用于白肋烟。对于白肋烟而言，总氮与烟碱较合适的比值范围为 1～2，过低则香味不足、烟气欠丰满、成团性差、刺激性大；过高则香气质较差、强度较弱、余味欠舒适。测试结果（见表 1-1）表明，国产白肋烟的烟

叶总氮含量与美国白肋烟相当，但烟碱含量明显较高，为美国白肋烟的1.5～2倍；美国白肋烟的总氮与烟碱比值正好介于1与2之间，而国产白肋烟的总氮与烟碱比值小于1，甚至不足0.5，氮碱比严重失调。此外，国产白肋烟非挥发性有机酸含量与进口白肋烟也有显著差异。白肋烟烟叶中非挥发性有机酸以柠檬酸、苹果酸、草酸为主，所占总质量分数达10%以上。测试结果(见图1-3)表明，国产白肋烟非挥发性有机酸(如苹果酸和柠檬酸)的含量远远高于进口白肋烟。可见，国产白肋烟特征香气不足、烟气欠丰满、成团性差等缺陷与其化学成分不协调有着必然的联系。过高含量的烟碱和非挥发性有机酸，可能是导致国产白肋烟吸食品质较差的因素之一，它们的燃烧产物可能掩盖或严重干扰香味成分在烟气中的作用，并产生过高的劲头和较大的刺激性。三是烟叶中烟草特有N-亚硝胺(Tobacco specific N-nitrosamines，TSNA)含量偏高。TSNA是烟草中存在的一种有害物质，主要组分包括N-亚硝基降烟碱(N-nitroso-nornicotine，NNN)、N-亚硝基新烟碱(N-nitroso anatabine，NAT)、N-亚硝基假木贼碱(N-nitrosoanabasine，NAB)和4-(N-甲基亚硝氨基)-1-(3-吡啶基)-1-丁酮[4-(methylni-trosamlno)-1-(3-pyridyl)-1-butanone，NNK]。在烟株群体中，正常情况下烟叶化学成分以烟碱为主，但一些烟株会因为基因突变而使烟碱发生转化形成降烟碱，而烟碱向降烟碱转化是导致烟叶中TSNA含量增高的主要因素之一。美国白肋烟烟叶中降烟碱占总生物碱的比例不超过6%，而中国白肋烟烟叶中降烟碱占总生物碱的比例一般为30%～40%，为美国白肋烟的5～6倍，进而导致烟叶中TSNA含量偏高，同时也严重影响了烟叶吸食品质，致使吸食时鼠臭味明显。综上可见，中国白肋烟烟叶品质与国际上优质白肋烟相比，仍有很大的提升空间，应想方设法提高白肋烟品质，这是中国白肋烟烟叶生产能否持续发展的关键所在。

表1-1 国内外白肋烟化学成分比较

年份	地区	部位或等级	总糖/(%)	总氮/(%)	烟碱/(%)	氮/碱	Cl/(%)	K_2O/(%)
1996	美国	196T	0.25	3.79	3.12	1.21	0.35	4.69
	美国	196K	0.28	3.08	2.98	1.03	0.58	5.00
	津巴布韦	7ZBH0	0.39	2.29	1.76	1.30	0.20	5.71
	津巴布韦	7ZBH1	0.33	2.97	1.82	1.63	0.34	4.78
	马拉维	混合	0.55	2.60	1.16	2.28	0.26	5.92
	湖北	中部	0.86	2.54	6.63	0.38	0.38	3.38
2012	美国	上部	0.51	3.63	3.96	0.92	0.62	2.75
	马拉维	上部	0.73	3.09	2.86	1.08	0.53	3.16
	湖北	上部	0.51	3.50	4.92	0.72	0.60	3.25
	美国	中部	0.73	3.30	3.41	0.98	0.47	3.04
	马拉维	中部	0.97	2.81	2.73	1.03	0.60	4.40
	湖北	中部	0.63	3.17	4.14	0.77	0.48	3.63

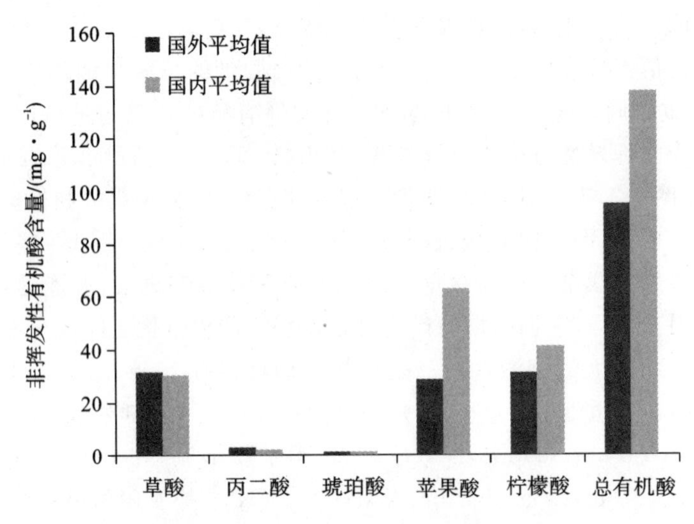

图 1-3　国内外白肋烟非挥发性有机酸的含量对比

二、白肋烟烟叶品质的构成要素及影响因子

白肋烟是混合型卷烟的重要原料之一，也是中国的重要经济作物。白肋烟烟叶品质的优劣不仅决定着卷烟产品的香味、吃味和风格，而且直接涉及烟农植烟效益的好坏。烟叶品质的概念是卷烟工业在针对消费群体开发产品的过程中逐渐形成的，包括外观品质、物理特性、化学成分和吸食品质 4 个基本要素（见图 1-4）。近年来随着吸烟与健康问题的提出，烟叶安全性也纳入了烟叶品质的范畴，包括农残、生物和异味污染、重金属、焦油等。白肋烟作为混合型卷烟的必备原料是有主料和填充料之别的，二者有不同的质量特点。主料烟叶是卷烟香气、吃味的主要赋予者，应具有典型的白肋烟香型风味，香气浓郁，化学成分协调，总糖质量分数在 1%以下，烟碱质量分数以 2%～4%为宜，总氮含量接近烟碱含量，在外观表现上烟叶颜色呈近红黄至红黄，叶片结构疏松，厚薄适中，叶面舒展。填充料烟对烟叶的香气、吃味没有过分的要求，但必须颜色正，厚薄适中，燃烧性强，填充值高，没有不良的异味，配伍性要好，烟碱质量分数为 1.0%～2.5%。由于不同国家、不同厂家的卷烟风格特点不尽相同，因而对原料各自都有不同的要求，甚至同一厂商在不同时期、不同情况下对原料的要求也不尽相同。由此看来，白肋烟烟叶品质的目标并不是唯一的，而是具有时间性、对应性和区域性的。因此，对某地白肋烟品质的评价，除考虑图 1-4 中标明的烟叶品质构成的基本要素外，还要考虑卷烟工业用户对烟叶品质的具体诉求。

烟叶品质也被认为是烟叶的可用性。可用性是对烟叶品质概念进一步的全面评价。它既包含卷烟工业用户对烟叶品质的共性要求，又包含卷烟工业用户对烟叶品质的个性或特殊要求。烟叶的可用性就是烟叶本身的特征满足用户需求的程度。对用户来说，烟叶的可用性比烟叶品质概念更具体，更有针对性，更能反映烟叶的使用价值。它包括烟气特性和制造卷烟的经济性 2 个要素。目前国际烟叶市场上，特别是西方发达国家，一般都把烟叶的可用性作为衡量烟叶品质是否符合需求以及决定是否购买烟叶的标准。

影响白肋烟烟叶品质的因素有很多，包括白肋烟生产上使用的栽培品种、植烟地块的生态条件、烟农采用的栽培措施、采收标准和晾制技术，以及晾制后烟叶的分级标准、质检技术

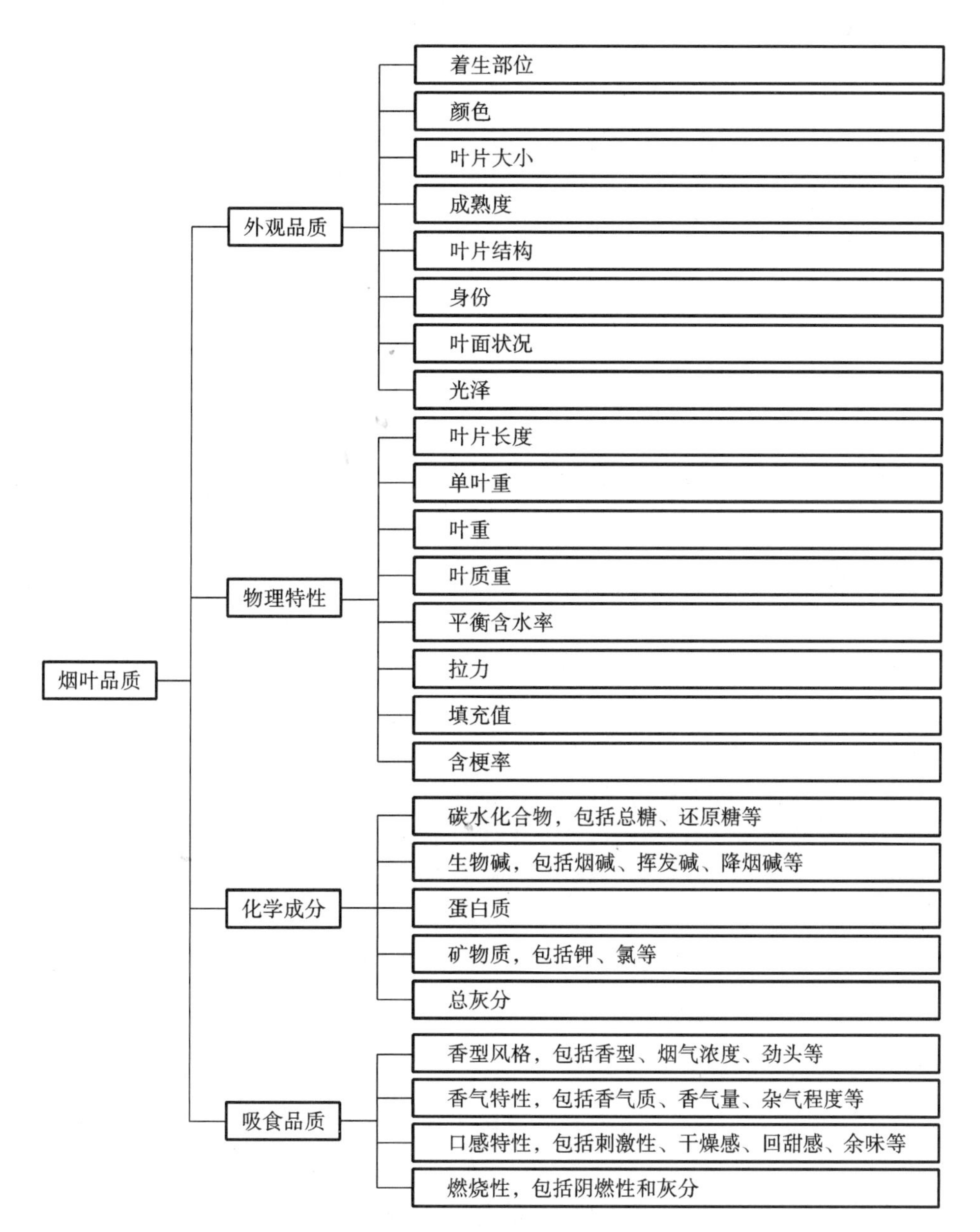

图 1-4　白肋烟烟叶品质构成要素

和储存条件等。倘若考虑卷烟消费者对卷烟香气、吃味、品牌风格和满足感的要求，则白肋烟烟叶品质还与打叶加工、配方工艺、醇化发酵条件等因素有关。这些因素互相影响、协同作用，综合决定白肋烟烟叶的质量（见图 1-5）。但各个因素对白肋烟烟叶品质的作用有主次之分。大量的科学研究和生产实践证明，晾制后原烟在储存、加工、醇化等一系列过程中产生的物理、化学变化虽然对白肋烟烟叶品质的形成存在一些影响，但对白肋烟烟叶品质真正起决定作用的是植烟区域的生态条件、栽培品种以及栽培和晾制技术。而大量的研究和实践表明，在相同的生态条件以及相同的栽培管理和晾制条件下，优良品种的烟叶一般香气、吃味较佳。因此，仅就某一特定生态区域的白肋烟生产而言，栽培品种又是决定白肋烟烟叶品质的首要因素。没有品质优良的烟草品种做保障，再好的生态条件，再好的烟叶生产技术，都不可能使白肋烟烟叶品质达到工农业生产的要求。为此，世界上白肋烟生产国都把改良品种作为提高白肋烟烟叶品质的根本性措施。

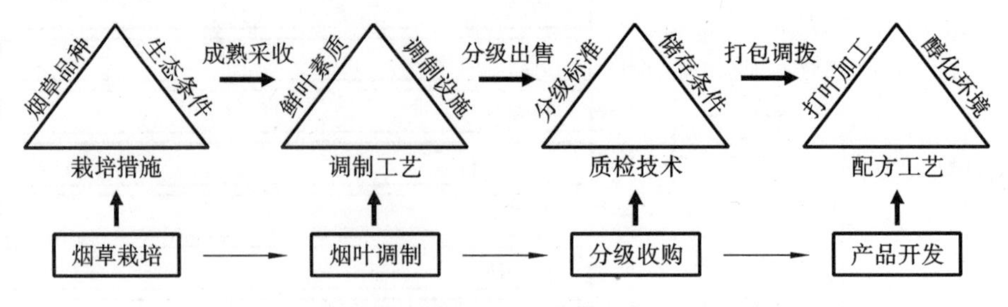

图 1-5　白肋烟烟叶品质的影响因素及其相互间的关系

三、白肋烟品种对烟叶品质的作用

品种是人类在一定的生态和经济条件下，根据自己的需要而创造的某种作物的一种群体，这种群体与该种作物的其他群体在性状表现上有明显区别，且具有相对稳定的特定遗传性，主要生物学性状和经济性状在一定的地区和一定的栽培条件下具有相对的一致性，其产量、品质和适用性等方面符合生产的需要。品种性状的特异性、一致性和稳定性是品种最主要的特点。一个优良品种要在生产上连续使用，必须保持其性状的遗传稳定性，否则就会在种植过程中逐渐丧失其原来的特征特性，出现退化现象。但是，一个作物品种在生产中被应用的年限毕竟是有限的，随着社会经济条件、耕作栽培条件和生态环境的变化，原有品种的抗性、品质特征等必然发生退化，不再适应生产发展的需要，这时就需要寻求新的适应性强的品种来替代。因此，必须不断地培育新品种，及时进行品种更换，这是农业生产发展的基本规律。

优良品种是烟叶生产的物质基础，优良的白肋烟品种在烟叶生产中对烟叶品质的作用主要表现在 4 个方面。

（一）品种遗传背景对白肋烟烟叶品质有直接决定作用

品种的优质基因对白肋烟烟叶品质有着决定作用。不同的白肋烟品种，其晾制后的叶片厚薄、色泽、梗叶比、烟碱含量、氮含量、糖含量、钾含量、香气、吃味等明显不同。分析美国白肋烟主要育成品种的系谱（见图 1-6），可以知道，优质品种都是直接或间接来源于由美国肯塔基大学从 White Burley 变异株中系选而成的品种 Kentucky 16，利用 Kentucky 16 选育的 Burley 21、Kentucky 10、L-8 等品种均具有较好品质，其中 Burley 21 以及由其衍生出的 Burley 49 成为后来美国白肋烟育种的主要优质因子供体，品质性状 94%来自 Kentucky 16。由系谱分析可以看出，美国 Kentucky 16 及 Burley 21 为主体亲本育成的白肋烟品种，占育成品种的大多数。由 Burley 21 育成的 LA Burley 21、Burley 37、Burley 49、Virginia 509、Kentucky 12、Kentucky 14、Kentucky 15 等优质白肋烟品种，以及由 Burley 49 相继育成的 Kentucky 17、Kentucky 180、Kentucky 78379、Kentucky 8259、Kentucky 8959、Tennessee 86、Tennessee 90 等一系列优质白肋烟品种，至今仍是美国白肋烟区的主栽品种或美国白肋烟品质育种的主体优质亲缘。目前美国白肋烟生产上的主栽品种 KT200、KT204、KT206、KT209、KT210、NC1、NC2、NC3、NC4、NC5、NC6、NC7、NC BH 129、NC2000、NC2002、

R610、R630、R7-12、HB3307、HB04P 等都是由上述优质品种衍生而来的。尽管 Kentucky 10 和 L-8 同样选育自 Kentucky 16，但没有育出白肋烟生产上的主栽品种。由此可见，主体亲本较好的遗传基础是育成优质品种的关键。这也从某个侧面反映了品种的遗传背景对白肋烟烟叶品质的重要性。因此，生产上应选用优质品种。

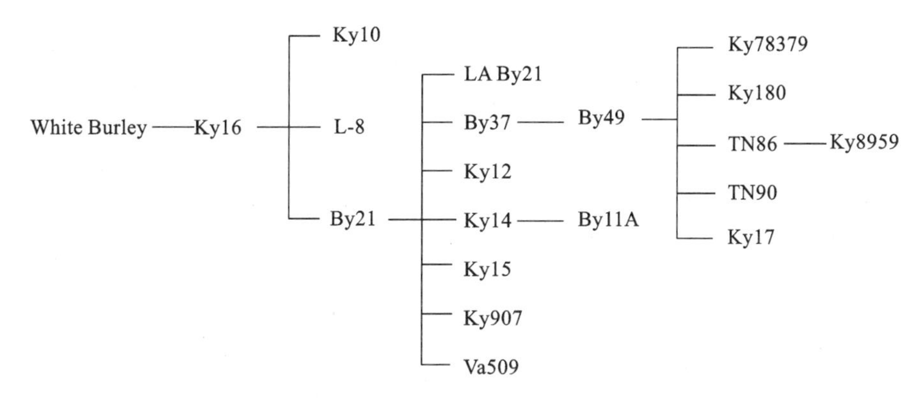

图 1-6 美国白肋烟主栽品种烟叶品质的遗传背景

Ky—Kentucky；By—Burley；Va—Virginia；TN—Tennessee

（二）品种与生态条件互作对白肋烟烟叶品质有强化作用

白肋烟的烟叶品质风格特征主要体现在烟叶的特征香气和吃味方面，在很大程度上取决于烟叶内化学成分的协调性和致香物质的积累量，而烟叶内化学成分和致香物质在烟叶发育过程中的代谢和积累，不仅受栽培品种基因型的控制，而且会受气候、土壤等生态条件的影响，生态条件不同导致基因表达的方式或程度也不同。大量的研究表明，白肋烟品种的基因型与种植环境有显著的互作效应，二者共同决定了烟叶的风格特征及其香气、吃味，致使白肋烟烟叶品质表现出明显的地域和品种的特异性。实践证明，同一白肋烟品种在不同地点、不同年份种植后，其烟叶的风格特征有明显差异；不同白肋烟品种在相同地点、相同年份种植后，其烟叶的品质、工业可用性也有较大区别。因此，每一个白肋烟品种都有自己适宜的地区，这就是品种的适应性，它是一个能够遗传的特性。一个品种只有在适宜的种植环境下才能发挥其内在潜力，才能最大限度地彰显生态条件和品种的优势。每一个白肋烟品种都是在一定的生态条件下选育出来的，因而也最适应选育地的生态条件及类似的生态条件。对于某个特定的栽培品种来说，当种植地的生态条件与选育地的生态条件类似时，品种就会与种植地的生态条件产生明显的互作，使其烟叶品质得到最佳表现；反之，其烟叶品质特点可能得不到充分彰显。例如，美国选育的优质白肋烟品种 Kentucky 16、Burley 21、Burley 49 在中国湖北省种植，其品种特性得不到充分彰显，只有在美国表现最好。因此，生产上使用的品种要因地制宜，选用适应性强的品种。

（三）品种的抗逆、抗病性对白肋烟烟叶品质有保障作用

白肋烟品种的烟叶品质是否稳定直接关系到工农业生产的发展。白肋烟品种如果在某地多年份表现出烟叶品质不稳定，就会引起工农业生产的波动。因此，工农业生产要求白肋烟品种对自然条件有很好的适应性，即一个白肋烟品种在某一地区不同年份，烟株均能生长良好，其烟叶品质也均有较好的表现。而要做到这一点，白肋烟品种的抗逆、抗病能力是关

键因素。

白肋烟的病害很多，某些病害的流行或广泛发生不仅会导致烟叶大量减产甚至绝收，也会导致烟叶品质大幅度下降。例如，根茎病会导致叶片假熟，致使烟叶化学成分不协调，进而影响烟叶的香气和吃味；叶斑类病害直接影响烟叶的可用性；病毒病导致叶片萎缩，不仅影响烟叶外观品质，而且影响烟叶化学成分的协调性和香吃味。同样，逆境对烟叶品质也会造成很大影响，例如，干旱影响烟叶开片，导致叶小片厚，品质下降；生长期雨水或灌水过多导致烟叶片薄，内含物质少；大田前期低温容易引起早花，致使植株矮小，叶片数减少，叶片小而薄，油分少，化学成分失调，可用性降低。因此，工农业生产要求白肋烟品种具有抗多种主要病害的性能，以及一定的抗旱、抗寒、抗涝、抗倒伏的能力。可见，选育与推广抗病、抗逆品种是控制病害发生，减缓逆境影响，确保产量和质量的最经济有效的途径。

（四）品种与生产技术协调对白肋烟烟叶品质有提升作用

白肋烟烟叶品质除受本身基因型的控制及生态条件的影响外，还与栽培管理措施、采收标准和晾制技术有关。每个白肋烟品种都具有各自独特的生长发育规律。因此，不同的白肋烟品种具有不同的特征特性。这不仅要求有适宜的自然条件与其相适应，而且要求有相应的栽培、采收、晾制技术与其相配套。一个白肋烟品种在特定的生态条件下，只有与生产中的施肥量、施肥方式、栽植时期、栽植密度、采收成熟度、晾制方法等栽培调制技术水平相适应，其烟叶品质才有可能得到最佳表现。因此，当生产品种更新换代时，原来的栽培、采收、晾制技术也要做出相应调整，以适应新品种的特征特性，二者必须协调发展，才能进一步提升烟叶品质。如果仍沿用习惯的栽培、采收、晾制技术，则新品种烟叶品质优势的发挥必然受到一定限制。

四、中国白肋烟种植品种现状

中国白肋烟种植初期，栽培品种均为引进品种，主要是质量较优但易感黑胫病品种 Burley 21 和中抗黑胫病品种 Burley 37。20 世纪 70 年代随着白肋烟种植面积的逐年增加，烟草黑胫病危害也日益严重，严重影响了白肋烟的发展。针对这种情况，湖北省建始县白肋烟试验站于 1976 年成功培育出抗烟草黑胫病且质量较好的白肋烟品种建白 80 号（后命名为鄂烟 1 号），并在全国白肋烟产区得到迅速推广。1986—1995 年，中国烟草总公司、中国农业科学院烟草研究所和云南省烟草农业科学研究院先后从美国引进了 19 个白肋烟品种，但由于存在着抗病性弱、生态适应性较差、产量较低等问题，其中仅有 Tennessee 86、Tennessee 90、Kentucky 8959、Kentucky 14 等少数品种在中国白肋烟产区零星种植。1997 年以来，虽然湖北省烟草科学研究院、四川省达州烟草科研所、云南省烟草农业科学研究院等单位相继培育出了 12 个鄂烟系列品种、4 个川白系列品种和 4 个云白系列品种，但由于抗病能力不强或抗病种类单一、适应性不广、产量不高等问题，也只是一度在各自的选育地所在区域有过小面积种植。长期以来，鄂烟 1 号品种在中国白肋烟产区占据着主导地位，致使品种单一，抗逆性、抗病性和适应性明显退化，黑胫病、青枯病、病毒病、赤星病、气候性斑点病等病害日趋普遍，严重降低了烟草产量和品质，经济损失惨重，已成为中国优质白肋烟烟叶生产的重要制约因素。此外，鄂烟 1 号品种所产烟叶中烟碱含量偏高，同时烟株群体中非烟碱转化株所占比例几乎为零，大多为中到高烟碱转化株，致使烟叶中降烟碱占总生物碱的比例（即平均烟碱转化率）较高，一般为30%～40%，进而导致烟叶中TSNA含量偏高。烟碱含量、烟碱转化率和TSNA含量偏高，是中国优质白肋烟烟叶生产的另一重要制约因素。因此，选育适宜于湖北烟叶产区种植且符合卷烟工业需求的优质、适产、多抗、适应性强的白肋烟新品种，并对中国白肋烟目前主栽品种进行烟碱转化性状改造，就显得十分紧迫。这是解决中国白肋烟烟叶生产中存在的突出问题的重要途径，对进一步发挥优良品种在白肋烟烟叶生产中的基础作用，降低烟叶中烟碱和TSNA含量，提高烟叶品质和烟叶安全性，保障工业需求，进而增加烟农收入和提高市场竞争力，促进中国白肋烟烟叶生产的健康持续发展具有十分重要的意义。

第三节　国内外白肋烟育种研究概况

一、国外白肋烟育种研究概况

白肋烟育种的主要性能目标是优质抗病。为了实现白肋烟品种在品质和抗病性状方面的改良，国内外烟草育种工作者在种质的发掘创新和新品种的选育方法上做了大量的工作，并取得了显著成绩。世界上，美国开展白肋烟育种研究最早，所取得的育种成效也最大。由于病害的发生与流行，美国通过对白肋烟种质材料的鉴定评价，于1921年筛选出抗根黑腐病的白肋烟品种White Burley，随后又从White Burley变异株中通过系统选育培育出优质抗根黑腐病品种Kentucky 16。20世纪50至60年代又以Kentucky 16为主体亲本，采用杂交育种手段，导入TL106、*N. longiflora*、*N. glutinosa*等抗源，选育出抗根黑腐病、烟草普通花叶病（Tobacco mosaic virus，TMV）、野火病的Burley 21、Kentucky 10、L-8等品种，拉开了白肋烟优质多抗杂交育种的序幕。自20世纪60年代以来，美国在逐步提高品质的基础上，育成大批抗病的白肋烟品种。例如，以Burley 21作为根黑腐病和野火病抗源亲本相继育成LA Burley 21、Burley 37、Burley 49、Virginia 509、Kentucky 12、Kentucky 14、Kentucky 15等白肋烟品种，继之，又以其衍生出的Burley 49为亲本，相继育成Kentucky 17、Kentucky 170、Kentucky 180、Kentucky 78379、PVY202、Kentucky 8259、Kentucky 8959、Tennessee 86、Tennessee 90等白肋烟品种；以Florida 301作为黑胫病抗源亲本，首先育成多抗白肋烟品种DF 485，然后与白肋烟品种Kentucky 171杂交育成兼抗根黑腐病、野火病、黑胫病及TMV的优质白肋烟品种Kentucky 190；以*N. glutinosa*作为TMV抗源亲本育成白肋烟品种Kentucky 56，随后由TI 1406导入烟草蚀纹病毒病（Tobacco etch virus，TEV）、烟草脉斑驳病毒病（Tobacco vein mottling virus，TVMV）及马铃薯Y病毒病（Potato virus Y，PVY）抗性，育成兼抗PVY、TEV、TVMV三种病毒病的白肋烟品种Kentucky 907、Kentucky 8529、Tennessee 86、Tennessee 90、KDH 926、KDH 960、Greeneville 107等，使近代白肋烟抗病毒病育种提高到一个新水平。1976年，Lapha又将雪茄烟Beinhart 1000-1的赤星病抗性导入Burley 21，育成抗赤星病白肋烟品种Banket A-1。这些优质抗病品种的育成对美国白肋烟生产乃至世界白肋烟生产的持续稳定发展起到了重要作用。世界上其他种植白肋烟国家的白肋烟育种大多是在美国早期育成品种的基础上发展起来的，各国在引种基础上培育筛选出适宜本国种植的优良新品种，因此，各国的白肋烟主栽品种都或多或少地有美国品种的遗传成分。

美国白肋烟育种能够取得巨大的成功，主要归因于对烟草种质资源的深入研究与有效利用。早在20世纪30年代，美国烟草育种者就意识到种质资源对于提高商业品种抗病性的重要性，广泛开展了品种资源的搜集与保存工作，目前共拥有烟草种质资源2154份，包括野生种137份、黄花烟种87份、从美国本土以外搜集到的TI系列红花烟草1244份、美国本土栽培品种656份和突变体30份。早在20世纪中叶，美国就对所搜集保存的种质资源进行了广泛深入的系统研究，包括对种质资源的农艺性状、产量、品质、化学成分、抗病性、抗逆性的研究以及对这些性状遗传规律的研究，尤其是对烟草病害及抗病种质进行了更为详细深入的研究。在20世纪40至60年代进行了主要病害抗源筛选、抗性遗传、病害发生流行规律以及病菌小种分化和致病力的研究，并成功地将野生烟和原始栽培品种的一些抗病性转移到白肋烟栽培品种中，并在白肋烟育种中加以利用，如创制的黑胫病、根黑腐病、青枯病、根结线虫病、PVY、TMV和野火病抗性材料，就分别来自Florida 301、White Burley、TI448A、TI706、TI1406、*N. glutinosa*和*N. longiflora*等原始栽培品种或野生种。这些工作为美国20世纪白肋烟抗病育种的快速发展奠定了坚实的基础。美国烟草育种者从种质资源中筛选出抗根黑腐病的白肋烟优质品种White Burley，并由其育成Kentucky 12、Kentucky 14、Kentucky 15、Kentucky 16、Kentucky 17、Kentucky 180、Kentucky 78379、Kentucky 8259、Kentucky 8959、Virginia 509、Burley 1、Burley 2、Burley 11A、Burley 12、Burley 21、Burley 37、Burley 49、Burley 180、Tennessee 86、Tennessee 90等一系列抗根黑腐病的优质白肋烟品种，其中，Kentucky 16、Burley 21和Burley 49成为美国近代白肋烟育种的主体优质亲缘和白肋烟抗根黑腐病育种的主体亲本，由其育成的白肋烟品种占育成品种的半数以上，有些品种至今仍是美国白肋烟区的主栽品种。白肋烟抗野火病育种的主要抗源是*N. longiflora*，其抗性由显性基因控制，由其相继衍生出的Burley 21、Burley 37、Burley 49、Kentucky 170、Kentucky 14、Kentucky 165、Kentucky 15、Kentucky 17、Kentucky 190等系列品种，都具高抗野火病特性。由Florida 301和*N. glutinosa*育成的白肋烟品种DF485及Kentucky 190均具高抗根黑腐病兼抗野火病、黑胫病及TMV特性。随着美国白肋烟育种工作的深入，白肋烟品种的抗病种类逐渐增多，由最初的Kentucky 16抗1种病害，发展到Burley 21、Burley 37、Virginia 509等品种抗3种病害，乃至后来的品种抗5种、7种、8种病害，如育成的Kentucky 17高抗TMV、野火病、根黑腐病，中抗黑胫病、镰刀菌枯萎病，耐TEV和TVMV；Tennessee 86相比于Kentucky 17又增加了对PVY的抗性，将品质与抗性很好地结合在一起。由上可见，主体优质亲缘和抗病亲缘的利用是白肋烟优质抗病育种取得突破的关键。由于美国对烟叶品质和重要烟草病害抗性的遗传机制研究较深入，因此选择策略的针对性很强，提高了预见性。

进入21世纪后，雄性不育杂交种在多个种植白肋烟国家得到了广泛利用，如美国、津巴布韦等。据研究，杂交种通常可结合双亲的优点，长势强，开花早；对于显性性状控制的抗性，只要双亲之一携带抗性，杂种F_1就具有抗性，同时在异质性的遗传背景下还可以尽可能地减少抗病性连锁的劣变。可见，杂交种在加快产生多抗品种方面具有优势，充分利用杂交种是一条控制多种病害的有效途径，而多抗性亲本是杂交种聚合更多病害抗性的基础。最近10余年来，由于知识产权保护意识的高涨，美国特别重视白肋烟杂种优势的利用，杂种优势利用甚至成为主要的育种途径，培育和推广的品种也大多为杂交种，如目前美国白肋烟生产上的主栽品种KT200LC、KT209LC、KT210LC、NC5LC、R630LC、MS Kentucky 14×L-8

LC等都是雄性不育杂交种。白肋烟杂种优势能够在美国白肋烟育种上得到广泛利用，主要得益于20世纪中、后期美国多基因聚合育种的快速进展和种质资源遗传多样性研究的深入。实际上，美国目前白肋烟生产上推广种植的杂交种也都是由20世纪中、后期所育成的优质多抗定型品种衍生而来的。此外，最近10余年来，美国还利用卵细胞起源的单倍体(egg-derived-haploid，EDH)来固定杂种优势，进而培育出白肋烟新品种。其方法是：利用含有无融合生殖基因的野生种 *N. africana* 作为父本，与优异单交组合 F_1 代杂交，后代中只有孤雌生殖的烟苗才能存活下来，利用其叶柄体外培养实现自然加倍，很容易获得双单倍体植株，即白肋烟新品系。利用EDH技术获得的品系属于常规定型品系，产量和品质与培育时所用的单交组合相同，目前美国已经有几个用这种方法培育而成的白肋烟品种。EDH方法可以将育种年限缩短2～3年，目前已成为美国烟草育种普遍采用的方法。美国也曾利用花药起源单倍体法(anther-derived-haploid，ADH)和分子标记辅助选择法(marker-assisted selection，MAS)来选育烟草新品种，但迄今尚无品种育成的报道。其中，花药起源单倍体法目前在美国烟草育种中已很少使用。

TSNA是一种对人体有害的物质。在栽培烟草的各类品种中，白肋烟烟叶中TSNA含量较高，主要是由于在晾制过程中鲜烟叶内烟碱向降烟碱转化而导致的，而烟碱发生转化形成降烟碱是由于一些烟株基因突变而形成烟碱去甲基能力。烟叶中烟碱向降烟碱转化，不仅会使烟叶中TSNA含量增高，而且会因降烟碱在热解过程中产生麦斯明及吡啶化合物而使烟气具有诸如碱味、鼠臭味等异味，进而导致香吃味品质下降。研究表明，降低烟叶中TSNA含量可以从烟碱转化性状的遗传改良方面入手，通过去除烟株群体中的转化株，可以显著减少烟叶中的降烟碱含量，大幅度降低烟叶中TSNA含量。美国对烟碱转化性状通过立法规定，新选育的品种降烟碱含量不得超过总生物碱的6%，已推广的老品种由育种单位负责改良，只有改良后标明"LC"(低烟碱转化)的品种方可在生产上种植。为此，最近10余年来，美国烟草育种者加强了白肋烟新老品种烟碱转化性状的遗传改良工作，施行最小标准审定制度，即降烟碱占总生物碱的比例(平均烟碱转化率)不能超过6%，只有通过化学成分评价达到标准的品种才能推荐为新品种进行推广种植。目前，美国白肋烟生产上推广种植的品种都是标有"LC"的低烟碱转化品种，包括TN86LC、TN90LC、TN97LC、KT204LC、KT206LC、NC6LC、R610LC、HB3307PLC等常规品种以及KT200LC、KT209LC、KT210LC、NC5LC、R630LC等杂交种。

二、国内白肋烟育种研究概况

中国白肋烟育种是在美国早期育成品种的基础上发展起来的。中国白肋烟种植初期，栽培品种均为从美国引进的优质品种，主要是易感黑胫病品种Burley 21和中抗黑胫病品种Burley 37。由于烟草黑胫病的危害日益严重，湖北省建始县白肋烟试验站以Burley 21为母本、Burley 37为父本，配制杂交组合，经过鉴定比较，于1976年育成中国第一个白肋烟品种——鄂烟1号，开启了中国白肋烟育种工作的先河。该品种具有抗烟草黑胫病特性且质量较好，因而在全国白肋烟产区得到迅速推广，基本取代了引进品种。在持续引进的19个美国白肋烟品种的基础上，1997年以来，中国又培育出了20个白肋烟品种，包括鄂烟2号、鄂烟3号、鄂烟4号、鄂烟5号、鄂烟6号、鄂烟101、鄂烟209、鄂烟211、鄂烟213、鄂烟215、鄂烟216、鹤峰大五号、达白1号、达白2号、川白1号、川白2号、云白1号、云白2号、云白3

号和云白 4 号，为稳定和发展中国白肋烟产业提供了丰富的品种基础。分析中国自育白肋烟品种的系谱可知，杂种优势利用是中国白肋烟育种的主要手段，在所育成的 21 个白肋烟品种中，有 16 个杂交种，占育成品种的 76%，仅有 5 个常规定型品种。与美国目前的白肋烟主栽品种相比，中国自育白肋烟品种至少存在 3 个方面的不足。一是遗传基础过于狭窄。几乎所有的自育杂交种都是以引进的美国品种的雄性不育系为母本、引进的美国品种或从中系选出的育种材料为父本配制而成的，如鄂烟 1 号、鄂烟 2 号、鄂烟 3 号、鄂烟 4 号、鄂烟 5 号、鄂烟 209、鄂烟 211、鄂烟 213、鄂烟 215、鄂烟 216、达白 1 号、达白 2 号、川白 1 号、川白 2 号、云白 1 号等，涉及的主要亲本有 7 个，包括 Burley 21、Kentucky 14、Virginia 509、Burley 37、Tennessee 90、Kentucky 8959 和达所 26；鄂烟 101、云白 2 号、云白 3 号和云白 4 号这 4 个常规定型品种是通过杂交育种手段选育而成的，所采用的亲本也主要是自育杂交种所涉及的引进美国品种，如 Tennessee 90、Kentucky 8959、Kentucky 14、Virginia 509 等；鹤峰大五号是直接从引进美国品种 Burley 37 中系选而来的。中国自育白肋烟品种的亲本过度集中，亲缘关系较近，其在生产性能、抗病性能和品质方面并没有表现出明显的优势。二是抗病种类单一，适应范围不广。中国育成的 21 个白肋烟品种的抗病种类大多是 1～2 种，主要是抗 TMV 和黑胫病，仅个别品种抗 3 种病害，多抗品种极度缺乏。但中国各白肋烟产区主要烟草病害不完全相同，而且病害种类较多，例如，白肋烟主产区恩施土家族苗族自治州在白肋烟生产上的主要病害有黑胫病、青枯病、根结线虫病、赤星病、白粉病、气候性斑点病、TMV、PVY 等。育成品种抗病种类少，限制了其在生产上的适宜种植范围。三是属于非低烟碱转化品种。与美国不同，中国在白肋烟品种审定上，对烟叶中降烟碱含量没有限制。因此，各育种单位在培育新品种时，并没有考虑烟叶中的降烟碱含量，在育成的新品种植株群体中，非烟碱转化株所占比例几乎为零，大多为中到高烟碱转化株，致使烟叶中降烟碱占总生物碱的比例，即平均烟碱转化率较高。

进入 21 世纪以来，中国烟草育种者在白肋烟育种的基础研究方面开展了大量工作。湖北省烟草科学研究院采用多个双列杂交设计，系统分析了白肋烟品种主要性状的遗传特性，明晰了白肋烟主要农艺性状、经济性状、黑胫病抗性，以及烟碱含量、总氮含量、氮碱比与香气物质含量的配合力，还有白肋烟品质的遗传力、遗传效应和优势表现；采用电镜技术系统研究了白肋烟烟叶腺毛形态，明晰了白肋烟烟叶腺毛的种类、分布特征、密度、发育过程，以及腺毛密度的遗传特性；采用气质联用技术系统研究了白肋烟烟叶腺毛分泌物，明晰了白肋烟烟叶腺毛分泌物的种类、含量、品种间差异，以及腺毛分泌物的遗传特性；采用显微切片技术系统研究了白肋烟烟叶的组织结构，明晰了白肋烟烟叶组织结构的品种间差异及其与腺毛密度、腺毛分泌物、感官质量的关系；采用多种关联分析方法系统研究了白肋烟烟叶组织形态与品质性状的关系，明晰了白肋烟烟叶组织结构、腺毛密度与香味物质成分间的相关性。这些研究为白肋烟育种亲本选配提供了有效的理论支撑。在烟草种质资源方面，中国于 20 世纪 50 年代开始种质资源的搜集、保存工作，迄今编目保存的种质资源远多于美国，达 5607 份，其中国内收集编目材料达 4782 份，国外引进编目材料达 825 份。烟草种质资源的遗传多样性包含烟草属 76 个种中的 48 个种，有一级库核心种质 859 份，有二级库核心种质 446 份，为新品种选育工作提供了丰富的遗传材料。中国现已成为世界上烟草种质资源保存数量最多、多样性较为丰富的国家。尽管中国是世界上烟草种质资源搜集、保存量最多的国家，但对种质资源并没有进行系统的研究，缺乏全面、深入的鉴定，特别是在分子水平上的研究与其他发达国家相比是滞后的，长期以来，育种单位只追求培育新品种或注重品种资源的搜集保存，忽视了对种质资源的基础研究，因而无法对种质资源进行有效的利用，在实际的育种工作中反映出资源贫乏，尤其缺乏具有突破性的材料，致使亲本过度集中，育成品种抗性不广泛，遗传基础日趋狭窄。因此，如何尽快使我国由资源大国成为资源强国，依然是我国烟草种质资源工作的战略性课题。目前，在种质资源的田间观察、抗性鉴定、烟叶化验分析及质量评价方面，我国已经对大部分种质的农艺性状、植物学性状进行了鉴定评价，筛选出了一批优质品种。在抗病性评价方面，中国烟草育种者虽然已对拥有的种质资源开展了黑胫病、TMV 和 CMV 的抗性鉴定工作，筛选出了一批抗病种质，也在育种实践中发现了一些抗青枯病、赤星病、PVY 的抗病种质材料，但遗憾的是，很少将这些抗病种质拥有的抗性基因转育到目前白肋烟生产的主栽品种中，甚至对根结线虫病、白粉病、野火病、角斑病等病害抗源的挖掘工作还未提上日程。这可能就是中国自育白肋烟品种抗病种类单一、适应范围不广、优势不明显的根本原因。鉴于此，烟草育种者尚需进一步对种质资源进行全面、深入、系统的鉴定，挖掘有利于提高质量和抗病性的优异种质资源供白肋烟育种利用，以拓宽育成品种的遗传基础。

进入 21 世纪以后，中国烟草育种者还把白肋烟烟碱转化性状改良提上了日程，系统地研究了白肋烟烟碱转化率的遗传和选择效应，明确了烟碱转化性状的选择时期和选择方法以及烟碱转化率、TSNA 含量与烟叶感官质量的关系，提出了培育低烟碱转化率品种的有效方法；采用连续定向选择方法，对鄂烟 1 号、鄂烟 3 号、鄂烟 4 号、鄂烟 5 号、鄂烟 6 号、鄂烟 209、鄂烟 211、达白 1 号、达白 2 号、川白 1 号等一系列自育白肋烟杂交种的亲本进行了烟碱转化性状改造，实现了绝大多数杂交亲本的烟碱非转化（烟碱转化率≤3%），可在低烟碱转化育种中直接作为非转化亲本材料使用；利用烟碱转化改良后的父母本代替原来的父母本，重新配制杂交种，培育出烟碱转化改良品种鄂烟 1 号 LC、鄂烟 3 号 LC、达白 1 号 NN、达白 2 号 NN 和川白 1 号 NN。其中，鄂烟 1 号 LC 和鄂烟 3 号 LC 已经自 2014 年开始 100% 替换原品种在湖北白肋烟生产上推广应用，实现了烟碱转化率和 TSNA 含量的大幅度下降，提高了烟叶安全性。

本书系统地总结了中国白肋烟育种研究的得失和成效，包括育种目标、种质资源、杂种优势利用、品质遗传改良，以及白肋烟制种技术，重点阐述了杂种优势利用和品质遗传改良的理论和方法，以期为今后的白肋烟育种研究提供有益借鉴和参考。

参考文献

[1] 曹景林，程君奇，李亚培，等. 从品种角度试论提高中国烤烟质量的途径[J]. 中国农学通报，2015，31(22)：75-87.

[2] 骆晨. 2016 年世界烟草发展报告[C]//国家烟草专卖局. 中国烟草年鉴(2017). 北京：中国经济出版社，2017：617-627.

[3] 李科文，魏书彪. 吸烟的历史[M]. 重庆：重庆出版社，2007：1-31，92-102.

[4] 李永平，马文广. 美国烟草育种现状及对我国的启示[J]. 中国烟草科学，2009，30(4)：6-12.

[5] 林国平. 中国烟草白肋烟种质资源图谱[M]. 武汉：湖北科学技术出版社，2009：1-5.

[6] 雷永和，李天飞，雷丽萍. 白肋烟生产概况[J]. 云南农业科技，1994，(06)：9-11.

[7] 刘百战,宗若雯,岳勇,等.国内外部分白肋烟香味成分的对比分析[J].中国烟草学报,2000,6(2):1-5.
[8] 骆晨.2019年世界烟草发展报告(下)[N].东方烟草报,2020-04-23.
[9] 任学良,李继新,李明海.美国烟草育种进展简况[J].中国烟草学报,2007,13(6):57-64.
[10] 王志德,张兴伟,王元英,等.中国烟草种质资源目录(续编一)[M].北京:中国农业科学技术出版社,2018:5-31.
[11] 吴成林,黄文昌,程君奇,等.中国白肋烟育种研究进展与思考[J].作物研究,2016,30(4):475-480.
[12] 于川芳,王兵,罗登山.部分国产白肋烟与津巴布韦、马拉维及美国白肋烟的分析比较[J].烟草科技,1999(4):6-8.
[13] 赵晓丹.不同产区白肋烟质量特点及差异分析[D].郑州:河南农业大学,2012.

第二章　白肋烟育种目标

白肋烟的育种目标(breeding objective)是指在一定的自然生态、栽培、晾制和经济条件下,对计划选育的白肋烟新品种提出应具备的优良特征特性要求,也就是对育成品种在生物学性状、经济学性状、品质性状和稳产稳质性能上的具体要求。

制定育种目标是任何一项白肋烟育种计划都要首先解决的大事,犹如工程设计蓝图一样,它要指明计划育成的白肋烟新品种在哪些性状上得到改良,达到什么指标。制定育种目标是白肋烟育种工作的第一步,而育种目标的正确性直接关系到育种工作的成效,这是因为它涉及原始材料的选择、育种方法的确定以及育种年限的长短,而且与新品种的适应区域和利用前景都有密切关系。有了明确、具体的育种目标,才可能有目的地利用好种质资源,确定相应的新品种选育的技术和方法,有计划地选配亲本,科学地确定对育种材料的选择标准、鉴定方法及栽培条件等。

育种目标是动态的,这是因为生态环境的变化、社会经济的发展、烟叶市场需求的变动以及种植制度的改革等都要求育种目标与之相适应。同时,育种目标在一定时期内又是相对稳定的,它体现出育种工作在一定时期的方向和任务。

第一节　白肋烟烟叶生产对品种的要求

白肋烟烟叶生产受多种因素影响,它不仅服从农业生产的基本规律,而且受混合型卷烟工业对原料要求的制约,同时受社会因素的影响。品种是白肋烟烟叶生产的基础,因此,白肋烟品种的选育必须符合工农业生产发展的需求。鉴于此,制定白肋烟育种目标,首先必须了解烟叶生产对白肋烟品种有什么具体要求。在一项白肋烟新品种选育计划中,应根据这些具体要求来制定相应的选育目标。

一、白肋烟烟叶生产对品种烟叶品质的要求

中国白肋烟烟叶生产持续发展的关键是烟叶品质。烟叶品质是卷烟产品质量的基础,不仅决定卷烟制品的质量,而且直接关系着卷烟制品的风格及在加工过程中的制造工艺。烟叶品质也被认为是烟叶的可用性,包括两方面要素:一是与卷烟生产经济效益有关的要素。这方面的要素考虑的是叶片与烟梗的产量比(叶梗比)、烟叶质地、烟叶缺损情况、适用性等。其中,叶梗比与烟叶使用价值高低有关,一般越大越好;质地或与烟叶回潮的难易程度有关,要求质地好;缺损情况与填充性有关,要求缺损少;适用性指适宜使用性,要求适用

性强。二是与烟气特性有关的要素。这方面的要素考虑的是消费者对卷烟的接受程度和卷烟的安全性，它与叶片中烟碱、糖类等化学成分含量以及焦油释放量有关，与滤嘴、卷烟纸和烟气稀释技术有关，与氯化物含量和燃烧性有关，还与农药残留、生物污染和异味污染有关。这方面要素与品种本身有关的主要是各种化学成分的含量及其协调性，各种烟气成分与滤嘴、卷烟纸和烟气稀释技术的相适应性，烟叶产生的焦油、亚硝基胺等有害物质的含量，以及烟叶的燃烧性等。由于上述两方面要素不易检测，人们就利用烟叶的外观品质、物理特性、化学成分和吸食品质这四方面与烟叶品质有相关性的一些指标来衡量烟叶品质的优劣。从品种的角度而言，混合型卷烟对白肋烟这四方面的要求与烤烟、香料烟等其他烟草类型有明显的区别。

（一）外观品质

外观品质是指人们通过感官可以作出判断的烟叶外在质量表现。人们主要靠眼观、手摸、鼻闻等直接感触的经验性感官来判定。白肋烟烟叶外观特征是内在品质的基本反映，也是原烟进行分级、收购及工业利用的重要依据，与植烟经济效益有着最直接的关系。外观品质的判定因素主要包括烟叶的颜色、成熟度、叶片结构、身份、叶面状况、光泽、叶片大小等。白肋烟烟叶按其在烟株上着生的空间位置，自下而上分成脚叶、下部、中部、上部、顶叶五个部位。烟叶着生部位不同，则其物理和化学性状会因其所处的环境条件的差异而不同，致使其外观品质因素的表现明显不同。

1. 颜色

颜色指白肋烟烟叶在外观上反映给视觉的色彩，主要取决于叶片中存在的各种色素的比例，而色素的比例与烟叶含氮化合物有关。在烟叶的生化变化中，色素的分解伴随着烟叶内多种化学成分的分解。所以，颜色的差异很大程度地反映了叶内化学成分的变化和烟叶内在质量。白肋烟晾制后的基本色调为红棕色，以浅红棕、浅红黄为佳，同时要求叶片颜色高度一致，具有较好的均匀性。颜色深浅的变化，受多种因素影响，与栽培品种、叶片着生部位、收获成熟度、栽培与晾制技术等因素有密切关系。中下部叶颜色较浅，上部叶较深；正常成熟的烟叶，颜色深浅合适，未成熟烟叶的颜色往往深暗。如果生产不当，叶片产生青痕、杂色，或烟叶颜色深浅不均等，都会影响烟叶内在品质，降低烟叶的工业可用性。叶面存在较大或较多的病斑，或者由于过熟产生的枯焦斑点，也会影响烟叶的内在质量，这类烟叶在抽吸时会产生较大的杂气或枯焦气息。

2. 成熟度

成熟度指烟叶生长发育和干物质积累之后从生理生化上转向适合烟草工艺需求的变化程度，也是反映烟叶内外质量协调性的重要指标。白肋烟要求烟叶成熟度适中，即烟叶在田间达到正常工艺成熟水平。成熟度好的烟叶晾制后叶片颜色均匀，正反面颜色差异小，香气质好量足，吃味醇和，杂气少，刺激性小。欠熟烟叶晾制后烟叶青色、杂色较多，叶片结构紧密，出丝率低，香气质差，香气量较少，青杂气较重，吃味不佳。过熟的烟叶晾制后，烟叶中烟碱含量较高，抽吸时会因生理强度和刺激性过大而掩盖烟叶的香气，降低烟叶的可用性。

3. 叶片结构

叶片结构指烟叶细胞的疏密程度。它与烟叶的填充性、弹性、燃烧性有密切的关系。结构疏松的烟叶往往细胞发育好、成熟充分、细胞间隙大，因而烟叶的填充性、弹性、燃烧性均好,有利于切丝、保润和加香加料。相比较而言,白肋烟烟叶结构较其他烟草类型疏松,且孔度大,所以能吸收大量香料,并保持良好的填充性和燃烧性。仅就白肋烟而言,往往是下部叶结构松至疏松,中部叶结构稍疏松,上部叶结构较紧密;成熟的烟叶结构疏松,未熟的烟叶结构紧密。

4. 身份

身份指烟叶厚度、叶面密度和单位面积质量的综合感受,而不是单纯的物理量度(厚度)。身份适中的白肋烟烟叶,其弹性强,切丝不易破碎,损耗少,卷制率高,因而具有良好的物理特性和耐加工性,且化学成分协调,内在品质较为理想。过厚的烟叶则劲头大,杂气重,刺激性强,叶片粗糙,且卷制率低。过薄的烟叶虽然填充性好,但弹性差,吸味淡,缺乏香气特征。烟叶身份受品种、叶片着生部位及栽培措施的影响。下部叶较薄,随着着生部位上升,叶片逐渐增厚。同一着生部位,烟叶身份随烟叶成熟而趋薄。栽培措施中的稀植、多肥、低打顶或少留叶等,都会使烟叶身份增厚,反之则使烟叶身份减薄。烟叶身份与化学成分有一定的关系,身份由薄到厚,总氮和含氮化合物如总生物碱、铵态氮、蛋白质含量逐渐增高。

5. 叶面状况

叶面状况反映烟叶的生长发育和成熟的程度。它与叶片着生部位和身份有较为密切的关系。中部叶厚薄适中,叶面多舒展;下部叶身份薄,叶面稍皱;上部叶较厚,叶面较皱。舒展烟叶的弹性强,燃烧性良好;皱缩烟叶的弹性差,易破碎,燃烧性也差。

6. 光泽

品质较好的白肋烟要求晾制后的烟叶表面的光亮度高。光泽明亮的烟叶,香气浓,劲头大,杂气微有,吸味纯净;光泽较暗的烟叶,香气质较差,香气量较少,杂气较重。生长区域、栽培和晾制条件等对白肋烟的光泽影响较大。经过发酵和醇化的白肋烟陈烟,光泽有所变深,但品质反而会提高。

7. 叶片大小

叶片大小是白肋烟分级标准中的限制因素。它反映了叶片的发育状态,与工业可用性密切相关。从卷烟工业的角度考虑,叶片大,则烟叶切成的烟丝长,利用率高;反之,则烟丝短,加工损耗大,利用率低。

综合来看,在白肋烟生产上,作为香味型的优质主料烟要求晾制后烟叶具有的外观品质特点是:成熟度适中,颜色浅红黄、浅红棕,叶片结构疏松,身份适中,叶面舒展,光泽明亮,叶片无杂色或杂色轻微,颜色均匀度好,叶片大小和完整度符合烟叶分级标准的要求。而优质填充型烟则要求颜色正,厚薄适中。

白肋烟烟叶外观品质的好坏,不仅与烟叶的内在品质有一定的相关性,而且也影响植烟效益的高低。一般而言,外观品质好的品种,其上等烟比例和均价(或级指)相对较高。通常用上等烟比例和均价(或级指)来衡量烟叶外观品质的好坏。

(二) 物理特性

烟叶物理特性是通过物理方法测定的与卷烟工艺有关的烟叶特性,是卷烟加工过程中不可缺少的品质指标,主要包括烟叶长度、单叶重、叶厚、叶质重、平衡含水率、拉力、填充值、含梗率等。其中,有些指标与烟叶加工过程的损耗有关,如含梗率、拉力、平衡含水率等,有些指标与烟叶填充能力有关,如填充值、叶厚、叶质重等。这两方面指标也都与烟叶的化学成分、外观品质、吸食品质有密切关系。

1. 长度、单叶重和叶厚

这三个指标是相互联系的,共同反映了叶片的发育状态,既与烟叶产量相关,也与烟叶品质相关。从品种的角度而言,在正常的生长条件下,烟叶的长度不应低于 50 cm。烟叶的单叶重和厚度均以适中为佳,单叶重过低、叶片过薄,则叶片色淡,内含物不丰富,产量和品质都较低,但单叶重过高、叶片过厚,则叶片粗糙,烟碱等含氮化合物含量过高,烟气刺激性大,香吃味变劣。

2. 叶质重

叶质重指晾制后的烟叶叶片单位面积的重量,又称为比叶重或者叶面密度。叶质重一般反映的叶片结构和内含物的充实程度,内在品质好的烟叶,一般叶质重较高。

3. 平衡含水率

平衡含水率指烟叶在任一空气温湿度条件下相应地保持在一定水平的含水量。内在品质好的烟叶一般平衡含水率高,反之则低。

4. 拉力

拉力指在一定水分条件下,烟叶被拉伸至断裂时所能承受的最大外力。拉力在一定程度上反映了烟叶的发育和成熟程度。一般认为拉力的适宜范围为 1.1～2.2 N。

5. 填充值

填充值指单位重量的烟丝在标准压力下所占的体积。影响烟叶填充值的因素有叶片厚度、叶质重、着生部位等。填充值是烟叶最重要的物理特性,与卷烟生产的原料消耗直接相关,也与焦油生成量有关。烟叶的填充值越高,烟丝的耗用就越少,经济效益就越高,同时焦油释放量也越少。

6. 含梗率

含梗率指主脉重量占单叶重的比率。含梗率与烟叶使用价值的高低有关,一般越小越好。

白肋烟生产上,无论优质主料烟还是优质填充型烟,都要求晾制后烟叶具有的物理特性是:长度不低于 50 cm,单叶重和厚度适中,叶质重较大,平衡含水率高,拉力介于 1.1～2.2 N之间,填充性强,含梗率小。

(三) 化学成分

烟叶化学成分是烟叶吸食品质的物质基础,各种化学成分的绝对含量、相对含量与烟叶的风格特色、香吃味、刺激性、劲头大小等都有着直接的关系,有些化学成分甚至与烟叶的安全性有关,因而通常认为化学成分是评价烟叶品质的重要指标之一,主要通过化学成分分析进行鉴定。优质白肋烟不仅要求各种化学成分含量适宜,而且要求各种成分之间的比例要协调。通常用来衡量烟叶品质的化学成分指标包括总糖、还原糖、总氮、烟碱、蛋白质、挥发碱、钾、氯、灰分等。优质白肋烟烟叶化学成分质量分数适宜范围及其协调比值见表 2-1。

表 2-1　白肋烟烟叶的化学成分要求

成分	质量分数范围/(%)	相对成分	协调比值
总糖	1.0～2.5	氮碱比	1.0～2.0
还原糖	<1.0	钾氯比	4.0～10.0

续表

成分	质量分数范围/(%)	相对成分	协调比值
总氮	3.0～4.0	挥发碱/烟碱	0.3～0.7
烟碱	香味型2.0～4.0,填充型1.0～2.5	降烟碱/总生物碱	<0.13
蛋白质	18.0～20.0		
总挥发碱	0.6～0.8		
氯	<1.0		
钾	>2.0		
灰分	15.0～25.0		

1. 总糖和还原糖

白肋烟属晾烟类,晾制时间越长,糖类物质消耗越多,总糖含量和还原糖含量均越低。一般总糖质量分数在1.0%～2.5%之间;还原糖质量分数在0.55%～0.85%之间,以不超过1.0%为宜。

2. 总氮

白肋烟总氮质量分数以3%～4%较为适宜。如果含氮化合物太多,则烟气辛辣味苦,刺激性强烈,含氮化合物太少,则烟气平淡无味。

3. 烟碱

作为优质主料烟的烟碱,其质量分数以2%～4%为宜。烟碱含量过低,劲头小,吸食淡而无味,不具白肋烟特征香;烟碱含量过高,则劲头大,使人有呛刺不悦之感。优质填充型烟的烟碱质量分数则以1.0%～2.5%为宜。白肋烟烟碱含量受着生部位、叶数影响较大,打顶后烟碱积累显著增加。品种、肥料、土壤、干旱的气候条件等均对烟碱含量有不同程度的影响。

4. 氮碱比(总氮/烟碱)

总氮与烟碱的比值大小与烟叶成熟过程中氮素转化为烟碱氮的程度有关。白肋烟的总氮含量比烟碱含量稍大,总氮与烟碱质量分数比值以1.0～2.0较为适宜。比值大于2.0时,烟叶成熟不佳,烟气的香味减少;比值低于1.0时,香味转浓,但刺激性加重。因此,协调适宜的氮碱比是提高白肋烟主料烟品质的关键。

5. 蛋白质

白肋烟的蛋白质质量分数以18.0%～20.0%较为适宜。蛋白质含量过高,则影响香气和吃味,使香气质变差,刺激性增大;含量过少,则烟味平淡,劲头不足。白肋烟蛋白质含量也受品种、环境条件、栽培及晾制技术等的影响。

6. 总挥发碱及其与烟碱比

白肋烟的总挥发碱质量分数以0.6%～0.8%较为适宜。总挥发碱含量低会出现不愉快的、平淡的、乏味的或粗糙的烟气;总挥发碱含量高则出现浓烈的、刺激性的或苦的烟气。总挥发碱与烟碱比对白肋烟品质也有影响。白肋烟总挥发碱和烟碱比值以0.3～0.7较为适宜。总挥发碱与烟碱之比与烟气的平和舒适程度有关,不成熟的烟叶总挥发碱与烟碱的比值偏低。

7. 降烟碱与总生物碱比

烟草生物碱是烟草生理强度的物质基础，其中比较重要的是烟碱和降烟碱这两种生物碱，其在烟叶中的含量和在总生物碱中的比例对白肋烟感官品质和安全性有重要影响。在正常情况下，烟碱占总生物碱的93%以上，降烟碱不会超过总生物碱的3%，但是在白肋烟烟株群体中一些烟株会出现烟碱去甲基化酶的突变，使烟碱含量降低，降烟碱含量和所占比例增加。与烟碱相比，降烟碱具有较大的不稳定性，在烟叶调制和陈化过程中易发生亚硝化反应，生成NNN，致使烟叶中TSNA总量增加，不仅对人体有害，而且影响烟叶香味品质，因此，必须对其在烟叶总生物碱中的比例加以控制。美国在烟草品种审定制度中规定，降烟碱占总生物碱的比例不得超过6%。

8. 钾和氯

烟叶中钾含量的高低对烟叶品质有着重要影响，它对提高烟叶的燃烧性和持火力、提高烟叶弹性、改善烟叶色泽有重要作用。一般认为，优质白肋烟烟叶中钾质量分数应大于2.0%。与钾含量相关的是烟叶的含氯量，通常认为白肋烟烟叶中氯离子质量分数在0.3%～0.6%之间比较理想。当烟叶氯离子质量分数＜0.3%时，烟叶干燥粗糙，弹性下降，易破碎，切丝率低；当氯离子质量分数＞0.6%时，烟叶燃烧性变差，刺激性增大；当氯离子质量分数＞1.0%时，烟叶燃烧速度明显减慢；当氯离子质量分数＞1.5%时，显著阻燃；当氯离子质量分数＞2.0%时，黑灰熄火。钾与氯的比值可以反映烟叶燃烧性的好坏。钾氯比值＞1.0时，烟叶不熄火；钾氯比值＞2.0时，燃烧性好。钾氯比值越大，烟叶的燃烧性越好，适宜的钾氯比值范围为4.0～10.0。

9. 总灰分

质量好的烟叶燃烧均匀完全，灰分呈白色，且具有凝聚性。烟叶总灰分含量与烟叶燃烧性有直接关系，灰分高说明燃烧性好。白肋烟的总灰分质量分数为15.0%～25.0%，最适质量分数为20.0%左右。

（四）吸食品质

吸食品质是烟叶品质最直接的衡量标准，主要指烟叶燃吸时的香味、吃味、生理强度等，目前主要通过对烟叶的感官评吸来评定，包括香型风格、品质特征、燃烧性等几方面内容。其中，品质特征又包括香气特性和口感特性。一个白肋烟品种烟叶品质水平的高低最终集中反映在吸食品质鉴定的各项指标中，但烟叶吸食品质的优劣是遗传因素和环境因素共同决定的，二者很难区分。

白肋烟是一种特殊类型的烟叶，由于其烟叶内烟碱含量较高，糖含量低，因而在抽吸时具有一种独特的风味，这种风味是其他类型烟草所不具备的，因而在感官质量上，其要求与烤烟、香料烟等烟草有明显不同。

1. 香型风格

烟叶的香型风格评价内容包括香型（如烤烟香型、白肋烟香型、香料烟香型等）及其彰显程度、烟气浓度、劲头等指标。

据专家剖析，品质好的白肋烟特征香气应具有可可巧克力香（cocoa-chocolate）、坚果香（nutty nutshell）、烟斗杆香（piping），还有少量的木香（woody）、鱼腥味香（fishy）和似鸡圈味香（barmgard）。白肋烟香型风格愈突出，其品质愈高。

烟气浓度一般指烟气刚吸入口时口腔的感受，分为小、较小、中等、稍大、较大和大6个档次。劲头，也称生理强度，与烟气浓度和香气量有关。就烟叶来讲，劲头体现了烟碱含量的高低。白肋烟在燃吸时，大部分烟碱经热解转化为其他化合物，仅有小部分以原有形态进入烟气中。白肋烟的烟碱含量通常高于烤烟等其他烟草，抽吸时一般劲头较大。烟气浓度和劲头的大小，并无好坏之分，体现的是一个烟叶样品的风格特征。

2. 香气特性

烟叶的香气特性是烟叶品质特征评价的重要内容，包括香气质、香气量、杂气程度等指标。

香气(aroma)是指烟叶本身或烟气中发出的物质气流刺激鼻腔产生的明显的怡人气息。香型风格突出、香气质纯、香气量大是优质白肋烟主料烟叶的重要特征。烟叶香气的型、质和量的状况是由多种香气物质的含量、组成、比例及相互作用决定的，因而白肋烟烟叶内致香物质的组成和含量的差异会导致香气质、香气量和其他感官评吸指标间的差异。香气的浓淡与烟叶内氮化合物的原始含量多少也有一定关系，一般氮化合物的原始含量越多，调制后香气浓度越高。香气浓度还与气候、土壤等自然因素及品种、栽培技术、调制技术等有关。香气浓度不同于烟气浓度，烟气浓度属于烟叶风格特征方面的评价指标，而香气浓度是烟叶品质特征评价的重要指标。对于主料烟来说，要求在具备特有白肋烟风格条件下，具有更多的芳香宜人的香气。

杂气是指烟气中含有的令人不愉快的气息。显然，杂气与香气是相互制约的。杂气来自两方面：一是烟叶本身固有的，如木质气、生青气、枯焦气等；另一种是烟叶以外的，如人为操作产生的化妆品气息、环境产生的(汽)油类气息、药草气等。常见的杂气有生青气、枯焦气、土腥气、松脂气、花粉气、药草气、金属气。在不同生态条件下种植的烟叶具有不同的特征香气，也有不同的特征杂气，有时称这些杂气为地方性杂气。无论烟叶是作为主料还是作为填充料使用，都要求杂气尽可能轻微。

3. 口感特性

烟叶的口感特性也是烟叶品质特征评价的重要内容，包括刺激性、干燥感、回甜感、余味等指标。烟叶内总糖、还原糖、烟碱、总氮等化学成分含量都会对白肋烟口感特性产生影响，控制烟碱的过高积累，适当提高总氮含量，协调氮碱比值在1.2～1.5之间，有利于改善白肋烟的口感特性。

刺激性是指烟气对口腔、鼻腔、喉部的一种刺激反射作用，使吸烟者有刺、辣、呛等不愉快的感觉。白肋烟对感觉器官起刺激作用的主要来自挥发性碱类物质，其中起主要作用的是氨，游离烟碱次之，木质素和纤维素在燃烧过程中产生的甲醇也会引起辛辣的感觉。氮化合物含量越高，刺激性越大，因此，白肋烟的刺激性比烤烟大。无论白肋烟烟叶是作为主料还是作为填充料使用，都希望刺激性越小越好。刺激性与劲头的区别在于：烟气下咽通过喉部时，劲头就像个有弹性的球，顶在喉部。劲头大的样品，下咽很困难，会有一种“撑、胀”的感觉；劲头小的样品，则表现为下咽很顺畅，整个过程有一种“平滑”的感觉。刺激性则表现为对喉部的“点撞”，烟气通过喉部时，对喉部产生点刺、叮刺的感觉。

干燥感和回甜感分别是指在吸烟过程中烟气给口腔带来的生津程度和甜润程度。一般而言，烟叶在吸食时干燥感越弱，回甜感越强，则其感官品质越好；而干燥感越强，回甜感越弱，则其感官品质越差。

余味是指在吸烟过程中烟气微粒沉降在舌和口腔的感觉，包括甜、苦、酸、辣、涩等，以纯净舒适者为好。白肋烟烟气呈碱性，余味中略带苦味，这种苦味是白肋烟本身的特点。

4. 燃烧性

烟叶的燃烧性是烟叶吸食品质评价的另一内容，包括阴燃性和灰分。

烟叶的阴燃性与烟叶中钾、氯含量有关，还取决于烟叶的化学特性、物理性状和燃烧区域的空气流通情况。以燃烧完全、燃烧均匀、具有一定的阴燃持久力、燃烧速度适中为佳。一般认为阴燃持久时间在 2 s 以下者为熄火烟。烟叶燃烧后要求烟灰发白，并具有良好的聚结性。一般认为烟叶中钾、钙、镁、氯成分在这方面起重要作用。白肋烟的叶片结构疏松，因而往往表现为阴燃性较强，灰分较白。

综上可见，白肋烟主料烟叶是卷烟香气、吃味的主要赋予者，在吸食品质方面，应具有典型的白肋烟香型风味，烟气浓度高，香气浓郁，杂气少，刺激性小，余味舒适。而当白肋烟作为填充料烟时，可以对烟叶的香气、吃味没有过分的要求，但必须没有不良的异味，配伍性要好，燃烧性要强。

二、白肋烟烟叶生产对品种经济效能的要求

在烟叶生产上，植烟农民总是想方设法地创造单位面积土地的高收益。因此，他们期望所采用的品种能够具有较好的经济效能。作为烟草品种，其经济效能的直接体现就是单位面积土地上的烟叶产值。因此，在白肋烟生产上，白肋烟品种所能达到的单位面积土地上烟叶产值越高越好。

白肋烟烟叶的产值是由烟叶产量和出售均价这两个因素决定的，可用下式表达：

单位面积土地的烟叶产值＝单位面积土地的烟叶产量×出售均价

由上面表达式可知，若要提高烟叶产值，就必须提高单位面积土地的烟叶产量和出售均价。单位面积土地的烟叶产量和出售均价的高低分别取决于其构成因子。

（一）白肋烟烟叶产量及其构成因子

烟草是一种叶用经济作物，其产量是指单位面积土地上生产的有经济价值的烟叶的重量。烟叶的生产者为了获得最大的经济效益，总是期望烟草品种的烟叶产量越高越好，但是烟草属嗜好类作物，产品品质的好坏更为重要。

产量和品质是同一事物的两个方面。在烟叶生产中，由于诸多因素的影响，在产量由低向高的变化过程中，烟叶外观品质、理化特性和吸食品质并不是一直与烟叶产量同步变化的，往往表现为高产量低品质或低产量低品质。特别是在品质与产量矛盾的转折期，往往化学成分不协调、吸食品质的降低，比均价和上等烟比例的降低要早得多。从烟叶生产技术上分析，增加产量并不难，而提高品质比增加产量要难得多。片面追求烟叶高产，会导致烟叶品质显著降低。

烟叶的产量是由单位面积株数、单株叶数和平均单叶重三个因素构成的，可用下式表达：

产量＝平均单叶重×单株叶数×单位面积株数

单纯以数字来计算，在烟叶产量的三个构成因素中，只要增加其中任何一个因素的数量，都可以提高单位面积烟叶产量。但是，在实际生产中，这三个因素在数量上并不是可以任意增加的。

1. 单位面积株数

单位面积株数即种植密度，由移栽时的行距和株距确定，它们构成烟田植株群体，种植者完全可以自己控制。在一定的肥水条件下，增加单位面积上的株数，能够直接增加单位面积上的总叶数，进而使产量持续增加。但是在产量达到一定程度以后，进一步增加单位面积株数，不仅不便于农事操作，而且会造成烟田郁蔽，影响通风透光，加之烟株间对营养的竞争作用，导致叶片发育不良，单叶重下降，烟叶内含物质减少，致使烟叶品质降低，增产的效应就逐渐降低。实际上，受烟株生长习性、品质要求和田间管理等的限制，单位面积株数的增加是非常有限的，栽植密度的适宜范围并不太大。

2. 单株叶数

单株叶数指单个烟株上可以收获的具有经济价值的叶片数，取决于品种的遗传因素、生态条件和栽培技术，特别是打顶留叶数目。增加单株叶数，也可以增加单位面积上的总叶片数，进而使产量显著提高。但当单株叶数超过一定的范围时，烟田群体的片层结构发生变化，单叶重会随着单株留叶数的增加而逐渐下降，也会使叶片变小、变薄，内含物质减少，进而导致烟叶品质降低，增产的效应也逐渐降低。实际上，受品种、生长期和品质要求的限制，单株叶数的增加也是非常有限的。

3. 平均单叶重

平均单叶重即烟株上可以收获的具有经济价值的所有叶片经调制干燥后的重量的平均值。影响单叶重的因素有很多，遗传因素、生态环境和栽培技术都能使单叶重产生很大变化。单叶重既是产量构成因素，又与烟叶品质有着重要的关系，提高单叶重既可以提高烟叶产量也可以提高烟叶品质。单叶重由叶面积和叶质重两个因素构成，可以通过扩大单叶面积或者提高叶质重来提高。叶片是进行光合作用合成有机物质的主要场所，其长、宽和叶形指数构成叶面积。扩大叶面积，虽然可以提高单叶重，但叶面积过大，会导致上层叶片遮蔽下层叶片，甚至互相遮蔽，从而降低叶片的光合能力，反而影响单叶重的提高，还会使烟叶品质降低。叶质重表示叶片的干物质积累量，提高叶质重，虽然也可以提高单叶重，但叶质重过高则叶片较厚，因此，单叶面积和叶质重必须要有一个恰当的配合，一味追求叶质重，同样会使烟叶品质降低。由此可见，在一定的单叶重范围内增加单叶重能够保证烟叶品质，但并不是越重越好，增加的幅度也是有限的。

综上可知，构成烟叶产量的三个因素之间是相互联系的，依靠单一因素虽然在一定程度上能够提高烟叶产量，但是超过一定范围之后都会降低烟叶品质。因此，必须以烟叶品质要求为前提，以单叶重为表征，协调好单位面积株数、单株叶数和单叶重三者的关系，在品质最佳的前提下，尽可能地提高产量，进而获得最好的经济效益。

试验研究和生产实践已经证明，烟草的产量和品质在一定条件下是能够统一的。在一定的环境条件（主要指肥水条件）下和一定的产量范围内，烟叶品质随产量的增加而提高，因而既可获得较高产量，又可取得优良品质，两者可以协调发展。但是，当产量超过一定范围，环境条件就不再能同时满足两方面的要求，品质不能相应提高反而下降，于是出现烟叶产量和品质之间的矛盾。图 2-1 显示了这一矛盾的发生和发展：当烟草产量不高时，其品质亦不高；在一定水平上，烟草产量和品质是同时上升的，直至品质达到峰值；随着产量继续上升，其品质则呈几何级数下降。因此，白肋烟生产应该把产量和品质的两个最高点统一在一个水平上，以优质为前提，在保证烟叶品质的基础上提高烟叶产量，使产量达到适宜范围即可。

综合国内外研究资料，白肋烟烟叶生产上适宜的亩产量范围为150～180 kg。

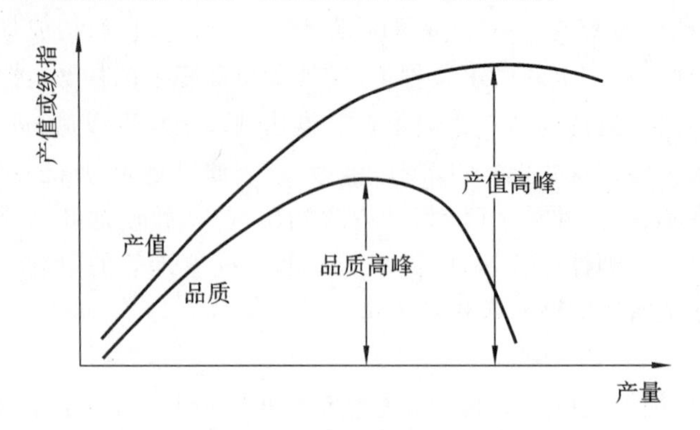

图 2-1　烟叶产量与品质的关系示意图

烟草品种是服务于烟叶生产的。因此，优良的白肋烟品种应该适应当地的生产条件，能够很好地处理产量与品质的矛盾问题，使两者协调发展，既可获得较高产量，又可取得优良品质，进而获得高产值。仅就品种本身而言，决定单位面积上烟叶产量的主要是单株有效生产力(即单株产量)。而单株有效生产力是由单株叶数和平均单叶重两个因素决定的。如上所述，鉴于烟田植株群体的整体发展和烟叶品质的要求，单一烟草品种的单株叶数和单叶重的增加非常有限，也就是说优良白肋烟品种的单株有效生产力是有一定的适宜范围的。

不同品种的植物学特征、烟叶的物理性状、叶内化学成分都有相对稳定的遗传性。多叶型品种由于其单株叶数较多而可获得高产，但是叶小片薄，叶质重很低，因而烟叶品质下降较多。少叶型品种虽然单株叶数少，但是叶大片厚，叶质重比较大，单叶重远高于多叶型品种，且由于叶片在发育成熟过程中的光温条件好，因而品质良好。因此，必须以烟叶品质为前提，统筹考虑品种的单株叶数和单叶重，使其处于适宜范围内。

综合国内外研究资料，在亩栽1000～1100株的密度条件下，优良的白肋烟品种的单株有效叶数(即可采收叶数)以22～26片为宜，实际单株着生叶数以26～35片为宜，不宜过多，也不应过低。下部叶的单叶重以5～7 g为宜，中、上部叶以6～9 g为宜，过轻则叶片薄而色淡，烟叶品质差；过重则叶片厚而粗糙，烟碱含量高，烟气刺激性大，烟叶品质也差。亩产量以150～180 kg为宜。在上述单株叶数、单叶重和亩产量的限制范围内，充分协调单株叶数和单叶重与单位面积株数的关系，主攻烟叶品质，均衡提高单位面积土地产量，才能获得高收益。

(二) 白肋烟烟叶均价及其影响因子

在单位面积土地的烟叶产量保持适宜的情况下，单位面积土地的烟叶产值的提高取决于烟叶的出售均价，可用下式表达：

$$均价=\frac{\sum(单位面积土地某等级烟叶产量\times 该等级价格)}{\sum 单位面积土地某等级烟叶产量}$$

由上式可见，高价格等级的烟叶重量在总烟叶重量中占的比例越高，均价就越高。因此，若要提高均价，就必须提高烟叶的上、中等烟比例，尤其是上等烟比例，而要降低低次烟的比例。

在白肋烟烟叶生产中，烟叶的上等烟比例和均价与产量之间易发生矛盾。在产量较低时，上等烟比例和均价不高，在产量较高时，上等烟比例和均价也不高。只有产量处于一定的适宜范围内，上等烟比例和均价才会有上佳的表现。

影响白肋烟烟叶上等烟比例和均价的因素很多，包括气候、土壤、有害生物等生产环境因素，也包括栽培、晾制等生产技术因素，但影响最大的是烟叶采收时白肋烟品种本身的叶片发育状况、烟叶晾制特性和外观品质。采收时叶片发育状况包括不同部位叶片的长、宽和厚度状况，以及叶片成熟程度、叶片细胞疏密程度、叶面平皱程度、叶片发育均匀性等，这些性状与烟叶晾制后的外观品质密切相关，直接影响到烟叶等级的判定。当这些性状处于适宜状态时，晾制后烟叶的外观品质优良，上等烟比例和均价均高。烟叶晾制特性与晾制后烟叶的颜色、身份、光泽等密切相关，晾制特性好的烟叶容易晾制，且晾制后烟叶的颜色、身份、光泽等外观品质评判指标均能达到理想状态；反之，则难以晾制，且晾制后烟叶颜色深、光泽暗、身份差。烟叶晾制后的外观品质直接决定着上等烟比例和均价，外观品质优良，则上等烟比例和均价均高，反之则均低。

不同品种的叶片发育状况、烟叶晾制特性和外观品质都有相对稳定的遗传性，三者之间实际上是紧密联系的。叶片发育良好，则容易晾制，二者共同影响着烟叶的外观品质。在正常的生长条件下，优良的白肋烟品种各部位叶片应该能够协调、均衡地发展，进而达到适宜的发育状况，从而使烟叶容易晾制，且晾制后的烟叶外观品质优良，具有较高的上等烟比例和均价，能够在生产上获得较高的单位面积产值。一般而言，优良的白肋烟品种所产烟叶的上等烟比例高于35%、上中等烟比例高于85%，低次烟比例不超过15%。

三、白肋烟烟叶生产对品种稳产稳质性能的要求

白肋烟品种的烟叶产量稳定和品质稳定直接影响到工农业生产的发展。白肋烟品种在某地某年份无论烟叶品质表现多么好、烟叶产量多么适宜、均价多么高，但在多地或多年份如果产量和品质表现不稳定，就会引起工农业生产的波动。只有烟叶产量稳定和品质稳定，卷烟产品的数量和品质才能稳定，烟农的经济收入才能有所保障。因此，白肋烟烟叶生产要求白肋烟品种具有稳产稳质的特点。

影响白肋烟品种稳产稳质特性的因素很多，就其主要因素来讲，可分为四大因素，包括干旱、低温等气候因素，贫瘠、盐碱含量高等土壤因素，病害、虫害等生物因素，以及早栽、施肥量大等生产因素。在白肋烟生产上，如果一个品种不论在哪种生长环境条件下都能保持相对稳定的产量和品质，这个品种就可以认为是稳产稳质性能好的品种。

作为烟草品种，其稳产稳质特性其实就是广义的适应性，涉及的主要性状是白肋烟品种的适应性（狭义层面）以及品种的各种抗耐性，它决定着品种推广的范围和使用寿命。生产实践表明，适应地域广，抗病抗逆种类多而强、耐肥的品种，其稳产稳质性能优良，在一定地区和不同年份均能产生高而稳定的经济效益，在生产上利用的年限较长。而稳产稳质性能不好的品种，也许在某些有利年份和有利条件下可以获得较高产量和品质，但稍有不适，产量和品质就大幅度下降，所以很快被新的品种代替。

（一）白肋烟品种的适应性

品种适应性（adaptability）是植株表型性状和与农业生产有关的性状（如成熟期、产量、品质等）在变化的环境里保持稳定状态的能力。这种稳定性依赖于将形态和生理的某些方

面保持恒定，其他方面则可以变化。因此，我们将一个品种能自我调节其遗传型或表现型的状态，使生长发育和主要性状保持相对稳定或更好的能力，称为品种的适应性。也就是说，某品种对不同气候、不同地力、不同栽培措施的适应能力，就叫作品种的适应性。

品种适应性是由品种的遗传特性决定的，不同的白肋烟品种有不同的适应性。一般情况下，一个品种的适应性强弱要在多地域、经多年种植后才能完全表现出来。适应性强的品种一般分布较广，而适应性较差的品种其分布区域很小。就白肋烟品种而言，对主要生态因素要求不严格或反应不敏感，对普遍性的不利因素的抗耐性较强的品种，往往具有较广的适应性。生产上要求品种的适应性越强越好，越广泛越好。

白肋烟品种是经人工选择培育形成的适合一定地区生态条件和生产条件的，具有一定经济价值的，遗传性状比较一致的一种烟草类型。因此，白肋烟品种的适应性既包括生态适应性，又包括生产适应性，是生态适应性和生产适应性的统一体。

1. 品种的生态适应性

白肋烟品种的生态适应性指白肋烟品种的同一基因型所组成的群体对生态条件变化的自我调节能力，即一个生态适应性良好的白肋烟品种在多个地区或者某地区不同年份，烟株均能生长良好，烟叶产量和品质均能得到较好的表现，产值高。由于品种的生态适应性是通过同一基因型对环境变化进行调节的，因此，白肋烟品种的生态适应性既包括品种对有利条件的利用能力，又包括对不良条件的忍耐能力。它不产生形态结构上的变化，即使产生某些形态结构上的变化也是不能遗传的。一般而言，自我调节能力强的品种，其适应的生态幅度宽；自我调节能力弱的品种，其适应的生态幅度窄。

2. 品种的生产适应性

白肋烟品种的生产适应性是指品种对一个地方的耕作制度、移栽早迟、肥水条件、栽培管理、采收晾制等生产措施的适应性能，是白肋烟品种对发展中的栽培调制技术水平的适应性，可以通过设置不同栽培因子的试验来测定。一个白肋烟品种只有与生产中的施肥量、移栽期、栽植密度、打顶留叶措施、采收成熟度、晾制方法等栽培调制技术水平相适应，其烟叶产量和品质才能得到最佳表现，产值才能较高。

在各项栽培晾制技术措施中，肥料施用对白肋烟烟叶产量、品质影响最大，因而对白肋烟品种的生产适应性的影响也最大。施肥不足，则烟叶产量偏低；而施肥过量，则影响烟叶化学成分和品质。品种对肥料的敏感程度如何，直接关系到生产中肥料的施用量、把控施肥水平的难易程度，以及烟叶产量和品质的稳定性。通常将品种对肥料尤其是氮肥的敏感程度，称为耐肥性。它是由营养因子的遗传性引起的，与肥料利用率有本质上的不同。通常情况下，氮、磷、钾肥利用率均以耐肥性弱的品种高于耐肥性强的品种。白肋烟品种耐肥能力的不同，常表现为烟草栽培要求和某些生理指标的差异。不耐肥品种由于肥料利用率尤其是氮肥利用率相对较高，因而对施肥水平尤其是施氮水平特别敏感，致使生产上不易把控施肥水平。施肥水平过高，就会致使叶片梗粗、大如蒲扇，烟田葱郁荫蔽，叶片发育不良，最终导致烟叶产量和品质严重下降；而施肥水平过低，又会导致烟株发育不良，烟叶产量和品质也不能尽如人意。耐肥品种由于肥料利用率尤其是氮肥利用率相对较低，因而对施肥水平尤其是施氮水平不敏感，施肥水平的范围相对较宽，在生产上容易把控，在适宜的施肥水平内，烟叶产量和品质的变化幅度不大。因此，白肋烟生产上要求品种的耐肥性能要好。

在各项栽培晾制措施中，一个品种的移栽期弹性既是生态适应性的表现，也是生产适应性的表现。许多情况下，移栽期的早迟是由生态条件和生产条件决定的。在同一个地方，一个品种的移栽期弹性大，早十几天或晚十几天移栽，如果对烟叶产量和品质没有明显影响，则说明这个品种的生态适应性和生产适应性比较强。此外，施肥方式、施肥时间、栽植方式、栽植密度、采收时期、晾制方法等栽培调制措施对白肋烟品种的适应性也有影响。

一个白肋烟品种在适宜的生产条件下，烟叶产量和品质明显高于其他品种，人们也可改变生产条件以主动适应品种的需求，这就是良种良法配套。一个良种若没有良法配套，其适应性将会减弱。

（二）白肋烟品种的抗耐性

品种的抗耐性是指品种对干旱、潮湿、某种特殊土壤、有害生物等特殊生态环境的抵抗或忍受能力。对白肋烟品种来说，抗耐性主要包括抗病性、抗虫性和抗逆性。白肋烟品种对病虫害和逆境的抗性，实际上就是白肋烟品种对特殊生态环境的适应性表现，是决定白肋烟品种稳产稳质的关键因素。白肋烟品种的抗病、抗虫、抗逆性，一般通过专门的抗性鉴定试验来评定。

1. 品种的抗逆性

品种的抗逆性(stress resistance)是指品种具有的抵抗或忍耐不良的气候条件、土壤条件等不利环境的某些性状。就白肋烟品种而言，主要是指耐旱、耐低温、耐涝、抗倒伏等。干旱和水涝都影响烟叶的发育，导致不正常成熟，甚至导致烟株死亡，从而影响烟叶产量和品质的稳定性。苗期或移栽后一段时间受低温影响，有些品种因对低温敏感，容易产生早花，在大田成熟期若遇到连续低温，则烟叶不能正常成熟，这都将影响烟叶产量和品质的稳定性。倒伏导致烟叶受损，影响叶片正常的光合作用和生长，也不利于烟叶产量和品质的稳定性。大量的生产实践证明，虽然这些不利的环境因素可以采取多种措施加以控制，但最经济有效的途径还是利用白肋烟品种的遗传特性与不利的环境条件相抗衡，即针对白肋烟产区频繁发生的逆境状况，选用相应的抗逆性强品种。因此工农业生产上要求白肋烟品种具有一定的耐旱、耐低温、耐涝、抗倒伏的能力。

2. 品种的抗病性

品种的抗病性(disease resistance)是指品种表现出的各种抵御有害病原物侵入与扩展、降低发病和损失程度的特征和能力。白肋烟的病害很多，有黑胫病、青枯病、根黑腐病、根结线虫病、病毒病、赤星病、靶斑病、白粉病、气候性斑点病等。这些病害的发生和流行，与当地烟叶生产的气候条件、土壤条件、农事操作等都密切相关，令人防不胜防。某些病害的流行或者广泛发生会导致烟叶产量和品质大幅度下降，甚至绝收。大量的生产实践证明，尽管可以采取农业防治、化学防治、生物防治等手段来控制这些病害，但最经济有效的手段还是选用相应的抗病品种作为生产上使用品种。因为只有正常生长、健壮的烟株才能发挥品种的最大潜力，一旦受到病害侵害，其一种或几种生理功能的发挥就会受到干扰，几乎所有的病害都会降低植物的生物学产量、烟叶产量和品质。因此，白肋烟烟叶生产上要求白肋烟品种具有抗当地生产中两种或多种主要病害的性能。

3. 品种的抗虫性

品种的抗虫性(pest resistance)是指品种表现出的各种能够抵御害虫侵害、生长、发育和为害的特征和能力。烟草生产上的虫害很多，如烟青虫、盲椿象、蚜虫等，对烟叶产量和品质的稳定性有直接和间接的影响。有的虫害如烟青虫等，导致烟叶破损多孔，影响烟叶等级、填充性等；有的虫害如盲椿象等，影响烟株的生长发育；有的虫害如蚜虫等，不仅污染烟叶表面，影响晾制质量，而且是传播病毒病的媒介，导致脉斑病毒病等的流行蔓延，给白肋烟生产带来了不利的影响。目前，在白肋烟烟叶生产上，虫害防治有物理防治、化学防治、生物防治等方法，长期以来多以化学药剂防治为主，但化学农药易产生药剂残留，造成环境污染，杀死天敌，破坏生态平衡。从长远利益来看，绿色环保将是白肋烟生产发展的必然趋势。农业生产实践证明，选用抗虫品种是防治和减轻虫害的最为经济有效的措施，并且不会产生化学药剂残留、环境污染以及破坏生态平衡等问题，有利于白肋烟生产的可持续发展。因此，工农业生产总是希望白肋烟品种具有一定的抗当地生产中主要虫害的能力。

第二节　制定育种目标的一般原则

白肋烟育种目标是针对白肋烟产区的生态条件、经济条件以及种植制度而制定的，因此，它是一项包括多方面内容的复杂、细致的工作。对育种工作者来说，要有效地制定出切实可行的育种目标，必须进行深入的调查研究，充分了解当地的自然条件、种植制度、生产水平、栽培晾制技术、品种的变迁历史、生产中的主要病害和不利条件以及市场对烟叶品质的要求等。育种工作者既要了解当前生产上存在的问题，又要把握今后的发展方向，然后通过综合分析，有针对性地制定白肋烟育种目标，同时要确定1～2个在本地区种植面积较大的品种作为对照品种（或称为标准品种），以便在育种选择中进行比较。制定育种目标时，一般要遵循以下几项基本原则。

一、优先突出烟叶品质

烟草是一种商品性很强的经济作物，其产品能否满足烟叶原料市场的需求，直接影响到烟农的植烟效益高低和烟叶生产能否可持续发展。白肋烟烟叶生产的目的是为混合型卷烟提供优质原料，因此，其产品必须符合国内外混合型卷烟对烟叶原料的要求。而国内外混合型卷烟对白肋烟烟叶原料的要求集中反映在烟叶品质方面，所以，白肋烟的育种目标应将提高烟叶品质作为首要目标。

由于国内和国际混合型卷烟的风格特点不尽相同，因而国内、国外混合型卷烟对白肋烟烟叶品质的要求也不尽相同。即使在同一个国家，不同厂家对白肋烟烟叶品质要求也不尽相同，例如，有些厂家要求烟叶烟碱含量高一点，有些厂家要求烟叶烟碱含量低一点。此外，作为混合型卷烟原料，白肋烟烟叶还有优质主料烟叶和优质填充料烟叶之别，前者要求白肋烟风格特征突出、香气浓郁，后者要求填充值高、吃味纯净、燃烧性强、配伍性好。由上可见，白肋烟烟叶品质的目标并不是唯一的。因此，在制定白肋烟育种目标时，应充分考虑国内、国外甚至不同厂家对混合型卷烟的不同需求以及主料和填充料之别，制定不同特点的烟叶品质目标，以便选育出具有不同烟叶品质特点的品种，以满足混合型卷烟烟叶原料市场的各种需要。由于吸烟与健康问题日益受到重视，因此，在制定育种目标时，还要考虑烟叶的安全性，应把低降烟碱含量或低烟碱转化率纳入烟叶品质目标。

二、解决主要限制因素

白肋烟烟叶生产和市场上对品种的要求往往是多方面的。但是在制定育种目标时，对诸多需要改良的性状不能面面俱到，无法要求十全十美，而是要在综合性状都符合一定要求的基础上，抓住主要矛盾，分清主次，突出地改良一、两个限制产量和品质的主要性状。因此，如何准确地抓住影响白肋烟产区烟叶生产发展的主要限制因素，就成为制定育种目标的关键。制定育种目标时，若能准确地抓住影响白肋烟产区烟叶生产发展的主要限制因素，则育种成功的可能性就大。

不同白肋烟产区，由于其在气候、土壤、生物诸方面的各种生态因素以及生产条件不同，因而影响烟叶生产发展的主要限制因素也不同。在制定育种目标时，必须深入生产第一线进行广泛细致地调查研究，在调查的基础上，分析当前该地区烟叶生产对品种的具体要求、当地种植品种的特点以及存在的问题，找出当前种植品种的主要限制因素，将其作为育种中要克服的目标，在保持和发展当地种植品种优良特性的基础上，有针对性地改良其相应表现不足的性状。例如，若在某白肋烟产区，黑胫病、靶斑病、病毒病是烟田主要病害，已成为该产区烟叶生产稳定发展的主要限制因素，则应该把选育高抗这些病害的品种作为育种目标；若某白肋烟产区的烟草青枯病严重，烟草生育前期易出现低温阴雨天气，影响烟叶产量，则应该把选育高抗青枯病、对低温反应不敏感的品种作为育种目标；若某白肋烟产区的植烟土壤贫瘠，烟草生长季节易出现干旱，影响烟叶产量和品质，则应该把选育抗旱、耐贫瘠性品种作为育种目标。在分析寻找主要限制因素时，还应联系长期的栽培经验，找出规律性的东西，集中解决阻碍烟叶生产发展的主要问题，这样育种的效果就会更显著。

三、明确具体性状和指标

制定育种目标只确定一个大方向是远远不够的。如果在育种目标中只是一般化地提出将优质、多抗、适产、广适等作为重点改良的目标，那么，由于育种目标过于笼统，因而不具有针对性和可操作性，致使在育种过程中出现盲目性，这样的育种目标也就不可能起到指导育种工作的作用。鉴于此，育种目标在确定主攻方向的同时，必须对有关的性状进行具体分析，确定改良的具体性状，并明确各具体性状所要达到的具体指标，这样才便于选配亲本和进行育种选择。例如，以抗病性作为主攻目标时，不仅要指明具体的病害种类，而且要落实到具体的生理小种上，同时要用量化指标提出抗性标准，即抗病性要达到哪一个等级或病株率要控制在多大比例范围内；以提高品质作为主攻目标时，不仅要与对照品种相比，指明烟叶外观品质所要达到的评判要求和感官质量所要达到的评判档次，还要对叶片大小、叶片厚度、单叶重、叶质重、含梗率等叶片性状，烟碱、总氮、还原糖等化学成分含量及相互间比值，以及降烟碱含量、群体内烟碱转化株比例等具体性状提出量化指标。

四、立足当前，兼顾长远

从白肋烟的育种程序来看，育成一个新的品种至少需要 5～6 年，多则需要 10 年以上时间。育种周期长的特点，决定了育种目标制定必须要有预见性。所以，在制定育种目标时，不仅要考虑当前混合型卷烟对烟叶品质的要求，还要考虑若干年后混合型卷烟的发展对原料要求的变化；不仅要考虑当前烟叶生产的生态因素、生产因素和社会因素，还要考虑若干年后某些生态因素的变化以及某些生产因素和社会因素的发展。例如，随着“吸烟与健康”问题的提出，卷烟制品将向低毒少害、提高安全性方向发展；某些病害当前初现迹象，以后可能有蔓延趋势等。为此，在制定育种目标时，要充分了解白肋烟品种的演变历史，了解与白肋烟生产相关的生态因素和生产因素的变化历程，同时要对社会和市场的发展变化做全面详尽的调查。不仅要密切注意这些发展对白肋烟生产提出的新内容、新变化，从白肋烟生产现状出发，解决当前生产上存在的主要问题，而且要考虑这些事物的发展速度以及若干年后可能的发展水平。这样才有可能制定出正确的育种目标，育种目标还要随着近期可能发展的农业水平和各种条件的变化形势不断调整，使烟草育种工作有强烈的针对性和预见性，选育出具有发展性的白肋烟新品种。

第三节　白肋烟育种的主要目标

白肋烟育种目标涉及的性状很多，一般来说，凡是通过遗传改良可以得到改进的、与经济效益和烟叶品质有关的性状都可以列为育种的目标性状。通常白肋烟育种目标包括产量、品质、抗病性、抗虫性、抗倒伏性，以及对多种不良环境条件的抗耐性、适应性，如干旱、渍水、低温等。但对于这些目标，特别是实现这些目标的具体性状，在不同地区以及混合型卷烟发展的不同时期，要求的侧重点和具体内容是不一样的，因而采用不同的育种方法和不同的种质资源实现这些目标的途径也是不一样的。因此，这里仅就一般育种目标普遍涉及的项目以及实现这些目标的可能途径概述如下。

一、优质

白肋烟是一种商品性很强的经济作物，其烟叶品质的优劣直接影响着混合型卷烟的吸食品质，因此，育种目标必须符合混合型卷烟对烟叶原料的要求，这直接涉及烟农所产烟叶的市场前景和植烟效益的好坏。鉴于此，提高烟叶品质一直是白肋烟育种的主攻方向。由于烟叶品质的含义复杂，而且影响烟叶品质的遗传因素研究较少，因此优质育种仍是目前白肋烟育种的薄弱环节。

烟叶品质是一个综合概念，主要包括外观品质、物理特性、化学成分和吸食品质等方面。不同国家、不同厂家的混合型卷烟由于风格特点不同以及烟叶在配方中的用途不同，因而对白肋烟的烟叶品质特点也各自都有不同的要求，这个要求还随着混合型卷烟的发展而变化。育种单位应加强与农业和工业部门的密切联系与合作，了解烟叶市场与工业需求发展的动态，根据白肋烟烟叶市场和工业需求制定切实可行的烟叶品质育种目标。

烟叶品质育种目标的制定主要包括以下三方面内容：

（一）确定烟叶品质的评判指标

1. 外观品质评判指标

在白肋烟育种程序中，根据烟叶外观品质的优劣评价烟叶品质是选择优质品种的首要环节。白肋烟烟叶外观品质因素中，与品种选择密切相关的因素是颜色、成熟度、叶片结构、身份、叶面展皱、光泽、叶片大小等。对外观品质的综合评价，现阶段可在严格按照国家标准分级的前提下，采用上等烟和上中等烟所占百分比以及均价或等级指数（grade index）的高低来衡量。

中国在白肋烟的育种程序中常用上等烟比例和均价作为评选优良白肋烟品种的评判指标，烟叶外观品质好的白肋烟品种，其烟叶上等烟比例和均价相对较高。由于美国烟叶销售为拍卖方式，采用上等烟比例和均价作为烟叶品质的评判指标，并不能准确地反映烟叶品质，且均价易受市场价格波动的影响，因此，美国在白肋烟的育种程序中常用等级指数来评价新品种晾制后烟叶的外观品质，使用这种方法可保证评价结果在任何地点和任何年份始终稳定一致。烟叶等级指数就是以烟叶部位、颜色和品质等级为依据而制定的用来评价烟叶总体外观品质的一项数字化指标。它是在研究烟叶的着生部位、颜色、成熟度、叶片长度等外观品质因素对烟叶品质的综合影响的基础上制定的，将烟叶分级标准中各等级烟叶分别赋予了特定的数值（0～100），按等级值和相应的重量计算某个品种烟叶的综合等级指数，依综合等级指数的高低来评价不同品种烟叶外观品质的优劣。

各等级指数值的计算公式为

$$等级指数=部位值\times颜色值+等级赋予值$$

这里的部位、颜色和等级的数值都是预先给定的。根据美国1989年发布的白肋烟等级指数，下二棚或腰叶组（C）、上二棚叶组（B）被认为是最理想的叶组，赋予部位定值5；顶叶组（T）具有B叶组的一般特性，但成熟度不够，叶片较小（长度较短），因此不如B叶组理想，而脚叶组（X）部位低，呈现较高的成熟度和损伤度，没有高部位叶组（C和B叶组）的特性，因而将顶叶组（T）、脚叶组（X）赋予部位定值4。

各颜色组的相关数值是按烟叶组织结构和成熟度的递减程度安排的，数值低表明成熟度和组织结构差。其中，浅红黄（F）、近红黄（FR）与红黄（R）组的颜色定值为10，浅黄色（L）组为9，近浅黄色（FL）组为7，混色（M）组为6，深红色（D）、微青色（V）、浅红黄微带青（VF）与红黄色带青（VR）组为4，杂色（K）组为3，青色（G）、青色浅红黄（GF）与青色红黄（GR）组为1。

品质等级组的相关数值反映美国官方白肋烟分级标准列出的质量因素。这些因素包括身份、成熟度、叶片结构、叶面状况、光泽、颜色强度、叶片大小、纯度、损伤允许度。各等级赋予的相关数值如下：1级为50；2级为40；3级为30；4级为20；5级为10。由于级外烟叶不符合最低规格或者说超过了最低等级的允许程度，鉴于所有烟叶均应有一相关数值，所以武断地将级外（NOG）烟叶赋值为1。

根据上述赋予各因素的定值，计算出美国白肋烟各等级数值，结果列于表2-2。

烟叶综合等级指数的计算公式为

$$综合等级指数=\frac{\sum(某等级烟叶重量\times该等级烟叶等级指数赋值)}{烟叶总重量}$$

一般认为这个综合等级指数可鉴别试验研究中烟叶外观品质的好坏。利用烟叶等级指数来评价烟叶外观品质非常直观，在多试点多年份的品系比较试验中，可根据供试各品系综合等级指数的大小对不同品系烟叶的总体外观品质进行直接比较，也可进行统计分析，避免了使用文字对烟叶外观品质描述的含糊性。例如，某一白肋烟品系比较试验设置了3个供试品系（A、B、C），各品系烟叶晾制后按政府部门颁布的分级标准进行烟叶分级，并统计各品系各等级烟叶的重量和烟叶总重量，依据表2-2中各等级烟叶的等级指数值，就可计算出各品系的综合等级指数(见表 2-3),依此即可进行各品系烟叶外观品质的比较。表 2-3 中的统计与计算结果表明,3 个供试品系(A、B、C)的综合等级指数分别为 64.0、64.3、65.3,说明品系 C 的烟叶总体外观品质优于品系 B 和品系 A。如果试验设置重复,则可以调查每个小区域的烟叶等级指数并进行数理统计分析。

表 2-2 美国白肋烟各等级指数值(1989 年)

等级	指数	等级	指数	等级	指数	等级	指数	等级	指数
X1L	86	C3F	80	B4FL	55	B4VF	40	T5D	26
X2L	76	C4F	70	B1FR	100	B5VF	30	T4K	32
X3L	66	C5F	60	B2FR	90	B3VR	50	T5K	22
X4L	56	C3K	45	B3FR	80	B4VR	40	T4VF	36
X5L	46	C4K	35	B4FR	70	B5VR	30	T5VF	26
X1F	90	C5K	25	B5FR	60	B3GF	35	T4VR	36
X2F	80	C3M	60	B1R	100	B4GF	25	T5VR	26
X3F	70	C4M	50	B2R	90	B5GF	15	T4GF	24
X4F	60	C5M	40	B3R	80	B3GR	35	T5GF	14
X5F	50	C3V	50	B4R	70	B4GR	25	T4GR	24
X4M	44	C4V	40	B5R	60	B5GR	15	T5GR	14
X5M	34	C5V	30	B4D	40	T3F	70	N1L	30
X4G	24	C4G	25	B5D	30	T4F	60	N2L	10
X5G	14	C5G	15	B3K	45	T5F	50	N1F	30
C1L	95	B1F	100	B4K	35	T3FR	70	N1R	30
C2L	85	B2F	90	B5K	25	T4FR	60	N2R	10
C3L	75	B3F	80	B2M	70	T5FR	50	N1G	10
C4L	65	B4F	70	B3M	60	T3R	70	N2G	5
C5L	55	B5F	60	B4M	50	T4R	60	NOG	1
C1F	100	B2FL	75	B5M	40	T5R	50		
C2F	90	B3FL	65	B3VF	50	T4D	36		

表 2-3 供试品系烟叶的等级指数

品系	烟叶总重量/g	各等级重量/g				综合等级指数
		X4F	C5F	B4FR	T5R	
A	2000	350	450	1000	200	64.0
B	2100	360	450	1100	190	64.3
C	2200	340	420	1300	140	65.3

美国白肋烟烟叶等级指数的制定,考虑了白肋烟烟叶多年的市场平均价格,所以,等级指数在某种程度上也反映了烟叶的可用性。

2. 物理特性评判指标

白肋烟烟叶的物理特性实质上是烟叶外观品质概念的延伸，包括烟叶大小、单叶重、叶质重、叶厚、平衡含水率、拉力、填充值、含梗率等指标。其中，有些指标与外观品质因素直接相关，如烟叶大小、叶厚等，有些指标与外观品质因素间接相关，如叶质重、单叶重、拉力、填充值、含梗率等。几乎所有的物理特性指标都与白肋烟品种的选择密切相关。由于烟叶物理特性指标与卷烟生产成本有密切关系，因而在其他外观品质因素相同情况下，叶片较大、单叶重和叶厚适中、含梗率低、弹性好、填充值高的白肋烟品种更受用户欢迎。

烟叶物理特性各指标性状都能够通过物理方法进行测定，因此，可以根据各物理特性指标性状测定值的大小来评价烟叶物理特性的优劣。在不同试点、不同年份白肋烟品系比较试验中，对各品系的烟叶进行物理特性评价时，相关的烟叶物理特性性状均可获得相应的数值，因而可以进行直观比较或进行统计分析。

3. 化学成分评判指标

烟叶化学成分与烟叶品质的关系极其复杂。各种化学成分的含量及其相互比例都与烟叶品质有着直接的关系，尤其烟叶化学成分间的平衡协调对烟叶品质更为重要。因此，衡量烟叶品质的化学成分指标，不仅包括各种化学成分的含量，而且包括各种化学成分含量间的相互比值。烟叶中各种化学成分的含量及相互比值可通过化学成分分析而获得，因此，可以根据各化学成分指标来评价烟叶化学成分的优劣。在不同试点、不同年份白肋烟品系比较试验中，对各品系的烟叶进行化学成分评价时，相关的烟叶化学成分均可获得相应的数值，因而可以进行直观比较或进行统计分析。

在白肋烟新品种的选育过程中，用于评判烟叶品质优劣的化学成分指标主要有三类。

(1) 与烟气风格和品质特征相关的化学成分指标。

白肋烟烟叶燃吸时的风格特征主要指白肋烟香型彰显程度、烟气浓度、劲头等，而品质特征主要包括香气特性和口感特性。烟叶燃吸时的烟气风格和品质特征取决于烟叶的化学成分。与烤烟不同，白肋烟烟叶化学成分的特点就是烟碱和总氮含量较高，而糖含量较低，这一特点使白肋烟形成了特殊的香型风格和品质特征。因此，用以评价白肋烟烟叶感官品质的化学成分指标与烤烟有明显区别。

首先，对于白肋烟品种来说，在众多与烟气风格和品质特征相关的烟叶化学成分中，影响最大的是氮碱比(总氮含量与烟碱含量的比值)，它直接关系到烟叶燃吸时白肋烟香型的彰显程度、烟气浓度、劲头和口感特性。对于白肋烟而言，氮碱比介于 1.0～2.0 之间是相对比较协调的，过低则香味不足、烟气欠丰满、成团性差，劲头大，口感特性差；过高则香气质较差、强度较弱、余味欠舒适。至于总氮和烟碱的相对含量，则应该根据烟叶在配方中的用途以及烟叶市场和工业的需求而设定相应的适宜范围。从中国目前白肋烟生产状况来看，对于以生产主料烟为目的白肋烟品种来说，应控制烟碱的过高积累，使其质量分数处于2%～4%范围内，协调氮碱比在 1.2～1.5 之间，以利于改善白肋烟的烟气风格、品质特征和口感特性。对于以生产填充型烟为目的白肋烟品种来说，更应控制烟碱的过高积累，使其质量分数处于 1.0%～2.5%范围内，并相应下调总氮质量分数，使氮碱比达到平衡协调。针对某些工业厂家对高烟碱白肋烟烟叶的特殊诉求，应在现有烟碱含量水平上进一步提高烟碱质量分数，同时相应上调总氮质量分数，使氮碱比达到平衡协调，以培育适应特殊需求的高烟碱白肋烟品种。

其次，由于调制得当的白肋烟烟叶含糖量很低，因此用糖碱比来评价烟叶品质并不适用于白肋烟。对于白肋烟品种来说，烟叶还原糖质量分数是个限制指标，不应超过1%，且越低越好。

再者，对于白肋烟品种来说，总挥发碱质量分数及其与烟碱质量分数的比值也是评价烟叶品质的重要化学成分指标。总挥发碱质量分数与烟气的生理强度和口感特性有关，适宜范围为0.6%～0.8%，过低则吃味平淡、烟气粗糙、余味不适，过高则烟味苦辣、刺激性大。而总挥发碱与烟碱之比与烟气的平和舒适程度有关。一般而言，总挥发碱和烟碱比值介于0.3～0.7之间是相对比较平衡协调的。

(2) 与烟叶燃烧性相关的化学成分指标。

烟叶燃烧性也是用户选择烟叶品质时关注的内容之一。影响烟叶燃烧性的主要化学成分中，最为直接的是钾和氯。从中国目前的白肋烟品种状况来看，氯含量并不是烟叶燃烧性的限制因素，烟叶氯含量的高低主要与土壤和肥料中的氯含量有关。但要提高烟叶中的钾含量并不是轻易能够做到的，它与品种的富钾能力有关。因此，从品种选择的角度来说，与烟叶燃烧性相关的化学成分指标主要是烟叶钾含量及其与氯含量的比值。一般认为，优质白肋烟烟叶中钾含量不应低于2.0%，钾氯比值越大越好，以4.0～10.0较为适宜。可见，提高白肋烟品种的富钾能力是改善其烟叶燃烧性的关键。

(3) 与烟叶安全性相关的化学成分指标。

随着"吸烟与健康"问题的提出，要求提高卷烟制品安全性的呼声越来越高。因此减少烟叶中有害成分，选育低毒少害的优质白肋烟品种是今后白肋烟育种的主攻方向之一。从烟叶安全性的角度而言，在各类栽培烟草中，白肋烟烟叶燃吸时的焦油释放量是相对较低的，但烟叶中有害物质TSNA的含量相对较高。因此，从某种程度上说，选育低毒少害的白肋烟品种实际上就是选育TSNA含量低的品种。而白肋烟烟叶中TSNA含量偏高主要是由于在烟叶晾制和陈化过程中烟碱向降烟碱的转化。鉴于此，在白肋烟新品种的选育过程中，降烟碱与总生物碱的比值，即烟碱转化率就成为必然的控制指标。美国在烟草品种审定制度中规定，降烟碱占总生物碱的比例不得超过6%。

4. 吸食品质评判指标

一个白肋烟品种的烟叶品质水平最终要通过烟叶的感官评吸来鉴定，其烟叶品质集中反映在吸食品质的各项指标性状中，包括香型风格、品质特征和燃烧性三个方面的指标性状。其中，香型风格评价指标包括香型彰显程度、烟气浓度和劲头；品质特征评价指标包括香气特性和口感特性两方面指标，香气特性指标有香气质、香气量和杂气程度，口感特性指标有刺激性、干燥感、回甜感和余味；燃烧性评价指标包括阴燃性和灰分。对于以生产主料烟为目的的白肋烟品种，其烟叶在燃吸时应该香型风格突出、香气质纯、香气量大、杂气不显、口感特性好、烟气浓度和劲头符合市场需求；对于以生产填充型烟为目的的白肋烟品种，其烟叶在燃吸时至少应该没有不良的异味、配伍性好、燃烧性强。

由于吸食品质各项指标性状主要依靠人的感官评吸来鉴定，因而主观性比较大。为了尽量客观地鉴定烟叶的吸食品质，往往是由若干专业评吸人员组成评吸组，再由组内每个成员根据自我感觉对吸食品质的各项指标赋分。除了香型风格和燃烧性根据各评吸人员对其各项指标赋分的平均值进行定性描述外，其他品质特征可量化评价，首先按品质特征各项指标对总体吸食品质的重要程度分别赋予不同的权重，然后依据各评吸人员对各项指标赋分的平均值和相应的权重，计算出吸食品质总分。其计算公式如下：

$$吸食品质总分 = \sum(某品质特征指标量化分值 \times 该指标权重)$$

一般认为这个吸食品质总分可鉴别试验研究中烟叶吸食品质的优劣。利用吸食品质总分就可以对各试验因子进行直接比较或进行统计分析。

在吸食品质的鉴定内容中，烟叶的燃烧性主要受制于烟叶中钾、氯等化学成分含量及其比值，因此，从白肋烟品种选择的角度而言，育种者应重点关注烟叶的香型风格、香气特性和口感特性，尤其是香气特性。香型风格和口感特性在很大程度上与烟叶中总氮、烟碱、总挥发碱等化学成分含量及其比值是否平衡协调有关。而香气特性是由烟叶中多种致香物质成分的含量、组成、比例及相互作用决定的，不仅直接决定着烟叶吸食品质的水平，而且影响着香型风格的彰显程度和口感特性，对于评价品种的烟叶品质极其重要。Weeks 以及 Beatson 等人的研究表明，烟叶中中性挥发性物质如类胡萝卜素和杜伐(duvane)的衍生物等成分含量高，则其烟气的香味和香气较好。因此，改善烟叶燃吸时的香气特性是白肋烟新品种选育的重要目标。

烟叶燃吸时香气特性的优劣是由遗传因素和环境因素共同决定的，二者很难区分。育种工作者试图利用烟叶中致香物质成分的组成和含量来间接评价品种的烟叶香气特性，但烟叶中致香物质成分组成和含量同样是由遗传因素和环境因素共同决定的，且由于烟叶中致香物质大多属于次生代谢物质，因而受环境因素影响更大。一般来讲，遗传因素主要影响致香物质的性质和种类，环境因素主要影响致香物质的含量和组成比例。迄今为止，育种工作者尚未找出致香物质对烟叶香气特性的影响规律。

Roberts(1988 年)报道烟叶和烟气中化学成分达 5868 种，其中烟叶中专有的成分有 1872 种，烟气中专有的成分有 2824 种，烟叶与烟气中共有的成分有 1172 种。这些化学成分中大约 1/3 与烟气的香味和香气有不同程度的关系，它们共同决定着烟气的香味质量，很难用一、两个成分来说明对香味影响的大小，这就增加了育种改良的难度。正如 Roeraade(1972 年)实验分析认为的那样，烟叶中致香物质众多，许多成分含量太低，难以确定各物质对香气特性的贡献大小，致使以提高香气特性为目标的育种研究进展缓慢。

石油醚提取物的研究是烟叶香气质量研究较多的一个方向。众多研究表明，烟叶中的醚提取物与烟叶的油分有关，是主要的致香物质。美国曾研究了 1500 个不同的烟草基因型在相同种植环境、同样栽培条件下的性状表现，发现石油醚提取物含量有很大的差异，变幅为 5.3%～6.5%。Collins 等(1993 年)指出，石油醚提取物只与烟叶的香气量有关，而与香气质无关。

(二) 确定烟叶品质特点的类型

卷烟工业对白肋烟烟叶品质的要求是由白肋烟烟叶在卷烟配方中的用途决定的。主料烟叶与填充型烟叶对烟叶品质特点的要求差异很大。优质主料烟叶要求香型风格突出，香气质纯浓郁，杂气不显，口感特性好，总糖质量分数低于 1.0%，烟碱质量分数介于 2.0%～4.0%之间，氮碱比介于 1.0～2.0 之间，总挥发碱与烟碱比值介于 0.3～0.7 之间，烟叶颜色呈近红黄至红黄，结构疏松，厚薄适中，叶面舒展，光泽明亮。而优质填充型烟叶对烟叶的香气、吃味没有过分的要求，但要求颜色正，厚薄适中，燃烧性强，填充值高，没有不良的异味，配伍性好，烟碱质量分数介于 1.0%～2.5%之间。烟叶品质是一个复杂的问题，不仅涉及很多方面，而且各方面存在着密切的联系。因此，一个白肋烟品种的烟叶是很难同时满足优质主料烟叶和优质填充型烟叶对烟叶品质特点的要求的。鉴于此，在以烟叶品质作为主要育种目标时，需要针对白肋烟烟叶在卷烟配方中的专门用途而进行烟叶品质改良，选育专用型品种是一种有效的育种策略。也因此，在制定白肋烟育种目标时，应首先搞清楚白肋烟烟叶市场对烟叶品质特点的需求，需要的是主料烟叶、填充型烟叶，还是高烟碱烟叶；然后根据不同卷烟工业对白肋烟烟叶品质特点的不同要求，而提出不同的烟叶品质育种目标，以便有针对性地开展白肋烟新品种选育工作，做到有的放矢。

（三）确定烟叶品质的选择标准

白肋烟育种方案追求的烟叶品质目标包括良好的外观品质、填充性能和加工性能，符合市场需求的烟叶化学特征，满足烟草客户要求的香气和口感特性等。尽管育种者对烟叶品质非常关注，但由于对烟叶品质的测定较主观和复杂，以及大多数与品质有关的因素又是互相制约的，因而在实际育种过程中，并没有针对烟叶品质的选择手段，仅在一个品种选育过程的开始与结束时考虑烟叶品质问题。在育种开始时可以根据品质育种目标选配亲本，在育种后期和育成品种推广前的区域小区试验阶段和生产试验阶段对新品种的烟叶品质进行评价，包括外观品质评价、物理品质评价、化学品质评价和吸食品质评价。

白肋烟品种区域小区试验和生产试验，原则上要根据不同卷烟工业对白肋烟烟叶品质特点的不同要求，而设置具有相应品质特点的生产上大面积使用的品种作为标准品种（即对照品种）。在中国，白肋烟生产的主要目标是优质主料烟，因此使用的标准品种也是具有主料烟烟叶品质特点的品种。鉴于此，目前在中国，白肋烟品种区域小区试验和生产试验是以生产上现有主栽品种作为对照品种的。因此，在选择满足卷烟工业特殊需求的品种时，如填充型烟品种、高烟碱品种等，在与对照品种比较时，还要考虑卷烟工业的特殊需求。

被测试的白肋烟新品种要在多个试点进行两年以上的品种比较试验。参加区域小区试验或生产试验的新品种，都必须进行外观品质、物理特性、化学成分和吸食品质评价，并与对照品种进行比较。新品种在连续两年以上的区域小区试验和生产试验中，均必须在保持遗传稳定性的前提下，其烟叶的外观品质、物理特性、化学成分和吸食品质方面均达到如下标准。

1. 外观品质

新育成的主料烟品种要求在烟叶颜色、身份、叶片结构、叶面展皱、光泽等方面优于对照品种。一般而言，烟叶外观品质好的品种，其上等烟比例和均价（或级指）相对较高，因此要求新育成的品种在上等烟比例和均价（或级指）方面比对照品种有明显提高。新育成的填充型烟品种要求烟叶必须颜色正，厚薄适中，在上中等烟比例和均价（或级指）方面比对照品种有明显提高。

2. 物理特性

新育成的品种要求在叶质重、叶厚、平衡含水率、填充值、拉力、含梗率等性状方面优于或至少相当于对照品种。

3. 化学成分

新育成的品种要求烟叶中还原糖质量分数低于1.0%，氮碱比介于1.0～2.0之间，烟碱质量分数介于2.0%～4.0%（主料烟）或1.0%～2.5%（填充型烟）之间，总挥发碱质量分数介于0.6%～0.8%之间，总挥发碱和烟碱比值介于0.3～0.7之间，钾质量分数高于2.0%，钾氯比值介于4～10之间，降烟碱不得超过被测品种总生物碱的6%。由于受生态环境条件变化的影响，被测品种与对照品种的各种烟叶化学成分的相对含量有时波动较大，当化学成分含量出现异常波动时，应以对照品种为参照，针对被测新品种不同质量特点类型设置烟叶化学成分含量的变化范围。对于主料烟品种来说，被测品种烟叶中的烟碱含量和总挥发碱含量一般不得超过对照品种的10%，总挥发碱含量不得低于对照品种的15%，而总氮含量不得超过或低于对照品种的10%，其他要求不变。对于填充型烟品种来说，化学成分要求应视实际情况而定，但被测品种烟叶中的烟碱含量、总挥发碱含量和总氮含量不得超过对照品种。至于高烟碱品种要根据卷烟工业的要求来设定烟碱含量标准，但不得低于对照品种。

4. 吸食品质

新育成的主料烟品种要求烟叶香型风格突出，香气质纯浓郁，杂气不显，口感特性好，在香气特性和口感特性方面应优于或至少相当于对照品种。新育成的填充型烟品种则要求烟叶燃烧性强，没有不良的异味，配伍性好，尤其在杂气、刺激性、余味、配伍性等方面要远优于对照品种。

选育的新品种必须具有可接受的外观品质、理化特性及烟气特性。因此，只有在区域小区试验和生产试验阶段烟叶品质达到规定标准的新品种，才能在生产上推广应用。

二、适产

烟叶产量的高低影响着烟叶原料市场的供求状况和烟农的经济收益。提高单位土地面积的产量是农业生产的总要求，烟叶生产也是如此。但是白肋烟烟叶生产又有它特殊的一面，在一定范围内随着单位土地面积产量的提高，烟叶品质也相应提高，超过一定的范围，再提高产量就会降低烟叶的品质。烟叶产量只有在一定的范围内，烟叶的品质才能得到充分的表达。可见，白肋烟烟叶产量并不是越高越好，而是有一个适宜范围的，在这个适宜范围内，烟叶产量与品质协调发展，这个适宜范围就称为适产。换句话说，适产就是能充分满足某种烟叶品质要求下的最高产量。对单片烟叶而言，适产是指其单叶重量在其品质表征满足某种需要的状况下达到了最好水平；就单位面积上的烟株群体而言，适产是指在保证其烟叶品质达到某个总体水平的状况下的产量范围。适产范围内的烟叶不一定优质，但优质烟叶的产量应该在适产范围内。鉴于此，为保证烟叶品质，在白肋烟新品种选育过程中，适产是育种工作者重要的努力方向之一。

正确处理烟叶产量与烟叶品质之间的关系，使二者协调发展，是白肋烟育种成败的关键。对于白肋烟品种来说，适产是相对于烟叶品质而言的，是在保证烟叶品质达到优质标准的前提下，尽量提高单位土地面积的烟叶产量，也就是在优质条件下实现高产，在高产水平上实现优质。由此可见，从白肋烟新品种选育的角度来说，烟叶适产的实质就是提高烟叶品质与提高烟叶产量的高度协调统一。所以，烟叶适产范围的水平并不是一成不变的，而是在烟叶品质与烟叶产量协调发展的条件下，随着烟叶品质水平的提高而向上浮动。

仅就品种本身而言，烟叶品质是烟株个体生长发育的结果，个体的生长发育状况决定着烟叶品质的高低。单位土地面积的烟叶产量也是由单株有效生产力决定的，而单株有效生产力是由单株叶数和平均单叶重决定的，单叶重又是由叶面积和叶质重决定的，单株叶数的多少、叶片的大小和叶质重的大小决定着烟叶产量的高低。但作为品种，它是一个由基因型一致的各个烟株构成的群体。如果只考虑烟株个体的发展，而不考虑个体与群体的关系，那么个体的过度发育，必将促进群体的超常发展，加剧个体和群体的矛盾，反而使各部位叶片的生长失去了相对平衡，最终导致烟叶总体品质的急剧下降，单位土地面积的烟叶产值和产量也会随之下降。可见，烟叶产量和品质的形成是一个很复杂的问题，它是品种的各种遗传特征特性与环境条件共同作用的结果。所以，若要使新育成品种的烟叶产量与品质协调发展，则在品种选育时，既要考虑单株叶数及其单叶面积和叶质重三者之间能否协调发展，还要考虑烟株个体与群体能否协调发展。也就是说，新育成的白肋烟品种应该既能以最大可能保证烟株各部位叶片达到一定的品质要求，又能在保证个体获得最佳品质的前提下使群体得到充分的发展，以保证提高烟叶品质与提高烟叶产量的高度协调统一。由此可见，在制定适产育种目标时，并不是简单地提出产量、单株叶数、单叶重的指标范围，就可以选育出既优质又适产的白肋烟新品种的，而应在研究几个影响产量主要因素之间关系以及影响产质协调发展的烟株主要性状结构的基础上，提出具体的指标。

白肋烟的叶片既是光合器官，又是收获对象。一个品种的烟叶产量与品质能否协调发展，其关键在于该品种烟株群体内各单株上的叶片能否均衡地发育。只有各单株上的叶片都均衡、优良地发育，烟叶才能易于晾制，且晾制后的烟叶品质优良，体现在外观品质上，则烟叶长短适宜，成熟度适中，颜色正而均匀，结构疏松，身份适中，叶面舒展，光泽明亮，完整度好，进而使上等烟比例和均价较高；体现在物理特性上，则烟叶长度、单叶重和叶厚适中，叶质重较大，平衡含水率高，弹性好，填充性强，含梗率小，烟叶加工品质大幅提升；体现在化学成分上，则总氮、烟碱和总挥发碱含量及其间比值适宜协调；体现在吸食品质上，则烟气浓度和劲头适中，口感舒适。也只有各单株上的叶片都均衡、优良地发育，烟叶才能产量适宜，产值较高。但要使各单株上的叶片都能均衡、优良地发育，则要求品种具有合理的烟株发育进程以及在成熟期能使光充分透过整个群落的烟株形态特征，以利于个体与群体的协调发展。

从生物学意义上来讲，白肋烟的产量包括生物产量（biomass）和经济产量（economic yield）。生物产量是指白肋烟在生产期间通过光合作用生产和积累的有机物质的总量，即全株根、茎、叶、花和果实等干物质总重量，通常只统计地上部的总干物质重量。而经济产量即人们通常所说的烟叶产量，它是指有经济价值的烟叶的收获量，是生物产量的重要组成部分。可见，白肋烟在生产期间的光合产物积累可分为经济积累和非经济积累。光合产物在叶片中的积累能够使烟叶可用性提高并使烟叶具有经济价值，这部分积累就属于经济积累。而光合产物在叶片以外的其他器官内的积累，或在叶片中积累但不能使烟叶产生经济价值以及叶片过度发育致使可用性降低的那部分积累，均属于非经济积累。经济积累量（economic accumulation）与经济产量是有区别的。经济产量是个绝对概念，凡是符合白肋烟等级规定且能够产生经济价值的烟叶，其重量在生物学上就是经济产量。而经济积累量是个相对概念，不包括经济产量中致使烟叶可用性降低的烟叶过度发育而产生的那部分重量。所以，经济积累量也是个综合概念，既包括经济产量因素，也包括烟叶品质因素。因而可以将经济积累量理解为叶片中积累的对烟叶品质具有正向作用且使烟叶具有经济价值的干物质重量。因此，从某种程度上来说，经济积累量的高低代表着烟叶产量与烟叶品质协调发展的水平高低，也代表着烟株个体与群体协调发展的水平高低。若要使烟叶产量与烟叶品质在高水平上达到协调统一，就必须想方设法提高白肋烟品种的经济积累量。

综上所述，烟叶适产的育种目标应该主要包括以下四个方面：

（一）利于光合产物经济积累的烟株发育进程指标

生物产量是经济积累量的基础，因此，提高经济积累量，则要求白肋烟品种在田间生长期间要有较高的生物产量，在此基础上，希望光合产物最大限度地在叶片中积累，并形成较高的经济积累量。因此，烟株在田间生长期间的发育进程是关键影响因素。

一般而言，烟株合理的发育进程应该如下。

(1) 大田前期早生快发，长势强，起身快。

在大田前期，烟株早生快发、长势强，可以使烟株尽早拥有较大光合面积，建立较大的营养体，为生物产量打好基础。而烟株起身快，即株高伸长速度较快，可以使烟株上着生的各个叶片均能尽早接受充足而均匀的光照，提高烟株的整体光能利用率，既有利于生物产量的提高，又有利于光合产物的经济积累。

(2) 大田中期稳健生长，长势由较强过渡到中等，株幅界限明显，现蕾开花适当偏迟。

在大田中期，烟株长势由较强向中等逐渐过渡，稳健生长，株幅(见图 2-2)在行内烟株之间界限明显，可以保证烟田行内烟株间的叶片不会相互交错遮蔽，烟株个体具有一定的营养面积和空间，而群体不会出现葱郁荫蔽现象，既可以使烟株上各叶片均衡协调地发育，保证了烟叶品质，又可使群体具有应有的光合面积和光合生产率，满足产量的需求。

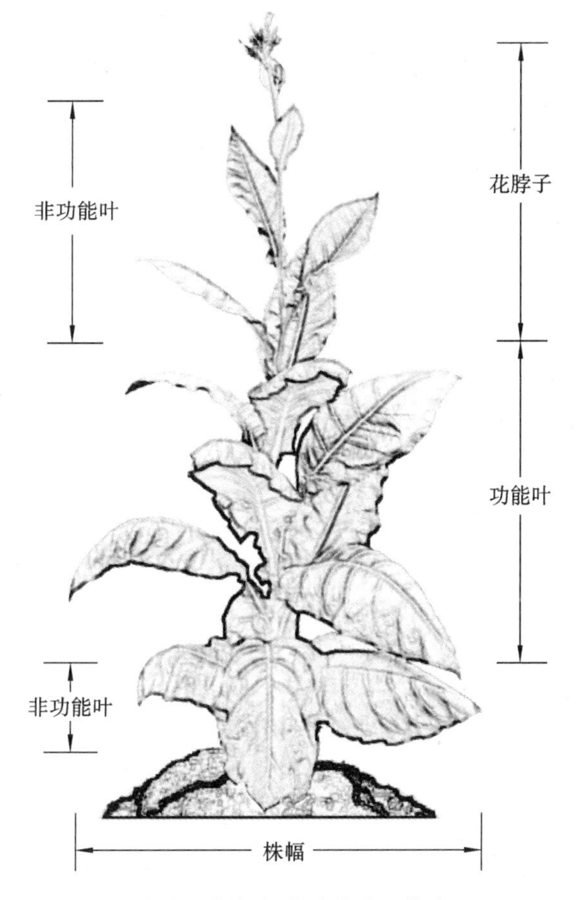

图 2-2　株幅、功能叶、非功能叶和花脖子图示

烟株现蕾开花适当偏迟，则可延长各烟株叶片的功能持续期。功能持续期是决定烟叶光合生产持续能力与物质分配规律的重要因素。对于以叶片为收获器官的烟株而言，为改善田间通风透光条件和防止病害滋生，常常将底脚叶提前摘除，以减少光合产物消耗，提高烟叶品质。现蕾开花后常将不能满足白肋烟等级标准规定长度的靠近花蕾的叶片连同花蕾一起打掉。这些提前摘除的底脚叶和连同花蕾一起去除的叶片，均属于无效叶或非功能叶，保留在烟株上的叶片则属于有效叶或功能叶（见图 2-2）。功能叶与非功能叶之间存在着光合产物的再分配，这对于改善烟叶化学成分的协调性以及提高烟叶耐熟性尤为重要。烟株现蕾开花适当偏迟，则烟株上部非功能叶出现时间也就偏迟，可以延长功能叶受光时间，功能叶能够充分地进行光合作用并增加光合产物积累，利于形成更多的光合产物经济积累量。

(3) 大田后期长势中等不早衰，叶片舒展，耐成熟。

在大田后期，尤其是在烟株打顶以后，烟株长势中等，不出现早衰现象，叶片舒展，耐成熟，可以使功能叶片受光时间相对较长，田间叶面积指数(leaf area index)相对较高，利于提高烟株的整体光能利用率，以形成更多的光合产物经济积累量，并进一步提高烟叶品质。

（二）利于光合产物经济积累的产量构成因子指标

就作物“源、库、流协调”理论而言，若要提高作物的经济产量，则要求源要足，库要大，流（运转）要顺。白肋烟品种的叶片既是光合产物的源，又是光合产物的库，这就要求白肋烟品种的单株叶数多，单叶面积大。据研究，单株叶数、叶长、叶宽与产量均呈显著正相关。仅就单株而言，烟株叶片数多、单叶面积大，则生产和积累的光合产物就多，经济产量也会相对较高。但是，单叶面积和单株叶数的增加是相互制约的。

众所周知，单株叶数增多，则叶片变小、变薄，梗叶比例增大，烟碱含量和烟叶品质降低。考虑白肋烟烟叶分级标准对叶片长度的要求和鲜烟叶晾制后的长宽收缩，以中部叶为例，叶长低于 60 cm，则经济价值降低，叶长低于 50 cm，则失去经济价值，失去经济价值的叶片对光合产物的积累则属于非经济积累或无效积累。因此，单株叶片数量要与叶片大小相协调，要把确保各部位烟叶晾制后的烟叶长度达到上等烟等级标准作为单株叶数增加的底线。同时，单株叶数的过分增加，势必导致烟株高度增加，烟株便易发生倒伏，致使烟叶遭受损失或品质下降，这也会带来叶片对光合产物的非经济积累。从这个角度来说，单株叶数的增加也要有一个度。一般而言，优良的主料烟品种单株着生叶数以 26～35 片为宜，以保证单株可采收叶数达到 22～26 片，填充型品种的叶数可以稍多。

烟田内的烟株是多单株组成的群体，归根结底，一个品种的烟叶产量和品质的协调提升，依赖的是烟株群体的烟叶产量和品质的协调提升，而不是个别单株的烟叶产量和品质的协调提升。个别单株发育良好，光合产物的经济积累量较高，但若不能与群体协调发展，致使个体与群体的矛盾加剧，各叶片的生长失去相对平衡，反而会降低光合产物的整体经济积累量。因此，烟株上的叶片也不能过大。烟株不同部位叶片面积配置对群体环境影响最大，是决定群体光照强度、风速差异的主要因素。当单叶面积达到一定水平后，随着叶片面积指数的增大，烟株群体会发生郁蔽，光照不足，从而降低叶片的光合效率，反而导致叶片发育不良，且茎秆细弱，易发生倒伏，又易受病虫害侵染，进而导致晾制后烟叶在成熟度、颜色、身份和叶片结构上不均匀，杂色多，片薄易碎，弹性差，致使烟叶失去经济价值或品质下降，反映在田间烟株上则是叶片对光合产物的经济积累量降低，而非经济积累量增大。因此，一个品种单叶面积的增加应以烟株群体不会发生郁蔽为底线。一般而言，一个品种的最终叶片大小应满足：下部叶叶长不低于 50 cm；中部叶叶长不低于 60 cm；最上一片有效叶（打顶后）预测长度不低于 50 cm。而各部位叶片最大长度应以在烟株打顶后的平顶期行间最大叶尖间距不低于 10 cm 为宜。

综上所述，单株叶数和单叶面积的增加能够提高经济产量，但单株叶数和单叶面积的增加应以叶片在个体上和群体内都能得到优良发育为底线，否则就会使烟叶品质下降，光合产物经济积累量也随之下降，达不到烟叶产量与烟叶品质协调发展的目的。

（三）利于光合产物经济积累的烟株形态性状指标

在提高白肋烟品种烟叶经济产量和经济积累量的各种途径中，提高烟株叶片的光能利用率，并使其光合产物在叶片中得到最大程度的经济积累是重中之重。

烟株叶片光能利用率的高低不仅与单株叶数多少和叶片大小有关，而且与烟株的形态特征有关。烟株的形态特征是指在烟株现蕾时烟株叶片着生在茎秆上自然分布的状况，涉及株型、株高、节距、叶片分布、茎叶角度、叶姿、叶形等植物学性状。烟株茎秆高度、叶片配置及叶片姿态是群体冠层结构及受光态势的重要决定因素。品种的烟株形态特征不同，其群落内的光环境也是不一样的。白肋烟品种合理的烟株形态特征必须使这些植物学性状最有利于叶片有效地利用光能，既能使光尽可能透射到中下部叶，又能使投射到各叶位的光均匀地照射在整个叶面上，进而使烟株群体上、中、下各层光分配合理，受光部位多，光能利用率高。只有这样，才能在一定的单株叶数和叶片大小的条件下，使叶质重得以提高，进而提高烟叶产量，同时提升烟叶品质，达到烟叶产量与烟叶品质协同发展的目的。

白肋烟品种合理的烟株形态性状具体指标如下。

（1）株型。

白肋烟品种的株型依据植株的外部形态，可分为塔形（植株自下而上逐渐缩小）、筒形（植株上、中、下三部位大小相近）和橄榄形（植株上、下部位较小，中部较大）三种（见图 2-3），一般于现蕾期至中心花开放期在上午 10:00 前观察。

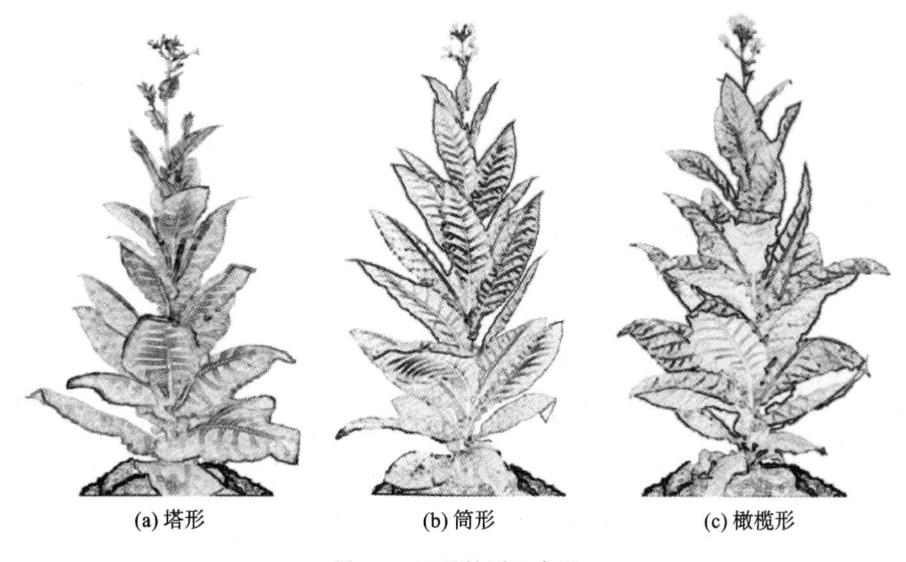

(a) 塔形　　(b) 筒形　　(c) 橄榄形

图 2-3　不同株型示意图

一般而言，株型呈塔形的品种，其烟株着生的叶片上部稀下部密，节间相应地上部长下部短；叶片往往水平生长，比较分散，以下部最大，自下而上叶片逐渐缩小；初期叶片长度增长快，烟株初期相对生长率也最高。而株型呈筒形或橄榄形的品种，其烟株着生的叶片在上、中、下三个部位分布比较均匀，节间长短相应地在上、中、下三个部位也比较均匀；各部位叶片竖立紧凑，大小相近，只是株型呈橄榄形的烟株中部叶片稍大一些；初期叶片长度增长慢，烟株后期相对生长率最高。据日本学者松田俊夫研究，株型呈塔形的品种，田间生长从中期到后期，叶片互相遮蔽，下部叶的光合作用效率下降，整体光能利用率相对较低。烟株从旺长期进入光合作用最盛期，此时叶片繁茂，各部位叶片能否均匀受光是非常重要的。在这种情况下，株型呈筒形或橄榄形的品种，由于其烟株各部位叶片大小均匀、分布均匀，因而对太阳光能的利用更为有利，整体光能利用率相对较高，进而使群体的单位叶面积光合产物经济积累量高于株型呈塔形的品种。据测定，塔形品种单位叶面积所同化的 CO_2 是 14.1 mg/(cm^2 · h)，而筒形品种为 15.5 mg/(cm^2 · h)。

从另一个角度而言，株型呈塔形的品种由于烟株近地表处叶片密集，非功能脚叶相对较多，而在烟株上部，塔形烟株的花脖子往往较长，较多的非功能脚叶和较长的花脖子，必然导致光合产物的非经济积累量增加，而经济积累量减少。株型呈筒形或橄榄形的品种则烟株近地表处非功能叶片少，花脖子也较短，因而光合产物非经济积累量较少，进而提高了光合产物的经济积累量。

此外，株型呈塔形的品种根系发达，耐旱和抗倒伏性相对较好，但往往表现为不耐肥的品种特性，遇到干旱和水涝时下部叶片容易出现假熟，致使产量下降。而株型呈筒形和橄榄形的品种往往具有耐肥品种的特性，遇到干旱和水涝时下部叶片损失也小。

综上所述，在以适产为目的的白肋烟育种中，应培育株型呈筒形和橄榄形的品种。

(2) 株高、节距和叶片分布。

株高、节距和叶片分布不仅影响到烟株上各部位叶片的受光条件，而且影响到不同部位叶片叶面受光的均匀程度。

在单株叶数相同的条件下，节距大的烟株有利于光照的透过，有利于提高群体的光合能力，有利于增加叶片中光合产物经济积累量；但节距太大，则植株太高，叶片偏小，不仅易受风害而倒伏，而且由于茎秆对光合产物的消耗，降低了叶片中光合产物经济积累量，烟叶产量和品质都受到不利影响；节距过小，则植株偏矮，叶片偏大，往往表现为中、下部叶片受光条件不好，不利于烟株群体光合产物的经济积累，烟叶产量和品质也都受到不利影响。

叶片在烟株上的高低空间分布直接影响着烟株上各部位节间距的大小，叶片在烟株上高低空间分布均匀，则各部位节间距差异较小，能够改善中、下部叶片受光条件，进而使各部位叶片得以均衡发育，利于烟株群体光合产物的经济积累；若节距上部大、下部小，必然使中、下部叶片尤其下部叶片密集，不仅使非功能脚叶数量增多，而且不利于中、下部叶片的光合作用，致使群体光合产物的经济积累量降低。

一般而言，一个品种的自然株高以打顶后株高介于 100～130 cm 之间为宜，节距以打顶后平均节距介于 4.5～5.0 cm 之间为宜，叶片在烟株上的高低空间分布应尽量均匀。

(3) 茎叶角度和叶姿。

茎叶角度是指烟株叶片主脉与茎的夹角大小。一般于现蕾期在上午 10:00 前观察或测定。叶姿是指叶的弯曲程度，包括直立叶、弯垂叶和平展叶三种类型，它是由叶基角(即茎叶夹角)、开张角、弯曲度和仰角综合决定的(见图 2-4)。其中,叶基角是指茎秆和叶片平直部分的夹角,决定着叶片“立”的程度;开张角是指叶耳至叶尖的连线与茎秆的夹角;弯曲度是指开张角与叶基角的差值,表示叶片“直”的程度;仰角是指叶片直立部分和水平面的夹角。直立叶茎叶角度相对较小,弯垂叶茎叶角度随着弯曲程度加大而增大,平展叶茎叶角度最大。

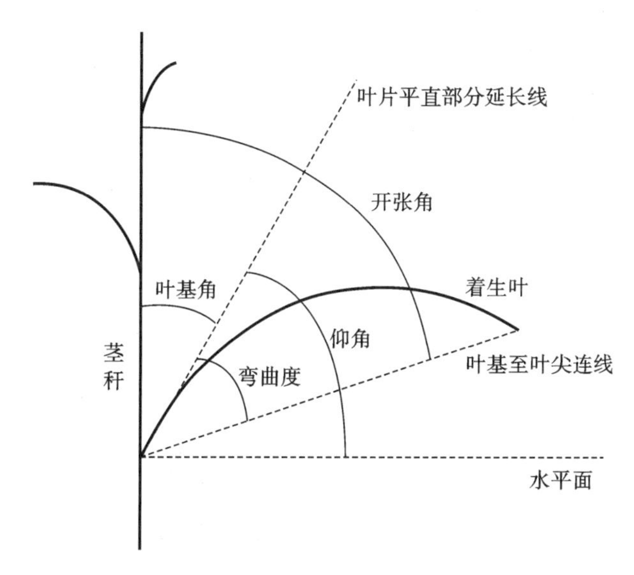

图 2-4　茎叶夹角与叶片弯曲程度图示

就单叶片而言,直立叶片有利于叶片两面受光,对阳光的反射率较小,其光合效率高于弯垂叶和平展叶。但烟株上并不只着生一片烟叶,而是着生多片烟叶,不同叶片在受光条件上不可避免地会相互影响。在一个品种群体内,单株叶片间以及个体与群体间的相互影响,必然使叶片的叶尖部、叶中部和叶基部的受光量有明显差异。任何一个品种的叶片从叶尖到叶基部,叶面受光量都显著减少,不同品种叶片的叶尖部受光量无显著差异,但叶中部和叶基部的差异较大。就叶片在群体内的水平分布而言,叶片直立性越强,则叶片在靠近茎的空间分布越密,因此,叶中部、叶基部的受光量是以弯垂叶形较大,直立叶形较小。而就叶片在群体内的垂直分布而言,某个着生部位叶片的开张度越大或弯曲程度越大,对着生部位更低的叶片的受光条件影响也就越大,致使着生部位更低的叶片的受光量明显减少。鉴于此,一个品种在烟株上着生的叶片,其茎叶角度或叶片弯曲程度应随着叶位的上升越来越小,这样可拉开烟株的受光层,提高群体的截光能力和光能利用率,有利于增加群体的光合产物经济积累量。一般而言,一个品种烟株上不同部位叶片在现蕾期时适宜的茎叶角度为:上部叶 20°～40°、中部叶 40°～55°,下部叶 55°～75°。

(4) 叶形。

白肋烟叶片依据叶片长宽比可分为宽椭圆形(长宽比为 1.6～1.9)、椭圆形(长宽比为 1.9～2.2)和长椭圆形(长宽比为 2.2～3.0)三种类型,如图 2-5 所示,于现蕾期采用目测法观察。

一般来说,在烟株群体内,宽椭圆形叶片由于叶片相对较宽,往往易使群体出现葱郁荫蔽现象,致使中、下层叶片光照不足,从而降低叶片的光合效率,进而使叶片内含物质少,身份偏薄,叶片破损率增加,烟碱含量降低,但宽椭圆形叶片梗叶比较小;而长椭圆形叶片由于

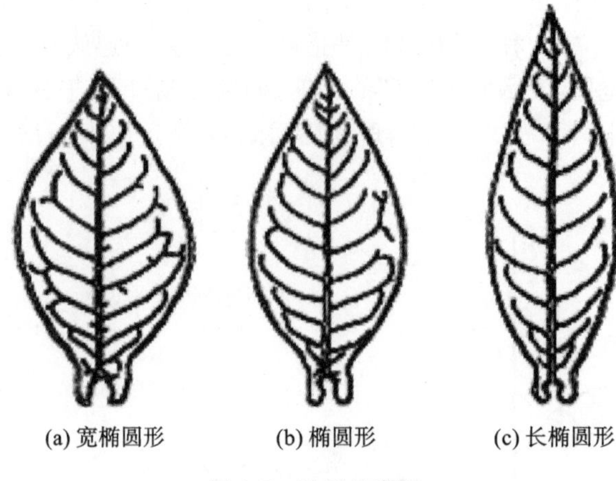

图 2-5 叶形示意图

叶片相对较窄，因而群落内的光照条件相对较好，光能利用率较高，进而使叶片内含物质多，身份偏厚，但长椭圆形叶片烟碱含量较高，梗叶比较大。因此，从品种选育角度而言，育成的新品种要求烟株的叶片由下而上，叶片长宽比随着茎叶角度渐小而渐大，这样，对于强光层的上部叶，叶片窄并近于直立，有利于透光，而处于弱光层的下部叶，叶片宽且近于平展，可更多地截收光能。一般而言，中部叶叶形为椭圆形，上部叶叶形呈椭圆偏长椭圆形，下部叶叶形呈椭圆偏宽椭圆形，这样更有利于群体光合产物的经济积累，并且梗叶比整体比较适中。

（四）降低光合产物非经济积累的烟株形态性状指标

白肋烟品种烟叶经济产量和经济积累量的高低不仅与光合产物的生产有关，而且与光合产物的消耗、分配和积累有关。在烟叶生产上，叶片的光合产物不仅会在叶片中积累，而且会分配到根、茎、杈、蕾和花中并积累起来，其中在烟杈、花蕾和无效叶中的过度积累，将致使有效叶片变薄，品质下降。因此，白肋烟作为叶用经济作物，总是希望其光合产物更多地在根和有效叶片中积累，尤其是在有效叶片中积累，而减少烟杈、花蕾、无效叶和茎秆，甚至烟梗对光合产物的消耗和分配，以利于烟株上有效叶片形成较高的经济积累量，进而提高烟叶品质和产量。因此，在选育白肋烟新品种时，要对烟杈、花蕾、无效叶和茎秆，甚至梗叶比这些烟株形态性状进行限制。

（1）茎围。

茎围大小代表着烟株茎秆的粗细。茎秆粗壮，则烟株抗倒伏，但在光合产物数量一定的条件下，茎秆过分粗壮势必增加光合产物在茎秆中的分配量，而减少叶片中的光合产物经济积累量，致使叶小片薄，烟叶品质降低；茎秆过细，虽然约束了光合产物的非经济积累，增加了光合产物的经济积累量，提高了烟叶品质，但遇大风、大雨极易倒伏，同样会造成损失。一般而言，茎秆宜适中偏细，茎围介于 8～10 cm 之间较为适宜。

（2）腋芽生长势。

腋芽生长势强，则易生烟杈，会消耗掉一定量的光合产物，从而减少叶片中光合产物的有效积累量，当腋芽生长势过旺时，甚至会导致烟叶品质严重下降。因此，在白肋烟品种选育过程中，应要求新品种的腋芽生长势弱或无，以减少腋芽对光合产物的消耗和分配，进而增加功能叶片中光合产物的经济积累量。

(3) 花蕾。

花和蕾是烟株上重要的光合产物消耗器官,因此,烟叶生产上一般于现蕾期或初花期将其去除(即打顶),以减少其对光合产物的消耗和分配,使光合产物尽量在功能叶片中积累,进而提高烟叶产量和品质。尽管如此,花和蕾还是消耗了相当部分的光合产物,因此,有必要采用育种手段尽量限制花蕾对光合产物的消耗和分配。

从育种的角度来讲,限制花蕾对光合产物的消耗和分配有两个途径:

一是培育花脖子短的品种。花脖子是一种俗称,指中心花开放时中心花基部与最上一片有效叶之间的茎秆长度(见图 2-2)。在烟叶生产上,花脖子连同其上着生的小叶片会随着花蕾一起被去除。但在其未被去除前是会消耗光合产物的。花脖子越短,则消耗和分配的光合产物就越少,而功能叶片中积累的光合产物就会越多。因此,要求育成的新品种花脖子尽可能地短,以减少非经济积累量,而增加经济积累量,进而提高烟叶产量和品质。

二是培育花蕾期偏迟的品种。一般来说,花蕾期早,则烟株生长发育的进程快或者叶数少;花蕾期迟,则烟株生长发育的进程缓慢或者叶数偏多。因此,若育成的新品种花蕾期适当偏迟,则烟株上部非功能叶出现时间也就偏迟,而功能叶片的功能持续期也会延长,利于形成更多的光合产物经济积累量。因此,要求育成的新品种花蕾期适当偏迟,以便延长功能叶受光时间,能够将更多的光合产物集中于功能叶中,进而提高烟叶产量和品质。

此外,烟株花序还是腋芽生长势的判断指标,花序紧凑则腋芽生长势弱,花序松散则腋芽生长势强。

(4) 无效叶数。

无效叶即非功能叶。烟株上着生的无效叶包括没有经济价值的底脚叶以及连同花蕾一起去除的不能满足白肋烟等级标准的小叶片(见图 2-2)。无效叶对光合产物的消耗严重影响着光合产物在有效叶(即功能叶)中的分配和积累,无效叶数多,则有效叶中光合产物有效积累量就会降低,烟叶产量和品质也会降低。因此,在白肋烟品种选育过程中,应要求新品种的无效叶数少,以减少无效叶对光合产物的消耗,进而增加功能叶片中光合产物的经济积累量。

(5) 梗叶比。

梗叶比既与晾制的难易程度有关,也与晾制后烟叶的含梗率有关。梗叶比大,则晾制时间长,干物质消耗多,烟叶的使用价值降低,这实际上也是减少了烟叶的经济积累量。梗叶比小,则晾制时间相对缩短,干物质消耗相对减少,烟叶的使用价值高。因此,在白肋烟品种选育过程中,应要求新品种的梗叶比尽量小。

总之,在烟叶适产育种的具体选择指标上,无论是烟株发育进程指标、产量构成因子指标,还是烟株形态性状指标,都必须服从于个体与群体的协调发展。只有这样,才能使株幅得到控制,叶片的大小受到制约,叶面的光照得到合理的保障,叶质重得到适度提高,叶片基部和尖部、叶片正面和背面的性状差异明显缩小,叶片的均匀度得以提升,叶片的厚薄和部位结构达到合理状态,真正地实现产量和品质的协调发展。

三、多抗

白肋烟品种的多抗性是白肋烟生产稳产稳质的重要基础。影响白肋烟烟叶生产的不利因素有很多,包括气候、土壤、生物、生产等多方面的不利因素。虽然这些不利因素可以采取多种措施加以控制，但最经济有效的途径还是利用白肋烟品种的遗传特性与不利的因素相抗衡。因此，增强品种对多种不利因素的抗耐性是白肋烟育种的重要研究内容，其目的在于减少控制不利因素的栽培管理工作，而获得较高的收益。

多抗包含抗病性、抗逆性和抗虫性。在实际育种过程中，并不要求新育成品种对所有的不利因素都具有抗耐性，应根据当地的具体情况而定。新育成品种起码要抗当地的 2 种以上主要不利因素，而且对当地出现的其他不利因素也有一定的抗耐性。就目前白肋烟生产而言，在对品种要求的多种抗性中，最重要的是抗病性，其次是抗逆性。

由于各白肋烟烟区气候、土壤条件差异很大，不利因素的表现可能不同，因此，不同烟区对白肋烟品种的抗性要求也不尽相同，所以在制定育种目标时应根据当地的实际情况，确定育种目标在抗耐性方面的具体内容和各项内容的相对重要性。

（一）抗病性

病害对烟株的影响途径可归为以下几种：(1) 造成叶片或整株死亡，群体减少（如维管束系统萎缩）；(2) 损伤根系造成养分散失，表现为烟株代谢紊乱、发育迟钝（许多病毒）；(3) 致使分枝死亡（如一些病菌死亡菌体等）；(4) 破坏叶片组织（如许多叶片斑点、叶枯病等）。几乎所有的病害都会通过这些途径中的一种或多种直接或间接影响烟叶的产量和品质。危害白肋烟的病害不仅种类多，而且有许多病害目前尚无有效的防治方法，因而抗病育种一直是白肋烟育种研究的重点。

病害的发生与发展取决于人类活动的干扰、寄主是否易感病、病原物是否存在、环境条件是否适宜等。也就是说，在病害发生与蔓延方面，人类活动、寄主、病原物与环境条件是四位一体的互作关系（见图 2-6），其中任何一种因素的改变都将引起相应病害发生变化。因此，品种的抗病性是一个动态过程，抗病品种在使用中，新的病原小种迅速产生，导致品种抗病性下降；主要病害与非主要病害在一定条件下相互转化，主要病害得到控制后，非主要病害亦可转化为主要病害，单一抗病性远不能适应病害的流行和转化。而且，随着烟叶品质和安全性要求的不断提高，水肥条件不断改善，复种指数相应加大，很多病害也在逐渐发展。因此，培育兼抗多种病害的品种是目前白肋烟抗病育种的主要研究内容。

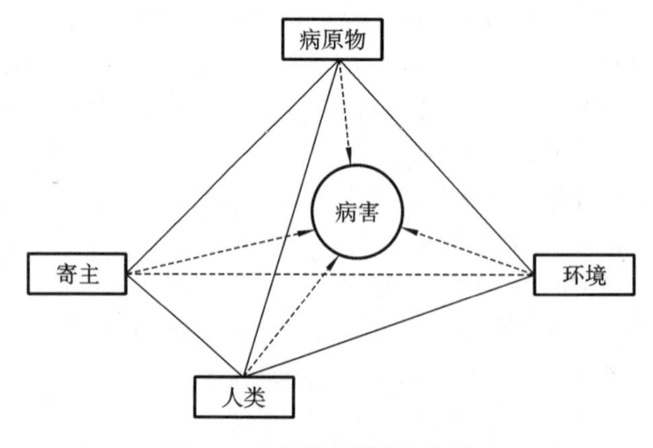

图 2-6 病害发生因子互作关系

白肋烟育种的历史可以说就是抗病育种史。早在白肋烟育种之初，美国选育出的第一个白肋烟品种 White Burley 就是抗根黑腐病品种，也是美国选育出的第一个抗病烟草品种。

美国随后选育出优质抗根黑腐病品种 Kentucky 16，然后又由其衍生出抗根黑腐病、TMV、野火病的 Burley 21、Kentucky 10、L-8 等品种，拉开了白肋烟优质多抗杂交育种的序幕。抗病种类由最初的 Kentucky 16 抗 1 种病害，发展到 Burley 21、Burley 37、Virginia 509 等品种抗 3 种病害，乃至后来的品种抗 5 种、7 种、8 种病害，如育成的 Kentucky 17 高抗 TMV、野火病、根黑腐病，中抗黑胫病、镰刀菌枯萎病，耐 TEV 和 TVMV；Tennessee 86 较 Kentucky 17 增加了对 PVY 的抗性等。目前，美国白肋烟育种的主要目标就是集中改善在生产上大面积推广的品种，即在保证烟叶品质的前提下，重在增强品种耐或抗多种病害的能力，提高烟叶生产效益。津巴布韦学者的研究表明，烟草品种抗病害种类数目与其产量潜力高度相关（见图 2-7）。日本学者山本义忠的研究表明，烟草品种抗病害种类数目增加，则香吃味变劣，两性状呈负相关。然而，对大面积推广品种的产量与抗性进行数理统计分析时，发现大部分品种的位置都靠近基准线的右上侧（见图 2-8），表明以香吃味和多抗为育种目标是可行的。可见，增加品种对多种病害的抗性，不仅能够保障产量潜力的发挥，而且采用适当的育种手段还能打破抗病基因与对烟叶品质不利基因的连锁，能够将品质与抗性很好地结合起来，育出兼抗多种病害的优质高产品种。

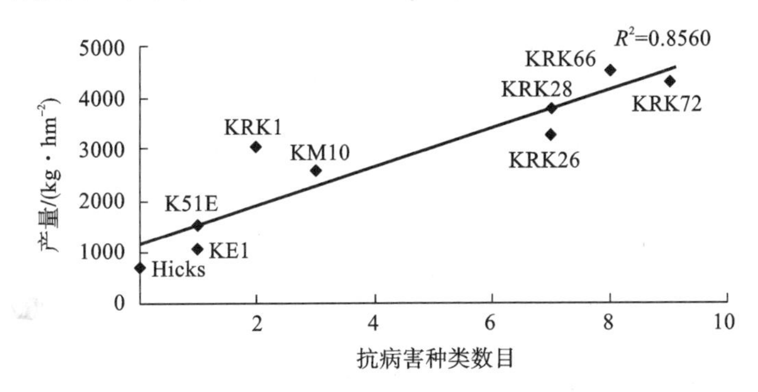

图 2-7　津巴布韦烟草品种产量潜力与抗病害种类数目的关系

图中，Hicks、K51E、KE1、KRK1、KM10、KRK26、KRK28、KRK66、KRK72 均为津巴布韦烟草品种名称；R^2 为拟合回归直线中回归平方和与总离差平方和的比值，在 0～1 之间，越接近 1，回归拟合效果越好，一般认为 R^2 超过 0.8 的模型的拟合优度比较高。

白肋烟品种的抗病性包括两个方面。一是白肋烟品种对某一种病害的抗性高低，一般分为高感、中感、低抗、中抗、高抗等。白肋烟品种对病害抗性的有无或者高低是相对而言的，生产上并不要求白肋烟品种对病害具有绝对的抗性，一般只要求在病菌流行或者病害发生时，能把病原菌的数量压低到经济允许的阈值以下即可。二是白肋烟品种抗病害的种类数目，是抗 1 种病害、2 种病害，还是抗多种病害，即是单抗品种还是多抗品种。

中国目前主栽白肋烟品种中，对生产上流行的主要病害如黑胫病、青枯病、根结线虫病、病毒病、赤星病、白粉病、靶斑病、气候性斑点病等缺乏多抗性。因此，我国白肋烟育种急需解决两大问题：

一是抗生产上多种主要病害。这就要求在制定育种目标时，要掌握抗源，了解抗性的遗传背景与特点，还把抗当地主要病害作为选育目标，要求新育成品种应抗当地 2 种以上主要病害，而不高感其他病害。可以先选育抗 1 种主要病害的品种，进而选育兼抗 2 种病害的品种，再选育多抗品种。也就是说，以目前已有的具不同抗病性能的优良品种为主体亲本不断增进抗性，逐步实现多抗性育种目标。

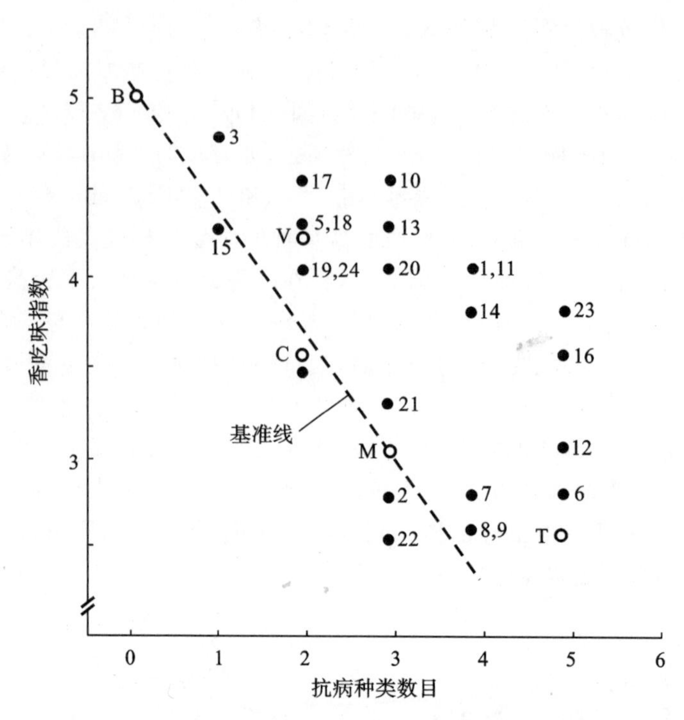

图 2-8　烟草品种的烟叶香吃味与抗病种类数目的关系

图中，B、V、C、M、T 代表当时大面积推广品种，分别为品种 By4、Va115、C139、MC 1 号和筑波 1 号；数字为以往育成品种的编号。

二是协调抗病性与烟叶品质的矛盾。鉴于品种的品质与抗病性往往有一定矛盾，对于品质好的品种，抗病性可以适当放宽，具有中度抗病力即可。但不管怎样，新育成品种在抗病性方面应不低于甚至超过当地主栽品种。

（二）抗逆性

作物品种不但要求适宜的自然条件，而且要求相应的生产管理水平。其抗逆性的强弱直接关系到其适应的范围和适应性的强弱。抗逆性包括避逆性（stress avoidance）和耐逆性（stress tolerance）两个方面。就白肋烟品种而言，抗逆性就是耐逆性，指大田烟株在生长期间承受了全部或部分不良环境胁迫的作用，但没有或只引起相对较小的伤害。耐逆性决定于两个方面，即外界环境对烟株施加的胁迫和烟株对环境胁迫所做出的反应。烟株对环境胁迫所做出的反应也称为胁变，胁变程度又取决于白肋烟品种潜在的可塑能力或遗传潜力。

就白肋烟生产而言，逆境主要是指干旱、雨涝、大风、低温、土壤贫瘠等不利的自然条件，以及施肥过量、使用除草剂等不利的生产条件。各个产区的逆境表现情况可能不同，因而对品种耐逆性的要求也不尽相同。因此，在制定育种目标时，首先要调查了解当地白肋烟产区的逆境出现情况，应把耐当地频繁发生的逆境作为主要选育目标，兼顾耐其他可能发生的逆境。就中国目前白肋烟产区而言，干旱是最频繁发生的逆境，有些地区常年缺雨干旱，即使在雨量较多的地区，季节性干旱也时有发生，造成白肋烟严重减产。因此，在制定育种目标时，要把耐旱性作为新品种应具备的重要特性之一。在目前的烟草育种中，耐旱性是抗逆育种的主要育种目标，其次是耐低温、抗倒伏等。

在目前的抗逆性育种中，除采用基因工程技术导入抗逆性基因外，传统的育种途径主要有两个：

一是利用逆境胁迫筛选耐逆性白肋烟品种。各种逆境都能引起生物膜破坏、细胞脱水，以及各种代谢无序进行，从而对植物细胞产生伤害。然而植物细胞经过序列变化，有抵抗逆境伤害的本领，例如形成胁迫蛋白(热激蛋白、抗冻蛋白)，提高保护酶系统的抗氧化酶(SOD、CAT、POD)活性，形成渗透物质(脯氨酸、甜菜碱)等。因此，可以采用逆境胁迫方法，以当地主栽品种作为胁迫对象，来培育耐逆性白肋烟新品种。某白肋烟品种烟株群体受到胁迫后，一些烟株被伤害致死，另一些烟株的生理活动虽然受到不同程度的影响，但它们可以存活下来。如果烟株长期生活在这种胁迫环境中，通过胁迫选择，有利性状被保留下来并不断加强，不利性状不断被淘汰。这样，该品种存活下来的烟株就会形成对某些逆境的适应能力，即能采取不同的方式去抵抗各种胁迫因子，从而形成一个新的品种。

二是利用耐逆性与烟株形态性状和生理生化性状的关系，通过田间选择来培育耐逆性白肋烟品种。据研究，白肋烟品种耐逆性的强弱往往在田间烟株形态性状和生理生化性状方面有着相应的表现。因此，在制定育种目标时，应首先对与耐逆性相关的烟株形态性状和生理生化性状进行研究，然后在此基础上提出具体的与耐逆性相关的烟株形态性状和生理生化性状选择指标。

(1) 耐旱性。

白肋烟品种耐旱性是一较为复杂的综合性状，涉及根系、株型、株高、叶数、叶片大小等烟株形态性状以及生理生化性状。一般来说，根系发达、株型偏塔形、株高偏矮、茎秆偏细、叶数偏少、叶形偏长椭圆形、叶片茸毛多、茎叶角度偏小、株型紧凑、腋芽生长势弱、烟株生长缓慢的品种耐旱性较强。其中，发达的根系是品种耐旱性的主要烟株形态原因，应作为耐旱性选育的重要特征指标。

(2) 耐低温性。

白肋烟品种耐低温性包括两个方面，一是耐大田前期低温，二是耐大田后期低温。烟草品种对光照、温度反应的强弱，可分为敏感和迟钝两类。少数多叶型品种是强短日型的，即花芽分化对短日照极为敏感，而对低温不敏感。但绝大多数品种是中型或弱短日型的，即花芽分化对短日照不敏感，而对低温敏感，有些品种对低温极为敏感。低温和短日照能促使烟株较快地从营养生长向生殖生长转化，其中低温使营养生长转化为生殖生长，比短日照的作用更大，但不同品种反应有所不同，有些品种苗期和移栽后一段时间若连续受到低温影响，则容易产生早花现象。而在大田成熟期若遇到连续低温，则影响烟叶的正常成熟。因此，在制定育种目标时，应适当考虑品种对低温的不敏感性和早熟性，以及在较低气温下仍能正常成熟的特性。

(3) 抗倒伏性。

烟株遇到大风或雨涝易发生倒伏，进而造成产量和品质的下降。白肋烟品种抗倒伏性能与根系、株型、株高、茎秆、地上营养体等有关，一般来说，根系发达、株型偏塔形、株高偏矮、茎秆强度高、地上营养体偏小的品种抗倒伏性较强。其中，发达的根系、适宜的株高、较高的茎秆强度是抗倒伏性品种的主要烟株形态，应作为抗倒伏性品种选育的重要特征指标。在大田中、后期，维持根的旺盛活力、保持适中的烟株高度和较高的茎秆强度对增强烟株的抗倒伏性极为重要。茎秆强度除从茎围、茎壁厚度、节距大小等方面来考虑外，还要考虑茎秆中的硅质、木质素、钾和淀粉等物质的含量，这是因为细胞的生理活性对强化茎秆起着重要作用。

此外，耐涝性、耐肥性、抗除草剂等有时也是白肋烟育种要考虑的目标。其中，耐涝性是白肋烟育种的一项艰巨任务。由于烟草对水涝比较敏感，大多数白肋烟品种不耐涝，田间烟株常因渍水而大面积死亡。白肋烟品种耐涝性的强弱与根系的生长能力、无氧呼吸能力等有关。因此，应将烟株根系的生长能力、无氧呼吸能力等性状作为耐涝性育种的重要指标。耐肥性是白肋烟优良品种应具有的重要特性。一个品种的耐肥能力既与其产量有关，也同其品质相联系。一般来说，耐肥品种产量较高，烟碱含量也较高，香气较足，烟味较浓，烟叶级指也较高。世界烟草生产先进国家，如美国等育成的白肋烟品种大多具有耐肥特性。但由于在白肋烟品种选育时，采用的移栽期、行株距、施肥水平等都是和生产条件一致的，因此，中国目前尚没有专门针对耐肥性开展的育种工作，而仅将耐肥性作为在针对其他目标进行育种时的附带考察指标。抗除草剂育种利于机械化操作，节省用工。其选育标准就是在使用除草剂的情况下，烟株的各种性状能够正常表现。但目前尚无进展。

综上可见，白肋烟品种的各种耐逆性都是较为复杂的生理综合性状，涉及烟叶品质、产量等诸多方面，因此，选育耐逆性白肋烟品种必须与品质育种和产量育种等结合进行，统筹考虑多方面因素，重点是建立高效的各种耐逆性鉴定体系。不管怎样，绝对的抗逆性是不存在的，因此，要求新育成品种在耐逆性方面不低于甚至超过当地主栽品种。

（三）抗虫性

作物的抗虫性是作物同害虫在长期抗衡、协同进化过程中形成的具有抵御害虫侵袭及寄生危害的一种可遗传特性，主要表现为在同样栽培条件或害虫基数达到虫害发生水平时，抗虫品种不发生虫害或者受害程度较轻。

作物的抗虫性机制可分为 3 种类型：拒虫性（nonpreference）、抗生性（antibiosis）和耐虫性（tolerance）。拒虫性是指作物品种以其本身所固有的生物物理和生物化学特性如植物株型、表面茸毛密度、毛状体上的腺体和分泌物、表面蜡质等，表现出的对害虫具有拒降落、拒产卵、拒取食的效能；抗生性是指作物品种含有对害虫有毒的物质，或缺乏害虫所需的营养物质，或虽存在害虫所需的营养物质但含量很低、难以利用，从而对害虫的生存、发育、繁殖等产生不利影响；耐虫性是指作物品种被害虫取食后能够进行自我生理调节，表现出很强的增殖或补偿能力，从而减少害虫对作物产量的影响，但这种特性是相对的。

从烟草产品的特点而言，烟草的抗虫育种应以拒虫性和抗生性作为育种目标，其中由抗生性产生的抗虫作用在育种上最有希望。据研究，烟草腺毛对害虫活性具有一定的抑制作用，烟叶表面低水平双萜类物质以及高水平的脂肪族醇和蜡质醇物质都能致使烟青虫缺乏产卵条件，烟叶表面没有腺毛（如 TI1112 和 I-35）或者没有分泌物（如 TI1024 和 TI1406）都对蚜虫有拒取食的效能，烟叶中高水平的黑三烯松二醇（α，β-4，8，13-duvatriene-1，3-diols，DVT-diols）、蔗糖酯和生物碱对烟青虫幼虫的生长及生存有不利影响，烟草腺体分泌物如高水平的生物碱、黑三烯松二醇（DVT-diols）、蔗糖酯、顺式冷杉醇和类赖百当二醇[（13，E）-labda-13-ene-8，15-diol，labdenediol]等对蚜虫具有毒性作用。

目前，在烟草育种上，针对主要害虫培育寄主抗性品种，已成为防治烟草害虫的一个发展方向，开始受到许多产烟国家的重视。如美国筛选了 6 个高抗白粉虱的野生种，注册了 2

个抗烟青虫、烟蚜和烟草天蛾的烟草品系 I-35 和 CU-2。中国烟草抗虫育种工作目前刚刚起步，中国农业科学院烟草研究所已筛选出某些抗源，正试图发挥抗虫资源的潜力，尽快培育出抗虫品种。但是，烟草的抗虫性往往与不利于烟叶香吃味的性状相连锁，且难以打破。白肋烟品种在提高抗虫性的同时，往往降低了致香物质的产生量和分泌量。虽然我们很早就找到了虫害的抗源，如烟青虫的抗源有 TI1112 等，蚜虫的抗源有 TI1112、TI1406、窝里黄0774 等，但是至今尚未选育出优良的抗虫白肋烟品种。鉴于烟草的香气和吃味与抗虫性的某些微妙关系，抗虫品种在生产上的直接利用可能还需要较长的时间。因此，白肋烟抗虫性育种必须同品质育种和安全性育种紧密结合，尽快培育出优质又安全的抗虫品种。要解决这一难题，必须加强香吃味与抗虫性遗传关系的研究，加强抗虫性机理的研究，同时努力寻找新的抗虫种质资源并做好抗性鉴定工作。采用细胞学方法、远缘杂交及基因工程的方法从外引进抗源也是一条值得尝试的途径。

四、广适

白肋烟品种的广适性包括两层含义：一是指品种对不同环境因素的适应性强，二是指品种的适应范围广。品种的适应性往往决定着品种的推广价值和经济效益。广适性品种不仅种植地区广泛、推广面积大，更重要的是可在不同年份和地区间保持烟叶产量和品质的稳定，推广使用的时间长。因此，广适性是一个品种稳产稳质性能的重要指标之一。因此，在制定育种目标及执行育种计划中，都需要考虑品种的广适性。

育成的白肋烟品种，一要适应产区的气候条件，品种的烟株生长、烟叶发育和成熟要和产区的生长季节的温度和光照条件相适应，干旱地区要求品种的耐旱性强，多雨潮湿地区要求品种的耐湿、耐涝性强。二要适应产区的土壤条件，烟株的需肥特性和生长特性要和产区的植烟土壤的性质和植烟地块的类型如山坡地、平整旱地、水田等相适应，山坡地要求品种的根系发达，耐瘠、耐旱性强。三要适应产区的生产技术条件，品种要和产区习惯的移栽期、移栽密度、施肥水平、晾制手段和方法相适应。其中，周期性的气候变化、日照时间以及生产条件和土壤条件属于可预知的或人工能控制的环境因素，改进这些因素，栽种合适的品种，就可以实现稳产稳质增收。因此，对环境因素的适应能力，往往表现在品种的烟叶产量和品质潜力上。大范围的气候变化、地区之间和年度之间的差异以及病虫害的侵袭等，则属于人们不能控制的或不能预知的环境因素，因此，对这些环境因素的适应能力，往往表现在品种的烟叶产量和品质的变异程度上。

品种对环境适应的表现有广泛适应性和特殊适应性的差异。广泛适应性是指品种能在较为广泛的环境条件中发挥增产作用，如白肋烟品种鄂烟 1 号在中国不同白肋烟产区均适宜种植，在不同的生产条件下均表现优良。特殊适应性是品种只能适应特定的环境条件，即在适宜的条件下，才能稳产稳质，如耐肥品种在土壤肥沃的田块，烟叶发育较好，而在土壤贫瘠的田块，烟叶发育不良；相反，耐瘠品种在土壤肥沃的田块，烟叶发育不良，而在土壤贫瘠的田块，烟叶发育较好。育种家虽然致力于广泛适应性品种的选育，但也不能忽视对特殊环境的特殊适应性品种的选育。对于不可预知或人工难以控制的环境因素的适应性，现在还没有一个合适的选育方法。但采用穿梭育种、异地选择等方法，可以使杂种各世代遇到不同的环境条件，这样通过不同环境的自然选择和人工选择作用，有可能选育出适应当前和未来农业环境的广泛适应性的品种。对于可预知的环境因素来说，如在特定地区，当某些环境胁迫(干旱、低温等)成为烟叶产量和品质的限制因素时,选育具有相对抗逆性的品种则可适应当地生产的需要。

广适性育种目标的制定主要包括以下两方面内容。

(一) 确定广适性的评判指标

1. 多抗性

一般认为,广适性好的品种具有耐旱性、耐低温性、抗倒伏性、耐肥性和抗多种烟草主要病虫害等重要特征。因此,多抗性评判的一个重要指标就是品种对多种不利因素的抗耐性。新育成品种抗烟草主要不利因素的种类越多,也就是多抗性表现越突出,其适应范围越广。

2. 烟株形态性状和生理性状

一般认为,广适性品种具有三种复杂的烟株形态性状和生理性状特性:(1) 广适性品种的烟株形态性状和生理性状变幅较宽,趋于中间型,特殊适应性品种则往往具有较极端的特性;(2) 广适性品种的各烟株形态性状和各生理性状间往往没有相关性;(3) 在整个生长发育过程中,广适性品种的各烟株形态性状和各生理性状往往表现互补。因此,对于广适性品种的评判需要结合各性状的综合表现。

(二) 确定广适性的选择标准

白肋烟品种的适应性是品种各性状协调发展、个体与群体间协调发展以及它们与生态条件统一的综合表现,是通过在不同的生态环境下与其他基因型的表现相比较而反映出来的,烟叶产量、品质、抗病虫性等性状的综合表现实际上是基因型与环境相互作用的结果,是品种性状总体与生态条件矛盾的统一。基因通过控制一定的生理生化过程而实现其作用,环境因素则通过各种作用机制影响着基因所控制的生理生化反应,从而影响基因的表达。白肋烟品种基因型的相对表现在不同环境中会发生变化,就是说基因型的表现依赖于环境。现已证明,白肋烟品种的许多性状都存在基因型与环境的交互作用。因此,品种的优劣是相对于一定环境而言的,白肋烟品种的适应性既包括品种的适应环境范围,也包括品种在一定环境范围内的适应程度。基因型与环境的交互作用越低,则品种的适应性越强,适应范围越广。鉴于此,对白肋烟品种的适应性(主要是生态、生产适应性)的研究通常采用多年多点区域试验进行检验和决选。由于品种基因型与环境的相互作用是非常复杂的,因此这种检验和决选一般是在育种后期和育成品种推广前及推广过程中进行。

就白肋烟品种广适性育种目标而论,重视不可预测的环境变异,以减小烟叶产量和品质的变异幅度,对选育能抵抗不可预测环境因素的广适性品种有着重要的意义。在多年多点品种比较试验中,试验地点主要体现了可预测性的环境变异,因此,基因型×地点互作主要反映基因型与可预测性环境变异间的互作。试验年份实际上概括了气象因素的偶然性波动,主要是不可预测的环境变异,因此,基因型×年份互作主要反映基因型与不可预测性环境变异间的互作。这样,基因型×地点×年份 3 因素间的互作反映了基因型与主要可预测性环境变异和不可预测性环境变异间的互作。多年多点品种比较试验原则上要以生产上现有主栽品种作为对照品种。被测试的白肋烟新品种要在有代表性的多个试点进行两年以上的品种比较试验,采用方差分析法估计被测试品种的烟叶经济性状和烟叶品质性状与对照品种的差异显著性,要求新品种在烟叶经济性状和烟叶品质性状方面不低于甚至超过对照品种。

第四节　育种目标的实现路线

白肋烟育种的总体目标可以概括为优质、适产、多抗、广适，每一项都对应着诸多具体的性状，涉及对不同烟草病虫害的抗性、烟株发育进程性状、烟株形态性状、烟株经济性状、烟叶品质性状、烟株抗逆性、烟株适应性等诸多方面。对众多的具体目标性状，由于育种本身的特点和育种条件限制，因而不可能笼统地一次性鉴定和选择，必须将其分解，分步实现。

常用的白肋烟育种方法包括系统选育、杂交育种、杂种优势利用等。为了实现育种目标，育种单位的惯常做法是，先在正常地块对初步育种群体或育种试验材料进行农艺性状（包括生长势、株型、株高、叶数、节距等）选择，直到性状稳定并形成稳定品系后，再通过品系比较试验进行经济性状鉴定，然后对通过经济性状鉴定筛选出来的优异品系进行抗病性状鉴定和品质性状鉴定，最后筛选优质抗病品系参加国家区域试验。这种实现育种目标的路线至少存在以下三方面的问题：一是抗病性鉴定世代过晚，致使长期种植不明抗病性的材料，包袱沉重，那些不抗病的材料还避免不了被淘汰，浪费精力、物力和财力。二是育种早期世代常常仅对生长势、株型、株高、叶数、节距等少数性状进行简单选择，而对与适产性和抗逆性相关的烟株发育进程性状和形态性状的观测是在较晚世代的品系比较试验中或品系成型后进行，以作为新品系的植物学特征来对待，并没有把这些烟株发育进程性状和形态性状与育种试验材料的早期选择联系起来。三是对育种早期世代没有进行抗病性的选择以及烟株发育进程性状和形态性状的选择，而仅根据烟株生长势、株型、株高、叶数、节距等少数性状的表现进行选择，一方面，会导致入选的材料数越来越多，所占用的土地面积越来越大，工作量越来越大；另一方面，由于烟株生长势、株高、叶数、节距等烟草农艺性状属于多基因控制的数量性状遗传，故选择效率低下。白肋烟育种时间比较漫长，从组配杂交组合到生产示范，一般要用9～12年，最长的要花15～16年时间，一旦最终入选的品系因抗病性能不好、经济效能低或者品质不良、适应性差而淘汰，则前功尽弃，10余年的努力就会付之东流。因此，为了提高白肋烟育种效率，应根据育种试验材料在各育种世代的表现特点、目标性状的遗传特点及各目标性状实现的难易程度，将白肋烟育种具体目标性状分成实现难易程度不同的梯级，然后从低到高逐级进行选择，最终实现整体育种目标。

一、育种目标的梯级化

根据白肋烟育种中育种试验材料在各育种世代的表现特点、目标性状的遗传特点及各目标性状实现的难易程度，可将众多的具体育种目标性状分成四个梯级，即将育种目标梯级化。

第一梯级目标性状：抗病性。主要是品种对烟草主要病害的抗性，包括对根茎类病害、叶斑类病害和病毒病的抗性。

第二梯级目标性状：烟株发育进程性状和形态性状。主要是与品种抗逆性和适产性相关的烟株发育进程性状和形态性状。

第三梯级目标性状：经济性状。主要包括与优质适产相关的上等烟比例、均价、产量和产值性状。

第四梯级目标性状：烟叶品质性状和品种适应性。主要包括与优质相关的烟叶综合质量评价指标性状，以及与广适性相关的评价性状。

各梯级包含的具体目标性状列于表 2-4。

表 2-4　白肋烟育种目标按实现难易程度划分的各梯级具体性状

性状梯级	具体目标性状	总体目标归类	实现方法
第一梯级	对黑胫病、青枯病、根黑腐病、根结线虫病、赤星病、靶斑病、白粉病、气斑病、TMV、CMV 和 PVY 的抗性	多抗（整合多种抗病性）	温室或田间人工接种鉴定
第二梯级	发育进程性状：起身进程、大田生长势、腋芽生长势、各阶段生育期出现时间、移栽至打顶天数、平顶期、大田生育期天数、株幅、叶片成熟进程和耐熟性。形态性状：株型、株高、总叶数、可采叶数、各部位节间距、茎秆粗细、叶片分布均匀性、叶形、叶片大小、叶片厚薄、叶面平滑或皱缩程度、叶肉组织粗糙程度、梗叶比、茎叶角度、叶姿、花脖子长度、烟杈数量、上部叶开片潜力和叶片成熟均匀性	多抗（通过生育进程性状和形态性状选择整合多种抗逆性）、适产（通过生育进程性状和形态性状选择实现适产）	株系/行比较试验田间观察
第三梯级	单叶重、适产性、产值、均价、上等烟比例和上中等烟比例	优质（外观品质鉴定）、适产（直接测定）	品系比较试验鉴定
第四梯级	品质性状：外观品质、化学成分、物理特性、吸食品质。适应性：适应环境范围和在一定环境范围内的适应程度	优质（烟叶综合质量鉴定）、广适（通过烟叶品质性状和经济性状的基因型×互作效应方差分析判定）	多年多点品种比较试验鉴定

二、育种目标的梯级选择

根据白肋烟育种目标的不同梯级，将白肋烟育种的目标性状选择过程分成四个阶段，从实现难度低的目标性状到实现难度高的目标性状分阶段逐级进行选择，即实行梯级选择。

第一梯级目标性状选择：在温室或大田病圃采用人工接种诱发病害的条件下，筛选中抗到高抗或高耐不同病害的材料，尽量筛选出多种抗病性的育种试验材料，以整合多种抗病性。

第二梯级目标性状选择：将通过第一梯级目标性状选择筛选得到的中抗到高抗不同病害的育种试验材料分别种植成株行或株系，通过田间观察和不同株系/行间的比较，进行与抗逆性和适产性相关的烟株发育进程性状和形态性状选择，筛选出具有可接受发育进程性状和形态性状的育种试验材料，以整合多种抗逆性，保证烟株个体与群体的协调发展，实现烟叶产量与品质的矛盾统一。

第三梯级目标性状选择：将通过第二梯级目标性状选择筛选得到的育种试验材料分别发展为品系，通过不同品系比较试验，并与当地大田生产主栽品种进行比较，鉴定各品系经济性状的优劣。通过经济性状选择筛选出具有可接受烟叶外观品质、产量和产值的稳定品系，以进一步保证烟叶产量与品质的协调统一。

第四梯级目标性状选择：对通过第三梯级目标性状选择筛选得到的稳定品系进行多年多点品种比较试验，即增加试验点，扩大试验面积，并与当地大田生产主栽品种进行比较，鉴定各品系的烟叶综合品质和适应性。通过烟叶外观品质、化学成分、物理特性和吸食品质在各试点各年份的综合表现，评价筛选出烟叶综合质量尤其是吸食品质表现突出的品系，同时通过烟叶品质性状和经济性状的基因型×环境互作效应的方差分析，筛选出适应性尽量强的品系。

这样，通过上述四个梯级目标性状的选择，每一阶段的选择都能实现育种目标中的部分指标，进而逐步实现整个育种目标。最后，将第四梯级目标性状选择筛选得到的具有可接受烟叶品质和适应性的品系，推荐参加国家白肋烟品种试验或提请审定。图 2-9 归纳了白肋烟育种目标梯级选择的程序和方法。

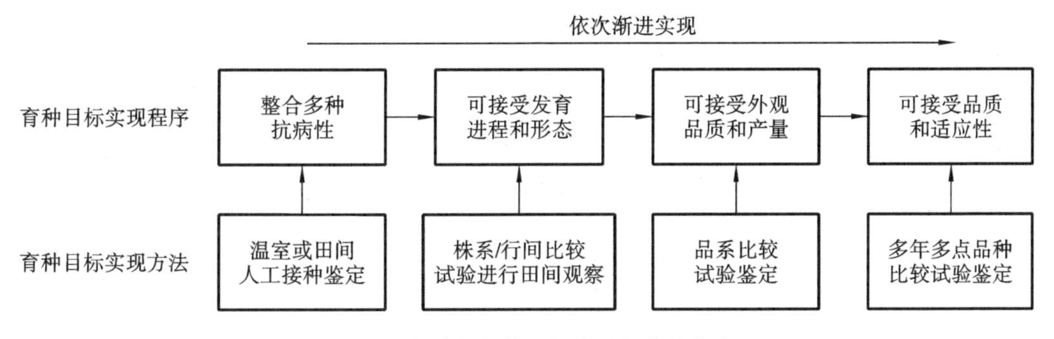

图 2-9　白肋烟育种目标实现程序及方法

三、育种目标梯级选择的意义

白肋烟育种目标的梯级选择方法，具有如下意义。

（一）节省人力、物力和财力

依据各具体育种目标性状的遗传特点及其实现的难易程度，将白肋烟育种目标分解为依次实现的四个梯级性状，首先对育种试验材料进行第一梯级目标性状即抗病性状的选择，在第一梯级目标性状选择的过程中，利用病害胁迫的选择压力，能够大幅减少育种中后期世代的入选材料数。接着对入选的育种试验材料进行第二梯级目标性状即烟株发育进程性状和形态性状的选择，烟株发育进程性状和形态性状不仅与烟株各部位烟叶生长和成熟时所处的温热条件、雨水条件、通风透光状态密切相关，而且直接关系到烟叶的经济性状和品质性状，通过烟株发育进程性状和形态性状的选择，又可以淘汰掉大量的明显不具有育成品种前景的材料，进一步减少了育种中后期世代的入选材料数。鉴于上述原因，对白肋烟育种目标采用梯级选择方法，可大幅减轻育种人员在育种中后期世代的工作量，并大幅减少了育种试验材料所占用的试验土地面积，大幅节省了人力、物力和财力。

（二）提高白肋烟育种工作的效率

结合育种试验材料在育种世代的表现特点，对育种试验材料依次进行梯级选择，通过第一梯级目标性状的选择能够获得一批抗不同病害的材料，通过第二梯级目标性状的选择能够获得一批烟株发育进程适宜、形态性状理想的具有育成品种潜力的抗病材料，通过第三梯级目标性状的选择能够获得一批抗逆或适产的经济性状突出的且生育期适宜、形态性状理想的抗病品系，通过第四梯级目标性状的选择能够获得优质、广适且稳定性好的综合农艺性状和经济性状突出的明显具有育成品种前景的抗性品系。鉴于上述原因，对白肋烟育种目标采用梯级选择方法，可确保每一阶段的选择都能实现育种目标中的部分指标，以逐步实现整个育种目标，且每个选择阶段入选的育种试验材料均能作为育种中间材料使用，保证多年心血不至于白费，能够明显提高白肋烟育种的效率。

参考文献

[1] Smeeton B W. 烟草品质的遗传控制[J]. 中国烟草科学，1990(2)：41-48.

[2] 曹景林，程君奇，李亚培，等. 一种适于烟草新品系选育的梯级选择方法：CN109601370A[P]. 2019-04-12.

[3] 曹仕明，高艾飞，刘学斌. 马拉维、赞比亚白肋烟生产技术考察报告[J]. 烟草科技，2002，(1)：34-37.

[4] 傅泰露，曾宪立，郎定华，等. 烤烟的耐肥性综合评价及鉴定指标的筛选[J]. 安徽农业科学，2017，45(32)：36-38.

[5] 高熹，潘贤丽. 烟草抗虫性研究进展[J]. 热带农业科学，2004，24(6)：59-67.

[6] 雷永和，陈士益，赵德才. 美国白肋烟生产技术考察报告[J]. 中国烟草科学，1990(2)：27-32.

[7] 雷永和，李天飞，雷丽萍. 白肋烟生产概况[J]. 云南农业科技，1994(6)：9-11.

[8] 李永平，马文广. 美国烟草育种现状及对我国的启示[J]. 中国烟草科学，2009，30(4)：6-12.

[9] 林国平. 中国烟草白肋烟种质资源图谱[M]. 武汉：湖北科学技术出版社，2009：1-5.

[10] 刘录祥，赵锁劳. 作物品种的稳定性和适应性育种[J]. 陕西农业科学，1992(1)：45-47.

[11] 刘录祥，赵锁劳. 作物品种的稳定性和适应性育种[J]. 陕西农业科学，1992(6)：43-46.

[12] 刘乃云. 白肋烟株型和光照条件、品质的关系[J]. 烟草科技，1981(1)：62-66.

[13] 乔学义，王兵，马宇平，等. 烤烟烟叶品质风格特色感官评价方法的建立与应用[J]. 烟草科技，2014，(9)：5-9.

[14] 松田俊夫. 关于选育晾烟高产品种的研究——Ⅰ株型、生长习性与产量的关系[J]. 丘喜昭，译. 中国烟草，1980(1)：44-48，26.

[15] 孙红恋. 宾川白肋烟适宜产量水平和产量结构研究[D]. 郑州：河南农业大学，2014.

[16] 唐永金. 作物及品种的适应性分析[J]. 作物研究，1996(4)：1-4.

[17] 佟道儒. 烟草育种学[M]. 北京：中国农业出版社，1997.

[18] 王伯毅.关于烟草的株型育种[J].贵州农业科学,1981(3):68-71.

[19] 王春生,王能如.白肋烟不同部位叶片特征的观察[J].中国烟草科学,1987(1):1-5.

[20] 王学军,陈满峰,葛红,等.植物抗虫性及其遗传改良研究进展[J].现代农药,2015,14(3):10-14.

[21] 闫克玉,赵铭钦.烟草原料学[M].北京:科学出版社,2008:95-111.

[22] 杨春雷,林国平,贾廷林,等.美国白肋烟生产现状[J].中国烟草学报,2006,12(5):56-58.

[23] 尹启生.美国烟叶等级指数的制订与应用[J].烟草科技,2002(11):28-31.

[24] 于川芳,王兵,罗登山.部分国产白肋烟与津巴布韦、马拉维及美国白肋烟的分析比较[J].烟草科技,1999(4):6-8.

[25] 俞世蓉.作物的品种适应性和产量稳定性育种[J].种子,1988(6):1-5.

[26] 袁仕豪,张新要,李天福,等.烤烟新品种(系)的耐肥性研究[J].安徽农学通报,2006,12(9):115-117.

[27] 赵晓丹.不同产区白肋烟质量特点及差异分析[D].郑州:河南农业大学,2012.

[28] 丁清源.优质白肋烟生产技术研究(二)[J].烟草科技,1990(6):35-40.

[29] 中国烟叶生产购销公司.中国烟叶生产实用技术指南[M].北京:中国农业出版社,2002.

第三章　白肋烟种质资源

种质资源(germplasm resources)是育种工作者用以选育烟草新品种的原始材料，亦称品种资源(variety resources)，是一切具有一定种质或基因并能繁殖的生物体类型的总称，包括古老的地方品种、人工创造选育的新品种和高代品系、自然形成的突变种、野生种及其近缘种的植株、种子、无性繁殖器官、花粉、单个细胞甚至特定功能或用途的基因。以亲缘关系划分，种质资源可以是不同种，甚至不同属、不同科的植物。目前随着分子生物学的迅速发展，种质资源的范畴已更加扩大，许多动物、微生物的有利基因或种质，也可用来改良烟草。在种质资源利用方面，既可采用有性杂交，又可采用体细胞融合、转基因和外源 DNA 导入技术。烟草育种，实际上就是选择利用各种种质资源中符合育种目标需求的一些遗传类型或少数特殊基因，将蕴藏于种质资源中的有益基因挖掘出来，经过若干育种环节，重新组成新的理想基因型，培育出新品种。因此，也可将种质资源称为遗传资源(genetic resources)、基因资源(gene resources)，甚至更形象地把蕴藏有形形色色基因资源的各种材料概称为基因库或基因银行(gene bank)。现代育种工作主要是利用现有品种材料和近缘野生植物内部的遗传物质或种质，所以现在国际上大都采用“种质资源”这一名词。

第一节　种质资源的重要性

一、品种资源是白肋烟育种工作的物质基础

大量的事实证明，烟草育种成效的大小，很大程度上取决于所掌握的种质资源的数量、质量，以及对种质资源特征特性及其生理生化基础和遗传规律研究的深度和广度。

烟草种质资源作为由自然演化和人工创造共同形成的一种重要的自然资源，在漫长的历史过程中，积累了由自然和人工选择引起的极其丰富的遗传变异，蕴藏着各种性状的遗传基因，是人类用以选育新品种和发展烟叶生产的物质基础。中国在 20 世纪中叶以前是没有白肋烟的，白肋烟育种工作也就无从谈起，直到 20 世纪 60 年代从美国引进白肋烟品种资源后才开始开展白肋烟育种工作。迄今为止，中国已经自主选育出 21 个白肋烟品种，分析其系谱可知，所育成的品种涉及的主要亲本有 7 个，包括 Burley 21、Kentucky 14、Virginia 509、Burley 37、Tennessee 90、Kentucky 8959 和达所 26，绝大多数亲本都是引进的美国品种，个别亲本如达所 26 也是采用美国引进品种作为亲本杂交选育而成的育种材料，涉及的其他亲本都是从引进的美国品种中系选出的育种材料。可见，中国白肋烟育种就是在引进

的美国白肋烟种质资源的基础上发展起来的。如果没有种质资源，中国白肋烟育种工作也就成了“无米之炊”。

育种工作者要选育符合育种目标的新品种，就要准确地选择载有所需基因的原始材料。因此，筛选和确定烟草育种的原始材料，是烟草育种的基础工作。但能否灵活地、恰当地选择育种的原始材料，又取决于对众多烟草种质资源的特征特性及其遗传规律的研究广度和深度。而种质资源工作的研究广度和深度又取决于拥有种质资源的数量和质量，种质资源是其特征特性以及这些特征特性遗传规律研究的不可缺少的基本材料。原始材料丰富，使用价值明确，才能育出好品种。没有大量的、优异的原始材料，就难选育出符合育种目标的新品种。美国白肋烟育种能够取得巨大的成功，就主要归因于其对烟草种质资源的广泛搜集、深入研究与有效利用。美国在 20 世纪初就开始了烟草杂交育种工作，但成绩不大。20 世纪 30 至 40 年代，美国多次派出考察队到南美洲考察搜集烟草古老类型品种和野生种，获得千余份宝贵的烟草资源材料，并编成 TI(tobacco introductions)系统。20 世纪中期，美国烟草育种者对所搜集、保存的种质资源进行了广泛深入的系统研究，包括对种质资源的农艺性状、产量、品质、化学成分、抗病性、抗逆性的研究以及这些性状遗传规律的研究，尤其是对烟草病害及抗病种质进行了更为详细和深入的研究，如 20 世纪 40 至 50 年代进行了主要病害抗源筛选、抗性遗传、病害发生流行规律以及病菌小种分化和致病力的研究。美国从 TI 系统种质资源中筛选出许多烟草栽培品种中所欠缺的基因资源，如发现了 TI245 的两对抗普通花叶病基因($t_1t_1t_2t_2$)，TI1068 能够抵抗烟青虫和桃蚜两种虫害，TI57 抗霜霉病，TI87、TI88、TI89 抗根黑腐病，TI566、TI55C 抗枯萎病，TI448A 抗青枯病，TI706 高抗根结线虫病等。美国育种工作者还成功地将野生烟和原始栽培品种的许多有利性状(特别是抗病性)转移到白肋烟栽培品种中，使品质与抗性得到很好的结合，从而选育出许多优质抗病新品种，如创制的黑胫病、根黑腐病、青枯病、根结线虫病、PVY、TMV 和野火病抗性材料，就分别来自 Florida 301、White Burley、TI448A、TI706、TI1406、*N. glutinosa* 和 *N. longiflora* 等原始栽培品种或野生种。这些工作为美国 20 世纪白肋烟抗病育种的快速发展奠定了坚实的基础，使育成品种的抗病种类逐渐增多，由最初的 Kentucky 16 抗 1 种病害，发展到后来的品种抗 5 种、7 种、8 种病害。最近 10 余年来，白肋烟杂种优势在美国白肋烟育种上广泛利用，这主要得益于 20 世纪中后期美国多基因聚合育种的快速进展和种质资源遗传多样性研究的深入。实际上，美国目前白肋烟生产上推广种植的杂交种也都是由 20 世纪中后期所育成的优质多抗定型品种衍生而来的。由于美国对烟叶品质和重要烟草病害抗性的遗传机制研究较为深入，因此育种选择策略的针对性很强，提高了白肋烟品种选育的预见性。所以，不断地扩大搜集种质资源，拓宽研究的广度和深度，不断挖掘优异种质资源，是保证育种工作不断提高的先决条件。

二、育种工作的突破性进展取决于关键种质资源的发现和利用

烟草育种工作的实践表明，一个特殊种质资源的发现和利用，往往能推动育种工作取得举世瞩目的成就，品种培育的突破性进展往往都是由于找到了具有关键性基因的种质资源。纵观美国白肋烟育种历史可知，早在 20 世纪 20 年代初，由于病害的发生与流行，美国对大量白肋烟种质材料进行了鉴定评价，从中筛选出抗根黑腐病的白肋烟品种 White Burley，随后又从 White Burley 变异株中系选培育出优质抗根黑腐病品种 Kentucky 16。抗根黑腐病

品种 White Burley 的发现和优质抗根黑腐病品种 Kentucky 16 的育成，开启了美国白肋烟优质抗病育种的进程。20 世纪 40 至 50 年代，美国烟草育种工作者发现了 TMV 和白粉病抗源 *N. glutinosa* 以及野火病、角斑病和根结线虫病抗源 *N. longiflora*。利用 *N. glutinosa* 的抗病性，首先通过 *N. tabacum*×*N. glutinosa* 杂交多倍体和对此组合反复回交获得抗 TMV 品系，然后成功地将该品系的抗性导入白肋烟品种 Kentucky 16，育成第一个抗 TMV 兼抗白粉病的白肋烟品种 Kentucky 56，使抗 TMV 的烟草育种工作发生了历史性的转变。利用 *N. longiflora* 的抗病性，通过杂交组合（*N. tabacum*×*N. longiflora*）×*N. tabacum* 育成高抗野火病和角斑病、中抗黑胫病和根结线虫病的品种 TL106；随后成功地将 Kentucky 56 和 TL106 的抗病性导入高抗根黑腐病的优质品种 Kentucky 16 中，培育出抗根黑腐病、TMV、野火病等病害的美国白肋烟育种上的主体亲本 Burley 21 等品种，拉开了白肋烟优质多抗杂交育种的序幕。美国从大量栽培品种中筛选出两个中抗黑胫病的雪茄烟品种——大古巴（Big Cuba）和小古巴（Little Cuba），利用这两个品种杂交选育出高抗黑胫病的品种 Florida 301。20 世纪 60 年代，美国烟草育种工作者又成功地将 Florida 301 的抗病性导入优质品种 Burley 21 中，育成美国白肋烟育种上的另一主体亲本 Burley 49 等品种，进一步促进了白肋烟优质多抗育种的发展。美国还从 TI 系统种质资源中筛选出抗烟青虫、烟草天蛾和蚜虫种质 TI1068，20 世纪 80 年代，利用该种质培育出抗烟草天蛾的白肋烟杂交种 Kentucky 14×TI1068，拉开了白肋烟抗虫育种的序幕。20 世纪后期，美国烟草育种工作者发现了 PVY、TEV、TVMV 抗源 TI1406，并成功地将其抗性导入优质品种 Burley 49 和 Burley 21 中，育成兼抗 PVY、TEV、TVMV 等多种病毒病的白肋烟品种 Tennessee 86、Tennessee 90、Kentucky 907、Kentucky 8959 等，使近代白肋烟抗病毒病育种工作提高到一个新水平。分析美国白肋烟主要育成品种的系谱（见图 3-1）可以知道，优质品种都是直接或间接来源于品种 Kentucky 16，由其衍生出的 Burley 21 和 Burley 49 成为后来美国白肋烟育种的主要优质因子供体，以其为主体亲本育成的白肋烟品种占育成品种的大多数，94%的品质性状来自 Kentucky 16。由 Burley 21 和 Burley 49 相继育成的 Burley 37、Virginia 509、Kentucky 12、Kentucky 14、Kentucky 15、Kentucky 17、Kentucky 180、Kentucky 907、Kentucky 8958、Tennessee 86、Tennessee 90 等一系列优质白肋烟品种，至今仍是美国白肋烟区主栽品种或美国白肋烟品质育种的主体优质亲缘。目前，美国白肋烟生产上的主栽品种如 KT200、KT204、KT206、KT209、KT210、NC1、NC2、NC3、NC4、NC5、NC6、NC7、NC BH 129、NC2000、NC2002、R610、R630、R7-12、HB3307、HB04P 等都是由上述优质品种衍生而来的。尽管 Kentucky 10 和 L-8 同样选育自 Kentucky 16，但没有育出白肋烟生产上的主栽品种。

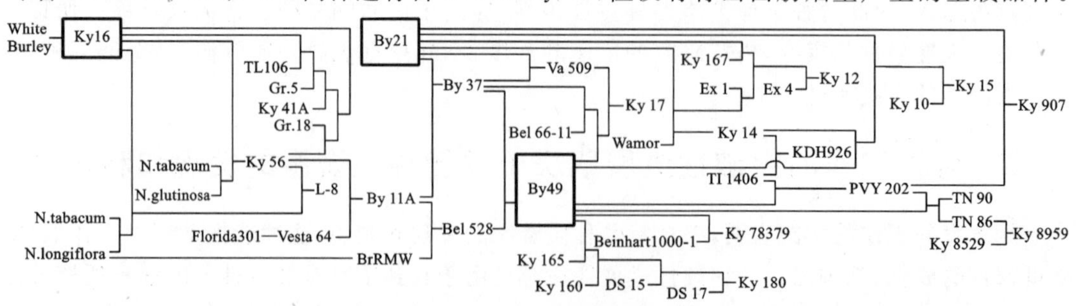

图 3-1 美国白肋烟主要育成品种的亲缘系谱

Ky：Kentucky；By：Burley；Va：Virginia；TN：Tennessee

即使 Burley 49、Burley 37、Virginia 509、Kentucky 14、LA Burley 21、Kentucky 12、Kentucky 15、Kentucky 907 同样源于 Burley 21,但前四者尤其是 Burley 49 育成品种较多,而 LA Burley 21、Kentucky 12 和 Kentucky 15、Kentucky 907 没有育成品种。由此可见,主体亲本较好的遗传基础是育成优质品种的关键。以上事例充分说明,白肋烟育种方面的突破性成就无一不取决于关键性优异种质资源的发现和利用。

三、丰富的种质资源是拓宽品种遗传基础的根本保障

仅从生物遗传学的角度而言,当前国内外白肋烟烟叶生产上大面积推广使用的白肋烟品种存在两大突出问题:

一是遗传侵蚀现象严重。遗传侵蚀(genetic crosion)是指种质资源的多样性被破坏。当今高产品种、杂交品种大量推广,迅速取代了性状多样、生态型丰富的地方品种,导致基因单一化,降低了白肋烟品种的生态适应性,致使病虫害流行危机的遗传侵蚀现象日趋恶化。

二是遗传基础狭窄。目前,烟草育种家们所面临的共同问题是选用的原始材料不够广泛,育种工作中往往采用在优良品种的基础上进行重组,再选择超亲类型的策略,这样利用仅有的几个主体亲本杂交组配,选育出的新品种所载基因类同,不可避免地致使育成品种的遗传基础不断趋于狭窄。例如,目前美国乃至我国白肋烟生产上的主栽品种,其优质亲缘几乎全部来自 Kentucky 16,即其系谱中几乎都含有 Kentucky 16 的血统。又如,美国乃至中国选育推广的抗根黑腐病的白肋烟品种,其抗病基因几乎全部来自 White Burley;抗 TMV 的白肋烟品种的抗病基因主要来自野生烟 *N. glutinosa*;抗野火病的白肋烟品种的抗病基因主要来自野生烟 *N. longiflora*;抗黑胫病的白肋烟品种的抗病基因大多来自 Florida 301。这种遗传基础贫乏的现象潜伏着极大的生产危机,大量推广这一系列品种,将导致遗传单一,难于抗拒大范围的突如其来的自然灾害或流行性病虫害。一旦这些抗病基因丧失了抗病性或是产生了致病强的生理小种,用其选育的品种就难免受害,其损失将是无法估量的。Lucas(1980 年)报道 1979 年烟草霜霉病(*Peronospora hyoscyami*)使美国东部和加拿大烟区的烟农损失 2.4 亿多美元的收入,第二年这个病害又侵袭了古巴,该国雪茄烟减产 90%,雪茄烟厂被迫临时关闭,其主要原因就是不正常的季节性冷湿天气和品种遗传简单化而使霜霉病快速传播。

鉴于此,必须不断地丰富白肋烟品种的遗传基础。只有选育遗传基础更广泛的品种,烟草生产才能不致遭受大的灾害,从而顺利发展。但丰富白肋烟品种遗传基础的前提条件就是要拥有丰富的烟草种质资源,并发掘和利用遗传多样性的种质。现有的种质资源材料都不可能具有与当前生产要求完全相适应的综合遗传性状,但各种不同的资源材料分别具有某些或个别特殊的种质。有些可能香气充足,有些可能烟碱含量较高,有些可能对某种病害、虫害有较强的抗性或耐性。育种工作者的任务就是利用育种手段将这些优良的性状集中在一起,育成符合人们要求的优良品种。有些资源材料可能在一时一地没有利用价值,但它可能在另外的地区或今后某一时期成为珍贵材料。因此,必须广泛地搜集种质资源并精心保存,认真地加以研究鉴定,从中筛选出有用的种质用于当下或以后的育种程序中。

早在 20 世纪 30 年代,美国烟草育种者就意识到种质资源对于提高商业品种抗病性的重要性,并广泛开展了品种资源的搜集与保存工作。美国曾两次派出考察队到烟草起源中心南美洲安第斯山区搜集古老类型烟草种质和野生种,加上本国地方品种和选育品种,美国

现拥有全套76个烟草野生种和众多的烟草资源材料，共计2154份，包括野生种137份、黄花烟种87份、从美国本土以外搜集到的TI系列红花烟草1244份、美国本土栽培品种656份和突变体30份，其中有不少种质具有特殊的使用价值，如高抗青枯病的TI448A、高抗根结线虫病的TI706、抗TMV的Ambalema(TI1560)，等等。日本除了大量搜集国外烟草种质外，20世纪60年代也派人到南美洲考察搜集烟草资源，并发现了一个新的烟草野生种*N. kawakamu* Y.，现已拥有1900份烟草资源。俄国（苏联）自1920年就组织世界植物考察队先后考察了50多个国家，搜集植物资源13万多份，其中部分是烟草资源。

在生物技术迅猛发展的今天，一国的基因资源已成为战略资源。20世纪50年代，我国抗孢囊线虫病的北京小黑豆的发现和利用挽救了美国的大豆生产；优质羊毛基因的育种应用直接造就了澳大利亚畜牧业生产的繁荣。众多事例充分说明：一个物种就能影响一个国家的经济，一个基因关系到一个国家的盛衰。因此，种质资源作为遗传物质的载体，掌握的数量越多，遗传多样性越丰富，就越能在未来农业技术竞争中占领先地位。

第二节 种质资源的类别及利用价值

栽培烟草有两个种，即普通烟草和黄花烟草，是由野生烟草经过长期自然进化形成的多倍体物种，对环境条件有广泛的适应性，同时有较大的变异性，在长期的自然选择和人工选择过程中形成了丰富的、各具特色的烟草种质资源。烟草在长期栽培过程中，由于使用要求、调制方法、栽培措施和自然环境条件等方面的差异，形成了多种多样的类型，按制品分类，可分为卷烟、雪茄烟、斗烟、水烟、鼻烟和嚼烟等；按烟叶品质特点、生物学性状和栽培调制方法分类，可分为烤烟、地方晒晾烟、白肋烟、香料烟、雪茄烟、药烟、黄花烟和野生烟等。截至2016年年底，国家烟草种质资源库中已编目的种质资源有5607份，包括烤烟2118份、地方晒晾烟2466份、白肋烟213份、香料烟98份、雪茄烟64份、药烟251份、黄花烟345份、野生烟52份。

从育种的角度而言，凡是可用于烟草育种的可繁殖的种质或基因，甚至包括不同类型的植物，都属于烟草种质资源。一般而言，除了品质和调制性状因本类型烟草特点的要求，不得不从本类型烟草种质资源中寻求更加优异的基因外，其他育种的目标性状尤其是抗病抗逆性状，如果本类型烟草种质资源内基因缺乏，则可以从不同类型烟草的种质资源中挖掘相应的优异基因，如Florida 301和Beinhart 1000-1属于雪茄烟，但其抗性基因可以用于白肋烟育种，同样，野生烟*N. glutinosa*和*N. longiflora*的抗病基因也可以用于白肋烟育种，甚至品质和调制性状也可以借助于其他类型烟草的基因。有时为了某种特殊需要，也可以将不同植物类型所需的基因导入烟草品种中，如中国独家创制的曼陀罗烟、紫苏烟、薄荷烟、土人参烟、黄芪烟等，就是通过烟草与曼陀罗、紫苏、薄荷、土人参、黄芪等植物科属间的远缘杂交选育而成的。因此，仅就烟属植物而言，从烟草育种的使用角度，一般按种质资源的来源、生态类型或亲缘关系，将烟草种质资源分为四类，即野生种质资源、国内种质资源、国外种质资源和人工创造的种质资源。

一、野生种质资源

野生种质资源主要指烟草栽培种的近缘野生种和有价值的近缘野生植物，通俗地说，就是烟属中除了普通烟草和黄花烟草这两个栽培种以外的所有烟草野生种。这些野生种质资源形态各异，未被人们大面积种植利用。由于野生种质资源长期在野外环境下生存进化，因此其抗病、抗虫、抗逆性较为突出，而且具有高度的遗传复杂性，在不同种质之间具有高度的异质性，蕴藏着许多有用的基因资源，往往具有一般栽培烟草所缺少的某些重要性状，如顽强的抗病、抗逆性，广泛的适应性，雄性不育性等。由于野生种质资源未被人工选择，其抗病、抗虫、抗逆等基因得到保留，而且这些基因多为显性，易于传递。因此，烟草野生种质资源是烟草主要病虫害的宝贵抗源。面对不断变化的生理小种和育种亲本日益狭窄的遗传背景，合理利用烟草野生种质资源，对白肋烟新品种的创制意义重大。

1954 年，Goodspeed 所著的《烟属》中第一次详细阐述烟属分类系统（Goodspeed，1954 年）。这一经典分类系统在过去 60 多年里被广泛采纳。近年来，随着烟草新种的发现与创新以及分子生物学技术在烟属分类研究中的深入利用，烟属新的分类法也随之产生（Knapp 等，2004 年）。Knapp 将烟属划分为 76 个种，并进行了重新分组，如表 3-1 所示。

表 3-1　烟属的种及其主要特征特性

组名	种名	形态特征	主要生物碱	抗耐性	配子染色体数	遗传育种应用
N. sect. Nicohana（普通烟草组）	*N. tabacum* ★（普通烟草）	1 年生草本	烟碱		24	栽培种
N. sect. Alatae（具翼烟草组）	*N. alata* ★（具翼烟草）	1 年生草本	烟碱	抗野火病、根黑腐病、白粉病、炭疽病、角斑病、根结线虫病、TMV、CMV	9	与普通烟草有性杂交亲和，可通过叶肉原生质体融合及体细胞杂交获得再生植株
	N. bonariensis ★（博内里烟草）	1 年生草本	烟碱、降烟碱	抗野火病、角斑病、赤星病、白粉病、炭疽病、PVY、CMV	9	
	N. forgetiana（福尔吉特氏烟草）	1 年生草本	烟碱、降烟碱	抗白粉病、炭疽病、赤星病	9	可利用叶肉原生质体培养获得再生植株
	N. langsdorffii ★（蓝格斯多夫烟草）	聚生性 1 年生草本	烟碱	抗野火病、白粉病、霜霉病、炭疽病、TMV、PVY，中抗青枯病	9	与普通烟草有性杂交亲和，可通过叶肉原生质体培养获得再生植株
	N. longiflora ★（长花烟草）	1 年生草本	烟碱	抗野火病、角斑病、黑胫病、根黑腐病、赤星病、白粉病、炭疽病、霜霉病、根结线虫病，中抗 CMV	10	与普通烟草有性杂交亲和，可从叶肉原生质体获得再生植株；其对野火病、黑胫病、根结线虫病的抗性已引入普通烟草

续表

组名	种名	形态特征	主要生物碱	抗耐性	配子染色体数	遗传育种应用
N. sect. Alatae（具翼烟草组）	*N. plumbaginifolia* ★（蓝茉莉叶烟草）	1 年生草本	烟碱、降烟碱	抗野火病、角斑病、黑胫病、根黑腐病、白粉病、霜霉病、根结线虫病	10	与普通烟草有性杂交亲和（胞质型雄性不育），可通过叶肉原生质体培养获得再生植株；其对黑胫病、根结线虫病的抗性已导入普通烟草
	N. mutabilis ●（姆特毕理斯烟草）	1 年生草本			9	
	N. azambujae ●（阿姆布吉烟草）	1 年生草本			12	
N. sect. Noctiflorae（夜花烟草组）	*N. acaulis*（无茎烟草）	多年生草本	降烟碱、新烟碱	抗野火病、角斑病、赤星病	12	
	N. glauca ★（粉蓝烟草）	软木本灌木	新烟碱	对根黑腐病免疫，抗野火病、白粉病、炭疽病、根结线虫病、TMV、CMV、TRV、TEV、PVY、TSV	12	与普通烟草有性杂交亲和，体细胞融合成功得到杂种植株
	N. noctiflora ★（夜花烟草）	1 年或多年生草本	降烟碱、新烟碱	抗赤星病、炭疽病、白粉病、蛙眼病、PVY、根结线虫病	12	
	N. petunioides ★（矮牵牛状烟草）	1 年生草本	新烟碱	耐花叶病，抗根结线虫病	12	
	N. paa ●（皮阿烟草）	1 年生草本			12	
	N. ameghinoi（阿米基诺氏烟草）	具花葶，多年生草本	降烟碱		12	

续表

组名	种名	形态特征	主要生物碱	抗耐性	配子染色体数	遗传育种应用
N. sect. Paniculatae（圆锥烟草组）	*N. benavidesii* ★（贝纳末特氏烟草）	半木本灌木	烟碱	抗白粉病、TMV、PVY、CMV，拒粉虱	12	可与普通烟草有性杂交，其杂种后代发生染色体代换和基因突变而产生白花突变体
	N. cordifolia ★（心叶烟草）	半木本灌木	烟碱、新烟碱	抗青枯病和TSV	12	对tentoxin（腾毒素）的反应已被用来鉴定一些种的胞质亲本
	N. knightiana ★（奈特氏烟草）	1年生草本	烟碱	抗白粉病、炭疽病、根结线虫病、PVY、TEV、霜霉病、蛙眼病，中抗CMV	12	可与普通烟草有性杂交（胞质型雄性不育）；其对霜霉病的抗性已导入普通烟草
	N. paniculata ★（圆锥烟草）	1年生草本	烟碱、降烟碱	抗根黑腐病、白粉病、根结线虫病、TEV、炭疽病、霜霉病（APT-3）	12	与普通烟草杂交产生细胞质雄性不育，可从叶片细胞原生质体及花药培养中获得再生植株
	N. raimondii（雷蒙德氏烟草）	半木本灌木	烟碱	抗白粉病、PVY、TEV、TSV	12	与普通烟草有性杂交亲和；其对PVY的抗性已引入普通烟草
	N. solanifolia（茄叶烟草）	半木本	降烟碱和新烟碱	抗白粉病	12	
	N. cutleri ●（卡特勒烟草）	1年生草本			12	

续表

组名	种名	形态特征	主要生物碱	抗耐性	配子染色体数	遗传育种应用
N. sect. Petunioldes（渐尖叶烟草组）	*N. acuminata* ★（渐尖叶烟草）	1年生草本	烟碱	抗根黑腐病、白粉病、霜霉病、PVY、TMV、根结线虫病	12	与普通烟草有性杂交亲和、通过胚珠培养已获得其与普通烟草的杂种植株，也可通过叶肉原生质体培养获得再生植株
	N. attennuata ★（渐狭叶烟草）	直立型1年生草本	烟碱	抗野火病、角斑病、根黑腐病、白粉病、霜霉病	12	
	N. corymbosa（伞床烟草）	生长期短，1年生草本	降烟碱、新烟碱		12	
	N. linearis ★（狭叶烟草）	生长期短，1年生草本	烟碱	耐花叶病	12	
	N. miersii ★（摩西氏烟草）	1年生草本	烟碱、降烟碱	抗PVY和根结线虫病，中抗青枯病	12	
	N. pauciflora ★（少花烟草）	直立型，1年生草本	烟碱、降烟碱	抗白粉病、中抗青枯病	12	
	N. spegazzinii（斯佩格茨烟草）	直立型，1年生草本	降烟碱		12	
	N. longibracteata（长苞烟草）	直立型，1年生草本	烟碱		12	
N. sect. Polvdicliae（多室烟草组）	*N. clevelandii* ★（克利夫兰氏烟草）	1年生草本	烟碱、新烟碱	抗霜霉病及PVY	24	
	N. quadrivalvis ★（夸德瑞伍氏烟草）	异味，1年生草本	烟碱	抗野火病、角斑病、白粉病、霜霉病	24	与普通烟草有性杂交亲和（胞质型雄性不育），可由叶肉原生质体获得再生植株

续表

组名	种名	形态特征	主要生物碱	抗耐性	配子染色体数	遗传育种应用
N. sect. Repandae（残波烟草组）	*N. nesophila* ★（岛生烟草）	直立型，1年或多年生草本	烟碱、降烟碱	抗黑胫病、根黑腐病、赤星病、炭疽病、白粉病、PVY、TMV，抗烟蚜	24	
	N. nudicaulis ★（裸茎烟草）	1年生草本	降烟碱、新烟碱	抗根黑腐病、黑胫病、白粉病、野火病、角斑病、蛙眼病、炭疽病、根结线虫病、赤星病、CMV	24	与普通烟草有性杂交亲和；其对野火病、根黑腐病及炭疽病的抗性已导入普通烟草
	N. repanda ★（残波烟草）	1年生草本	降烟碱	对根结线虫病免疫，抗野火病、角斑病、黑胫病、根黑腐病、白粉病、赤星病、蛙眼病、炭疽病、TMV、PVY，高抗烟蚜	24	与普通烟草有性杂交亲和（胞质型雄性不育），通过胚珠培养和细胞融合已获得其与普通烟草的杂种植株；其对蛙眼病、野火病、角斑病、TMV及根结线虫病的抗性已转入普通烟草
	N. stocktonii ★（斯托克通氏烟草）	直立型，1年或多年生草本	烟碱、降烟碱	抗黑胫病、根黑腐病、赤星病、白粉病、蛙眼病及TMV	24	由叶肉原生质体培养可获得再生植株
N. sect. Rusticae（黄花烟草组）	*N. rustica* ★（黄花烟草）	1年生草本	烟碱		24	栽培种
N. sect. Suaveolentes（香甜烟草组）	*N. africana* ★（非洲烟草）	直立型，多年生灌木	降烟碱	抗PVY及白粉病	23	已获得与普通烟草杂交的单倍体植株
	N. amplexicaulis ★（抱茎烟草）	1年生草本	烟碱	抗白粉病、霜霉病、蛙眼病	18	与普通烟草有性杂交亲和（胞质型雄性不育），通过胚珠培养获得与普通烟草的杂种植株

续表

组名	种名	形态特征	主要生物碱	抗耐性	配子染色体数	遗传育种应用
N. sect. Suaveolentes（香甜烟草组）	*N. benthamiana* ★（本塞姆氏烟草）	1年生草本	烟碱、新烟碱	抗根黑腐病、白粉病、TMV	19	利用 *N. glutinosa* 作授粉桥梁可与普通烟草进行有性杂交。可通过叶肉原生质体离体培养获得再生植株
	N. burbidgeae ●（巴比德烟草）	1年生半木本	烟碱、新烟碱	抗根黑腐病、白粉病和 TMV	21	
	N. cavicola ★（洞生烟草）	1年生草本	降烟碱	抗野火病、角斑病、白粉病、霜霉病，中抗青枯病	23	
	N. debneyi ★（迪勃纳氏烟草）	直立型，1年生草本	新烟碱	对霜霉病免疫，抗根黑腐病、青枯病、野火病、白粉病、赤星病、蛙眼病、PVY、根结线虫病、炭疽病，抗烟蚜	24	与普通烟草有性杂交亲和（胞质型雄性不育）；已成功地将其对根黑腐病、霜霉病及白粉病的抗性引入普通烟草
	N. excelsior ★（高烟草）	直立型，1年生草本	烟碱	抗白粉病和霜霉病	19	与普通烟草有性杂交亲和（胞质型雄性不育）；其对霜霉病的抗性已引入普通烟草
	N. exigua ★（稀少烟草）	1年生草本	烟碱、降烟碱	抗根黑腐病、白粉病、霜霉病、炭疽病及根结线虫病	16	
	N. fragrans（香烟草）	多年生草本或灌木	烟碱	抗野火病、角斑病、白粉病及炭疽病，拒粉虱	24	
	N. goodspeedii ★（古特斯比氏烟草）	成熟快，1年生草本	降烟碱、新烟碱	抗白粉病、霜霉病、赤星病、炭疽病、TMV	20	与普通烟草有性杂交亲和（胞质型雄性不育）；其霜霉病抗性基因已引入普通烟草

续表

组名	种名	形态特征	主要生物碱	抗耐性	配子染色体数	遗传育种应用
N. sect. Suaveolentes（香甜烟草组）	*N. gossei* ★（哥西氏烟草）	1年生草本	烟碱	抗根黑腐病、白粉病、霜霉病、黑胫病、TMV、TSV，耐青虫及绿桃蚜	18	与普通烟草有性杂交亲和（胞质型雄性不育）；其对青虫及绿桃蚜抗性已导入普通烟草
	N. hesperis（西烟草）	1年生草本	烟碱、新烟碱	抗霜霉病、白粉病、赤星病、炭疽病	21	与普通烟草有性杂交亲和（胞质型雄性不育）
	N. heterantha ●（赫特阮斯烟草）	1年生草本			24	
	N. ingulba ★（因古儿巴烟草）	1年生草本	降烟碱、新烟碱	抗霜霉病、白粉病	20	
	N. maritima（海滨烟草）	1年生草本	降烟碱	抗根黑腐病、白粉病、霜霉病、TMV、TSV	16	与普通烟草有性杂交亲和（胞质型雄性不育）
	N. megalosiphon（特大管烟草）	直立型，1年生草本	降烟碱、新烟碱	抗根黑腐病、白粉病、霜霉病、根结线虫病	20	与普通烟草有性杂交亲和（胞质型雄性不育）；其对霜霉病的抗性已导入普通烟草
	N. occidentalis ★（西方烟草）	直立型，1年生草本	降烟碱	抗角斑病、白粉病、霜霉病、赤星病和炭疽病	21	
	N. rosulata ★（莲座叶烟草Ⅰ）	成熟快，1年生草本	降烟碱	抗霜霉病	20	
	N. rotundifolia ★（圆叶烟草）	直立型，1年生草本	烟碱、新烟碱	抗白粉病和霜霉病，中抗青枯病	22	
	N. simulans（拟似烟草）	直立型，1年生草本	降烟碱	抗白粉病和霜霉病	20	与普通烟草有性杂交亲和（胞质型雄性不育）

续表

组名	种名	形态特征	主要生物碱	抗耐性	配子染色体数	遗传育种应用
N. sect. Suaveolentes（香甜烟草组）	*N. stenocarpa*（莲座叶烟草Ⅱ）	1年生草本	降烟碱	抗霜霉病	20	
	N. suaveolens ★（香甜烟草）	1年生草本	烟碱、新烟碱	抗野火病、角斑病、白粉病、霜霉病、赤星病、根结线虫病、TMV、PVY，中抗CMV	16	与普通烟草有性杂交亲和（胞质型雄性不育），可从叶肉细胞原生质体获得再生植株
	N. truncata ●（楚喀特烟草）	1年生草本			18	
	N. umbratica（荫生烟草）	1年生草本	烟碱	抗白粉病及霜霉病	23	
	N. velutina（颤毛烟草）	1年生草本	降烟碱	抗白粉病、赤星病、霜霉病及TMV	16	与普通烟草有性杂交亲和（胞质型雄性不育）；已成功将其霜霉病抗性基因导入普通烟草
	N. wuttkei ●（伍开烟草）	1年生草本	降烟碱	抗黑胫病、霜霉病、TSWV、PVY、TRV	16	
N. sect. Sylvestres（林烟草组）	*N. sylvestris* ★（林烟草）	1年或2年生草本	降烟碱	抗角斑病、白粉病、TMV、根结线虫病及炭疽病	12	与普通烟草有性杂交亲和；被用作花粉媒介，将烟草属其他种的抗病性导入普通烟草
N. sect. Tomentosae（绒毛烟草组）	*N. kawakamii* ★（卡瓦卡米氏烟草）	多年生软乔本灌木	降烟碱	抗白粉病及PVY	12	与 *N. sylvestris* 杂交后代育性高，且其植株类型与普通烟草相似；其对PVY的抗性已导入普通烟草
	N. otophora ★（耳状烟草）	软木质近乔木状灌木	降烟碱	抗白粉病、根结线虫病、PVY及TEV	12	可通过叶片细胞原生质体及花药培养获得再生植株；其对根结线虫病和PVY的抗性已引入普通烟草

续表

组名	种名	形态特征	主要生物碱	抗耐性	配子染色体数	遗传育种应用
N. sect. Tomentosae（绒毛烟草组）	*N. setchellii*（赛特氏烟草）	软木质灌木	降烟碱	抗白粉病、PVY 和 TEV	12	
	N. tomentosa ★（绒毛烟草）	半木本灌木	降烟碱、新烟碱	抗白粉病、根结线虫病、PVY、TEV	12	与普通烟草有性杂交亲和。其对根结线虫病和 PVY 的抗性已导入普通烟草
	N. tomentosiformis ★（绒毛状烟草）	半木本灌木	降烟碱	抗白粉病、TMV、PVY、TEV、根结线虫病	12	与普通烟草有性杂交亲和；其对白粉病的抗性已导入普通烟草
N. sect. Trigonophyllae（三角叶烟草组）	*N. obtusifolia* ★（欧布特斯烟草）	1 年或多年生草本	降烟碱	抗野火病、白粉病、霜霉病（APT-3）、炭疽病	12	与普通烟草有性杂交亲和，且杂种胚珠离体培养已获得成功
	N. palmeri（帕欧姆烟草）	1 年或多年生草本	降烟碱	抗野火病、白粉病、霜霉病（APT-3）、炭疽病	12	与普通烟草有性杂交亲和，且杂种胚珠离体培养已获得成功
N. sect. Undulatae（波叶烟草组）	*N. arentsii*（阿伦特氏烟草）	1 年或多年生草本	烟碱、新烟碱	抗野火病、角斑病、PVY、根结线虫病、TEV	24	
	N. glutinosa ★（粘烟草）	1 年生草本	降烟碱	抗白粉病、根结线虫病、TMV、CMV，中抗青枯病，抗烟蚜	12	与普通烟草有性杂交亲和，已获得体细胞杂交的杂种植株；其对 TMV 及白粉病的抗性已转入普通烟草
	N. thyrsiflora（拟穗状烟草）	多年生草本	降烟碱	抗根结线虫病及 PVY	12	
	N. undulata ★（波叶烟草）	1 年生草本	烟碱	抗野火病、角斑病、根黑腐病、TMV、PVY、TEV，中抗 CMV	12	与普通烟草杂交亲和，产生胞质型雄性不育后代

续表

组名	种名	形态特征	主要生物碱	抗耐性	配子染色体数	遗传育种应用
N. sect. Undulatae（波叶烟草组）	*N. wigandioides*（芹叶烟草）	半木本	烟碱、新烟碱	抗野火病、角斑病、根黑腐病、赤星病、白粉病、蛙眼病、TMV、PVY	12	

注：●表示新增加的种；★表示国内保存的种。

烟草野生种质资源的主要利用价值体现在以下四方面：

一是作为特异基因供体。烟草野生种质资源中存在大量尚未开发和利用的优异基因，但不利的性状也较多，表型较差，而有利基因往往与不利基因连锁，并且可能存在远缘杂交不亲和的现象。为了利用野生种质资源中的优异基因，可以利用种间远缘杂交、细胞工程、现代生物技术等手段，将野生种质资源材料中所蕴藏的优良基因或携带优良基因的部分染色体片段导入栽培烟草中，创造遗传基础丰富且具有特殊作用的烟草新品种和新类型。目前，野生种质资源的有些抗病虫基因已转移到栽培烟草上，选育出了抗病品种。例如，通过 *N. tabacum*×*N. glutinosa* 杂交多倍体和对此组合反复回交获得抗 TMV 品系，然后与白肋烟品种 Kentucky 16 杂交，成功地将 *N. glutinosa* 对 TMV 的抗性导入白肋烟品种中，育成第一个抗 TMV 的白肋烟品种 Kentucky 56；通过杂交组合（*N. tabacum*×*N. longiflora*）×*N. tabacum* 育成高抗野火病的品种 TL106，随后与白肋烟品种 Kentucky 16 杂交，成功地将 *N. longiflora* 对野火病的抗性导入白肋烟品种中，育成抗野火病的品种 Burley 21；通过 *N. tabacum*×*N. gossei* 杂交将 *N. gossei* 对蚜虫的抗性导入普通烟草，得到抗烟蚜的后代；通过 *N. benthamiana*、*N. glutinosa* 和 *N. tabacum* 杂交，将 *N. benthamiana* 和 *N. glutinosa* 对烟草斜纹夜蛾的抗性导入普通烟草中，育出抗烟草斜纹夜蛾的烟草品种。

二是作为栽培烟草的不育基因供体。从表 3-1 中可以知道，相当一部分烟草野生种虽然与普通烟草有性杂交是亲和的，但往往产生细胞质雄性不育现象。因此，可以利用烟属野生种创造烟草雄性不育系，以供杂交种生产上使用。

三是创造新物种。从表 3-1 中可以知道，烟属植物不同组间甚至不同种间，具有高度的异质性，其配子染色体数也有很大差异。因此，可以利用烟属野生种合成异源多倍体，创造新物种。

四是作为烟草遗传与进化烟草的基础材料。烟草是一种重要的经济作物，同时是植物学研究的模式植物，其起源、进化、多倍体演化过程，以及各种性状的遗传规律，一直备受研究者关注，为烟草育种提供了理论基础。而烟草野生种质资源是研究烟草的起源与进化以及烟草性状遗传规律的基本材料。

随着育种技术和生物技术的不断发展，烟属野生种和其他近缘植物的开发利用也越来越受到人们的重视。遗憾的是，中国不是烟草的原产地，因此野生种全部来自国外，这给野生资源的研究和利用带来了一定困难。目前在我国国家烟草库中已编目的烟草野生种仅有 46 个，尚需采用多种形式进一步搜集其他烟草野生种，为中国烟草遗传和育种研究提供更充实的物质基础。表 3-2 和表 3-3 分别列出了目前在野生种质资源中发现的烟草主要病害抗源和主要虫害抗源，以供野生种质资源收集以及白肋烟遗传和育种研究参考。

表 3-2　野生种质资源中烟草主要病害抗源

病害		抗源种质
黑胫病	0 号小种	*N. longiflora*、*N. nudicaulis*、*N. plumbaginifolia*、*N. repanda*、*N. stocktonii*、*N. wuttkei*、*N. gossei*
黑胫病	1 号小种	*N. longiflora*、*N. nesophila*、*N. repanda*、*N. stocktonii*、*N. wuttkei*
黑胫病	3 号小种	*N. nesophila*
青枯病		*N. cordifolia*、*N. attennuata*、*N. debneyi*
根黑腐病		*N. glauca*、*N. longiflora*、*N. alata*、*N. debneyi*、*N. plumbaginifolia*、*N. paniculata*、*N. acuminata*、*N. attennuata*、*N. nesophila*、*N. nudicaulis*、*N. repanda*、*N. stocktonii*、*N. benthamiana*、*N. exigua*、*N. gossei*、*N. maritima*、*N. megalosiphon*、*N. undulata*、*N. wigandioides*
根结线虫病	*M. incognita* 小种	*N. glauca*、*N. arentsii*、*N. longiflora*、*N. plumbaginifolia*、*N. repanda*、*N. knightiana*、*N. paniculata*、*N. nudicaulis*、*N. otophora*、*N. megalosiphon*、*N. miersii*、*N. debneyi*、*N. exigua*、*N. suaveolens*、*N. sylvestris*、*N. tomentosa*、*N. tomentosiformis*、*N. thyrsiflora*
根结线虫病	*M. javanica* 小种	*N. longiflora*、*N. plumbaginifolia*、*N. repanda*、*N. knightiana*、*N. paniculata*、*N. nudicaulis*、*N. otophora*、*N. megalosiphon*、*N. exigua*、*N. suaveolens*、*N. sylvestris*
根结线虫病	*H. tabacum* 小种	*N. longiflora*、*N. alata*、*N. plumbaginifolia*、*N. repanda*、*N. paniculata*、*N. noctiflora*、*N. petunioides*、*N. acuminata*、*N. tomentosiformis*、*N. glutinosa*
根结线虫病	*P. brachyurus* 小种	*N. glauca*
炭疽病		*N. longiflora*、*N. alata*、*N. bonariensis*、*N. forgetiana*、*N. langsdorffii*、*N. glauca*、*N. noctiflora*（白花种）、*N. knightiana*、*N. paniculata*、*N. nesophila*、*N. nudicaulis*、*N. repanda*、*N. debneyi*、*N. exigua*、*N. fragrans*、*N. goodspeedii*、*N. hesperis*、*N. occidentalis*、*N. sylvestris*、*N. obtusifolia*
野火病	0 号小种	*N. alata*、*N. longiflora*、*N. glauca*、*N. repanda*、*N. bonariensis*、*N. langsdorffii*、*N. plumbaginifolia*、*N. acaulis*、*N. attennuata*、*N. quadrivalvis*、*N. nudicaulis*、*N. cavicola*、*N. debneyi*、*N. fragrans*、*N. suaveolens*、*N. obtusifolia*、*N. arentsii*、*N. undulata*、*N. wigandioides*
野火病	1 号小种	*N. alata*、*N. longiflora*、*N. repanda*、*N. bonariensis*、*N. langsdorffii*、*N. plumbaginifolia*、*N. acaulis*、*N. attennuata*、*N. quadrivalvis*、*N. nudicaulis*、*N. cavicola*、*N. debneyi*、*N. fragrans*、*N. suaveolens*、*N. obtusifolia*、*N. arentsii*、*N. undulata*、*N. wigandioides*

续表

病害	抗源种质
角斑病	*N. longiflora*、*N. alata*、*N. bonariensis*、*N. plumbaginifolia*、*N. acaulis*、*N. attennuata*、*N. quadrivalvis*、*N. repanda*、*N. cavicola*、*N. fragrans*、*N. suaveolens*、*N. sylvestris*、*N. arentsii*、*N. wigandioides*
赤星病	*N. longiflora*、*N. repanda*、*N. debneyi*、*N. goodspeedii*、*N. nesophila*、*N. acaulis*、*N. suaveolens*、*N. bonariensis*、*N. forgetiana*、*N. stocktonii*、*N. noctiflora*、*N. hesperis*、*N*，*occidentalis*、*N. suaveolens*、*N. velutina*、*N. wigandioides*、*N. nudicaulis*
白粉病	*N. alata*、*N. acuminata*、*N. nigelovii*、*N. fragrans*、*N. glauca*、*N. glutinosa*、*N. longiflora*、*N. debneyi*、*N. bonariensis*、*N. forgetiana*、*N. langsdorffii*、*N. plumbaginifolia*、*N. noctiflora*、*N. benavidesii*、*N. knightiana*、*N. raimondii*、*N. solanifolia*、*N. attennuata*、*N. pauciflora*、*N. quadrivalvis*、*N. nesophila*、*N. nudicaulis*、*N. repanda*、*N. stocktonii*、*N. africana*、*N. amplexicaulis*、*N. benthamiana*、*N. cavicola*、*N. excelsior*、*N. exigua*、*N. goodspeedii*、*N. gossei*、*N. hesperis*、*N. ingulba*、*N. maritima*、*N. megalosiphon*、*N. occidentalis*、*N. rotundifolia*、*N. simulans*、*N. suaveolens*、*N. umbratica*、*N. velutina*、*N. sylvestris*、*N. kawakamii*、*N. otophora*、*N. setchellii*、*N. tomentosa*、*N. tomentosiformis*、*N. obtusifolia*、*N. wigandioides*
霜霉病	*N. longiflora*、*N. knightiana*、*N. debneyi*、*N. excelsior*、*N. goodspeedii*、*N. megalosiphon*、*N. langsdorffii*、*N. plumbaginifolia*、*N. paniculata*、*N. acuminata*、*N. attennuata*、*N. clevelandii*、*N. quadrivalvis*、*N. amplexicaulis*、*N. cavicola*、*N. exigua*、*N. gossei*、*N. hesperis*、*N. ingulba*、*N. maritima*、*N. occidentalis*、*N. rosulata*、*N. rotundifolia*、*N. simulans*、*N. stenocarpa*、*N. suaveolens*、*N. umbratica*、*N. velutina*、*N. wuttkei*、*N. obtusifolia*
蛙眼病	*N. noctiflora*、*N. knightiana*、*N. nudicaulis*、*N. repanda*、*N. stocktonii*、*N. amplexicaulis*、*N. debneyi*、*N. wigandioides*
TMV	*N. acuminata*、*N. goodspeedii*、*N. glauca*、*N. glutinosa*、*N. longiflora*、*N. repanda*、*N. wigandioides*、*N. benavidesii*、*N. gossei*、*N. nesophila*、*N. stocktonii*、*N. suaveolens*、*N. undulata*、*N. velutina*、*N. sanderae*、*N. tomentosiformis*、*N. langsdorffii*、*N. benthamiana*、*N. maritima*、*N. alata*、*N. sylvestris*
CMV	*N. alata*、*N. benavidesii*、*N. bonariensis*、*N. glauca*、*N. glutinosa*、*N. nudicaulis*
PVY	*N. raimondii*、*N. kawakamii*、*N. bonariensis*、*N. langsdorffii*、*N. glauca*、*N. noctiflora*、*N. benavidesii*、*N. knightiana*、*N. acuminata*、*N. miersii*、*N. clevelandii*、*N. nesophila*、*N. repanda*、*N. africana*、*N. debneyi*、*N. suaveolens*、*N. wuttkei*、*N. otophora*、*N. setchellii*、*N. tomentosa*、*N. tomentosiformis*、*N. arentsii*、*N. thyrsiflora*、*N. undulata*、*N. wigandioides*

续表

病害	抗源种质
TEV	*N. glauca*、*N. knightiana*、*N. paniculata*、*N. raimondii*、*N. otophora*、*N. setchellii*、*N. tomentosa*、*N. tomentosiformis*、*N. arentsii*、*N. undulata*
TRV	*N. glauca*、*N. wuttkei*
TSV	*N. glauca*、*N. cordifolia*、*N. raimondii*、*N. gossei*、*N. maritima*
TSWV	*N. wuttkei*

注：TMV—烟草普通花叶病(Tobacco mosaic virus)；CMV—烟草黄瓜花叶病毒病(Cucumber mosaic virus)；PVY—马铃薯Y病毒病(Potato virus Y)；TEV—烟草蚀纹病毒(Tobacco etch virus)；TRV—烟草脆裂病毒(Tobacco rattle virus)；TSV—烟草条纹病毒(Tobacco streak virus)；TSWV—烟草番茄斑萎病毒(Tomato spotted wilt virus)。

表 3-3　野生种质资源中烟草主要虫害抗源

虫害	抗源种质
蚜虫	*N. gossei*、*N. repanda*、*N. trigonophylla*、*N. benthamiana*、*N. nesophila*、*N. stocktonii*、*N. rotundifolia*、*N. velutina*、*N. megelosiphon*、*N. debneyi*、*N. glutinosa*
烟青虫	*N. gossei*、*N. stocktonii*、*N. miersii*、*N. bigelovii*、*N. benthamiana*
烟草天蛾	*N. stocktonii*、*N. langsdorffii*、*N. forgetiana*、*N. sanderae*、*N. longiflora*、*N. plumbaginifolia*、*N. acaulis*、*N. cavicola*、*N. simulans*、*N. rotundifolia*、*N. ingulba*、*N. alata*
粉虱	*N. benavidesii*、*N. fragrans*

二、国内种质资源

国内种质资源包括地方农家品种、选育成的新品种和品系、当前推广的改良品种，以及更换下来的老品种。

16世纪中叶，晒晾烟传入中国之后，黄花烟、烤烟、香料烟、马里兰烟、白肋烟、雪茄烟等烟草类型也相继传入中国，前后跨越了400多年的历程。由于中国疆域辽阔，自然条件迥异，而烟草本身可塑性强，易受环境影响而发生变异，各种烟草类型和品种在当地自然条件长期驯化和人工选择下，形成了类型齐全甚至各具地方特色的、数量丰富的烟草品种资源。截止到2016年，中国共收集编目国内烟草种质资源4782份。但国内烟草种质资源在区域间分布十分不均衡，主要集中在广东、贵州、河南、湖北、山东、山西、四川、云南等省，这些地区的烟草种质资源占全国资源收集总数的67.2%。分布情况基本上是老烟区的资源数量明显多于新烟区，烟草传入地的资源数量多于其他区域。

国内种质资源由于是在当地自然条件长期驯化和人工选择下形成的，因而具有两大特点：

一是对当地环境具有高度的适应性。国内种质资源的生长发育及生理特性均与当地气候、土壤条件和耕作栽培条件相适应，对当地不利的自然生态因素具有较强的抗御能力，对当地流行的病虫害也具有较强的抗性和耐性，有的还具有一些特殊用途，在育种上有重要的使用价值，是改良现有品种和育种工作最基本的材料。例如，广东廉江晒烟品种“塘蓬”（又称密节企叶），耐寒，抗 TMV 和赤星病，对白粉病免疫，且遗传力强，是我国特有的烟草隐性遗传白粉病抗源（国外选育的抗病品种是显性遗传）；河南省农科院烟草研究所于 1965 年从地方品种长脖黄中系统选育而成的烤烟品种“净叶黄”，高抗赤星病，抗性水平远高于美国赤星病抗源 Beinhart 1000-1，且没有 Beinhart 1000-1 那样浓重的雪茄烟味，“净叶黄”作为抗赤星病育种的亲本更具优势，目前该种质已成为中国抗赤星病育种的主体亲本，由其衍生出的“许金 4 号”（河南省农科院烟草研究所于 1979 年育成）、“单育 2 号”（中国农科院烟草研究所于 1973 年育成）等烤烟品种均具有较高的抗赤星病水平，也可以作为赤星病抗源使用；贵州省湄潭县农业局通过 DB101×湄潭大柳叶杂交选育而成的品种“反帝 3 号”，抗青枯病、黑胫病，是中国抗青枯病育种的重要亲本；原辽宁省凤城农业科学研究所于 1961 年通过将白肋烟品种 Kentucky 56 对 TMV 的抗性导入烤烟品种而育成“辽烟 8 号”（又称抗 44），该烟种高抗 TMV，是较好的 TMV 抗源；江苏南京晒烟品种“南京烟”，抗青枯病、根结线虫病、CMV 和蚜虫，可作为相应病虫害的抗源亲本使用；山东青州地方烤烟品种“窝里黄 0774”，高抗蚜虫、黑胫病，耐 CMV，也可作为抗源亲本使用；湖北鹤峰县白肋烟型晒烟品种“黄筋蔸”“白筋蔸”等，兼具白肋烟和晒烟两种风格，是极好的遗传研究材料。表 3-4 和表 3-5 分别列出了目前在国内种质资源中发现的部分烟草主要病害抗源和主要虫害抗源，以供白肋烟遗传和育种研究参考。

表 3-4 国内种质资源中烟草主要病害抗源

病害	抗源种质
黑胫病	达所 26（白肋）、云阳柳叶烟、寸三皮、大青筋、垛烟（泗水）、什新-2、细叶柳、毛杆香、泌阳晒烟(4)、贵阳大白花、红花铁杆、宽叶二柳、罗甸烟冒、上川-1、宿松杀猪刀、祥云土烟-1、小尖叶、转枝莲、厚节巴、金黄柳、大平板、大毛柳、柳叶尖 2017、柳叶青、邹县懒汉烟、竖把 2125、竖把 2135、保山团叶、小黄金 0644、小黄金 0029、小黄金 0607、大黄金 0398、大黄金 0336、大白筋 0522、大白筋 0534、老来红、潘圆黄、歪把子、安选 4 号、许金 2 号、许金 3 号、许金 4 号、单育 2 号、革新 2 号、革新 3 号、春雷 3 号、晋太 66、GDH88、CV70、豫烟 2 号、中烟 14、中烟 15、中烟 86、中烟 90、中烟 98、中烟 99、中烟 102、中烟 104、云烟 85、云烟 311、云烟 317、岩烟 97、蓝玉 1 号、粤烟 96、闽烟 7 号、韭菜坪 2 号、78-3013、8602-123、C151、G80B、长顺兰花烟、建平大兰花烟、灵宝莫合烟
青枯病	岩烟 97、反帝 3 号、晋太 35、永济千层塔、南京烟、春雷 2 号、6517、蓝玉 1 号、毕纳 1 号、大虎耳、辰溪密叶子、勐伴晒烟、87-11-3、白花 205、芮南叶子、临县簸箕片、芮城大叶旱烟、小柳叶烟、清涧羊角大烟、子州羊角大烟、紫花香、黑骨小湖、疏节金丝尾、企叶种、遵义泡杆烟、小叶兰花烟
根结线虫病	中烟 14、豫烟 2 号、豫烟 3 号、云烟 317、中烟 102、韭菜坪 2 号、单育 3 号、春雷 3 号、灵农 2 号、贵定尖叶折烟、竖把 2130、NB1、664-01、保山团叶、厚节巴、黄秆烟、南京烟、龙坪多叶、达所 26（白肋）、秀山叶子、顺筋烟、有把烟、柳叶尖 2178、安麻山晒烟-3、金斗烟、长顺兰花烟

续表

病害	抗源种质
TMV	8301(白肋)、黄筋蔸(白肋)、恩施青毛烟、辽烟8号(抗44)、辽烟9号、辽烟10号、辽烟11、辽烟12、辽烟14、龙烟1号、单育2号、革新3号、台烟6号、台烟7号、台烟8号、台烟11号、龙江912、蓝玉1号、闽烟12、鲁烟1号、CF223、CF225、翠碧2号、吉烟7号、吉烟9号、延烟3号、78-3013、CV87、CV58、CV91、CV088、K8、K10、K4、K6、8021-2、8022-1、咸丰大铁板烟、大青筋、公会晒烟、歪把子、定襄小叶烟、蛤蟆烟1488、工布爬路丁、建平大兰花烟、岢岚小兰花、临猗小叶烟、牛耳烟、阳高小兰花
CMV	南京烟、转角楼、通州、神农大叶烟、坝林晒烟、朝刀、大柳叶土烟、光把柳烟、光柄蒲扇叶、红花铁杆、马口烟草、平地乡大柳叶、上川-1、宿松杀猪刀、台烟6号、台烟7号、台烟8号、C151、C152、C212、CV91、CV088、抗88、长脖黄、九楼烟、柳叶青
PVY	NC55-1、CV088、CV91、C151、抗88、秦烟98、灵农2号、CF225、龙江981、大柳叶土烟、勐伴晒烟、芮城黑女烟、坝林晒烟、半坤村晒烟、临猗小叶烟、灵宝莫合烟、牛耳烟、建平大兰花烟
野火病	达磨、安徽大白梗
赤星病	净叶黄、单育2号、庆胜2号、许金4号、革新3号、潘圆黄、辽烟14、延烟3号、GDH88、CV70、CV87、CV91、CV58、南江3号、中烟15、中烟86、中烟90、中烟98、中烟100、中烟101、G80B、柳叶青、丸叶、龙烟6号、延晒7号、宽叶二柳、罗甸烟冒、象朵烟、督叶尖干种、光把柳烟、广杂87号、广黄55、金斗烟
白粉病	塘蓬、广黄10号、广黄54、广黄55、广红12、广红13、恩施小乌烟、鹤峰乌烟、五峰铁板烟-1、旱烟晒红烟、竹山小柳叶、咸丰晒烟、大潦叶烟-2、黑耳烟、竹溪大乌烟-5、竹山大柳子-2、闽烟4号、5624、利川兰花烟

表 3-5 国内种质资源中烟草主要虫害抗源

虫害	抗源种质
烟蚜	金水白肋1号、窝里黄、长把子烟、竖把、南京烟、罗甸枇杷烟、早谷烟、云阳柳叶烟、晒92414、大毛柳、大青筋、贵阳大白花、勐伴晒烟、讷河大护脖香-2、丸叶、小黑柳、G80B、灵宝莫合烟、建平大兰花烟、工布爬路丁、牛耳烟、转枝莲、歪把子、马口烟草、灵农2号、单育2号、安麻山晒烟-3
烟青虫	小黄金0644

二是具有遗传多样性。国内种质资源在遗传上，其群体多是一些混合体，具有丰富的遗传多样性。

国内种质资源中的古老品种蕴藏着许多有用的基因，一旦它们从地球上消失，用任何现代化手段都难以将它们创造出来。鉴于此，在种质资源的研究和育种工作中，应首先加强对古老地方品种的搜集、保存、研究和利用，以本地区地方品种为基本材料，充分挖掘地方品种所具有的优质、抗逆性强等基因资源，在此基础上引进新的种质资源，将古老品种作为提供优良基因的载体，对引进种质加以改进，使之形成具有优质、高效益、适应性强等特点的优良品种。而对长期推广种植的改良品种，由于其产量和品质均优于地方品种，能够适应新的生产条件和先进的农业技术措施，优良性状比较多，可作为系统选择和人工诱变的材料，也可作为杂交育种的亲本使用。

三、国外种质资源

国外种质资源指从国外引进的烟草种质资源，包括新选育的品种（品系）、古老类型品种以及具有特异性状的材料。中国不是烟草原产地，因此，广泛引进国外烟草种质资源对中国烟草新品种选育和生产有特殊的意义。目前，中国已从美国、日本、东欧、非洲、南美洲等20多个国家，共引入资源600多份，特别是白肋烟、香料烟品种资源，几乎都是从国外引进的。

国外引进的种质资源是在与本地区不同的生态环境和栽培条件下形成的，反映了各自原产地区的生态和栽培特点以及遗传的多样性，具有与国内种质资源不同的生物学、经济学和遗传学性状，其中有不少性状（如抗病性、品质性状）是国内品种资源所欠缺的，烟属植物的起源中心以及次生中心的许多原始品种尤为珍贵。例如，美国搜集的白肋烟种质TI1406以及在南美洲搜集的烟草种质TI1112，都是中国宝贵的抗虫资源，其中TI1406高抗烟草蚜虫，而TI1112高抗烟草蚜虫、烟草天蛾和烟青虫，其抗虫基因已被转移利用。美国在南美洲发现的TI448A（原品种名为Castillo），高抗青枯病和TMV，中抗黑胫病，叶斑病轻。TI448A对青枯病的抗性是由多对基因控制的，是目前世界上抗青枯病育种的主要抗源。美国育成的白肋烟品种L-8、雪茄烟品种Florida 301，都是高抗黑胫病0号小种的品种，其抗性为显性单基因控制，遗传力强，已被转移利用，并取得了显著成绩。美国于1949年通过(TI448A×400)F_3×Oxford与(Florida 301×400)BC_2F_3杂交，将TI448A对青枯病的抗性和Florida 301对黑胫病的抗性导入烤烟而育成的品种DB101，抗黑胫病和青枯病，目前已成为中国抗青枯病和黑胫病育种的重要抗源。美国在南美洲搜集的烟草品种TI706，高抗根结线虫病，是世界上抗根结线虫病育种的主要抗源。美国1961年以由TI706衍生的烤烟品种Bel4-30和由TI706、TI448A、Florida 301衍生的烤烟品种Coker139为亲本，通过杂交组合Coker139×(Bel4-30×Coker137)×Hicks Broad Leaf选育形成烤烟品种NC95；1983年以Coker139、由其衍生的Coker319和由NC95衍生的Coker258为亲本，通过杂交组合(Coker258×Coker319)×Coker139选育形成烤烟品种Coker176。这两个烤烟品种均高抗根结线虫病，目前也成为中国抗根结线虫病育种的重要抗源。美国通过杂交组合(*N. tabacum*×*N. longiflora*)×*N. tabacum*选育而成的种质材料TL106和津巴布韦育成的烤烟品种Kutsaga 110都是宝贵的抗野火病资源，其中，TL106抗野火病和角斑病，中抗黑胫病和根结线虫病，其对野火病和角斑病的抗性由一对显性基因控制；Kutsaga 110高抗野火病，抗TMV。美国搜集的烟草品种TI245，抗CMV和TMV，其抗性由两个隐性基因t_1和t_2控制。美国育成的白肋烟品种Kentucky 56，香料烟品种Samsun NN和Xanthi-nc，都高抗TMV。目前，TI245、Kentucky 56、Samsun NN和Xanthi-nc都是中国抗TMV育种的抗源，其对TMV的抗性都被转移利用，并取得了显著成绩。津巴布韦育成的烤烟品种Kutsaga 51E，抗白粉病，是宝贵的抗白粉病资源。美国雪茄烟品种Beinhart 1000-1，抗赤星病，是中国抗赤星病育种的重要抗源。此外，中国从美国引进的白肋烟品种资源，如Burley 21、Burley 37、Tennessee 86、Tennessee 90、Kentucky 907等，大多株型理想、抗性较好、丰产性好、品质优良，在中国白肋烟育种上起着重要作用，其中Burley 21不育系的不育性还被转移到烤烟、晒烟和香料烟上，培育出一系列不育系和杂交种，并在生产上被推广利用。表 3-6 和表 3-7 分别列出了目前在国外引进种质资源中发现的部分烟草主要病害抗源和主要虫害抗源，以供白肋烟遗传和育种研究参考。

表 3-6　国外种质资源中烟草主要病害抗源

病害		抗源种质
黑胫病	0 号小种	L-8(白肋)、Burley 27(白肋)、Burley 1(白肋)、Burley 11A(白肋)、Kentucky 151(白肋)、Maryland 609、Beinhart 1000-1(TI1561)、Beinhart 1000、Florida 301、Big Cuba、Little Cuba、Dixie Bright101(DB101)、Vesta33、Vesta 64、Va331-1、Oxford 2、Oxford 4、Speight G-28、Speight G70、Speight G-80、Speight G-140、Coker 139、Coker 319、Coker371Gold、RG11、K326、K346、K358、K394、K730、NC82、NC1108、NC1071、NC567、NC89、AK6、Peo De Oro P-1-6
	1 号小种	Beinhart1000-1 (TI1561)、Kentucky 31(白肋)
	2 号小种	Delerest202(TI1608)、A22、A23、Hicks 21
	3 号小种	Consolidated I、Consolidated L、Beinhart 1000-1(TI1561)、NC1070
青枯病		TI448A、TI79A、Dixie Bright101(DB101)、Oxford 26、Ox2028、Ox2101、Speight G-80、Speight G-164、Speight G-168、Speight G-172、Coker 139、Coker 319、Coker 176、RG17、K730、K358、NC82、RG12、Awa、Kokubu、Enshu、Xanthi、Adcock、P-10 312、Connecticut Broad Leaf、Havana 211、Manila、Sumatra Deli、土耳其雪茄
根结线虫病		TI419、TI422、TI517、TI706、TI896、Bel 4-30、Burley 1(白肋)、Speight G-80、Speight G-28、Speight G-70、NC95、NC89、Faucett Special、RG22、I-35、K326、K346、K358、K394、K730、NC22NF、NC567、KoKulu izmir
TMV		BYS(白肋)、Burley 21(白肋)、Kentucky 56(白肋)、TI1462(白肋)、Samsun NN、Xanthi-nc、TI25、TI203、TI245、TI383、TI384、TI407、TI410、TI411、TI412、TI413、TI431、TI436、TI437、TI438、TI430、TI448、TI448A、TI449、TI450、TI465、TI1467、TI468、TI470、TI471、TI692、TI1203、TI1500、TI1504、Ambalema(TI1560)、AK6、B22、S142、VarNo1668、MRS-2、MRS-3、MRG-4、Vamorr50、Va45、Va80、Va770、Va411、Va458、Va613、Va645、Va 1168、PBD6、SC71、SC72、Coker176、Coker86、NC628、NC567、卡里、忌利司买皮亚
CMV		Kentucky 151(白肋)、TI245、Ambalema (TI1560)、GAT-2、GAT-4、AK6、Lung-Jenyeh、Li-shan Yeh、Holems、SC72、Coker 319、I-35
PVY		TI1406(白肋)、RG89、Criolleo Salteno11、NC1108、Xanthi-nc
野火病		TL106、Burley 21(白肋)、Burley 37(白肋)、Tennessee 86(白肋)、Tennessee 90(白肋)、Kentucky 14(白肋)、Virginia 509(白肋)、Kutsaga Mammoth 10、Kutsaga 110
赤星病		Beinhart 1000、Beinhart 1000-1、TI505、TI804、TI820、TI995、TI1043、TI1138、TI1211、TI1467、Ambalema(TI1560)，Burley 11A(白肋)、AK6、Amarillo Parado、Cash、K730、NC1108
白粉病		Kutsaga E1、Kutsaga E2、Kutsaga 51E、Kuo-fan、Turkish Samsun、Basma、Harmanllska Basma

表 3-7 国外种质资源中烟草主要虫害抗源

虫害	抗源种质
烟蚜	TI1406(白肋)、TI1462(白肋)、Kentucky 151(白肋)、TI70、TI421、TI494、TI497、TI524、TI532、TI536、TI538、TI550、TI555、TI601、TI675、TI698、TI752、TI760、TI764、TI767、TI832、TI855、TI896、TI998、TI1024、TI1025、TI1026、TI1028、TI1029、TI1030、TI1068、TI1097、TI1098、TI1112、TI1124、TI1127、TI1132、TI1223、TI1269、TI1270、TI1298、TI1586、TI1623、TI1656、TI1687、CU-2、CU-5、CU1097、C-110、DB27、I-35、VH40、Hotch、Virginia toyer、Genuin Yellow Pryor、Warne、Cash、Peo De Oro P-1-6、SC58、Speight G-28、NC744、Vranjska jaka
烟青虫	TI1406(白肋)、TI1462(白肋)、TI36、TI106、TI163、TI165、TI168、TI170、TI207、TI221、TI229、TI234、TI310、TI319、TI328、TI337、TI390、TI454、TI455、TI719、TI743、TI752、TI934、TI1024、TI1025、TI1026、TI1028、TI1029、TI1031、TI1068、TI1079、TI1112、TI1113、TI1123、TI1132、TI1257、TI1274、TI1300、TI1308、TI1309、TI1318、TI1374、TI1390、TI1396、TI1398、TI1517、TI1525、I-35、CU-2、CU-25、CU-131、Little Dutch、Cash、NC89、Speight G-28
烟草天蛾	TI1406(白肋)、TI1462(白肋)、TI165、TI189、TI263、TI1024、TI1068、TI1112、TI1113、TI1124、TI1232、TI1275、TI1309、TI1324、TI1396、TI1417、I-35、NFT

国外引进种质资源的利用价值主要体现在四个方面：

一是直接在生产上推广利用。国外品种资源引入本地区后，通过对外引品种的比较试验，证明能够适应本地区条件并能满足生产要求的，就可以直接在生产上推广利用。例如，从美国引入的优质白肋烟品种 Tennessee 86、Tennessee 90、Kentucky 907 等，就被推荐为中国白肋烟产区推广种植的品种。

二是作为杂交育种的亲本材料。由于生态条件的差异，多数国外引进品种引入本地区种植时表现出对环境条件不适应的缺点，但有的品种具有某方面的优良基因，且与本地种质性状差异较大，甚至在一些性状上具有互补性，可将国外引进品种资源作为杂交育种的一个亲本加以利用。选用产地距离远、个体间性状差异较大的种质进行杂交组配，易于选出遗传基础广泛、利用价值高的新品种。例如，从美国引进的白肋烟品种 Kentucky 8959 品质优良，高抗 TMV、野火病、根黑腐病，抗黑胫病、镰刀菌枯萎病，耐 TEV、TVMV 和 PVY，利用这个品种作为育种材料选育出了云白 3 号、鄂烟 101 等高抗 TMV、野火病、根黑腐病，兼抗黑胫病和 PVY 的优质白肋烟品种。又例如，从美国引进的白肋烟品种 Kentucky 14、Kentucky 907、Burley 64 和 Tennessee 90 品质较好，用这些品种作杂交亲本先后选育出云白 2 号、云白 4 号等优质白肋烟品种。这些自主选育出的品种对稳定中国白肋烟生产起到了积极作用。

三是作为系统育种的基础材料。多数国外品种引入本地区种植后，因受环境影响而容易发生变异，因此，可以采用系统育种的方法，从中培育出新的品种。例如，将美国的白肋烟品种 Burley 37、Burley 21 和 Virginia 509 引入湖北省白肋烟产区种植后，从 Burley 37 中选育出白肋烟品种鹤峰大五号和育种材料鄂白 006，从 Burley 21 中选育出育种材料鄂白 005、鄂白 007、鄂白 008、金水白肋 1 号、金水白肋 2 号、建选 3 号、省白肋窄叶、选择 18 号多叶等，从 Virginia 509 中选育出重要的育种亲本材料鄂白 002、鄂白 003 等。

四是作为杂交种选育的亲本。利用地理差异和血缘距离，将国外引进的品种作为亲本之一，与本地区育成品种配组 F_1 代，进而利用杂种优势。例如，云南省选育的云白 1 号，四川省选育达白 1 号、达白 2 号、川白 1 号、川白 2 号，以及湖北省选育的鄂烟 1 号、鄂烟 2 号等 11 个鄂烟系列杂交种，都是基于杂种优势利用，以国外引进品种作为亲本或亲本之一培育而成的优质白肋烟品种，它们在中国白肋烟生产上发挥了重要作用。

四、人工创造的种质资源

人工创造的种质资源指在育种工作中，育种工作者利用理化诱变、有性杂交、细胞融合、远缘杂交、遗传控制等途径和技术创造的各种突变体、育成品系、基因标记材料、引变的多倍体材料、非整倍体材料、属间或种间杂种等育种材料。

人工创造的种质资源，其特点就是具有特殊的遗传变异。这类材料尽管不具备优良的综合性状，一般在生产上没有直接利用价值，但可能携带一些特殊性状，是扩大遗传变异性、培育新品种或进行有关理论研究的珍贵材料。如 Clausen 利用遗传控制的不联合条件配齐的 24 个烟草单体，是人工创造的特别重要的种质，在理论研究方面具有很高的利用价值。又如美国创造的低烟碱品系 LAFC-53，烟碱质量分数只有 0.2%。Chaplin 用这个品系分别与烤烟品系 NC95、SC58 杂交，而后用 NC95 和 SC58 分别做轮回亲本进行回交，选育出烟碱质量分数从 0.38%～4.82%的一系列同型系，用这些稳定的品系来研究烟碱质量分数的变化对其他农艺性状和品质性状的影响。再如烟草资源材料中有一个人工合成的抗花叶病品系 GAT，能抗 6 种病毒病，是目前烟草抗 TMV 和抗 CMV 育种的主要抗源材料。山西农业大学魏治中教授采用药用植物与烟草进行科、属间的远缘杂交，经过近 40 年的选择与培育，选育出紫苏烟、罗勒烟、薄荷烟、人参烟、曼陀罗烟、黄芪烟等六大类型药烟，创制了 179 份科、属间远缘杂交新种质，极大地丰富了中国烟草种质资源的遗传基础。这些新类型烟草含有对人体有益的医药成分，焦油释放量低，具有特殊香气，在新型烟草制品研发中具有广阔的应用前景。

第三节　白肋烟种质资源的鉴定与评价

种质资源的工作内容包括资源的广泛搜集、妥善保存、深入研究、积极创新和充分利用。其中，种质资源的搜集是第一步。不断地、广泛地考察并搜集种质资源，或者通过交换种质资源等来丰富种质库，是做好资源工作的基础。更为重要的是，对搜集保存的种质资源进行系统的特征特性鉴定和评价，全面地了解和掌握现有的烟草种质资源，明确每份资源的利用价值，这是白肋烟育种工作中亲本选配的主要依据，也是进一步开展育种目标相关性状的遗传规律和遗传物质基础研究的前提，因而是种质资源工作的重点。

一、白肋烟种质资源的遗传多样性评价

遗传多样性，又称基因多样性。通常所说的遗传多样性是指种内不同种群之间或一个种群内不同个体的遗传变异。烟草品种间的遗传差异是开展烟草育种的基础。在育种过程中，无论通过什么技术手段对烟草品种遗传特性进行改良，都必须深入研究种质资源在遗传基础上的差异性，系统分析种质资源的遗传多样性。通过对烟草遗传资源的遗传多样性及

亲缘关系的研究，可以科学地评价种质资源的遗传潜力，有利于发现各种基因和基因型资源，对创造和合理利用种质资源，提高亲本的选配效果，有效减少选配杂交组合的盲目性，进而提高育种效率等方面具有十分重要的意义。

中国烟草遗传育种研究（北方）中心曾对中国烟草种质资源的遗传多样性进行了研究，结果表明，平均 Nei's 指数和 Shannon's 指数分别为 0.41 和 0.57，种质间遗传相似系数变化范围在 0.11～0.99 之间，说明中国烟草种质资源中存在着丰富的遗传变异。为了准确把握白肋烟各品种资源之间的相似程度及关系的远近，湖北省烟草科学研究院从表型性状和分子水平上就单纯的白肋烟种质资源进行了遗传多样性评价。

（一）表型分析

根据农艺性状（包括株高、茎围、节距、着生叶数、中部叶长和宽、花冠长和直径）、经济性状（产量、上等烟比例和中等烟比例）、烟叶品质性状（中部叶烟碱、总氮和钾含量以及氮碱比，上部叶烟碱、总氮和钾含量）等 19 个性状数据，采用相异系数进行系统聚类分析，在相异系数为 0.0375 处，把包括 89 份国外引进品种、39 份国内选育品种和 5 份地方品种在内的 149 份白肋烟品种资源，划分为如表 3-8 所示的 6 个品种类群。各品种类群间在株高、着生叶数、茎围、大田生育期、产量、中部叶氮碱比和上部叶烟碱含量这些指标数值上相差较大，而其他指标数值差异较小。

表 3-8 依据表型性状的相异系数划分的白肋烟品种类群及其主要表型特征

品种类群	品种数	品种	主要表型特征
Ⅰ	25	K10、K26、Kentucky 41A、KBM33、J. P. W Burley、Burley 26、Burley 29、Banket A-1（巴西）、Greeneville 17A、S. K、阿波、Hare win、鄂白 011、达所 18、达所 27、达所 28、达所 30（1）、达所 30（2）、达所 24-11、达所 26、建选 1 号、99-2-4、鄂烟 3 号、鹤峰黄烟、鹤峰自来黄	植株高、茎秆粗壮、着生叶数多、产量较高、氮碱比低
Ⅱ	22	Kentucky 12、Kentucky 15、Kentucky 24、Burley 27、BYS、P. M. R Burley 21、LA Burley 21、Burley 11、Burley 18、Burley 23、Burley 68、Burley 93、Virginia 1012、Virginia 1053、W. B、鄂白 002、鄂白 004、鄂白 007、鄂白 008、鄂白 009、选择 18 号多叶、MS 鄂白 004	植株矮小、着生叶数少而小、生育期短、产量低
Ⅲ	23	K14、Kentucky 14、Burley 18-100、Burley 64、PB9、Virginia 1019、Virginia 1052、Virginia 1411、Tennessee 86、TI1463、Banket A-1、日本白肋、本格力号、鄂白 001、临育 1 号、建选 2 号、鄂烟 1 号、鄂烟 5 号、MS Burley 64、MS Kentucky 14、MS Tennessee 86、五峰白肋烟、五峰白筋洋	产量高、中部叶烟碱含量高
Ⅳ ⅰ	8	Kentucky 17、White Burley 1、Virginia 509、Virginia 528、Virginia 1048、金水白肋 1 号、鄂烟 4 号、MS Kentucky 17	产量低、氮碱比低
Ⅳ ⅱ	10	Burley Skroniowski、Wohlsdorfer Burley、Burley 2、Burley 10、Tennessee 90、Tennessee 97、白远州 1 号、鄂烟 2 号、MS Tennessee 90、MS Tennessee 97	产量高、氮碱比高

续表

品种类群	品种数	品种	主要表型特征
Ⅴ	24	Kentucky 56、Kentucky 8959、KBM20、Burley 11A、Burley 21、White Burley 2、Burley 69、白茎烟、Virginia 1050、L-8、Gold. no. Burley、Ergo、牡晒 82-38-5、建始 304、金水白肋 2 号、建选 3 号、单株 9 号、鄂白 20、鄂白 21、MS Burley 21、MS Burley 37、MS 鄂白 001、MS 鄂白 003、MS PB9	叶片宽大、生育期长
Ⅵ	37	K21、Kentucky 9、Kentucky 10、Kentucky 16、Kentucky 34、Kentucky 57、Kentucky 907、Burley 1、Burley 5、Burley 37、Burley 49、Burley 67、Burley Wloski、鄂烟 101、White Burley 5、Burley 34、Burley 100、Virginia 1013、Virginia 1041、Virginia 61、Virginia 1088、TI1046、Stamn D23-Nikotinam、S. N(69)、S174、鄂白 003、鄂白 005、鄂白 006、鄂白 010、9477、省白肋窄叶、黔白 1 号、MS 金水白肋 2 号、MS Kentucky 907、MS Virginia 509、MS Kentucky 16、黄筋莌	氮碱比大、钾含量高

品种类群Ⅰ所包含的品种主要为国外引进品种和国内选育品种，植株最高，茎围最大，单株着生叶数最多，产量较高，中部叶烟碱含量比较适中，氮碱比最小，属于多叶、高产、低氮碱比的白肋烟品种资源类群。品种类群Ⅱ所包含的品种多数为国外引进品种，该类群品种植株最矮，茎围最小，单株着生叶数最少，叶片相对较小，生育期相对短，产量最低，但中部叶和上部叶烟碱含量适中，属于株矮、叶少、叶小、低产的白肋烟品种资源类群。品种类群Ⅲ所包含的品种既有国外引进品种，又有自育品种和地方品种，相异系数达到了 0.42。该类群明显的特征是产量高，中部叶烟碱含量也高。品种类群Ⅳ有两个明显的亚群，即低产量、低氮碱比亚群和高产量、高氮碱比亚群。品种类群Ⅴ所包含的品种主要为国外引进品种和国内选育品种，主要特征是叶片宽大，生育期长，但中部叶和上部叶烟碱含量适中；该类群品种之间的差异较小，相异系数仅为 0.20。品种类群Ⅵ所包含的品种数量最多，各品种之间相似程度比较低，相异系数高于其他 5 个品种类群，达 0.46；该类群品种的主要特点是中部叶氮碱比最大、钾含量最高。

在育种实践中，可根据育种目标和各品种类群的特点，选择性状互补和遗传差异大的亲本配制组合，以使白肋烟育种中亲本的选配更趋合理化，进而选育出更符合当地发展的白肋烟优良品种。尽管根据相异系数将白肋烟种质资源划分为 6 个类群，但国外引进品种、国内选育品种和地方品种在各类群中几乎均有分布，所有白肋烟品种资源间相异系数变化范围在 0.01～0.53 之间，表明各白肋烟品种之间的差异不大。

（二）ISSR 标记分析

尽管从形态学或表型性状来检测遗传变异是最直接也最简便易行的方法，但表型性状易受自然环境因素和人为因素的影响，难以很详细地阐明白肋烟品种资源的遗传变异情况。ISSR(Inter-simple sequence repeat)标记稳定性好，表现为显性或共显性，目前，在作物遗传研究中作为一种高效标记方法而被广泛应用，如基因组作图、基因定位、遗传多样性分析及品种鉴定等。为了避免根据表型来推断基因型时可能产生的各种问题，以获得更准确、更可靠的种质资源遗传多样性鉴定结果，湖北省烟草科学研究院利用ISSR分子标记对127份白肋烟种质资源进行了品种间基因组DNA的遗传多态性分析。

从100对ISSR引物中，筛选出14对多态性高、分辨能力强的引物（见表3-9），用于对127份白肋烟种质资源进行分析。14对引物在127份白肋烟种质中共扩增出131条有200～4000 bp的清晰稳定可重复的DNA谱带，平均每个引物扩增出9.36条谱带，最多扩增出13条（引物UBC808和引物UBC811），最少扩增出3条（引物UBC864），其中多态性谱带有127条，多态性比率为96.95%，表明ISSR标记在检测白肋烟基因组遗传多态性上有较显著的检出效率。聚类分析结果显示，这14对引物能将127份白肋烟种质完全区分开，每份种质都有各自独特的指纹图谱。

表3-9　ISSR引物序号与序列

编号	引物序列5'-3'	编号	引物序列5'-3'
807	AGA GAG AGA GAG AGA GT	842	GAG AGA GAG AGA GAG AYG
808	AGA GAG AGA GAG AGA GC	855	ACA CAC ACA CAC ACA CYT
811	GAG AGA GAG AGA GAG AC	857	ACA CAC ACA CAC ACA CYG
834	AGA GAG AGA GAG AGA GYT	861	ACC ACC ACC ACC ACC ACC
835	AGA GAG AGA GAG AGA GYC	864	ATG ATG ATG ATG ATG ATG
840	GAG AGA GAG AGA GAG AYT	880	GGA GAG GAG AGG AGA
841	GAG AGA GAG AGA GAG AYC	886	VDV CTC TCT CTC TCT CT

用NTSYS软件进行分子聚类，将127份种质资源分成了3个类群（见图3-2）。

第1类群中共有109份白肋烟种质资源，包括国内选育品种和地方品种25份（鄂烟4号、鄂烟5号、鄂烟209、鄂烟101、鄂白002、鄂白003、鄂白004、鄂白005、鄂白009、鄂白010、鄂白011、鄂白20号、鄂白99-2-4、临育一号、鹤峰自来黄、五峰白肋烟、省白肋窄叶、金水白肋1号、金水白肋2号、建选1号、建选3号、建选304号、达白1号、YNBS1、牡晒82-38-5），不育系16份（MS鄂白001、MS鄂白003、MS鄂白004、MS鄂白005、MS金水白肋2号、MS Kentucky 16、MS Kentucky 17、MS Kentucky 907、MS Tennessee 90、MS PB9、MS Burley 37、MS Tennessee 97、MS Kentucky 8959、MS Tennessee 86、MS Burley 21、MS Kentucky 14），国外品种68份[Burley 1、Burley 10、Burley 11、Burley 18-100、Burley 26、Burley 27、Burley 29、Burley 34、Burley 37、Burley 67、Burley 68、Burley 69、Burley 93、Burley 100、Kentucky 9、Kentucky 10、Kentucky 12、Kentucky 16、Kentucky 17、Kentucky 24、Kentucky 34、Kentucky 41A、Kentucky 56、Kentucky 907、Kentucky 8959、K10、K21、K14、K26、KBM20、KBM33、Tennessee 90、Tennessee 97、Virginia 509、Virginia 528、Virginia 1012、Virginia 1013、Virginia 1019、Virginia 1050、Virginia 1052、Virginia 1053、Virginia 1061、Virginia 1088、Virginia 1411、TI1406、TI1463、White Burley 1、White Burley 2、BYS、Harwin、Burley Skroniowski、Wohlsdorfer Burley、PMR Burley 21、Stamn D23、S. K、W. B、S. N(69)、Ergo、Gold. no. Burley、Greeneville 17A、L-8、J. P. W Burley、PB9、Burley Wloski、日本白肋、阿波、白远州一号、本格力号]。

第2类群共有15份白肋烟种质资源，包括鄂白006、鄂白008、建选2号、鄂白单株9号、

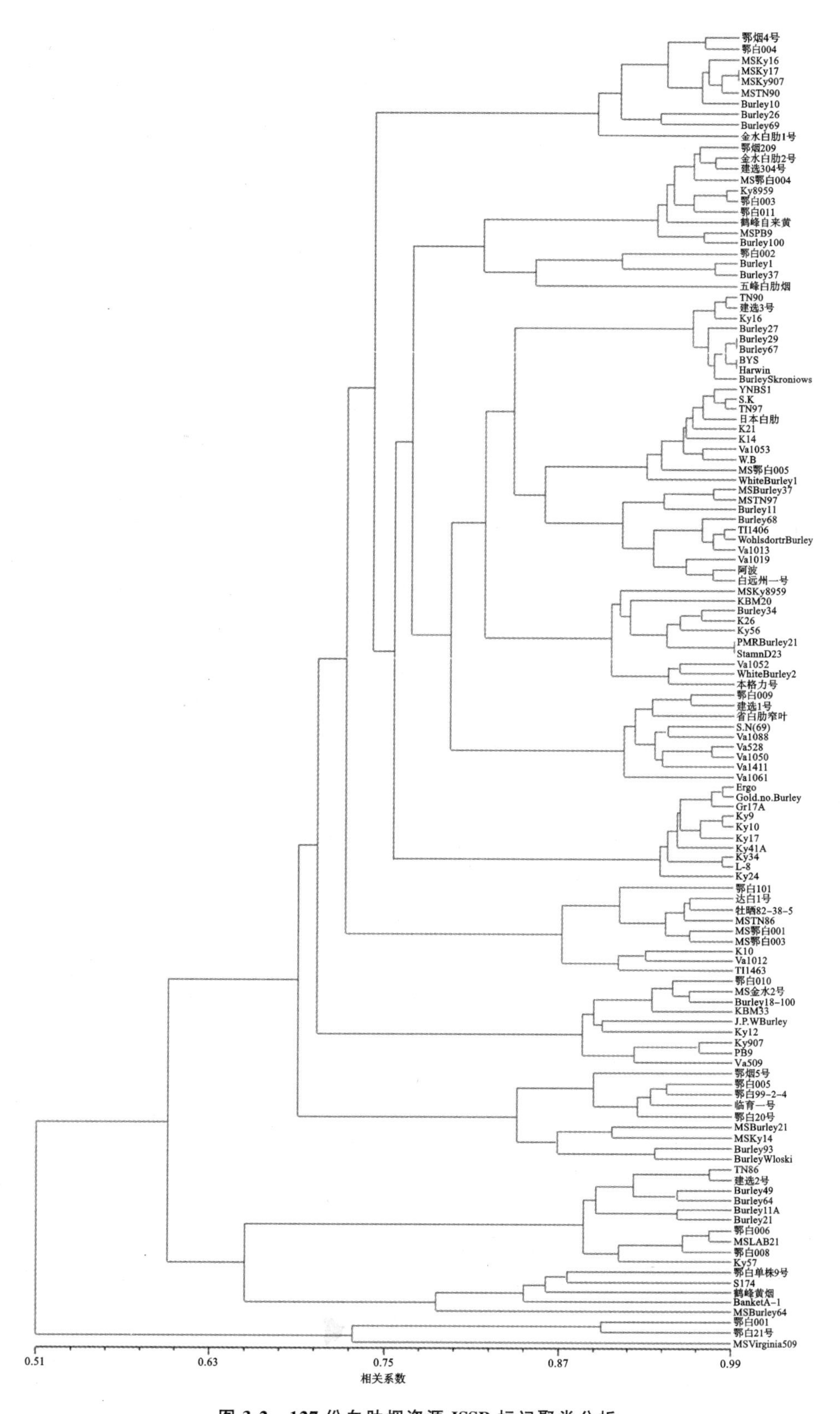

图 3-2　127 份白肋烟资源 ISSR 标记聚类分析

鹤峰黄烟、Tennessee 86、Burley 49、Burley 64、Burley 11A、Burley 21、Kentucky 57、S174、Banket A-1、MS LA Burley 21 和 MS Burley 64。其中，半数品种是从美国引进的品种，其他为国内选育品种和地方品种。

第 3 类群只有 3 份白肋烟种质资源，包括鄂白 001、鄂白 021 和 MS Virginia 509。

从分子聚类结果来看，所有品种并没有按照种质材料来源聚类，无论国外引进品种，还是国内选育品种或地方品种，几乎在各类群中都有分布，其中 85.8%的品种都聚于第 1 类群。遗传相关分析结果表明，127 份种质材料间的遗传距离(GD)为 0.01～0.59，平均遗传距离(GD)为 0.286，而遗传相似性系数(GS)为 0.405～0.992，平均遗传相似性系数(GS)为 0.714，表明白肋烟种质资源间遗传相似性较高，品种资源间多态性较低，这与表型分析结果基本一致。在 127 份种质材料中，MS Kentucky 907 与 MS Kentucky 17、Burley 67 与 Burley 29、BYS 与 Harwin 的亲缘关系最为相近(遗传距离最小)，而 MS Virginia 509 与 YNBS1、金水白肋 2 号、W. B 和 White Burley 1 的亲缘关系最远(遗传距离最大)。

遗传多样性的表型分析和 ISSR 标记分析结果表明，尽管中国白肋烟种质资源包含大量的国外引进品种和国内选育品种，以及一些地方品种，但其遗传多样性并不丰富，品种间亲缘关系较近，遗传基础狭窄。因此，在白肋烟优质多抗育种中，应尽量选用其他类型普通烟草品种资源或近缘野生种中的抗源，采用各种杂交技术、细胞工程技术或现代生物技术将其抗性导入白肋烟品种中，以拓宽白肋烟品种的遗传基础。

二、白肋烟种质资源的 DUS 测定

自 20 世纪 60 年代以来，湖北省烟草科学研究院搜集和保存了国内最多、最全的白肋烟种质资源，但引种的渠道较多、管理不够完善，加上长期的人工选育，致使种质资源内不乏同名异种、同名同种或异名同种的资源，给种质资源的繁种、保存带来了很大的压力，同时遗传多样性的重复资源，也给种质资源的使用和研究带来了诸多不便。鉴于此，湖北省烟草科学研究院采用 DUS 测试方法，对搜集和保存的白肋烟种质资源进行了整理鉴定。

DUS 是特异性(distinctness)、一致性(uniformity)和稳定性(stability)的统称。品种的特异性、一致性和稳定性是品种的三个基本属性。其中，特异性即可区别性，是指某品种在某些性状上与其他品种有明显差异，能明显区别于其他品种的特有属性，体现的是品种间的差异性。一致性是指某品种经过繁殖，除因特定的繁殖特点可以预期的变异外，其相关的特征或者特性一致，体现的是品种内的同一性。稳定性是指某品种经过反复繁殖后或者在特定繁殖周期结束时，其相关的特征或者特性保持不变，体现的是世代间的传递性。一个品种只有同时具备这三个基本属性，才能被认定为一个真正的品种。

DUS 测试指对某个新品种进行特异性、一致性和稳定性的栽培鉴定试验或室内分析测试，根据特异性、一致性和稳定性的试验结果，判定被测品种是否属于新品种。其中，特异性考察被测品种与近似品种诸性状的表达差异程度，若被测品种有 1 个质量性状或有 2 个及以上数量性状与近似品种达到差异，或有 1 个数量性状与近似品种相差 2 个及以上代码，则可判定该被测品种具有特异性。对于烟草品种来说，测量性状在适当阶段和指定的概率水平下，如果两个品种之间的差异大于或等于最小显著差(LSD)，即使性状表达状态为同一代码，也被认为是具有明显差异的。一致性考察被测品种的相关性状表达是否一致，如果一个被测品种考虑到因特定的繁殖特点可以预期的变异外，其相关的性状足够一致，则可判定该

被测品种具有一致性。一般是以代码为单元，分析整个小区植株的变异率，结果的判别是采用3%～5%的群体标准和95%的接受概率。稳定性考察被测品种的相关性状能否保持不变，如果一个被测品种经过重复的繁殖后或在特定的繁殖周期下，在每个周期结束时，其相关性状仍保持不变，则可判定该被测品种具有稳定性。这个相关性状包括用于DUS测试的全部性状。稳定性的判别要求观察至少5株植株，如果被测品种同一性状在两个相同生长季节表现在同一代码内，或第2次测试的变异度与第1次测试的变异度无显著变化，则表示该品种在此性状上具有稳定性。在实践中，如果一个品种的各种性状充分表现一致，一般认为该品种是稳定的。可见，DUS测试实际上就是给每个品种发放一个唯一的"身份证"。

DUS测试方法采用田间种植鉴定，将被测品种与近似品种置于相同的生长条件下，在种子、幼苗、开花期、成熟期等各个阶段，观察记载植物的质量性状、数量性状及抗病性等，并与近似品种进行结果比较，一般要经过2～3年的重复观察，才能最后做出合理、客观的评价。

白肋烟种质资源的DUS测定方法具体如下：

（一）确定测试性状、分级标准和标准品种

湖北省烟草科学研究院通过对现有白肋烟品种资源的植物学性状、农艺性状、抗病性状、经济性状、品质性状进行重复鉴定，每份品种资源至少进行3个生长周期的鉴定，筛选出45个性状作为测试性状和36个标准品种，并制定了每个性状的分级标准，以用于白肋烟种质资源的DUS测试。

1. 测试性状

测试性状包括27个必测性状和18个补充性状。必测性状即每个需要鉴定判别的测试品种必须进行观测、描述的基本性状，包括株型、叶形、叶色、叶柄、叶耳、叶面、叶缘、叶尖、叶肉组织、叶片厚度、主脉粗细、茸毛、成熟特征、花色和花序特征共计15个质量性状，以及自然株高、打顶株高、着生总叶数、有效叶数、节距、茎围、腰叶长、腰叶宽、顶叶长、顶叶宽、茎叶角度和大田生育期共计12个数量性状。

补充性状即在上述必测性状不能区别被测品种和近似品种时，仍需进一步测试而选用的性状，包括苗色、苗期生长势、大田生长势、腋芽生长势、原烟颜色、原烟身份、原烟叶片结构、原烟叶面状态、原烟光泽和原烟色度共10个质量性状，以及中心花开放期、黑胫病抗性、青枯病抗性、赤星病抗性、TMV抗性、PVY抗性、亩产量和中部叶烟碱含量共8个数量性状。

2. 分级标准

各测试性状的分级标准根据其在重复鉴定中的表达范围划分为2～6种状态，每一种状态对应一个相应的数字代码，称为一个级别。

3. 标准品种

依据各品种资源在重复鉴定中的性状表现的典型性，筛选出具备广泛代表性的36个已知品种作为标准品种，辅助判断试验的可靠性，具体包括Banket A-1、Burley 21、Burley 27、Burley 29、Burley 34、Burley Wloski、Gold. no. Burley、Greeneville 17A、K14、K21、Kentucky 12、Kentucky 14、Kentucky 24、Kentucky 56、Kentucky 8959、KBM 20、KY17少叶、L-8、S・K、Tennessee 90、Virginia 509、Virginia 1013、Virginia 1048、Virginia 1053、White Burley 5、

白肋 162、鄂白 99-2-4、鄂烟 101、鄂烟 1 号、鄂烟 211、鄂烟 4 号、鄂烟 5 号、鹤峰黄烟、牡晒 82-38-5、日本白肋和省白肋窄叶等品种。

各测试性状、级别代码和标准品种的对应关系见表 3-10。

表 3-10 测试性状、级别代码和标准品种的对应关系

性状	状态划分	代码	标准品种
株型	塔形	1	鄂烟 1 号
	筒形	2	鄂烟 101
叶形	披针形	1	省白肋窄叶
	长椭圆形	2	鄂烟 1 号
	椭圆形	3	鄂烟 101
	宽椭圆形	4	Kentucky 56
	卵圆形	5	白肋 162
叶色	黄绿	3	鄂烟 1 号
	浅绿	5	鄂烟 101
	绿	7	White Burley 5
叶柄	无	1	鄂烟 1 号
	有	9	白肋 162
叶耳	小	3	省白肋窄叶
	中	5	鄂烟 1 号
	大	7	Burley Wloski
叶面	平	1	KY17 少叶
	较平	3	鄂烟 1 号
	较皱	5	Kentucky 56
	皱缩	7	省白肋窄叶
叶缘	较平	1	KY17 少叶
	波状	2	鄂烟 1 号
	锯齿	3	KBM 20
叶尖	钝尖	1	Kentucky 56
	渐尖	2	鄂烟 1 号
	急尖	3	KY17 少叶
	尾状	4	省白肋窄叶
叶肉组织	细致	3	鄂烟 1 号
	中等	5	鄂烟 101
	粗糙	7	Burley Wloski

续表

性状	状态划分	代码	标准品种
叶片厚度	薄	3	White Burley 5
	中	5	鄂烟1号
	厚	7	Burley Wloski
主脉粗细	细	3	Virginia 1048
	中	5	Kentucky 8959
	粗	7	Kentucky 56
茸毛	少	3	鄂烟1号
	多	7	日本白肋
成熟特征	分层落黄	3	鄂烟1号
	集中落黄	7	鄂烟4号
花色	白	1	Virginia 1053
	淡红	3	鄂烟1号
	红	5	S. K
花序特征	密集	3	鄂烟1号
	松散	7	Burley 27
自然株高	矮:120.00 cm以下	1	L-8
	较矮:120.01～145.00 cm	3	Kentucky 24
	中:145.01～170.00 cm	5	White Burley 5
	较高:170.01～195.00 cm	7	Burley 27
	高:195.01 cm以上	9	KBM 20
打顶株高	矮:90.00 cm以下	1	L-8
	较矮:90.01～115.00 cm	3	鄂烟1号
	中:115.01～140.00 cm	5	Virginia 1013
	较高:140.01～165.00 cm	7	Virginia 509
	高:165.01 cm以上	9	KBM 20
着生总叶数	少:20.0片以下	1	L-8
	较少:20.1～25.0片	3	Greeneville 17A
	中:25.1～30.0片	5	鄂烟211
	较多:30.1～35.0片	7	鄂烟101
	多:35.1片以上	9	KBM 20
有效叶数	少:15.0片以下	1	L-8
	较少:15.1～20.0片	3	鄂烟1号
	中:20.1～25.0片	5	Tennessee 90
	较多:25.1～30.0片	7	鄂烟101
	多:30.1片以上	9	KBM 20

续表

性状	状态划分	代码	标准品种
节距	短:3.50 cm 以下	1	省白肋窄叶
	较短:3.51～4.50 cm	3	Virginia 1048
	中:4.51～5.50 cm	5	Greeneville 17A
	较长:5.51～6.50 cm	7	Kentucky 56
	长:6.51 cm 以上	9	白肋 162
茎围	细:9.00 cm 以下	1	鹤峰黄烟
	较细:9.01～10.00 cm	3	K21
	中:10.01～11.00 cm	5	Virginia 1013
	较粗:11.01～12.00 cm	7	鄂白 99-2-4
	粗:12.01 cm 以上	9	KBM20
腰叶长	短:50.00 cm 以下	1	L-8
	较短:50.01～60.00 cm	3	Virginia 1053
	中:60.01～70.00 cm	5	Virginia 1048
	较长:70.01～80.00 cm	7	Kentucky 8959
	长:80.01 cm 以上	9	鄂烟 1 号
腰叶宽	窄:25.00 cm 以下	1	省白肋窄叶
	较窄:25.01～30.00 cm	3	Burley 34
	中:30.01～35.00 cm	5	Tennessee 90
	较宽:35.01～40.00 cm	7	鄂烟 101
	宽:40.01 cm 以上	9	Kentucky 56
顶叶长	短:30.00 cm 以下	1	L-8
	较短:30.01～40.00 cm	3	Virginia 1053
	中:40.01～50.00 cm	5	Burley 27
	较长:50.01～60.00 cm	7	Burley 21
	长:60.01 cm 以上	9	鄂烟 1 号
顶叶宽	窄:15.00 cm 以下	1	省白肋窄叶
	较窄:15.01～20.00 cm	3	Virginia 1013
	中:20.01～25.00 cm	5	Virginia 1048
	较宽:25.01～30.00 cm	7	Burley 21
	宽:30.01 cm 以上	9	Kentucky 56
茎叶角度	小:30°以内	3	Kentucky 12
	中:30°1′～60°	5	Kentucky 8959
	大:60°1′～90°	7	K14

续表

性状	状态划分	代码	标准品种
大田生育期	短:85 天以下	1	White Burley 5
	较短:86～95 天	3	Virginia 1053
	中:96～105 天	5	K14
	较长:106～115 天	7	Kentucky 8959
	长:116 天以上	9	KBM 20
苗色	黄绿	3	Burley 21
	浅绿	5	鄂烟 1 号
	绿	7	Kentucky 14
苗期生长势	弱	3	省白肋窄叶
	中	5	鄂烟 1 号
	强	7	鄂白 99-2-4
大田生长势	弱	3	Gold. no. Burley
	中	5	Virginia 1013
	强	7	鄂烟 1 号
腋芽生长势	弱	3	Kentucky 8959
	中	5	鄂烟 1 号
	强	7	Burley 29
原烟颜色	浅红黄	1	Virginia 1053
	浅红棕	3	鄂烟 5 号
	红棕	5	L-8
	棕褐	7	白肋 162
原烟身份	薄	1	Virginia 509
	稍薄	3	鄂烟 1 号
	适中	5	鄂烟 101
	稍厚	7	鹤峰黄烟
	厚	9	Tennessee 90
原烟叶片结构	紧密	1	Burley 29
	稍密	3	鹤峰黄烟
	尚疏松	5	鄂烟 101
	疏松	7	鄂烟 1 号
原烟叶面状态	舒展	3	Burley 29
	稍皱	5	鄂烟 1 号
	皱缩	7	KBM 20

续表

性状	状态划分	代码	标准品种
原烟光泽	暗	1	KBM 20
	稍暗	3	鹤峰黄烟
	中	5	鄂烟 211
	亮	7	鄂烟 101
	明亮	9	Kentucky 8959
原烟色度	差	1	Burley 29
	淡	3	Virginia 1013
	中	5	鄂烟 101
	浓	7	鄂烟 1 号
中心花开放期	早:栽后 45 天以内	1	鄂烟 4 号
	较早:栽后 46～55 天	3	Burley 27
	中:栽后 56～65 天	5	Virginia 509
	较晚:栽后:66～75 天	7	K21
	晚:栽后 76 天以上	9	KBM 20
黑胫病抗性	高抗:病情指数为 0	1	Burley 27
	抗:病情指数为 0.1～20	2	鄂烟 101
	中抗:病情指数为 20.1～40	3	鄂烟 1 号
	中感:病情指数为 40.1～60	4	Banket A-1
	感:病情指数为 60.1～80	5	Kentucky 56
	高感:病情指数为 80.1～100	6	Gold. no. Burley
青枯病抗性	高抗:病情指数为 0	1	Banket A-1
	抗:病情指数为 0.1～20	2	Kentucky 14
	中抗:病情指数为 20.1～40	3	Kentucky 56
	中感:病情指数为 40.1～60	4	White Burley 5
	感:病情指数为 60.1～80	5	Greeneville 17A
	高感:病情指数为 80.1～100	6	Kentucky 8959
赤星病抗性	高抗:病情指数为 0	1	
	抗:病情指数为 0.1～20	2	Banket A-1
	中抗:病情指数为 20.1～40	3	K21
	中感:病情指数为 40.1～60	4	Kentucky 14
	感:病情指数为 60.1～80	5	鄂烟 101
	高感:病情指数为 80.1～100	6	鄂烟 4 号

续表

性状	状态划分	代码	标准品种
TMV 抗性	免疫:病情指数为 0	1	Kentucky 12
	抗:病情指数为 0.1～20	2	鄂烟 101
	中抗:病情指数为 20.1～40	3	Burley 21
	中感:病情指数为 40.1～60	4	牡晒 82-38-5
	感:病情指数为 60.1～80	5	Kentucky 8959
	高感:病情指数为 80.1～100	6	L-8
PVY 抗性	免疫:病情指数为 0	1	
	抗:病情指数为 0.1～20	2	Kentucky 8959
	中抗:病情指数为 20.1～40	3	Virginia 509
	中感:病情指数为 40.1～60	4	牡晒 82-38-5
	感:病情指数为 60.1～80	5	KY17 少叶
	高感:病情指数为 80.1～100	6	
亩产量	低:110.00 kg 以下	1	L-8
	较低:110.01～130.00 kg	3	Virginia 1013
	中:130.01～150.00 kg	5	Virginia 1048
	较高:150.01～170.00 kg	7	Banket A-1
	高:170.01 kg 以上	9	鄂烟 101
中部叶烟碱含量	低:1.50%以下	1	Virginia 1048
	较低:1.51%～2.50%	3	L-8
	中:2.51%～3.50%	5	Burley 29
	较高:3.51%～4.50%	7	鄂烟 5 号
	高:4.51%以上	9	鄂烟 1 号

（二）确定测试品种和近似品种

依据各品种资源在重复鉴定中的性状表现，找出性状表现相似的品种，作为测试品种。再另外选取 1～5 个与测试品种尽量相似的品种作为近似品种，近似品种可以是测试品种的亲本，或用其亲本之一培育出的其他品种。

（三）设计田间试验

在烟株正常生长季节，将测试品种与标准品种、近似品种一起等行距栽植，采用随机区组设计，设置 3～4 次重复(每小区的种植株数不少于 60 株)。按照植物的生长进程，参照表 3-10中列出的性状级别对应的标准品种的性状状态，分别对测试品种和近似品种的各性状表现状态进行描述。当观测抗病性状时，必须在控制感染的条件下，每个小区对不少于 20 株进行成株期人工接种鉴定。如此进行连续 2～3 个相同季节的生长周期测试。

（四）DUS 判定

根据田间测试结果来判定测试品种的特异性、一致性和稳定性。

首先，采用5%群体标准和95%可接受概率对测试品种的一致性进行初步判别，若测试品种每个小区非典型株超过3株，则直接判定测试品种不具备一致性；否则进一步通过以必测性状的级别代码为分析单元计算的变异度来判别，每个小区观察测定15株烟株，若测试品种某性状的变异度不超过5%，或者测试品种某性状的变异度不超过标准品种在该性状上的变异度，则判定测试品种在该性状上表现一致，否则判定为不一致。

然后，采用95%接受概率对测试品种的稳定性进行判别。在连续2～3个生长周期的测试中，如果测试品种同一性状的表现均处于同一级别代码内，或者第2次或第3次测试的变异度与第1次测试的变异度无显著差异，则表示该测试品种在此性状上是稳定的，否则为不稳定。

最后，判别测试品种的特异性。若测试结果显示测试品种没有一致性和稳定性，则直接判定该测试品种不具有特异性，否则比较测试品种之间及与近似品种的所有必测性状上的差异，进而判别测试品种的特异性。具体判定方法是：当某个测试品种至少在1个质量性状或者数量性状上与近似品种或其他测试品种具有明显且一致的差异时，或者至少有2个数量性状的性状表达与近似品种或其他测试品种处于不同的级别时，即判定该测试品种具有特异性。对于质量性状，如果该测试品种和近似品种或其他测试品种的性状表达处于不同的级别代码，则认为两个品种在该性状上具有明显差异。对于数量性状，如果该测试品种和近似品种或其他测试品种的性状表达相差2个及2个以上级别代码，即判定两个品种在该性状上具有明显差异；如果该测试品种和近似品种或其他测试品种的某个数量性状表达处于同一个级别代码或者处于相邻的级别代码，而2个品种的该数量性状的算术平均值在95%水平上存在显著差异，也判定两个品种在该性状上具有明显差异。当采用必测性状不能区别该测试品种和近似品种或其他测试品种时，则进一步采用补充性状判别该测试品种的特异性。

根据研究结果，淘汰了一部分材料，最终保留了139份常规种质材料。

三、白肋烟种质资源的主要特征特性鉴定

对通过DUS测定而保留的139份常规种质材料的农艺特性、经济效能、抗耐性、品质特征等特征特性进行系统的重复鉴定，从中筛选出优异白肋烟种质资源。

（一）鉴定方法

鉴定的方法可分为直接鉴定和间接鉴定、自然鉴定和诱发鉴定、当地鉴定和异地鉴定等。

1. 直接鉴定和间接鉴定

直接鉴定指在能使性状直接显现的条件下进行鉴定。直接鉴定可以在田间或室内，也可以在当地或异地对烟草的一些性状通过感官或借助仪器进行鉴定。例如，对于烟草田间长势长相，如叶色、花色、原烟外观品质、评吸等项目，可通过眼看、手摸、口感进行鉴定；对于株高、叶长、叶宽、节距等性状，要用尺子量；对于叶重、种子千粒重，要用天平称；对于烟叶或

烟气化学成分，要借助现代化仪器进行快速、精确地分析鉴定。这些鉴定都称为直接鉴定，直接鉴定是最可靠的鉴定方法。

对一些不易直接鉴定的性状或生理生化特性，可根据性状间相关关系进行间接鉴定。如测定烟草抗旱特性，可通过观察叶片气孔数目的多少加以判断。在育种工作中，每年要处理大量材料，如果对每份材料都进行调制后计产则大大增加了工作难度，可通过测定鲜叶重来估算，鲜叶重与烟叶调制后重量呈正相关，相关系数达 0.989，即鲜叶重高的材料，其产量必定高。随着性状研究的深入，可采用间接鉴定的项目会越来越多，大大减轻了工作量，但性状的相关是有限度的，尤其对于易受环境影响的性状来说，利用间接鉴定常常会产生较大的误差。所以，间接鉴定的结果不能代替直接鉴定的结果，最终必须以直接鉴定结果作为结论。

2. 自然鉴定和诱发鉴定

自然鉴定是指在田间自然条件下进行性状鉴定。如在病虫害流行时鉴定材料的抗病性，在积水条件下鉴定耐涝性，在干旱条件下鉴定抗旱或耐旱性等。自然鉴定能真实反映材料的特征特性及优劣。

诱发鉴定是指人工创造所需的逆环境，对材料进行鉴定的方法。这种方法不受环境条件影响，鉴定的准确性高。如接种病毒、病菌、虫源鉴定抗病虫特性；人工造成干旱、低温环境，鉴定其抗旱性或耐寒性等。但要注意，诱发条件要适度，过宽则失去了鉴定的意义，过严则使材料全部受害而造成损失。

3. 当地鉴定和异地鉴定

一般资源材料都在当地鉴定，但有时需要将材料送至生态条件差异大的地区或自然发病中心去种植，以鉴定材料的生态反应特性、适应性或抗病虫特性等。异地鉴定结果一般只作为参考，不作为该材料在本地表现的结论。

（二）鉴定内容

1. 农艺性状鉴定

农艺性状是指具有烟草农艺生产利用价值的一些特征特性，是鉴别品种及其生产性能的重要标志，具体包括生育期性状、植株形态性状、叶片性状和成熟性状。

(1) 生育期：烟草出苗至种子成熟时的总天数，生产上指烟草出苗至烟叶采收结束时的总天数。包含苗期和大田生育期两大时期。

苗期是指从种子播种至成苗期的总天数，主要记载播种期、出苗期和成苗期。其中，播种期即播种日期；出苗期指从种子播种至播种区 50%幼苗的子叶完全展开时的日期；成苗期指苗床全区 50%幼苗达到适栽和壮苗标准，可进行大田移栽的日期。

大田生育期是指从移栽至种子成熟时的总天数，生产上指移栽至烟叶采收结束时的总天数，主要记载移栽期、团棵期、旺长期、现蕾期、中心花开放期、打顶期、烟叶成熟期以及叶片成熟期天数。其中，移栽期即移栽日期；团棵期指全区 50%植株达到团棵标准，此时每株叶片数为 12～13 片，叶片横向生长的宽度与纵向生长的高度比例约 2∶1，形似半球状；旺长期指植株从团棵到现蕾天数；现蕾期指全区 50%植株现蕾的日期；中心花开放期指全区 50%植株中心花开放的日期；打顶期指全区 50%植株可以打顶的日期；烟叶成熟期指烟叶达到工艺成熟的日期，分为脚叶成熟期（第一次采收）、腰叶成熟期和顶叶成熟期（最后一次采收）；叶片成熟期天数即首次采收至末次采收的天数。

(2) 植株形态特征:烟株的长势长相,包括苗期生长势、大田生长势、腋芽生长势、苗色、叶色、花色、整齐度、株型、叶形、花序、植株高度、打顶株高、着生叶数、有效叶数、茎围、节距、茎叶角度、叶长、叶宽等。其中,对于需要测量的性状,一般每个小区选择能代表小区水平的5株烟株进行测量,计算平均值;对于不需测量的目测性状则以群体或小区整体为观察对象来目测。根据烟株发育的进程,可分为苗期、现蕾前期、现蕾期、中心花开放期、打顶期和采收成熟期6个时段进行记载。

苗期主要调查苗期生长势和苗色。其中苗期生长势以及大田生长势和腋芽生长势均分为强、中、弱3级;苗色及大田叶色也均分为深绿、绿、浅绿、黄绿4级。

现蕾前期主要调查大田生长势,分别在移栽后35天和移栽后50天各观察1次。

现蕾期主要调查整齐度、株型、茎叶角度和叶色。其中,整齐度分为整齐、较整齐、不整齐3级,以小区为观察对象进行调查,株高和叶数变异系数在10%以下的为整齐,在25%以上的为不整齐;茎叶角度分为小(<30°)、中(30°~60°)、大(60°~90°)和甚大(>90°)4级,一般调查中部最大叶的茎叶夹角,也可分别调查各部位叶片的茎叶夹角。

中心花开放期主要调查着生叶数、植株高度和花色。着生叶数指不打顶的植株实际着生叶片总数,一般从茎基部数到中心花下第5花枝处;待第1青果出现后可测量植株高度,一般自地表茎基处量至第1青果柄基部。在开花期可进一步观察花色、花序特征、蒴果性状和种子特征。花色分深红、红、淡红、白、黄;花序特征分密集、松散,一般于盛花期记载;蒴果性状在蒴果长成而尚呈青色时记载,包括蒴果的形状、长度、直径;种子特征在种子成熟时记载,包括颜色、光泽、形状和大小。

打顶期主要调查打顶株高、有效叶数、茎围、节距、腋芽生长势。其中,打顶株高是打顶植株顶叶生长定型后(一般为平顶期,即打顶后10~15天),测量自地表茎基处至茎部顶端的高度;有效叶数是植株打顶后有生产价值的留叶数;茎围是于第1青果期(打顶后7~10天内)在茎高约1/3处所测量的茎的周长;节距是于第1青果期(打顶后7~10天内)所测量的株高1/3处上下各5个叶位(共10个节距)的平均长度;腋芽生长势于打顶后第1次抹杈前观察。

采收成熟期主要调查叶长、叶宽和叶形。叶长是自茎叶连接处至叶尖的直线长度,叶宽是叶面最宽处的直线长度,一般于工艺成熟期调查最大叶长度和宽度,也可调查各部位叶片的长度和宽度;叶形分为椭圆形、卵圆形、心脏形和披针形,椭圆形又分为宽椭圆形、椭圆形和长椭圆形,可先根据烟草叶形模式图确定叶片的基本形状,再依据叶片的长宽比例确定叶片的实际形状,一般只观察腰叶,也可分部位观察。

(3) 叶片性状:包括叶柄、叶面、叶尖、叶缘、叶耳、叶肉组织、叶片厚薄、主脉粗细、主侧脉夹角,一般于现蕾期以小区群体为观察对象进行描述。

叶柄分有和无2种;叶面指叶片表面的平整程度,分皱、稍皱、展和舒展4种;叶尖指叶片尖端的形状,分钝尖、渐尖、急尖和尾状4种;叶缘指叶片边缘的形状,分平滑、微波、波浪和锯齿4种;叶耳分大、中、小和无4种;叶肉组织分粗糙、中和细致3种;叶片厚薄分薄、较薄、中等、较厚和厚5种;主脉粗细分粗、中和细3级,或以烟筋百分率(主筋/全叶)表示;主侧脉夹角指叶片最宽处主脉与侧脉的夹角大小,分小、中和大3级。

(4) 成熟性状:烟叶在成熟时期表现的成熟特性,包括成熟的早迟、耐熟与否、成熟均匀与否,一般在采收成熟期进行观察。

2. 经济性状鉴定

经济效能是决定种质使用价值的重要指标。作为烟草品种,其经济效能的直接体现就是单位土地面积上所产烟叶的产值，而产值取决于单位土地面积上的烟叶产量和烟叶出售均价。产量可以通过测定鲜叶重来估算，也可以在调制后直接测定，但出售均价的高低必须根据调制后的烟叶外观品质状况来测算，均价的高低取决于上等烟比例或上中等烟比例的高低，尤其取决于上等烟比例的高低。因此，对烟草种质资源经济性状的鉴定，可以将品种在田间的长势长相与调制后烟叶外观品质情况结合起来进行鉴定，主要鉴定产量和上等烟比例的高低。

(1) 产量鉴定：根据品种在田间的长势、叶片的多少和大小、单叶重等性状，结合调制后烟叶的产量多少，综合评价品种产量的高低。

(2) 上等烟比例鉴定：采用表 3-11 所列的中国白肋烟烟叶分级标准，对品种的调制后烟叶进行分级，然后统计上等烟比例。

表 3-11　中国白肋烟烟叶分级标准

部位	等级代号	成熟度	身份	叶片结构	叶面	光泽	色度	宽度	长度/cm	均匀度/(%)	损伤/(%)
脚叶 P	P1L	成熟	薄	松	稍皱	暗	差	窄	35	70	20
	P2L	过熟	薄	松	稍皱	暗	差	窄	30	60	30
下部 X	X1F	成熟	稍薄	疏松	展	亮	中	中	45	80	10
	X2F	成熟	薄	疏松	展	中	淡	窄	40	70	20
	X1L	成熟	稍薄	疏松	展	亮	中	中	45	80	10
	X2L	熟	薄	疏松	展	中	差	窄	40	70	20
	X3	过熟	薄	松	稍皱	暗	—	窄	40	60	30
中部 C	C1F	成熟	适中	疏松	舒展	明亮	浓	阔	55	90	10
	C2F	成熟	适中	疏松	舒展	亮	中	宽	50	85	20
	C3F	成熟	稍薄	疏松	展	亮	淡	中	45	80	30
	C1L	成熟	适中	疏松	舒展	明亮	浓	阔	55	90	10
	C2L	成熟	适中-稍薄	疏松	舒展	亮	中	宽	50	85	20
	C3L	成熟	稍薄	疏松	展	中	淡	中	45	80	30
	C4	过熟	稍薄	松	展	中	—	宽	45	70	30
上部 B	B1F	成熟	适中-稍厚	尚疏松	舒展	亮	浓	宽	55	90	10
	B2F	成熟	适中-稍厚	尚疏松	展	亮	中	宽	50	85	20
	B3F	欠熟	稍厚	稍密	稍皱	中	淡	窄	45	80	30
	B1R	成熟	稍厚	尚疏松	展	亮	浓	宽	50	90	10
	B2R	成熟	稍厚-厚	稍密	稍皱	亮	中	宽	50	85	20
	B3R	熟	稍厚-厚	稍密	皱	中	淡	窄	45	80	30
顶叶 T	T1R	成熟	稍厚-厚	稍密	稍皱	中	中	中	45	80	20
	T2R	熟	厚	密	皱	暗	淡	窄	40	70	20
	T3R	熟	厚	密	皱	暗	差	窄	30	60	30

续表

部位	等级代号	成熟度	身份	叶片结构	叶面	光泽	色度	宽度	长度/cm	均匀度/(%)	损伤/(%)
杂色 K	TK	欠熟	厚	密	皱	—	—	窄	30	—	30
	BK	欠熟	厚	密	皱	—	—	窄	45	—	30
	CK	熟	稍薄	松	展	—	—	中	45	—	30
	XK	熟	薄	松	稍皱	—	—	窄	40	—	30
N	无法列入上述等级,尚有使用价值的烟叶										

注:等级代号中 L 代表浅红黄带浅棕色;F 代表浅棕色带红色;R 代表棕色带红色;K 代表烟叶表面存在着 20%以上与基本色不同的颜色斑块,包括带黄、灰色斑块、变白、褐色、水渍斑、蚜虫斑等。等级代号中 1 代表优;2 代表良;3 代表一般;4 代表差。

3. 品质性状鉴定

烟叶是供人们吸用的原料,其品质的好坏决定着使用价值的高低。一般来说,白肋烟品质性状鉴定包括原烟外观品质、化学成分、吸食品质和安全性这 4 个方面的鉴定。

(1) 原烟外观品质鉴定:烟叶外观品质是决定商品价值的依据。白肋烟烟叶外观品质因素主要包括叶片颜色、成熟度、身份、叶片结构、叶面、光泽、色度、叶片大小等。根据中国白肋烟烟叶分级标准对调制后的烟叶进行分级,上等烟比例高的品种品质优良。

(2) 化学成分鉴定:一般讲的化学成分是指糖、氮、蛋白质、烟碱、氯、钾等。白肋烟品种的烟叶化学成分要求还原糖质量分数<1%,主料烟烟碱质量分数为 2%~4%,填充型烟烟碱质量分数为 1.0%~2.5%,氮碱比值 1~2,钾质量分数>2%。

(3) 吸食品质鉴定:烟叶吸食品质是其使用价值的最直接的衡量标准。吸食品质鉴定包括香型风格(白肋烟香型彰显程度、烟气浓度、劲头)、香气特性(香气质、香气量、杂气程度)、口感特性(刺激性、干燥感、回甜感、余味)、燃烧性(阴燃性和灰色)等几方面内容。以香型彰显程度高、香气质好、香气量足、杂气轻、口感好为优。

(4) 安全性鉴定:白肋烟烟叶在燃吸时的焦油释放量相对较低,但白肋烟由于烟叶晾制和陈化过程中烟碱向降烟碱的转化,致使烟叶中有害物质 TSNA 的含量相对较高。因此,白肋烟品种的烟叶安全性鉴定主要鉴定烟叶中 TSNA 含量和降烟碱占总生物碱的比例。以 TSNA 含量低、降烟碱/总生物碱<0.13 为好。

4. 抗耐性状鉴定

白肋烟品种的抗耐性是决定白肋烟品种能否稳产稳质的关键因素。一般来说,抗耐性状鉴定包括抗病虫性鉴定和抗逆性鉴定。

1) 抗病虫性鉴定

种质资源抗病虫性状的好坏,尤其抗病性状的好坏是生产上正确选择品种、育种上选择亲本的重要依据。本项工作直接影响着白肋烟育种和生产的发展。烟草病害有 10 多种,主要有黑胫病、青枯病、根黑腐病、根结线虫病、野火病、角斑病、赤星病、白粉病、TMV、CMV、PVY、TEV 等。虫害主要有蚜虫、烟青虫等。鉴定方法有多种。

(1) 田间鉴定和温室鉴定:自然条件下的田间鉴定是最基本的鉴定方法,它反映出的种质抗病性最实际,也最全面。由于年度间自然条件的差异,应进行多年多点的联合鉴定,以便取得比较准确的结果。在充分利用自然条件的基础上，也要适当添加人为的控制或调节措施，如培养病圃地、进行人工接种等，以提高鉴定结果的准确性。植株对黑胫病、青枯病、根黑腐病、根结线虫病等的抗性可在自然条件下进行鉴定。为了不受季节限制，加速工作进程，可在温室内进行抗病虫性鉴定。温室内鉴定需要增补光照，调节温度和湿度，进行人工接种。多数病害的抗性是苗期鉴定，如 TMV、CMV、炭疽病等；也有的进行成株鉴定，如根结线虫病、赤星病等。

(2) 成株鉴定和苗期鉴定：这两种鉴定方法既可在田间也可在温室进行。对于苗期发生的病害（如炭疽病、猝倒病），以苗期鉴定为宜。对于成株病害，如果苗期和成株期的抗病性基本一致，也可采用苗期鉴定。苗期鉴定省时省工，利于大批材料的筛选和比较，如 TMV 等。

(3) 离体鉴定：如果知道鉴定的抗病性是以组织细胞、分子水平的抗病机制为主，而不是全株功能的作用，便可采取枝、叶等器官进行离体培养，通过人工接种来鉴定其抗病性。烟草的茎和叶可在水培条件下维持较长时间的生命活动，并保持其原有的抗病和感病能力，因而可用于抗病性鉴定。烟草的愈伤组织和原生质体也可用于抗病性鉴定，并可从感病品种的突变抗病的原生质体中直接培养出抗病品种。离体鉴定简单易行，出结果快，还可以鉴定田间任一单株的当代抗病性而不妨碍其结实。

以上多种方法各具优缺点。综合来看，自然条件下的田间鉴定是必不可少的方法，是借以评价抗性强弱的主要根据。温室鉴定的结果，只有经过田间验证才能确定。以上各项鉴定均需有高抗、中抗和感病（虫）的 3 种品种做对照，具体方法可参照相关文献和国家颁布的相关标准。根据调查结果，参照对照品种的抗病虫情况划分抗病等级，一般划分为高抗、抗、中抗、中感和感 5 个等级。病毒病在此基础上增加了免疫等级。病情统计公式如下：

$$\text{发病率}(\%) = \frac{\text{发病株数}}{\text{调查总株数}} \times 100$$

$$\text{病情指数} = \frac{\sum(\text{各级病株或叶数} \times \text{该病级值})}{\text{调查总株或叶数} \times \text{最高级值}} \times 100$$

2) 抗逆性鉴定

白肋烟品种在最适宜的生长发育环境中，能得到最好的产量和品质。但生产实践中，常遇到干旱、低温、多雨、缺肥等不利因素，危害着白肋烟的生长和发育，这些不利于白肋烟生长的环境叫逆境。不同品种对逆境的抵抗能力是不同的。抗逆性鉴定就是鉴定不同品种对逆境的抵抗性能，包括对寒、热、旱、涝、风等不良气候条件的抗性或耐性，对酸、碱、盐碱等不良土壤条件的反应，对光照、温度的反应等方面的鉴定，同时从大量资源材料中筛选能够抗干旱、耐瘠薄、耐低温等抗逆性强的种质。抗逆性鉴定常用的方法有两种。

(1) 人工模拟逆境鉴定：在人工气候设备中，能严格控制自然条件，试验结果比较准确，可供参考，如利用旱棚遮挡雨水、人工控制土壤含水量，可以方便地鉴定烟草品种的抗旱性；在不施肥或少施肥条件下，便于鉴定品种的耐瘠薄性等；在人工气候箱中控制较低的温度，便于鉴定品种的耐低温性等。

(2) 自然条件下鉴定：在具有逆境地区的田间种植资源材料，鉴定它们的抗逆性。这种方法费用较低，但每年遇到的逆境强度可能不同，所得结果可能有差异。例如，在干旱的山区进行抗干旱鉴定，在低温地区进行抗低温鉴定，一般都要进行 3 年以上的重复或多点试验。

烟草的不同生育阶段对逆境的敏感性不同，一般应在白肋烟对逆境最敏感的时期进行。如苗期和大田前期遇干旱、低温，易造成早花现象而减产降质。因此白肋烟耐旱、耐低温鉴定宜放在苗期和大田前期进行。

（三）白肋烟优异种质资源

通过对139份白肋烟种质资源的系统鉴定，明确优质种质16份、低烟碱种质10份、高烟碱种质8份、低TSNA种质8份、抗黑胫病种质33份、抗青枯病种质9份、抗根黑腐病种质24份、抗根结线虫病种质12份、抗野火病种质22份、抗角斑病种质2份、抗赤星病种质7份、抗白粉病种质4份、抗TMV种质42份、抗CMV种质4份、抗PVY种质13份、抗TEV种质8份、抗TVMV种质6份、抗蚜虫种质7份、抗烟青虫种质2份、抗烟草天蛾种质2份、高产种质61份、多叶种质15份、上等烟率较高种质16份，具体见表3-12。可根据育种目标，从这些优异种质资源中选择适宜的种质作为亲本来配制组合，以选育优良的白肋烟新品种。

表3-12 白肋烟种质资源鉴定结果

性状		国外种质资源	国内种质资源
品质性状	优质	Burley 11A、Burley 21、Burley 37、Burley 49、Kentucky 12、Kentucky 14、Kentucky 15、Kentucky 16、Kentucky 17、Kentucky 907、Kentucky 8959、LA Burley 21、Tennessee 86、Tennessee 90、Tennessee 97、Virginia 509	
	低烟碱（中部叶<2%）	Burley 10、Burley 67、Burley 100、Burley Skroniowski、Virginia 1048、Stamn D23-Nikotinam	KY17（少叶）、建选304号、金水白肋2号、省白肋窄叶
	高烟碱（中部叶>4%）	Burley 1、Kentucky 8959、Tennessee 90、Virginia 1050、Virginia 1061、White Burley 1	鄂白003、鄂白21号
	低TSNA（2μg/g以下）	Kentucky 17、Kentucky 907、Kentucky 8959、Tennessee 86、Tennessee 90、Tennessee 97	鄂白20号、鄂白21号
抗病性状	抗黑胫病	Burley 1、Burley 11A、Burley 26、Burley 27、Burley 37、Burley 49、Burley 94、CSC 254、K14、Kentucky 16、Kentucky 17、Kentucky 31、Kentucky 907、Kentucky 151、L-8、LA Burley 21、NC3、PMR Burley 21、TI1463、Tennessee 86、Virginia 528、Virginia 1041、Virginia 1052R、Virginia 1053、Virginia 1411、巴引白肋2号、津引白肋2号	达所26、鄂白009、鄂白010、鄂烟101、鹤峰大五号、云白2号
	抗青枯病	Banket A-1、Burley Skroniowski、Burley Wloski、Kentucky 14、Kentucky 41A、Kentucky 56、Kentucky 57、Wohlsdorfer Burley	金水白肋1号

续表

性状		国外种质资源	国内种质资源
抗病性状	抗根黑腐病	Burley 1、Burley 2、Burley 11A、Burley 21、Burley 37、Burley 49、Burley 64、Clay 501、Kentucky 9、Kentucky 10、Kentucky 12、Kentucky 14、Kentucky 15、Kentucky 16、Kentucky 17、Kentucky 907、Kentucky 8959、LA Burley 21、NCBH129、Tennessee 86、Tennessee 90、Virginia 509、Virginia 528、Virginia 1052	
	抗根结线虫病	Burley 1、BYS、KBM20、KBM33、Kentucky 14、NC3、R630、R7-11、S. N(69)	达所 26、鄂烟 101、云白 2 号
	抗野火病	Burley 21、Burley 37、Burley 49、Burley 64、Clay 102、Clay 501、CSC 220、CSC 224、CSC 254、Kentucky 14、Kentucky 15、Kentucky 17、Tennessee 86、Tennessee 90、Virginia 509、Kentucky 907、Kentucky 8959、LA Burley 21、NCBH129、PMR Burley 21、Virginia 1052、Virginia 1052R	
	抗角斑病	Kentucky 8959、LA Burley 21	
	抗赤星病	Banket A-1、Burley 10、Burley 11A、Kentucky 41A、MBN2、Tennessee 86	鹤峰大五号
	抗白粉病	Burley 18、Kentucky 56、PMR Burley 21、SoTa2	
	抗 TMV	8301、Burley 10、Burley 18、Burley 21、Burley 49、Burley 64、BYS、Clay 102、Clay 501、CSC 220、CSC 224、Kentucky 10、Kentucky 12、Kentucky 14、Kentucky 15、Kentucky 17、Kentucky 34、Kentucky 41A、Kentucky 56、Kentucky 907、Kentucky 908、Kentucky 171、LA Burley 21、NC3、NCBH129、PMR Burley 21、R630、R7-11、Tennessee 90、TI1462、Virginia 528、巴引白肋 1 号、巴引白肋 2 号、白元洲 1 号、津引白肋 2 号	KY17(少叶)、鄂烟 101、鹤峰大五号、黄金苑、云白 2 号、云白 3 号、云白 4 号
	抗 CMV	Burley 11A、Kentucky 151、TI1406	牡晒 82-38-5
	抗 PVY	Kentucky 57、Kentucky 907、Kentucky 908、Kentucky 8959、NC3、R630、R7-11、S. N(69)、Tennessee 86、Tennessee 90、TI1406、W. B 68	鹤峰大五号
	抗 TEV	Kentucky 17、Kentucky 907、Kentucky 908、Kentucky 8959、Tennessee 86、Tennessee 90、TI1406	云白 2 号
	抗 TVMV	Kentucky 907、Kentucky 908、Kentucky 8959、Tennessee 86、Tennessee 90、TI1406	

续表

性状		国外种质资源	国内种质资源
抗虫性状	抗蚜虫	Burley 37、J. P. W Burley、Kentucky 151、TI1406、TI1462、日本白肋	金水白肋1号
	抗烟青虫	TI1406、TI1462	
	抗烟草天蛾	TI1406、TI1462	
经济性状	高产	Banket A-1、Burley 11A、Burley 37、Burley 64、Burley 67、Burley 100、CSC 220、CSC 224、CSC 254、Har Win、J. P. W Burley、K14、K21、KBM20、KBM33、Kentucky 9、Kentucky 14、Kentucky 15、Kentucky 16、Kentucky 41A、Kentucky 907、Kentucky 8959、PMR Burley 21、R630、SoTa2、Tennessee 86、Tennessee 90、Tennessee 97、Virginia 509、Virginia 528、Virginia 1019、Virginia 1050、W. B、White Burley 2、巴引白肋1号、巴引白肋2号、白元洲1号、本格力号、津引白肋2号、日本白肋	鄂白001、鄂白002、鄂白003、鄂白005、鄂白006、鄂白007、鄂白008、鄂白009、鄂白010、鄂白011、鄂白20号、鄂白21号、鄂白99-2-4、鄂烟101、鹤峰大五号、建选1号、建选3号、建选304号、黔白1号、选择18号多叶、云白2号
	多叶（≥35片）	Burley 11A、Burley 18-100、Burley 100、Har Win、K21、KBM20、Kentucky 34、Kentucky 907、Virginia 1013	达所26、鹤峰大五号、鄂白002、鄂白010、鄂白20号、牡晒82-38-5
	上等烟率高	Burley 21、Burley 34、Burley Skroniowski、Kentucky 9、Kentucky 14、Kentucky 17、Tennessee 90、Virginia 1411、日本白肋	鄂白002、鄂白009、鄂烟101、建选1号、建选304号、五峰白肋烟、选择18号多叶

第四节　白肋烟种质资源的创新与利用

近年来，白肋烟生产上病害生理小种或致病型不断发生变化，致使烟草病害种类日益增多，危害日趋严重，同时干旱、低温等灾害性天气日趋频繁，加之卷烟工业对烟叶品质的要求越来越高，因此，培育优质多抗新品种是白肋烟育种的头等目标。而培育优良品种，特别是优质多抗品种，需要及时发现和提供新的基因。白肋烟种质资源的鉴定与评价结果表明，白肋烟种质资源的遗传基础比较狭窄，有些种质资源如抗赤星病、抗白粉病、抗角斑病、抗 CMV、抗 TEV、抗 TVMV、抗虫等方面资源十分贫乏，甚至有些病害如靶斑病、TRV、TSV、TSWV 等，虫害如烟粉虱、斑须蝽、斜纹夜蛾、烟草潜叶蛾等，以及低温、干旱等逆境迄今尚未找到有效的白肋烟抗源。因此，不断创新白肋烟种质资源显得尤为重要和迫切。

种质资源的创新是指通过杂交、诱变及其他手段对现有种质包括近缘野生种进行加工，从而创造新的种质资源。品种资源的创新是为作物育种服务的，是品种培育的重要组成部分，在现代作物育种中具有十分重要的作用，早为世界各国所重视。例如，美国抗黑胫病种质 Florida 301、抗 TMV 品系 Holmes、不育系种质、单倍体、DH 群体以及 29 个烟草单体的创造等，为全世界的烟草育种和遗传研究做出了贡献。因此，必须通过品种资源分类、特征特性鉴定、细胞学研究、遗传性状评价，全面深化对品种资源的了解，利用一切最佳的方法为白肋烟育种工作提供新的育种材料，在深入研究的基础上积极开展白肋烟种质资源的创新研究。

种质资源创新包括创造新作物、新类型以及在良好的遗传背景中导入或诱发个别优异基因。通常来说，新的作物种质资源有三方面的来源：第一是通过育种家、遗传学家和生物工程学家研究创造出的新物种、新品种、新品系和新的遗传材料；第二是通过自然变异或人工诱变产生的突变材料；第三是品种资源工作者的创新，即通过品种间或远缘杂交、遗传控制、理化因素诱变（如离子注入、X 射线辐射、烷化剂处理等）、生物工程等手段来强化某一优良性状或将某些优良性状进行综合，有目标地扩大遗传基础，形成育种家易于进一步利用的新的品种资源。不过这些材料多半为中间材料，可以作为过渡亲本使用。就白肋烟育种来说，种质资源创新就是要拓宽白肋烟种质基础，开发利用其他类型烟草种质和近缘野生种质，创新基础研究材料，扩增种质数量，尤其要优先创新目前十分缺乏而急需的抗源种质，在良好的白肋烟遗传背景中导入或诱发个别优异基因，如抗靶斑病基因、抗 TSV 基因、抗烟粉虱基因、抗斑须蝽基因、抗低温基因、抗干旱基因等。

种质资源创新的过程，就是对种质资源预先采取某种育种手段和方法进行转换的过程。植物育种学家在育种实践中引进和创造了多种种质资源的利用与创新方法，尤其是应用生物技术创造新的种质资源方面，已显示出巨大的优越性和有效性，如体细胞无性系变异和突变体筛选技术、染色体组工程技术、转基因技术等。在白肋烟种质资源的创新过程中，可以充分借鉴其他作物尤其是模式植物如水稻、拟南芥等创新种质的成功方法，综合采用多途径、多手段、多家单位通力协作的策略，提高种质资源创新的工作效率。

一、白肋烟种质资源创新的细胞和分子生物学基础

（一）生物的遗传变异

遗传和变异是生物界存在的普遍现象。俗话说，“种瓜得瓜，种豆得豆”，这种亲代与后代相似的现象，就是遗传。俗话又说，“一母生九子，九子各不同”，这种生物体亲代与后代之间以及后代个体之间差异的表现，就是变异。遗传是相对的、保守的，而变异是绝对的、发展的。没有遗传就不可能保持性状和物种的相对稳定性，没有变异就不会产生新的性状，也就不可能有物种进化和种质（或品种）的创新。变异为生物进化提供了原始材料，经过自然或人为选择，便形成各种各样的物种或作物类型（或品种）。所以说，遗传、变异和选择是生物进化和种质创新的三大依据。

生物的变异分为可遗传变异和不可遗传变异。可遗传变异即遗传物质发生改变的变异，它是生物进化的基础。不可遗传变异又称为环境变异，是生物在各种环境因素的作用下而产生的变异，由于遗传物质没有改变，因而这些变异只在当代表现，不能遗传给后代。例如，一个烟草品种，在北方春烟区为多叶类型，而种植到南方冬烟区则成了少叶类型，但这个品种再种植到北方春烟区仍是多叶类型，说明播种期不同引起的表型差异并没有改变品种的遗传基础。通常所说的生物的变异是指可遗传变异。

生物的性状发育是由遗传物质控制的，这种遗传物质就是人们常说的基因，它位于染色体上或细胞器内。亲代的遗传物质是通过繁殖过程遗传给后代的。而生物的繁殖过程是在细胞分裂的基础上进行和展开的。也就是说，只有通过细胞分裂才能把遗传物质遗传给后代。细胞是生命活动的基本单位，遗传信息从一代细胞传递到下一代细胞，使物种得以延续。

（二）烟草细胞和染色体的结构

烟草细胞和其他植物细胞一样，是由细胞壁、细胞膜、细胞质和细胞核四部分组成的（见图 3-3）。细胞壁位于细胞的最外层，由纤维素组成，主要起保护作用。细胞膜是细胞外围的一层薄膜，简称质膜。除细胞膜之外，细胞内各类细胞器也都普遍存在着膜结构，总称为生物膜，这些生物膜在细胞与环境的密切联系中起重要作用，如通过细胞膜变构作用控制物质变换和信息传递等。

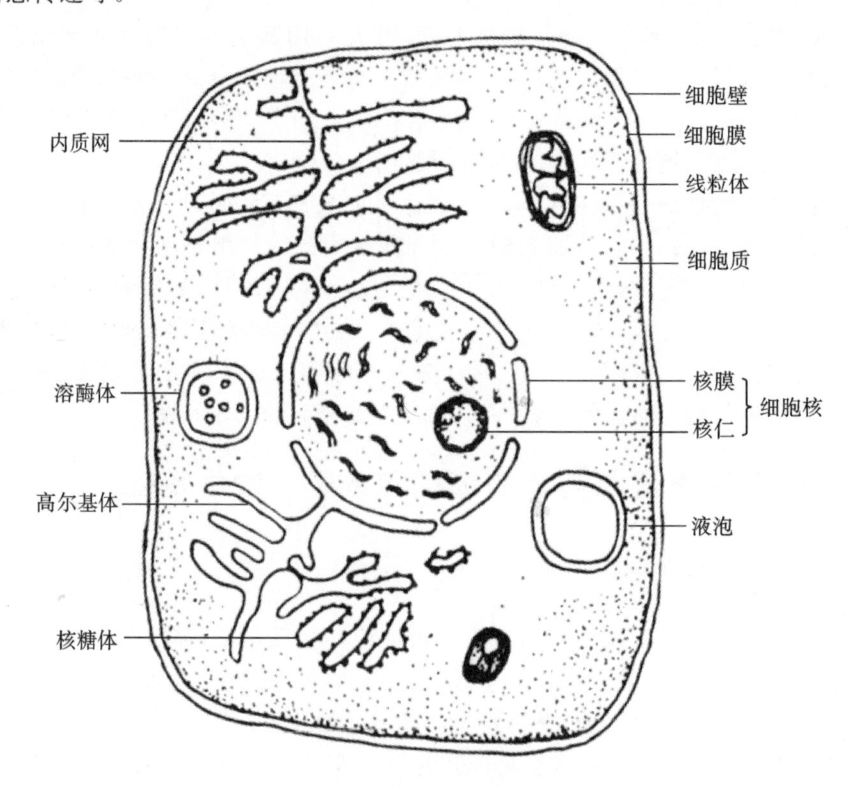

图 3-3　植物细胞模式图

细胞质是在质膜内环绕着细胞核的原生质，其中包括细胞液和细胞器。细胞液是胶体溶液，内有许多蛋白质分子、脂肪和可溶性氨基酸。细胞器是具有一定形态结构和功能的物质，它们在细胞质中常有重要的生理和遗传功能。植物细胞内比较重要的细胞器是质体（叶绿体、白色体、有色体等）、线粒体、核糖体等。叶绿体是光合作用的重要器官；线粒体含有多种氧化酶，是细胞的能量代谢中心；核糖体在细胞质中含量很多，是蛋白质合成的主要场所。

细胞核由核膜、核液、核仁和染色体四部分组成。细胞核是遗传物质集聚的主要场所，它对指导细胞发育和控制性状遗传起着主导作用。在细胞分裂间期，核中可以观察到许多易被染色的网状纤维结构，称为染色质。在细胞分裂过程中，核仁和核膜逐渐消失，染色质出现一系列有规律的变化，表现为一定形态数目的染色体。大量试验证明，染色体是生物遗传物质的主要载体。细胞中染色体的行为对生物的遗传动态有着直接的影响。

染色质和染色体是同一物质在细胞不同活动时期的不同状态。染色质是细胞分裂间期解螺旋状态的染色体，染色体则是细胞分裂期高度螺旋化的染色质。它们的化学成分主要是脱氧核糖核酸（deoxyribonucleic acid，DNA）和组蛋白，其次有少量的核糖核酸(ribonucleic acid，RNA)和非组蛋白。组蛋白是染色质(体)的支架，它在基因的活性调控中起着非特异性抑制作用。一部分非组蛋白可能位于核粒之间，起着特异性活化基因的作用和保护 DNA 结构的作用。

各种生物的染色体形态结构是相对稳定的。染色体的形态特征在细胞分裂的中期和早期表现得最明显和最典型。一个完整的染色体应含有着丝点、缢痕和随体等部分(见图 3-4)。着丝点是位于染色体主缢痕里的一个颗粒，是染色体上相对不着色而且是凹缢缩的部分，它将染色体分成左右两臂。当细胞分裂时，着丝点是纺锤丝的附着点，因而使染色体向两极牵引分离。除了主缢痕以外，某些染色体还常有另外的缢缩部位，称为次缢痕，某些染色体次缢痕的末端具有圆形或略呈长形随体。次缢痕和随体的位置和范围，与着丝点一样，都是相对恒定的。这些形态特征都是识别某一特定染色体的重要标志。此外，某些染色体次缢痕具有一个染色很深的核仁区或称核仁组织中心，因而紧密联系着一个球形的核仁。通常染色体的缢痕与核仁形成有关。染色体上螺旋比较紧密、染色很深的区段，称异染色质区；另一些螺旋比较松散、染色很浅的区段，称常染色质区。一般认为常染色质区在遗传上起着更为积极的作用。

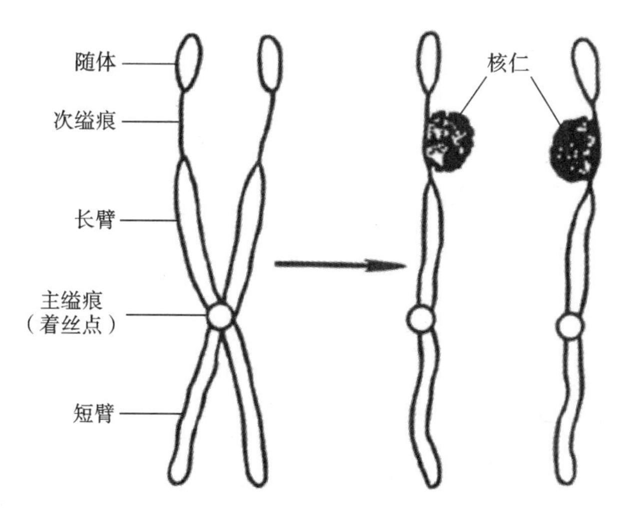

图 3-4　染色体的形态结构

不同的染色体可以表现出某种特有的带型。这在遗传学上对于鉴定物种、物种起源以及染色体畸变等都有积极的作用。普通烟草 24 Ⅱ 染色体的形态如图 3-5 所示。为了区别这 24 Ⅱ 染色体，人们通常用除去 X 和 Y 之外的 24 个英文字母分别命名，即 A、B、C、D、E、F、G、H、I、J、K、L、M、N、O、P、Q、R、S、T、U、V、W 和 Z 染色体。24 Ⅱ 染色体之中有 3 Ⅱ 是随体染色体。

迄今为止，烟草属共发现了 76 个种，共分成 11 类不同染色体数的种(见表 3-1)。其中，染色体数为 9 Ⅱ 的有 5 个种、10 Ⅱ 的有 2 个种、12 Ⅱ 的有 34 个种、16 Ⅱ 的有 5 个种、18 Ⅱ 的有

图 3-5 普通烟草 24Ⅱ染色体排列图

3 个种、19Ⅱ的有 2 个种、20Ⅱ的有 6 个种、21Ⅱ的有 3 个种、22Ⅱ的有 1 个种、23Ⅱ的有 3 个种、24Ⅱ的有 12 个种。烟草属中染色体差异如此之大，对其进行深入系统地研究对于培育新类型烟草品种具有极大的作用。

（三）烟草植物的细胞分裂与世代交替

1. 烟草细胞的分裂

烟草细胞的分裂是亲代将其遗传物质传递给后代的基础。细胞分裂有以下 2 种不同的形式。

1）烟草体细胞的有丝分裂

烟草的体细胞分裂主要以有丝分裂方式进行，包含两个紧密相连的过程，先是细胞核分裂为 2 个，后是细胞质分裂，即细胞分裂为 2 个细胞，各含 1 个核。根据有丝分裂的变化特征，一般将其分为前期、中期、后期和末期 4 个时期（见图 3-6）。此外，细胞相继两次分裂之间还有一个间期。

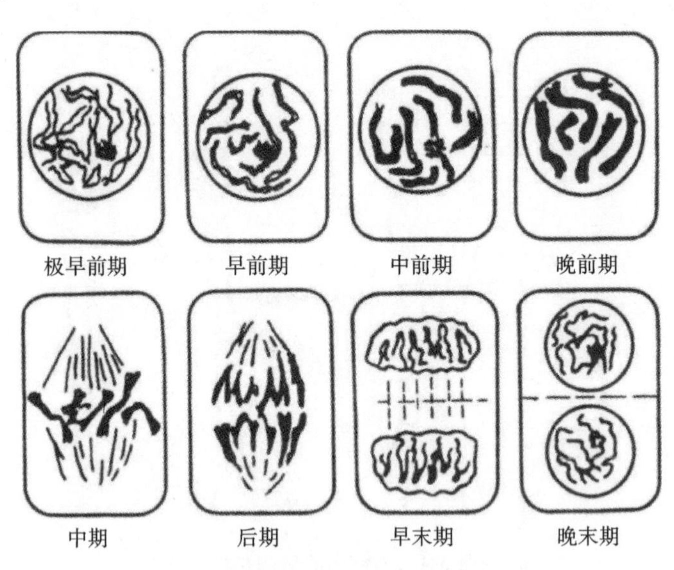

图 3-6 烟草体细胞有丝分裂的模式图

间期：细胞核处于高度活跃的生理、生化代谢阶段，为继续进行分裂准备条件，其中首要的就是遗传物质的复制。每个染色体经过间期的复制都具有 2 个染色单体。其间核内染色体伸展到最大长度，在光学显微镜下只能看到分散的网状染色质。

前期：细胞核内出现细长而旋曲的染色体，以后逐渐缩短变粗。每个染色体内含有 2 个染色单体，由染色体的着丝点相连。

中期：核仁和核膜消失，各染色体排列在细胞中央的赤道板上，两极的纺锤丝附着在各个染色体的着丝点上，因而整个空间形状像一个纺锤体。

后期：每个染色体的着丝点分裂为二，每条染色单体各成为一个染色体，并随着纺锤丝的牵引分别向两极移动。因而两极各具有与原来细胞数目相同的染色体。

末期：两极围绕着染色体出现新的核膜，染色体又变得松散细长，核仁重新出现，于是形成 2 个核，接着细胞质分裂，在纺锤体的赤道板区域形成细胞板，分裂产生 2 个子细胞。

烟草植株的生长主要是通过细胞数目的增加和细胞体积的增大而实现的。首先是核内每个染色体有规则而均等地分配到子细胞的核中去，从而使 2 个子细胞与母细胞具有同样质量和数量的染色体。这样均等方式的有丝分裂既维持了个体的正常生长和发育，也保证了物种的连续性和稳定性。

2）烟草性母细胞的减数分裂

减数分裂是在性母细胞成熟时，配子形成过程中所发生的一种特殊的细胞分裂。因为它是使体细胞染色体数目减半的一种分裂，故称为减数分裂。

减数分裂有 2 个主要特点，一是各对同源染色体在细胞分裂的前期表现配对现象，即称联会；二是细胞分裂过程中包括 2 次分裂，第 1 次分裂中染色体是减数的，第 2 次分裂中染色体是等数的，以第 1 次分裂前期较为复杂。减数分裂的整个过程如图 3-7 所示。

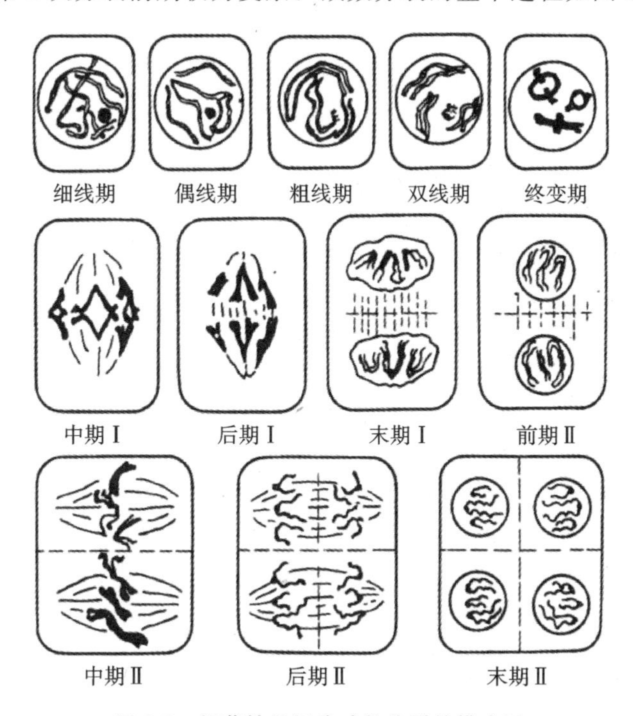

图 3-7　烟草性母细胞减数分裂的模式图

（1）第 1 次分裂。

①前期Ⅰ：可分为以下 5 个时期。

细线期：核内染色体细长如线，数目成双。经过间期的复制，每条染色体含有 2 条染色单体。

偶线期：各对同源染色体分别配对，其对应部分相互紧密并列，称为联会。$2n$ 个染色体经过联会而成为 n 对染色体。这样联会的一对同源染色体称为二价体。

粗线期：二价体逐渐缩短加粗，含有 4 条染色单体。同一条染色体含有的 2 条染色单体，互称为姐妹染色单体。不同染色体的染色单体则互称为非姐妹染色单体。此时，各对同源染色体的非姐妹染色单体之间可发生不同程度的片段互换，称为交换。

双线期：二价体继续缩短变粗，各对同源染色体开始分开，但相邻的非姐妹染色单体分开时在某些片段会出现交叉现象。这是因为这些片段在粗线期发生了交换。

终变期：染色体变得更为浓缩和粗短，每个二价体分散在整个核内，可以一一区分开来，是鉴定染色体数目的最好时期。

②中期Ⅰ：核仁和核膜消失，细胞里出现纺锤体。纺锤丝与各染色体的着丝点连接。各二价体分散排列在赤道板上。

③后期Ⅰ：由于纺锤体的牵引，各个二价体相互分开。把二价体的 2 个同源染色体（$2n$）分别向两极拉开，实现了染色体数目减半（n）。但每个染色体仍包含 2 条染色单体。

④末期Ⅰ：染色体移到两极，松开变细，形成 2 个核；同时细胞质分为 2 部分，于是形成 2 个细胞，称为二分体或称二分孢子。但这一时间很短，紧接着就进入下一次分裂。

（2）第 2 次分裂。

①前期Ⅱ：每个染色体含有 2 条染色单体，着丝点仍连接在一起。但染色单体彼此散得很开。

②中期Ⅱ：每个染色体排列在各个分裂细胞的赤道板上。

③后期Ⅱ：着丝点分裂为二，每个染色单体成为一个独立的染色体，由纺锤丝分别向两极牵引。

④末期Ⅱ：两极的染色体形成新的子核，同时细胞质又分为两部分。这样经过 2 次分裂，形成 4 个细胞，称为四分体或四分孢子。各细胞的核里只有最初细胞的半数染色体，即从染色体数 $2n$ 减数为 n。

在烟草有性繁殖的生活周期中，减数分裂是配子形成过程中的必要阶段。首先，减数分裂时核内染色体严格按照一定的规律变化，最后使雌雄配子都具有相等的半数染色体（n），从而保证亲代与子代间染色体数目的恒定性，为后代的正常发育和性状遗传提供了物质基础，同时保证了物种的相对稳定性。其次，在减数分裂中期Ⅰ，各对同源染色体排列在赤道板上，然后随机地分别向两极拉开，即一对染色体的分离与任何一对染色体的分离不发生关联，各个非同源染色体之间均可自由组合在一个子细胞里，而且各同源染色体的非姐妹染色单体之间的片段还可出现各种方式的交换，因而形成各种不同染色体组成的配子，为烟草的变异提供了物质基础。

2. 烟草植物的世代交替

烟草是有性繁殖植物，生活周期（个体发育）包括 1 个孢子世代（即无性世代）和配子体世代（即有性世代）的交替过程，称为世代交替（见图 3-8）。具体地讲，最初由受精卵（合子）发育形成的一个习见植物（孢子体），称为孢子体世代，也就是无性世代。孢子体经过一定的发育阶段，某些细胞特化进行减数分裂，染色体减半，形成雄性和雌性配子体，称为配子体世代，也就是有性世代，雌性和雄性配子经过受精作用形成合子，于是又发育成为新一代的孢子体。这样，随着无性世代与有性世代的相互交替，两个世代的染色体数目也相应交换，从而保证了烟草植物染色体数目的恒定性，也保证了烟草植物的遗传性状的稳定性。

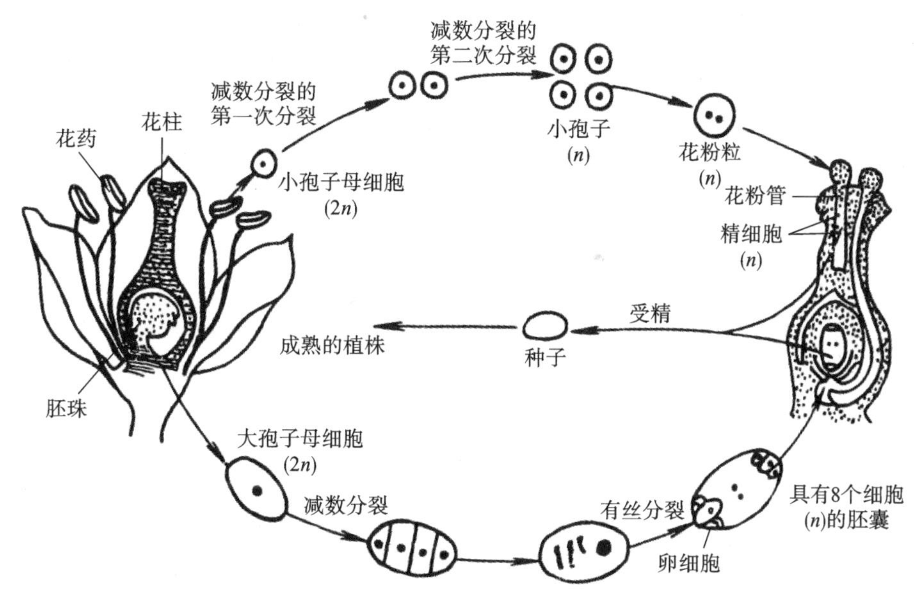

图 3-8 烟草植物的繁殖过程

（四）遗传基因

遗传基因，也称为遗传因子，是含特定遗传信息的、能产生一条多肽链或功能 RNA 所需的全部核苷酸序列，是控制生物性状的基本遗传单位。除某些病毒的基因由核糖核酸（RNA）构成以外，多数生物的基因由脱氧核糖核酸（DNA）构成，并在染色体上呈线状排列。“基因”一词通常指染色体基因。在真核生物中，由于染色体都在细胞核内，因此又称其为核基因。位于线粒体和叶绿体等细胞器中的基因则称为染色体外基因、核外基因或细胞质基因，也可以分别称为线粒体基因、质粒和叶绿体基因。

基因储存着生命过程的全部信息，支持着生命的基本构造和性能。生物体的生、长、衰、老、病、死等一切生命现象都与基因有关。因此，基因具有双重属性：物质性（存在方式）和信息性（根本属性）。

基因在染色体上的位置称为座位，每个基因都有自己特定的座位。在同源染色体上占据相同座位的不同形态的基因都称为等位基因。在自然群体中往往有一种占多数的（因此常被视为正常的）等位基因，称为野生型基因；同一座位上的其他等位基因一般都直接或间接地由野生型基因突变产生，因此称它们为突变型基因。在二倍体的细胞或个体内有两个同源染色体，所以每一个座位上有两个等位基因。如果这两个等位基因是相同的，那么就这个基因座位来讲，这种细胞或个体称为纯合体；如果这两个等位基因是不同的，这个细胞或个体就称为杂合体。在杂合体中，两个不同的等位基因往往只表现一个基因的性状，这个基因称为显性基因，另一个基因则称为隐性基因。在二倍体的生物群体中等位基因往往不止两个，两个以上的等位基因称为复等位基因。属于同一染色体的基因构成一个连锁群。

（五）可遗传变异的来源

生物是通过 DNA 复制将携带的遗传信息传递给后代的，为了维护遗传的稳定性，生物界普遍存在 DNA 修复机制，以努力减少 DNA 复制过程中的错误。但并不能保证对一切错误的完全修复，譬如，当DNA双链的同样位点同时出错（无论是复制错误还是受到物理化学条件的诱导）时，修复就不再可能，有害的突变会被淘汰，中性或有利的突变会被保留，如果足够幸运的话，甚至可在种群中扩散。如果拷贝再多一份（二倍体），或许就能保证更好的遗传稳定性，事实上，这样的结果往往导致一个新物种的出现。

生物的可遗传变异是不定向的，既有有利变异，又有不利变异。生物在繁衍过程中，不断地产生各种有利变异和不利变异。生物的变异有利于同种生物的进化，因为各种有利变异会通过遗传不断地积累和加强，不利变异会被淘汰，使生物群体更加适应周围的环境。可遗传变异有3种来源：基因突变、基因重组和染色体变异。其中，基因突变是生物变异的根本来源。物理、化学、生物（包括病毒和某些细菌等）等因素都可能导致基因突变。人们可以根据这些可遗传变异的来源改变作物育种的条件，诱导基因突变、基因重组和染色体变异。

1. 基因突变

由于DNA分子中发生碱基对增添、缺失或改变，而引起的基因结构的改变，就叫作基因突变。基因突变是染色体的某一个位点基因的改变，也称点突变。这种类型变异的主要原因就是，在一定的外界条件或者生物内部因素的作用下，DNA复制过程出现差错，基因中脱氧核苷酸排列顺序发生改变，最终导致原来的基因变为它的等位基因。

基因突变使一个基因变成它的等位基因，这通常会引起一定的表现型变化，包括形态突变、生化突变和致死突变。例如，白肋烟就是马里兰烟因叶绿素缺陷型突变而产生的新烟草类型，Mammoth烟草品种（多叶型）就是由中型或弱短日型品种基因突变而产生的短日照反应型品种。

基因突变具有以下主要特点：

（1）普遍性：基因突变在自然界的物种中广泛存在。例如，棉花的短果枝，水稻的矮秆、糯性，果蝇的白眼、残翅，家鸽羽毛的灰红色，以及人的色盲、糖尿病、白化病等遗传病，都是突变性状。

（2）随机性：基因突变可以发生在体细胞中，也可以发生在生殖细胞中。发生在生殖细胞中的突变，可以通过受精作用直接传递给后代。发生在体细胞中的突变，一般是不能传递给后代的。基因突变也可以发生在生物个体发育的任何时期。一般来说，在生物个体发育的过程中，基因突变发生的时期越迟，生物体表现突变的部分就越少。例如，烟株的叶芽如果在发育的早期发生基因突变，那么由这个叶芽长成的枝条，上面着生的叶、花和果实都有可能与其他枝条不同。如果基因突变发生在花芽分化时期，那么，将来可能只在一朵花或一个花序上表现出变异。

（3）频率低：在自然状态下，对一种生物来说，基因突变的频率是很低的。据估计，在高等生物中，$1\times10^{5}\sim1\times10^{8}$个生殖细胞中，才会有1个生殖细胞发生基因突变。

（4）多害少利：由于任何生物都是长期进化过程的产物，它们与环境条件已经取得了高度的协调。如果发生基因突变，就有可能破坏这种协调关系。因此，基因突变对于生物的生存往往是有害的。例如，烟草中常见的白化苗，也是基因突变形成的。这种苗由于缺乏叶绿素，不能进行光合作用制造有机物，最终导致死亡。但是，少数基因突变是有利的。例如，烟草的抗病性突变、耐旱性突变等，都是有利于烟草生存的。

（5）不定向：一个基因可以向不同的方向发生突变，产生一个以上的等位基因。例如，控制烟草叶绿素的基因可以突变成白肋型基因，也可以突变成灰黄型基因或黄绿型基因。

基因突变在生物进化中具有重要意义。它是生物变异的根本来源，为生物进化提供了最初的原材料。

2. 基因重组

基因重组是指生物体在进行有性生殖的过程中，控制不同性状的基因重新组合，导致后代不同于亲本类型的现象或过程。基因的自由组合定律指出，当生物体通过减数分裂形成配子时，随着非同源染色体的自由组合，非等位基因也自由组合，这样，雌雄配子结合便是一种类型的基因重组。在减数分裂形成四分体时，由于同源染色体的非姐妹染色单体之间常常发生局部交换，这些染色体单体上的基因组合便是另一种类型的基因重组。农业上杂交育种应用的遗传学原理就是基因重组。

基因重组是通过有性生殖过程实现的。在有性生殖过程中，由于父本和母本的遗传特质基础不同，当二者杂交时，基因重新组合，就能使子代产生变异，通过这种来源产生的变异是非常丰富的。父本与母本自身的杂合性越高，二者的遗传物质基础相差越大，基因重组产生变异的可能性也越大。例如，当具有 10 对相对性状（控制这 10 对相对性状的等位基因分别位于 10 对同源染色体上）的烟草亲本进行杂交时，如果只考虑基因的自由组合所引起的基因重组，F_2代可能出现的表现型有 1024 种。在生物体内，尤其是在高等动植物体内，控制性状的基因的数目是巨大的，因此，通过有性生殖产生的杂交后代的表现型种类是很多的。如果把同源染色体的非姐妹染色单体交换引起的基因重组也考虑在内，那么生物通过有性生殖产生的变异就更多了。由此可见，通过有性生殖过程实现的基因重组，为生物变异提供了极其丰富的来源。这是形成生物多样性的重要原因之一，对于生物进化具有十分重要的意义。

需要指出的是，基因突变和基因重组有本质不同。基因重组是原有基因的重新组合，产生了新的基因型；基因突变是基因结构的改变，产生了新的基因。

3. 染色体变异

由于基因主要位于染色体上，染色体的结构和数目发生变化必然会导致基因的数目及排列顺序发生变化，从而使生物性状发生变异，具体可分为染色体结构变异和染色体数目变异。基因突变是染色体的某一个位点上基因的改变，这种改变在光学显微镜下是看不见的。而染色体变异是可以用光学显微镜直接观察到的。

1）染色体结构变异

在自然条件或人为因素的影响下，染色体发生的结构变异主要有 4 种：①染色体中某一片段缺失；②染色体增加了某一片段；③染色体某一片段的位置颠倒了 180°；④染色体的某一片段移接到另一条非同源染色体上。大多数染色体结构变异对生物体是不利的，有的甚至会导致生物体死亡。

2）染色体数目变异

一般来说，每一种生物的染色体数目都是稳定的，但是，在某些特定的环境条件下，生物体的染色体数目会发生改变，从而产生可遗传变异。染色体数目的变异可以分为两类：一类是细胞内的个别染色体增加或减少，即非整倍体变异；另一类是细胞内的染色体数目以染色体组的形式成倍地增加或减少，即整倍体变异。

染色体组，一般是指一种生物的生殖细胞中形态、结构和功能各不相同的一组非同源染色体，它们携带着控制该生物生长发育、遗传和变异的全部信息。细胞内形态相同的染色体有几条就说明有几个染色体组。一般有几个染色体组就叫几倍体。由受精卵发育而成的个体，其体细胞中含有两个染色体组的叫作二倍体，其体细胞中含有三个或三个以上染色体组的叫作多倍体。其中，体细胞中含有三个染色体组的叫作三倍体；体细胞中含有四个染色体组的叫作四倍体，而体细胞中只含有本物种配子染色体数目的个体，称为单倍体。如果某个体由本物种的配子不经受精直接发育而成，则不管它有多少染色体组都叫单倍体，如由烟草的花粉粒直接发育而成的植株就是单倍体植物。

自然界整倍数目变异的农作物较多。多倍体产生的主要原因是，体细胞在有丝分裂的过程中，染色体完成了复制，但是细胞受到外界环境条件（如温度骤变）或生物内部因素的干扰，纺锤体的形成受到破坏，以致染色体不能被拉向两极，细胞也不能分裂成两个子细胞，于是就形成染色体数目加倍的细胞。如果这样的细胞继续进行正常的有丝分裂，就可以发育成染色体数目加倍的组织或个体，即多倍体植株。在农业育种上，人们常常采用人工诱导多倍体的方法来获得多倍体，培育新品种。人工诱导多倍体的方法很多。最常用且最有效的方法，是用秋水仙素来处理萌发的种子或幼苗，使细胞中的染色体数目加倍。

在自然条件下，一些高等植物偶尔也会出现单倍体植株。育种工作者常常采用花药离体培养的方法来获得单倍体植株，然后经过人工诱导使染色体数目加倍，重新恢复到正常植株的染色体数目。用这种方法得到的植株，不仅能够正常生殖，而且每对染色体上的成对基因都是纯合的，自交产生的后代不会发生性状分离。因此，利用单倍体植株培育新品种，只用两年时间就可以得到一个稳定的纯系品种。与常规的杂交育种方法相比，这种方法明显缩短了育种年限。

二、白肋烟种质资源创新的途径或方法

一般而言，白肋烟种质资源创新的途径或方法主要有以下几种。

（一）人工诱变

基因突变是产生可遗传变异的重要途径。突变可以在自然条件下，由于生物体内外环境条件的作用而自然发生，这称作自发突变；也可以在人为控制的理化因素的诱导下而产生，这称为诱发突变。诱发突变和自然突变的本质是一样的，都是基因突变。由突变而得的突变体，是选育作物新品种和新种质的原始材料，因此将利用人工诱发突变培育新品种的方法，称作诱变育种。

自发突变是系统育种的依据，也是系统育种的基本方法。系统育种方法就是在原有优良品种的基础上发现和选择的优良变异株，实行优中选优，经过与对照品种比较、鉴定，进而培育成新品种或新的种质材料。自发突变在白肋烟种质创新和育种中具有非常重要的地位。例如，白肋烟本身就是由深色晾烟马里兰烟品种自发突变产生的叶绿素缺陷型突变株发展而来的一个烟草类型；美国白肋烟育种的主要优质因子供体 Kentucky 16 是由抗根黑腐病的白肋烟品种 White Burley 变异株通过系统选育培育而成的，这项工作拉开了美国优质抗病育种的序幕；中国国内自育种质资源大多也是由国外引进种质资源的变异株通过系统选育培育而成的，如鹤峰大五号、鄂白 001、鄂白 002、鄂白 003、鄂白 004、鄂白 005、鄂白 006、鄂白 007、鄂白 008、鄂白单株 9 号、金水白肋 1 号、金水白肋 2 号、建选 1 号、建选 2 号、建选 3 号、建选 304、省白肋窄叶、选择 18 号多叶等，这些都是中国白肋烟育种的重要亲本材

料。自发突变在其他类型烟草种质创新和育种中也相当重要。例如，赤星病抗源净叶黄是河南省农科院烟草研究所在烤烟品种长脖黄的烟田中发现的抗赤星病的突变体，经研究，其抗性是单基因不完全显性遗传，以其为亲本育成了系列抗赤星病烤烟品种，如中烟 86、中烟 90、中烟 100 等。又如，由于控制对光周期钝感反应性状的显性单基因发生隐性突变，巨型烟(Mammoth)突变产生了短日型烟草，即在典型栽培条件下，烟株持续进行营养生长，表现为不开花(nonflowering)的习性，如马里兰烟品种 Maryland Mammoth，烤烟品种 Kutsaga Mammoth、NC22NF、Mammoth C187 等。津巴布韦从 Kutsaga Mammoth 群体中又选育出抗白粉病品种 Kutsaga Mammoth E 和 Kutsaga Mammoth 10，并将其作为商业品种在生产上推广。美国也曾将多叶品种 NC22NF 及其衍生的优质品种 NC27NF、NC37NF 等作为商业品种在生产上应用。推广种植巨型烟品种，可以减少打顶抑芽费用，并尽可能地用上部叶代替质量较差的下部叶，以期提高烟叶品质。美国还将 Mammoth C187 的多叶特性转入白肋烟品种 Kentucky 171 和 Kentucky 160，培育出白肋烟多叶种质 IG KY171 和 IG KY160。再如，叶绿素缺陷型突变种质 TI1372，其淡黄特征是由显性单基因(*py*)控制的。美国利用 *py* 突变成功培育两个白肋烟种质 PYKY171 和 PYKY160，可用于选育成熟期对日灼不敏感的品种，也可用于选育无(或少)青斑或浮青的品种。

然而，自发突变的频率很低，且是随机的，对于育种者来说比较被动。因此，育种者在种质创新过程中，往往采用人工诱变的方法来处理正在进行细胞分裂的细胞、组织、器官或生物(如植物幼苗、种子、花粉、子房、合子等)，以提高突变率，在较短时间内获得更多的优良变异类型，加快育种进程，大幅度改良某些性状。

1. 人工诱变的方法

人工诱变的方法包括物理方法、化学方法和体细胞无性系变异(somaclonal variation)。在作物种质创新过程中，通常将这 3 种方法结合起来运用。

1) 物理诱变

物理诱变就是人为地利用物理诱变因素，如 X 射线、γ 射线、β 射线、中子、激光、电子束、离子束、紫外线、激光、电离辐射，以及空间诱变因素(航天育种)等来处理生物，诱发生物发生基因突变(主要是点突变)，以创造新的变异类型。物理诱变因素的辐射能诱发生物的化学反应，引发 DNA 结构的变化。这些变化如果在 DNA 中保持重复，则证明是突变。

对于多种烟草病害，通过物理方法人工诱发抗病突变体的效果非常显著。1961 年德国研究人员 Koelle 利用 X 射线辐照白肋烟品种 Virginia A 种子，结果获得了抗或耐疱疹病毒组病毒 PVY、TEV 及 TVMV 的单基因隐性突变体 Virgin A Mutant(VAM，即 TI1406)。Gupton 等人(1973 年)通过单体分析，确认该基因位于烟草 E 染色体上。该突变体是美国 20 世纪 70 年代以来所收集普通烟草种质资源中仅有的 1 份抗 PVY 材料，以其为抗源育成了一大批抗或耐疱疹病毒组病害的白肋烟品种，如 Tennessee 86、Tennessee 90、Kentucky 8958、Kentucky 8959、Greeneville 107 等，这批抗病品种的推广应用对美国白肋烟生产的发展起到了巨大的推动作用，尤其是在病害发生的情况下。值得一提的是，美国还以 VAM 作为亲本与其他种质杂交，杂种一代(用 F_1 表示)进行花药单倍体培养而后染色体加倍，选育出了在顺式冷杉醇、α 和 β-杜法三烯二醇、蔗糖酯上具有不同水平的种质资源 KDH 926、KDH 959 和 KDH 960，这 3 类叶面腺毛分泌物成分恰好与烟草的抗虫性、抗病性和烟叶香吃味有关，这些种质可用作这 3 类叶面腺毛分泌物遗传变异资源以及用于腺毛分泌物的研究。

1990年中科院遗传研究所周嘉平等人利用γ射线辐照并结合毒素处理，由高感黑胫病品种小黄金1025的花药培养单倍体并选出了抗病突变体R400。遗传分析表明，R400的黑胫病抗性受不完全显性多基因控制，这与世界上烟草黑胫病主要抗源Florida 301相似。1999年，王荔等人以^{60}Co-γ射线对烟草感病品种的花粉进行诱变处理，再通过烟草黑胫病疫霉菌毒素的选择压力，对高感黑胫病的烟草品种红花大金元的花粉植株叶片愈伤组织进行突变体筛选，获得了3个高抗黑胫病且遗传稳定的细胞突变株系。

对于烟草农艺性状和烟叶品质性状，通过物理方法人工诱发突变体也能获得显著效果。1961年Patal等人在其诱变研究中发现，热中子处理的窄叶、长叶尖的Natu品种内出现了阔叶、短叶尖的变异，而其他性状与Natu品种一致；在马来酰肼（maleic hydrazine，MH）预处理，300 Gy处理的K49群体内出现了类似Chlorina的突变体，烟碱质量分数为1.56%的黄花烟品种NP219群体出现了烟碱质量分数为1.86%～3.00%的变异，烟碱质量分数为1.56%～2.14%的黄花烟品种NP220群体出现了烟碱质量分数为2.42%～3.26%的变异。殷凤生等人用氮离子注入处理烟草品种SpeightG-80干种子，在诱变后代中发现形态特征与亲本存在着明显差异的突变株系L6-2，花色白（亲本花色粉红），叶片较宽大，遗传稳定。1934年印度尼西亚科学家Tollenaar利用X射线处理Chlorina而获得突变体Chlorina F_1。因其鲜净的浅色和改进的品质而在Java地区得以商业种植，Chlorina F_1是第一个辐射诱变的商业种植农作物品种。加拿大研究人员利用^{60}Co-γ射线辐照育成了烤烟品种Dehli 76，该烤烟品种成为主要烟叶产区的主栽品种。

物理诱变可与离体培养技术结合，以创造和转移雄性不育性。1988年Kumashiro以X射线照射烟草野生种*N. africana*，然后与白肋烟品种Burley 21进行细胞融合，在再生植株中发现1株雄性不育株，其雄性不育性可由Burley 21保持。利用限制性内切酶和线粒体DNA探针所作的Southern杂交结果表明，该雄性不育株线粒体DNA中存在*N. africana*的特殊片段。Kabo等人（1988年）采用X射线处理MS Burley 21原生质体，再与育性正常的Tsukuba Ⅰ进行原生质体融合，得到了稳定遗传的MS Tsukuba Ⅰ。继之，MS Burley 21引入中国，其不育性被转移到烤烟、晒烟和香料烟上，对中国烟草雄性不育杂交种的开发和利用起到了巨大的作用。

利用物理诱变还可以产生单倍体、非整倍体，以及诱发易位等。辐射处理花粉可抑制花粉母细胞在授粉后的继续发育，引发孤雌生殖，辐射处理花器可导致孤雄生殖，这都能产生单倍体。田中和粟原以1.29 C·kg^{-1}X射线照射普通烟草花器，再用*N. alata*花粉授粉，成功地育成了37个单倍体植株。Ivanov等人对黄花烟变种Humilis和Rexana花粉分别照射了4.39 C·kg^{-1}和6.71～7.74 C·kg^{-1}X射线后，获得了6%和14%的单倍体产生率。利用物理诱变还可以诱发易位，将某个野生种中具有所需基因的染色体片段转移到栽培品种中，易位在打破连锁促进重组上非常有效，例如，将*N. glutinosa*对TMV的抗性导入普通烟草，利用的就是诱发易位的方法。

此外，物理诱变还可以与体细胞杂交、远缘杂交等技术相结合，以创造更加丰富的优良变异类型。

2）化学诱变

化学诱变就是人为地利用化学诱变剂，如烷化剂、碱基类似物、亚硝酸、硫酸二乙酯、秋水仙素等来处理生物，诱导植株或其组织、细胞等产生基因突变和染色体断裂，从而创造新的变异类型。在化学诱变过程中，化学诱变剂在染色体中通过直接的化学作用发挥它们的功能。

通过化学诱变创新烟草种质的效果也非常显著。20 世纪 70 年代初，澳大利亚科研人员利用化学诱变获得了抗霜霉病的化学突变体（chemical mutant），其抗性超过了当时的栽培品种抗性，被作为国际霜霉病联合试验的抗病对照。霜霉病是欧美等烟区流行的毁灭性病害。目前栽培种植的普通烟草品种中霜霉病抗性都来自野生种。抗霜霉病化学突变体的获得，为烟草抗霜霉病育种提供了新的抗源。

3）体细胞无性系变异

体细胞无性系变异也能为育种者提供新的材料来源，它是植物组织培养过程中存在的普遍现象，泛指在植物细胞、组织和器官的离体培养过程中，培养细胞和再生植株中诱发产生的遗传变异或表观遗传学变异。例如，Serrentino 等对黄花烟（*N. rustica*）愈伤组织（Line R6）的 120 株再生植株连续继代培养 5 次，发现培育后再生植株在形态学、细胞遗传学和酶催化方面均发生变异，且均为非整倍体，不同继代培养植株之间的株高、叶数、花期也发生很大变异。

研究者们对各种植物体细胞无性系变异株后代的分析证明，绝大多数变异是可遗传的，在常规诱变育种和杂交育种中所观察到的各种变异或重组类型，其遗传变异来源包括点突变、基因的扩增与丢失、染色体畸变、DNA 甲基化变化、转座子活化、细胞器 DNA 变化等。通过筛选体细胞无性系变异，能够得到优良的种质或品种。目前，植物体细胞无性系变异育种已是公认的一种有效的育种新途径。与其他育种方式相比，利用体细胞无性系变异进行植物品种改良，可以在保持优良品种特性不变的情况下改进个别农艺性状，没有必要详细了解目的性状的遗传基础；体细胞无性系变异可与物理诱变或化学诱变相结合，也可在培养基中加入一定的选择压力而筛选得到特定的突变体，后代稳定快，育种年限短。

体细胞无性系变异，既可采用植物的种子、子叶、下胚轴、叶脉、叶片、腋芽、茎尖等作为组织培养的外植体，直接利用二倍体细胞无性系变异，也可选取花药、花粉、未受精子房或胚珠进行培养，利用单倍体细胞无性系突变创新种质。利用体细胞无性系变异创新种质的一般流程如图 3-9 所示。

目前常用的体细胞无性系筛选方法主要有 3 种：

其一，是大田栽培条件下的田间表型选择法，即在田间栽培的大量再生植株中筛选优良变异单株。该方法利于对改良的性状做出直接判断，是迄今为止筛选一些农艺性状（例如，株高、株型、叶数、成熟期及营养成分等）的最有效和最主要的方法，但工作量大。

其二，是实验室通过外加选择压力的室内压力选择法，即通过向培养基加入如氯化钠、真菌毒素、除草剂、抗生素等选择压力，或采用干旱、冷、热和冰冻处理等，获得抗性愈伤组织或抗性细胞系，然后经过再生获得抗性突变体植株。这种方法可使有抗性性状的细胞突变体数达到高浓度，得到无嵌合体的纯合性状的植株。通过该法得到的再生植株只有经过大田性状筛选才能得到能稳定遗传的具有优良性状的新品系，但与单纯采用大田筛选相比，可节省大量的人力、物力。目前该法已在各种体细胞无性系突变体的筛选中应用。

该方法包括 3 个选择系统：一是正选择系统，即在最适培养基中加入突变体所抗的某种毒物，即施加选择压，在此培养基上只有突变的细胞能够生长，非突变细胞不能生长，从而将突变体选择出来。例如，若要筛选氨基酸突变体，则在培养基中加入高浓度的目的氨基酸，

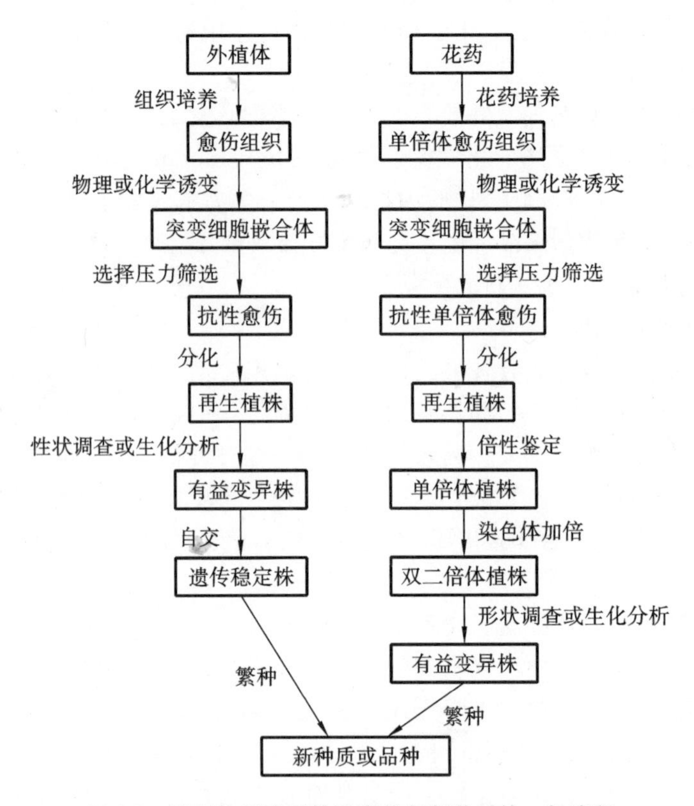

图 3-9　利用体细胞无性系变异创新种质的一般流程

作为选择剂；若要筛选抗病突变体，则在培养基内加入某种病原毒素将不抗病的细胞淘汰掉，进而筛选出可以抗病的细胞；若要筛选抗除草剂突变体，则在培养基中加入目标除草剂，作为选择剂；若要筛选耐盐突变体，则在培养基中加入盐，在盐浓度逐渐增加的条件下，诱导并筛选出耐盐的细胞系；若要筛选抗旱突变体，则在培养基中加入聚乙二醇（polyethylene glycol，PEG），作为选择剂；若要筛选耐低温突变体，则在培养基中加入轻脯氨酸，作为选择剂。经诱变或未经诱变的培养组织都可用增加选择压抑制未突变细胞生长的方法进行选择。在培养基中施加不同的选择压可以定向选择所需要的性状。但该选择系统最适于抗病突变体的选择。二是负选择系统，也称富集选择法，又称浓缩法。该选择系统是在特定培养基中，让非突变体细胞生长繁殖，而突变体细胞受抑制不分裂呈休眠状态，然后用一种能毒害正常生长细胞，而对休眠细胞无害的药物淘汰正常细胞，再用正常培养基恢复突变体生长。该选择系统主要应用于营养缺陷型或温度敏感型突变体筛选。例如，Carlson（1970 年）用 5-溴去氧脲核苷（5-Bromo-2′-deoxyuridine，BUdR）成功地分离获得烟草单倍体营养缺陷型无性系。诱变处理的单倍体体细胞在基本培养基中培养 96 小时，有营养缺陷的细胞不能继续生长，只有野生型细胞生长旺盛。此时把 BUdR 加入培养基，暗培养 36 h，BUdR 只能与活跃生长的细胞中的 DNA 结合，并使与其结合的 DNA 获得光敏特性，因此当培养物转到光下时，在基本培养基上生长的那些细胞 DNA 严重损伤，突变细胞不结合 BUdR。将两种细胞转入完全培养基，只有突变细胞才能繁殖，再经过二倍化处理，可得到纯合二倍体突变系。三是原位选择系统。该系统利用已分化组织进行筛选和鉴定，适用于抗除草剂和抗病毒突变体的筛选。该选择系统最早用于抗除草剂烟草的育种，选用单倍体烟草植株，用 5

Gy 的 γ 射线照射后喷洒除草剂，敏感细胞受害坏死，叶片大面积枯黄，仅有少量抗除草剂突变细胞组织仍保持绿色，取下绿色组织灭菌后进行培养，并诱导其形成愈伤组织和再生植株，然后用秋水仙素处理，使其成为二倍体，就可获得具有抗性的突变体。因取下的这部分材料在受害细胞间形成绿岛，因而该选择系统又形象地被称为"绿岛法"。

其三，是借助与突变表现型有关的性状作为选择指标的间接筛选法。当缺乏直接选择表型指标或直接选择条件对细胞生长不利时，可以考虑采用间接筛选法。如脯氨酸(Pro)作为一种植物内在的渗透调节物质，在维持细胞膜稳定性、细胞水分平衡等方面具有重要的生物学意义。当植株遇到非生物胁迫时，细胞内 Pro 浓度往往大量增加，因此可以通过测定细胞 Pro 浓度来鉴定抗逆突变系。

澳大利亚科学家在体细胞无性系变异研究中证明了无性系变异体筛选方法在作物改良中的有效性。目前，人们已经在体细胞无性系变异育种方面取得了令人鼓舞的进展。在烟草上，Carlson 和 Heimer 等人分别分离出烟草营养缺陷型细胞及烟草抗苏氨酸细胞系，Chaleff 和 Creason 筛选到抗除草剂的烟草组织突变体，周嘉平等人成功地建立了在细胞水平上筛选抗黑胫病突变体的筛选体系。彭剑涛用硫酸二乙酯对烟草叶片诱导的愈伤组织进行诱变处理，再接种到含有 15%PEG 的筛选培养基上，获得对水分胁迫具有抗性的愈伤组织，诱变率达到了 5.4%。1973 年，Carlson 将由单倍体烟草分离出的原生质体放在含有烟草野火病毒素(亚胺基蛋氨酸砜)的培养基中培养，再将存活下来的愈伤组织转到不含亚胺基蛋氨酸砜的培养基上生长，筛选得到 2 株抗性突变体，对其进行染色体加倍后，获得抗野火病再生植株。1991 年，Witherspoon 等人对烤烟品种 McNair944 进行花药培养后，又对所获配子体无性系进行 PVY^{NN} 株系毒素诱导，结果获得抗 PVY^{NN} 株系兼抗 PVY 其他 3 个株系的突变体，后命名为 NC602。这是首次报道拥有 PVY 抗性的烤烟。

众多研究表明，体细胞无性系变异在产量、品质、株高、成熟期、抗倒伏、抗病性、抗虫性、抗除草剂、抗逆性(耐盐、耐低温和耐旱等)、雄性不育等性状选择上能够发挥更大的作用。目前，在植物抗性育种与生理研究中应用体细胞无性系变异最为成功的是抗病性育种，其次是抗旱、抗盐和抗除草剂等方面的育种。但体细胞无性系变异存在变异类型复杂、变异方向难以预期、负向变异较多和变异选择并非对所有作物都有效等缺点。

2. 诱变后代的选择方法

通过人工诱变创新种质或培育新品种的方法，除了诱发鉴定和筛选有利用价值的突变体外，其对诱变后代的选择方法和程序基本与系统育种方法相同。其一般流程如图 3-10 所示。

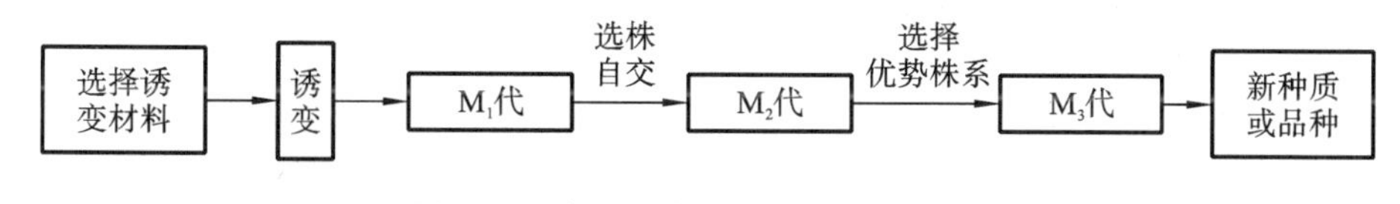

图 3-10　人工诱变创新种质的一般流程

(1) M_1 代植株及种植：经诱变处理的种子或营养器官所长成的植株或直接照射的植株均称为诱变一代，以 M_1 表示。由于诱变因素的抑制和损伤作用，M_1 代的发芽率、出苗率、成株率、结实率均降低，发育延迟，植株矮化或畸形，并出现嵌合体等损伤效应，但这些变化一般不会遗传给后代。诱变引起的遗传变异多数为隐性，因此，M_1 代一般不进行选择，而以单株、单果或以处理为单位收获。

(2) M_2代及其以后世代的种植：由于突变细胞参与生殖细胞的形成，因此，M_2代是突变显现最多的世代，相当于杂交育种中的杂种二代(用 F_2表示)群体，是选择的关键世代，可根据育种目标及性状遗传特点来选择优良单株。M_3代以后，随着世代的增加，性状分离减少，有些性状一经获得即可迅速稳定。经过几个世代的选择就能获得稳定的优良突变系，进而育成新品种。具有某些突出性状的突变系，还可用作杂交亲本。M_2代及其以后世代可按系谱法种植，即每个 M_1单株种成一个 M_2株行，以便于株行间鉴别；也可按混合法种植，即将 M_1单株种子混合，在 M_2代混种和选择，对 M_3代进行株系鉴定。

(二) 种内杂交

种内杂交(intraspecific crossing)，也称品种间杂交，指的是生物学上同种内不同类型(或品种)个体间的有性交配。通过种内杂交创新种质或培育新品种的过程即通常农业上所说的杂交育种，它包括杂交、选择和鉴定这 3 个不可缺少的主要环节。现在世界各国生产上应用的主要作物品种大都由此方法育成。烟草也不例外，采用此方法育成的品种占全部育成品种的 98%以上。

1. 种内杂交的特点

种内杂交之所以成为创新种质或培育新品种的最有效方式，主要是因为种内杂交具有以下特点：

一是由于杂交亲本遗传基础接近，亲和力强，因而种内杂交容易获得杂种，在杂交过程中不会发生杂交难孕或杂种不育的现象。

二是种内杂交可以使双亲的基因重新组合，增加遗传多样性，形成各种不同的类型，包括产生新的优良性状，能为选择提供丰富的材料。

三是通过合理的亲本选配，并进行定向选择，种内杂交可以将双亲控制不同性状的优良基因结合于一体，产生具有双亲优点的新类型；或将双亲中控制同一数量性状的不同微效基因累加起来，产生在该性状上优于亲本的类型。

四是由于杂交亲本是同一个种内的不同品种，亲缘关系较近，因而杂种分离延续的世代一般不会太多，有利于缩短育种年限。

2. 种内杂交的亲本选配

种内杂交创新种质或培育新品种的原理就是基因重组。而杂交改变的是生物的遗传组成，并没有产生新的基因。在通常的白肋烟育种上，杂交亲本往往是在白肋烟类型栽培品种内选择，因此对白肋烟种质资源的遗传基础并无增益。白肋烟种质创新的主要目的就是拓宽白肋烟种质的遗传基础，为白肋烟种质资源注入新的优异基因，补充新的"血液"。从这个角度来说，种内杂交应该是白肋烟品种与其他类型烟草品种之间的杂交，以便将其他类型烟草品种所具有的优异基因尤其是抗病、抗逆、抗虫基因导入白肋烟品种中。

不同类型烟草品种间杂交是拓宽白肋烟品种遗传基础和聚合各类型烟草优良性状基因的重要途径。例如，白肋烟品种抗黑胫病基因来自雪茄烟品种 Florida 301，抗青枯病基因来自原始栽培种 TI448A，抗根结线虫病基因来自原始栽培种 TI706，抗野火病基因来自原始栽培种 TL106，抗 PVY 基因来自原始栽培种 TI1406，抗赤星病基因来自雪茄烟品种 Beinhart 1000-1，多叶型基因来自烤烟巨型烟品种 Mammoth C187，耐日灼基因来自原始栽培种 TI1372。白肋烟品种的优异基因也可以通过种内杂交导入其他类型烟草品种，如将白肋烟品种

Kentucky 56 的抗 TMV 基因导入烤烟品种育成辽烟 8 号等系列品种，将 MS Burley 21 的不育基因导入烤烟、香料烟培育出一系列不育系和杂交种。美国通过不同类型烟草品种间杂交将原始栽培种携带的抗虫基因导入现在栽培种内，如美国育成的抗烟青虫、烟蚜和烟草天蛾品系 I-35 和 CU-2，其中 CU-2 就是通过原始栽培种 TI1112 与易受烟草天蛾危害的烤烟品种 Corker 34 杂交选育而成的，I-35 是从原始栽培种 TI1112 与易受烟草天蛾危害的烤烟品种 Speight G-33 的杂交中获得的双单倍体。

采用种内杂交方式创新种质，并不是随便用任何两个或两个以上品种进行杂交就能得到优良的变异类型的，必须根据白肋烟种质创新的目标，正确选配杂交亲本，才具有符合目标性状的变异。因此，正确选择亲本是白肋烟种质创新的基础和成败的关键。根据白肋烟种质创新的目的，采用种内杂交方式创新种质在亲本选配上至少应符合以下几条原则之一。

(1) 杂交亲本的优点多，缺点少，双亲的优点可以相同，但缺点必须能够互补，尤其在主要经济性状方面不能有难以克服的缺点。因为杂种后代性状是双亲性状的综合反映，若双亲优点多，缺点少，优缺点能够互补，则杂种后代通过基因重组，综合性状优异的分离类型的出现概率就大，才能从中选出符合育种目标的新种质或新品种。例如，白肋烟品种 Kentucky 171 烟叶品质优良，产量高，抗根黑腐病，而白肋烟品种 DF 485 是通过黑胫病抗源亲本 Florida 301、野火病抗源亲本 *N. longiflora*、TMV 抗源亲本 *N. glutinosa* 与普通烟草的复合杂交选育而来的高产且兼抗黑胫病、野火病和 TMV 但烟叶品质一般的育种种间材料，二者优缺点互补，以二者作为亲本进行杂交，从后代中选育出了兼抗根黑腐病、野火病、黑胫病及 TMV 的优质白肋烟品种 Kentucky 190。

(2) 选择适应当地条件的推广品种做杂交亲本之一，尤其是采用白肋烟品种与其他类型烟草品种杂交时，白肋烟品种亲本最好采用适应当地条件的推广品种。因为推广品种在当地生产上经过较长一段时间的栽培、选择，对当地的自然条件和生产管理条件都具有良好的适应性和一定的抗逆能力，可以使育成的新种质或新品种也具有对当地条件的适应性和一定的抗逆能力。如美国早期育成的白肋烟品种 Kentucky 56 因抗 TMV 而曾大面积推广种植，而 Vesta 64 是高抗黑胫病的烤烟品种，其抗性来源于雪茄烟品种 Florida 301，二者杂交选育而成的抗黑胫病白肋烟品种 Burley 11A 对当地条件的适应性也很好，因而很快成为美国当时白肋烟生产上的推广品种。

(3) 选择地理上隔离较远或亲缘关系上较远的材料作为杂交亲本。不同地区起源的品种，都是在当地自然条件下，长期人工选择和自然选择的产物。它们也和亲缘关系较远的品种一样，具有对各种不同生态条件的适应性和抗逆性，具有广阔差异的遗传背景。选用地理上隔离较远或亲缘关系上较远的品种杂交，其杂种后代的分离类型多，变异范围大，增加了选择优良变异类型的可能性。如白肋烟品种 Burley 49 是美国选育的优质品种，而 TI1406 是德国白肋烟品种 Virginia A 的抗 PVY 突变体，二者在地理上和亲缘关系上都较远，以二者为亲本进行杂交，从后代中选育出抗 PVY 的白肋烟品种 PVY202，以 PVY202 为抗源进而育成了一大批抗 PVY 的白肋烟品种，如 Tennessee 86、Tennessee 90、Kentucky 8958、Kentucky 8959、Greeneville 107 等。

(4) 注重优质亲本和核心亲本的选用。白肋烟育种的首要目标是优质，而引入抗病、抗逆和抗虫基因的主要目的是稳产稳质。没有优质亲本，就难以育成优质新品种。种质创新旨在服务于育种，因此，采用种内杂交创新种质，应选用优质品种作为亲本之一，尤其是采用白肋烟品种与其他类型烟草品种杂交时，白肋烟品种亲本更应选用优质品种。只有这样才能从中选出品质优良的新种质，以便在白肋烟育种中进一步利用。核心亲本一般综合性状好，优良性状的遗传力强，配合力高。纵观美国的白肋烟育种历史，其核心亲本大多是优质亲本，如 Kentucky 16、Burley 21、Burley 49、Tennessee 86 等。早在 20 世纪 40 至 50 年代，美国针对白肋烟品种 Kentucky 16 存在的抗病性缺陷，选用抗性来源于 *N. glutinosa* 的抗 TMV 和白粉病品系、抗性来源于 *N. longiflora* 的抗野火病和角斑病品系与 Kentucky 16 杂交形成组合群，以增添 Kentucky 16 的抗病性为重点，打围攻战，先后育成 Kentucky 56、L-8、Burley 11A、Burley 21 等品种，其中以 Burley 21 的烟叶品质和抗性表现最为突出。20 世纪 60 年代，美国又针对白肋烟品种 Burley 21 存在的抗病性缺陷，以 Burley 21 为核心亲本配制多个组合，导入黑胫病抗性、根结线虫病抗性、青枯病抗性等，先后育成 Burley 37、Virginia 509、Kentucky 12、Kentucky 14、Burley 49 等，以 Burley 49 的烟叶品质和抗性表现最为突出。于是，又针对 Burley 49 存在的抗病性缺陷，以 Burley 49 为核心亲本配制多个组合，导入赤星病抗性、PVY 抗性、TEV 抗性、TVMV 抗性等，先后育成 Kentucky 17、Kentucky 15、Kentucky 180、Kentucky 78379、Tennessee 86、Tennessee 90 等，以 Tennessee 86 的烟叶品质和抗性表现最为突出。近年来又以 Tennessee 86 为核心亲本配制组合，继续融入新的抗性，先后育成 Kentucky 907、Kentucky 8958、Kentucky 8959 等品种，促进了白肋烟优质多抗育种的发展。

3. 种内杂交的杂交方式

1）单交

单交即两个品种间的杂交，也称为成对杂交，用 A×B 表示，“×”前为母本，“×”后为父本。这样的杂种群体可称为 A×B 单交组合。两亲杂交可以互为父母本，因此有正反交之称，正反是相对而言的，如称 A×B 为正交，则 B×A 就是反交。一般以优点多而缺点少的品种作母本，用具有少数优点但能弥补母本缺点的品种作父本，而在采用白肋烟品种与其他类型烟草品种进行杂交时应以白肋烟品种为母本，以强化母本胞质对杂种后代发育的影响，促使杂种后代的性状更多地倾向于优点多缺点少的母本品种或白肋烟品种。单交是烟草杂交育种工作中最常用、最基本的杂交方式。如美国白肋烟品种 Burley 11A（Kentucky 14×Vesta 64）、Burley 37（Burley 21×Burley 11A）、Virginia 509（Burley 21×Burley 37）、Burley 49（Burley 37×Bel528）、Kentucky 14（Kentucky 17×Wamor）、Kentucky 78379（Burley 49×Beinhart 1000-1）、Tennessee 90（Burley 49×PVY202）、Kentucky 8958（Tennessee 86×Kentucky 8529）、Kentucky 8959（Tennessee 86×Kentucky 8529）等都是通过单交方式培育而成的。湖北省烟草科学研究院研制的白肋烟品种鄂烟 101（鄂白 003×Kentucky 8959）以及白肋烟育种材料鄂白 009（Kentucky 8959×鄂白 004）、鄂白 010（Kentucky 8959×Burley 37）、鄂白 011（Burley 37×Kentucky 8959）等也都是通过单交方式培育而成的。

2）复合杂交

复合杂交简称复交，即用两个以上的品种、经两次以上杂交的杂交方式。当育种目标所要求的性状分别存在于几个品种中时，则需几个品种分别先后进行多次杂交即复合杂交。多亲本复合杂交能最大限度地发挥多个亲本的优势，创造一些具有丰富遗传基础的杂种原始群体，可增加基因的重组、累积，提高选择的效率，进而从中选出具有更多目标性状的优秀个体。烟草杂交育种越来越多地采用复合杂交。这主要是因为烟草生产不仅要求一个品种优质适产，而且要求它能抵抗多种病害，这是单交很难同时解决的问题。美国在烟草育种方法上，就非常重视多亲本复合杂交方式的应用，以多亲本复合杂交为主，结合系谱法、回交和轮回选择法，选育出一大批综合性状良好的种质资源或优质多抗品种，取得了显著成效。复合杂交具体做法是：首先通过多次杂交把3个或更多亲本品种的基因组合在复交杂种的基因型内，然后通过自交繁殖，复合杂种的基因型内各个亲本的基因得到重组和分离，再经过人工选择，把综合了各个亲本优良性状的基因的分离个体选出来，最后经过定向选择，培育为定型种质或品种。

复合杂交包括三交、双交、四交、添加杂交、综交等方式。

①三交：即一个单交组合与另一品种再杂交，以(A×B)×C表示。在三交组合中，A和B两个亲本的基因各占1/4，而C亲本的基因独占1/2，就是说三交杂种的基因型重组和分离，是以1/4 A、1/4 B和1/2 C的基因为基础的。可见，在三交中，C亲本对杂交后代的影响最大，因此，在三交组合中，C亲本应该是优点最多、缺点最少的品种，而A、B两个亲本的优点必须与C亲本的缺点互补。尤其是当采用白肋烟品种与其他类型烟草品种进行杂交时，C亲本应为白肋烟品种，以促使杂种后代的性状更多地倾向于白肋烟品种。假设育种目标是选育一个烟叶品质优良、农艺性状好，且抗黑胫病和青枯病的白肋烟新品种，而现有A、B、C三个亲本，A亲本是农艺性状好、抗黑胫病但不抗青枯病的晒烟品种，B亲本是农艺性状较差但高抗青枯病的烤烟品种，C亲本是烟叶品质特别好，有一定抗根黑腐病能力，农艺性状好，但不抗黑胫病和青枯病的白肋烟品种，那么，三交组合就应该是(A×B)×C。

②双交：即两个不同的单交组合的杂交，包括三亲双交和四亲双交，三亲双交以(A×B)×(A×C)表示，四亲双交以(A×B)×(C×D)表示。在四亲双交组合中，A、B、C、D四个亲本对双亲杂种的影响是均等的，其基因比数各占1/4。因此，四亲双交的遗传基础比较丰富，具有较大的重组和分离潜力。当选择亲本时，应注意四个亲本都要优点多、缺点少。如果由于性状组合的需要，不可能全部是优点多、缺点少的品种时，那么，至少要有两个亲本是优点多、缺点少的。四个亲本的优点可以相同，但缺点不能相同，一个亲本的缺点最好有其他两个甚至三个亲本的优点来弥补，以保证它们的基因在双交杂种基因型内占有1/2。至于三亲双交组合，其实质等同于三交组合，即A亲本的基因独占1/2，B和C两个亲本的基因各占1/4，因此对亲本的要求也等同于三交组合。如世界上第一个抗根结线虫病的烤烟品种NC95就是从(Coker 139×Bel4-30)×(Coker 139×Hicks)的三亲双交后代中选育的。湖北省烟草科学研究院研制的重要白肋烟育种材料鄂白20号和鄂白21号也是通过三亲双交组合(Kentucky 17×Virginia 509)×(Virginia 509×Banket A-1)选育而成的。

③四交和添加杂交：四交即以三交杂种一代与第四个品种杂交，以[(A×B)×C]×D表示。五交、六交等多交方式以此类推。四交、五交、六交，甚至更多亲本杂交的方式，也称为添加杂交或阶梯式杂交。一般步骤如图3-11所示，每次杂交后选出具有综合亲本优良性状的个体，再与另一个亲本杂交。但每次杂交的后代，并不全部是具备综合亲本性状的个体，故有时需要先进行一次自交，然后从自交子一代中选出单株，再与另一个亲本杂交。在添加杂交方式中，由于最后杂交的亲本其遗传比重占50%，而所有其他亲本的遗传比重占另外的50%，因此应把拥有最多有利性状、综合性状好的亲本放在最后一次杂交。在白肋烟育种历史上，为了获得多抗性、产量和品质等优良综合性状，添加杂交也是常用的一种杂交方式。

如 Kentucky 17(Burley 37×Bel 66-11×Burley 49×Virginia 509)、Kentucky 15(Burley 49×Kentucky 14×Burley 21×Kentucky 10)、Kentucky 180(Burley 49×Kentucky 165×Kentucky 160×DS15×DS17)、Kentucky 907(TI1406×Kentucky 14×Kentucky 10×Burley 41×Ex4×2POA×Kentucky 171×Kentucky 15×Tennessee 86)等白肋烟品种都是通过添加杂交方式培育而成的。但添加杂交方式更多的是与远缘杂交相结合,将野生种的抗病、抗逆、抗虫基因或品质性状基因引入普通烟草中,以改善普通烟草品种对病害、逆境和虫害的抗耐性及其化学成分。例如,可以利用添加杂交进行远缘杂交,对培育低烟碱含量品系有一定作用,对降低总氮、蛋白质含量也有效果。

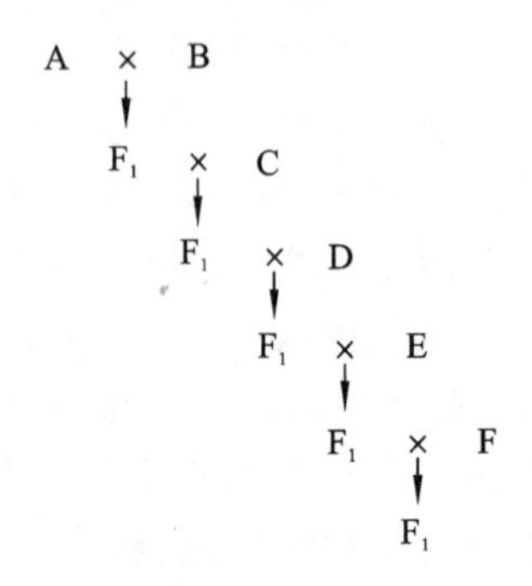

图 3-11 阶梯式杂交程式

④综合杂交:简称综交,是复式杂交中最复杂的形式。与添加杂交不同之处在于,每次不是添加一个亲本品种的优良性状,而是不同杂交组合的杂种相互杂交。在白肋烟育种历史上,为了获得多抗性、产量和品质等优良综合性状,有时候也采用综交方式,或者采用综交与添加杂交结合起来的杂交方式。如 Burley 21[(Kentucky 16×TL106×Gr.5×Kentucky 41A)×(Kentucky 56×Gr.18)]、Kentucky 12[(Burley 21×Wamor)×Ex1×(Burley 21×Kentucky 167)×Ex4]等白肋烟品种都是通过综交方式培育而成的。与添加杂交方式一样,综交方式也常用于远缘杂交中,以改善普通烟草品种对病害、逆境和虫害的抗耐性及其化学成分。为了满足育种目标的需要,综交中有时先添加一个种质,成为三交,第二次添加一个杂交组合,第三次再添加一个种质。

3) 回交

回交即两亲本杂交后,以杂种后代(多用杂种一代组合)与亲本之一再交配,以加强杂种世代某一亲本性状的杂交方式,以(A×B)×A 表示。当育种目的是企图把某一群体 B 的一个或几个经济性状引入另一群体 A 中去,则可采用回交。通常把采用回交法将某一品种的优良性状(基因)转入另一个品种上,从而培育出新品种的育种途径,称为回交育种(backcross breeding),也称回交改良(backcross improvement)。回交育种法一般用于改良某一品种的个别缺点(如抗病性、抗虫性),或者转育个别性状(如形态性状、主效基因控制的性状、其他质量性状、细胞质雄性不育性或核不育性)。

假设品种 A 为缺少某一两个有利性状的优良品种,品种 B 为具有某一两个 A 所缺少的有利性状的品种,当两品种杂交后,为了使杂种后代的性状更多地倾向于品种 A,往往用杂种后代再与品种 A 杂交,所得子一代称为回交子一代,通常以 BC_1 表示。若 BC_1 代再与品种 A 杂交,所得子一代就是回交子二代,用 BC_2 表示。继续回交,其命名方式以此类推。品种 A 因反复与杂种一代和回交子代杂交,因而被称为轮回亲本,又因是有利性状的接受者,也称受体亲本。而品种B只在开始杂交时应用一次，称为非轮回亲本，又因是有利性状的提供者，也称供体亲本。在回交过程中，从BC_1代开始，每代都从杂种中选择具有非轮回亲本B所提供的有利性状的个体与轮回亲本A杂交。如此进行多次，直到最后得到所有性状与A相似，但增加了从B转来的有利性状的后代为止。再进行1～2次自交，选出被转移性状为纯合的个体，最后通过与轮回亲本进行比较鉴定，评判回交而来的新品系是否保持着轮回亲本的主要优点，有重要缺陷的性状是否得到改良，进而育成新种质或新品种。

回交的作用主要有3个：第一，使杂种一代和回交子代的基因型内逐渐增加轮回亲本的基因成分，逐渐减少非轮回亲本的基因成分，使回交后代的性状逐渐趋向轮回亲本，其实质就是用轮回亲本的大量基因去替换非轮回亲本的基因，使得回交子代成为一个仅保留非轮回亲本的个别或极少数目标性状的新生物体。理论上，每回交一次，杂种后代所含非轮回亲本的遗传成分会递增一半，一般经3～5次回交，其后代的主要性状已接近轮回亲本。如果双亲差异小，回交次数可以少一些，双亲差异大或者需要转移的基因与不良基因之间存在连锁关系，特别是在连锁强度较大的情况下，需增加回交次数。如果轮回亲本的主要性状涉及的基因数较多，则回交次数也要适当增多。第二，使轮回亲本的基因在回交子代基因型内逐渐趋于纯合。自交子代基因型的纯合方向是完全随机的，因而是无法事先控制的，只能等它们纯合之后才能加以选择。而回交子代的基因型是按照轮回亲本基因型的组合成分纯合，纯合体的基因型同轮回亲本的基因型完全一样，因而当选定轮回亲本时，回交子代基因的纯合方向就已确定。由于回交的目的往往比较明确，因而可以在很大程度上控制回交后代群体。第三，有效恢复远缘杂交后代的育性。作物远缘杂交很难结实，采取必要技术(如控制光照、控制温度、激素处理等)进行处理，个别情况下虽然勉强结实，但后代往往表现雄性不育，选用丰产品种回交1～2次，通常可以显著提高远缘杂交后代的育性水平。由于回交的上述作用，因此，回交法常应用于常规育种中转育有利性状、选育近等基因系、转育细胞质雄性不育系及核不育系、克服远缘杂种不育性，以及转育单体、缺体、三体等方面。

通过回交方式创新种质的效果，在很大程度上取决于亲本的选择、组配和回交后代的选择。第一，轮回亲本应是综合性状较好、预计有发展前途、仅有一两个性状尚待改进的品种。因为回交很难同步转移多个性状，只能改进原品种的个别缺点。用回交的方法一次转育的性状越少，控制供体性状的基因就越少，则其在回交子代出现的分离幅度也就越小，与其相连锁的不良基因就越少。这样，既容易在回交子代群体内选择恰当的植株回交，也可以减少需要回交的植株数，以减轻整个回交过程的工作量。若用回交的方法一次转育多个性状，则每年需要保持庞大的后代分离群体，鉴定工作将非常困难，育种进程十分缓慢，个别性状也容易丢失。第二，非轮回亲本所提供的有利性状最好是遗传力比较大，而且是由显性单基因控制的，以利于鉴定和识别，在回交过程中各回交世代也容易选择适当的个体进行回交。如果供体性状属于由许多微效基因控制的数量性状，则其表现将会随回交次数的增加而有所削弱，采用回交方法往往不能达到预期的效果。如果供体性状属于由隐性基因控制的性状，就必须使各回交世代自交一次，并需要适当扩大自交后代群体，让那些具有供体性状的隐性基因纯合体在自交子代群体内暴露出来，才能用选定植株与回交亲本继续回交。否则必须选用较多的植株，并用每个当选的植株同时进行回交和自交，然后根据自交后代是否分离出供体性状，再对回交后代进行选株继续回交。前者加长年限，后者增加工作量，都不如显性性状好。第三，轮回亲本应作为杂交母本，尤其是在采用白肋烟品种与其他类型烟草品种进行杂交时，不仅要以白肋烟品种为轮回亲本，更应以白肋烟品种为杂交母本，以强化母本胞质对杂种后代发育的影响，促使回交后代向着白肋烟轮回亲本的优良综合性状转化。第四，每一回交世代必须种植足够的株数，并要慎重选择，使每次回交的杂种或回交子代确实具有非轮回亲本的目标性状，以保证非轮回亲本的目标性状的基因转入回交子代。第五，整个回交阶段结束后必须使回交后代自交分离。在回交子代的基因型内，非轮回亲本的目标性状基因与轮回亲本的应换性状基因是杂合的，所以，回交结束后，必须使末次回交子代自交，使杂合的基因产生分离，才能选出具有非轮回亲本的目标性状的基因纯合体。自交的次数因非轮回亲本的目标性状的基因是否显性而不同，如是显性的，一般至少需要自交 2 次；如是隐性的，则只需自交 1 次。

作物育种实践表明，回交是转育某一个或几个抗病性状或品质性状的有效手段，通过不断地回交，能够打破目的基因与不利基因的连锁，将目的基因转入综合性状较好的品种中。美国在烟草育种方法上，非常重视回交方式的应用。如美国近年来在生产上推广的抗病毒病白肋烟品种 Greeneville 107[(TI1406×Burley 49)×Burley 49]、Tennessee 90[(TI1406×Burley 49)F_7×Burley 49]、Tennessee 86{[(Burley 49×PVY202)×Burley 21]×Burley 21}等都是通过回交方法转育而成的。美国烤烟品种中抗黑胫病基因和抗青枯病基因也是通过多次回交方法分别从 Florida 301(雪茄烟)和 TI448A 转育而来的。湖北省烟草科学研究院还利用回交法将 30 余份常用的白肋烟种质转育成了不育系，为白肋烟杂种优势利用奠定了良好的基础。

除了上述杂交方式外，还有聚合杂交、有限回交等诸多杂交方式。在实际的白肋烟种质创新过程中，应该根据种质创新的目标，尤其是多基因控制的经济性状和质量性状，灵活地利用单交、复交、回交等杂交方式甚至是类型间杂交方式，以丰富其遗传基础，尽可能地选出有较大利用价值的新种质。

4. 种内杂交的杂种后代处理

杂交和选择是烟草杂交育种的两大环节。合理选配亲本进行杂交，只是有意识地创造了变异材料，必须对这些材料进一步培育选择，才能从中选育出符合种质创新目标的新种质或新品种。用于杂交的母本和父本分别用 P_1 和 P_2 表示，其代表符号分别为♀和♂，×表示杂交。由杂交所得种子种植而成的个体群称为杂种一代(子一代)，用 F_1 表示。F_1 群体内个体间交配或自交所得的子代为 F_2,F_3、F_4 等表示随后各世代。

作物从获得杂种到育成一个性状优良的定型新种质，必须经过一系列选择和培育过程。选择的方法主要有系谱法和混合法。由于烟草是自花传粉稀植作物，因此在烟草新种质或新品种选育过程中主要采用系谱法对杂种后代进行选择，很少采用混合法。国内外通过杂交育成的烟草定型品种，几乎都是用系谱法选育而成的。

1）系谱法

系谱法的实质就是单株选择。自杂种分离世代开始连续进行单株选择，并予以编号记载，直至获得性状表现一致且符合要求的单株后裔(系统)，按系统混合收获，进而育成新种质或新品种。这种方法要求对历代材料所属的杂交组合、单株、系统、系统群等均有按亲缘关系的编号和性状记录，使各代育种材料都有家谱可查，故称系谱法。来自分离世代同一单株的系统称为一个系统群，系统群内的系统间互为姊妹系。

系谱法的主要选择特点是优中选优，即先在优系群中选择优系，再在优系中选择优株。

为了提高选择效果，必须根据种质创新目标在选择田内均匀设置若干个对照区，杂种早期世代针对遗传力高的性状进行选择，对于遗传力较低的性状则留待较晚世代进行选择。

系谱法中各世代群体大小和选择强度依据杂交方式、控制目标性状的基因多寡和显隐性以及世代特点而定。一般而言，对于单交组合，F_1代只需种植 5～10 株即可，选留 2～3 株代表株套袋自交，混合留种。F_2代是分离最大的世代，也是选择的最关键时期，群体要适当加大，至少不低于 200 株，根据种质创新目标来选择各类型理想单株若干，并套袋自交，按单株收种。将F_2代当选优株按株号顺序排列，每个单株种成一个株系，每个株系 30～40 株，得到F_3代，然后在优系中选择优株，由于F_3株系的个体间分离和差异已不像F_2代那样严重，因此，要多选株系，少选单株。株系入选率一般为 30%～40%，每个入选株系选择优株 2～3 株套袋自交，按单株收种。将F_3代当选优株按系统群、系统、株号顺序排列，每个单株种成一个株系，每个株系 20～25 株，得到F_4代。先在优系群内选择优系，再在优系中选择优株。株系入选率一般为 20%～30%，每个入选株系选择优株 2～3 株套袋自交，按单株收种。F_4代当选的单株种植成F_5代系统。F_5代及其后继世代的做法同F_4代。如此选择至F_5或F_6代。对于复交组合，F_1代就有分离，群体应适当大一些，至少不低于 150 株，根据种质创新目标来选择各类型理想单株若干，并套袋自交，按单株收种。F_2代分离最大，将F_1代当选优株按株号顺序排列，每个单株种成一个株系，每个株系至少不低于 150 株。其他世代同单交组合。无论单交组合还是复交组合，当一些系统表现一致且符合种质创新要求时，将中选系统分别混合收获，进行株系鉴定或品系比较试验，表现特别优异的系统还可进一步进行多年多点试验，以发展成商业品种。

2）混合法

混合法即混合选择法，通常在杂种的早期世代（如F_1～F_4），不进行单株选择，只是淘汰其中的病株、劣株，各植株种子混收，直至一定世代才进行一次单株选择，进而选拔优良系统以育成新种质或新品种。单株选择的具体世代因性状而异。由于所针对的性状主要是数量性状，故常在该性状纯合率约达 80%（即F_5～F_6）时进行单株选择。混合法的育种年限要比系谱法多 1～2 年。混合法每代种植的群体较大，至少不低于 1000 株。但每株所留的种子很少，一般只用一个蒴果的 1/2 种子量参与均等的混合，以保证每个基因型个体出现的概率大致相等。

无论系谱法还是混合法，若种质创新目标涉及抗病性、抗逆性或抗虫性，则处于分离的各世代均要种植在人工诱发病圃、人工模拟的逆境圃或害虫饲养圃内，若不能田间鉴定，则必须采取适当方法在室内鉴定。然后在病害、逆境或虫害鉴定条件下，根据育种试验材料在各世代的表现特点、目标性状的遗传特点及各目标性状实现的难易程度，将众多的具体育种目标性状分成不同的梯级，从实现难度低的目标性状到实现难度高的目标性状分阶段逐级对单株或类群进行选择，即实行梯级选择。表 3-13 列出了通过种内杂交法创新抗病种质的一般程序。

表 3-13　通过种内杂交法创新抗病种质的一般流程

生长季	育种活动	育种环境	选择性状
1	选择具有目标病害抗性的亲本，杂交	温室或大田	不选择
2	F_1杂种自交产生F_2代	温室或大田	不选择

续表

生长季	育种活动	育种环境	选择性状
3	在 F_2 群体中选择具有目标病害抗性且具有可接受植株形态的单株	病圃鉴定，对存活植株利用离体叶法检测病圃不能鉴定的其他病害抗性	选择抗病单株，淘汰不具有白肋烟典型特征的抗病单株
4	对 $F_{2:3}$ 系进行选择。在优系中选择具有目标病害抗性且具有可接受植株形态的单株	病圃鉴定，对存活植株利用离体叶法检测病圃不能鉴定的其他病害抗性	选择抗病单株，淘汰叶面、叶肉组织、叶片主脉粗细和梗/叶比不符合要求的抗病株系或单株
5	对 $F_{3:4}$ 系进行选择。在优系中选择具有目标病害抗性且具有可接受植株形态的单株	病圃鉴定，对存活植株利用离体叶法检测病圃不能鉴定的其他病害抗性	选择抗病单株，淘汰生育进程性状和植株形态性状不符合要求的抗病株系
6	鉴定 $F_{4:5}$ 株系的农艺性状表现和目标病害抗性。依据农艺性状和抗病性选择优系用于下一代进一步评价	病圃鉴定，利用离体叶法检测病圃不能鉴定的其他病害抗性	选择抗病株系，淘汰生育进程性状、植株形态性状和农艺性状不符合要求的抗病株系
7	鉴定 $F_{5:6}$ 株系的农艺性状、经济性状和外观品质表现以及目标病害抗性。依据农艺性状、经济性状和外观品质表现以及抗病性选择优系参加品系比较试验	大田株系鉴定，利用离体叶法检测病害抗性	选择抗病株系，淘汰农艺性状、经济性状和外观品质表现不符合要求的株系
8	$F_{6:7}$ 优良株系参加品系比较试验，评价经济性状、外观品质和化学特性。依据经济性状、外观品质和化学特性表现选择优异品系参加多点试验	品系比较小区试验，在种子圃中制种	淘汰经济性状、外观品质和化学特性表现不符合要求的品系
9	$F_{6:8}$ 系多点试验，鉴定农艺特性、烟叶品质和适应性	生态区域试验点	选择农艺特性、烟叶品质和适应性表现突出品系，将其发展成商业品种

（三）远缘杂交

远缘杂交(distant hybridization)一般是指在分类学上种(species)以上分类单位的个体之间交配，包括不同种间、属(genus)间甚至亲缘关系更远的物种之间的杂交，可以把不同种属的特征、特性结合起来，突破种属界限，扩大遗传变异，促进不同种间、不同属间遗传物质的交流，从而创造新的变异类型或新物种。烟草育种上通常所说的远缘杂交是指种间杂交(interspecific crossing)，即普通烟草与其他烟草种之间的杂交。其产生的杂种第一代称作种间杂种(interspecific hybrid,species hybrid)。远缘杂交可以解决种内杂交不易解决的许多问题。

1. 远缘杂交在种质创新中的主要作用

1) 创造新物种,丰富植物的变异类型

在生物进化中,远缘杂交是自然界新种形成的重要途径之一。因此,人们通过远缘杂交可以重演物种进化的历程,不仅可以获得物种间的亲缘关系,还可以创造出新的植物类型。如普通烟草(*N. tabacum*)和黄花烟草(*N. rustica*)就是在自然条件下,经不同物种天然远缘杂交和长期自然选择而产生的。植物学研究者通过远缘杂交方法,已经明确了烟草栽培种 *N. tabacum* 和 *N. rustica* 的多倍体起源(见图 3-12)。其中,*N. tabacum* 双二倍体有不同的双亲基因组,即 S-基因组和 T-基因组。其母本是林烟草(*N. sylvestris*, $2n=24$),为种间杂交种贡献了 S-基因组,同时贡献了细胞质;其父本是绒毛烟草组(*N. sect. Tomentosae*, $2n=24$)的一个成员,为种间杂交种贡献了 T-基因组。同普通烟草类似,*N. rustica* 是由圆锥烟草组(*N. sect. Paniculatae*, $2n=24$, PP)与波叶烟草组(*N. sect. Undulatae*, $2n=24$, UU)的成员杂交,染色体自然加倍而形成的异源四倍体,亦即双二倍体,其基组成分是 $2n=12\,\text{II}\,p+12\,\text{II}\,u=ppuu$。植物学研究者还利用野生种茄烟草(*N. glutinosa*, $2n=24$, GG)与普通烟草(*N. tabacum*, $2n=48$, TTSS)杂交,F_1代加倍后,创造了结合两个亲本染色体组的异源六倍体新种 *N. digluta*($2n=72$, TTSSGG),成为人类最早利用远缘杂交创造新物种的例子。

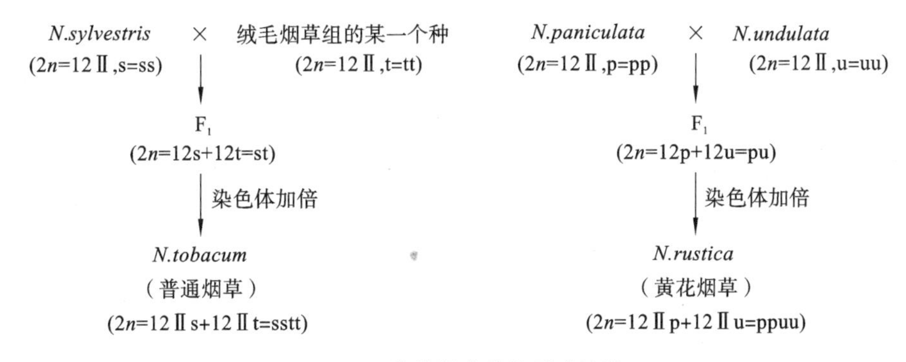

图 3-12 栽培烟草种的形成过程

2) 将异属、种的特殊有利性状引入栽培品种

作物野生种及其近缘种由于未经人类驯化和选择,在自然界具有丰富的遗传多样性,特别是携带对病、虫、寒、旱、涝等逆境胁迫具有抗性的优良基因,如烟草野生种蕴藏着抗 TMV、PVY、细菌性角斑病、烟草根黑腐病、白粉病及抗烟草蓟马和桃蚜等优良基因。当一个种内各品种间存在不可弥补的缺点或现有品种资源无法满足日新月异的育种目标要求时,可通过远缘杂交引入异属、异种的有利基因,进而培育出具有优异性状的新品种,尤其在培育高度抗病、抗虫或抗逆能力等突破性品种时,具有重要作用。利用远缘杂交转移抗病性的著名例子就是用普通烟草与烟草野生种 *N. glutinosa* 进行复合杂交,选育出了对烟草花叶病、白粉病免疫及抗其他病害特性的白肋烟新品种 Kentucky 56。目前烟草研究人员采用桥梁杂交、特殊授粉、理化因素处理、离体培养技术等手段已经成功地转移了 *N. glutinosa*、*N. repanda*、*N. longiflora*、*N. goodspeedii*、*N. debneyi* 等野生种所蕴藏的抗性基因,获得了一些种间杂种,改良选育了一些普通烟草抗病品系。例如,将普通烟草的同源四倍体与一个双二倍体 4N(*N. repanda*×*N. sylvestris*)进行杂交,对杂交第一代幼苗用秋水仙碱处理,

然后以其可育植株与普通烟草回交，成功地将 *N. repanda* 的抗蛙眼病和爪哇线虫的基因转移到普通烟草中。据不完全统计，在烟草上曾对 40 余个野生种进行了有性远缘杂交。

3）创造异染色体系，改良现有栽培品种

通过远缘杂交导入异源染色体或其片段，可创造出异附加系（alien addition line）、异替换系（alien substitution line）和易位系（translocation line）。利用这些材料可以把人们所需要的野生种的个别染色体或其片段所控制的优良性状转育到栽培品种中去，并避免异种（属）其他染色体所控制的不良性状的影响，在育种上有重要的实用意义。结合辐射育种和回交育种技术，异染色体系可进一步培育成只含某个特定基因片段的栽培新品种。

（1）异附加系：在一个物种正常染色体组的基础上，添加另一个物种的一对或两对染色体，形成具有另一物种特性的新类型。这个新类型称为异附加系，如单体、二体、双单体等。异附加系本身就是种间杂种，带有许多优良基因，但染色体数目不稳定，育性减退，同时由于异源染色体可能伴随不良的遗传性状，在缺乏严格选择的情况下，几代后，它往往恢复到二倍体状况。所以，异附加系一般不能直接用于生产，但可用于创造异替换系和易位系，是选育新品种的宝贵材料。目前，普通烟草（$2n=4x=TTSS=48$）已获得 24 种单体，是不可多得的烟草遗传研究和育种材料。在普通烟草上，24 条染色体分别编号为 A、B、C、…、V、W、Z，24 种单体分别表示为 $2n\text{-}I_A$、$2n\text{-}I_B$、$2n\text{-}I_C$、…、$2n\text{-}I_W$、$2n\text{-}I_Z$，各种单体具有不同的性状变异，表现在花冠大小、花萼大小、蒴果大小等性状上。种间杂交实践表明，某些染色体含有阻抑杂交或致死种苗的因素。因而在某些单体中，当存在不含上述因素的特定染色体时，即可获得成活的杂交种。所以，如果采用别的方法无法取得成活杂交种，可试用本技术。单体也可用于测定隐性基因，即用隐性纯合双体与各种显性单体杂交，得到 n 个 F_1，如果在某单体亲本的 F_1 群体中，双体全是显性，单体全是隐性，则其基因位于该单体染色体上。

（2）异替换系：某物种的一对（条）或几对染色体，被另一物种的一对（条）或几对染色体取代，而形成的新类型个体，称为异替换系。异替换系是由异附加系与单体杂交再自交得到。异替换系的染色体数目未变，染色体的替换通常在部分同源染色体间进行。由于栽培品种与亲缘物种的同源染色体间有一定的补偿能力，因此异替换系在细胞学和遗传学上都比相应的异附加系稳定，有时可在生产上直接利用。用异替换系来转移有用基因比用异附加系更优越。异替换系与栽培品种杂交产生的 F_1 中，外源染色体与它对应的染色体均呈单价体，发生部分同源配对的频率比异附加系与栽培品种的 F_1 高，因为 F_1 中栽培品种的染色体都有各自的同源染色体，将优先进行同源染色体配对。

（3）易位系：某物种的一段染色体与另一物种相应的染色体片段发生交换而产生的新类型，称为易位系。通过培育异附加系和异替换系的途径转移整条外源染色体，在导入有利基因的同时不可避免地带入许多不利基因。整条染色体的导入还经常导致细胞学上不稳定和遗传学上不平衡，从而对整体农艺性状水平有较大影响。转移外源基因较理想的方法是导入携带有用基因的染色体片段。在远缘杂交中经常发生自发易位，但频率不高。通过辐射诱变、组织培养等措施，可增加亲本间染色体的遗传交换，提高易位系的产生频率。这种易位系的遗传特性较稳定，可直接应用于生产。如烟草野生种 *N. africana* 经 X 射线照射后，再与白肋烟品种 Burley 21 进行细胞融合，所获得的 MS Burley 21 植株中就存在 *N. africana* 的特殊片段。

4）诱导单倍体

虽然远缘花粉在异种母本上常不能正常受精，但有时能刺激母本的卵细胞自行分裂，诱导孤雌生殖，产生母本单倍体。例如，Gupta 等（1973 年）通过香烟草（*N. fragrans*，$2n=48$）×心叶烟草（*N. cordifolia*，$2n=24$）远缘杂交组合，获得了烟草单倍体。此外，亲缘关系较远的两个亲本因细胞分裂周期不同等原因，其杂种会排除亲本之一的染色体，也会产生单倍体植株。目前，通过远缘杂交至少已在 21 个物种中成功地诱导出孤雌生殖的单倍体。所以，远缘杂交也是倍性育种的重要手段之一。

5）创造细胞质雄性不育系

由于物种之间细胞质有一定分化，因而远缘杂交能够致使核质互作不平衡而引起雄性不育。这种细胞质对种间杂种后代的影响，在植物雄性不育诱导上已被人们反复证明。如果将一个具有不育细胞质 S(RfRf) 的物种和一个具有不育核基因而细胞质可育的物种 F(rfrf) 进行杂交，并连续回交，进行核置换，便可将不育细胞质和不育核基因结合在一起，获得质核互作的雄性不育系 S(rfrf)。研究人员对烟草野生种的抗性胞质基因，采用核置换，转育了一些雄性不育系。这些雄性不育系可扩大烟草杂种优势的利用范围。如 Nikova 等人通过 *N. tabacum*×*N. alata* 种间杂交，获得了胞质雄性不育的育种资源。经过组织培养后，其后代雌性恢复可育性。对经过组织培养后的再生后代授以 *N. tabacum* 花粉，其后代的蒴果内均含有种子。全部 BC_2P_1～BC_7P_1 的后代也均保持雄性不育。美国用 *N. amplexicaulis*×*N. tabacum* 杂交的 F_1 再与 *N. tabacum* 回交，其胞质雄性不育率为 100%；通过 *N. repanda*×SC72 杂交，再与 Maryland609 回交 8 次，获得了胞质雄性不育品种 Bel MS1，而且该品种很容易授粉。保加利亚采用远缘杂交也培育出了胞质雄性不育的香料烟品种，该品种兼抗烟草花叶病、霜霉病和黑胫病。

2. 远缘杂交的特点

自然界各个物种之所以能够按其各自特定的方式繁衍后代并保持其种性，是因为它们之间存在生殖隔离。这种生殖隔离是由不同的繁殖隔离机制来保持的，以阻止种间的基因流动，防止生物种间杂交，致使不同种或属间的植物不仅在形态、生理上存在显著的差异，而且在遗传组成和细胞结构上也存在着很大差别。因此，远缘杂种同种内杂种相比，除了具有综合父母双亲的遗传特性，能产生重组类型以及后代出现性状分离等外，还有其独有的特点。

1）远缘杂交的不亲和性（incompatibility）

植物的受精作用是一个复杂的生理生化过程，在此过程中，花粉粒的萌发、花粉管的生长和雌雄配子的结合，常受到内外因素的影响。远缘杂交时，由于双亲的亲缘关系较远，遗传差异较大，染色体数目、结构不同，生理上也常不协调，这些都会影响受精过程，使雌、雄配子不能结合形成合子，这就是远缘杂交的不亲和性。其表现包括异种柱头分泌物抑制不亲和花粉，致使花粉不能萌发；连接柱头的传递组织抑制花粉管生长，致使花粉管不能伸入柱头；花粉管生长缓慢或太短，以至于花粉不能进入子房到达胚囊；雌雄配子不能正常受精等。

2）远缘杂种的不育性（sterility）

自然界各个物种在长期进化过程中，形成了一个完整、平衡、稳定的遗传系统。远缘杂交打破了各个物种原有的遗传系统，致使核质互作不平衡、染色体不平衡、基因不平衡和组织不协调，必然影响其后代个体的生长发育甚至导致其死亡或不育。不同种、属植物间杂交，有时虽能完成受精作用，形成合子，但受精不完全，主要表现包括：①精子能与卵核结合，但不能和极核结合形成胚乳，或胚乳发育不正常，或胚和胚乳发育不同步等，因而不能获得完整的杂交种子；②虽能得到皱缩的杂交种子，但幼苗在生长过程中死亡而不能获得杂种植株；③杂种虽能长成植株，但结实性差，甚至完全不能结实。这就是远缘杂交的不育性。例如，种间杂交 *N. rustica*×*N. tabacum* 和 *N. rustica*×*N. glutinosa* 所得杂种种子与正常生长的种子比较，杂种仅获得了生长的碎片，部分珠心扩大增殖生长，同时珠被细胞在维管束和合子胚的顶端，阻碍不同营养物质的输送，阻碍了营养物质到胚乳的转移，致使大多数杂种种子在成熟不同时期发生皱缩。又如，Greenleaf（1941 年，1942 年）用烟草野生种 *N. sylvestris*（$2n=24$）与 *N. tomentosiformis*（$2n=24$）进行杂交，由于染色体和基因不平衡，致使获得的 F_1 杂种表现不育，通过对杂种染色体加倍消除了染色体不平衡，进而获得了异源四倍体杂种（$2n=48$），减数分裂后形成正常的二价体，产生了有效花粉。但基因不平衡依然存在，致使杂种（F_1）株的胚囊在发育早期就败育了，无论用杂种本身的花粉授粉，还是用任一亲本作父本回交，都不能产生种子。

3）远缘杂种后代分离的广泛性和不规则性

由于亲本亲缘关系远，亲本间的基因组成、染色体组型差异较大，F_1 开始分离，F_2 分离更为广泛，远缘杂种后代分离范围广、世代长且无规则可循，这对于杂种后代遗传规律性的预测和控制以及对杂种性状的稳定等，都增加了较多困难。

3. 远缘杂交的方法

1）克服远缘杂交不亲和性的方法

（1）广泛测交，确定适当的母本。

栽培品种及野生亲缘植物的可交配性存在相当大的遗传变异，即使可交配，其可育程度也有差异，利用品种间的遗传变异以及细胞质间的差别，有可能增加远缘杂交的成功率，因此亲本品种的选择及确定决定着远缘杂交的成功率。鉴于此，在远缘杂交时，除了根据育种目标选择具有最多优良性状的类型作杂交亲本外，还要考虑亲本的组配方式，以提高远缘杂交的成功率。一般情况下，在栽培种与野生种的远缘杂交中，以栽培种为母本较易成功；在亲本染色体数目不同或倍数性不同的远缘杂交中，以染色体数目多或倍数性高的种作母本较易成功；用品种间杂种作母本较易成功；在花柱长短不同的种间远缘杂交中，以花柱短的种作母本较易成功。但这些方法并不是绝对的，如普通烟草（*N. tabacum*，$n=24$）×黄花烟草（*N. rustica*，$n=24$）的结实率可达 30%以上，而普通烟草（*N. tabacum*，$n=24$）×粉蓝烟草（*N. glauca*，$n=12$）的结实率却在 1%以下；*N. repanda* 的花柱较短，但用作父本与 *N. tabacum* 杂交也能结出种子。因此，在组配亲本时，需要进行广泛测交，选择适当的亲本进行组配，尤其要注意细胞质的作用。细胞质不同，往往引起正反交的效果差异显著。所以，杂交时应组配较多的组合，并进行正反交比较，以便获得较好的效果。

（2）染色体预先加倍。

远缘杂交的成功率与亲本染色体数的关系大致如下：染色体数目相同的种间交配易于成功，如 *N. tabacum*（$n=24$）×*N. rustica*（$n=24$）的结实率高于 *N. tabacum*（$n=24$）×*N. glauca*（$n=12$）的结实率。因此，当染色体数目不同的物种杂交时，可把双亲转变成更高的倍数水平，然后进行杂交，也可先将染色体数目少的亲本进行染色体人工加倍，再在同倍数性的基础上进行杂交，进而提高杂交的结实率。

(3) 借助桥梁亲本。

当两个物种直接杂交不易成功时，可以利用亲缘关系与两亲本较近的第三个种作为桥梁，先用其中一个物种与第三个种杂交，再用该杂种与另一物种杂交，使杂交获得成功。该方法是克服不亲和性的主要方法。当由野生烟草向栽培烟草转移和渗透有用性状时，在转移前，可以根据现有的研究结果，利用它们的起源祖先种作为桥梁亲本。例如，向普通烟草转移有用性状时就可首选 *N. sylvestris* 和 *N. tomentosiformis* 作为桥梁亲本。如 *N. tabacum*×*N. longiflora* 组合几乎得不到种间杂种，但当采用 *N. sylvestris* 做桥梁亲本时，即采用组合(*N. tabacum*×*N. sylvestris*)×*N. longiflora* 时，却得到了很好的结果。又如，*N. repanda* 与 *N. tabacum* 高度不亲和，而以 *N. sylvestris* 作为桥梁亲本，配制(*N. repanda*×*N. sylvestris*)×*N. tabacum* 组合，则成功地将 *N. repanda* 的显性抗 TMV 能力转移到普通烟草中。对于 *N. rustica*×*N. tabacum*，也可选用野生种 *N. alata*($n=9$)作为桥梁亲本，居间转移，克服其组合的不亲和性，(*N. rustica*×*N. alata*)×*N. tabacum* 能够产生具有 *N. rustica* 细胞质的雄性不育株。

(4) 采用特殊的授粉方式。

采用混合授粉、重复授粉、提前或延迟授粉等方法，常有提高杂交结实率的功效。

①混合授粉(即蒙导花粉授粉)。父本花粉中掺入少量的母本花粉(甚至经 γ 射线、反复冷冻、甲醇浸泡、黑暗饥饿等方法刺激的失活花粉)或多个异种属花粉，然后授粉，不仅可以解除母本柱头上分泌的、抑制异种花粉萌发的某些物质，创造有利的生理环境，而且，由于多种花粉的混合，雌性器官难以识别不同花粉中的蛋白质而接受原本不亲和的花粉而受精，进而提高远缘杂交的结实率。如 Pandy(1977 年)首先通过电离辐射(Co：347，0.06 Gy/min，4h 18 min)杀死亲和花粉，然后以相同比例将没有辐射的新鲜父本花粉和失活花粉混合用于授粉，获得了 *N. forgetiana*×*N. langsdorffii*、*N. bonariensis*×*N. langsdorffii* 等杂交种。

②重复授粉。同一母本柱头在不同发育时期，其成熟度和生理状况都有差异。所以，在花蕾期、开花期、临谢期等不同发育时期进行重复授粉，可能遇到最有利于受精的条件，进而提高受精率。一般重复授粉进行 2 次或 3 次即可，次数多了，易造成机械损伤。据魏志忠研究，同一日内，傍晚授粉比其他时间授粉的杂交成功率高 1 倍左右。

③提前或延迟授粉。未成熟和过熟的母本柱头对花粉的识别或选择能力最低。所以，在开花前 1～5 d 或延迟到开花后数天授粉，可提高结实率。

(5) 理化因素处理。

根据蛋白质识别系统，异源花粉能否在受体柱头上萌发、生长，取决于花粉粒中分泌蛋白和柱头上分泌蛋白之间相互识别关系，同种花粉与柱头的分泌蛋白相互识别的结果是分泌出某些物质，促使花粉的萌发和生长，反之则产生使蛋白变性或失活的物质，导致不亲和。在授粉前对花粉、花柱进行一定的物理处理，如适当加热、冰冻-解冻、电离辐射、紫外线和 γ 射线辐射等，能抑制蛋白变性或失活，使花粉脱离抑制状态，由不亲和变为亲和，进而提高受精率。例如，对烟草花粉进行冰冻-解冻(2～3 h，－18 ℃；1 h，18 ℃)处理 14 次后再授粉，获得了 *N. forgetiana*×*N. alata*、*N. forgetiana*×*N. langsdorffii* 组合杂种植株。采用不同剂量紫外线处理野生杂交不亲和种 *N. africana* 花粉粒，再与普通烟草栽培种杂交，获得 83%单倍体和 17%杂种植株。采用 γ 射线处理 *N. repanda* 的卵细胞，再与经 γ 射线处理的

N. tabacum 花粉离体杂交，培养胚珠并获得远缘杂种。采用 X 射线照射普通烟草花器，再用 N. alata 花粉授粉，成功育成 37 个单倍体植株。

雌、雄性器官中除了酶以外，某些生理活性物质（如生长素、维生素等）的含量也常会影响受精过程。因此，采用赤霉素、萘乙酸、吲哚乙酸、秋水仙素、氨基乙酸、氯霉素、吖啶黄、水杨酸、龙胆酸、硼酸等化学物质涂抹或喷洒柱头，可加快异种花粉的受精过程及杂种胚的分化和发育进程。

（6）采用花柱手术方式。

把母本花柱剪短，使花粉管便于达到胚囊，或将母体花柱切除，把父本花粉直接撒在子房顶端的切面上，也可将花粉的悬浮液注入子房，使花粉管不需要通过柱头和花柱而直接让胚珠受精。这些方法均有利于克服远缘杂交不亲和性，提高了获得某些烟草杂种类型的可能性。

（7）应用植物组织培养技术。

随着植物组织培养技术的发展，人们研究出了利用试管授精的方法来克服远缘杂交不亲和性。从母本子房中剥出未受精的胚珠，在试管内进行培养，成熟后授以父本花粉或已萌发伸长的花粉管，直到培养成杂种植株的子代。用这种方法成功地进行了栽培烟草和两个野生烟草（*N. debneyi* 和 *N. rosulata*）的种间杂交。此外，体细胞杂交技术也在远缘杂交中得到了广泛应用，可将亲缘关系更远的亲本原生质融合。在烟草上，当有性杂交不能进行时，可采用体细胞杂交来获得种、属间杂种。

2）克服远缘杂交杂种不育性的方法

（1）杂种幼胚离体培养。

胚胎学的研究表明，远缘杂交在受精后，由于胚乳败育、解体，胚和胚乳不协调，杂种胚得不到足够的营养而发育受限，致使难以获得杂交种子。因此，在杂种胚败育之前，取出幼胚进行人工离体培养，以调整杂种胚发育的外界条件，改善杂种胚、胚乳和母体组织间的生理不协调性，可获得杂种并大大提高结实率。幼胚的离体培养包括子房培养（ovary culture）、胚珠培养（ovule culture）和幼胚培养（embryo culture）。至今，烟草领域采用杂种幼胚离体培养技术已获得 *N. africana* × *N. tabacum*、*N. repanda* × *N. tabacum*、*N. plumbaginifolia* × *N. tabacum*、*N. tabacum* × *N. amplexicaulis*、*N. tabacum* × *N. benthamiana*、*N. gossei* × *N. tabacum*、*N. glutinosa* × *N. megalosiphon*、*N. glutinosa* × *N. tabacum*、*N. tabacum* × *N. nesophila*、*N. trigonophylla* × *N. tabacum*、*N. tabacum* × *N. debneyi*、*N. tabacum* × *N. alata*、*N. tabacum* × *N. stocktonii*、*N. rustica* × *N. tabacum*、*N. nesophila* × *N. repanda*、*N. suaveolens* × *N. tabacum* 等种间杂种。

（2）杂种染色体加倍。

当远缘杂交的双亲染色体组或染色体数目不同而缺少同源性，致使 F_1 在减数分裂时，染色体不能联会或很少联会，不能形成足够数量的、具有生活力的配子体而导致不育时，可在种子发芽初期或苗期，用 0.1%～0.3%的秋水仙碱溶液处理，使体细胞染色体数加倍，获得异源四倍体（双二倍体）。双二倍体在减数分裂过程中，每个染色体都有相应的同源染色体可以正常进行配对联会，产生具有二重染色体组的有活力的配子，从而大大提高结实率。目前，将此法应用于烟草种间杂交，得到并保存的克服不育的杂种有 *N. longiflora* × *N. tabacum*、*N. megalosiphon* × *N. glutinosa*、*N. rustica* × *N. glauca*、*N. raimondii* × *N.*

tabacum、*N. tabacum*×*N. alata*；部分可育的杂种有 *N. plumbaginifolia*×*N. umbratica*；完全不育的杂种有 *N. clevelandii-umbratica*、*N. simulans-umbratica*、*N. occidentalis-umbratica*、*N. occidentalis-simulans*、*N. simulans-debneyi*、*N. cavicola-umbratica*。此外，采用此法对 *N. sylvestris* 与绒毛烟草组中的 *N. tomentosa*、*N. tomentosiformis*、*N. otophora*、*N. setchellii* 进行杂交，获得的双二倍体具有雌性不育性，但它们的花粉与其他种杂交时的行为像普通烟草，所获得杂种自交可育。利用异源多倍体产生新种，是很有价值的一种方法，这种新种可以看作是一种把抗病性和其他特性从有亲缘关系的种和属转移到栽培种的媒介物。如 *N. tabacum*×*N. glauca*、*N. tabacum*×*N. debneyi* 的双二倍体能很好地保持自己的表现型、有利特性和染色体，*N. tabacum*×*N. glutinosa* 的双二倍体在这方面的表现居中。

(3) 利用回交法。

回交是克服远缘杂种不育，延续后代的有效方法，渗入回交还能改良杂种。染色体数目不同的远缘杂交所得的杂种，其产生的雌、雄配子并不都是完全不育的。其中有些雌配子可接受正常花粉受精结实，或能产生有活力的少数花粉。所以用亲本之一对杂种回交，可获得少量杂种种子。由于不同回交亲本对提高杂种结实率有很大差异，因此回交所用亲本不应局限于与原来亲本相同的变种或品种。比如，为了克服(Burley 37×*N. glauca*)F_1的不育性，采用(Burley 37×*N. glauca*)×*N. alata* 可收到一定效果。但当栽培种与野生种杂交时，一般以栽培种做回交亲本。此外，采用野生烟草做母本，用普通烟草多次渗入回交，还可转育含有野生烟草细胞质的雄性不育系，利用此法现已转育的野生烟草有 *N. megalosiphon*、*N. suaveolens*、*N. bigelovii*、*N. plumbaginifolia*、*N. debneyi*、*N. undulata*、*N. glutinosa*、*N. langsdorffii*、*N. africana*、*N. repanda* 等。但 Nikova 等人以栽培种 *N. tabacum*(n=24)为母本、*N. alata*(n=9)为父本进行种间杂交，再用 *N. tabacum* 对其进行多次回交，也获得了细胞质雄性不育的育种资源。

(4) 延长杂种的生育期。

远缘杂种的育性有时受外界条件的影响，延长杂种生育期，可促使其生理机能逐步趋向协调，生殖机能及育性得到一定程度的恢复。采用无性繁殖法可延长烟草远缘杂种的生育期，逐步恢复杂种的育性。

(5) 预先无性接近(即亲本互相嫁接)。

在进行远缘杂交前，预先将亲本互相嫁接在一起，使它们彼此的生理活动得到协调或改变原来的生理状态，而后进行有性杂交，这样较易获得成功。如紫苏烟、罗勒烟、薄荷烟、人参烟、曼陀罗烟、黄芪烟等药香型烟草大都是采用嫁接法而获得的。

4. 远缘杂种后代的分离与选择

1) 远缘杂种后代性状分离的特点

与种内杂交相比，远缘杂种后代的性状分离主要有 3 个特点。

一是性状分离无规律性。种内杂交时，很多质量性状的分离，基本上都符合一定的比例，上下代之间一般也有规律可循。但远缘杂交时，来自双亲的异源染色体缺乏同源性，导致减数分裂过程紊乱，形成具有不同染色体数目和质量的各种配子。因此，其后代的遗传特性极复杂，性状分离复杂且无规律，上下代之间的性状关系也难于预测和估算。

二是分离类型丰富，并有向两亲分化的倾向。远缘杂交后代，不仅会分离出各种中间类型，而且出现了大量的亲本类型、亲本祖先类型、超亲类型以及某些特殊类型，变异极其丰富。随着杂种世代的演进，杂种后代还有向双亲类型分化的倾向。因为在杂种后代中，生长健壮的个体往往是与亲本性状相似的，而中间类型不易稳定，容易在后代中消失，所以有恢复亲本的趋势。

三是分离世代长、稳定慢。远缘杂种的性状分离并不完全出现在 F_2 代，有的要在 F_3 代或更高世代才有明显表现。同时，在某些远缘杂交中，由于杂种染色体消失、无融合生殖、染色体自然加倍等原因，常出现母本或父本的单倍体、二倍体或多倍体；在整倍体的杂种后代中，还会出现非整倍体。这样，性状分离会延续多代而不易稳定。在烟草中，由于杂交组合不同、性状分离有早有晚，甚至到 F_5～F_6 代仍有分离，尤其是叶形、叶色性状最明显，而株高在多数杂交组合中稳定较快，有的杂交组合从 F_3 代开始，其主要经济性状趋于稳定，多数杂交组合至 F_5 代，虽然其外部性状表现整齐一致，但内部染色体仍有可能处于杂合状态。

2）远缘杂种后代分离的控制

①F_1 代染色体加倍。用秋水仙素对 F_1 代染色体加倍，形成双二倍体，不仅可提高杂种的可育性，而且可获得不分离的纯合材料。再经加工，可选育出某些双二倍体的新类型。染色体加倍法有时会大大缩短育种年限。这些双二倍体的外部性状虽比较稳定一致，但就细胞学而言，这些整倍体植株并非完全稳定，还可从中分离出非整倍体。利用这些非整倍体可育成异染色体系，作为育种的原始材料。

②回交。回交既可克服杂种的不育性，也可控制其性状分离。如进行栽培种×野生种时，F_1 代中往往是野生种的性状占优势，后代分离强烈。如果用不同的栽培品种与 F_1 代连续回交和自交，便可克服野生种的某些不利性状，分离出具有野生种的某些优良性状并较稳定的栽培类型。根据远缘杂交育种的实践，选择兼具杂交双亲优点的中间类型用作回交的植株，易于在回交后代中选出综合性状好的新品种。

③诱导单倍体。远缘杂种 F_1 的花粉虽大多数是不育的，但也有少数花粉是有活力的，如将 F_1 花粉进行离体培养产生单倍体，再人工加倍为纯合二倍体后，便可获得性状稳定的新类型。这一技术途径可以克服远缘杂种的性状分离，迅速获得稳定的新类型。

④诱导染色体易位。利用理化因素处理远缘杂种，诱导双亲染色体发生易位，把仅带有目标基因的染色体节段相互转移，这样既可避免杂种向两极分化，又可获得兼具双亲性状的杂种。

3）远缘杂种后代的选择和培育

根据远缘杂种的若干特点，在对后代进行选择时，必须注意如下原则：

（1）杂种早代应有较大的群体。

由于远缘杂种后代性状分离的时间长，出现的变异类型多，且不育性高，后代中常出现畸形株（如黄苗、矮株等），种子出苗力低，部分植株还会中途夭折，因此杂种早代（F_2、F_3）应有较大的群体，这样才有可能选出频率很低的优良基因组合的个体。

（2）放宽早代选择的标准。

由于远缘杂种后代性状分离的时间长，有些杂种一代虽不出现变异，但在以后的世代中仍然会出现性状分离，因此，一般不宜过早被淘汰。

（3）灵活地应用选择方法。

由于远缘杂种的分离时间长、范围大，后代要求有较大的群体，这样便难以采用系谱法。

因此，必须根据育种目标和所用亲本材料，采用不同的选择方法。在 F_1 代一般不选单株而按组合混选、混播，待性状出现明显分离时再选单株。如果要结合不同种或亚种的一些优良性状和适应性，以培育生产力和适应性都较好的品系时，可采用混合种植法。如果要改进某一推广品种的个别性状，而该性状受显性基因控制、遗传力高时，就可采用回交法。若要把野生种的若干有利性状与栽培品种的有利性状相结合便可采用歧化选择法（disruptive selection），即选择群体中两极端类型个体进行随机交配，形成新的群体后再选择。这样可增加两亲本间基因交换的机会，有利于打破有利性状和不利性状间的连锁，使控制有利性状的基因发生充分的重组，释放潜在的变异，获得较大幅度的超亲类型，进而选育成新类型或新品种。也可采用品系间杂交技术，即从同一组合选育出具有不同目的性状的品系进行互交。这种方法也有利于释放被束缚的变异，获得较优良的组合，提高种间杂交后代的结实率，克服经济性状间的不利连锁，获得优良材料或品系。

(4) 培育与选择相结合。

对于远缘杂种，应给予杂种充分的营养和优越的生育条件，促进杂种优良性状的充分表现，再结合细胞学的鉴定方法，严格进行后代的选择，以便获得符合育种目标且具有较多优良性状的杂种后代。

（四）体细胞杂交

植物体细胞杂交（plant somatic hybridization）是一种将植物不同种、属，甚至不同科间的原生质体在物理或化学条件的诱导下相互接触而发生膜融合、胞质融合和核融合，形成杂种细胞，然后通过离体培养，使其再生杂种植株的技术。植物细胞具有细胞壁，原生质体就是去掉细胞壁的植物细胞。未脱壁的两个细胞是很难融合的，植物细胞只有在脱去细胞壁成为原生质体后才能融合，所以植物的体细胞杂交也称为原生质体融合（protoplast fusion）。

1. 体细胞杂交在种质创新中的主要作用

1) 克服远缘杂交不亲和障碍

体细胞杂交使两种不同种或属的原生质体间发生膜融合、胞质融合和核融合，进而形成含两种遗传物质的杂交细胞，在细胞水平上完成了无性系杂交。由于体细胞杂交不需要经过有性过程，因而可以避开有性远缘杂交不亲和的障碍，扩大了物种杂交的范围，能够将亲缘关系更远的物种进行杂交，实现更广泛的基因重组。当有性的远缘杂交不能进行时，可利用体细胞杂交法来获得种、属间杂种。1972 年，Carlson 等人首次通过粉蓝烟草（*N. glauca*）和蓝格斯多夫烟草（*N. langsdorffii*）的叶肉原生质体融合获得了种间杂种，这也是第一个植物体细胞杂种。随后，国外研究者们利用这一技术，获得了一系列烟草种间杂种，如 *N. tobacum* 与 *N. debneyi* 的胞质杂种、*N. tobacum* 与 *N. glutinosa* 的胞质杂种、*N. tobacum* 与 *N. longiflora* 的胞质杂种、*N. tabacum* 与 *N. alata* 的胞质杂种等。中国利用这一技术，也先后获得了普通烟草与至少 6 个野生烟草的种间杂种。国内外研究者还利用这一技术获得了烟草与其他植物的属间杂种，如黄美娟（1984 年）将普通烟草和矮牵牛（*Petunia hybrida*）的叶肉原生质体经聚乙二醇（PEG）融合剂处理后，进行人工培养，获得了体细胞杂种；Hinnisdaels 等（1991 年）利用0.1 Gy ^{60}Co-γ 射线处理抗卡那霉素的矮牵牛属 *P. hybrida* 与 *N. plumbaginifolia* 的叶肉原生质体，二者融合，获得抗卡那霉素可育杂种再生植株；Dudits

等(1987年)利用类似方法将胡萝卜(*D. carota*)的氨甲嘌呤和5-甲基色氨酸抗性导入了普通烟草。

2) 创造新物种,丰富植物的变异类型

在不同种间,甚至属间、科间的体细胞杂交中,两个具有不同遗传性状的细胞,采用适宜的水解酶溶解细胞壁后,在融合剂作用下,两个原生质体接触,融合成为异核体(heterokaryon),经过繁殖复制、核融合,形成杂合二倍体,再经过染色体交换产生重组体,达到基因远缘重组的目的,并在适宜的条件下再生出细胞壁,获得崭新的体细胞杂种。有时基因重组也可能产生双亲均没有的新性状。如果该杂种植株可育,并能稳定地遗传,就有可能形成自然界没有的新植物类型,并可产生有性杂交所不能获得的细胞质杂种。目前已得到很多有性杂交不亲和的植物种间、属间体细胞杂种新种质。

研究者们曾对烟草采用生殖细胞操作,通过四分体原生质体与体细胞原生质体的融合(即配子-体细胞杂交)获得三倍体,这样获得了染色体组的转移。这些被转移的染色体组,经过自交可直接分离出有利用价值的三倍体,且具有一定的育性,可供育种直接应用。

3) 将异属、种的特殊有利单基因或多基因性状引入栽培品种

体细胞杂交在细胞融合过程中,由于染色体的部分丢失,常常使某个亲本的部分或个别基因与另一亲本的染色体发生整合,其结果是实现了亲本间的基因转移。烟草野生种往往在抗病、抗虫、抗逆方面表现出较高的水平,甚至储存有优良的品质性状。有性杂交往往难以实现这些有利性状的转移,而体细胞杂交技术可将野生品种的优良性状转移到栽培品种中,获得兼具野生种的优良性状基因和栽培种的优良性状基因的新种质或新品种。例如,通过体细胞杂交,把*N. glutinosa*的抗TMV和白粉病基因、*N. longiflora*的抗黑胫病基因、*N. africana*的抗白粉病基因、*N. gossei*的抗TMV和抗烟蚜基因、*N. rustica*的抗黑胫病基因和高烟碱含量基因、*N. repanda*的多种抗性基因等转移到了综合性状好的普通烟草品种中,创造了新的种质资源。

作物的优良性状往往受多基因控制,基因工程很难实现多基因转移,而体细胞杂交可以一次性转移多基因控制性状,如加拿大已将烟草的体细胞杂种用于烟草品质改良中。近年来逐渐发展起来的亚原生质体融合技术尤其是微核技术,还可在不同属植物间定向转移单条或多条染色体,实现部分基因组转移,且能获得性状稳定的再生植株。

4) 实现细胞质基因重组,创造、转移细胞质基因控制的性状

生物体除了核基因组外,还有细胞质基因组。细胞质基因组(包括线粒体基因和叶绿体基因)控制着大多数农艺上需求的优良性状,如雄性不育、抗除草剂、抗病及抗寒等特性。有性杂交只能进行核遗传物质的杂交,而不能进行细胞质杂交。而体细胞杂交在原生质体融合过程中,不仅发生核基因重组,还发生细胞质基因重组。因而可以利用体细胞杂交,定向转移细胞质基因控制的性状,即将一个亲本的细胞质基因转移到另一个亲本的核背景中,或是将双亲的叶绿体基因组和线粒体基因组重新组合,由此得到细胞质杂种(cybrid)。目前体细胞杂交被公认为是转移细胞质基因最有效的方法,目前已利用该方法在植物种间甚至属间成功转移受细胞质基因控制的抗链霉素、抗寒及雄性不育等特性。烟草的雄性不育性受细胞质基因控制以及质核相互协调控制,也可利用体细胞杂交技术实现雄性不育性状的转移。当被转移的染色体或染色体黏性片段包含有效基因时,部分不育性转移杂种的转移就会非常有效,只要对杂种纯合稳定和稍加改进就可得到有用的新品种,筛选到优良的细胞质

基因组合的雄性不育系，可以直接配制优势组合，供生产应用。例如，Kumashiro（1988 年）采用经 X 射线照射的烟草野生种 *N. africana* 与白肋烟品种 Burley 21 进行体细胞杂交，培育出雄性不育系 MS Burley 21。利用类似方法，研究者在 Consolation 402 与 *N. debneyi* 的原生质体融合中获得了 MSC402。Kabo 等人（1988 年）采用经 X 射线处理的 MS Burley 21 原生质体与育性正常的 Tsukuba Ⅰ进行原生质体融合，得到了稳定遗传的 MS Tsukuba Ⅰ。

2. 体细胞杂交的主要技术

体细胞杂交时，首先将植物 A 的细胞与植物 B 的细胞采用纤维素酶和果胶酶处理去除细胞壁并纯化，分别得到原生质体 A 和原生质体 B，然后运用物理或化学方法诱导融合，形成杂种细胞，最后利用植物细胞培养技术将杂种细胞培养成杂种植物体，如图 3-13 所示。

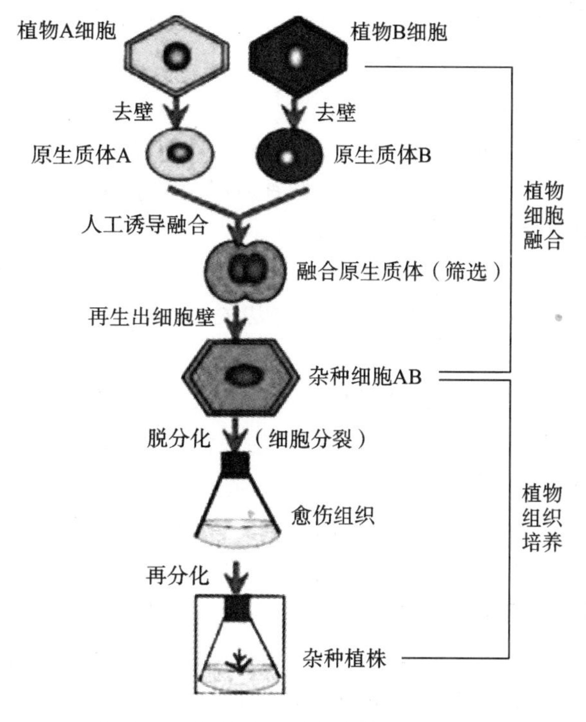

图 3-13 植物体细胞杂交的一般流程

1）原生质体融合的方法

目前最常用的原生质体融合方法为电融合法和 PEG-高 Ca^{2+} 高 pH 法。电融合法是一种物理融合技术，原生质体在不对称电极产生的非均匀交变电场中沿着电场线移动，彼此成行成串连接，然后在一次或多次瞬间高压直流电脉冲下，质膜瞬间被电击穿，并迅速连接闭合，形成融合体。该方法对细胞的毒害作用小，融合频率较高，对融合后细胞的有丝分裂、体细胞胚胎发生和植株再生均较有利，但获得的融合体大多为非异核体。PEG-高 Ca^{2+} 高 pH 法是以 PEG 为融合剂的一种化学融合方法，其机理为 PEG 与原生质体膜结合后引起膜结构紊乱，使得原生质体相互聚集，又在高 Ca^{2+} 高 pH 条件下，原生质体融合，完成融合过程。该方法虽然总体融合频率不高，但可获得人们期望的双元异核体，因此更受欢迎。此外，还有将 PEG 法和电融合法结合起来的电气化学法（electrochemical method），该方法先采用低浓度的 PEG 诱导细胞相互接触，再使用电击诱导细胞融合，从而既降低了对融合细胞的毒害作用，又提高了异核体的融合频率，在产生对称杂种和胞质杂种方面非常有效。近年来发展的高通量细胞融合芯片方法和基于微流控芯片融合法，也引起人们极大的关注。2010年，武恒研究所采用微流控芯片技术首次实现了小白菜无菌苗子叶原生质体及烟草叶肉原生质体的芯片内融合。

2）原生质体融合的方式

双亲原生质体融合时，两者的膜最先接触发生融合，之后是细胞质相互混合，最后核融合。根据融合程度不同，原生质体融合可以分为对称融合（symmetric fusion）、非对称融合（asymmetric fusion）和亚原生质体融合（subprotoplast fusion）。不同的融合方式形成不同的杂种类型。

（1）对称融合。

两个完整的细胞原生质体之间的融合称为对称融合，形成的杂种称为对称杂种（symmetric hybrid），它结合了两个参与者的完整基因组。这种融合方式是较早采用的融合方法。对称融合得到的多倍体杂种，实现了不同种间、属间甚至族间的遗传重组，但对称融合在导入亲本有利基因的同时也带入了亲本的全部不利基因，即获得的体细胞杂种不仅未把双亲的优良性状结合起来，反而丢失了它们各自原有的有益特性，且所得杂种往往部分或完全不育，因而难以形成育种上有用的材料。

（2）非对称融合。

非对称融合指在融合前利用物理或化学方法使供体原生质体的核或细胞质失活，再与受体原生质体进行融合。这种融合方式产生的杂种一般为非对称杂种（asymmetric hybrid）或胞质杂种。非对称融合能够将供体的部分或少量遗传物质转移到受体细胞中。目前非对称融合方法在远缘杂交不亲和的种间或属间原生质体杂交中，取得了显著成效，已从多种植物的种间或属间获得了非对称杂种。

在非对称融合中，用于细胞核或细胞质失活的方法分为物理处理和化学处理两大类。

①物理处理：常采用射线处理，如X射线、γ射线、紫外线（UV）等，它们能引起核DNA链断裂和产生缺口，从而使细胞核失活。如Zelcer等（1978年）用X射线照射 *N. tobacum* 的原生质体，再和 *N. sylvestris* 的原生质体融合，结果发现杂种中被辐射的烟草亲本的染色体全部丢失，得到了细胞质杂种。Fameilaer等（1989年）用γ射线照射 *N. sylvestris* 的硝酸还原酶（nitrate reductase，NR）缺陷型V-42的原生质体后，与未处理的 *N. plumbaginifolia* 的Nia 26进行原生质体融合，获得了部分可育的不均衡核杂种，实现了NR基因向 *N. plumbaginifolia* 的转移。Bates等用100 Gy射线辐照 *N. plumbaginifolia* 原生质体，然后与普通烟草原生质体融合，获得了含1条供体染色体的非对称体细胞杂种。Vlahova等采用UV照射番茄原生质体，经处理的原生质体与烟草原生质体融合后获得高度不对称的杂种。Kubo等（1980年）利用细胞质雄性不育烟草与普通烟草融合，用X射线处理来源于 *N. suaveolens*、*N. debneyi* 的细胞质雄性不育烟草以钝化其核功能，再与普通烟草进行原生质体融合，通过植株再生，实现了细胞质基因从一个核基因组向另一个核基因组的转移。采用类似方法处理 *N. repanda*、*N. glauca*、*N. alata*、*N. africana* 等的原生质体，也都获得了雄性不育细胞质杂种。

②化学处理：目前常用于细胞核失活的试剂有碘乙酰胺（iodoacetamide，IOA）和碘乙酸（iodoacetate，IA）；常用于细胞质失活的试剂是罗丹明-6G（rhodamine 6G，R-6G），它是一种亲脂染料，能够抑制线粒体的氧化磷酸化过程而达到失活作用。

在非对称融合中，一般用碘乙酰胺(IOA)或碘乙酸(IA)处理受体，使其细胞质失活，单独培养，受体不能生长和分裂；而用射线辐射处理供体时，大部分染色体受到损伤，细胞不能生长；只有当供体和受体融合形成融合体发生互补作用后才能生长，从而筛选出杂种。这种方法有可能免除杂种细胞的筛选过程。

(3) 亚原生质体融合。

亚原生质体融合是一种新兴的融合方式，主要有胞质体-原生质体融合和微原生质体(microprotoplast)-原生质体融合两种方式。这两种方式产生的杂种一般为高度非对称杂种，其实质仍属于非对称融合。

胞质体-原生质体融合即供体亲本不含核基因组只含有细胞质基因组，与完整的受体原生质体融合，从而实现细胞质基因的有效转移。Maliga 等利用该技术将烟草突变体中细胞质基因控制的抗链霉素特性成功转移到烟草野生种 *N. plumbaginifolia* 中。Spangenberg 等利用该技术成功实现了烟草品种间雄性不育特性的转移。目前该技术被认为是转移细胞质基因和获得细胞质杂种最有效的技术手段。然而这种方法获得的融合植株难以继续分化，使得该融合方式并没有被推广应用。

微原生质体-原生质体融合是指在融合前对供体原生质体进行处理，使其仅含有一条或几条染色体，并用膜包被，然后与完整的另一亲本原生质体融合，也称为微核技术。这种方法能够实现部分基因组转移，可在不同种、属间转移单个或多个染色体，且能获得性状稳定的再生植株。Ramulu 等人利用该技术在茄科不同属植物间实现了目标染色体的转移，并获得植株。迄今为止，微核技术是实现单条或多条染色体转移最行之有效的方法，为作物的定向遗传改良提供了一条新途径。但是制备微原生质体难度较大，因而该技术在作物种质创新和育种中的应用尚具有局限性。

3. 体细胞杂种的筛选和鉴定

1) 体细胞杂种细胞的筛选

原生质体经过融合后，杂种细胞与非杂种细胞并存，杂种细胞是指异源融合的异核体，非杂种细胞包括未融合的亲本原生质体和发生同源融合的同核体。非杂种细胞要比杂种细胞生长得快，在培养基中呈优势生长和发育，特别是远缘不亲和的杂交组合。杂种细胞在缺乏选择的条件下，常常生长缓慢而受到优势生长细胞的抑制，不易发育。因此，如果没有选择体系就很难得到体细胞杂种，特别是目的性严格的杂种。所以，在获得融合体后，首先要对其进行筛选，从中区分预期的融合重组类型。常用方法有物理选择法、突变细胞互补选择法和生长差异选择法。在实际应用中，这 3 种方法通常相互配合使用，根据试验对象的不同而有所调整。

①物理选择法：将易于观察的本质特性(如大小、颜色、漂浮密度等)作为异源融合的异核体筛选依据。此外，还可以人为创制出难以直接区分的差异，如采用荧光素标记将双亲原生质体标记成不同颜色，异核体将呈现不同于双亲的独特颜色，进而从中区别筛选异核体。

②突变细胞互补选择法：利用或创造各种缺陷型或抗性互补细胞系(细胞系互补包括遗传互补、叶绿素缺失互补、营养缺陷互补、抗性互补及代谢互补等)，用选择培养基将互补的杂种细胞选择出来。如 Evans 等(1980 年)用一半显性白化突变烟草(Su/Su，*N. tabacum*)作为亲本之一，与野生型烟草种的绿色叶肉原生质体融合，因为白化原生质体只形成白化芽，绿色叶肉原生质体只形成深绿色芽，而融合产物则产生淡绿色芽，故可将杂种鉴别出来。

Atanassov 等对一种缺少细胞质叶绿体的突变体(*N. tabacum*)和用 γ 射线辐射过的 *N. alata* 烟叶原生质体,进行原生质体融合,共获得了 33 个绿色再生后代。Maliga 等(1977 年)用 *N. sylvestris* 烟草抗卡那霉素的突变体 KR103 与 *N. knightiana* 野生型烟草融合,在含有卡那霉素的培养基上,选择出种间杂种。Wullem 等(1980 年)、Medgyesy 等(1980 年)和 Menczel 等(1981 年)利用 *N. tabacum* 的抗链霉素突变体 SR 与野生型烟草融合,在选择培养基上也都获得杂种。Glimelius 等(1978 年)用一个不能利用硝酸盐(缺失硝酸还原酶)的烟草突变体和另一个抗氯酸盐的突变体融合,培养在以硝酸盐为唯一氮源的培养基上,得到体细胞杂种,它具有硝酸还原酶活性和对氯酸盐的敏感性,并形成了植株。但由于突变体不易获得,而且有些突变体不易再生,因此该方法未得到广泛应用。

③生长差异选择法:依据生长特性进行选择。这种方法可以利用亲本双方在培养基上的分裂分化性能不同,来淘汰一方的原生质体,再将杂种细胞与亲本细胞分开;也可以利用不同的生化抑制剂,分别处理不同的原生质体,使它们不能在培养基上生长,而杂种细胞则可以生长发育良好,从而筛选出杂种细胞。如 *N. glauca* 和 *N. langsdorffii* 的原生质体都需要外源激素,但它们的杂种细胞能产生内源激素,因此可在无激素的培养基上把杂种细胞筛选出来。又如,烟草和曼陀罗的体细胞杂种的愈伤组织比两个亲本的愈伤组织生长更快,可以将这种速度差异作为选择标记,进而将杂种细胞筛选出来。再如,R-6G 能阻止烟草原生质体的分化,抑制线粒体上葡萄糖的氧化磷酸化,而 X 射线、碘乙酸盐处理的原生质体能使其细胞核失活,由这两种处理的原生质体融合产生的杂种细胞,重建了必要的代谢支路,因此能在培养基上生长,进而得到一些烟草杂种。

2) 体细胞杂种植株的鉴定

原生质体融合后产生的杂种细胞,虽然可以利用多种方法进行筛选,但无法直接筛选出预期杂种细胞,对杂种细胞的真实性仍需进一步鉴定。目前,常用的体细胞杂种鉴定方法包括形态学鉴定、细胞学鉴定、生化鉴定及分子生物学鉴定等。其中,形态学鉴定是最基本也是最常用的鉴定方法,主要通过比较再生植株与双亲亲本在外观形态上的差异来鉴定区分。细胞学鉴定一般指利用显微镜对获得植株的染色体进行组型分析,或观察细胞器的数目和形态,或采用分子原位杂交(chromosome in situ hybridization,CISH)方法进行鉴定,这种鉴定方法在亲缘关系较远的杂种细胞鉴定中准确性较高。生化鉴定又称同工酶鉴定,利用电泳法对杂种植株和双亲亲本进行同工酶谱分析。杂种的同工酶谱往往是双亲谱带的综合,有时伴有部分谱带的丢失或新谱带的出现。分子生物学鉴定利用分子标记技术对杂种细胞进行鉴定,是对杂种细胞最直接和精确的鉴定方式。常用的分子标记技术有基于 PCR 的 RAPD(random amplified polymorphic DNA)、SSR(simple sequence repeat)和 AFLP (amplified fragment length ploymorphism),以及基于杂交的 RFLP(restriction fragment length ploymorphism)等。

4. 体细胞杂种的改良

体细胞杂种由于核质重组、细胞器重组、部分核物质或细胞器丢失、核分裂的非同步性等原因,往往表现出形态上的趋中性、变异幅度大、非整倍性、双亲性状的共显性、偏亲现象等特点,在遗传上常常不稳定。有些体细胞杂种甚至携带诸多不利基因,因此,必须对体细胞杂种进行改良。对于可产生部分育性的杂种植株,可使其育性分离,向两个方向改良和发展,采用回交、自交相结合的策略,继续提高和稳定其育性,或选育出具有优势的雄性不育株，利用融合亲本回交延续后代。对于被转移的优异性状，应以其作为选择压力，在杂种能延续后代的前提条件下，用综合性状好的栽培品种逐渐渗入回交，以去除携带的不利性状，选择得到所需要的改良新品系。龚明良、卜锅章等人利用普通烟草和黄花烟草融合杂种，采用优质普通烟草回交，选育出具有黄花烟草黑胫病抗性，并具有优良香吃味的新品系。

（五）基因工程

植物基因工程(genetic engineering)，也就是通常所说的转基因(包括基因编辑)，是指在生物体外，通过人工"剪切"和"拼接"DNA分子，对特定的目的基因进行改造和重新组合，然后利用载体、媒体或其他的物理化学方法将其导入植物细胞受体，并整合到植物受体细胞的染色体(基因的载体)上，从而使目的基因在植物受体中表达，最终达到改变植物性状(如抗病、抗虫、抗逆等)以及快速培育植物新品种的目的。该技术可将抗病、抗虫、抗逆甚至品质等基因从一物种或品种向另一物种或品种转移，是进行种质资源材料创新的重要方法。尽管国内外目前已培育出数百个抗病、抗虫和抗逆的基因工程烟草品系，但真正用于烟草育种或生产的基因工程品种几乎没有。

三、白肋烟种质资源的利用方式

品种资源工作的最终目的，在于为生产、科研，特别是育种服务。因此，对种质资源的利用主要包括以下三方面：

（一）应用于烟叶生产

对于通过品种比较试验，证明能够适应本地区条件并能满足生产要求的白肋烟种质，可以在烟叶生产上直接推广利用。如从美国引入的优质白肋烟品种Burley 21、Burley 37、Tennessee 86、Tennessee 90、Kentucky 907，以及地方优良白肋烟品种鹤峰大五号等，都曾被推荐为中国白肋烟产区推广种植的品种，在中国白肋烟生产中发挥了重要作用。

（二）应用于白肋烟育种

种质资源是选育新品种的物质基础。可以利用现有种质资源，采用上述各种种质创新方法进行种质的再创新，也可以通过系统选育来创新种质或培育出新品种，还可以通过杂交育种的方式培育出新品种。湖北省烟草科学研究院利用国外引进品种Banket A-1、Burley 21、Burley 37、Kentucky 14、Kentucky 17、Kentucky 8959、Virginia 509等，通过系统选育创制了鄂白001、鄂白002、鄂白003、鄂白004、鄂白005、鄂白006、鄂白007、鄂白008、金水白肋1号、金水白肋2号、建选1号、建选2号、建选3号、建选304等近20份白肋烟新种质，通过品种间杂交创制了鄂白009、鄂白010、鄂白011、鄂白20号、鄂白21号等10余份白肋烟新种质。其中，创制的鄂白003、鄂白21号等白肋烟种质遗传配合力高、适应性强、产量高、抗病性强，利用鄂白003、鄂白21号等材料作为骨干亲本分别育成鄂烟101、鄂烟216等优良品种。湖北省烟草科学研究院还以Burley 21、Kentucky 14、Virginia 509、Burley 37、Tennessee 90、Kentucky 8959等为骨干亲本，充分利用品种间杂交和杂种优势，培育出鄂烟1号、鄂烟2号、鄂烟3号等12个鄂烟系列白肋烟新品种以及B0833、B0851、B0851-1等一系列白肋烟新品系。此外，还利用 MS Burley 21 的雄性不育性，采用回交法，成功转育了 MS Kentucky 14、MS Virginia 509、MS Burley 37、MS Tennessee 90、MS 金水白肋 1 号、MS 金水白肋 2 号、MS 建选 3 号等 30 余份白肋烟雄性不育系，为白肋烟杂种优势利用奠定了良好的基础。

（三）应用于遗传基础研究

种质资源除了用于新品种选育外，还是遗传基础研究的重要材料。湖北省烟草科学研究院利用拥有的白肋烟种质资源，采用多个双列杂交设计，研究了白肋烟品种对黑胫病抗性、主要农艺性状、经济性状、烟叶组织结构、腺毛分泌物、致香物质，以及烟碱含量、生物碱含量、总氮含量、氮碱比、TSNA 含量、烟碱转化率等品质性状的杂种优势、配合力及遗传效应；利用高烟碱含量与低烟碱含量的白肋烟品种、抗与感黑胫病的白肋烟品种分别配置杂交组合 Burley 37（高烟碱）×LA Burley 21（低烟碱）和 Burley 37（抗黑胫病）×Burley 67（感黑胫病），采用组织培养和染色体加倍技术获得 2 个 DH 遗传群体，利用 SRAP、AFLP 等分子标记构建了中国第一张白肋烟分子标记遗传连锁图谱，并对烟碱、总氮、总糖等化学成分，株高、叶数等农艺性状以及黑胫病抗性进行了 QTL 定位分析，为进一步利用 DH 遗传群体开展白肋烟重要性状的遗传控制机理研究和分子标记辅助品种选育，奠定了良好的基础；以 (Burley 37×LA Burley 21)F_1 代花药培养获得的 DH 群体为材料，采用植物数量性状主基因＋多基因混合遗传模型分析法，对白肋烟中部叶烟碱含量进行了遗传分析，为白肋烟不同烟碱含量新品种的选育提供了理论指导。此外，还利用农杆菌介导法将抗病的葡萄糖氧化酶基因（glucose oxidase，GO）和抗虫的半夏凝聚素基因（pinella ternata agglutinin，PTA）导入白肋烟品种中，获得白肋烟品种 Kentucky 14 转基因再生植株，并证实 GO 基因可在烟草中发挥功能。这些工作必将对白肋烟育种工作起到一定的促进作用。

参考文献

[1] 蔡长春，张俊杰，黄文昌，等. 利用 DH 群体分析白肋烟烟碱含量的遗传规律[J]. 中国烟草学报，2009，15(4)：55-60.

[2] 曹景林，程君奇，李亚培，等. 一种适于烟草新品系选育的梯级选择方法：CN109601370A[P]. 2019-04-12.

[3] 曹景林，吴成林，黄文昌，等. 一种鉴定判别白肋烟品种特异性、一致性和稳定性的方法：CN104897849B[P]. 2016-08-24.

[4] 曹雪，戴忠良，秦文斌，等. 植物原生质体融合技术的研究进展[J]. 中国农学通报，2016，32(25)：84-90.

[5] 柴利广. 白肋烟遗传连锁图谱的构建及烟碱含量 QTL 的定位[D]. 武汉：华中农业大学，2008.

[6] 陈迪文，柴利广，蔡长春，等. 白肋烟遗传连锁图的构建及黑胫病抗性 QTL 初步分析[J]. 自然科学进展，2009，19(8)：852-858.

[7] 戴雪梅，黄天带，孙爱花，等. 植物原生质体融合研究进展及其在育种中的应用[J]. 热带作物学报，2012，33(8)：1516-1521.

[8] 高熹，潘贤丽. 烟草抗虫性研究进展[J]. 热带农业科学，2004，24(6)：59-67.

[9] 李永平,马文广. 美国烟草育种现状及对我国的启示[J]. 中国烟草科学,2009,30(4):6-12.
[10] 林国平. 中国烟草白肋烟种质资源图谱[M]. 武汉:湖北科学技术出版社,2009.
[11] 林国平,蔡长春,王毅,等. 白肋烟品种资源的聚类分析[J]. 中国烟草学报,2008,14(5):33-38.
[12] 林国平,戚华雄,查中萍,等. 白肋烟转基因育种研究[J]. 湖北农业科学,2005(6):14-16.
[13] 林智成. 白肋烟烟叶腺毛密度与致香物质的研究[D]. 武汉:华中科技大学,2008.
[14] 吕孟雨,王海波. 利用无性系变异创制农作物品种资源的方法和类型[J]. 天津农业科学,2004,10(2):38-41.
[15] 任学良,李继新,李明海. 美国烟草育种进展简况[J]. 中国烟草学报,2007,13(6):57-64.
[16] 孙振元,韩蕾,李银凤. 植物体细胞无性系变异的研究与应用[J]. 核农学报,2005,19(6):479-484.
[17] 佟道儒. 烟草育种学[M]. 北京:中国农业出版社,1997.
[18] 王毅. 白肋烟主要性状的杂种优势与遗传研究[D]. 郑州:河南农业大学,2008.
[19] 王元英,周健. 中美主要烟草品种亲源分析与烟草育种[J]. 中国烟草学报,1995,2(3):11-21.
[20] 王志德,张兴伟,刘艳华. 中国烟草核心种质图谱[M]. 北京:科学技术文献出版社,2014.
[21] 王志德,张兴伟,王元英,等. 中国烟草种质资源目录(续编一)[M]. 北京:中国农业科学技术出版社,2018.
[22] 中国农业科学院烟草研究所,中国烟草公司青州烟草研究所. 中国烟草品种资源[M]. 北京:中国农业出版社,1997.

第四章　白肋烟杂种优势利用

作物育种的方法有多种，包括系统育种、杂交育种、杂种优势利用、诱变育种、细胞工程育种、基因工程育种等。长期以来，常规杂交育种一直是烟草育种的主要方法，但时间长、效率低。为了多出品种、快出品种，近年来，杂种优势利用在烟草育种中得到了广泛的应用，几乎达到了与常规杂交育种同等重要的地位。美国、津巴布韦等国家近20年来培育和推广的烟草品种主要为杂交种，中国育成的白肋烟品种也主要是杂交种。作物杂种优势利用就是利用两个遗传组成不同的亲本杂交后的杂种一代在育种目标性状方面的优势表现，达到生产要求。

第一节　杂种优势及其遗传基础

一、杂种优势的概念

杂种优势(heterosis)是指两个遗传组成不同的亲本杂交产生的杂种F_1表现出的某些性状或综合性状比其亲本优越的现象。从作物育种的角度来说，主要是指育种目标性状方面比亲本具有明显的优越性，如抗病性、抗逆性、抗虫性、适应性、产量、品质等。目前世界上杂种优势已在大田作物、蔬菜作物、果林植物，甚至观赏植物上得到广泛利用，是现代农业科学技术的突出成就之一。

在烟草上，自从East于1932年首次报道在烟属种间杂交中发现烟草雄性不育植株以来，杂种F_1优势的利用开始活跃起来。早在1760年，Kolreuter就以早熟的普通烟草(*N. tabacum*)与野生种*N. glutinosa*杂交，获得品质较优良的早熟杂种F_1，并提出在生产上种植杂交种的建议。这是首次在农作物中发现杂种优势现象。随后，Mendel在8年豌豆杂交试验(1856—1864年)中，也观察到杂种优势现象。Shull等研究了玉米自交和杂交的作用，于1907年首先提出“杂种优势”这一科学术语。早在20世纪初烟草育种开始兴起之时，美国就进行了烟草杂种优势利用研究工作，首先培育出的烟草品种就是杂交种，如在1907年育成Bewer hybrid、Cooly hybrid，1909年又育成7个杂交种。20世纪40年代，欧美国家对烟草杂种F_1的研究有所深入，认为普通烟草与近缘野生种杂交具有优势，而种内杂交优势小。虽然普通烟草和远缘野生种杂交具有优势，但是，烟草的各种类型在品质上有严格的要求，类型间或种间杂种F_1代往往失去生产实用价值，所以当时杂种F_1代仅在欧美香料烟、雪茄烟、白肋烟的部分产区应用。日本的杂种F_1代利用，最初从晒晾烟开始，选配了晒烟×晒烟，晒烟×香料烟等组合。20世纪40年代中期，日本研究者在岗山烟草试验场研究利用烤烟×烤烟F_1育种，1973年育成山阳1号。尽管烟草利用杂种F_1代有诸多有利条件，但长期以来在生产中一直没有充分利用。烟草为雌雄同花植物，花冠、花药几乎同时开放，为了获得杂交种子，必须在开花前去雄。与定型品种相比较，生产杂交种要多费工艺、多费人工、多费成本；加之，当时由于所用亲本抗病性不强、抗病种类不多，杂种F_1抗性不强，杂种F_1的烟叶品质也没有表现出优势等，杂种F_1在烟草生产上的应用未能大面积推广，只局限于部分地区。至20世纪后期，随着美国多基因聚合育种的快速进展和种质资源遗传多样性研究的深入，育成了大批抗性种类多、抗性较强，而烟叶品质优良的纯系品种，加之优良的细胞质雄性不育系的获得，烟草杂种优势利用重新焕发生命力，得到了大力发展。

杂种优势有强有弱，还有正向优势和负向优势（有时称为劣势）。杂种优势强弱是针对所观察的性状而言，杂种优势的大小因组合不同而表现有异，对于具体的某个组合来说，杂种优势通常只表现在某个或某些方面，而不是每个方面都表现优势，有的组合甚至没有优势。为了便于研究和利用杂种优势，经常采用下列方法度量杂种优势的强弱。

（1）平均优势（mid-parent heterosis）：也称中亲优势，或称杂种优势指数（index of heterosis），即杂种一代某一性状指数（F_1）超越双亲相应性状平均值（MP）的百分率。

$$\text{某性状平均优势}(\%)=\frac{F_1-\mathrm{MP}}{\mathrm{MP}}\times 100$$

有些性状在F_1代可能表现低于双亲相应性状平均值（MP）的现象，当这些性状也是杂种优势育种的目标性状时，称为负向平均优势。

（2）超亲优势（over-parent heterosis）：杂种一代某一性状指数（F_1）超过其高值亲本（HP）的百分率。

$$\text{某性状超亲优势}(\%)=\frac{F_1-\mathrm{HP}}{\mathrm{HP}}\times 100$$

有些性状在F_1代可能表现低于双亲中低值亲本（LP）的现象，当这些性状也是杂种优势育种的目标性状时，称为负向的超亲优势。

（3）对照优势（Over-standard heterosis）：也称超标优势，指杂种一代某一性状指数（F_1）超过对照品种值（CK）的百分率。

$$\text{某性状对照优势}(\%)=\frac{F_1-\mathrm{CK}}{\mathrm{CK}}\times 100$$

要使杂种F_1优势在生产上应用，杂种F_1不仅要比其亲本优越，而且要优于对照品种，这样才能为生产所采用，因此生产上常应用超标优势来衡量杂种优势的大小。

二、杂种优势的表现特性

杂种优势的表现是多方面的，可以表现在外部形态、内部结构、生理生化等方面，有的组合表现在营养器官，有的组合表现在繁殖器官，有的组合则表现在抗耐性和适应力上。仅就烟草而言，本类型烟草品种间杂交的杂种优势概括起来主要表现在以下几个方面。

1. 营养生长优势

大量的研究表明，烟草多数杂种F_1代在田间生长表现上有两个明显的特点：

（1）F_1代较双亲生长快，节距拉长，株高增加，开花日期提前，但叶数并不比亲本品种多。当双亲株高和节距相差较小时，其F_1的株高、节距往往超出高值亲本，当双亲株高和节距相差较大时，其 F_1 的株高、节距往往介于双亲之间，但倾向于高值亲本。无论何种情况下，叶数一般介于双亲之间。

生育期多表现为数量性状遗传。由于 F_1 代的生长速度较双亲快，当双亲的生育期相差较小时，其 F_1 代往往表现为比双亲早熟。当双亲的生育期相差较大时，F_1 代的生育期多介于双亲之间，偏向于生育期短的亲本。例如，利用生育期短的少叶品种，与生育期长的多叶品种(所谓巨型烟)杂交，其 F_1 代的生育期和叶数均偏向于生育期短的少叶亲本。

(2) F_1 代较双亲根系发达，吸收能力强，因而茎秆粗壮，茎木质部增厚，烟株长势旺盛，叶面积大，营养体增大。

F_1 代的叶面积和单叶重多数较双亲大或倾向于高值亲本，叶片厚度介于双亲中间，但多数倾向于高值亲本，因而 F_1 代的产量较高。但 F_1 代叶片的主脉往往表现为较双亲粗，不过由于 F_1 代叶面积偏大，其梗叶比并不比亲本品种高。然而，无论双亲差异大或小，其 F_1 代叶片的茎叶角度和主侧脉角度都介于双亲之间，极少有超越双亲的。当塔形亲本与筒形亲本杂交时，其 F_1 代也介于双亲之间，但倾向于塔形亲本。

2. 经济性状优势

大量的研究表明，多数杂种 F_1 的烟叶产量和产值较双亲高，但烟叶均价、级指、上等烟比例以及综合经济性状一般接近双亲的中值，但也有少数杂种 F_1 的综合经济性状表现出超亲优势。

3. 品质优势

大量的研究表明，烟草杂种 F_1 在品质的提高上优势率比较低。大多数 F_1 在外观品质，烟碱、总氮和糖含量，吸食品质以及可用性方面表现为双亲的中值，有的 F_1 还表现为负向优势，当然也有极少数的 F_1 表现为超亲优势。

4. 生理功能优势

大量的研究表明，杂种 F_1 在生理功能方面具有优越性，表现出适应性、抗病性、抗虫性增强，对不良环境条件耐力增强，光合面积增加，光合能力提高等方面的优势。其中，抗病性有两种遗传类型：一为多基因抗性，具有数量遗传的特点，抗病亲本与感病亲本的杂种 F_1 代呈中间型或倾向于抗性亲本；另一种为单基因抗性，其显隐性因病害种类不同，如引入抗 TMV 的显性因子，F_1 则表现为抗病。在适应性上，许多杂种 F_1 对环境变化的缓冲力较强，抗旱性、耐寒性有所提高，因而比其双亲适应性要广一些。

总之，烟草杂种优势的表现并不是某一两个性状单独表现突出，而应是性状综合表现突出，尤其是烟叶品质是否呈现优势是关键。烟草杂种 F_1 多数性状居双亲中值，但也有某些性状会超出双亲表型值。总的说来，烟草杂种 F_1 的优势表现相对较低，其中一个重要的原因是现有品种的遗传基础比较狭窄。从烟草杂种 F_1 代优势的实际表现来看，针对抗病性和产量来选配优势组合的效果较大，改良 F_1 质量是限制因素。已有的研究证明，在烟叶品质上，白肋烟较烤烟的杂种优势显著。

三、杂种优势的遗传基础

现代对杂种优势的理论解释是以假说的形式出现，解释的假说很多，但主要是两种假说，即显性假说与超显性假说。这两种假说从不同的侧面阐述了杂种优势的遗传实质，经过半个多世纪的科学实践，它们都得到了不断的充实和发展，对指导育种实践起了很大作用。

因此，可以说这两个假说是较为成熟的，是解释杂种优势的基本假说。

（一）显性假说（显性基因互补假说）

显性假说认为，杂种优势的产生是双亲间的显性基因在杂种个体上得到互补的结果。这种假说认为，经过生物长期的选择和进化，对生长发育有利的性状多由显性基因控制，不利的性状多由隐性基因控制。杂种 F_1 集中了控制双亲有利性状的显性基因，每个基因都能产生完全显性和部分显性效应，由于双亲显性基因的互补作用，从而产生杂种优势。

显性假说认为，有利显性基因的作用体现在以下四方面：(1) 在 F_1 中，来自某一亲本的等位基因中显性有利基因具有对来自另一亲本相应位点的隐性不利基因的掩盖或抑制作用，或者具有对来自另一亲本相应位点的缺陷基因的补偿作用；(2) 在 F_1 中，来自某一亲本的等位基因中显性有利基因与来自另一亲本相应位点的显性有利基因具有共显性作用；(3) 在 F_1 中，来自某一亲本的显性有利基因与来自另一亲本的非等位显性有利基因间具有互作效应（显性互补、显性上位等）；(4) 在 F_1 中，来自某一亲本的等位基因中显性有利基因与来自另一亲本相应位点的显性有利基因间具有加性效应。在显性假说中，有利显性基因的作用可能是以上四种基因互作共同起作用，也可能其中的几种起作用。但在 F_1 中汇集的显性有利基因总数必将超过任何一个亲本，显性掩盖作用和显性基因的累积作用导致了杂种优势。

例如，假设 A-a、B-b、C-c、D-d 和 E-e 是 5 对控制作物某一数量性状的基因，两个亲本的基因型分别为 AABBCCddee 和 aabbccDDEE。再假定纯合等位基因 A、B、C、D、E 对性状发育的贡献分别为 12、10、8、6、4，纯合等位基因 a、b、c、d、e 对性状发育的贡献分别为 6、5、4、3、2，则亲本 AABBCCddee 的该性状值为 12＋10＋8＋3＋2＝35，亲本 aabbccDDEE 的该性状值为 6＋5＋4＋6＋4＝25。若这两个具有不同基因型的亲本杂交，则 F_1 的该性状表现有三种情况（见图 4-1）：

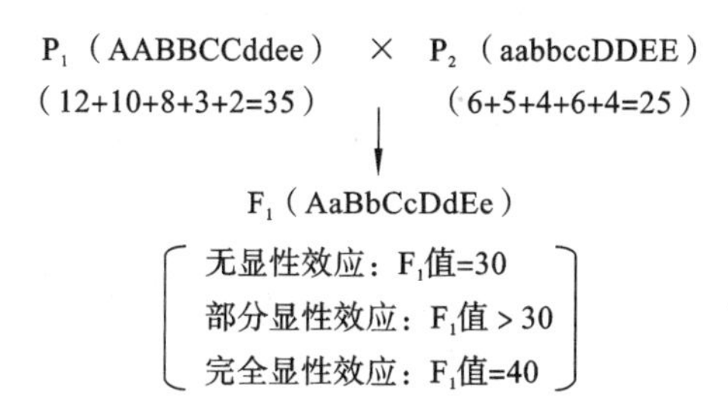

图 4-1　2 个具有不同基因型的亲本杂交的杂种 F_1 的显性效应表现

(1) 没有显性效应。

AaBbCcDdEe＝(12＋6＋10＋5＋8＋4＋6＋3＋4＋2)/2＝30，恰恰是双亲的平均值，没有杂种优势。

(2) 部分显性效应。

F_1 的该性状值大于双亲中值，表现部分杂种优势，即 AaBbCcDdEe＞30。

(3) 完全显性效应。

AA＝Aa＝12，BB＝ Bb＝10，CC＝Cc＝8，DD＝Dd＝6，EE＝Ee＝4，故 AaBbCcDdEe＝12＋10＋8＋6＋4＝40，由于双亲的显性基因的互补作用，F_1 该性状的值不仅超过了双亲中

值(30),而且超过高值亲本(35),表现出超亲杂种优势。

(二)超显性假说(等位基因异质结合假说)

超显性假说认为,杂种优势的产生是来自双亲的各等位基因在杂种细胞内异质结合的结果。这种假说认为,等位基因没有显隐性之分,但在杂种体细胞内有不同程度的异质分化。这种有分化的等位基因之间的相互作用要比它们分别处于纯合状态时的作用大,从而产生杂种优势。在一定范围内等位基因的差异越大,杂种优势就越大。按照这一假说,杂合等位基因的贡献可能大于纯合显性基因和纯合隐性基因的贡献,即 Aa>AA 或 aa。

例如,假设aa、bb、cc、dd 和 ee 是5对控制作物某一数量性状的基因,两个亲本的基因型分别为 $a_1a_1b_1b_1c_1c_1d_1d_1e_1e_1$ 和 $a_2a_2b_2b_2c_2c_2d_2d_2e_2e_2$。若这两个具有不同基因型的亲本杂交,则 F_1 的基因型为 $a_1a_2b_1b_2c_1c_2d_1d_2e_1e_2$。按照超显性假说,则基因效应表现为 $a_1a_2>a_1a_1$ 或 a_2a_2, $b_1b_2>b_1b_1$ 或 b_2b_2, $c_1c_2>c_1c_1$ 或 c_2c_2, $d_1d_2>d_1d_1$ 或 d_2d_2, $e_1e_2>e_1e_1$ 或 e_2e_2。假定a、b、c、d、e 基因纯合时对性状发育的贡献分别为5、4、3、2、1,而各等位基因杂合时,即 a_1a_2、b_1b_2、c_1c_2、d_1d_2、e_1e_2 对性状发育的贡献分别为6、5、4、3、2,则亲本 $a_1a_1b_1b_1c_1c_1d_1d_1e_1e_1$ 和 $a_2a_2b_2b_2c_2c_2d_2d_2e_2e_2$ 的该性状值均为 $5+4+3+2+1=15$。若这两个亲本杂交,则 F_1 代该性状的表现值为 $6+5+4+3+2=20$,明显超过双亲中值(15)和任一亲本表现值(15),表现了强大的杂种优势(见图4-2)。

P_1 ($a_1a_1b_1b_1c_1c_1d_1d_1e_1e_1$) (5+4+3+2+1=15) × P_2 ($a_2a_2b_2b_2c_2c_2d_2d_2e_2e_2$) (5+4+3+2+1=15)

↓

F_1 ($a_1a_2b_1b_2c_1c_2d_1d_2e_1e_2$) (6+5+4+3+2=20)

图4-2　2个具有不同基因型的亲本杂交的杂种 F_1 的超显性效应表现

此外,在叶绿体、线粒体遗传中,非等位基因互作、细胞核与细胞质互作等效应也有可能产生杂种优势。

通常而言,等位基因互作是产生杂种优势的最基本原因,非等位基因互作则与特殊配合力有密切关系。

四、F_2 代杂种优势的衰退及影响杂种优势的因素

(一)F_2 代及以后世代杂种优势的衰退

根据显性假说和超显性假说,F_1 群体基因的高度杂合性和表现型的整齐一致性是构成杂种优势的基本条件。F_2 群体由于基因的分离和重组,因而产生许多不同基因型个体,个体间性状分离严重,个体表现性状优劣参差不齐,差异很大,呈现出生长势、生活力、抗逆性和产量等方面明显低于 F_1 代的现象。一般来说,亲本纯度越高,性状差异越大,F_1 代优势越强,F_2 代衰退就越严重。因此,杂种优势一般只能利用 F_1 代,不能利用 F_2 代。由于烟草是自花授粉作物,因而 F_2 以后世代中,基因型纯合体将逐代增加,杂合体将逐代减少,杂种优势将随世代数的增加而不断下降,直到分离了许多纯合体为止。

（二）影响杂种优势的因素

根据显性假说和超显性假说，影响杂种优势的因素有以下几个方面：

1. 双亲之间遗传差异程度

从显性假说看，双亲之间的显性与隐性基因的相对差异越大，F_1有利显性基因的互补作用就越大，杂种优势就越强。从超显性假说来看，双亲之间等位基因的相对差异越多，F_1各对杂合基因共同作用的遗传效应就越大，杂种优势就越强。

2. 双亲基因型的纯合程度

在双亲的亲缘关系和性状有一定差异的前提下，基因型的纯度愈高，则杂种优势愈强。纯度高的亲本杂交得到的F_1是高度一致的杂合体，每一个体都能表现较强的杂种优势，而且F_1群体又是整齐一致的。烟草属于自花授粉作物，在利用杂种优势时，首先必须对亲本进行纯化，在亲本繁殖和制种时，必须采取严格的隔离保纯措施。

3. 杂种优势的大小与环境综合作用有密切关系

同一杂交种在甲地区表现增产显著，在乙地却可能增产不大。在同一地区，由于土壤肥力和管理水平不同，杂种优势的表现程度也会有很大差异。但是，在同样不良环境条件下，杂交种比其双亲总是具有较强的适应能力，对不同的环境条件也具有较强适应范围，这正是F_1杂种的某些基因发挥了显性基因互补作用及超显性遗传效应的结果。

五、白肋烟杂种优势的利用

（一）杂种优势利用的主要作用

烟草育种上利用杂种优势的作用主要体现在以下几个方面：

（1）可将优缺点互补的亲本结合，综合双亲的不同优点尤其是抗性于一体；

（2）可增强品种的适应性，扩大品种的应用范围；

（3）可加速品种选育进程，多出品种，快出品种，以供生产上选用；

（4）可控制烟农自留种，避免生产上出现品种混、乱、杂现象。

（二）白肋烟育种利用杂种优势的有利条件

在白肋烟育种上，利用杂种优势培育杂交种，至少有以下几个有利条件：

（1）繁殖系数大，杂交1朵花能产生2000粒左右的种子。按1 hm^2烟田栽15000株左右烟株计算，8朵左右的花产生的种子就足够1 hm^2烟田使用。而1株烟可以杂交100～150朵花，至少可以满足12.5 hm^2烟田用种。

（2）烟草花器大，构造简单，容易进行传粉杂交。

（3）烟草花期长，从开花始期到终期一般都是30 d左右，甚至50 d之多，如果结合打顶留杈等农事操作，花期还会更长，因而可以从容不迫地组配杂交组合。

（4）烟草的花粉很耐储藏，便于调剂杂交组合和远距离采粉、异地授粉。

（5）烟草是叶用植物，利用雄性不育生产杂交种子，只要有不育系和保持系即可，并不需要恢复系，而且可使杂种率达到100%。这也是烟叶生产可以直接利用雄性不育系的原因。

（三）白肋烟育种利用杂种优势的主要着眼点

在白肋烟育种上，尽管利用杂种优势培育杂交种有诸多有利条件，但要培育出在生产上有较大利用价值，且能够推广应用的杂交种并不是一件容易的事情。总的来说，烟草杂种 F_1 的优势表现相对较低，尤其在品质的提高上优势更低。因此，如何成功地利用杂种优势，其着眼点非常重要。

如前所述，与烟叶的产量和品质有密切联系的主要性状几乎都是受加性效应多基因支配的数量性状，这些性状中的少数性状，虽然也受到显性效应或互作效应基因的或多或少的影响，但都不占重要地位。倘若育种的目的是改良这些性状，那么，两个亲本杂交，其 F_1 代的表型值一般表现为双亲中值，既不如高值亲本高，也不及低值亲本低，基本上没有直接应用于生产的价值。这类性状在杂交 F_1 自交产生的 F_2 及以后世代中必然出现基因分离和重组，至 F_5、F_6 或更晚世代形成表型各异的基因型纯合个体，只有通过定向选择才有可能选育出加性效应基因全部或绝大多数纯合，而表型值超过亲本的定型新品种。如图 4-1 所示，假定亲本为 AABBCCddee（12＋10＋8＋3＋2＝35）和 aabbccDDEE（6＋5＋4＋6＋4＝25），则希望选育出 AABBCCDDEE（按图 4-1 计算，12＋10＋8＋6＋4＝40）或 AABBCCDDee（12＋10＋8＋6＋2＝38）等纯合个体。相反，倘若某数量性状的遗传有显性效应或超显性效应的基因参加时，两亲本杂交后，其 F_1 的表型值不仅超过了双亲中值，而且超过了高值亲本，表现出强大的杂种优势，因此具备了直接应用于生产的条件。但在 F_2、F_3、F_4、F_5 等自交群体中，虽然可以选出少数基因型的纯合体，但其表型值至多能同杂合的 F_1 一样，而不能超过 F_1，不像加性效应基因那样使该纯合基因型的表型值比 F_1 高。所以，F_1 阶段是显性效应基因和超显性效应基因显示其表型值的最佳时期。随着自交代数的增加，基因越纯合就越失去其在表型值上的优势。

白肋烟育种的主要目标包括优质、适产、多抗、广适等。既然大量的研究证明，对于许多经济性状和品质性状而言，烟草纯系之间 F_1 代杂交种的表型值表现为双亲中值，杂种优势低。那么对于白肋烟杂种优势利用来说，着眼点就不能放在经济性状和品质性状上。由于烟草杂种 F_1 在抗病虫性、耐逆性和适应性等方面具有优越性，因此，可以把白肋烟杂种优势利用的着眼点放在多抗和广适性状上。鉴于此，仅就杂种优势利用的角度来说，白肋烟育种目标应该是在维持烟叶品质和风格不变的条件下，融入多种抗耐性，提高广适性。美国和津巴布韦杂种优势利用的理念就是在维持烟叶品质和风格的前提下，整合品种的多种抗病性。因此，杂种优势利用的育种实践应该注重培育优质多抗亲本，以使杂交种能够在维持烟叶品质和风格不变的前提下，尽量整合多种抗耐性。但这不是绝对的，如果亲本选配得当，能够使杂种 F_1 的发育进程和产量构成因子合理、烟株形态性状和群体通风透光条件理想，同样能够培育出在品质性状和经济性状方面超越亲本的杂交种。

第二节　白肋烟主要性状的杂种优势与遗传

在白肋烟育种上，能否成功地利用杂种优势，亲本选配是关键。根据品种的性状表现选配亲本是一种直观的、简便的方法，但对于亲本的选配除了要看它本身表现出来的特征特性外，还要了解这些性状的遗传规律，只有这样才能对这些品种作为亲本使用的价值做出确切的评价，也才能恰当地选配亲本，进而在一定程度上提高对所配杂交种的预见性，减少盲目性。

一、烟草主要性状的遗传分类及其遗传特征

烟草的农艺性状通常分为质量性状和数量性状两类。前者是指那些由少数主基因控制，性状表现为不连续变异，而易于明确分组，大都不易受环境条件影响的性状。后者是指那些由微效多基因支配，性状表现为连续变异，不易明确分组，且易受环境条件影响的性状。这些微效多基因在染色体上的位置称为数量性状基因座(quantitative trait locus，QTL)，即基因调控网络上的一个节点。质量性状与数量性状的区分是相对的，如烟草的株高基本上属于数量性状，但用高秆和矮秆杂交的某些组合，其后代可表现为受少数矮秆基因控制的质量性状遗传方式。又如烟草的叶形按宽叶和窄叶(披针形)分类，表现为质量性状遗传方式，窄叶是显性性状。如果按照叶长和叶宽进行数量统计分析，其杂种后代的叶长、叶宽分离也呈数量性状遗传方式。

(一) 烟草质量性状的遗传特征

烟草质量性状由于主基因对于性状的作用比较明显，往往有显隐性之分，某性状的显性基因纯合体亲本与隐性基因纯合体亲本杂交，则杂种 F_1 呈显性基因控制性状的表现，而在 F_2 代的分离群体中，可以明确地分组，并可以求出不同组所占比例，能够比较容易地研究它们的遗传动态。下面简要介绍一些主要的呈质量性状遗传特征的烟草性状。

1. 叶绿素含量的遗传

叶绿素含量的遗传，通俗地讲，就是烟草植株和叶片绿色程度的遗传。栽培烟草中，黄花烟草品种以及普通烟草中的烤烟、马里兰烟、雪茄烟、香料烟、地方晒烟等类型烟草品种的植株和叶片都是绿色的，即叶绿素含量是正常的，但白肋型烟草的茎秆和叶脉为乳白色，叶片为浅黄绿色，这也是白肋烟的典型特征。据国外学者研究，白肋烟品种 Burley 21 叶片中叶绿素含量仅为 7.2 mg/g DW(dry weight，DW)，而正常绿色烤烟品种 Hicks 的叶片中叶绿素含量则为 20.1 mg/g DW。白肋型品种的叶绿素含量仅为正常绿色型的 1/3。以正常绿色品种与白肋型品种杂交，其 F_1 均表现为正常绿色，即正常绿色是白肋型的显性性状。在 F_2 分离群体内，正常绿色型与白肋型植株数的比例为 15∶1，说明白肋型和绿色型的遗传差异是由两对重叠基因(Y_{b1}-Y_{b1})和(Y_{b2}-Y_{b2})决定的。白肋型的基因型是这两对重叠基因的隐性纯合体($y_{b1}y_{b1}y_{b2}y_{b2}$)，其余的各种基因型都是正常绿色的表现型，即 Y_{b1} 为 y_{b1} 的显性，Y_{b2} 为 y_{b2} 的显性。据国内学者研究，Burley 21 叶片中叶绿素(a+b)含量为 22.5 mg/100 g FW(fresh weight，FW)，而 3 个正常绿色型烤烟品种革新 3 号、Speight G-140 和柳叶烟的叶绿素(a+b)平均含量为 62.5 mg/100 g FW，同国外研究结果基本一致。采用完全双列杂交设计，国内学者进一步研究了 3 个烤烟品种和 1 个白肋烟品种的正反交 F_1 的叶片中叶绿素含量，发现各组合 F_1 的叶片中叶绿素含量在 52.0～58.8 mg/100 g FW 之间，平均为 54.7 mg/100 g FW。虽然正反交 F_1 的叶片中叶绿素含量(54.7 mg/100 g FW)都显著超过白肋型亲本(22.5 mg/100g FW)，但与 3 个绿色型亲本的平均值 62.5 mg/100 g FW 相比，尚有一定的差距，这证明 Y_{b1} 和 Y_{b2} 可能分别是 y_{b1} 和 y_{b2} 的部分显性，或者除 Y_{b1}-y_{b1} 和 Y_{b2}-y_{b2} 这两对主效基因外，还有另外若干微效修饰基因对叶绿素含量起作用。

白肋烟是从马里兰烟中发现的叶绿素缺陷型突变体，除此之外，栽培烟草中还有另外两类叶绿素缺陷的变异型。其一是以 TI1372 为代表的灰黄型，由显性单基因控制，基因代号为 PY，叶绿素含量为 9.2 mg/g DW，比正常绿色品种少 1/2；其二是以 Consolation 402 为代表的黄绿型，由 1 对隐性基因支配，基因代号为 yg。

烟草叶片不正常的叶色都是叶面茸毛或外表皮细胞内不同色素的反映，如黄绿色、红铜色、橘红色、紫色等。一般情况下，绿色对其他叶色为显性，正常绿色品种与其他叶色品种杂交，F_1的叶色一般倾向于绿色亲本。但绿色对紫色为隐性。叶片为紫色的变异由来自绒毛烟草（*N. tomentosa*）的显性单基因控制，而红铜色变异由 2 对隐性重叠基因控制，橘红色变异由 1 对隐性基因控制。

2. 叶片的遗传

烟草栽培种的叶片主要可分为卵圆形、椭圆形、心形和披针形等形状，披针形是其他各种叶形的显性；心形是其他各种叶形的隐性。据分析，有 3 对独立遗传的基因决定着叶形的遗传：Pt-Pt，Pd-Pd 和 Br-br。Br-br 这对基因只影响叶基的宽度，宽叶基（Br）为窄叶基（br）的显性。Pt 和 Pd 为缩减叶片宽度、侧翼宽度（即有柄、无柄）和叶脉角度的有效基因，表现为累加效应。但 Pt 的基因效应约为 Pd 的 2 倍。从叶片的长宽比值分析叶形的遗传，发现决定烟草叶片宽窄和长短的遗传基因，除了 1 个显性效应的宽叶基因外，还可能至少有 2 对累加效应基因起作用。

普通烟草的品种中，有侧翼的叶片通常称为无叶柄叶，无侧翼的叶片称为有叶柄叶，有柄为无柄的显性或部分显性，主要受 2 对累加效应基因控制。叶耳或称为翼延，有叶耳为无叶耳的显性或部分显性，受 2～3 对重叠基因控制。有人发现，有 1 对抑制叶耳形成的基因与 1 对有柄基因连锁遗传，重组率为 20%。

一般而言，叶面皱缩为叶面平整的显性，受 2 对基因控制，但也有例外。平展叶缘为波浪状叶缘的显性，受 1 对等位基因控制。

3. 叶片腺毛分泌物的遗传

大多数烟草叶片和茎上分布有许多腺毛，而有的烟草类型或品种的叶表面腺毛不具有分泌物质的能力。据研究，大多数腺毛分泌物，包括黑松烷类（duvanes）化合物、冷杉醇和糖酯，都是简单遗传的，属于质量性状。一般而言，烟草叶片腺毛分泌物的产生受 1 对显性基因控制，无腺毛分泌物的性状受 1 对隐性等位基因控制，但也有例外。

黑松烷类化合物及其降解产物是与品质有关的成分。Severson 等发现，在有腺毛的烟草绿色叶片冲洗液中，杜法三烯二醇（duvatrienediol）的含量高，而 TI1112 品系的叶片没有腺毛，它的杜法三烯二醇含量极低。有腺体基因型产生黑松烷类化合物的含量在很大程度上受环境条件的影响，也受遗传因子的影响。产生杜法三烯二醇的烟草基因型的遗传能力与腺毛的功能性连锁混淆不清。例如，抗马铃薯病毒的品系 Virgin A 突变体（有腺体，无分泌腺毛）与白肋烟栽培品种（有腺体和分泌作用）杂交的结果表明，某单一隐性基因既控制了抗性又控制着腺毛分泌腺的功能，它反过来又控制了杜法三烯二醇的产生。然而，当一个淡色晾晒烟品种（PBD6）与烤烟品种杂交时，似乎有两个隐性基因同时控制着杜法三烯二醇的产生。Burk 等曾确定一个第三遗传系统，他们认为当烟草品种 TI1112（无腺体，无分泌物）与一个烤烟品种（有分泌腺）杂交时，就出现了一个三基因系统。烟草品种 TI1068 与白肋烟品种相比，烟叶腺毛的密度较大，它产生的黑松烷类分泌物也显著增多，初步的遗传分析表明这种能力可能受三个基因调节。

赖百当(labdane)组分是香料烟、雪茄烟和有些深色烟草类型的特性。这些烟草的一种主要的赖百当组分是顺式冷杉醇(cis-abienol),它给这些烟草类型的烟气以一种木质香味。研究证明这个成分的产生是受一个单独的显性基因控制的,并已证实这个基因位于染色体A上。

糖酯也是香料烟、雪茄烟和有些深色烟草的特征,它也是由遗传决定的。从香味和香气看,一种主要的糖酯是含有3-甲基戊酚的糖酯,它给予烟叶以令人注意的有特色的酸的药香气息。Gywon等表明这个性状在遗传上是由一个单独基因决定的。

4. 烟碱含量的遗传

烟属各个种所含的植物碱有12种之多,但大多数种主要含烟碱、降烟碱(去甲基烟碱)和新烟碱中的1种或2种。研究表明,烟碱是在烟草的根内形成的,通过木质部输送到茎叶中;降烟碱是在茎枝内形成的;新烟碱既可在根内形成,又能在茎枝内形成。种间杂交试验与分析表明,新烟碱型×降烟碱型或新烟碱型×烟碱型,它们的F_1都以合成新烟碱为主,说明新烟碱型是降烟碱型和烟碱型的显性或部分显性。降烟碱型×烟碱型的F_1则主要合成降烟碱,可见降烟碱型又是烟碱型的显性或部分显性。

普通烟草和黄花烟草的各个品种都以合成烟碱为主,但也含有一定数量的降烟碱。据研究,烟碱的合成和调制后烟叶的烟碱含量,是受两个不同的遗传体系控制的。烟草鲜叶中的烟碱含量是由两个主基因控制的,这两个主基因直接涉及烟碱的生物合成途径,决定着烟草栽培品种总生物碱的基础水平。但这两个主基因的效应还受到次要基因或数量因子的进一步修饰。由次要基因或数量因子组成的复杂系统通过影响根的大小和增生、叶片数目、叶片大小、叶片重量和植株的衰老速度等间接影响烟碱的合成和积累,控制着总生物碱的水平。因此,烟草鲜叶中的烟碱含量表现出数量性状遗传特征,其控制基因显示出加性效应。例如,以N_1、N_2、…代表合成烟碱的有效基因,以它们的等位基因n_1、n_2、…代表合成烟碱的无效基因。则某品种的基因型组合中有效基因数目越多,合成的烟碱就越多,鲜叶中烟碱含量也就越高;反之,鲜叶中烟碱含量就越低。纯合基因型($n_1n_1n_2n_2$)就不能合成烟碱。调制后烟叶的烟碱含量,除了受鲜叶烟碱含量的影响外,还取决于烟碱在调制过程中转化为降烟碱的程度。烟碱转化为降烟碱的过程属简单显性遗传,是受2个显性基因(C_s和C_t)控制的,如果某品种的基因型组合中有很多N有效基因,同时带有转化基因C_t和C_s,那么,这个品种的鲜叶烟碱含量可能很高,但在湿润的晾晒条件下,就会有大约70%的烟碱转化为降烟碱,调制后的烟叶中烟碱的含量反而很低。假设这个品种同时带有的不是显性基因C_t和C_s,而是其隐性等位基因c_t和c_s,那么,这个品种就是一个名副其实的高烟碱品种了。由此可见,调制后的烟叶烟碱含量,既受数量性状体系(微效基因的加性效应)的控制,又受质量性状遗传体系(寡基因的显性效应)的支配。由于降烟碱同一种不好的吃味往往联系在一起,因此,目前栽培的普通烟草和黄花烟草品种大都是经过人为选择的$c_tc_tc_sc_s$纯合双隐性基因型。因此,烟草栽培种或品种间杂交,其F_1的烟碱含量多数接近双亲的平均值,F_2群体的烟碱含量为正态分布,其平均值与F_1相似,表现加性效应的数量性状遗传特征。

5. 对光照反应的遗传

大多数普通烟草品种对光照条件的反应是中型或者弱短日型的。只有少数Mammoth烟草品种(多叶型)是强短日型的。对光照反应的遗传,实际上就是多叶型品种的遗传。研究表明，多叶型烟草的生长锥分生细胞只有在短日照条件下，才能分化花芽，现蕾开花。如果没有短日照条件，其生长锥分生细胞就一直进行叶芽分化，持续增长叶子和茎秆，以致长到3～4 m，有100余片叶也不现蕾。但是，如果把多叶型烟草栽培在短日照条件下，长不了太多的叶片，就会现蕾开花，不再表现出株高叶多的特征。所以，多叶型的实质是短日照反应型。短日照反应型品种是由中型或弱短日型品种的基因突变而产生的。突变后的短日照型的基因m是中性基因M的等位基因，M是m的显性。因此，短日照反应型品种必然是M基因的隐性纯合体(mm)。中型品种(MM)与短日型品种(mm)无论正交或反交，其F_1均表现中型(Mm)单株叶数，与中型亲本基本一样。

6. 花色的遗传

普通烟草的花冠颜色一般是粉红色或红色，也有白色和深红色的，而黄花烟的花冠为黄色。粉红色花冠是两对显性互补基因相互作用的结果，缺少其中一对基因，都会表现为白色花冠。一般而言，红花是白花和黄花的显性，深红色花又是粉红色花的显性。红花品种与白花品种或黄花品种杂交，其F_1的花冠为红色，深红色花品种与粉红色花品种杂交，其F_1的花冠为深红色。

7. 特异香味的遗传

普通烟草中的某些品种，例如香料烟、烤烟品种大白筋599、晒烟品种小叶香等，经烟叶调制后具有一种香料烟或类似香料烟的特异香味。具有这种特异香味的品种与其他普通烟草品种不论正交或反交，其F_1都具有这种特异香味，但不及特异香味亲本的香气浓。这种特异香味性状，是由少数显性或部分显性基因控制的质量性状遗传。

（二）烟草数量性状的遗传特征

1. 数量性状的遗传机制

数量性状是许多彼此独立的基因共同作用的结果，每个基因对表现型的影响较弱，所以，不能把它们各自的作用逐个地分别开来，但每个性状的表现型都可以显示出基因差异的效应，从小到大形成一系列的变幅。在控制数量性状的众多基因中，各基因的表现为不完全显性或无显性，且各基因的效应相等并具有累加性。数量性状的遗传方式仍然服从孟德尔的遗传定律(即分离规律和独立遗传规律)。一般而言，所有性状都能表现出微效基因的变异或者主基因的变异，以及非遗传因素影响的变异。实际上，白肋烟育种所注重的若干经济性状，大多是数量性状。

2. 数量性状的主要遗传特征

数量性状的主要遗传特征有两点：第一，数量性状的变异表现出连续性，杂交后的分离世代不能明确分组。例如烟草的单株叶数、株高、茎围、叶片大小、单叶重、产量、均价等，F_1的表现型一般介于双亲表现型的中间，F_2及以后世代分离群体都有多种变异类型，只能用一定的度量单位进行测量，采用统计学方法加以分析。第二，数量性状一般容易受环境条件变化的影响而变异。这种变异一般是不遗传的，但它往往和那些能够遗传的数量性状表现型混淆在一起，给这类性状的遗传分析增加麻烦和误差。例如，野生种 *N. longiflora* 花冠长度不同的两个纯系亲本杂交后，其F_1的花冠长度介于双亲之间，呈中间型，F_2出现明显的连续变异，不容易分组，因而也就不能求出不同组间的比例。但是，由于环境条件的影响，基因型纯合的亲本(P_1和P_2)和杂合一致的杂种一代(F_1)的花冠长度也呈现连续的分布，而不是集中在一个表型值上。同样，其 F_2 群体表现型中，既有基因分离所造成的基因型差异，也包含环境条件影响所造成的同型基因之间的表现差异。所以，F_2 连续分布比双亲和 F_1 更广泛，变异幅度更大（见图 4-3）。因此，充分估计外界环境的影响，分清数量性状遗传的变异实质，对提高数量性状育种的效率是非常重要的。

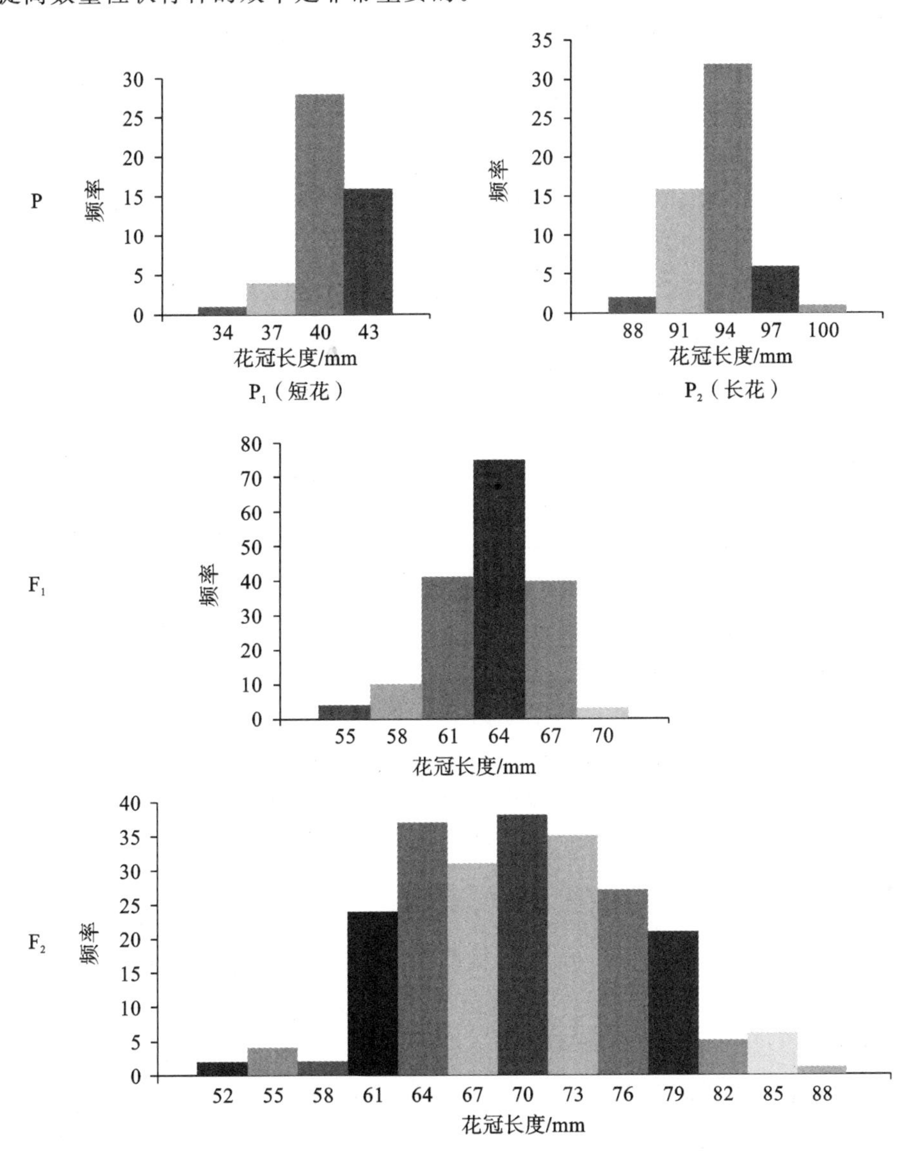

图 4-3 *N. longiflora* 花冠长度遗传柱形图

3. 数量性状基因的遗传效应

数量性状基因对于性状发育的作用形式是多种多样的，如累加效应（或加性效应）、显性效应、互作效应（包括互补效应、重叠效应、上位效应）等。国内外学者对烟草主要农艺性状和烟叶化学成分已有大量的研究。普遍认为与烟叶产量和品质直接或间接有关的性状，如产量、产值、均价、移栽到开花天数、株高、叶数、叶长、叶宽、杈数、烟碱含量、糖含量等，都是数量性状，主要受累加遗传方式（additive genetic mode）制约。通常显性和上位性的基因在烟草数量性状遗传中较小，从遗传变量的配合力分析，主要表现为一般配合力（即某性状加性遗传方差占总遗传方差的比例)，只有少量表现为特殊配合力(即某性状非加性遗传方差占总遗传方差的比例)。

Chaplin(1963年)曾做过试验，用8个烤烟品种进行双列杂交，分析7种性状的配合力(见表4-1)。结果表明:(1) 烤烟的一些经济性状主要表现为一般配合力，受累加效应基因支配，杂种F_1代的优势大小与两亲的平均值大小有密切关系，因此，数量性状不同的两个亲本杂交后，其F_1通常表现近双亲的中值;(2) 烤烟诸性状的显性和上位效应所表现的非加性遗传方差，即特殊配合力，虽相对较低，但不是零，因此，F_1可以出现超高值亲本的组合。

表4-1 8个烤烟品种双列杂交的28个组合农艺性状方差分析(Chaplin,1963年)

变异来源	自由度	产量	均价	单株权数	移栽至开花天数	株高	叶数	节距
一般配合力方差	7	281270**	42.64**	37.85**	56.99**	880.50**	7.17**	2.63**
特殊配合力方差	20	15733	6.80	8.65	12.68	83.61	1.02	0.35
随机误差	81	12262	6.26	8.10	8.59	73.00	0.98	0.24
一般配合力/(%)	7	94.70	86.25	81.40	81.80	91.33	87.55	88.26
特殊配合力/(%)	20	5.30	13.75	18.60	18.20	8.67	12.45	11.74

注:** 表示达0.01差异显著水平。

关于烟草数量性状基因遗传的数量效应，主要是研究决定一数量性状的加性效应多基因之间的基因效应的剂量差异。研究者曾将烤烟品种 Hicks(窄叶，基因型为BrBrPtPtPdPd)与Coker 139(宽叶，基因型为BrBrPtPtPdPd)杂交，对其F_1的各种基因型的叶片宽度和叶脉角度进行分析，结果表明，基因型内每减少1个Pt基因，其叶宽平均变窄3.38 cm，叶脉角度平均变小7.18°;每减少1个Pd基因，只能使叶片平均变窄1.87 cm，叶脉角度平均变小3.03°。可见，Pt基因的数量效应比Pd基因大1倍。

4. 数量性状遗传力的估算

根据上述数量性状的特征，可以得出这样一个结论:烟草杂交后代的任何一个数量性状的表现型变异，都是基因型差异和环境条件影响的结果。用数学概念表达，即

表现型(P)=基因型(G)+环境(E)

由此可知，要想了解数量性状基因对其表现型发育的真实作用，就必须从表现型变异中尽量排除环境影响所造成的非遗传变异。这就需要借助研究遗传力的方法，即方差分析方法。遗传力或称遗传传递力，又称遗传率，是指亲代向其杂交后代传递其遗传特性的能力。它可以作为选择杂种后代的一个指标，如某性状的遗传力大，就是说决定这个性状的基因对环境条件的反应较迟钝，杂交子代的表现型变异主要取决于基因型差异。因此，在子代群体中进行该性状选择时，容易选出符合育种目标的基因型变异，选择的效果就大，反之则小。遗传力可分为广义遗传力和狭义遗传力。广义遗传力是指在一个遗传设计试验中，遗传方差在总方差(表型方差)中所占的比值;而狭义遗传力仅是遗传方差中的加性方差在总方差(表型方差)中所占的比值。

测定数量性状遗传力的方法很多，估算遗传力的方法不同，则其遗传力的估值大小也不同。以不分离材料(亲本和F_1)的方差做环境方差时，估算的广义遗传力值偏高;其次是方差

分析方法估算和回归或相关方法估算；用不同双列杂交方法估算时，得到的狭义遗传力值最小，由于去掉了显性效应和上位效应的方差，狭义遗传力更能真实反映可遗传方差占总方差的比值，该数值越大则性状在后代遗传中越稳定。而采用双列杂交法估算的广义遗传力是基因型方差与总表现型方差之比，该数值越大，则通过性状的表现型选择的育种值可靠性就大。用多年多点试验的资料进行联合方差分析，可以克服基因型和环境的互作，求得的遗传力值比根据一年一地或一年多点试验资料估算的遗传力更为准确而合理。因此，进行遗传力测定时，取样的个体株数要多，且要有地点和年份的重复，以消除环境误差的影响。在不同试验条件下，估算的烟草数量性状的遗传力值也有不同。因此，应尽量保证试验环境优良而均匀，这是烟草数量性状遗传力得以正确表达的基础和必要条件。

综观国内外大量研究结果，在已经测定的烟草主要数量性状中，不论是广义遗传力，还是狭义遗传力，单株叶数、株高、茎围和生育期(开花天数)都是比较高的，说明这些性状的遗传力比较大。烟叶产量、叶长、叶宽等性状的遗传力估算结果很不一致，有的比较高，有的却很低，说明不同亲本组合间的遗传背景有较明显差异。烟碱含量和级指的遗传力也较高，但不及叶数、株高和茎围等性状。其他性状的遗传力都较低，不到 50%，说明这些性状易受环境条件影响。

二、白肋烟主要性状的杂种优势与遗传特性

白肋烟育种目标相关性状一般都是数量性状，其控制基因存在着多种多样的作用形式。最近 10 余年来，国内白肋烟育种工作者对白肋烟育种目标相关性状的杂种优势和遗传特性表现做了大量研究工作。

（一）白肋烟主要农艺性状的遗传表现

王毅等人(2009 年)选用 6 个白肋烟品种 Kentucky 907、Burley 21、鄂白 20 号、鄂白 21 号、Kentucky 14 和 Kentucky 17 为亲本材料，采用 Griffing Ⅱ 半双列杂交模型设计 21 个基因型处理，基于加-显性模型对株高、单株叶数、茎围、节距、茎叶角度、叶长和叶宽共 7 个主要农艺性状的杂种优势和遗传特性进行了研究。遗传模型方差分析结果(见表 4-2)表明，7 个主要农艺性状在遗传效应方差分量组成上有很大的不同，叶长的遗传变异仅由基因的显性效应控制，而株高、节距、单株叶数、茎叶角度、叶宽和茎围这 6 个性状的遗传变异同时受加性效应和显性效应控制，虽然加性效应和显性效应对其遗传变异的贡献有差异，但除茎围外，大都以显性效应为主，其中株高的显性效应能解释表型变异的 50%。7 个主要农艺性状的广义遗传力(H_b)均达到极显著水平，表明加性效应和显性效应的遗传背景对这 7 个农艺性状变异的影响极显著，但广义遗传力(H_b)仅在 18%～58%之间，表明这 7 个主要农艺性状表型变异受环境和随机误差的影响也较大。7 个性状的狭义遗传力(H_n)较低，大小顺序为单株叶数＞节距＞叶宽＞株高＞茎叶角度＞茎围＞叶长，这表明基因的加性效应对性状的表型变异的影响较小。王毅等人(2006 年)在另一个以 6 个白肋烟育种亲本 Tennessee 90、Burley 64、Burley 37、Kentucky 8959、Virginia 509E 和 Virginia 509 为材料的双列杂交试验中，研究了株高、叶数、腰叶长和腰叶宽 4 个农艺性状的遗传力，得到了类似的结果(见表 4-2)。另据 Shoaei 等人(2001 年)以 7 个白肋烟品种 Burley 21、CDL28、Banket、Burley Resistant、Burley 14、Burley 26 和 Tennessee 86 为亲本材料的半双列杂交试验的研究结果，

叶面积指数受环境因素的影响较小，主要受基因的加性效应和非加性效应控制，但以非加性效应为主，也与王毅等人(2009年)的研究结果吻合。

表 4-2　白肋烟主要农艺性状的遗传方差和遗传力

年份	遗传参数	株高	茎围	节距	茎叶角度	单株叶数	叶长	叶宽
2009	V_A	4.4399**	0.1203**	0.0002**	0.0170**	0.4733**	0.0000	0.8622**
	V_D	30.7913**	0.0661**	0.0745**	0.0224**	2.5506**	4.1109**	1.8636**
	V_e	25.9489**	0.4857**	0.3191**	0.0718**	6.5105**	10.0089**	3.8203**
	V_P	61.1800**	0.6721**	0.3938**	0.1112**	9.5344**	14.1198**	6.5461**
	V_A/V_P	0.0726**	0.1789**	0.0006	0.1530**	0.0496**	0.0000	0.1317**
	V_D/V_P	0.5033**	0.0984*	0.1892**	0.2017**	0.2675**	0.2911**	0.2847**
	V_e/V_P	0.4241**	0.7227**	0.8102**	0.6453**	0.6828**	0.7089**	0.5836**
	H_b	0.5759**	0.2773**	0.1898**	0.3547**	0.3172**	0.2911**	0.4164**
	H_n	0.0726**	0.1789**	0.0006	0.1523**	0.0496**	0.0000	0.1317**
2006	H_b	0.3545**	—	—	—	0.3340**	0.3638**	0.1832**
	H_n	0.1748**	—	—	—	0.0152*	0.0000	0.0031

注：V_A为加性方差，V_D为显性方差，V_e为随机误差，V_P为表型方差，V_A/V_P为加性方差比率，V_D/V_P为显性方差比率，V_e/V_P为随机误差比率，H_n为狭义遗传力，H_b为广义遗传力；* 表示达 0.05 差异显著水平，** 表示达 0.01 差异显著水平；"—"表示未测定。

王毅等人(2009年)进一步分析杂种优势时发现，白肋烟杂种优势在性状间及杂交组合间的表现存在差异，7个农艺性状群体平均杂种优势大小顺序为株高＞节距＞单株叶数＞茎叶角度＞茎围＞叶宽＞叶长，多数组合 F_1代植株较常规品种高大，节距较大，单株叶数增多，叶片较宽大，具有明显的生长优势。各性状群体平均杂种优势结果与纯显性效应 Δ 值的分析结果一致，除叶长外的6个农艺性状均表现为正向群体平均杂种优势，其中株高具有较强的正向群体平均杂种优势表现，但7个农艺性状均未表现出明显的群体超亲优势，仅株高、节距表现出较小的正向群体超亲优势。

（二）白肋烟主要经济性状的遗传表现

王毅等人(2010年)选用6个白肋烟品种 Kentucky 907、Burley 21、鄂白20号、鄂白21号、Kentucky 14 和 Kentucky 17 为亲本材料，采用 Griffing Ⅱ 半双列杂交模型设计21个基因型处理，基于加-显性模型对产量、产值、均价和上等烟率共4个主要经济性状的杂种优势和遗传特性进行了研究。遗传模型方差分析结果(见表4-3)显示，白肋烟主要经济性状在遗传效应方差分量组成上有很大的不同，在4个主要经济性状中，产值和上等烟率的遗传变异仅表现为显性效应，而产量和均价的遗传变异同时受加性效应和显性效应控制，但以显性效应为主。4个主要经济性状的广义遗传力(H_b)均达到极显著水平，表明加性效应和显性效应的遗传背景对主要经济性状变异的影响极显著，但广义遗传力(H_b)仅在20%～66%之间，表明这4个主要经济性状的表型变异受环境及随机误差的影响也较大。4个经济性状的狭义遗传力(H_n)总体上较低，其中产量的狭义遗传力达到极显著水平，但其他3个性状均未达到显著水平，这表明品种的基因型效应对产量有显著的作用，而对其余经济性状表型变异的影响较小，狭义遗传力（H_n）大小顺序为产量＞均价＞产值＞上等烟率。王毅等人（2006 年）在另一个以 6 个白肋烟育种亲本 Tennessee 90、Burley 64、Burley 37、Kentucky 8959、Virginia 509E 和 Virginia 509 为材料的双列杂交试验中，研究了产量、产值和上等烟率这 3 个经济性状的遗传力，得到了基本一致的结果（见表 4-3）。另据 Shoaei 等人（2001 年）以 7 个白肋烟品种 Burley 21、CDL28、Banket、Burley Resistant、Burley 14、Burley 26 和 Tennessee 86 为亲本材料的半双列杂交试验的研究结果，烟叶产量主要受基因的加性效应和非加性效应控制，但以非加性效应为主，也与王毅等人（2010 年）的研究结果吻合。这意味着这些性状在杂种优势利用上具有潜力，可以从中选配出较为理想的杂交组合。

表 4-3　白肋烟主要经济性状的遗传方差和遗传力

年份	遗传参数	产量	产值	均价	上等烟率
2010	V_A	20.0854**	0.0000	0.0057**	0.0000
	V_D	41.5384**	3866.8900**	0.0981**	28.3324**
	V_e	237.7770**	8848.6500**	0.0525**	20.5446**
	V_P	299.4010**	12715.5000**	0.1562**	48.8769**
	V_A/V_P	0.0671**	0.0000	0.0365	0.0000
	V_D/V_P	0.1387**	0.3041**	0.6278**	0.5797**
	V_e/V_P	0.7942**	0.6959**	0.3357**	0.4203**
	H_b	0.2058**	0.3041**	0.6643**	0.5797**
	H_n	0.0671**	0.0000	0.0365	0.0000
2006	H_b	0.4624**	0.3539**	—	0.4123**
	H_n	0.0239*	0.0832**	—	0.0655**

注：V_A为加性方差，V_D为显性方差，V_e为随机误差，V_P为表型方差，V_A/V_P为加性方差比率，V_D/V_P为显性方差比率，V_e/V_P为随机误差比率，H_n为狭义遗传力，H_b为广义遗传力；* 表示达 0.05 差异显著水平，** 表示达 0.01 差异显著水平；“—”表示未测定。

王毅等人（2010 年）进一步分析杂种优势的结果表明，白肋烟主要经济性状的杂种优势表现因性状和杂交组合的不同而不同，研究发现，4 个主要经济性状均表现为正向群体平均杂种优势，群体平均杂种优势结果与纯显性效应 Δ 值的分析结果一致，其中上等烟率具有较强的正向群体平均杂种优势和明显的正向群体超亲优势表现，在 15 个杂交组合中有 13 个组合表现为正向群体平均杂种优势；产值和均价具有明显的正向群体平均杂种优势和一定的正向群体超亲优势，部分组合表现出较强的正向群体超亲优势；而产量仅具有一定的正向群体平均杂种优势表现，部分组合表现出一定的正向群体超亲优势。4 个经济性状的群体平均杂种优势大小顺序为上等烟率＞产值＞均价＞产量。各性状杂种优势大小依不同的组合存在很大的差异，优势最强的上等烟率的群体平均杂种优势的变幅为－45.29％～98.93％，优势最弱的产量性状的群体平均杂种优势的变幅为－7.95％～18.91％。

（三）白肋烟主要品质性状的遗传表现

烟碱含量和总氮含量较高，而糖含量较低，白肋烟烟叶化学成分的这一突出特点成就了白肋烟特殊的香型风格和品质特征。由于总氮含量与烟碱含量及其比值，直接关系到烟叶燃吸时白肋烟香型的彰显程度、烟气浓度、劲头和口感特性，且又是可测量性状，因而常把它们作为白肋烟烟叶品质性状的代表。

关于品质性状的研究，多数试验认为烟叶总植物碱含量的基因效应以累加效应为主，个别试验指出其存有显性和互作效应，因而烟叶中烟碱含量也是以累加效应为主的。Davis等人采用烟碱含量很低的品种分别同两个白肋烟型品种杂交，分析各杂交组合的 P_1、P_2、F_1、F_2、B_1（$F_1 \times P_1$的子代）和 B_2（$F_1 \times P_2$的子代）的烟碱含量，发现白肋型品种烟叶中的烟碱含量遗传受两对独立遗传基因控制，基因效应以加性效应为主，同时表现部分显性效应。其中一对基因的数量效应是另一对基因的2.4倍。蔡长春等人以高烟碱含量白肋烟品种Burley 37和低烟碱含量白肋烟品种LA Burley 21及其杂种 F_1代经花药培养获得了DH群体，采用植物数量性状主基因＋多基因遗传模型的多世代联合分析方法，研究结果也证明，无论是斩株前还是晾制后，白肋烟品种中部烟叶的烟碱含量均主要受两对主基因控制，但互作方式不同，斩株前表现为累加作用，而晾制后表现为互补作用，斩株前和晾制后均同时存在多基因的修饰作用。进一步的遗传参数估算结果显示，斩株前和晾制后主基因遗传力分别为54.88%和45.63%，多基因遗传力分别为15.85%和18.45%，多基因有效因子数分别为0.17个和4.85个，可见，不论斩株前还是晾制后，主基因遗传力总是较低，环境等非遗传因素对烟碱含量存在一定程度的影响，晾制过程中多基因的表达比斩株前更为丰富。柴利广以白肋烟高烟碱含量品种Burley 37和低烟碱含量品种LA Burley 21的 F_1代经花药培养获得的106个DH株系群体为作图群体，用176个AFLP、6个SRAP和1个SM标记构建了国内第一张包括18个连锁群（BT1～BT18）、总遗传长度为1517.9 cM、标记的平均间距为16.3 cM的白肋烟遗传连锁图谱（见图4-4），这为进一步利用DH群体开展白肋烟重要性状的遗传控制机理研究及开展分子标记辅助选择育种奠定了良好的基础。用QTL Cartographer V2.5软件检测到2个与烟碱相关的QTL（BtNicl和BtNic2），它们分别定位在第1和第10连锁群上，与前面表述的研究结果一致；检测到2个与总氮相关的QTL（BtTnl和BtTn2），它们分别定位在第1和第10连锁群上；检测到3个与总糖相关的QTL（BtTsl、BtTs2和BtTs3），它们分别定位在第1和第6连锁群上（见图4-4）。其中与烟碱和总氮相关的QTL处于共分离状态，与烟碱和总糖相关的QTL处于不同位点或连锁群上。大田试验研究结果表明，白肋烟DH群体的各DH系中部叶晾制后，其烟碱含量与总氮含量之间呈极显著正相关（$p<0.001$），而与总糖及还原糖含量呈极显著负相关（$p<0.01$），这与QTL共定位的结果是吻合的。

王毅等人（2010年）选用6个白肋烟品种Kentucky 907、Burley 21、鄂白20号、鄂白21号、Kentucky 14和Kentucky 17为亲本材料，采用Griffing Ⅱ半双列杂交模型设计21个基因型处理，基于加-显性模型对构成白肋烟烟叶品质的烟碱和总氮含量2个性状的杂种优势和遗传特性进行了研究。遗传模型方差分析结果（见表4-4）显示，白肋烟这2个品质性状在遗传效应方差分量组成上有很大的不同，总氮含量的遗传变异仅表现为显性效应，而烟碱含量的遗传变异同时受加性效应和显性效应控制，但以显性效应为主。烟碱含量和总氮含量的广义遗传力（H_b）比较低，分别为26.23%和37.22%，但均达到极显著水平，这表明加性效应和显性效应的遗传背景对这2个品质性状变异的影响极显著，同时这2个品质性状的表型变异受环境及随机误差的影响也较大。烟碱含量和总氮含量的狭义遗传力（H_n）很低，分别为8.58%和0.00%，其中烟碱含量的狭义遗传力达到极显著水平，但总氮含量未达到显著

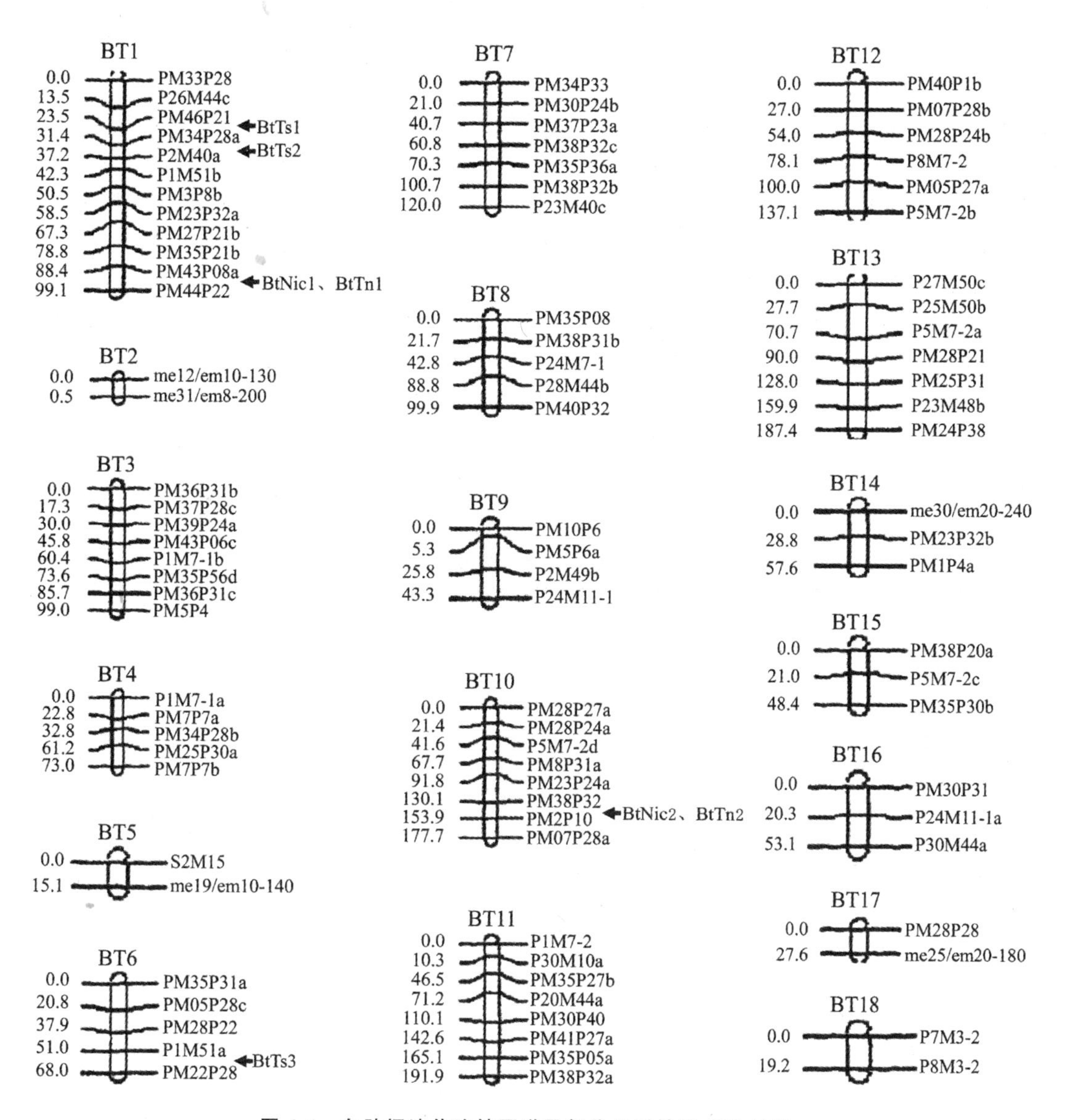

图 4-4　白肋烟遗传连锁图谱及部分品质性状 QTL 定位

BtNic：烟碱；BtTn：总氮；BtTs：总糖

水平，这表明品种的基因型效应对烟碱含量有显著的作用，而对总氮含量的表型变异的影响较小。王毅等人（2007 年）在另一个以烟叶中烟碱含量差异较大的 6 个白肋烟品种 LA Burley 21、Burley 67、Tennessee 86、Kentucky 8959、Burley 37 和鄂白 001 为亲本材料的双列杂交试验中，研究了烟碱含量、总氮含量及氮碱比这 3 个品质性状的遗传力，试验结果（见表 4-4）表明，烟碱含量的狭义遗传力和广义遗传力均远大于总氮含量和氮碱比，遗传力较高。其中，白肋烟中、上部叶烟碱含量的广义遗传力均大于 50%，中部叶烟碱含量的狭义遗传力与广义遗传力之比为 59.24%，上部叶烟碱含量的狭义遗传力与广义遗传力之比达 70%以上，这表明中部叶烟碱含量和上部叶烟碱含量的遗传均以加性效应为主，但非加性效应也有一定的作用，环境因素对烟碱含量也有影响，但上部叶烟碱含量受环境影响的程度相对较小。这也表明，在杂种早期世代对烟碱含量的选择效果较好，重组育种和杂种优势利用均可选育出烟碱含量适宜的品种。在该试验中，总氮含量和氮碱比性状的广义遗传力均小于50%，表明非遗传因素的影响较大。其中，总氮含量（中部叶）的狭义遗传力与广义遗传力之比为1/4，表明总氮含量的遗传同时受加性效应和显性效应控制，但以显性效应为主，这与2010年研究结果基本一致；而氮碱比的狭义遗传力在中部叶中占广义遗传力的比例在50%以下，在上部叶中占广义遗传力的比例达70%以上，表明氮碱比也同时受加性效应和显性效应控制，但中部叶氮碱比的遗传以显性效应为主，上部叶氮碱比的遗传以加性效应为主，也可通过杂种优势利用选育出总氮含量和氮碱比适宜的品种。无论怎样，在白肋烟育种中，除选育定型品种外，在亲本选配得当的基础上，利用品种间杂种优势来改善白肋烟的烟碱含量、总氮含量及氮碱比是一条有效的途径，可以选配出较为理想的杂交组合。王毅等人（2010年）的研究结果表明，白肋烟品种烟叶中烟碱含量和总氮含量的杂种优势在各性状间以及杂交组合间的表现存在差异，多数组合的烟碱含量介于双亲之间，但偏向高值亲本，表现为正向群体平均杂种优势，部分组合表现出正向群体超亲优势；而绝大多数组合的总氮含量偏向低值亲本，表现为负向群体平均杂种优势。

表4-4　白肋烟烟叶中烟碱含量、总氮含量和氮碱比的遗传方差和遗传力

年份	部位	品质性状	V_A	V_D	V_e	V_P	V_A/V_P	V_D/V_P	V_e/V_P	H_b	H_n	H_n/H_b
2010	中部叶	烟碱含量	0.0546**	0.1128**	0.4708**	0.6384**	0.0858**	0.1767**	0.7375**	0.2623**	0.0858**	0.3271
		总氮含量	0.0000	0.1224**	0.2064**	0.3289**	0.0000	0.3722**	0.6278**	0.3722**	0,0000	0.0000
2007	中部叶	烟碱含量	—	—	—	—	—	—	—	0.6048	0.3583	0.5924
		总氮含量	—	—	—	—	—	—	—	0.4594	0.1186	0.2582
		氮碱比	—	—	—	—	—	—	—	0.4196	0.1858	0.4428
	上部叶	烟碱含量	—	—	—	—	—	—	—	0.5565	0.3937	0.7074
		氮碱比	—	—	—	—	—	—	—	0.4926	0.3516	0.7138

注：V_A为加性方差，V_D为显性方差，V_e为随机误差，V_P为表型方差，V_A/V_P为加性方差比率，V_D/V_P为显性方差比率，V_e/V_P为随机误差比率，H_n为狭义遗传力，H_b为广义遗传力；*表示达0.05差异显著水平，**表示达0.01差异显著水平；“—”表示未测定。

（四）白肋烟烟叶中致香物质含量的遗传表现

很多研究已经证明了烟叶中致香物质含量具有广泛的遗传变异性，除了控制叶片的烟碱含量外，多数研究者们试图改变那些特殊化学成分如类胡萝卜素、多酚化合物、叶片表面组分等的水平。现已发现烟草中有3500多种成分，Leffingwell等列出了数百种对评吸品质

有正效应的化学成分，但很难说哪一种成分更为重要。鉴于此，除烟碱已得到深入研究外，很少有研究试图去提高或降低特定的与品质有关的烟叶组分的相对浓度。尽管如此，人们依然对这些化学成分按照成组或成群化合物进行了一些研究。

1. 国内外白肋烟烟叶致香物质的差异

程君奇等人（2010 年）曾对中国白肋烟主栽品种鄂烟 1 号和鄂烟 4 号的烟叶致香物质进行了定量分析，共检测出 48 种致香物质成分，其中含量相对较高的成分有 20 种：新植二烯、糠醛、苯甲醛、异佛尔酮、吲哚、β-紫罗兰酮、3-羟基-β-大马酮、茄酮、降茄二酮、香叶基丙酮、巨豆三烯酮、二氢猕猴桃内酯、杜法三烯二醇、金合欢基丙酮、黑松醇、西柏三烯-1，3-二醇、棕榈酸单甘油酯、2，3′-联吡啶、吡啶、西松烯。其余成分对致香物质总量的影响几乎可忽略。按照致香物质降解前提物来分，新植二烯含量最高，其次为西柏烷类降解产物、类胡萝卜素类降解产物、芳香氨基酸降解产物以及其他致香物质，而美拉德（maillard）反应产物含量最少。刘百战等人（2000 年）对 10 种国内白肋烟和 9 种进口白肋烟的 40 种致香物质成分进行了比较，对于大多数致香物质成分尤其是许多烟草中重要的或关键的致香物质成分，如巨豆三烯酮、茄酮、大马酮、二氢大马酮、二氢猕猴桃内酯、金合欢基丙酮、西柏三烯二醇等的含量，国产白肋烟明显高于进口白肋烟。就新植二烯的含量而言，国产白肋烟相当于进口白肋烟的 2 倍还多。而进口白肋烟中十四酸（肉豆蔻酸）和十六酸（棕榈酸）的含量明显高于国产白肋烟。

2. 白肋烟烟叶致香物质含量的动态变化

程君奇等（2010 年）、史宏志等（2010 年）、吴成林等（2015 年）和汪清泽等（2015 年）的研究结果表明，国产白肋烟不同品种、不同部位烟叶中致香物质的含量有较大差异。程君奇等（2010 年）以鄂烟 1 号和鄂烟 4 号为材料，研究了白肋烟烟叶致香物质含量的动态变化。结果（见图 4-5）表明，尽管两个品种在栽后不同时期第 11 叶位和第 17 叶位烟叶的致香物质含量有所差异，但两个品种均表现为上部烟叶致香物质含量高于中部烟叶，两个叶位烟叶的致香物质总量、新植二烯含量，以及西柏烷类降解产物、类胡萝卜素类降解产物、芳香氨基酸降解产物、美拉德反应产物的含量在烟叶生长、成熟过程中的累积变化规律基本一致，从未熟到适熟随成熟度增加而含量升高，在适熟的烟叶（栽后 76 d 左右）中含量达最高，随后减少。进一步研究发现，致香物质总量及不同类别致香物质含量在烟叶调制过程中呈增加趋势。林智成在对白肋烟品种 MS Burley 21、Burley 37、MS Tennessee 90 和 Kentucky 14 第 11 叶位和第 17 叶位烟叶不同发育时期各类致香物质含量的动态变化的研究中得到了类似的结果。

3. 白肋烟烟叶致香物质含量的遗传特性

国外大多数遗传研究表明，除叶片腺毛分泌出的一些叶片表面组分外，与品质有关的重要化学成分都是复杂遗传的。Davis 等研究了 6 个白肋烟栽培品种（Virgin A、Burley 29、Burley 49、Kentucky 14、Kentucky 12、Kentucky Ex42）的植物甾醇（phytosterin）的水平，发现白肋烟栽培品种的植物甾醇的水平为 1.49～2.10 mg/g DW，大约比已报道的烤烟栽培品种的水平低 25％。Tojib 等研究了烟草中甾醇成分的遗传特性，在其双列杂交研究中选用了甾醇范围广泛的 7 个基因型，结果显示，烟草中甾醇含量表现出显著的加性遗传效应。这意味着育种上设计的旨在在所有位点上积累等位基因的遗传程序，应是改变甾醇含量的有效方法。

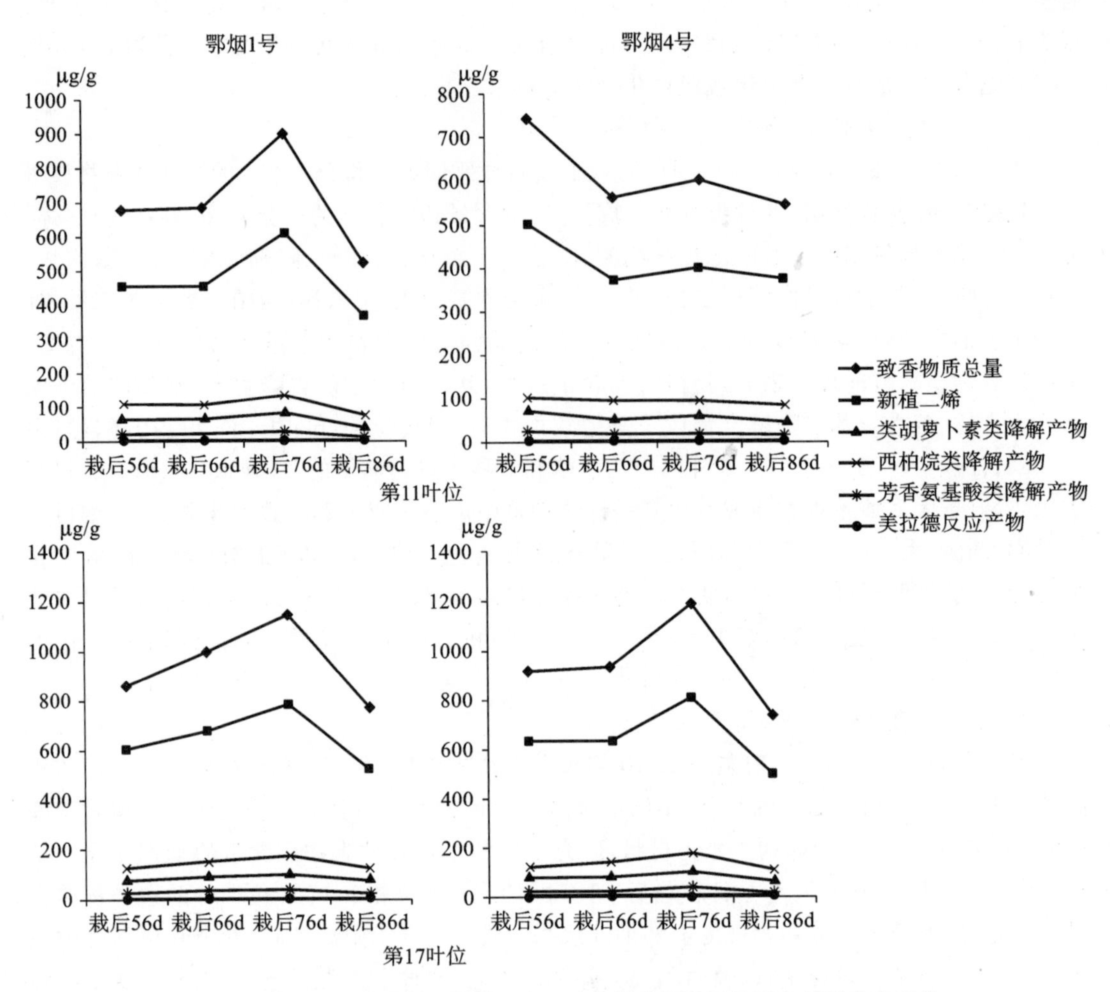

图 4-5　鄂烟 1 号和鄂烟 4 号第 11、17 叶位烟叶的致香物质含量的动态变化

Ellington 等发现，淡黄色烟株所产的主要类脂化合物茄尼醇的含量低于一般绿色的植株，致使淡黄色烟株烟叶烟气中的多核芳香烃(polynuclear aromatic hydrocarbon，PAH)减少，这似乎是受遗传因子控制的。可见，一些与遗传有关的化学成分的变化，可能与其他植株性状有联系，通过改变其他植株性状，可能达到改变烟叶某些化学成分的目的。Legg 等的研究结果也证实了这一点。Legg 等研究了烤烟和白肋烟烟叶在 14 种化学成分和 pH 值上的差异(见表 4-5)，发现化学成分的差异总是与不同的烟草类型相关联。白肋烟品种的灰分和 α-氨基酸含量比烤烟高，而还原糖含量比烤烟低。然而，他们进一步研究发现，灰分、α-氨基酸、多酚、淀粉、还原糖等化学成分含量在两烟草类型之间的差异多半是叶绿素含量或 y_b 位点上的基因不同所致的。在他们的研究实验中，白肋烟型烟叶中的多酚含量是明显低于烤烟型烟叶的，这有利于烟叶的安全性。这是因为烟草上已经证明酚类化合物绿原酸是苯邻二酚的主要前体，而苯邻二酚是已报道的致癌原。Gwyn 等人证明烟草中的多酚含量是呈数量遗传的。因此，研究者应尽量培育叶片中多酚含量更低的品种。

表 4-5 美国北卡罗来纳州烟草标准品种烟叶化学成分的一般特性

化学成分	烤烟	白肋烟
总生物碱/(%)	1.87～3.72	2.86～4.35
水溶性灰分碱度	4.2～6.0	5.4～6.0
总氮/(%)	1.71～2.57	3.08～4.19
次亚硝态氮/(%)	0.080～0.099	0.092～0.120
还原糖/(%)	17.9～24.2	1.1～3.0
淀粉/(%)	0.61～1.20	0.16～0.37
全纤维素/(%)	25.87～28.41	32.10～35.15
氯化物/(%)	0.33～0.52	0.53～0.85
灰分/(%)	10.00～11.10	13.95～15.23
pH 值	5.47～5.62	5.57～5.73
水溶性酸/(%)	3.44～4.65	4.20～4.87
α-氨基酸/(%)	0.30～0.41	0.66～0.74
多酚/(%)	2.47～3.35	1.13～1.75
蜡质/(%)	0.93～1.37	0.76～1.35
石油醚提取物/(%)	7.47～8.03	7.60～8.49

程君奇等人(2010 年)选用 6 个白肋烟品种 Kentucky 14、Kentucky 8959、Burley 21、Burley 37、建选 3 号和鄂烟 101 为亲本材料，采用 Griffing Ⅰ完全双列杂交模型设计 36 个基因型处理，基于遗传模型 G=A+D+M+F 对白肋烟基因型第 12 与第 18 叶位烟叶中致香物质含量的遗传特性进行了研究，其中 A、D、M、F 分别代表加性效应、显性效应、母本效应和父本效应。遗传模型分析结果(见表 4-6)表明，第 12 和第 18 叶位烟叶中各类型致香物质含量的狭义遗传力范围分别为 7%～28%和 5%～54%，而广义遗传力范围分别为 46%～87%和 66%～82%，表明烟叶中各类型致香物质含量的表型变异主要受遗传背景的控制。基因效应分析显示，第 12 和第 18 叶位烟叶中各类致香物质含量的遗传变异主要受显性效应、母本效应和父本效应的控制，第 12 叶位烟叶中各类致香物质含量均不受亲本基因加性效应的影响，第 18 叶位烟叶中除西柏烷类致香物质含量、新植二烯含量、除新植二烯外所有致香物质总量受加性效应方差影响之外，其他类致香物质含量均不受亲本基因加性效应的影响。进一步分析发现，白肋烟不同杂交组合烟叶中致香物质含量存在着正反交差异(见表 4-7)，例如，白肋烟品种 Kentucky 14 和 Kentucky 8959 的母本效应对第 12、18 叶位烟叶中致香物质含量具有极显著正效应，而其父本效应使第 12、18 叶位烟叶中致香物质含量极显著降低，表明品种 Kentucky 14 和 Kentucky 8959 是较适合的母本材料。白肋烟品种 Burley 21、Burley 37、建选 3 号、鄂烟 101 的母本效应及父本效应对第 12、18 叶位烟叶中致香物质含量的影响与品种 Kentucky 14 和 Kentucky 8959 相反，表明品种 Burley 21、Burley 37、建选 3 号和鄂烟 101 是较适合的父本材料。上述这些研究结果意味着，可以选择适宜的父、母本，利用杂种优势来选育致香物质含量高的杂交组合。

表 4-6 白肋烟品种烟叶中致香物质含量的遗传模型方差分析

叶位	遗传参数	新植二烯	类胡萝卜素降解产物	芳香氨基酸类降解产物	西柏烷类	美拉德反应产物	致香物质总量	除新植二烯外致香物质总量	新植二烯比例
12	V_A	0.00	0.00	0.00	0.00	0.00	0.00	0.00	0.00
	V_D	26831.42**	543.04**	5.24**	671.81**	0.63**	47371.83**	4653.69**	47.81**
	V_M	17193.26**	150.76**	0.33**	156.71**	0.39**	21886.22**	873.56**	52.56**
	V_F	17247.89**	133.37**	2.75**	160.00**	0.34**	25546.35**	1518.52**	37.66**
	V_e	36130.51**	984.24**	3.39**	142.44**	0.66**	63828.67**	5806.22**	51.22**
	H_n	0.18	0.08	0.03	0.14	0.19	0.14	0.07	0.28
	H_b	0.63	0.46	0.71	0.87	0.67	0.60	0.55	0.73
18	V_A	0.00	0.00	0.00	7.56**	0.00	0.00	82.46	7.06**
	V_D	10937.96**	92.09**	3.33**	508.61**	0.21**	18251.28**	1279.36**	7.61**
	V_M	12802.38**	14.46**	0.34**	88.94**	0.11**	15345.36**	146.18**	10.54**
	V_F	15756.33**	63.85**	1.66**	504.92**	0.06**	24640.77**	948.24**	0.00**
	V_e	8562.14**	56.26**	1.88**	587.77**	0.18**	15017.01**	1292.24**	32.56**
	H_n	0.27	0.06	0.05	0.06	0.20	0.21	0.06	0.54
	H_b	0.82	0.75	0.74	0.65	0.67	0.80	0.66	0.77

注：V_A为加性方差，V_D为显性方差，V_M为母本效应方差，V_F为父本效应方差，V_e为随机误差，H_n为狭义遗传力，H_b为广义遗传力；* 表示达 0.05 差异显著水平，** 表示达 0.01 差异显著水平。

表 4-7 6 个白肋烟亲本品种对白肋烟烟叶中致香物质含量的母本效应和父本效应

亲本	基因效应	叶位	新植二烯	类胡萝卜素降解产物	芳香氨基酸类降解产物	西柏烷类	美拉德反应产物	致香物质总量	除新植二烯外致香物质总量
Kentucky 14	母本	12	122.57**	−0.71	0.72**	3.88**	−0.02	127.47**	4.90
		18	135.13**	5.93**	0.73**	4.17**	−0.04	147.37**	12.24**
	父本	12	−130.68**	−6.10**	−1.02**	−10.65**	−0.17**	−154.23**	−23.25**
		18	−155.59**	−9.38**	−0.87**	−18.09*	−0.08**	−191.40**	−35.81**
Kentucky 8959	母本	12	110.21**	18.07**	0.35**	−3.55**	0.82**	141.51**	31.29**
		18	42.80**	2.35**	−0.08	7.56**	0.44**	59.96**	17.16**
	父本	12	−101.40**	−16.24**	−0.68**	−3.80**	−0.63**	−136.52**	−35.12**
		18	−2.41	−1.23*	0.30**	−3.94*	−0.34*	−9.61	−7.20
Burley 21	母本	12	−68.11**	−3.62**	−1.15**	4.86**	−0.13**	−74.79**	−6.68**
		18	−3.65	−3.19**	−0.87**	3.56*	−0.07*	−8.82	−5.17
	父本	12	57.15**	0.89	1.90**	1.31	0.13**	61.85**	4.71
		18	−12.80*	4.32**	1.48**	−5.56**	0.20**	−15.09	−2.29

续表

亲本	基因效应	叶位	新植二烯	类胡萝卜素降解产物	芳香氨基酸类降解产物	西柏烷类	美拉德反应产物	致香物质总量	除新植二烯外致香物质总量
Burley 37	母本	12	−89.06**	−4.87**	−0.26*	11.90**	−0.03	−81.13**	7.93*
		18	−29.43**	−1.43*	−0.43**	5.89**	0.01	−22.56*	6.87
	父本	12	101.72**	4.13*	0.17	−2.33**	−0.03	100.70**	−1.02
		18	28.14**	2.88**	0.11	6.28*	−0.02	35.39**	7.25
建选3号	母本	12	−14.41	2.33	−0.20	−1.72	−0.49**	−7.65	6.75*
		18	−64.07**	−0.30	0.39*	−20.65**	−0.21**	−84.50**	−20.43**
	父本	12	44.36**	7.81**	0.37**	−1.80	0.67**	53.01**	8.65
		18	55.81**	−0.80	−0.52**	26.52**	0.14**	81.20**	25.39**
鄂烟101	母本	12	−61.20**	−11.21**	0.54**	−15.37**	−0.14**	−105.40**	−44.20**
		18	−80.78**	−3.35**	0.26*	−0.53	−0.13**	−91.45**	−10.67**
	父本	12	28.85**	9.50**	−0.74**	17.28**	0.03	75.18**	46.33**
		18	86.85**	4.21**	−0.49**	−5.21*	0.10**	99.51**	12.66**

注：* 表示达 0.05 差异显著水平，** 表示达 0.01 差异显著水平。

（五）白肋烟烟叶腺毛密度和腺毛分泌物的遗传表现

烟草腺毛是烟草叶片表面具有分泌功能的毛状体。据研究，烟草叶片上的腺毛发育、密度和分泌物状况与烟叶的香气等品质特性密切相关。早在1955年，美国学者Tanaka研究发现不同品种类型各种腺毛的组成、数量和比例不同，其分泌物也有差异。因此，明确腺毛的类型和发育动态以及腺毛密度和分泌物的遗传特性对白肋烟高香气育种有重要的指导意义。

1. 白肋烟烟叶腺毛形态与发育动态

程君奇等以9个白肋烟品种（系）22074、22084、鄂白009、JB04-03、JB04-05、9902、22081、23014和鄂烟1号为材料，对白肋烟烟叶腺毛形态进行了观察。结果（见图4-6）显示，白肋烟烟叶表皮上腺毛种类包括长柄腺毛、短柄腺毛、无头腺毛、小腺毛以及分枝腺毛，其中具有分泌作用的腺毛主要有长柄腺毛、短柄腺毛和分枝腺毛三种。观察还发现，腺毛由基部、柄部和腺头三部分组成。腺毛基部只有一个细胞，与表皮紧密相连，呈上小下大的圆筒状。长柄腺毛柄部一般由2～8个长柱形细胞组成，腺头由1～8个分泌细胞组成，外观膨大。分枝腺毛有1或2个分枝，其中一个分枝头部呈棒状，另一个分枝头部呈棒状或尖头状，腺头由单个或多个分泌细胞组成，柄部一般由3～6个长柱形细胞组成。短柄腺毛的柄部由一个较短的柄细胞组成，腺头呈圆球状，具有多个分泌细胞，且细胞质丰富、内含物较多。目前，仅在几个品种中发现了小腺毛，推测是没有发育好的长柄腺毛。周群等人以6个白肋烟品种鄂烟1号、鄂烟4号、MS Burley 21、Burley 37、MS Tennessee 90和Kentucky 14为材料，徐增汉等人以鄂烟1号为材料，对叶面腺毛进行观察，都得到了一致的结果。

程君奇等进一步以鄂烟1号为材料，通过扫描电镜揭示了白肋烟烟叶腺毛生长发育的动态过程（见图4-7）。观察发现，随着烟叶进入旺长期，腺毛逐渐生长变大，之后大小没明显

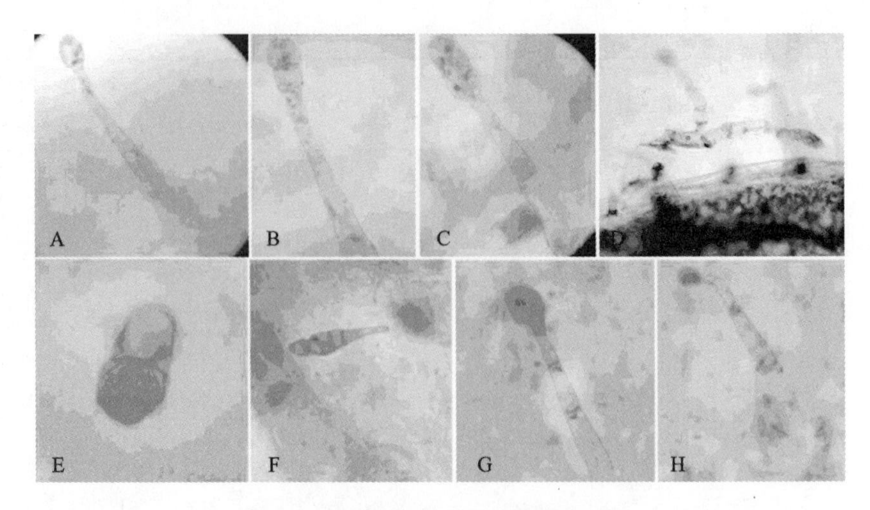

图 4-6　白肋烟烟叶表面不同种类腺毛

A. 单细胞头长柄腺毛；B. 两细胞头长柄腺毛；C. 多细胞头长柄腺毛；D. 分枝腺毛；E. 短柄腺毛；F. 小腺毛；G. 腺头溢出分泌物；H. 腺毛柄部萎缩，头部破裂。放大倍数：300

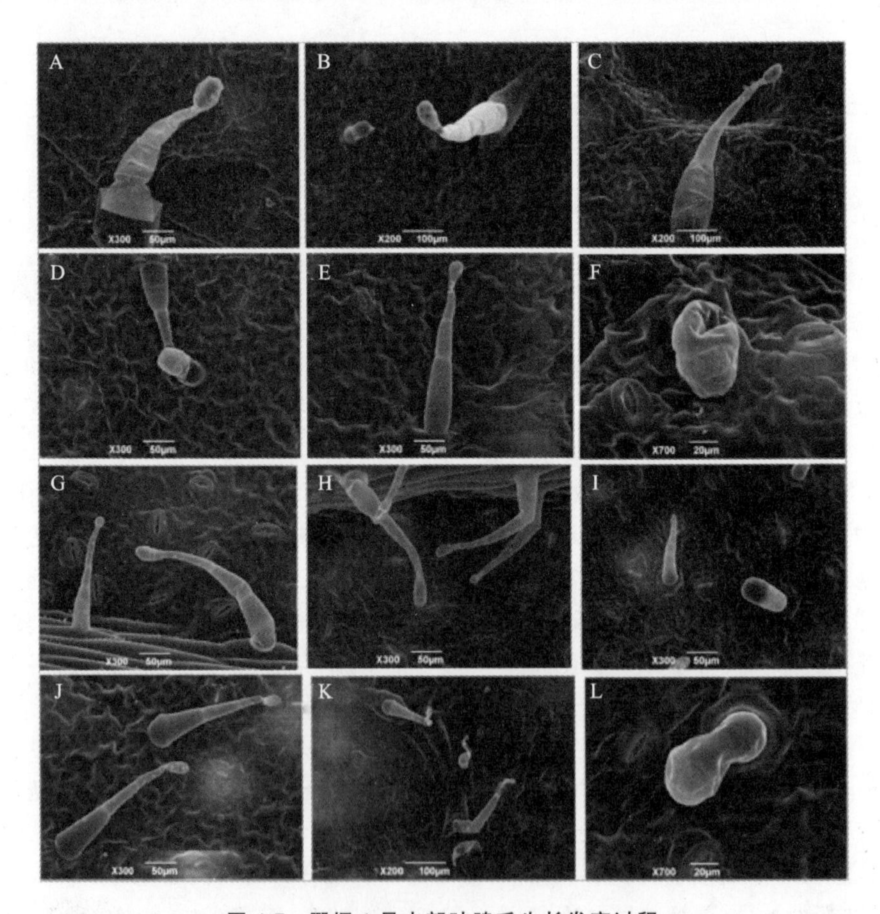

图 4-7　鄂烟 1 号中部叶腺毛生长发育过程

A～F：分别为栽后 52 d、59 d、66 d、73 d、80 d、87 d 样品上表皮腺毛形态；

G～L：分别为栽后 52 d、59 d、66 d、73 d、80 d、87 d 样品下表皮腺毛形态

变化；到旺长后期，长柄腺毛腺头表面开始皱缩并开裂，腺头细胞内含物从开裂处溢出，随着烟叶成熟，腺毛头部的分泌物逐渐增多，经苏丹Ⅲ染色可见腺头充满红色颗粒物；进入成熟期，腺头与柄连接处细胞逐渐萎缩，腺头细胞内含物全部溢出，随后腺头开始断落形成无头腺毛，分泌物大量干缩、脱落，或者整个腺毛从叶表脱落，仅剩圆锥形的基细胞。

2. 白肋烟烟叶腺毛密度与不同类型腺毛的组成比例

周群等人以 6 个白肋烟品种鄂烟 1 号、鄂烟 4 号、MS Burley 21、Burley 37、MS Tennessee 90 和 Kentucky 14 为材料，分析白肋烟烟叶腺毛密度的动态变化。结果(见表 4-8)显示，6 个白肋烟品种移栽后 56 d 时叶面总腺毛密度均最大，随着烟叶成熟，总腺毛密度呈现出逐渐减小的趋势。其中，在叶片旺长期(移栽后 56～66 d)烟叶面积扩张速度大于腺毛的着生速度，致使总腺毛密度缓慢减小。在叶片适熟期(移栽后 66～76 d)总腺毛密度减小速度稍快，这个时期叶面积增加并定型，单位叶面积腺毛数量保持相对稳定。到移栽后 76～86 d，腺毛逐渐衰老萎缩或脱落，总腺毛密度又有所减小。在移栽后 56 d 至 86 d，上部叶和中部叶的长柄腺毛密度总体上呈逐渐减小趋势，而短柄腺毛密度呈急剧减小趋势。

表 4-8　白肋烟不同品种、部位和生长时期烟叶腺毛密度的动态变化(根/cm^2)

部位	腺毛种类	品种	上表皮				下表皮				全表皮			
			栽后 56 d	栽后 66 d	栽后 76 d	栽后 86 d	栽后 56 d	栽后 66 d	栽后 76 d	栽后 86 d	栽后 56 d	栽后 66 d	栽后 76 d	栽后 86 d
上部叶	长柄腺毛	鄂烟 1 号	278.8	234.6	178.8	250.0	380.8	348.1	267.3	382.7	659.6	582.7	446.2	632.7
		鄂烟 4 号	275.0	244.2	150.0	321.2	457.7	392.3	284.6	311.5	732.7	636.5	434.6	632.7
		MS Burley 21	251.9	194.2	163.5	200.0	340.4	332.7	230.8	271.2	592.3	526.9	394.2	471.2
		Burley 37	305.8	250.0	186.5	263.5	384.6	355.8	269.2	319.2	690.4	605.8	455.8	582.7
		MS Tennessee 90	319.2	290.4	223.1	263.5	561.5	557.7	434.6	434.6	880.8	848.1	657.7	698.1
		Kentucky 14	348.1	305.8	209.6	328.8	534.6	488.5	338.5	351.9	882.7	794.2	548.1	680.8
	短柄腺毛	鄂烟 1 号	203.8	134.6	155.8	92.3	78.8	61.5	53.8	42.3	282.7	196.2	209.6	134.6
		鄂烟 4 号	238.5	238.5	84.6	69.2	63.5	65.4	36.5	21.2	301.9	303.8	121.2	90.4
		MS Burley 21	261.5	182.7	115.4	76.9	92.3	57.7	44.2	25.0	353.8	240.4	159.6	101.9
		Burley 37	303.8	205.8	159.6	78.8	113.5	75.0	53.8	28.8	417.3	280.8	213.5	107.7
		MS Tennessee 90	259.6	280.8	223.1	71.2	92.3	86.5	121.2	40.4	351.9	367.3	344.2	111.5
		Kentucky 14	180.8	173.1	125.0	42.3	61.5	76.9	38.5	21.2	242.3	250.0	163.5	63.5
	无头腺毛	鄂烟 1 号	63.5	94.2	136.5	9.6	57.7	98.1	100.0	23.1	121.2	192.3	236.5	32.7
		鄂烟 4 号	88.5	63.5	163.5	11.5	61.5	55.8	78.8	7.7	150.0	119.2	242.3	19.2
		MS Burley 21	61.5	142.3	96.2	26.9	69.2	115.4	96.2	17.3	130.8	257.7	192.3	44.2
		Burley 37	159.6	150.0	107.7	9.6	178.8	125.0	94.2	11.5	338.5	275.0	201.9	21.2
		MS Tennessee 90	115.4	138.5	151.9	15.4	96.2	80.8	169.2	11.5	211.5	219.2	321.2	26.9
		Kentucky 14	109.6	125.0	88.5	5.8	38.5	40.4	63.5	11.5	148.1	165.4	151.9	17.3

续表

部位	腺毛种类	品种	上表皮				下表皮				全表皮			
			栽后56 d	栽后66 d	栽后76 d	栽后86 d	栽后56 d	栽后66 d	栽后76 d	栽后86 d	栽后56 d	栽后66 d	栽后76 d	栽后86 d
上部叶	总腺毛	鄂烟1号	546.2	463.5	471.2	351.9	517.3	507.7	421.2	448.1	1063.5	971.2	892.3	800.0
		鄂烟4号	484.5	373.5	314.3	384.6	654.6	639.8	443.8	521.4	1139.1	1013.3	758.1	906.1
		MS Burley 21	575.0	519.2	375.0	303.8	501.9	505.8	371.2	313.5	1076.9	1025.0	746.2	617.3
		Burley 37	769.2	605.8	453.8	351.9	676.9	555.8	417.3	359.6	1446.2	1161.5	871.2	711.5
		MS Tennessee 90	694.2	709.6	598.1	350.0	750.0	725.0	725.0	486.5	1444.2	1434.6	1323.1	836.5
		Kentucky 14	638.5	603.8	423.1	376.9	634.6	605.8	440.4	384.6	1273.1	1209.6	863.5	761.5
中部叶	长柄腺毛	鄂烟1号	244.2	226.9	201.9	244.2	325.0	296.2	255.8	303.8	569.2	523.1	457.7	548.1
		鄂烟4号	255.8	226.9	176.9	196.2	371.2	286.5	296.2	323.1	626.9	513.5	473.1	519.2
		MS Burley 21	248.1	234.6	173.1	186.5	350.0	321.2	259.6	265.4	598.1	555.8	432.7	451.9
		Burley 37	303.8	273.1	163.5	198.1	373.1	332.7	265.4	251.9	676.9	605.8	428.8	450.0
		MS Tennessee 90	211.5	228.8	186.5	269.2	401.9	378.8	373.1	340.4	613.5	607.7	559.6	609.6
		Kentucky 14	225.0	263.5	161.5	234.6	330.8	369.2	282.7	328.8	555.8	632.7	444.2	563.5
	短柄腺毛	鄂烟1号	276.9	130.8	146.2	78.8	80.8	65.4	51.9	25.0	357.7	196.2	198.1	103.8
		鄂烟4号	276.9	230.8	125.0	134.6	100.0	71.2	57.7	28.8	376.9	301.9	182.7	163.5
		MS Burley 21	263.5	196.2	146.2	61.5	76.9	71.2	57.7	23.1	340.4	267.3	203.8	84.6
		Burley 37	163.5	238.5	142.3	88.5	71.2	69.2	34.6	21.2	234.6	307.7	176.9	109.6
		MS Tennessee 90	200.0	248.1	180.8	69.2	117.3	88.5	82.7	17.3	317.3	336.5	263.5	86.5
		Kentucky 14	207.7	157.7	113.5	59.6	67.3	48.1	48.1	11.5	275.0	205.8	161.5	71.2
	无头腺毛	鄂烟1号	34.6	80.8	67.3	9.6	40.4	42.3	48.1	11.5	75.0	123.1	115.4	21.2
		鄂烟4号	92.3	42.3	78.8	19.2	67.3	34.6	51.9	30.8	159.6	76.9	130.8	50.0
		MS Burley 21	42.3	44.2	67.3	36.5	69.2	42.3	21.2	11.5	111.5	86.5	88.5	48.1
		Burley 37	84.6	26.9	73.1	9.6	101.9	38.5	76.9	7.7	186.5	65.4	150.0	17.3
		MS Tennessee 90	86.5	48.1	90.4	5.8	82.7	73.1	40.4	3.8	169.2	121.2	130.8	9.6
		Kentucky 14	59.6	42.3	84.6	34.6	26.9	26.9	36.5	23.1	86.5	69.2	121.2	57.7
	总腺毛	鄂烟1号	555.8	438.5	415.4	332.7	446.2	403.8	355.8	340.4	1001.9	842.3	771.2	673.1
		鄂烟4号	477.1	451.2	332.8	358.7	673.1	617.6	499.3	510.4	1150.1	1068.8	832.1	869.1
		MS Burley 21	553.8	475.0	386.5	284.6	496.2	434.6	338.5	300.0	1050.0	909.6	725.0	584.6
		Burley 37	551.9	538.5	378.8	296.2	546.2	440.4	376.9	280.8	1098.1	978.8	755.8	576.9
		MS Tennessee 90	498.1	525.0	457.7	344.2	601.9	540.4	496.2	361.5	1100.0	1065.4	953.8	705.8
		Kentucky 14	492.3	463.5	359.6	334.6	425.0	444.2	367.3	363.5	917.3	907.7	726.9	698.1

程君奇等人以 9 个白肋烟品种（系）22074、22084、鄂白 009、JB04-03、JB04-05、9902、22081、23014 和鄂烟 1 号为材料，对烟叶腺毛密度进行了观察。结果发现，烟叶腺毛密度在部位间、上下表皮间和品种间均有一定差异（见表 4-9 和表 4-10）。总体上看，上部叶总腺毛密度略大于中部叶，下表皮总腺毛密度略大于上表皮。上部叶下表皮总腺毛密度范围为 442～502 根/cm^2，平均 472 根/cm^2；上表皮总腺毛密度范围为 304～587 根/cm^2，平均 450 根/cm^2。中部叶的下表皮总腺毛密度范围为 340～658 根/cm^2，平均 487 根/cm^2；上表皮总腺毛密度范围为 253～473 根/cm^2，平均 395 根/cm^2。观察发现，在白肋烟烟叶成熟过程中，分泌能力强的长柄腺毛所占比例逐渐增加，成为白肋烟烟叶腺毛的主要类型，且其腺毛头部的分泌物逐渐增多充盈并溢出。这就是随着烟叶逐渐成熟，烟叶总腺毛密度随之下降，叶面分泌物及致香物质的量却增加的原因。在成熟期，上部叶和中部叶长柄腺毛分别约占总腺毛的 31.36％和 30.04％，长柄腺毛形成的无头腺毛分别约占总腺毛的 35.43％和 36.36％，而短柄腺毛分别约占总腺毛的 27.35％和 29.40％，其他类型腺毛所占比例更小。但不同类型腺毛密度在上、下表皮间有所不同，各品种烟叶下表皮短柄腺毛密度相对较大，上表皮无头腺毛和长柄腺毛密度相对较大。

表 4-9　不同白肋烟品种上部叶各类型腺毛密度（根/cm^2）和组成比例（％）

组织	品种	长柄腺毛		短柄腺毛		无头腺毛		小腺毛		总腺毛密度
		密度	比例	密度	比例	密度	比例	密度	比例	
下表皮	22074	108	22.43	191	39.66	152	31.48	31	6.44	481
	22084	120	24.12	205	41.20	173	34.68	0	0.00	498
	鄂白 009	124	25.53	197	40.57	165	33.90	0	0.00	486
	JB04-03	125	27.05	178	38.53	159	34.42	0	0.00	462
	JB04-05	112	25.37	174	39.41	148	33.41	8	1.81	442
	9902	139	30.80	153	33.90	153	33.97	6	1.33	451
	22081	184	36.65	191	38.05	127	25.30	0	0.00	502
	23014	109	23.98	209	45.98	123	26.97	14	3.08	454
	平均值	128	26.99	187	39.66	150	31.76	7	1.58	472
上表皮	22074	187	31.86	86	14.65	165	28.09	149	25.39	587
	22084	121	23.32	57	10.98	232	44.70	109	21.00	519
	鄂白 009	130	42.82	36	11.86	138	45.32	0	0.00	304
	JB04-03	157	42.07	67	17.95	149	39.98	0	0.00	373
	JB04-05	81	23.65	52	15.18	176	51.53	33	9.64	343
	9902	215	46.17	54	11.60	191	40.95	6	1.29	466
	22081	328	61.19	116	21.64	92	17.16	0	0.00	536
	23014	88	18.52	44	9.26	240	50.54	103	21.68	475
	平均值	163	36.20	64	14.14	173	39.78	50	9.87	450
全表皮	22074	294	27.54	277	25.95	316	29.65	180	16.86	1068
	22084	241	23.71	262	25.77	405	39.79	109	10.72	1017

续表

组织	品种	长柄腺毛		短柄腺毛		无头腺毛		小腺毛		总腺毛密度
		密度	比例	密度	比例	密度	比例	密度	比例	
全表皮	鄂白 009	255	32.27	233	29.48	302	38.25	0	0.00	790
	JB04-03	281	33.68	245	29.37	308	36.95	0	0.00	835
	JB04-05	193	24.55	227	28.88	324	41.22	42	5.34	786
	9902	354	38.60	207	22.57	344	37.51	12	1.31	917
	22081	512	49.33	307	29.58	219	21.10	0	0.00	1038
	23014	197	21.19	253	27.21	363	39.01	117	12.58	929
	平均值	291	31.36	251	27.35	323	35.43	58	5.85	922

表 4-10 不同白肋烟品种中部叶各类型腺毛密度(根/cm²)和组成比例(%)

组织	品种	长柄腺毛		短柄腺毛		无头腺毛		小腺毛		总腺毛密度
		密度	比例	密度	比例	密度	比例	密度	比例	
下表皮	22074	90	20.27	210	47.30	136	30.63	8	1.80	444
	22084	144	25.87	232	41.69	171	30.64	10	1.80	555
	鄂白 009	125	27.69	177	39.21	147	32.66	2	0.44	451
	JB04-03	92	21.03	215	49.16	130	29.81	0	0.00	438
	JB04-05	75	11.39	197	29.92	170	25.74	217	32.95	658
	9902	160	31.94	165	32.93	170	33.93	6	1.20	501
	22081	106	21.03	218	43.25	174	34.52	6	1.19	504
	23014	102	20.58	229	46.21	163	32.80	2	0.40	495
	鄂烟 1 号	80	23.52	153	44.99	107	31.49	0	0.00	340
	平均值	108	22.59	200	41.63	152	31.36	28	4.42	488
上表皮	22074	92	29.68	44	14.19	153	49.35	21	0.07	310
	22084	184	41.36	52	11.69	209	46.95	0	0.00	444
	鄂白 009	94	24.36	54	13.99	190	49.21	48	0.12	385
	JB04-03	287	63.53	80	17.71	85	18.77	0	0.00	452
	JB04-05	74	21.67	84	24.60	158	46.12	26	0.08	341
	9902	113	26.11	46	10.63	272	62.80	2	0.00	432
	22081	239	50.53	69	14.59	165	34.88	0	0.00	473
	23014	120	25.69	63	13.49	274	58.69	10	0.02	467
	鄂烟 1 号	171	67.64	34	13.45	48	18.91	0	0.00	253
	平均值	153	38.64	58	14.65	173	43.69	12	3.03	396
全表皮	22074	182	24.14	254	33.69	289	38.33	29	3.85	753
	22084	327	32.72	283	28.32	379	37.97	10	1.00	1000

续表

组织	品种	长柄腺毛		短柄腺毛		无头腺毛		小腺毛		总腺毛密度
		密度	比例	密度	比例	密度	比例	密度	比例	
全表皮	鄂白 009	218	26.10	230	27.53	337	40.38	50	5.99	836
	JB04-03	380	42.69	295	33.14	215	24.17	0	0.00	890
	JB04-05	148	14.81	281	28.13	327	32.73	243	24.32	999
	9902	273	29.27	211	22.62	442	47.36	7	0.75	933
	22081	344	35.21	287	29.38	340	34.80	6	0.61	977
	23014	222	23.08	291	30.26	437	45.41	12	1.25	961
	鄂烟 1 号	251	42.33	187	31.54	155	26.13	0	0.00	593
	平均值	261	30.04	258	29.40	325	36.36	40	4.20	882

程君奇等人进一步分析发现，不同白肋烟品种，其烟叶总腺毛密度以及不同类型腺毛密度比例的组成均存在明显的差异(见表 4-9 和表 4-10)。例如，上部叶长柄腺毛比例以 22081 最大、23014 最小，分别为 49.33%和 21.19%，短柄腺毛比例以 22081 最大、9902 最小，分别为 29.58%和 22.57%，无头腺毛比例以 JB04-05 最大、22081 最小，分别为 41.22%和 21.10%，小腺毛比例 22074、22014 和 22084 居多，分别为 16.86%、12.58%和 10.72%，其他品种的小腺毛比例介于 0%～6%之间；中部叶长柄腺毛比例以 JB04-03 最大、JB04-05 最小，分别为 42.69%和 14.81%，短柄腺毛比例以 22074 最大、9902 最小，分别为 33.69%和 22.62%，无头腺毛比例以 9902 最大、JB04-03 最小，分别为 47.36%和 24.17%，小腺毛比例以 JB04-05 最大，为 24.32%，远高于其他品种，其他品种的小腺毛比例介于 0%～6%之间。

3. 白肋烟烟叶腺毛密度与烟叶品质的相关性

Nielsen(1990 年)在提高白肋烟香气的育种中提出，腺毛密度与烟叶中顺式冷杉醇、β-甲基戊酸的蔗糖酯(BMVSE)和 β-西柏三烯-1,3 二醇(DVT)含量存在显著的相关性，以腺毛密度为指标改变顺式冷杉醇、BMVSE 和 DVT 含量，可以大大简化化学分析，提高育种效率，并成功地把香料烟的高腺毛特性转移到白肋烟中。Week 和 Chaplin 等(1992 年)进而选育出了高腺毛密度的白肋烟新品系，并具有良好的香味。

程君奇等以 6 个白肋烟品种 Kentucky 14、Kentucky 8959、Burley 21、Burley 37、建选 3 号、鄂烟 101 为亲本材料，按完全双列杂交模型配制了 36 个基因型处理，分析了白肋烟第 12、18 叶位烟叶腺毛密度与常规化学成分和致香物质的相关性。结果表明，白肋烟烟叶腺毛密度与常规化学成分之间无显著相关性，而与部分致香物质之间存在显著的相关性(见表 4-11)。白肋烟第 12 叶位烟叶长柄腺毛密度与 4-乙酰吡啶、茄酮、二氢猕猴桃内酯、肉豆蔻酸、新植二烯间存在显著相关性，总腺毛密度与二氢猕猴桃内酯和肉豆蔻酸间存在显著相关性，短柄腺毛密度与致香物质间相关性不明显；第 18 叶位烟叶长柄腺毛密度和短柄腺毛密度与 4-乙酰吡啶、邻苯二甲酸二丁酯间存在显著相关性，总腺毛密度与致香物质间无明显相关性。对烟叶腺毛密度与不同类型致香物质含量进行相关性分析，结果(见表 4-12)表明，白肋烟中部叶(第 12 叶位)长柄腺毛密度与新植二烯、致香物质总量间存在显著相关性，而短柄腺毛密度与各类致香物质含量的相关性均不显著；上部叶(第 18 叶位)长柄腺毛密度和短柄腺毛密度与各类致香物质含量的相关性也均不显著。依据这 36 份材料，进一步对各类腺毛密度、常规化学成分和致香物质进行聚类分析，结果(见图 4-8)表明，长柄腺毛密度、钾含量、总糖含量、致香物质总量、除新植二烯外致香物质总量聚成一类，而短柄腺毛密度、无头腺毛密度、总腺毛密度、烟碱含量、总氮含量聚成一类，可见，长柄腺毛密度与致香物质总量、除新植二烯外致香物质总量有一定的正相关性，短柄腺毛密度、总腺毛密度与烟碱含量、总氮含量有一定的正相关性。因此，随着长柄腺毛密度的增加，致香物质总量、除新植二烯外致香物质含量也会有增加趋势，这说明长柄腺毛密度可作为选育高香气白肋烟品种时的参考指标。

表 4-11　白肋烟品种(系)第 12、18 叶位烟叶腺毛密度与化学成分含量的相关性

化学成分	第 12 叶位			第 18 叶位		
	长柄腺毛	短柄腺毛	总腺毛	长柄腺毛	短柄腺毛	总腺毛
糠醛	0.025	−0.063	0.024	0.054	0.044	0.046
糠醇	−0.015	−0.042	0.015	0.117	0.032	0.133
苯甲醛	0.082	−0.077	0.069	0.170	−0.003	0.105
6-甲基-5-庚烯-2-酮	0.157	−0.077	0.075	0.182	0.035	0.172
苯乙醛	0.105	−0.029	0.068	−0.017	0.054	0.058
苯甲醇	0.159	−0.076	0.105	0.006	0.054	0.101
氧化芳樟醇	0.128	−0.064	0.125	−0.050	−0.036	−0.006
3,4,5-三甲基-2-环戊烯-1-酮	0.236	−0.097	0.136	−0.013	0.123	−0.034
4-乙酰吡啶	0.255*	−0.043	0.240	−0.258*	0.257*	0.069
异弗尔酮	0.192	−0.116	0.111	0.007	0.033	−0.040
2,6,6-三甲基-2-环己烯基-1,4-二酮	−0.018	0.042	0.000	0.013	0.032	−0.047
吲哚	−0.023	0.039	−0.086	−0.050	0.019	−0.215
茄酮	0.245*	−0.138	0.086	−0.062	−0.026	−0.126
大马酮	−0.039	−0.024	−0.050	0.017	−0.001	−0.096
β-紫罗兰酮	0.044	−0.016	0.026	0.013	0.087	−0.071
香叶基丙酮	0.161	−0.064	0.121	−0.076	0.096	−0.111
二氢猕猴桃内酯	0.316**	−0.007	0.303*	−0.011	0.087	0.026
2,3′-联吡啶	−0.048	−0.077	−0.025	−0.050	0.205	0.062
巨豆三烯酮 A	0.139	0.026	0.131	−0.006	0.082	−0.120
巨豆三烯酮 B	0.061	0.028	0.000	0.012	−0.037	−0.100
肉豆蔻酸	0.306*	−0.052	0.278*	0.097	−0.095	−0.117
巨豆三烯酮 C	0.030	−0.075	0.050	−0.095	0.125	0.124
巨豆三烯酮 D	−0.046	0.004	0.069	−0.219	0.191	0.050
1-十八烯	−0.071	−0.002	−0.059	−0.099	0.114	−0.110
新植二烯	0.224*	−0.044	0.162	−0.047	0.006	−0.046
邻苯二甲酸二丁酯	0.020	0.051	0.006	−0.383**	0.327*	0.229
金合欢基丙酮	−0.010	−0.049	0.031	0.022	−0.080	0.041

续表

化学成分	第 12 叶位			第 18 叶位		
	长柄腺毛	短柄腺毛	总腺毛	长柄腺毛	短柄腺毛	总腺毛
异植醇	−0.043	0.020	−0.058	0.005	0.189	0.046
棕榈酸	−0.016	0.009	−0.030	0.165	0.096	0.163
黑松醇	−0.022	−0.010	0.001	−0.002	0.044	0.121
西柏三烯-1,3 二醇	−0.013	0.074	−0.046	0.001	0.074	0.052

注：* 表示达 0.05 差异显著水平，** 表示达 0.01 差异显著水平。

表 4-12 白肋烟品种(系)第 12、18 叶位烟叶腺毛密度与不同类型致香物质含量的相关性

致香物质	第 12 叶位			第 18 叶位		
	长柄腺毛	短柄腺毛	总腺毛	长柄腺毛	短柄腺毛	总腺毛
新植二烯	0.224*	−0.044	0.162	−0.047	0.006	−0.046
类胡萝卜类色素降解产物	0.118	−0.034	0.069	−0.095	0.049	−0.053
芳香氨基酸类降解产物	−0.034	0.011	−0.035	−0.201	0.044	−0.160
西柏烷类致香物质	0.146	−0.095	0.061	−0.105	0.075	−0.046
梅拉德反应产物	0.062	−0.049	0.017	0.068	0.042	0.091
致香物质总量	0.208*	−0.055	0.140	−0.054	0.022	−0.041
除新植二烯外致香物质总量	0.125	−0.070	0.054	−0.066	0.070	−0.015

注：* 表示达 0.05 差异显著水平。

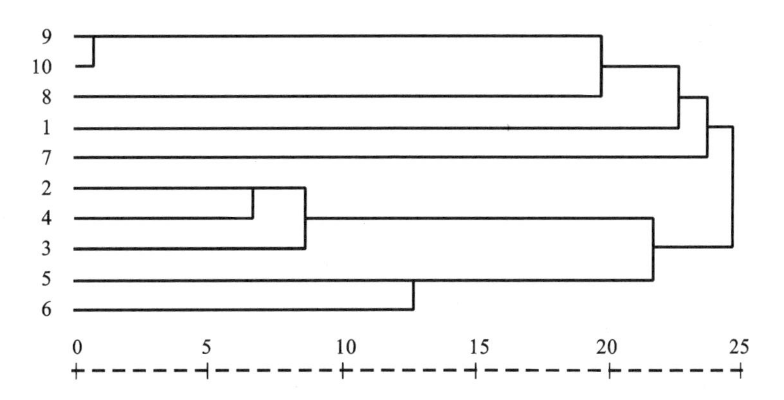

图 4-8 白肋烟烟叶腺毛密度与内在化学成分、致香物质总量的聚类分析

1—长柄腺毛密度；2—短柄腺毛密度；3—无头腺毛密度；4—总腺毛密度；5—烟碱含量；6—总氮含量；7—总糖含量；8—钾含量；9—致香物质总量；10—除新植二烯外致香物质总量

4. 白肋烟烟叶腺毛密度的遗传特性

程君奇等人采用 6 个白肋烟品种 Kentucky 14、Kentucky 8959、Burley 21、Burley 37、建选 3 号和鄂烟 101 为亲本材料，按 Griffing Ⅰ 完全双列杂交模型设计了 36 个基因型处理，应用遗传模型 G=A+D+M+F 分析白肋烟第 12、18 叶位烟叶腺毛密度的遗传特性。方差分析结果(见表 4-13)表明，白肋烟烟叶长柄腺毛密度、无头腺毛密度在品种或组合间存在显著差异。遗传模型分析结果(见表 4-14)表明，烟叶长柄腺毛密度在第 18 叶位加性效应、显性效应、母本效应、父本效应极显著，在第 12 叶位显性效应、母本效应、父本效应极显著；短柄腺毛密度在第 18 叶位加性效应、显性效应和母本效应极显著，在第 12 叶位显性效应和母本效应极显著；无头腺毛密度在第 18 叶位显性效应、母本效应极显著，在第 12 叶位加性效应、显性效应极显著；总腺毛密度在第 18 叶位只有加性效应方差且极显著，而在第 12 叶位显性效应、母本效应、父本效应极显著。各遗传方差分量中，相比加性效应，显性效应、母本效应和父本效应对第 18 和第 12 叶位烟叶腺毛密度的影响更大。白肋烟不同杂交组合烟叶腺毛密度与致香物质含量一样也存在着正反交差异(见表 4-15)，例如，Kentucky 8959、建选 3 号作为母本能显著地增加白肋烟烟叶表皮腺毛密度；Kentucky 14、Burley 37 作为父本能显著地增加白肋烟烟叶表皮腺毛密度。遗传力分析结果显示，烟叶腺毛密度的狭义遗传力范围为 0.3%～13%，广义遗传力范围为 6%～39%，可见烟叶腺毛密度性状的广义遗传力和狭义遗传力较低，且随机误差占表型方差的比重较大，说明白肋烟烟叶腺毛密度受品种遗传因素调控较小，主要受环境及其他栽培因素调控。

表 4-13　不同白肋烟品种和组合烟叶腺毛密度的方差分析

腺毛类型	变异来源	第 12 叶位					第 18 叶位				
		平方和	自由度	平均方差	*F* 值	*P* 值	平方和	自由度	平均方差	*F* 值	*P* 值
长柄腺毛密度	品种间	220331.12	35	6295.18			248946.66	35	7112.76		
	随机误差	80419.58	30	2680.65	2.35**	0.01	105126.82	30	3504.23	2.03*	0.03
	总变异	300750.70	65				354073.48	65			
短柄腺毛密度	品种间	62756.63	35	1793.05			77345.01	35	2209.86		
	随机误差	63024.27	30	2100.81	0.85	0.68	43309.90	30	1443.66	1.53	0.12
	总变异	125780.90	65				120654.91	65			
无头腺毛密度	品种间	70753.35	35	2021.52			201742.51	35	5764.07		
	随机误差	13720.64	30	457.36	4.42**	0.00	18563.28	30	618.78	9.32**	0.00
	总变异	84473.98	65				220305.79	65			
总腺毛密度	品种间	268040.06	35	7658.29			186687.07	35	5333.92		
	随机误差	192667.50	30	6422.25	1.19	0.31	135918.55	30	4530.62	1.18	0.33
	总变异	460707.56	65				322605.61	65			

注：** 表示达 0.01 差异显著水平，* 表示达 0.05 差异显著水平。

表 4-14　参试品种烟叶全表皮腺毛密度的遗传方差分析表

方差分量	第 18 叶位				第 12 叶位			
	长柄腺毛	短柄腺毛	无头腺毛	总腺毛	长柄腺毛	短柄腺毛	无头腺毛	总腺毛
V_A	116.54**	0.65**	0	344.05**	0	0	59.81**	0
V_D	1173.64**	315.26**	893.68**	0	579.48**	28.42**	488.31**	347.01**
V_M	101.69**	17.73**	12.01**	0	398.20**	243.92**	0	1135.90**
V_F	202.12**	0	0	0	802.80**	0	0	1443.83**

续表

方差分量	第18叶位				第12叶位			
	长柄腺毛	短柄腺毛	无头腺毛	总腺毛	长柄腺毛	短柄腺毛	无头腺毛	总腺毛
重复	0	5.76**	0	0	0	140.27**	0	0
V_e	3796.03**	1676.16**	2548.24**	5420.47**	3526.25**	1784.47**	855.18**	5982.70
V_P	5390.03	2015.58	3453.93	5764.52	5306.74	2197.08	1403.29	8909.44
H_n	0.04	0.01	0.003	0.06	0.08	0.11	0.04	0.13
H_b	0.30	0.17	0.26	0.06	0.34	0.19	0.39	0.33
总体均值	610.21	97.63	74.46	782.83	605.60	95.65	61.78	765.48

注：V_A为加性方差，V_D为显性方差，V_M为母本效应方差，V_F为父本效应方差，V_e为随机误差，H_n为狭义遗传力，H_b为广义遗传力；* 表示达0.05差异显著水平，** 表示达0.01差异显著水平。

表 4-15 6个白肋烟亲本品种对白肋烟烟叶表皮腺毛密度的母本效应和父本效应

亲本	基因效应	第12叶位		第18叶位
		长柄腺毛	总腺毛	长柄腺毛
Kentucky 14	母本	−26.18**	−22.58*	−6.26
	父本	22.27**	20.49*	−2.94
Kentucky 8959	母本	16.52**	15.24*	2.93
	父本	−8.55	−13.16*	2.05
Burley 21	母本	−9.58	9.19	−23.99**
	父本	1.70	−6.52	11.32
Burley 37	母本	−6.62	−41.78**	23.92**
	父本	15.47*	45.77**	−24.97**
建选3号	母本	26.07**	32.21**	2.70
	父本	−38.18**	−34.89**	−8.01
鄂烟101	母本	−0.21	7.71	0.69
	父本	7.30	−11.70	22.56**

注：** 表示达0.01差异显著水平，* 表示达0.05差异显著水平。

5. 白肋烟烟叶腺毛分泌物及其遗传特性

1）白肋烟烟叶表皮主要腺毛分泌物

关于腺毛分泌物与烟草香味关系的研究较多，普遍认为腺毛分泌物是由烷烃、萜醇、脂肪醇、树脂、高级脂肪酸及挥发性醛、酮、酸等组成的混合物。这些物质与烟叶香味的关系密切。最初的感性认识是叶片分泌物多的烟叶黏性较大，同时表现较浓的香味。后来研究发现，将干烟叶表面物质淬取出来，烟叶的香气和吃味明显减弱，重新返回萃取物可恢复烟叶的香味。为此，烟叶腺毛分泌物的遗传改良研究引起人们的重视。

程君奇等人以6个白肋烟品种Kentucky 14、Kentucky 8959、Burley 21、Burley 37、建选3号和鄂烟101的完全双列杂交组合为材料，采用GC/MS技术分析了白肋烟烟叶腺毛分泌物。从36份白肋烟品种或组合中共检测出22种主要腺毛分泌物，包括十二烷、苯并噻唑、烟碱、茄酮、2-(1-甲基-2-吡咯烷基)-吡啶、2,3′-联吡啶、十六烷、4-(3-羟基-1-丁烯基)-3,5,5-三甲基-2-环己烯-1-酮、正丙基降烟碱、吡啶吡咯酮、9-十八炔、3,7,11-三甲基-14-异丙基-1,3,6,10-环十四碳烯、棕榈酸甲酯、长叶醛、邻苯二甲酸丁基2-异丁酯、γ-榄香烯、黑松醇、反-5-甲基3-[1-甲基乙烯基]-环己烯、5-(十氢-5,5,8a-三甲基-2-亚甲基-1-萘烯)-3-甲基-2-戊烯酸、1,2,3,4,4a,5,6,8a-八氢-4a,8-二甲基-2-(1-甲基乙烯基)-萘、西柏三烯二醇、4-亚甲基-1-甲基-2-(2-甲基-1-丙烯基)-1-乙烯基-环庚烷。其中，以烟碱、茄酮、9-十八炔和西柏三烯二醇含量最高，是白肋烟叶面腺毛分泌物中的主要成分。不同品种或组合间中部叶腺毛分泌物总量存在显著差异，范围为0.16 mg/g～0.69 mg/g，均值为0.29 mg/g，变异系数为49%。从白肋烟品种间杂交组合的第12、18叶位烟叶主要腺毛分泌物质量分数均值的统计分析(见表4-16)来看，西柏三烯二醇含量在不同白肋烟组合间的变异较大，从总体均值可以得出第18叶位烟叶腺毛分泌物中烟碱、茄酮及9-十八炔含量高于第12叶位，西柏三烯二醇含量则低于第12叶位。

表4-16　白肋烟烟叶主要腺毛分泌物质量分数均值的描述性统计分析结果

主要腺毛分泌物	叶位	最小值	最大值	平均值		标准偏差	方差	变异系数
				均值/(mg/g)	标准误差			
烟碱	12	4.71	42.87	26.89	1.69	10.14	102.86	0.38
	18	7.45	59.97	32.11	1.93	11.56	133.62	0.36
茄酮	12	0.93	9.74	5.24	0.32	1.89	3.57	0.36
	18	1.69	11.63	6.45	0.37	2.24	5.04	0.35
9-十八炔	12	0.14	13.13	7.38	0.45	2.71	7.37	0.37
	18	0.35	14.24	5.96	0.43	2.60	6.76	0.44
西柏三烯二醇	12	1.50	51.67	17.58	2.15	12.90	166.36	0.73
	18	1.96	39.77	14.51	1.74	10.42	108.54	0.72

2）白肋烟烟叶腺毛分泌物含量的动态变化

林智成以6个白肋烟品种鄂烟1号、鄂烟4号、MS Burley 21、Burley 37、MS Tennessee 90和Kentucky 14为材料，研究了白肋烟第11和第17叶位烟叶腺毛分泌物含量的动态变化。结果(见图4-9)表明，尽管不同品种在栽后不同时期第11和第17叶位烟叶腺毛分泌物含量有明显差异，但不同品种在不同生长时期均表现为上部烟叶腺毛分泌物含量高于中部烟叶，两个叶位的烟叶腺毛分泌物在烟叶生长、成熟过程中总的累积变化规律一致，从未熟到适熟随成熟度增加而含量升高，适熟的烟叶(栽后76 d)中腺毛分泌物含量达最高，随后减少。上部叶腺毛分泌物累积变化的规律性更强一些。白肋烟第11和第17叶位尤其是第17叶位烟叶腺毛分泌物含量的动态变化规律与烟叶致香物质含量的动态变化规律基本一致。

3）白肋烟烟叶腺毛分泌物的遗传特性

程君奇等人采用6个白肋烟品种Kentucky 14、Kentucky 8959、Burley 21、Burley 37、建选3号和鄂烟101为亲本材料，按Griffing Ⅰ完全双列杂交模型设计了36个基因型处理，应用遗传模型G=A+D+M+F分析白肋烟第12、18叶位烟叶表皮腺毛分泌物中烟碱、醇类、烷类、烯类、酯类和酮类含量的遗传特性。结果(见表4-17)表明，白肋烟烟叶各类型腺毛分

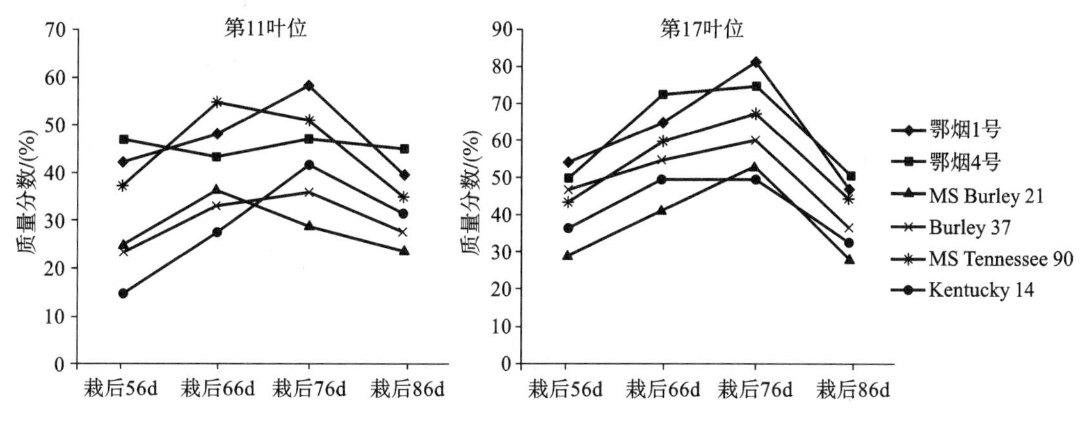

图 4-9　白肋烟烟叶腺毛分泌物含量的动态变化

泌物的表型变异主要受遗传背景控制，以显性效应为主。

第 12 叶位烟叶腺毛分泌物中烟碱、醇类、烷类、烯类、酯类和酮类含量的广义遗传力分别达 76%、60%、56%、78%、48%和 57%。烟碱、醇类及酯类腺毛分泌物含量的变异主要由显性效应、母本效应和父本效应控制；烷类腺毛分泌物含量的变异主要由加性效应、显性效应和父本效应控制；烯类腺毛分泌物含量的变异主要由显性效应和父本效应控制，其中显性效应对其总的表性变异贡献最大；酮类腺毛分泌物含量的变异主要由加性效应、显性效应和母本效应控制。在所有类型腺毛分泌物中，酮类腺毛分泌物含量的狭义遗传力最高，达 35%。

第 18 叶位烟叶腺毛分泌物中烟碱、醇类、烷类、烯类、酯类和酮类含量的广义遗传力分别达 80%、67%、62%、64%、62%和 80%。烟碱、醇类及酮类腺毛分泌物含量的变异主要由加性效应、显性效应和父本效应控制；烷类腺毛分泌物含量的变异主要由加性效应、显性效应、母本效应和父本效应控制；烯类和酯类腺毛分泌物含量的变异主要由显性效应、母本效应和父本效应控制。在所有类型腺毛分泌物中，烷类腺毛分泌物含量的狭义遗传力最高，达 24%。

由上可见，通过杂种优势利用对腺毛分泌物进行遗传改良能够收到明显效果。正交和反交杂交形式对腺毛分泌物中不同类型分泌物的组成比例有显著影响(见表 4-18 和表 4-19)。

表 4-17　白肋烟烟叶主要腺毛分泌物类型的遗传方差分析

叶位	遗传参数	烟碱	醇类	烷类	烯类	酯类	酮类
12	V_A	0.00	0.00	1.86**	0.00	0.000	1.20**
	V_D	56.34**	96.31**	3.41**	0.54**	0.014**	1.00**
	V_M	23.92**	10.53**	0.00	0.00	0.005**	0.35**
	V_F	9.71**	16.17**	2.27**	0.03**	0.002**	0.00
	V_e	28.49**	83.29**	5.97**	0.16**	0.023**	1.92**
	V_P	118.45**	206.30**	13.50**	0.73**	0.044**	4.46**
	H_n	0.20	0.05	0.14	0.00	0.11	0.35
	H_b	0.76	0.60	0.56	0.78	0.48	0.57
18	V_A	22.22**	21.99**	0.004**	0.00	0.000	0.51**
	V_D	70.73**	19.85**	3.308**	0.36**	0.014**	2.87**

续表

叶位	遗传参数	烟碱	醇类	烷类	烯类	酯类	酮类
18	V_M	0.00	0.00	2.630**	0.27**	0.004**	0.00
	V_F	40.32**	50.39**	0.846**	0.32**	0.005**	1.55**
	V_e	34.31**	45.69**	4.140**	0.49**	0.014**	1.23**
	V_P	167.57**	137.92**	10.930**	1.45**	0.038**	6.16
	H_n	0.13	0.16	0.24	0.19	0.12	0.08
	H_b	0.80	0.67	0.62	0.64	0.62	0.80

注：V_A为加性方差，V_D为显性方差，V_M为母本效应方差，V_F为父本效应方差，V_e为随机误差，V_P为表型方差，H_n为狭义遗传力，H_b为广义遗传力；*表示达0.05差异显著水平，**表示达0.01差异显著水平。

表4-18　6个白肋烟亲本品种对白肋烟烟叶腺毛分泌物的母本效应

品种	第12叶位				第18叶位		
	烟碱	醇类	酯类	酮类	烷类	烯类	酯类
Kentucky 14	−4.09**	3.33**	0.03**	−0.42**	1.89**	−0.37**	0.09**
Kentucky 8959	0.32	−3.36**	0.08**	0.52**	−0.08	0.49**	0.02*
Burley 21	−3.91**	3.09**	0.00	−0.54**	−0.01	−0.50**	−0.02*
Burley 37	0.75**	0.28	−0.07**	−0.03	−1.42**	−0.01	−0.06**
建选3号	3.38**	−1.10*	−0.04**	0.65**	0. 39**	0.27**	−0.01*
鄂烟101	3.55**	−2 .25*	0.01	−0.18	−0. 77**	0.11	−0.03**

注：**表示达0.01差异显著水平，*表示达0.05差异显著水平。

表4-19　6个白肋烟亲本品种对白肋烟烟叶腺毛分泌物的父本效应

亲本	第12叶位					第18叶位					
	烟碱	醇类	烷类	烯类	酯类	烟碱	醇类	烷类	烯类	酯类	酮类
Kentucky 14	4.11**	−3.67**	0.47*	0.05	−0.01	3.41**	−5.73**	−0.99**	0.51**	−0.06**	0.88**
Kentucky 8959	−2.40**	4.53**	−1.17**	0.15**	−0.04*	−3.81**	−0.04	−0.56**	−0.54**	−0.05**	−1.09**
Burley 21	1.61**	−1.89**	0.81*	−0.20**	−0.04*	−6.40**	7.03**	0.70**	0.28**	0.03*	−0.83**
Burley 37	0.13	−0.65	−0.36*	0.04	0.07**	1.86**	0.59	0.60**	0.07	0.02	0.42**
建选3号	−0.11	−1.03*	1.33**	−0.17**	0.02*	3.88**	−4.12**	−0.77**	−0.39**	−0.02	0.76**
鄂烟101	−3.34**	2.71**	−1.08**	0.13*	−0.01	1.05*	2.28**	1.02**	0.07	0.08**	−0.14

注：**表示达0.01差异显著水平，*表示达0.05差异显著水平。

（六）白肋烟烟叶组织结构的遗传表现

烟叶组织是由栅栏组织和海绵组织构成的，如图4-10所示。叶片栅栏组织和海绵组织的厚度及二者的比值对烟叶的品质具有重要影响。烟叶栅栏细胞含有数量较多的叶绿体，中央大液泡较小。而有机酸、色素、糖大部分或全部在叶绿体中合成或储存。因此，栅栏细胞所含的糖类、高级脂肪酸、色素等均高于海绵细胞。烟碱是在根部合成的，储存在中央大液泡中，海绵细胞的细胞器较少，中央大液泡较大，因此积累的烟碱含量高。程君奇等人利用 7 个白肋烟品种 Burley 21、Virginia 528、Kentucky 8959、Virginia 509、建选 3 号、Kentucky 17 和 LA Burley 21，采用显微切片技术对白肋烟烟叶组织结构进行了研究。结果（见表 4-20）表明，白肋烟品种间中部叶叶厚变幅为 123.47～212.31 μm，均值为 174.60 μm，变异系数为 17%；栅栏组织厚度变幅为 49.43～87.68 μm，均值为 65.40 μm，变异系数为 19%；海绵组织厚度变幅为 47.88～103.44 μm，均值为 82.14 μm，变异系数为 21%；组织比（栅栏组织厚/海绵组织厚）范围为 0.71～1.03，均值为 0.81，变异系数为 13%。从变异程度看，栅栏组织厚和海绵组织厚的变异最大。方差分析结果（见表 4-21）显示，不同白肋烟品种烟叶组织结构除下表皮细胞宽差异不显著外，其余组织结构指标在品种间均存在显著差异。

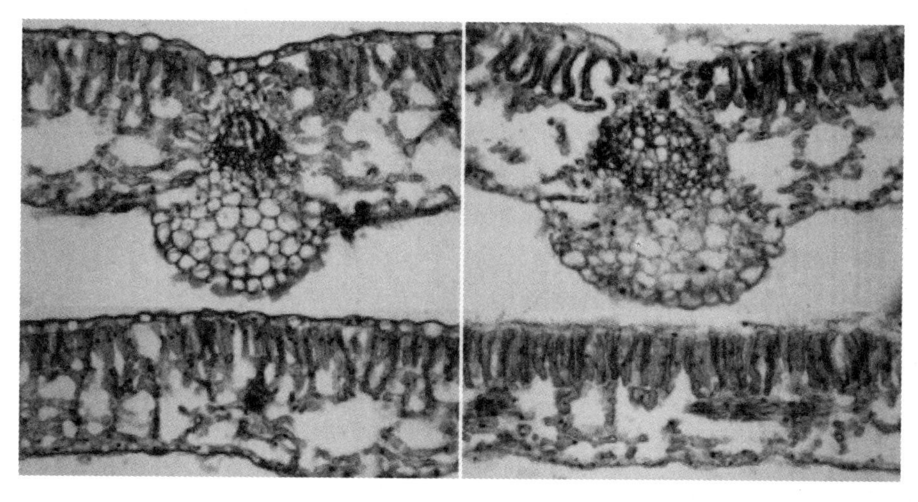

图 4-10　白肋烟品种 Kentucky 8959 烟叶横切面

左为中部叶；右为上部叶

表 4-20　7 个白肋烟品种中部叶叶片组织结构特征

品种	叶厚 /μm	上表皮厚 /μm	上表皮细胞宽 /μm	下表皮厚 /μm	下表皮细胞宽 /格	栅栏组织厚 /μm	栅栏组织厚 /叶厚	海绵组织厚 /μm	海绵组织厚 /叶厚	组织比
Burley 21	169.94	21.33	33.35	16.35	23.89	60.24	0.35	78.47	0.46	0.77
Virginia 528	210.14	23.60	37.04	16.90	23.55	74.73	0.36	92.56	0.44	0.81
Kentucky 8959	162.89	18.87	32.49	15.33	22.93	60.23	0.37	84.55	0.52	0.71
Virginia 509	170.04	21.43	34.04	16.40	25.47	60.74	0.36	84.33	0.50	0.72

续表

品种	叶厚/μm	上表皮厚/μm	上表皮细胞宽/μm	下表皮厚/μm	下表皮细胞宽/格	栅栏组织厚/μm	栅栏组织厚/叶厚	海绵组织厚/μm	海绵组织厚/叶厚	组织比
建选3号	123.47	17.73	27.49	10.42	22.83	49.43	0.40	47.88	0.39	1.03
Kentucky 17	212.31	26.50	42.76	19.06	27.83	87.68	0.41	103.44	0.49	0.84
LA Burley 21	173.39	23.15	37.73	15.62	23.94	64.73	0.37	83.74	0.48	0.78
均值	174.60	21.80	34.99	15.73	24.35	65.40	0.37	82.14	0.47	0.81
标准差	30.22	2.96	4.80	2.63	1.77	12.34	0.02	17.14	0.04	0.11
变异系数	0.17	0.14	0.14	0.17	0.07	0.19	0.06	0.21	0.09	0.13

表 4-21　白肋烟中部叶叶片组织结构方差分析

性状	变异来源	平方和	自由度	平均方差	*F* 值	*P* 值
叶厚	品种	47582.55	6	7930.43	23.66	0.00
	随机误差	51962.74	155	335.24		
	总变异	99545.29	161			
上表皮厚	品种	540.52	6	90.09	2.58	0.02
	随机误差	5407.76	155	34.89		
	总变异	5948.28	161			
上表皮细胞宽	品种	1317.26	6	219.54	2.49	0.03
	随机误差	13641.96	155	88.01		
	总变异	14959.22	161			
下表皮厚	品种	256.43	6	42.74	2.86	0.01
	随机误差	2314.52	155	14.93		
	总变异	2570.94	161			
下表皮细胞宽	品种	246.00	6	41.00	0.70	0.65
	随机误差	9038.50	155	58.31		
	总变异	9284.49	161			
栅栏组织厚	品种	10365.60	6	1727.60	12.39	0.00
	随机误差	21616.68	155	139.46		
	总变异	31982.28	161			
栅栏组织厚/叶厚	品种	0.07	6	0.01	3.59	0.00
	随机误差	0.48	155	0.00		
	总变异	0.55	161			

续表

性状	变异来源	平方和	自由度	平均方差	F 值	P 值
海绵组织厚	品种	11219.04	6	1869.84	11.17	0.00
	随机误差	25955.81	155	167.46		
	总变异	37174.85	161			
海绵组织厚/叶厚	品种	0.13	6	0.02	5.38	0.00
	随机误差	0.64	155	0.00		
	总变异	0.77	161			
组织比	品种	0.74	6	0.12	6.62	0.00
	随机误差	2.91	155	0.02		
	总变异	3.65	161			

程君奇等人曾对白肋烟品种 Kentucky 8959、Burley 21 和建选 3 号的中部烟叶组织比、腺毛密度、主要化学成分含量、腺毛分泌物含量、致香物质总量以及感官评吸质量进行了比较分析。结果(见表 4-22)表明,烟叶组织比差异较小的品种,如 Kentucky 8959 和 Burley 21,则其烟叶短柄腺毛密度、无头腺毛密度、总腺毛密度、烟碱含量、总糖含量、腺毛分泌物总量、除新植二烯外致香物质总量、感官评吸得分等差异也较小;烟叶组织比差异较大的品种,如 Kentucky 8959 和建选 3 号,则其烟叶短柄腺毛密度、无头腺毛密度、总腺毛密度、烟碱含量、总糖含量、腺毛分泌物总量、除新植二烯外致香物质总量、感官评吸得分等差异也较大。在所分析的 3 个品种间,随着烟叶组织比的增加,短柄腺毛密度、无头腺毛密度和总腺毛密度随之增加,烟叶烟碱含量、腺毛分泌物总量、除新植二烯外致香物质总量随之增加,总糖含量随之降低,燃烧性、灰色、可用性随之增加,劲头随之降低,感官评吸得分随之增加。据此认为,烟叶组织比可作为烟叶组织结构中评价烟叶品质的烟叶组织结构的指标,组织比增大能改善烟叶内部结构,提高光能利用率,增加内含物积累,提高烟叶品质。

表 4-22　白肋烟品种间烟叶组织比与腺毛密度、致香物质含量及感官评吸质量的对比分析

品种	Kentucky 8959	Burley 21	建选 3 号
组织比	0.71	0.77	1.03
短柄腺毛密度/(根・cm^{-2})	94.95	100.96	153.85
无头腺毛密度/(根・cm^{-2})	49.28	49.28	91.35
总腺毛密度/(根・cm^{-2})	734.38	736.78	800.48
烟碱含量/(%)	2.25	2.69	2.97
总糖含量/(%)	1.15	0.94	0.88
腺毛分泌物含量/(%)	0.50	0.66	0.73
除新植二烯外致香物质总量/($\mu g \cdot g^{-1}$)	58.68	85.04	114.70
燃烧性	3	3	4
灰色	3	3.5	3.5
劲头	2.5	2.5	2

续表

品种	Kentucky 8959	Burley 21	建选3号
可用性	3	3.5	3.5
感官评吸得分	81.5	82.5	84.5

烟叶组织比是在大田工艺成熟期测定的，可以提前对品种的品质进行鉴定，而不需要等到烟叶调制后。利用烟叶组织比值，可以对不同白肋烟品种，在相似栽培条件下，于工艺成熟期进行品质鉴定。在育种目标的指导下，可以利用组织比选配亲本，选择组织比值大的品种进行杂交，为提高 F_1 代的品质提供了极大的可能性。同时，利用烟叶组织比值，对杂种后代进行单株选择，也有利于选出品质较好的稳定品种。

（七）白肋烟品种主要抗病性的遗传表现

国内白肋烟生产上主要病害有黑胫病、根黑腐病、青枯病、根结线虫病、赤星病、白粉病、烟草普通花叶病毒病（TMV）、马铃薯Y病毒病（PVY）等，其他还有野火病、角斑病、枯萎病、霜霉病、黄瓜花叶病毒病（CMV）、烟草蚀纹病毒病（tobacco etch virus，TEV）、烟草脉斑驳病毒病（tobacco vein mottle virus，TVEV）、番茄斑萎病毒病（tomato spotted wilt virus，TSWV）、烟草环斑病毒病（tobacco ring spot virus，TRSV）、烟草丛顶病毒病（tobacco bushy top virus，TBTV）、烟草曲叶病毒病（tobacco leaf curl virus，TLCV），等等。从烟草育种发展之始，烟草育种者们就投入了很大精力研究烟草抗病基因利用，可以说，烟草育种史就是抗病育种史。

在烟草抗病性遗传研究方面，来源于普通烟草资源的抗病性遗传信息常限于杂种 F_1 的反应和随后分离世代的一般行为。为获得遗传数据而进行的各种试验设计，由于栽培条件、环境作用、基因型与环境的互作、纯合致死现象、回交亲本的修饰基因、病原物种类及其致病力、数据采集时烟株株龄和采集条件的影响，而难以获得令人信服的结果。另外，病原体是活性物，因而在测定静态性状的试验设计以外，还存在另一种变异源，而且测定抗病性的各种试验设计均需要采用精确的方法，以防止其他病原体的污染或对烟株的胁迫。尽管如此，研究者们还是获得了一定的确定结论。

1. 烟草抗病性与病原物的遗传变异

烟草的抗病性是烟草的属性之一，它是生物进化的产物。生长在大自然中的每种烟草植物都会遭到各类病原物的侵袭而受到不同程度的危害，有的甚至是毁灭性的。尽管如此，许多烟草植物仍能经受住这些侵害而存活下来，并生长良好。这说明烟草植物存在不同程度的抗病性。所以烟草的抗病性是烟草与其病原物在长期的协同进化中相互适应、相互选择的结果。在进化过程中，病原物形成不同类别、不同程度的寄生性和致病性，烟草也相应地形成了不同类别、不同程度的抗病性。

抗病性是烟草普遍存在的性状。不论在栽培条件下或野生条件下，烟草属中各个种、种内的各个品种无不具有抗病性。感病品种也仅仅是对一定范围的病原物或小种（株系）表现感病，如果病原物种类或小种（株系）改变，就可能由感病变为抗病。对一个植株而言，既可能整株表现出系统的抗病性，也可能仅仅某一器官或某些细胞表现出局部抗病性。如果以发生抗病的生理生化反应为标准，表现感病的植株，体内也可能发生防卫反应，只不过较弱而已，以至于外表没有明显变化。

抗病性是烟草的一种相对性状。人们只有将抗病烟草品种与感病烟草品种比较，才能认识抗病性，了解抗病性的特征、程度和影响范围。不同烟草品种的抗性差异从本质上看是基因型不同的反映，而烟草品种的抗病性表现不只取决于本身的基因型，还取决于它与病原物基因的互作以及与环境条件的互作。病原物从第一次侵入到完成一个生活周期，都必须依赖一定的适宜的环境条件，土壤因素、气候因素、生物因素、日常农事操作等都可能使某些烟草品种的某种抗病性不同程度地增强或削弱；对于寄主而言，如果是抗病的，它必须具有某些生理或形态特点，在病原物发展的某一阶段抑制或杀死病原物。可见，抗病性与感病性两者共存于一体，从免疫（根本不发病）、高度抗病到高度感病，抗病性强便是感病性弱，抗病性弱便是感病性强。因此，在寄主和病原物相互作用中，抗病性表现的程度有阶梯性差异，可以依据感染程度在最抗与最感之间划分几个等级（见图 4-11）。

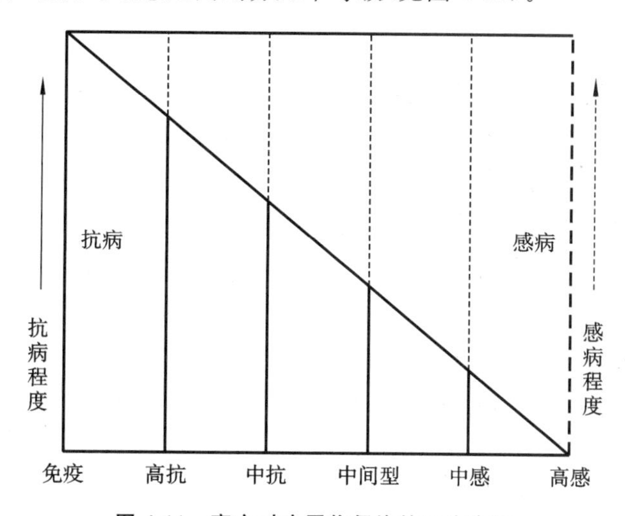

图 4-11　寄主对病原物侵染的反应类型

1）烟草植株抗病性的表现

烟草病害是由真菌、细菌、病毒、类病毒、类菌质体或线虫等病原物引起的。在病原物侵染烟草植株前和整个侵染过程中，烟草植株以多种因素、多种方式、多道防线来抵抗病原物的侵染和为害。不同烟草种或品种对相应病原物的抗病机制也各有不同。根据寄主表现抗病性的生育阶段不同，可分为苗期抗病性、成株期抗病性（即田间抗病性）和全生育期抗病性三种，前者在幼苗期即能充分表达，第二种仅在成株期表达或在成株期显著增强，后者则在全生育期均表现一致的抗性。不管在哪个生育阶段，烟草植株对真菌病害和细菌病害的抗病性依其抗性机制主要表现为以下几种类型。

（1）抗侵入（resistance to penetration）。

由于寄主具有的形态机能、解剖结构及生理生化特点，可以阻止或削弱某些病原物侵入，这种抗性类型称为抗侵入。如叶表皮的茸毛、刺、蜡质、角质层，气孔数目、结构及开闭规律，表面伤口的愈合能力，分泌可抑制病原物孢子萌发和侵入的化学物质等，均与抗侵入的机理有关。抗侵入的特殊表现是免疫，也就是寄主品种完全不受病原物的侵害。即使在最适条件下，病原菌也不能与寄主建立寄生关系。由于抗侵入是烟草植物被病原物侵染前即已具备的抗病性，因而也称为被动抗性（passive resistance）。

病原物多数是从真皮直接侵入的，也有从气孔、水孔等自然孔口侵入或由昆虫介导的。在侵入阶段，寄主、病原物、共生微生物（非病原体栖居者）与环境形成一个生态系。病原物能否侵染寄主，主要由这种生态系的平衡情况来支配，如果某种原因破坏了这种平衡，那么病原物就侵入寄主。例如，炭疽病菌从表皮侵入的菌丝并不表现症状，呈所谓“潜伏侵染状态”，当寄主组织开始老化时，就转为显性感染。叶基和根际拮抗微生物的存在，也显著地影响病原物的侵入，拮抗微生物所产生的抗菌物质有的可直接阻止病原物侵入，并往往能诱导寄主的抵抗反应，能有效地防止病原物的侵染。有些植物能产生酚类或皂角苷类化合物来阻止病原物的侵入。

抗侵入抗病的一个表现特点是非特异性，其抗性通常不会因病原菌生理小种的变异而丧失。抗病侵入反应，降低了最初病原物的繁殖系数，减缓了病害流行的速度，从而减少了病害造成的损失。

(2) 抗扩展(resistance to colonization)。

寄主的某些组织结构或生理生化特征，使侵入寄主的病原物不能进一步扩展。如厚壁、木栓及胶质组织，组织营养成分、pH 值、渗透势及细胞含有的特殊化学物质，抗菌素、植物碱、酚、单宁及侵染后产生的植保素（通常具有多酚和类萜性质）等，均不利于病原物的继续扩展。由于抗扩展是病原物侵染所诱导的抗病性，其抗病性状在侵染前并不存在，只有遭到病原物侵染后才激发出一系列保卫反应而表达出抗病性，因而又称为主动抗性(active resistance)。

抗扩展表现在若干方面，如潜育期长、传染期短、反应型低（发生坏死或褪绿反应的结果）、病斑小、病斑扩展慢、病斑数少等。其中最典型的是过敏性坏死反应(necrotic hyper sensitive reaction，又称保卫性坏死反应)，即寄主遭病原物侵染后，侵染点附近的寄主细胞和组织很快死亡，使病原物受到遏制或被封锁在枯死组织中而死亡。过敏性坏死反应是烟草植物最普遍的防卫反应类型，对真菌、细菌、病毒和线虫等多种病原物普遍有效。植物体被病原物侵染后，发生过敏性坏死反应，除了表现局部（侵染点）抗病外，还可以诱发系统抗性，使远离侵染点的部位也“获得”了抗性，这就是系统获得抗性(systemic acquired resistance，SAR)。过敏性坏死反应的抗病效果很高，加之发生过敏性坏死反应的植物体往往出现坏死斑，易于鉴定和定性分级，得以在抗病育种中广泛应用。由于这种抗病性是小种特异性抗性，抗性容易被病菌的变异克服，因而常不易持久，抗病性有丧失的危险。

(3) 抗再侵染(resistance to reinfection)。

植株或器官遭受一次侵染而发病后，因受激发而提高了生理抗病性，以后再受同类或相近似的病原物侵染时则发病较轻或较少，此种特性称为抗再侵染或诱导抗性(induced resistance)。

抗再侵染是各种因子诱发的烟草植株抗病害防卫，即病害减轻的现象。对这一试验现象定义的术语先后有获得免疫、获得抗性、交叉保护、干扰、诱导抗性等。诱导因子可以是化学物质、非病原细菌、非病原病毒等。在一些病毒病害中，早已发现类似获得免疫的现象，后来又在几种真菌病害中发现获得了免疫，即植株经保护性接种（相当于疫苗接种）后能够诱发出对病害的抵抗性。例如，在烟草植株上接种非致病性菌或弱致病性小种，经一定时期再接种强致病性小种，则病原菌的感染率显著下降。具有这种诱导抗性的病菌有烟草赤星病、烟草黑胫病等。董汉松等采用化学物质、非病原细菌、非病原病毒、赤星病弱毒株进行赤星病抗性诱导，成功地诱发了赤星病抗性，并建立了诱发因子谱。

(4) 耐病(tolerance to disease)。

植物的抗损失特性也称为耐病性或耐病，耐病烟草品种的病害严重程度或病原物发育程度与感病品种相近，但产量或品质损失较低。耐病性的生理机制和遗传控制与抗侵入和抗扩展不同，不包括在狭义的抗病性范畴之内。

耐病性可以认为是一种遗传的或获得的烟草品种忍受病害的能力，而且可以给烟农满意的回报。耐病性大多发现于叶面病害、根茎病害、病毒病等。耐病机制可能完全依赖于寄主耐性，而不是抗侵染。耐性可能带来严重不利因素，这些因素作为潜在的危险菌种源，尽管它本身是安全的，但可能对其他品种造成严重危害。

烟草病毒病至少有三种不同的耐病机制。①病毒可以繁殖但不表现症状，这种受到病毒侵染而不产生症状的栽培品种称为无症状载体。②产生症状，但比其他产生同样症状的植株受损害轻。③受病毒感染且表现严重症状，但比其他受感染植株受害轻，称为真正的耐病。

(5) 避病(disease escaping)。

从严格的意义上讲，避病不是真正的抗病，只是由于烟草生育阶段与病原物的发生发展不相遇，因此烟草免受病害侵害。烟草植株受到病原物侵染后不发病或发病较轻，这并非寄主自身具有抗病性，而是病原物的盛发期和寄主的感病期不一致，使烟株避免侵染。例如，早熟的烟草品种可以在赤星病发生较晚的地区避免感赤星病。

上述烟草植株对病原物的抗性表现类型中，以抗侵入和抗扩展最常见，而且在白肋烟抗病育种中的价值很大。前者减少了病原物的侵入数量和侵染点，降低了发病率，后者限制了病原物在植物体内的定殖和发展，改变了病斑类型或降低了发病严重度。

2) 烟草品种抗病性的遗传方式

烟草抗病性的表现，是在一定的环境条件影响下，寄主植物的抗病性基因和病原物的致病基因相互作用的结果。烟草品种的抗病性是烟草的遗传潜能，是由抗病基因决定的。一个烟草种或烟草品种的抗病性，一般由综合性状构成，每一性状都由基因控制。不同类别的抗病性，其遗传方式也有不同，有的由主效基因(R 基因)控制，有的则由微效基因控制，还有的由细胞质基因控制。

(1) 主效基因抗性(major gene resistance)。

主效基因抗性也称单基因抗性(monogenic resistance)或寡基因抗性(oligogenic resistance)，由单个或少数几个主效基因控制，按孟德尔法则遗传，抗性表现为低侵染型，呈现质量性状的遗传特点，因而有时也称为定性抗性(qualitative resistance)。多数抗病性表现为显性基因控制，少数情况下抗病基因为隐性或不完全显性。主效基因，即单独起作用便能决定抗病性表型的基因。主效基因多数能控制全生育期的抗性，少数控制成株抗性或仅在其他特定的寄主生育阶段表达的抗性。主效基因抗性能够有效减少初始菌量，抗病效能较高，不易因环境条件的变化而降低，是当前抗病育种中广泛利用的抗性类别。

主效基因抗性又称为小种专化抗性(race-specific resistance)，或垂直抗性(vertical resistance)。寄主的抗性只针对病原物群体中的少数几个特定小种，如白粉病菌、霜霉病菌以及其他专性寄生物等，由单个或少数几个主效基因对病原物的特殊基因型起抗性作用(常称为免疫），但对病原物的其他基因型不起作用。具有该种抗性的寄主品种与病原物小种间有特异性的相互作用。在烟草植物的遗传抗病性中，主效基因的垂直抗性往往是大量的，一般都是占优势的。主效基因抗性的主要缺点是抗性易因病原物小种组成的变化而“丧失”，在生产上这种抗性是不稳定的，也是不能持久的。生产上可以利用具有垂直抗性的异源多品系或多品种混合体的抗性，混合体是指农艺性状一致或基本一致而对同一目标病害的抗病基因呈多样性的多系品种。混合体就其中每个品系而言是垂直抗性的纯系，就总体而言，则是抗病性的异质群体，仅就特定病原物而言，其对群体的侵袭程度低于单个品系的平均侵袭程度。如果生产上只有某一种病害特别严重，其他病害可以不考虑时，利用混合体不失为一种易行而可靠的策略。

(2) 微效基因抗性（minor gene resistance）。

微效基因抗性也称多基因抗性（polygenic resistance），由多个微效基因控制，抗性表现为数量性状遗传特点，如潜伏期、病原物繁殖量等呈现连续性变异，因而有时也称为定量抗性（quantitative resistance）。微效基因，即每个基因决定抗病性表型的效应较小，多个微效基因共同起作用决定抗病性表型。各微效基因的作用是累加的，其表达易受环境因素的影响。等位基因间有明显的剂量效应，即抗病基因纯合时表型效应最强，杂合时有所降低。非等位抗病基因在大多数情况下独立作用，少数情况下基因间有互补作用、上位作用或抑制作用等。抗病与感病亲本杂交，子一代的性状大致接近于双亲的中值。子二代或其他子代群体出现连续变异，分布规律服从正态分布。微效基因抗性有明显的超亲现象，即子代抗病性状可优于双亲，在少数病害中抗性有明显的上位效应。微效基因抗性主要是降低流行速率，往往表现为中度抗病或相对抗病，仅在例外情况下才接近免疫。所以，有时将微效基因抗性称为一般抗性（general resistance）。

微效基因抗性又称非小种专化抗性（race-non-specific resistance）或水平抗性（horizontal resistance）。这种抗性是寄主针对病原物整个群体的。具有该种抗性的寄主品种与病原物小种间没有明显特异性相互作用，病原物毒性不依寄主抗性基因的变化而变化，寄主品种没有它们自己所特有的病原物小种。这种抗性不会因病原物小种改变而很快“丧失”，比较稳定持久，因此有时也称为持久抗性（durable resistance）。

(3) 细胞质基因抗性（cytoplasmic resistance）。

烟草植物的抗性绝大多数为细胞核遗传，极少数为细胞质遗传。细胞核染色体上的抗病基因有两类，即主效基因和微效基因。前者控制定性抗性性状的遗传，后者控制定量抗性性状的遗传。少数抗病基因位于胞质细胞器内。由细胞质基因控制的抗性，称为细胞质抗性。少数病害的抗性是由细胞质控制的。细胞质抗性为母性遗传，正交与反交的子一代都只表现母本的性状。

3) 基因对基因学说（gene-for-gene theory）

在自然生态系中，植物与病原物都是遗传上多样的异质群体，双方在长期共存中，相互适应，相互选择，通过长期共同进化，植物逐渐形成了类型多种多样、程度强弱不同的抗病性，而得以生存和繁衍种族。在气候特别有利于病原物流行的年份，病害严重发生，寄主抗病性受到选择；当寄主群体抗病性提高后，病原物致病性也受到选择。当气候不利于病害流行时，病害轻微，寄主抗病性又会有所下降。这样就形成了一种动态平衡。在动态平衡的进化过程中，寄主和病原物是相互作用、相互选择、共同进化、共同存在的；在寄主和病原物保持动态平衡的情况下，人工选择起决定性的作用。基因对基因学说给这一进化问题研究提供了实验和理论支持。

基因对基因学说于1954年由Flor首次提出。1998年，Vander Biezen和Jones将基因对基因假说发展成保卫假说(guard hypothesis)，认为抗病蛋白是一个主动监视病原无毒蛋白或一个在植物体内作用底物的防御因子；2003年，Bos等人又将基因对基因学说发展成R基因产物和无毒性基因(*Avr*)产物的直接作用。总的说来，基因对基因学说认为，在进化过程中，寄主群体中有一控制抗病性的基因，病原物群体中就相应地有一控制致病性的基因。也就是说，对应于寄主的每一个抗病基因，病原物方面存在或迟早会发现一个相对应的毒性基因，它能克服其对手的抗病基因而使之感病。病原菌具有毒性基因(*Vir*)和无毒性基因(*Avr*)，寄主植物具有感病基因(r)和抗性基因(R)，只有当携带无毒性基因的病原菌感染携带对应抗性基因的寄主植物时，才会诱导植物产生抗性，否则就会导致植物被感染致病。可见，毒性基因乃是能克服寄主方面对手(或对应的)抗病基因使之再无抗病作用的基因，呈现出一把钥匙开一把锁的对应关系。四种组合中，感病基因-无毒性基因、感病基因-毒性基因和抗病基因-毒性基因都将导致感病，只有抗病基因-无毒性基因这一组合才能导致抗病。该学说还认为，植物无论是携带感病基因还是抗病基因，都具有潜在的抗性能力，植物和病原物之间的专化性是建立在受体识别的水平上的，因为所发现的植物抗病基因，都是编码受体蛋白的基因。也就是说，植物的抗性机制在所有抗病或不抗病小种中的基因是固有的，抗性发挥与否，取决于植物-病原物基因-基因识别的性质，不发挥抗性只是因为植物和病原物之间的基因配合不是抗病基因-无毒性基因的组合而已，并不意味着植物本身不具备抗病能力。在寄主-寄生物体系中，任何一方的每个基因，都只有在另一方相应基因的作用下才能被鉴定出来。显然，基因对基因学说只适用于垂直抗性体系，即双方主效基因之间。在水平抗性体系中，则看不出这种规律。曾有人推测，在水平抗性体系中，寄主的抗病性微效基因和病原物的侵袭力微效基因可能也存在着基因对基因关系，但目前尚无法证实。基因对基因学说不仅可指导品种抗病基因型与病原物致病基因型的鉴定方法的改进，预测病原物新小种的出现，而且对于抗病性机制以及植物与病原物共同进化理论的研究也有指导作用。

一般而言，病原菌的寄生水平愈高，寄主抗病特异性愈强，则相应病原菌的生理分化也愈强烈，病原菌生理小种越多，寄主的抗源也愈多。在同一病原菌的种或变种内，有性杂交、无性杂交、突变、异核现象、准性生殖都可能引起毒性或侵袭力的变异，进而不断分化出新的小种。烟草上多种病毒都存在毒系分化现象，如TMV、TEV和PVY等。烟草黑胫病菌、白粉病菌、霜霉病菌、野火病菌、青枯病菌等也都有明显的小种或生物型分化。烟草赤星病菌不同菌系亦存在致病力的差异。烟草黑胫病菌是烟草病原菌中研究最多也较深入的一种，现已鉴定的生理小种有4个，0号和1号生理小种发现于英国，2号发现于南非，3号发现于美国。我国已分离出很多菌系，大致分为强、中、弱三类，以0号小种为主，其次为1号小种。随着寄主专化性的发展，它与病原菌生理小种分化同步形成了一系列鉴别寄主，其中烟草黑胫病的鉴别寄主现已广泛采用(见表4-23)，国外采用的鉴别寄主还有A23、Beinhart 1000、Florida 301、Burley 37、NC95、Burley 21、Beinhart 1000-1、Maryland 609、*N. stocktonii*、*N. plumbaginifolia*等，这些鉴别寄主对小种反应灵敏，抗感分明，反应稳定，重现性好，这些材料既是病原菌研究的重要资源，也是抗病育种的重要抗源。

表 4-23　烟草黑胫病生理小种的鉴别寄主

品种	生理小种			
	0	1	2	3
L-8	R	S	R	N
NC1071	R	S	—	R
N. nesophila	S	R	—	R
N. nudicaulis	R	S	—	—
Delerest 202	S	S	R	S
WS117	S	S	—	S

2. 烟草对主要病害抗性的遗传特点

通常来说，由烟草种间杂交衍生的抗病性是简单遗传的，表现为显性基因作用；而来自普通烟草资源的抗病性不是由 2 对基因控制的就是呈数量性状遗传方式。下面就烟草对各主要病害抗性的具体遗传特点做一简要介绍。

1）黑胫病抗性的遗传特点

烟草黑胫病（tobacco black shank）是由烟草疫霉菌（*Phytophthora parasitica* var. *nicotianae*）引起的真菌性根茎类病害，是目前中国烟草生产上的主要病害。现已发现 4 个烟草黑胫病菌的生理小种，包括 0 号、1 号、2 号和 3 号生理小种。在烟草抗黑胫病育种上，原始抗源主要有 4 个，即雪茄烟品种 Florida 301 和 Beinhart 1000-1，野生种 *N. plumbaginifolia* 和 *N. longiflora*。表 4-24 列出的是包括原始抗源在内的烟草抗黑胫病育种的主要抗源。Chaplin（1965 年）研究指出，不同抗源的抗性遗传方式不同。

表 4-24　烟草抗黑胫病育种的主要抗源

抗源	烟草类型	抗性类型	遗传方式
Florida 301	雪茄烟	*N. tobacum*	隐性多基因
Beinhart 1000-1	雪茄烟	*N. tobacum*	部分显性寡基因
Coker 176	烤烟	*N. tobacum*	隐性多基因
NC82	烤烟	*N. tobacum*	隐性多基因
NC2326	烤烟	*N. plumbaginifolia*	部分显性寡基因
L-8	白肋烟	*N. longiflora*	部分显性寡基因
Kentucky 17	白肋烟	*N. tobacum*	部分显性寡基因
Tennessee 86	白肋烟	*N. tobacum*	部分显性寡基因

雪茄烟品种 Florida 301 是 1922 年由 Tisdale 采用雪茄烟品种“大古巴”和“小古巴”杂交选育而成的，目前是烟草抗黑胫病育种中使用的最主要抗源，这种抗性又称 Florida 301 抗性。自 20 世纪 40 年代以来，该抗源广泛用在美国育成的烤烟和白肋烟品种上，由该抗源育成的品种占抗黑胫病品种的 95%以上，而抗性源于 Florida 301 的品种对 0 号和 1 号黑胫病生理小种均表现中度抗性。目前在抗黑胫病育种上主要选用改进后的抗病品种作为 Florida 301 抗源，如 Coker 371 Gold、Coker 139、Coker 176、NC82、Burley 11A、Burley 37、Burley 49 等，而很少用这一原始抗源。育种学家和遗传学家对该抗源抗性的遗传做过大量

研究，结果不尽一致，但目前普遍接受 Chaplin 的观点，认为该抗源的抗性由隐性多基因控制，表现为数量性状遗传特点，属于水平抗性，抗性较稳定，但在田间条件下对黑胫病抗性的遗传是复杂的，其分离世代受到感病亲本植株年龄及土样带菌程度的影响。陈迪文等人以抗性来自 Florida 301 的白肋烟品种 Burley 37 和感黑胫病品种 Burley 67 的 F_1 代经花药培养获得的 87 个 DH 株系群体为作图群体，利用 AFLP 和 SRAP 分子标记技术，在群体中共获得 135 个多态性标记。以此为基础，构建了一个含 23 个连锁群（c1～c23）、总遗传长度为 915.7 cM、标记平均间距为 9.2 cM 的白肋烟遗传连锁图（见图 4-12），为精细定位抗黑胫病 QTL 以及通过分子标记辅助选择等方法选育黑胫病抗性强的烟草品种奠定了基础。陈迪文等人还利用 WinQTLcart2.5 软件扫描遗传连锁图，在 4 个连锁群上共检测到 7 个与黑胫病抗性相关的数量性状位点（分别命名为 *TBS*1～*TBS*7）。其中，在 c2 和 c5 两个连锁群上出现了重复性稳定的数量性状位点。抗黑胫病 QTL 定位结果进一步验证了 Florida 301 抗性是由隐性多基因控制的。

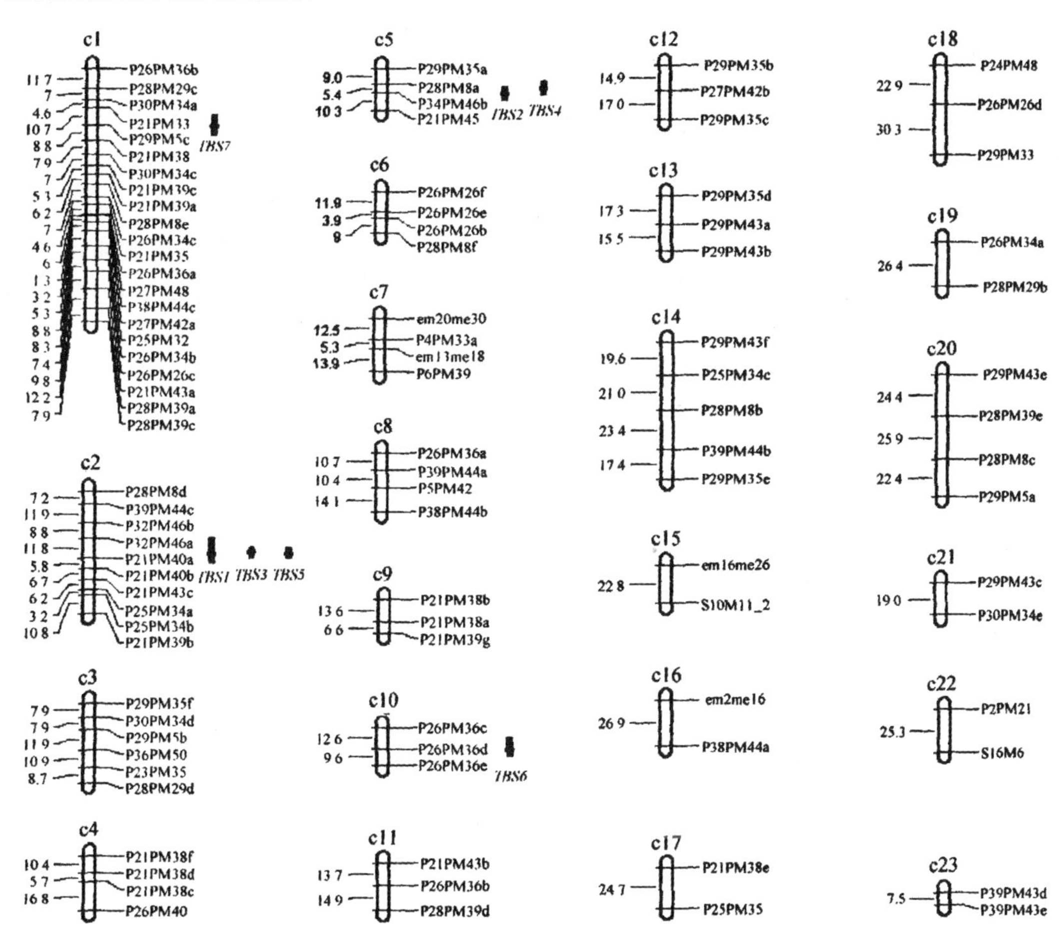

图 4-12　白肋烟遗传连锁图与抗黑胫病 QTL 的定位

来自野生种 *N. longiflora* 的黑胫病抗性被 Walleau（1960 年）用作白肋烟对黑胫病的抗源，育成高抗黑胫病 0 号生理小种的白肋烟品种 L-8，并确定其抗性由部分显性基因控制，还受一些修饰基因的影响。但发现该品种不抗黑胫病 1 号生理小种。在黑胫病 1 号生理小种扩散以前，美国常用 L-8 品种作为杂交亲本，与抗黑胫病 0 号生理小种的白肋烟杂交，配制成的杂交种在美国多年使用，曾占美国白肋烟种植面积的35%以上。随着黑胫病生理小种的改变，来自该抗源抗性的品种变得感病。

来自野生种*N. plumbaginifolia*的黑胫病抗性由Chaplin(1962年)通过回交法转移给烤烟，最早育成的是抗黑胫病0号生理小种的烤烟品种NC2326，进而育成Golden 131、NC567、PD468等抗黑胫病0号生理小种的烤烟品种。Chaplin和Apple(1962年)在各自独立的研究中，得出一致结论，即该抗源抗性由部分显性单基因控制，这个部分显性基因因导入的品种不同而受到强度不同的修饰基因的强化。由于来自*N. plumbaginifolia*的抗性由部分显性单基因控制，因此随着病原菌专化性改变，该抗性不能完全有效地控制病害危害。对黑胫病0号生理小种抗性最强的烤烟品种是Coker 371 Gold，其抗性来源于Florida 301和一个显性单基因，而这个显性单基因可能来源于*N. plumbaginifolia*。美国学者Johnson等人借助RAPD标记已经证明了分别来自*N. plumbaginifolia*和*N. longiflora*的黑胫病抗性基因是等位的，并且这2个基因位点能发生重组。无论怎样，这些基因型的反应均随黑胫病生理小种的变化而变化。

另一个黑胫病原始抗源Beinhart 1000-1，是由来自QuinDiaz的Beinhart 1000选育出的雪茄烟品种。其抗性遗传也是部分显性基因控制，抗性高于其他抗源。但实践研究上很难把该抗性转移到其他类型烟草上，这是由于其抗性基因与雪茄烟特性的基因连锁，以及基因多效造成的。Tart使用表型轮回选择法，增加综合群体的抗性水平，增加基因重组率，以期打破Beinhart 1000-1品种抗性与非目的性状的连锁，选育适宜生产使用的高抗品种。据Nielsen报道，白肋烟品种Kentucky 17是最早用这种方法育成的具有该抗性的品种。该抗性在烤烟上的利用，困难更大，仅育成Bet-921、PD121等少数几个抗黑胫病的品种。

黄文昌等人曾用抗性程度不同且对黑胫病的抗性来源不同的6个烟草品种中烟90(高抗，来自Florida 301)、革新3号(高抗，来自Florida 301)、L-8(中抗，来自*N. longiflora*)、Burley 21(抗，来自*N. longiflora*)、KBM20(高感)和Kentucky 14(高感)，按Griffing Ⅰ完全双列杂交模型设计了36个基因型处理，分析了烟草黑胫病病情指数的遗传特性。结果(见表4-25)表明，烟草对黑胫病的抗性遗传以显性效应为主，加性效应也较大，同时抗性表达还受环境影响。烟草黑胫病抗性广义遗传力为85.53%，狭义遗传力为20.35%，狭义遗传力占广义遗传力的比例仅为23.79%，可见烟草黑胫病抗性广义遗传力较高，狭义遗传力较低。据此认为，亲本抗性对后代影响较大，但在早世代进行抗性选择的效果不好。

表4-25 烟草黑胫病抗性遗传参数估计

方差组成及参数	病情指数
加性方差	150.3557
显性方差	481.5634
遗传方差	631.9191
环境方差	106.9378
表现型方差	738.8569
广义遗传力/(%)	85.53
狭义遗传力/(%)	20.35

2）根黑腐病抗性的遗传特点

烟草根黑腐病(tobacco black root rot)是由根串珠霉菌(*Thielaviopsis basicola*)引起的土传病害，目前在中国烟产区日趋严重。根黑腐病致病菌是一种土壤习居菌，易变异不稳定，在美国发现它存在褐、灰两个野生型，在日本和波兰发现弱致病力、中等致病力和高致病力的菌种。烟草根黑腐病是最早进行抗病育种的病害之一。早在1914年美国就育成了第一个抗根黑腐病的品种，1921年育成第一个抗根黑腐病的白肋烟品种 White Burley，1922年在生产上推广抗根黑腐病的雪茄烟品种 Havana 142。

20世纪20年代，烟草抗根黑腐病育种主要是利用普通烟草出现的遗传变异作为抗源，如烤烟中的400、Yellow Special，白肋烟中的 White Burley，雪茄烟中的 Havana 142、Havana 307等。在白肋烟抗根黑腐病育种上，利用 White Burley 作抗源，成功育成一系列中抗根黑腐病的白肋烟品种，如 Burley 21、Kentucky 14、Kentucky 10等。普通烟草抗源如品种 Harrow Velvet 和 TI89 对根黑腐病的抗性表现为基因显性和隐性混合抗性。一个遗传模型呈现混合抗性的例子是在白肋烟品种 Kentucky 14、Burley 21 与 Judy's Pride 杂交中发现的，分析亲本、F_1、F_2和 BC_1代平均值发现，抗性是由基因加性效应、显性效应和上位效应共同作用的。

据保加利亚测试结果，烟属中有51个种对根黑腐病菌具有抗性，其中高抗的有 *N. rustica*、*N. glauca*、*N. noctiflora*、*N. exigua*、*N. excelsior*、*N. corymbosa*、*N. clevelandii*、*N. arvensis* 和 *N. debneyi* 等。*N. debneyi* 是自20世纪50年代以来利用的主要抗源，这是由于 *N. debneyi* 与普通烟草杂交相对容易些，因而其抗性转移也较易取得成功。Clayton(1969年)首先通过种间杂交将 *N. debneyi* 的抗性转育到普通烟草上，在20世纪60年代中期，由抗源 *N. debneyi* 育成第一个白肋烟品种 Burley 49。利用该品种作为抗源亲本，美国相继育成 Kentucky 17、Kentucky 15、Kentucky 78379、PVY 202、Kentucky 8259、Kentucky 8958、Tennessee 86、Tennessee 90等白肋烟品种，这些品种目前是美国作为抗烟草根黑腐病的主体亲本。目前，*N. debneyi* 对根黑腐病的抗性基因也已被转育到很多加拿大烤烟品种和欧洲烤烟品种中。Clayton(1969年)的杂交试验清楚地显示，源自 *N. debneyi* 的对根黑腐病的抗性是由显性单基因控制的，对根黑腐病具有高抗性。Nielson 认为没有一个根黑腐病菌小种对具有该抗性的基因型致病。与黑胫病情况相似，烟属其他种对根黑腐病的抗性也比已发现的普通烟草的抗性简单得多，均表现为显性单基因遗传。Legg 等人(1981年)培育的白肋烟等基因系有的包含这一抗性，有的不包含这一抗性，两者在形态和化学成分等性状上有一定的差异，产量也略微减少。Brandle 等(1994年，未发表的数据)的研究表明，用抗真菌的β-1,3-葡聚糖酶基因转育的烟草品系对根黑腐病的病原菌表现出高抗性。

3）青枯病抗性的遗传特点

烟草青枯病(tobacco bacterial wilt)又名 Granville 枯萎病，是热带和亚热带地区常见的烟草毁灭性病害之一。它是一种由青枯假单胞菌(*Pseudomonas solanacearum*)引起的细菌性土传病害。青枯病可分为3个生理小种，每个生理小种侵染植物的能力有明显区别，生理小种Ⅰ可侵染烟草等茄科和其他植物，但生理小种Ⅱ和Ⅲ对烟草无毒害。每个生理小种内还可划分若干致病力与其他特性不同的亚小种。据报道，还没有出现任何小种可以突破像 TI448A、Oxford 26 或 NC95 的抗性，有时大田抗性丧失是由于接种浓度过高及环境条件特别适宜该病蔓延，而不是由于抗病品种的抗性被打破。有人根据菌株对3个六碳醇和3个双糖的利用以及脱氮作用的特点，将菌株分为4个生物型。

迄今为止，在任何一个野生烟属种中均未鉴定出抗青枯病的能力，在栽培烟草品种中也未鉴定出对青枯病免疫的品种，仅仅在普通烟草的几个基因型上发现了对青枯病具有中抗水平的抗源，如TI448A、79X、Enshu、Hatanodaruma、TI79A、Xanthi（香料烟）、Sumatra C（香料烟）和印度尼西亚的雪茄型品种，以及日本地方品种Awa、Hatano、Kokubu、Odaruma、Kirigasaku、Suifu等。不同的抗源，其抗性遗传方式不同（见表4-26）。目前国际上已经明确，烟草青枯病的三大主体抗性材料的抗性遗传方式分别为多基因、部分显性基因*Rps*、部分显性基因*Rxa*。

表4-26　不同青枯病抗源的抗性遗传方式

抗源	遗传方式
TI448A	多基因
79X	多基因
Awa	部分显性基因*Rps*
Enshu	*Rps*和多基因
DSPA	多基因
Sumatra C	*Rps*和多基因
Xanthi	部分显性基因*Rxa*

其中，TI448A是美国烟草抗青枯病育种的主要抗源。Smith和Clayton（1948年）用TI448A与几个烤烟品种杂交，其F_1与感病亲本一样感病，表明其抗性为隐性基因遗传，需要通过5个世代的连续选择才能恢复到TI448A的抗性水平，但超过第5代，其抗性并不增加，由此认为TI448A的抗性由隐性多基因控制。这一结论被广泛接受，直到1994年津巴布韦的研究者报道TI448A在当地的抗性表现为加性遗传。CORESTA（国际烟草科学研究合作组织大会）青枯病协作组也对TI448A抗源在世界烟叶主产区进行了多年多点田间病圃鉴定，结果表明：TI448A表现出稳定的高抗性，表现为多基因的加性遗传，携带TI448A抗性基因的Oxford207和Enshu FC的抗性均高于抗病对照NC95，由此推测，抗性来源于TI448A的许多烟草品种的抗性同样符合加性基因模型，表现为数量性状遗传特点。实践证明，这种抗性是最具有生产价值的抗源。美国所有育成品种的抗性皆来自TI448A。自1945年育成第一个抗病品种Oxford 26以来，美国先后育成DB101、DB102、Coker 139、Coker 319、NC95、NC729、Coker 86、K149、K399、Speight G-28、Speight G-80、K326等一系列抗青枯病品种，其抗性相当或优于TI448A，成为目前世界上抗青枯病育种的主体亲本。津巴布韦把TI448A、Oxford 26、DB101和DB102作为青枯病抗源，日本把Coker 139作为青枯病抗源，中国把Oxford 26、DB101、Coker 319、SpeightG-28、SpeightG-80等作为青枯病抗源。

抗源79X是由TI79和Xanthi两个中抗青枯病品系杂交选育而成的，其抗性高于任何一个亲本，表明青枯病抗性的加性遗传特性。79X的抗性遗传模式与TI448A相同，但是TI448A与79X之间的遗传关系至今未确定，因为两抗源的杂种F_1比任何一个亲本都感病。79X像Xanthi一样，该品系在白肋烟育种中作为抗源时，其抗性常与小叶性状连锁。

日本地方品种抗源Awa、Hatano、Kokubu、Odaruma等的抗性受部分显性基因*Rps*控制，Enshu 和 Hatanodaruma 的抗性不仅受 *Rps* 基因控制，还受多基因影响，Kirigasaku 和 Suifu 的抗性由微效多基因控制。日本利用这些抗源成功地培育出了抗青枯病的白肋烟品种和烤烟品种，如以 Hatano 为亲本选育出 Hatano W、BHA21-3、W6 等抗青枯病品种。Matsuda(1977 年)报道了 TI448A、DSPA、Xanthi、Sumatra C 和日本抗病品种的抗性遗传分析结果。来自 TI448A 抗源的抗病品种 DB101 与日本地方品种的杂交结果表明，两者抗性遗传方式不同；Xanthi 的抗性由与日本地方品种的 *Rps* 基因不同的部分显性基因控制，Matsuda 把它称为 *Rxa* 基因，他指出，Xanthi 的抗性还受多基因控制；Sumatra C 和 Awa 的杂种 F_2代没有出现抗性遗传分离，由此得出这两个品种具有相同的抗性基因；DSPA 的抗性遗传方式是多基因，但未检测出遗传因子及 *Rps* 基因。CORESTA 青枯病协作组的研究结果表明，携带部分显性基因 *Rps* 和 *Rxa* 的材料分别表现为低抗和中抗。

值得注意的是，上述烟草青枯病抗源的抗性表现为受不同的遗传系统控制，因此，利用不同抗源的遗传方式的差异，通过不同抗源遗传物质积累，选育对青枯病抗性更高的品种是可行的。1980 年美国牛津作物研究室的 Richard Gwynn，用 TI448A、DSPA、TI79A、Xanthi、Enshu 与烤烟品种 Speight G-15 进行随机交配，通过轮回选择建立了一套把不同抗源累加到烤烟中，而且很有希望克服一些生长和品质不利性状的育种程序(见图 4-13)。1981 年，Richard Gwynn 利用每个杂交组合 F_2植株进行随机交配，之后连续选择至 F_5代，再以最好的品系进行随机交配，同时，用生产上主栽品种与之回交。尽管没有育成新的栽培品种，但选育出一批具高抗水平、病情指数低于 10 的材料，可望利用这些材料实现抗青枯病育种的重大突破。

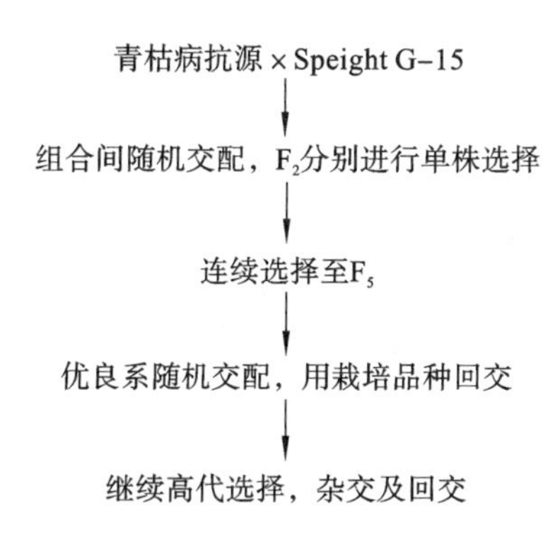

图 4-13　累积几种青枯病抗性遗传因子的育种程序

4) 根结线虫病抗性的遗传特点

烟草根结线虫病(tobacco root-knot nematodiasis)是世界上分布很广、危害很大的一种线虫病害。烟草根结线虫病的种类很多，其中最普遍的根结线虫病有 4 种，分别为南方根结线虫病(*Meloidogyne incognita*)、花生根结线虫病(*Meloidogyne arenaria*)、爪哇根结线虫病(*Meloidogyne javanica*)和北方根结线虫病(*Meloidogyne hapla*)。在中国烟产区危害的主要是南方根结线虫病。

烟草根结线虫病抗源主要是 TI706，这是一个来自南美洲抗南方根结线虫病的品系。它是用 *N. sylvestris* × *N. tomentosiformis* 的异源多倍体与普通烟草杂交得到的。该抗性由显性单基因和几个修饰基因控制。该抗性通常与不利性状(小叶，窄叶)紧密连锁，这是把根结线虫病抗性导入栽培品种的主要障碍。利用 TI706 的抗性，Moore 等人(1962 年)通过复交育成第一个抗南方根结线虫病的品种 NC95,该品种在北卡罗来纳州种植,植株根部不产生根瘤,但在线虫重的地块亦可造成严重的减产;Graham(1961 年)育成抗南方根结线虫病品系 PD611,但感爪哇根结线虫病、花生根结线虫病和北方根结线虫病。Coker 139 对根结线虫病的抗性亦来自 TI706。美国育种者由 NC95 和 Coker 139 复合育成大批抗南方根结线虫病品种,如 Speight G-28、Speight G-80、K326、Coker 254、Coker 247、K399、VA080、NC729 等。Honarnejad 等对抗性来自 TI706 的 Virginia E1、Corker 347、Corker 319、Coker 258、McNair 944、R30、Coker 411、Speight G28、N2 和 Perega 这 10 个烟草品种的完全双列杂交组合进行了分析,结果表明,烟草对根结线虫病的抗性受加性基因和非加性基因控制,以加性效应为主,遗传力高(0.60～0.63)。如果某些品种抗性的一般配合力高,则其杂交后代可能抗根结线虫病;如果该品种的特殊配合力也较高,可以从抗病的杂交种内选择出抗根结线虫病的烟草品系。此外,美国 Ngmbi 等研究结果还表明,抗性来自 TI706 的烤烟品种 Speight G-28 还抗花生根结线虫病 1 号生理小种,其抗性由一个单显性基因控制,与另两个抗花生根结线虫病 1 号生理小种的烤烟品系 81-RL-2K 和 SA1214 的抗性基因属于等位基因。

N. longiflora 和 *N. repanda* 也是根结线虫病抗源,当线虫群体相对较少时,*N. longiflora* 抗性表现为显性单基因遗传,而在重感条件下,显性单基因同与之连锁的修饰基因共同决定抗性的表达。Stavely 等人(1973 年)成功地把 *N. repanda* 的抗性基因转移到栽培品种中,但是这些基因在后续回交和自交世代中逐渐消失。

其他野生种中也存在一些抗性,如 *N. nudicaulis*、*N. plumbaginifolia*、*N. langsdorffii*、*N. nesophila* 对爪哇根结线虫病表现出抗性。在津巴布韦的一些栽培品种中亦发现对爪哇根结线虫病的抗源,利用这些抗源比利用烟草野生种抗性要容易得多。

5) 枯萎病抗性的遗传特点

烟草枯萎病(tobacco fusarium wilt)又名烟草镰刀菌枯萎病、歪茎病、弯头病,是由尖镰孢菌烟草变种(*Fusarium oxysporum*)引起的土传病害,在中国烟产区比较流行。

烟草枯萎病的主要抗源是 TI448A,其抗性属于数量性状遗传。美国育成的不同类型的抗枯萎病烟草品种中,多数品种的抗性来源于 TI448A。例如,烤烟品种 NC2326、PD5、NC95 等以及白肋烟品种 Kentucky 35、Burley 11A、Burley 11B 等,对该病的防治具有令人满意的效果。此外,TI556 和 TI55C 也是烟草枯萎病的抗源,其遗传特性遵循 TI448A 模式,中美和南美有几个育成品种的抗性来源于这两个材料。

西班牙研究者发现,当地的白肋烟品种 Jaraiz 1 对枯萎病表现出高抗特性,此抗性目前已被转育到杂交种和常规品种上。

6) 赤星病抗性的遗传特点

烟草赤星病(tobacco brown spot)是由链格孢菌(*Alternaria alternata*)引起的烟草叶面病害,目前已成为中国烟产区的主要叶面病害之一。据报道,此菌有 A、B 两种类型的孢子,A 型对烟株的致病力大于 B 型。中国烟草赤星病菌的致病力分为强、中、弱以及无致病力等类型,在不同种间和同种内,致病力强弱差异明显。随着植烟年限的增加,赤星病菌致病力分化趋于稳定,且致病力有逐渐增强的趋势。

国内外学者对大量烟草野生种和烟草栽培品种进行了抗赤星病筛选,发现了一些对赤星病具不同抗性的野生种和栽培品种,但没有一个是对赤星病免疫的。尽管发现不少抗性品种,但在烟草育种上使用的有效抗源主要是雪茄烟品种 Beinhart 1000-1 和烤烟品种净叶黄。

国外在抗赤星病育种中利用的抗源主要是 Beinhart 1000-1。该品种高抗赤星病，育种者们已将这一基因型携带的抗性基因转育到了白肋烟和烤烟栽培品种上，例如，利用 Beinhart 1000-1 抗源，Chaplin(1971 年)转育成高抗赤星病品系 PD121；Stavely(1981 年)等人育成抗赤星病烤烟品系 Bel921；Lapha(1976 年)转育成抗赤星病白肋烟品种 Banket A-1，之后育成抗赤星病又抗白粉病的白肋烟品种 Banket 102；日本将 Beinhart 1000-1 的抗性成功转移给 6 个栽培品种。目前，国外育成烤烟品种和白肋烟品种的赤星病抗性大多来自 Beinhart 1000-1。尽管人们试图转移 Beinhart 1000-1 的全部抗性到烤烟栽培品种中，但要获得其全部抗性，而又没有强烈雪茄烟味非常困难。Chaplin 和 Graham 依据 Beinhart 1000-1 与 Golden wilt 400 杂交后代的分离结果，认为 Beinhart 1000-1 对赤星病的抗性是由单基因控制的部分显性遗传，这一观点多年来一直为研究者们所接受。Stavely 等对包括 Beinhart 1000-1 在内的 8 个高抗赤星病材料做了遗传分析，认为这些品种的抗病性都是由多基因控制的，表现为数量性状遗传。而且，Beinhart 的抗性基因(或连锁因子)在某种程度上延迟成熟。在烤烟纯合的背景条件下，Beinhart 型抗性基因可延迟烟株衰老，造成平滑叶和欠熟叶，而纯合抗病和纯合感病的品系杂交，其 F_1 可产生具有良好抗性和品质的后代，因而在烤烟上，需将 Beinhart 型抗性基因置于杂合的遗传背景中，这样虽然降低了对赤星病抗性，但改进了烟株的成熟特性。而在白肋烟遗传背景中，这不是一个主要问题，Beinhart 型抗性基因在白肋烟纯合的背景条件下(品种 Banket A1 和 Banket 102)，也可获得抗性和品质都满意的结果，但是该基因影响叶片衰老的速率，因此，Banket A-1 和 Banket102 必须在叶片变黄充分才可砍收。

中国在抗赤星病育种中利用的抗源主要是净叶黄。该品种是从长脖黄突变株中选育而成的。中国育种者们利用该品种先后育成单育 2 号、许金 4 号、中烟 15、中烟 86、辽烟 14、中烟 90、中烟 98、中烟 100 等高耐赤星病的品种。王素琴等人的研究表明，净叶黄抗性是由部分显性的加性基因控制的，且与不易成熟和烘烤性状有一定连锁关系。蒋彩虹等的研究结果也表明，净叶黄对赤星病的抗性由显性-加性基因控制。

此外，Stavely 等人(1971 年)在烟草属 63 个近缘种中进行抗赤星病筛选，结果表明 7 个种具有高抗性，但是其中 4 个与感病品种的杂种一代仍是感病的，野生种 *N. suaveolens* 的抗性可以转移给普通烟草品系，但需进行回交与选择才能得到高抗性。Dobhal(1991 年)研究表明，*N. rustica* 对赤星病的抗性是由多个微效基因控制的，这些微效基因在表达过程中首先表现为加性效应，也存在非加性效应。所有位点上的基因表现为均衡的部分显性，存在着等位基因间的互作，但没有上位作用。

美国农业部烟草实验室对保存的来自世界范围种质中 1000 份引进烟草品种和 500 余份烟草栽培品种进行了严格条件的抗性鉴定。结果表明，TI1467、TI995、TI820、TI1043、Ambalema、Beinhart 1000、Beinhart 1000-1 和 PD121 对赤星病的感病程度明显比对照品种 Florida22 和 Baur 轻，表现为高抗，TI505、TI804 和 TI764 对赤星病的抗性也高于这两个品种。而 Beinhart 1000 和 Beinhart 1000-1 的抗性显著高于除 TI1467 以外的所有参试材料。鉴于赤星病的发生受温度和湿度条件影响很大，不同品种间的抗病性基本上呈连续分布，多数人倾向于认为普通烟草对赤星病的抗性均是由多基因控制的水平抗性，属于数量性状遗传。几个美国烤烟品种，如著名的 K326 也具有一定水平的耐病性，据推测，这种耐病性是育种学家通过累积于美国烤烟基因库中的数量性状的作用而获得的。不过,冯莹等人认为,净叶黄和 Beinhart 1000-1 的赤星病抗性均受两对加性-完全显性主基因和加性-显性多基因控制,赤星病的抗性遗传以主基因效应为主。郭永峰等研究了包括 Beinhart 1000-1 和净叶黄在内的 7 个品种对赤星病的抗性机制,结果表明供试抗病品种分为两种抗性类型,Beinhart 1000-1 抗病菌侵入的能力很强,但病斑较大,而国内抗病品种净叶黄和许金 4 号既抗病菌侵入也抗病斑扩展。进一步研究表明,烟草对赤星病病菌侵入的抗性较抗病斑扩展的能力容易通过品种间杂交而传递给后代。

7）白粉病抗性的遗传特点

烟草白粉病(tobacco powdery mildew)是由二孢白粉菌(*Erysiphe cichoracearum*)引起的叶面病害,目前成为中国南方烟区的主要病害之一。

在烟草抗白粉病育种上,国外应用的主要抗源有 4 个,即日本晾烟品种 Kuo-Fan(syn Kokobu)和 3 个野生种 *N. tomentosiformis*、*N. glutinosa* 和 *N. debneyi*,而国内采用的抗源主要为地方晒烟品种塘蓬。CORESTA 研究了这些抗性材料以及其他抗性材料对白粉病病原菌的抗性反应,试验结果(见表 4-27)表明,Kuo-Fan 是控制该病的最有效抗源。

表 4-27　CORESTA 白粉病合作试验结果

栽培品种	抗性来源	鉴定次数	感病次数	病情指数
Kp14/a	极感病	69	42	－50.2
Virginia Gold	极感病	75	39	－14.5
Pobeda 3	*N. debneyi*	75	27	－3.7
Hicks 55	*N. glutinosa*	75	11	＋55.4
Irabourbon	?（可能来自法国）	75	6	＋68.3
Kuo-Fan	Kuo-Fan	75	3	＋81.5
P. B. 205	?（可能来自伊朗）	17	3	＋82.9
TB22	*N. tomentosiformis*	36	2	＋85.3
Kutsaga 51E	Kuo-Fan	73	0	＋100
PMR Burley 21	Kuo-Fan	75	0	＋100

抗源 Kuo-Fan 在抗白粉病育种中得到最广泛而成功的应用。该品种抗性由重复隐性基因控制,属中抗水平。两个隐性基因分别为 *pm1* 和 *pm2* 。*pm1* 和 *pm2* 分别位于 I 染色体和 H 染色体上,分别与雌性不育的隐性基因 *st1* 和 *st2* 连锁。将该品种抗性基因转移到烤烟和白肋烟上并没有对品质性状产生不利影响。Kuo-Fan 型抗性在幼株上并不完全表现,但白粉病症状常在苗期和温室的幼株上观察到,田间开花期成株底脚叶上的症状最典型,因此,在分离群体中,开花期是选择的最佳时期。在南非、欧洲和亚洲种植的抗白粉病品种主要来自该抗性,如烤烟品种 K346、Kutsaga 51E、Kutsaga E1、Kutsaga 110、Kutsaga Mammoth 10 和 TL33 等,白肋烟品种 Banket 102、PMR Burley 21 等,雪茄包皮烟 TV 等。在 CORESTA 合作试验中,未发现 PMR Burley 21 和 Kutsaga 51E 的感病报道,但有 3 次关于 Kuo-Fan 感病的报道。

据 Raeber 等人(1963 年)对烟草 28 个种的测试结果,其中,*N. debneyi*、*N. glauca*、*N. glutinosa*、*N. tomentosiformis*、*N. repanda*、*N. undulata*、*N. trigonophylla* 对白粉病免疫,

N. ingulba、*N. nudicaulis*、*N. palmeri*、*N. longiflora*、*N. nesophila*、*N. gossei* 和 *N. umbratica* 对白粉病表现为抗病。但在育种中作为白粉病抗源使用的只有 *N. tomentosiformis*、*N. glutinosa* 和 *N. debneyi* 这 3 个野生种，因为野生种中，只有这 3 个种与普通烟草杂交后抗性稳定。这 3 个野生种的抗性均表现为显性单基因遗传，因而通过种间杂交不可能获得隐性抗性。据报道，这 3 个野生种的抗性早已转育到烤烟栽培品种上。例如，高抗白粉病的品种 TB22，其抗性来自 *N. tomentosiformis*；Pobeda 3 的抗性来自 *N. debneyi*；日本一些品种和 Hicks 55 的抗性来自 *N. glutinosa*。抗性品种 TB22、Hicks55 和 Pobeda3 的鉴定结果表明，来自 *N. tomentosiformis* 的抗性又有别于另两个抗源的遗传机制(见表 4-27)，Pobeda 3 和 Hicks 55 在次适宜条件下表现抗病，但在适宜白粉病发生的条件下，也可能重感；如果突变强菌系变得流行，TB22 所具有的抗性在杂交组合中可能是有用的。

烟草野生种 *N. digluta* 也用作白粉病抗性资源，其抗性来源于野生种 *N. glutinosa*，它是由种间不育杂种 *N. tabacum* × *N. glutinosa* 经过染色体加倍而形成的可育的异源四倍体新种。Ternovsky 利用 *N. digluta* 作为抗花叶病和白粉病的种质资源，培育了抗 2 种病害的烟草品种。Cole 也利用 *N. digluta* 为抗源，将杂交后代与一个栽培烟草品种回交 7 次，最终获得了高抗品系，这些品系对烟草白粉病菌表现出过敏性反应。Cole 的研究资料表明，这些烟草品系对白粉病的抗性是显性的，很可能由单基因控制。

中国广东地方晒烟品种塘蓬是中国抗白粉病烟草育种上最广泛采用的白粉病抗源，该品种对中国采集的 93%以上的白粉病菌分离物免疫，其抗性表现为隐性基因遗传。利用该抗源育成广红 12 号、广红单 100 号、81-26 等高抗白粉病的晒红烟品种。

8）野火病和角斑病抗性的遗传特点

烟草野火病(tobacco wild fire)和角斑病(tobacco angular leaf spot)分别是由烟草野火病假单胞菌(*Pseudomonas syringae* pv. *tabaci*)和烟草角斑病假单胞菌(*Pseudomonas syringae* pv. *angula*)引起的叶面病害，对白肋烟产区威胁很大。烟草野火病和角斑病在田间往往同时发生，二者的病原特性、侵染规律相似。二者的病原菌是同属中非常相近的两个种，抗源对一种病原菌表现抗性时通常对另一种病原菌也表现抗性。其中，烟草野火病根据其对 *N. longiflora* 及 *N. rustica* 的致病反应划分为 0 号、1 号和 2 号生理小种。0 号生理小种仅能侵染不具抗性的烤烟品种，1 号生理小种能侵染由长花烟培育而成的所有烤烟品种，0 号和 1 号生理小种都不能侵染从黄花烟发展而来的抗病品种，2 号生理小种能侵染已知抗 0 号和 1 号生理小种的烟草品种。

烟属许多其他种对野火病和角斑病具有抗性，但在普通烟草中还没有找到野火病和角斑病很好的抗源。Nakamura 和 Nakatogawa(1965 年)在日本生态条件下，测定出有 17 个烟属种抗野火病，如 *N. longiflora*、*N. rustica*、*N. plumbaginifolia*、*N. repanda*、*N. alata*、*N. affinis*、*N. sanderae*、*N. forgetiana* 和 *N. acuminata* 均表现为高抗野火病。世界上在抗野火病与角斑病烟草育种中，利用的抗源是 *N. longiflora* 和 *N. rustica*。

来自抗源 *N. longiflora* 的抗性表现为显性单基因遗传，这一基因只抗野火病 0 号生理小种，不抗 1 号生理小种，这一基因对角斑病的株系具有部分抗性。Clayton(1974 年)已将 *N. longiflora* 的抗性基因成功地转移给普通烟草，培育出抗病品种 TI106，然后以白肋烟作轮回亲本，回交育成第一个抗野火病又兼抗 TMV 品种 Burley 21，之后将 Burley 21 作为抗源使用，育成 Kentucky 14、Kentucky 15、Kentucky 170、Burley 37、DF485、Tennessee 86、Kentucky 180、Kentucky 190 等一批白肋烟品种。Burley 21 还作为抗性亲本与许多烤烟品种杂交，如津巴布韦将 Burley 21 对野火病 0 号小种的抗性与其他品种对白粉病的抗性融合在一起，育成第一个花粉双单倍体 Kutsaga 110，随后育成 Kutsaga Mammoth 10 等抗病品种。利用抗病品种 TI106 与感病品种杂交，其杂交后代的抗性不表现孟德尔遗传分离比例，仅 White Burley 与之杂交是个例外，这种差异的原因可能是某些品种的基因对来自 *N. longiflora* 的抗病基因表达起修饰作用，其中的抗性机制尚不清楚，过敏坏死反应可能起主要作用。Lovrekovich 和 Stahman(1967 年)在利用 Burley 21 抗源培育烤烟品种过程中，发现无论多少次自花授粉或多少次选择，抗感植株总是呈现 2∶1 分离比例，约有 1/3 来自 Burley 21 的抗病品系与轮回亲本杂交呈这一分离比例。但是，没有迹象表明来自 *N. longiflora* 的抗性在一定遗传背景下是不稳定的。因此推测出现 2∶1 分离比例是纯合致死的缘故。另外 2/3 的抗病品系与轮回亲本杂交呈 3∶1 的分离比例，所有选育品种的野火病感染率均在最小比例内。而耐角斑病小种变化对角斑病的抗性基因表达，取决于栽培品种的遗传背景。因此，修饰性多基因可能加强或削弱了抗病性，Wannamker(1988 年)也观察到类似的结果。尽管已知野火病生理小种和角斑病生理小种克服了 *N. longiflora* 的抗性，但多年来并没有对抗病品种造成很大影响。

来自抗源 *N. rustica* 的野火病抗性也表现为显性单基因遗传，这一基因不但抗野火病 0 号和 1 号生理小种，而且对角斑病的抗性亦优于 *N. longiflora*。津巴布韦的育种工作者已成功地将 *N. rustica* 的抗性基因转育到烤烟上，美国又把该抗性基因转移给雪茄烟，使烤烟或雪茄烟品种产生既抗野火病又抗角斑病的特性。有研究表明，*N. rustica* 的野火病 0 号生理小种抗性与 Burley 21 的野火病 0 号生理小种抗性不是等位基因，因此，可将二者结合在同一基因型中以提高品种的抗性水平。但是，在育种计划中遇到了一问题，由于 *N. rustica* 的遗传特性，育成的大多数品系易倒伏，而且抗性基因很难在染色体上定位，这是因为种间杂交的两亲本的染色体缺乏同源性，交换插入有益目的基因十分困难，仅有少数不期望的非目的基因被插入，因而很难选到好的重组基因型。来自 *N. rustica* 的抗野火病基因有时与抗孢囊线虫病基因连锁，弗吉尼亚的育种计划中已经利用了这一特性。

此外，另一个野火病抗源是 *N. repanda*，现已成功地转移到普通烟草上。据报道，*N. plumbaginifolia* 是有巨大潜力的野火病抗源。在实践中，许多育种家还注意到不同栽培品种对角斑病表现一定程度的水平抗性，这种抗性是由多基因控制的，如 K326 就是其中之一，这可能是在群体中有目的选择的结果。

9）霜霉病抗性的遗传特点

烟草霜霉病(tobacco blue mold)，又名蓝霉病，是由烟草霜霉菌(*Peronospora hyoscyami de Bary* f. sp. *tabacina*)引起的一种具有高度破坏性的气传性叶面病害。中国尚未发现该病害，现已将其列入对外检疫对象。澳大利亚已发现烟草霜霉菌有 3 个可区别的生态型，即株系 APT_1、APT_2 和 APT_3，它们的致病性、寄主反应，以及在烟株形成孢子的能力和烟株生长条件各不相同。匈牙利又发现了一个致病力强、孢囊孢子以螺旋式芽管萌发的新株系。

大部分烟属种感霜霉病，黄花烟和红花烟亚属的野生种没有一个对霜霉病表现出足够的抗性和耐性。但科学家发现,起源于澳大利亚的一些野生种对霜霉病具有天然抗性,甚至对霜霉病免疫,如 *N. debneyi*、*N. exigua*、*N. excelsior*、*N. goodspeedii*、*N. megalosiphon*、*N. maritima*、*N. suaveolens*、*N. velutina* 等。目前,抗霜霉病育种上使用的抗源大多数是由普通烟草与几个澳大利亚野生种,包括 *N. debneyi*、*N. goodspeedii*、*N. excelsior* 和 *N. velutina* 的杂种衍生而来的。

野生种 *N. debneyi* 是霜霉病抗性利用最为成功的抗源。Bel 61-10 就是一个由 *N. debneyi* 与普通烟草种间杂交育成的抗病品系,而且广泛作为抗源亲本使用,进而育成深色晒烟 PBD6、白肋烟 BB16 和 BBA46 等高抗霜霉病品种。这种抗性表现为过敏坏死反应,在移栽后几周至盛花期才表现抗性最大值,遗传稳定,至今未被新的菌系"攻克",但受遗传特性、植株营养状况、发育阶段及光照、温度等因素的影响。Clayton(1968 年)发现,*N. debneyi* 的抗性是由几个基因控制的,为了用常规遗传模型培育抗病品种,要进行广泛的杂交和选育试验。不同水平的抗性说明,其抗性是由来源于 *N. debneyi* 的抗性显性单基因、双基因和三基因与一种来自烟草的主效基因决定的。保加利亚育种研究证实,来源于 *N. debneyi* 的抗性受多达 3 个显性基因控制。表 4-28 列出了 *N. debneyi* 的 4 种生态型对霜霉病的接种反应。Schiltz 等人(1977 年)提出 *N. debneyi* 的三基因遗传假说,即 R_nR_n、$R_{v1}R_{v1}$ 和 $R_{v2}R_{v2}$,R_n 基因提供对普通菌系(Ln)的抗性,R_{v1} 和 R_{v2} 可能是加性基因作用,提供对强致病菌系(Lv)的抗性。第一个获得 *N. debneyi* 抗性的烤烟品种是 Hicks,但由于转移该抗病基因的同时也导入一些不良基因,因而改良后的 Hicks 仍有缺点。之后研究发现,如果把普通烟草原有的一对耐病基因与同时转移过来的 3 对抗病基因组合起来,可以大大提高霜霉病抗病性。研究还发现转移来的 *N. debneyi* 抗性与烟碱含量正相关。

表 4-28 *N. debneyi* 的 4 种生态型对霜霉病的接种反应

类型	严重度	
	P. tabacina	*E. cichoracearum*
N. debneyi	高抗	感
N. debneyi G.	抗	高抗
N. debneyi N.	抗	低抗
N. debneyi A.	高抗	感

野生种 *N. goodspeedii* 和 *N. suaveolens* 也是重要的霜霉病抗源。现已把野生种 *N. goodspeedii* 的抗性和 *N. suaveolens* 的部分抗病基因转移到普通烟草栽培品种中。如从 *N. goodspeedii* 中获得抗病的 Sirone 和 Sirop 品种,这些品种对澳大利亚的 APT_1 菌株高抗。据报道,*N. goodspeedii* 在 2 周苗龄时即显示出抗病。澳大利亚将 *N. goodspeedii* 的抗性向烟草上转育时发现,该抗性是由显性单基因控制的。另据报道,有的烟草野生种如 *N. exigua* 和 *N. megalosiphon*,可能在烟株的整个生育期都是抗病的,*N. longiflora* 与 *N. plumbaginifolia* 在 6 周或 7 周苗龄时高抗霜霉病。目前还没有把它们的抗性基因转移到栽培品种中。

另外,唯一的其他重要抗源是由烤烟品种 Virginia Gold 的种子经过化学诱变剂三甘亚胺三氮杂苯(triethylene iminotriazine)处理而获得的。该抗病品系对霜霉病表现高抗,而且这种抗性至今未被新的小种克服。人们认为这个品系的抗性是由部分显性基因调控的,但至今未培育出具有此抗性的栽培品种。

CORESTA 在不同国家进行的一项抗病与感病遗传类型的研究已持续了数十年，虽然感病的程度每年各不相同，但这些抗霜霉病的遗传类型（见表 4-29）已具有足够的抗性，未发现哪个抗源丧失抗性。因而继续采用这些抗源进行抗病育种仍是可行的。

表 4-29 CORESTA 收集的抗霜霉病品种

品种	抗性来源
Bel 61-10	*N. debneyi*
Pobeda	*N. debneyi*
Trumpf	*N. goodspeedii*
Ovens	*N. velutina*, *N. goodspeedii*
GA955	*N. excelsior*
Chemical Mutant	Chemical

10）普通花叶病（TMV）抗性的遗传特点

TMV（tobacco mosaic virus）又译为烟草镶嵌病毒，是一种 RNA 病毒，是烟草花叶病的病原体，属于 Tobamo virus 群，是目前烟草生产上分布最广、发生最普遍的一类病害。该病毒主要通过汁液传播，具有不同株系，中国主要有普通株系、番茄株系、黄斑株系和珠斑株系，因致病力差异及与其他病毒的复合侵染而造成症状的多样性。

育种工作者在对烟属野生种和普通烟草品种的抗性研究中，发现了许多抗源，如 *N. acuminata*、*N. goodspeedii*、*N. gauca*、*N. langsdorffii*、*N. repanda*、*N. rustica*、*N. wigandioides*、*N. benavidesii*、*N. gossei*、*N. nesophila*、*N. stocktonii*、*N. suaveolens*、*N. undulata*、*N. velutina*、*N. sanderae*、*N. tomentosiformis* 等都具 TMV 抗性。其中 *N. hesperis*、*N. petunioides*、*N. stocktonii* 和 *N. tomentosa* 抗 TMV 番茄株系，Pobeda 3、CV888 和 Neverokop 12 等品种也抗 TMV 番茄株系。在美国搜集的 TI 系列种质也存在不少 TMV 抗源，如 TI203、TI407、TI468、TI1203、TI25、TI383、TI384、TI410、TI411、TI412、TI413、TI436、TI437、TI438、TI439、TI448、TI448A、TI449、TI450、TI465、TI470、TI471、TI792、TI1467、TI1560（Ambalema）等品种均具 TMV 抗性。迄今为止，已报道的 TMV 抗源的表现型主要有耐病、过敏坏死和抗侵染 3 种类型。但对 TMV 抗源的研究成果主要集中在烟草品种 Ambalema 和野生种 *N. glutinosa* 这 2 个资源上。

野生种 *N. glutinosa* 是抗 TMV 育种的主要抗源，其抗性表现为过敏坏死反应，用该病毒进行人工接种后，叶片上出现局部枯斑，在大多数情况下，病毒被限制在病斑内，因此，*N. glutinosa* 对 TMV 表现出田间免疫，曾作为 TMV 的鉴别寄主。Holmes（1938 年）研究表明，该抗性是由显性单基因（N）控制的。有研究表明，温度在很大程度上影响着 N 基因的抗性效果，当接种植株生长在 30 ℃以上温度条件下时，植株也会对 TMV 表现出感病；只有当生长温度低于 28 ℃时，N 基因才会发挥对 TMV 的抗性反应，因此 28 ℃被认为是 N 基因介导 TMV 抗性的适合温度。早在 1936 年，Holmes 就将来自 *N. glutinosa* 的抗性基因成功地转移到栽培品种中，而且赋予了过敏坏死的反应特性。他还利用抗源 *N. glutinosa* 与普通烟草杂交育成可育的双二倍体，称为 *N. digluta*，之后用普通烟草品种与之回交，首先育成了抗 TMV 香料烟品种 Samsun NN。Holmes 将携带该抗性基因的外来染色体转移到普通烟草中后，Gerstel 又通过染色体重组育成染色体代换系，这项研究开辟了种间转移抗性新途径。现今，*N. glutinosa* 抗源已广泛应用于白肋烟和其他晾烟育种中，利用 *N. glutinosa* 的 N 基因育成大批高抗 TMV 品种，如 Kentucky 56、Burley 21、Burley 37、Burley 49、Kentucky 17、Kentucky 180、Kentucky 190、Tennessee 86、Tennessee 90、Kentucky 907、MRS1、MRS2、MRS3、MRS4 等。这些品种可以完全控制 TMV 的发生。而利用 *N. glutinosa* 的 N 基因育成的烤烟品种，常表现出烤后烟叶品质不良的特性，通常具 N 基因纯合的烤烟品种比感病亲本少减产 3%～4%，但叶色淡、品质指数低、均价低，且只有少数几个品种，如 Coker 86、Coker 176、NC75、VA770、NC744 具有抗性。抗病与感病亲本杂交，F_1 的产量介于两亲本之间，品质超过纯合抗病亲本。然而，在巨型烟草（不开花）的背景下，这一基因引入所带来的不利一面似乎是微不足道的。高产的津巴布韦品种 Kutsaga Mammoth 10 具有这种抗性，其烟叶品质也是可以接受的。目前，已经开发出 N 基因的分子标记技术，并应用于辅助烤烟抗 TMV 育种，有助于加快抗 TMV 烤烟品种的选育进程。

烟草品种 Ambalema 的抗性是一种耐病性，而且依赖于气温条件，它包含抗扩展的抗性。该品种在 16～20 ℃下，受 TMV 感染的植株几乎不出现什么症状，而且病毒粒子浓度低，TMV 向嫩叶发展的速度也很缓慢，但在 28 ℃下生长的植株，TMV 感染时出现严重症状。据 Valleau 报道，Ambalema 的抗性是由隐性等位基因 rm_1 和 rm_2 控制的。另据研究，*N. glutinosa* 的抗性基因与 Ambalema 的隐性等位基因之间没有连锁关系，将 *N. glutinosa* 的抗性基因转移到 Ambalema 后，Ambalema 的抗性显著提高。烟草抗 TMV 育种，最早就是围绕导入 Ambalema 抗性进行的。虽然为把该抗性导入理想的遗传背景中进行过很多尝试，但一直没有育成一个有很好利用价值的主栽品种，这主要是因为 Ambalema 的抗病基因与不良农艺性状、低品质基因有连锁关系或产生基因多效性的障碍，且 Ambalema 抗性倾向于萎蔫。因此，在发现 *N. glutinosa* 的显性单基因抗性后，Ambalema 抗源基本上很少采用。

此外，还有一些烟草品种或品系接种后比其他品种产生更少的病斑。如 TI245 表现出对 TMV 和其他几种病毒的抗侵染，还表现出躲避侵染及限制病毒扩展的作用。这可能与叶面少量不规则腺体有关。TI245 的抗性是由隐性基因 $t_1t_1t_2t_2$ 控制的，同来自印度烟草 Henika 的 $G_1G_1G_2G_2$ 基因合称为 GAT 品系。

11）马铃薯 Y 病毒病（PVY）等疱疹病毒组病毒病抗性的遗传特点

烟草马铃薯 Y 病毒病常与烟草蚀纹病毒病（TEV）和烟草叶脉斑驳病毒病（TVMV）复合侵染烟株。这 3 种类型病毒病已成为中国烟产区主要病毒病，其中烟草叶脉斑驳病毒病是白肋烟区的重要病害。3 种病毒病的病原均为疱疹病毒组（potyvirus group）由蚜虫介导的系统侵染性病毒，其中马铃薯 Y 病毒（PVY）有很多株系，中国鉴定出在烟草上发生的 PVY 有 4 个株系：普通株系 PVY^{O}（导致系统斑驳）、脉坏死株系 PVY^{N}、点刻状条斑株系 PVY^{C} 和茎坏死株系 PVY^{NS}，大多烟区的 PVY 是 PVY^{O} 株系。PVY 的变异较快，如 PVY^{O} 和 PVY^{N} 重组后形成 PVY^{NTN} 株系，病毒 RNA 发生点突变形成 PVY^{NO}、PVY^{NW}、PVY^{SYR}、PVY^{ToBR1} 等株系。

烟草抗疱疹病毒组病毒育种利用的主要抗源是栽培种突变体 Virgin A Mutante（VAM），其次是雪茄烟品种 Havana307，在野生种中也发现了一些抗源。

抗源 VAM，即 TI1406，是栽培种 Virgin A 辐射诱变产生的一个抗 PVY 突变体。据报道，其对 PVY 的抗性为隐性单基因（va，va_1，va_2 等）控制。通过单体分析，把 va 定位在 E 染色体上，纯合的 *va* 基因型对 PVY、TEV 和 TVMV 大多数株系表现抗病或耐病。TI1406 的杂合体表现为中间型，基因表现完全加性效应。VAM 是公认的 PVY 抗源材料，并在抗 PVY 育种中得到了实际应用。美国首先把 VAM 的 PVY 抗性导入到白肋烟品种 Burley 49，育成兼抗 PVY、TEV、TVMV 三种病毒的品系 PVY202，在此基础上育成了 Kentucky 907、Kentucky 8529、Tennessee 86、Tennessee 90、KDH 926、KDH 960、Greeneville 107、Kentucky 8958、Kentucky 8959 等白肋烟抗病品系或品种，以及 NC744、PBD6 等抗 PVY 烤烟品种。Brandle 等对 54 个栽培品种、7 个烟草种及 4 个体细胞杂交系进行了 PVY^N 的抗病性测定，发现 VAM、NC744、Tennessee 86 和 PBD6 等栽培品种高抗 PVY^N 或对 PVY^N 免疫，进一步证实了含有 *va* 基因的品种抗 PVY 感染，几乎不表现坏死症状。

抗源 Havana 307，具有与 *va* 相似的等位基因，抗 PVY、TEV 和 TVMV。晾烟中具 Havana 307 抗性基因的双单倍体，也具 PVY 和 TEV 抗性。Fulty 等人研究指出，Havana 307 的 TEV 抗性不是简单遗传；Wernsman 和 Gooding 用 TEV 高致病株系（NC155A）接种具 Havana 307 抗性的白肋烟及 F_2 分离世代植株，统计结果表明该抗性由独立分离的隐性单基因控制，且与 Tennessee 86（抗性来自 VAM）具等位基因。据报道，波兰烟草品种 Wanda 和 Wisana、白肋烟品种 Sota6505E 和 BurleyS-3 也都带有 *va* 的等位基因；耐 PVY^N 株系，表现为有或无脉坏死的轻花叶症状，与 Tennessee 86 的近等基因系杂交，则表现为由显性等位基因控制感病性。

从一系列野生烟属种中也鉴定出一些有 PVY 抗性或对 PVY 免疫的烟属种，如 *N. benavidesii*、*N. glauca*、*N. raimondii*、*N. wigandioides* 和 *N. tomentosiformis*，它们均对 PVY 的 3 个株系免疫；*N. knightiana*、*N. tomentosa*、*N. otophora*、*N. petunioides* 和 *N. debneyi* 只感 PVY 的 1～2 个株系。其中，*N. tomentosiformis* 即普通烟草的部分祖先，用 TEV 强毒株系 NC155A 接种时不表现症状，但病毒可以在无症状植株上分离出来。因此该基因可能与 *va* 基因是等位的。津巴布韦烟草研究院通过对来自 CORESTA 的烟草品种和自育品系的抗性鉴定，发现由 *N. tomentosiformis* 衍生的烤烟育种材料 TB4 表现出高抗 PVY，且抗性由 1 对隐性基因控制，与 VAM 的 PVY 抗性基因也是等位的，目前已将 TB4 作为抗源用以培育抗 PVY 品种。

日本在普通烟草品种中也筛选出了一些抗 PVY^T 株系的抗源，其中 VAM 高抗，Enshu 和 Okinawa 1 中抗，Perevi 和 Bursana 低抗，这些抗源的抗性均由 1 对隐性抗病基因控制，分别是 *va*（VAM）、va_1（Enshu、Okinawa 1）、va_2（Perevi、Bursana）。日本科技人员已通过回交把这些材料的抗性转移到栽培品种中，采用 Perevi 和 VAM 分别与 BY4、BY103、BY104、Va115、F105、MC1、Tsukuba Ⅰ 杂交，获得了一些抗 PVY^T 株系的烤烟品系，如 F55、F57、F60、F61、F108、F109、F225、F226 等；采用 Enshu、VAM、Bursana 分别与白肋烟 Burley 21、Kentucky 10 杂交获得了一些抗 PVY^T 株系的白肋烟品系；采用 Enshu、VAM、Bursana 分别与 N203、N301、Awa、N502 杂交，也获得了一些高抗 PVY^T 株系的品系。进一步研究认为，可以选择不同的抗源来培育抗 PVY^T 的各烟草类型品系。培育富有香气的烤烟，可选择 Perevi 抗源；培育清香型烤烟可选择 VAM 抗源，也可以选择 Bursana 抗源；培育日本国内白肋烟和绿色型烟，最好选择 Enshu、VAM 和 Bursana 抗源。

上述各种抗源材料的抗性基因全是等位的，因此，这些基因不能通过结合在同一基因型中来提高抗性水平。Witherspoon 等人（1991 年）采用 McNair944 离体花药培养，获得配子体无性变异品系 NC602，该品系能抗使 VAM 坏死的 PVY-B 株系，其抗性基因为部分显性基因，与 VAM 的抗性基因是非等位的，两抗性基因可以整合到一起，同时具有这两个基因的基因型将对 PVY 的更多株系具有抗性。

Lucas 等人（1980 年）报道野生种 *N. africana* 对 PVY 高抗或免疫。Earl（1992 年）发现 *N. tobacum* × *N. africana* 种间杂种高抗 PVY 和 TEV，抗病对感病为显性。Wernsman 和 Gooding 在育种后期获得的具 50 条染色体的纯合附加系 NC152 也高抗 PVY 和 TEV。这说明，*N. africana* 的抗性可能受一条或几条染色体上几个基因控制。

陈荣平等人筛选出高抗 PVY 材料 C151、CV91，中抗材料 CV87、87414 和 NC55。抗性遗传分析证实，C151 抗性由少数部分显性基因控制，CV91 抗性由少数隐性基因控制，CV87 和 NC55 抗性由微效多基因加性遗传控制。这些研究结果为烟草病毒病抗病品种培育奠定了基础，其中部分材料已作为 PVY 抗性供体得到应用。

12）番茄斑萎病毒（TSWV）抗性的遗传特点

TSWV 属布尼亚病毒科（Bnuyaviridae）番茄斑萎病毒属（*Tospovirus*），是一种经蓟马传播的病毒，原列入中国对外检疫对象，现已在中国烟产区发现，并有蔓延趋势。但世界上对烟草 TSWV 仅有零星研究。

波兰的研究发现，烟属的几个种，其中包括 *N. alata*，对 TSWV 具有抗性，*N. alata* 与普通烟草杂交获得了一个称为 Polalta 的稳定抗性基因型。Nielsen（1993 年）对该基因的抗性行为进行了研究，发现该抗性由 2 对基因控制。目前虽然已将该抗性转入普通烟草，但尚未培育出成型品种。

13）黄瓜花叶病（CMV）抗性的遗传特点

CMV 是烟草上的主要病毒病害，可通过蚜虫和摩擦传播。烟草上 CMV 株系有典型症状系（D）、轻症系（G）、黄斑系（Y_1 和 Y_2）、扭曲系（SD）和坏死系（TN）。

20 世纪 60 年代初期，苏联筛选了 300 份烟草品种和烟属种的 CMV 抗性，但没发现一个免疫或高抗的材料。其中，*N. benthamiana*、*N. bonariensis* 和 *N. raimondii* 对 CMV 表现过敏坏死反应。Ternovskij 和 Podkin（1970 年）用 CMV 接种 *N. tomentosa*、*N. tomentosiformis*、*N. otophora* 和 *N. raimondii*，发现这些种植株上的 CMV 症状比大多数烟草轻，进而通过与普通烟草的杂交试验表明这些抗性由隐性单基因控制。

Trooutma 和 Fulton（1958 年）指出，抗源 TI245 趋向于躲避 CMV 侵入，局部坏死斑比其他感病品种小得多，这种抗性表现为由 2 个基因控制，而且是非小种专化性的。TI245 的 CMV 抗性似乎还没有被育种家完全开发出来。

1960 年，Holmes 利用 *N. glutinosa*、Ambalema 和 TI245 这 3 种种质材料，创制了一个新材料，并以其自己的名字命名为 Holmes。Holmes 是目前烟草抗 CMV 育种的主要抗源。Wan（1966 年）研究表明，其抗性由 5 个基因控制，其中 N 基因来自 *N. glutinosa*，rm_1 和 rm_2 基因来自 Ambalema，t_1 和 t_2 基因来自 TI245，该抗性基因型为 $NNrm_1rm_1rm_2rm_2t_1t_1t_2t_2$，被 CMV 侵染时表现出小面积枯斑。利用（Hicks goad leaf × Holmes）F_1 分别与 Hicks、Kutsaga 51、TT4 进行回交，育成耐 CMV 的 TT6、TT7、TT8 等品种。范静苑研究认为，TT8 对 CMV 的抗性可能是由 1 对隐形基因控制的。

（八）白肋烟品种主要抗虫性的遗传表现

烟草生产上的害虫很多，如地老虎、金针虫、蝼蛄、蜗牛、野蛞蝓、蚜虫、烟青虫、斑须蝽、烟蓟马、烟草潜叶蛾、烟蛀茎蛾等，其中蚜虫、烟青虫、斑须蝽，不仅影响烟株生长和产量，而且影响烟叶品质。实践已经证明，培育抗虫品种是防治烟草主要害虫的最经济有效的途径。而了解烟草抗虫性的遗传特点对白肋烟抗虫育种非常重要。

1. 烟草抗虫性与昆虫寄生力的遗传变异

烟草品种的抗虫性机制包括拒虫性、抗生性和耐虫性 3 种类型（见第二章）。但按抗性来源，可分为组成抗性（constitutive resistance）和诱导抗性（induced resistance）。组成抗性是植物的一种固有特性，取决于不同基因型，虽然会因环境条件的不同而影响其抗性程度，却总是存在于植物中并始终起作用。诱导抗性是在表型的水平上考察植物抗性，指被取食的植物影响植食者行为或降低其嗜好性的反应，是一种类似于免疫反应的抗性现象，抗性只有在遇到外界因子，如损伤、植食者的取食和病原菌的侵染时才得以表现。组成抗性和诱导抗性在物质基础上具有一致性，均涉及植物形态、营养质量、次生性化合物积累对植食性昆虫的负面影响，但组成抗性相对比较固定，而诱导抗性是一种动态特征，具有明显的时空效应。诱导抗性具有专一性（包括信号的专一性和效果的专一性）、继代效应（transgenerational consequences，即在被害植物中诱导的抗性在第二代个体中继续保持）、动态性、传递性（指植株内和植株间的传递）等特点，是由多种信号（包括外源信号和内源信号）调控的。虽然在很多植物中发现了诱导抗性，并有证据表明诱导抗性具有继代效应，但并无明确的证据表明诱导抗性这一性状可以像组成抗性一样在子代中固定下来，且在遇到取食者时立即发生作用。因此，下面重点介绍组成抗性。

1）烟草品种抗虫性的遗传方式

烟草品种的抗虫性表现，取决于品种的基因型与昆虫基因型的相互作用，依寄主抗性可分为单基因抗性、寡基因抗性和多基因抗性，抗性表型可分为以下 4 种类型。

（1）垂直抗虫性：寄主植物对一种昆虫的某一生物型（biotype，指通过非形态学标准而加以区分的一个种的个体或群体）的专化抗性。垂直抗虫性是由单基因或寡基因控制的，这种抗性水平较高，但对各种害虫众多的生物型来说，其抗性难持久，同一寄主品种可能具有对几种不同生物型的多种垂直抗性基因。

（2）水平抗虫性：亦称非专化性抗虫性，即对某种害虫的多种生物型具有相似的抗性水平。水平抗虫性一般由多基因控制，它对个别生物型的抗性也许并不高，但对生物型总体有相对稳定的抗性。

（3）综合抗虫性：由少基因和多基因结合控制的抗虫性。也就是说，寄主植物对某种害虫既有水平抗虫性又有垂直抗虫性。

（4）胞质抗虫性：由胞质基因控制的抗虫性，表现为母性遗传。

烟草品种的抗虫性是一个个体内全部基因的综合效应。与抗虫性有主要关系的基因可以有不同的作用方式。通常所观察到的大部分抗性都属于寡基因或多基因抗性。这种抗虫性较单基因抗虫性更可取，它不会造成因侵袭力强的生物型出现而引起抗性破坏的遗传脆弱性。垂直抗性基因控制的抗性一般认为是短命的，因为对于一个单基因控制的抗性，昆虫只需要单基因突变便能克服它。尽管如此，育种上常用垂直抗性基因与抗虫品种结合，来控制对该品种有致害力的生物型的发育。例如，可以把单基因抗性导入推广品种，当对该品种有致害力的生物型出现时，具新抗虫基因的品种即可发放；也可以把 2 个或 2 个以上的垂直抗性基因结合到一个品种中；或者通过回交，将不同抗性基因结合到等基因系中，并等量混合作为栽培品种发放,也可用新的抗虫等基因系替换原来的已失去抗性的等基因系。当然,可以通过有性杂交培育抗虫性更强的品种,也可通过远缘杂交引入远缘种的抗虫基因,更重要的是采用不同抗源,根据其不同的遗传方式,通过聚合杂交、回交等方式来积累多抗性,培育抗多种害虫的优良品种。

2) 对抗基因理论(matching gene theory)

昆虫在其寄主上存活的能力,称为寄生力。寄生力是寄生物的基因型与寄主基因型共同决定的。与基因对基因学说类似,在寄生物与其寄主之间存在"对抗基因",也称为基因对基因的关系。对抗基因理论认为,寄生物具有致害力和非致害力基因,寄主品种具有感虫基因和抗虫基因。寄主中每有一个抗虫基因,其寄生物中都有一个相应的致害力基因。寄主品种具有抗虫基因时显示抗性反应,昆虫则在相应基因位点上有一个非致害力等位基因。如果昆虫在相应位点上有个致害力基因,则寄主品种是感虫的。因此,昆虫生物型对每个品种的致害力,都由特定位点的隐性致害力基因控制,致害力基因纯合时才表现致害力。

2. 烟草对主要虫害抗性的遗传特点

1) 烟青虫抗性的遗传特点

烟青虫,即烟草夜蛾(*Heliothis assulta*),是影响烟叶品质的主要害虫之一。但其寄主抗性是很有限的。Johnsan 和 Severson(1984 年)依据叶面化学物质将烟青虫抗源分为 A~I 共 9 类。

A 类抗源:植株缺少腺体,但有少量表面物质。这类抗源有 TI1112 和 I-35。实验室杯试检测发现,育种品系 JB228 (Speight G-28/TI1132//K326)具有抗虫性,放在 JB228 上的虫口密度仅是对照品种(NC95、NC2326)上的 46%,这表明 TI1112 可能缺少某种植物成分而替代了毒素作用。TI1112 具有原株型典型性,由 TI1112 育成的品系在株型上有明显改变,但其烟叶化学成分与正常栽培品种相似。

B 类抗源:植株有腺体,但分泌物黑三烯松二醇(DVT-diols)很少。这类抗源有 PD964、CU131 和 PD138。其中,CU131 不利于烟青虫产卵,它们含有非正常的叶面成分,具有相对低量的黑三烯松醇(α,β-4,8,13 duvatrienols,DVT-ols)和 DVT-diols,但具高水平的类赖百当二醇(labdenediol),在某种程度上表现田间受害轻。B 类抗源品种也具有原株型典型性。

C 类抗源:植株具有多细胞腺体,但没有分泌物或分泌物 DVT-diols 很少。这类抗源有 TI1024、TI1025、TI1026、TI1028、TI1029、TI1031、TI1032、TI1406、TI1462 等。Jackson(1983 年)研究认为这类抗源的抗性机制是,DVT-diols 刺激产卵,而腺体分泌物非常少,不适宜烟青虫产卵,同时中抗幼虫取食,进而产生抗虫性。这类抗源品种还抗烟蚜和烟草斜纹夜蛾。

D 类抗源:植株具有高水平的 DVT-diols 和蔗糖酯(sucrose ester,SE),二者结合可以增加对幼虫的抗生性,但是叶片内在化学物质似乎对抗生性起主要作用。这类抗源包括 TI163、TI165、TI168、TI170 等,是至今鉴定出的抗虫性最高的品种。它们对 *H. Virescens* 侵染敏感,但在大田危害低,生存的幼虫数量少。这种抗性包含不适宜取食和分泌抗生物质两种因素。这类抗源品种不具烤烟和白肋烟的典型性状,外形相似,抗性机制亦很相似。抗源 CU25 具有与 D 类抗源相同的抗性,也含有高水平的 DVT-diols 和 SE。SE 在香料烟中能检测到,而在烤烟栽培品种中未发现。如 Clemson 大学用 TI165 系列育成的品系,如 JB164、JB166、CU162、CU 165 均不含 SE,在缺少 SE 的情况下,它们的抗虫性仍然保留下来,表明 SE 并非 D 类抗源的主要机制。新育成品系的原烟品质与主栽品种的烟叶品质相似，农艺性状有很大改进，原烟烟碱、总氮、还原糖分析表明，有几个品系的化学成分含量已达到烤烟品种审定的标准。但是大多数化学成分处于边界值上，其中烟碱含量稍高于常值，还原糖含量稍低于常值。高烟碱也许是烟青虫抗性的主要机制，因为在实验室条件下，它对幼虫生长及生存有影响。然而，来自 TI165 抗性的低烟碱品种仍对烟青虫表现很高的抗取食性，这说明还有某种未确定的因素对抗烟青虫幼虫危害起作用。

E 类抗源：植株具有高水平的 DVT-diols。如 TI106 抗性最高，叶面化学物质与标准栽培品种相似，只是 TI106 中各种化学成分含量稍高。TI106 一个明显特征是有叶柄。Clemson 大学以 TI106 为抗源育成的 CU196(G-28/TI106//G28)中抗烟青虫，且田间表现好，原烟产量和品质与 NC2326、NC95 相当，原烟烟碱、总氮、还原糖含量都在烤烟品种审定接受的范围内。

F 类抗源：植株具有高水平的 DVT-diols、SE 和冷杉醇，抗性不及 E 类抗源品种。F 类抗源有 TI1308。由 TI1308 育成品系 JB253。

G 类抗源：植株具有常值 DVT-diols、SE 和冷杉醇，抗性不及 E 类抗源品种。G 类抗源包括 TI1525、Little Dutch、TI1398、TI1229、TI1517 等。由 TI1525 育成品系 JB217。

H 类抗源：植株具有常值 DVT-diols 和 SE，抗性不及 E 类抗源品种。H 类抗源有 TI1234。由 TI1234 育成品系 JB251。

I 类抗源：植株具有常值 DVT-diols，抗性不及 E 类抗源品种。I 类抗源包括 TI1257、TI328、TI337、TI319、TI221 等。该类抗源中至少有 2 个品种曾与栽培品种杂交，并从中选出了抗虫品系，如用 TI221 育成 CU238 就是来自该抗源农艺性状好的品系，不论田间表现或原烟品质均与典型烤烟相似。TI419 和 TI321 似乎是 I 类抗源中最抗虫的品种，尽管它们中抗烟青虫，但田间表现比其他抗源更类似烤烟。

2) 蚜虫抗性的遗传特点

烟蚜(*Myzus persicae*)不仅直接危害烟株，而且还是 CMV、PVY、TVMV 等病毒的主要传播媒介，也是影响烟叶产量和品质的主要病害之一。

目前已在 TI 系列品种、普通烟草栽培品种和烟属野生种中发现了一些烟蚜抗源。Thurston 和 Webscer(1962 年)研究指出，烟属种抗性是腺体有毒分泌物产生的，1966 年他们在烟属种及栽培品种抗源的腺体分泌物中发现了一定量烟碱、非烟碱和类生物碱，高抗蚜虫的几个野生种的分泌物含量更高。但 Thurston(1977 年)检测了 3 个栽培品种和 12 个白肋烟单倍体的烟碱，发现烟碱含量与抗蚜性没有必然的联系。而 Johnson 和 Severson(1982 年)认为具有高水平 DVT-ols 和 SE 是抗蚜的象征，同时指出顺式冷杉醇和类赖百当二醇(即 TI1223 和 TI1068 中的特种物质)可能是某些烟草抗蚜的原因。Severson 等人(1985 年)也报道具有高水平 DVT-diols、顺式冷杉醇和 SE 可减轻蚜虫的危害，并依据叶面化学成分对已有抗源进行了归类(见表 4-30)。

表 4-30 依据叶面化学成分的抗源归类

抗源类别	抗源名称
叶面中化学物质含量低	TI70、TI538、TI1024、TI1025、TI1026、TI1028、TI1029、TI1030、TI1112、TI1118、TI1123、TI1124、TI1127、TI1132、TI1298、TI1406、TI1586、I-35、C-110、NC744、JA460、JA470、JA476、JA480、JA488、JA496

续表

抗源类别		抗源名称
叶面中含低量双萜、SE和冷杉醇	分泌 SE	TI764、TI767
	分泌 SE 和冷杉醇	TI1269、TI1270、NFT、Red Russian
叶面中含常量双萜、SE 或 SE 与冷杉醇	分泌 SE	TI497、TI524、TI532、TI536、TI550、TI655、TI601、TI675、TI698、TI752、TI855、TI998、JA492、JA512
	分泌 SE 和冷杉醇	TI421、TI494、TI1068、JA450、CU451
叶面中含高量 DVT-ols	只含 DVT-ols	Ky Black
	含 DVT-ols 和 SE	CU1097、TI760、TI932、TI1656、TI1687
	含 DVT-ols、SE 和冷杉醇	TI1223、TI1623

(1) 叶面中化学物质含量低的抗源：包括一些 TI 系列品种和育种品系（见表 4-30）。其中 TI1112 没有腺毛，TI1024 和 TI1406 具有典型的多细胞腺体，但没有分泌物。利用抗蚜品种 TI1112 与多抗烤烟品种 Speight G-33 杂交育成双单倍体种质 I-35，该品种抗取食；利用 T11112 与 Coker 347 杂交育成抗蚜虫兼抗青虫的种质 CU-2；利用抗蚜的 T11132 与 Clemson PD4 杂交育成抗虫种质 CU-5。这些育成的抗性种质的农艺性状已得到改进，并已利用这些种质育成了几个具良好原烟外观品质的抗蚜品种。

(2) 叶面中含低量双萜、SE 和冷杉醇的抗源：该类抗源（见表 4-30）的 DVT-diols 含量低，还具有 SE、顺式冷杉醇、赖百当类（labdenes）物质及痕量的黑松烷类（duvanes）物质。这类抗源的抗性可能与 SE、顺式冷杉醇表现的毒性作用一样，使蚜虫不喜欢吸食。

(3) 叶面中含常量双萜、SE 或 SE 与冷杉醇的抗源：这类抗源（见表 4-30）含有常值的双萜，但分泌 SE 或 SE 与顺式冷杉醇，起抗性作用的是 SE 或冷杉醇。SE 和冷杉醇对蚜虫具有毒性作用，可作为抗蚜品种的选育指标。由这类抗源品种育成的所有抗蚜品系的植物学性状均比原抗源有明显的改进，如 JA450、CU451 的产量与品质均有显著提高。

(4) 叶面中含高量 DVT-ols 的抗源：这类抗源（见表 4-30）的叶面化学物质中 DVT-ols 含量很高，DVT-ols 与 SE 和顺式冷杉醇一样，都对蚜虫有毒性，具有这几种叶面化学物质的品种的抗蚜水平最高。例如表 4-30 中具有 2 种或 3 种毒性成分的品种（如 TI1223、TI1623）比只具 1 种毒性成分的品种（Ky Black）具更高抗性。Ky Black 是少数几个含有高水平 DVT-ols，但 SE 含量达不到痕量水平的品种。

第三节　白肋烟育种的主体亲本及其配合力

一、白肋烟育种的主体亲本

白肋烟育种工作的实践已经证明，亲本的选配是育种成败的关键。为了培育出优质抗病品种，育种者们倾向于以烟叶品质优良且优点多的种质材料作为主要亲本，以其他与主要亲本性状互补的种质材料作为搭配亲本进行杂交，以培育杂交种或定型品种。尽管在育种过程中并不是所选用的所有亲本都能育成优良品种，但总有一些亲本育成品种较多。一般将这些育种成功率高的亲本称为主体亲本。树立主体亲缘观念、正确选配亲本、按育种规律育种，是增加科学育种、减少盲目性育种的必由之路。

分析美国白肋烟主要育成品种的亲缘系谱(见第三章图 3-1)可以知道，美国白肋烟育种经历了从品质到多抗，再到综合性状改良的阶梯式发展过程，而品质与抗病育种始终是美国白肋烟育种的发展主线。在美国白肋烟育种的各个时期，都有 1 个或几个品种作为抗病育种的主体亲本，如早期的 Kentucky 16，中期的 Burley 21、Burley 37、Burley 49 等，近期的 Burley 21、Burley 49、Kentucky 17、Tennessee 86、Tennessee 90、Kentucky 907、Kentucky 8959 等。围绕这些主体亲本，以不同抗源作为不同抗性基因的供体，采用不同的杂交方式，在不同的历史时期，逐步向主体亲本中导入不同的抗性，实现了品质与抗性的结合，选育出大批抗病性能特别突出又品质优良的品种，且多数品种都曾是美国白肋烟区的主栽品种，这为白肋烟的杂种优势利用奠定了坚实的基础。事实上，美国目前白肋烟生产上使用的杂交种几乎都是在这些主体亲本衍生品种的基础上培育而成的。

迄今为止，中国已经自主选育出 21 个白肋烟品种，分析其系谱(见图 4-14)可知，所育成的品种涉及亲本 42 个，但主体亲本仅有 6 个，包括 Burley 21、Kentucky 14、Virginia 509、Burley 37、Tennessee 90 和 Kentucky 8959。其中，由 Burley 21 育成品种 6 个，育成品种最多，占育成品种的 28.6%，包括 4 个直接育成品种鄂烟 1 号、鄂烟 211、鄂烟 215 和川白 1 号，以及 2 个间接育成品种鄂烟 3 号和鄂烟 6 号。其次是 Kentucky 14、Burley 37 和 Virginia 509，育成品种均为 5 个，均占育成品种的 23.8%，由 Kentucky 14 直接育成品种鄂烟 2 号、鄂烟 4 号、鄂烟 5 号和达白 1 号，间接育成品种云白 2 号；由 Burley 37 直接育成品种鄂烟 1 号、鄂烟 5 号、鄂烟 6 号、鄂烟 209 和鹤峰大五号；由 Virginia 509 直接育成品种鄂烟 215、鄂烟 216 和达白 2 号，间接育成品种鄂烟 101、鄂烟 209。由 Tennessee 90 育成品种 4 个，占育成品种的 19.0%，包括鄂烟 4 号、云白 1 号、云白 3 号、云白 4 号等直接育成品种。由

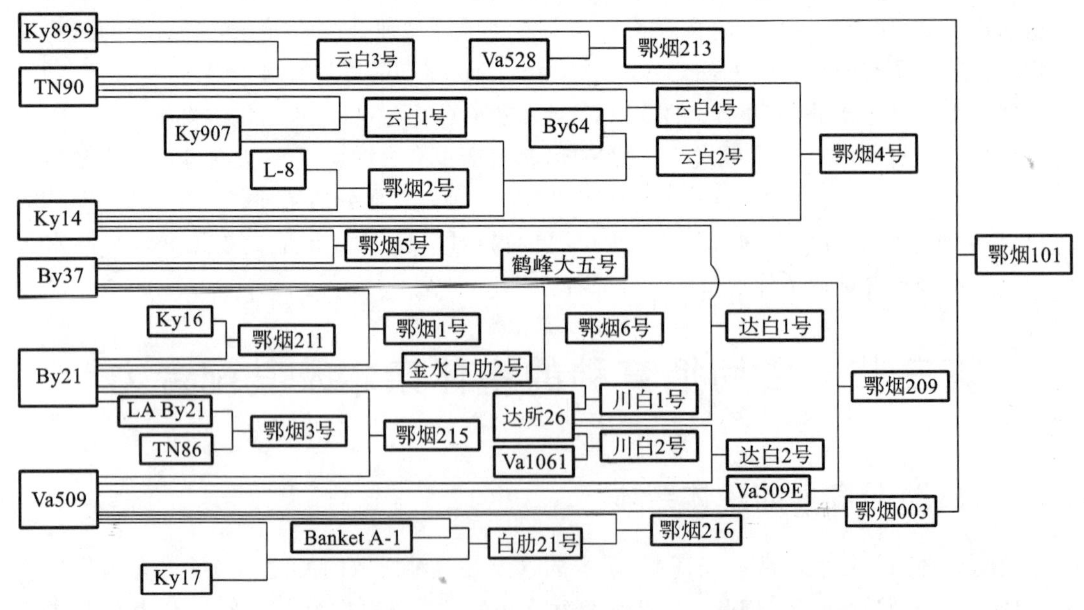

图 4-14 中国自育白肋烟品种亲缘关系图

Ky:Kentucky;By:Burley;Va:Virginia;TN:Tennessee

Kentucky 8959 育成品种 3 个，占育成品种的 14.3%，包括鄂烟 101、鄂烟 213、云白 3 号等直接育成品种。这些骨干亲本均为从美国引进的优质品种，或者是美国白肋烟育种的主体亲本，或者是美国白肋烟育种主体亲本的衍生品种。而涉及的其他亲本都是由引进的美国品种通过系统选育或杂交选育而成的育种材料，或者适应性好，或者丰产性好，或者抗病性强。

现将白肋烟育种主体亲本在中国白肋烟产区表现出的特征特性简介如下。

Burley 21：由(Kentucky 16×TL106×Gr. 5×Kentucky 41A)×(Kentucky 56×Gr. 18)杂交组合后代选育而成。产量中等到较高，上等烟比例高，烟叶品质优良，适应性较广。高抗 TMV、野火病，低抗根黑腐病，感黑胫病、赤星病、根结线虫病和 PVY。

Burley 37：由 Burley 21×Burley 11A 杂交组合后代选育而成。早熟、丰产性好，烟叶品质较好，适应性较广。高抗野火病、黑胫病，低抗根黑腐病，感青枯病、根结线虫病、赤星病、TMV 和 PVY，抗烟蚜。

Burley 49：由 Burley 37×Bel 528 杂交组合后代选育而成。植株较高，叶数偏少，叶片较宽，产量中等偏低，烟叶品质优良，适应性稍差。高抗根黑腐病、TMV、野火病，抗黑胫病，中抗赤星病，感青枯病、根结线虫病和 PVY。

Virginia 509：由 Burley 21×Burley 37 杂交组合后代选育而成。产量高，烟叶品质优，适宜高山区种植。高抗野火病，中抗黑胫病 0 号、1 号生理小种，但对根黑腐病的抗性较低，且易感根结线虫病、赤星病和 TMV。

Kentucky 14：由 Kentucky 17×Wamor 杂交组合后代选育而成。中晚熟，成熟均匀，适宜山区种植。产量较高，上等烟比例高，烟叶品质优良。高抗野火病和 TMV，中到高抗根黑腐病，中抗根结线虫病，抗青枯病，耐赤星病，但易感黑胫病。

Kentucky 17：由 Burley 37×Bel 66-11×Burley 49×Virginia 509 杂交组合后代选育而成。产量中等，上等烟比例高，烟叶品质优。高抗根黑腐病、野火病和 TMV，中抗黑胫病 0 号、1 号生理小种，但易感青枯病、根结线虫病和赤星病。

Kentucky 907：由 TI1406×Kentucky 14×Kentucky 10×Burley 41×Ex4×2POA×Kentucky 171×Kentucky 15×Tennessee 86 杂交组合后代选育而成。叶数多，叶片较宽，产量高，烟叶品质优，适应性广。抗 TMV 和 PVY，中抗根黑腐病、赤星病和黑胫病 0 号、1 号生理小种，但易感青枯病和根结线虫病。

Kentucky 8959：由 Tennessee 86×Kentucky 8529 杂交组合后代选育而成。中晚熟，叶片较宽，产量高，烟叶品质优，适应性广。高抗根黑腐病和野火病，抗角斑病和 PVY，中抗赤星病，低抗黑胫病 0 号、1 号生理小种，但感青枯病、根结线虫病和 TMV。

Tennessee 86：由[(Burley 49×PVY202)×Burley 21]×Burley 21 杂交组合后代选育而成。产量高，中晚熟，烟叶品质优良，适宜山区种植。高抗根黑腐病和野火病，中抗黑胫病 0 号和 1 号生理小种、青枯病、赤星病和 PVY，但易感 TMV 和根结线虫病。

Tennessee 90：由 Burley 49×PVY202 杂交组合后代选育而成。中早熟，产量高，上等烟比例高，烟叶品质优良，适应性广。高抗根黑腐病、野火病和 TMV，抗 PVY，中抗黑胫病 0 号、1 号生理小种，感青枯病、根结线虫病和赤星病。

二、白肋烟育种部分亲本的配合力

选择优良性状多、缺点少的亲本固然是选择亲本的重要依据，但并非所有的优良品种都是优良的亲本。例如 L-8 这个品系表现性状低劣，表现一种由隐性等位基因控制的不良生理性叶片斑点特性，却广泛用于生产优良白肋烟杂种一代。因此，作为亲本的品种还要看其配合力的高低，一定要选择配合力高的品种作为亲本。

（一）配合力与亲本评价

配合力是杂交组合中亲本各性状配合能力的一个指标。不同的亲本有不同的配合能力。配合力的高低与品种本身性状的好坏有一定关系，即一个优良品种常常是好的亲本（配合力高），在其后代中能分离出优良类型。但并非所有优良品种都是好的亲本，有些优良品种，其配合力并不高。有时一个本身表现并不突出的品种却是好的亲本，能育出优良品种，即这个亲本品种的配合力高。因此，配合力大小可以作为选择杂交亲本品种和选配杂交组合的依据。在杂交育种中，无论目的是选育综合性状优良的纯系品种还是创造具有很强杂种优势的杂交种，配合力都很重要。利用杂种优势育种，选配亲本时就涉及不同组合间的配合力问题。根据配合力大小选配杂交组合，以获得杂种优势子代的育种，实质上是配合力育种。亲本配合力的高低决定着杂种优势的强弱，只有选育出配合力高的亲本，才有可能组配出强优势的杂交组合。研究亲本的配合力，根据配合力来选择亲本组合，是利用杂种优势进行育种的一个重要步骤。

1. 配合力的种类

配合力分为一般配合力（general combining ability，GCA）和特殊配合力（special combining ability，SCA）。

1）一般配合力

一般配合力（GCA）是指某一亲本品种和其他若干品种杂交后，杂交后代在某个性状上表现的平均值。例如 A 品种和其他 B、C、D、E 等品种杂交后，子代产量都比较高，表示 A 品种在产量上有较高的 GCA。

GCA 是由基因的加性效应决定的，是可以遗传的部分，与显性作用无关。GCA 反映了亲本品种把性状传递给后代群体的能力，可以在品种之间进行比较，以选择最佳的杂交亲本。一般而言，用 GCA 好的品种作亲本，往往会得到好的后代，容易选出好的品种。品种的配合力不仅在自交过程中逐代遗传下来，在杂交时也可以遗传给杂交种。因此，在组配杂交种时，亲本的配合力要高，这样才能选育出强优势的杂交种。

2）特殊配合力

特殊配合力（SCA）是指某一特定的组合在某个性状的表现上偏离用一般配合力效应预测的组合值的大小。例如 A 品种和其他 B、C、D、E 等品种杂交后，只有一个组合 AB 的产量性状平均值较高，其他组合如 AC、AD、AE 的子代的产量一般或较低，这种 AB 组合表现的能力即为 SCA 高。

SCA 是由基因的非加性效应（显性效应和上位效应）以及基因型与环境互作的影响决定的，是不可遗传的部分。SCA 反映了特定亲本组合产生杂种优势的潜在能力，据此可以选配最佳的组合。通常在测定 GCA 的基础上，选用 GCA 高的品种，再测定它的 SCA。

2. 配合力的分析

配合力是有机体能够遗传的一种固有属性，但其不能从外部形态性状或生理性状观察出来，一般应通过杂交，从杂种后代的表现来测定。从杂种优势利用的角度而言，配合力测定主要是测定其 SCA，实质就是进行杂交组合试验。

1）配合力分析的数学模型

假设有 p 个母本、q 个父本参与的一系列杂交组合，按随机区组设计，b 次重复进行田间试验，共有 $p\times q\times b$ 个小区，若每小区有 1 个观察值，则每个观察值的数学模型为

$$x_{ijk}=\mu+c_{ij}+b_k+e_{ijk}$$
$$(i=1,2,\cdots,p;j=1,2,\cdots,q;k=1,2,\cdots,b)$$

式中，μ 为群体平均效应；c_{ij} 为第 ij 个组合的效应；b_k 为第 k 个区组的效应；e_{ijk} 为环境效应。

组合效应由第 i 个母本的 GCA 效应 g_i 和第 j 个父本的 GCA 效应 g_j 以及这两个亲本的互作效应 s_{ij} 即 SCA 组成，即

$$c_{ij}=g_i+g_j+s_{ij}$$

其中，

$$g_i=\frac{1}{q}\sum_{j=1}^{q}\bar{x}_{ij.}-\bar{x}_{\cdots}(i=1,2,\cdots,p)$$
$$g_j=\frac{1}{p}\sum_{i=1}^{p}\bar{x}_{ij.}-\bar{x}_{\cdots}(j=1,2,\cdots,q)$$

式中，$\bar{x}_{\cdots}$ 为试验总平均值，是 μ 的估计值；$\bar{x}_{ij.}$ 是组合 ij 在 b 个区组的平均值，即数值上一个亲本的 GCA 是以该亲本为共同亲本的一系列杂交组合在某个性状上的表型平均值与所有杂交组合这个性状上的表现型总平均值之差。按照 SCA 的定义，s_{ij} 取值为

$$s_{ij}=\bar{x}_{ij.}-\bar{x}_{\cdots}-g_i-g_j$$

即其数值上等于组合的平均值减去试验的总平均值再减去两个亲本的 GCA 效应值。

2）配合力分析的常用方法

配合力分析要通过一定的遗传交配设计来进行。目前广泛用于配合力分析的遗传交配设计有以下 3 种。

（1）Griffing Ⅰ交配设计。

Griffing Ⅰ交配设计即完全双列杂交设计，是指一组亲本间进行所有可能的杂交，包括亲本和正反交组合。假设有 p 个亲本，则共有 p^2 个材料。

该遗传交配设计能提供全面详尽的信息，包括加性效应、非加性效应、母本效应、父本效应，以及正反交的差异等，是各种作物进行配合力研究的主要方法。但该设计会随着亲本材料数目的增加，组合数目急剧增大，造成人力、物力负担很大，因此该设计对所研究的亲本数目有一定限制，而且不适用于雄性不育系材料的配合力分析。

（2）Griffing Ⅱ交配设计。

Griffing Ⅱ交配设计即半双列杂交设计，是指一组亲本间只进行所有可能的正交，包括亲本和一套正交 F_1。假设有 p 个亲本，则共有 $\frac{1}{2}[p\times(p+1)]$ 个材料。

相较于 Griffing Ⅰ交配设计，该遗传交配设计所花的人力、物力负担大幅减少，也可用于雄性不育系材料的配合力分析。但该遗传交配设计不能提供正反交的差异等方面的信息。

（3）NCⅡ交配设计。

NCⅡ交配设计也称为 $p\times q$ 交配模型。这种设计是把所研究的材料分为两组，使两组材料之间进行所有可能的杂交，但同一组内材料间不进行杂交。假设一组亲本有 p 个材料，

另一组亲本有 q 个材料，则共有 $p \times q$ 个组合。

相较于 Griffing Ⅰ和 Griffing Ⅱ交配设计，该遗传交配设计提供信息最少，但更加节省财力、物力，尤其在遗传育种研究中有其特殊用途。一方面，对于研究雄性不育材料的配合力是非常适用的。另一方面，这种交配设计也适用于研究具有不同特性的亲本材料的配合力。例如，可以以优质材料为一组亲本，丰产材料为一组亲本，抗病材料为一组亲本，将优质组与丰产组进行杂交，又以优质组与抗病组进行杂交，这样可研究两组亲本的有关特性在 F_1 代的变化动态、配合力及遗传力，以便作为选择综合优良性状的品系和亲本选配的依据。

NCⅡ交配设计根据育种实际的需要可以包括亲本，也可以不包括亲本。包括亲本的 NCⅡ交配设计也称为增广的 NCⅡ设计。当亲本数目较多时，也可以采用部分 NCⅡ设计进行配合力分析。部分 NCⅡ设计，顾名思义，一组亲本同另一组亲本不做全部杂交而仅做部分杂交，从而使组合数大幅减少。

在上述 3 种遗传交配设计的遗传变量中，某性状加性遗传方差占总遗传方差的比例即为 GCA，某性状非加性遗传方差占总遗传方差的比例即为 SCA。具体的遗传分析方法可参考相关文献。

3. 配合力与亲本评价

1）根据 GCA 效应和 SCA 方差评价亲本

在配合力分析方法中，除了可以估算亲本的 GCA 和组合 SCA 外，有的还可以估算出亲本的 GCA 方差和 SCA 方差。群体的 GCA 方差和 SCA 方差占总遗传方差的百分数，可以表明两种配合力在群体性状遗传上的相对重要性，是研究群体性状的遗传构成和选择方法的理论依据。如果某品种某性状的 GCA 极显著，而 SCA 不显著，则表明该性状主要由基因的加性效应控制，因此选育纯系品种比利用杂种优势更有价值。如果某些性状主要由基因非加性效应控制，则利用杂种优势比选育纯系品种对实际生产的作用更大。

根据亲本 GCA 方差可以估计亲本的杂交后代在不同年份、不同地点或不同年份和地点表现性状的稳定性程度，如果某亲本 GCA 方差大，则表示该亲本的杂交后代性状表现不稳定。而某一亲本的 SCA 方差，反映了在一系列杂交组合中，该亲本性状遗传的不平衡程度（或分散程度）。亲本的 SCA 方差愈大，性状的不平衡程度愈大，在杂交后代群体中选择突破性材料的机会就越多。针对选择极强优势组合而言，则要求亲本的 SCA 方差尽量大，当希望亲本的某一性状能整齐地遗传给后代时，则应选择 SCA 方差较小的亲本。因而，可以根据 GCA 方差和 SCA 方差这两个参数来评价亲本。

根据亲本的 GCA 效应和 SCA 方差的大小可把亲本分成 4 种类型。不同的亲本类型在组配中有不同的利用价值。

（1）亲本的 GCA 效应高，且 SCA 方差大。当这类亲本与其他品种杂交时，某些组合后代表现特优，另一些组合后代则表现特差。这类亲本最为理想，既可利用其 GCA，又可利用其所配杂种的 SCA，从而选育出强优势组合或创造易于产生超亲分离的杂种初始群体。

（2）亲本的 GCA 效应高，而 SCA 方差小。这类亲本只能利用其较高的 GCA 效应，当希望亲本性状能整齐地遗传给后代时，这是最好的亲本类型。

（3）亲本的 GCA 效应低，但 SCA 方差大。这类亲本只能利用其配制组合的 SCA 效应，个别特定的组合有可能获得较高的目标性状表型值，但概率小。

（4）亲本的 GCA 效应低，且 SCA 方差小。这类亲本基本上无利用价值。

由上可见，通过对亲本 GCA 和 SCA 方差的估算，便可以有预见性地选择杂交亲本品种和选配杂交组合。再对各杂交组合 SCA 效应进行比较，就可以从中选出最优组合，以达到正确利用杂种优势的目的。

2）根据各性状配合力的大小综合评价亲本

一般而言，可以根据各性状配合力的大小来综合地评价一个亲本的优劣。即将性状按亲本的 GCA 效应大小或 SCA 方差大小排列，将各性状的位次加起来得到位次总和，总和大的为综合性状配合力较优的亲本。但求总和时应注意两个问题。一是应注意性状的加权。根据性状的重要程度赋予其不同的权重，否则性状以相等的加权进入综合评价，重要的和非重要的性状相提并论，会引起育种偏差。二是应注意以低值为优性状的数据转换。在育种目标性状中，有些性状以高值为优，而有些性状是以低值为优的。因此，在根据配合力大小进行排列和位次加和时，应先对这些以低值为优性状的配合力效应值做适当的数据转换。

（二）白肋烟育种部分亲本性状的配合力分析

1. 白肋烟主要农艺性状的配合力分析

王毅等人（2006 年）选用 6 个白肋烟品种 Tennessee 90、Burley 64、Burley 37、Kentucky 8959、Virginia 509E 和 Virginia 509 为亲本材料，采用 Griffing Ⅳ遗传交配设计，对株高、叶数、腰叶长和腰叶宽 4 个农艺性状的配合力进行了分析。结果（见表 4-31）显示，这 4 个农艺性状的 GCA 效应和 SCA 效应差异均达到极显著或显著水平，表明这 4 个农艺性状的遗传多受加性和非加性效应基因的共同控制。但 4 个性状的 SCA 方差分量均大于 GCA 方差分量，说明这些性状的显性效应和非等位基因互作效应起主要作用。进一步分析（见表 4-32）表明，在 4 个农艺性状中，Tennessee 90 品种的株高、叶数和腰叶长性状的 GCA 均为最高正向效应值，株高和腰叶长的 SCA 方差也大，叶数的 SCA 方差虽然较小但为正向，以该品种为亲本，有可能选育出在株高和腰叶长上具有强优势的组合或创造易于产生超亲分离的杂种初始群体，可能选育出在叶数上具有优势的组合或者其杂种后代可能整齐地遗传叶数特征；Virginia 509E 品种的株高和腰叶宽性状的 GCA 均为第二正向效应值，SCA 方差大，以其为亲本有可能选育出在株高和腰叶宽上具有强优势的组合；Kentucky 8959 品种的腰叶宽性状的 GCA 为最高正向效应值，SCA 方差较大，以其为亲本有可能选育出在腰叶宽上具有强优势的组合；Virginia 509 品种的腰叶宽性状的 GCA 效应值较高，SCA 方差大，以其为亲本也有可能选育出在腰叶宽上具有优势的组合；而 Burley 64 和 Burley 37 品种作为亲本来改善这 4 个农艺性状的意义不大。

表 4-31　6 个白肋烟品种的部分主要农艺性状的配合力效应方差分析

变异来源	自由度	株高		叶数		腰叶长		腰叶宽	
		效应值	方差	效应值	方差	效应值	方差	效应值	方差
GCA	5	13.30**	8.32	8.87**	0.04	3.17**	−2.06	4.40**	0.02
SCA	9	5.18**	17.11	8.18**	1.72	9.58**	11.03	4.28**	2.55
随机误差	180	4.10		0.24		1.29		0.78	

注：** 表示达 0.01 差异显著水平。

表 4-32　6 个白肋烟品种主要农艺性状的 GCA 效应值和 SCA 方差

亲本		株高	叶数	腰叶长	腰叶宽
Tennessee 90	GCA 效应值	4.93	1.21	1.64	−1.05
	SCA 方差	10.42	0.21	9.45	4.42
Burley 64	GCA 效应值	−5.79	0.28	−0.67	−0.91
	SCA 方差	12.11	1.23	3.29	1.97
Burley 37	GCA 效应值	0.71	−0.30	−1.30	−0.30
	SCA 方差	1.97	1.97	9.19	3.14
Kentucky 8959	GCA 效应值	−2.44	−0.51	−0.27	1.33
	SCA 方差	0.30	0.30	1.66	3.26
Virginia 509E	GCA 效应值	1.68	−0.84	−0.41	0.61
	SCA 方差	17.72	17.72	9.75	4.15
Virginia 509	GCA 效应值	0.88	0.11	−0.69	0.33
	SCA 方差	19.93	19.93	4.37	4.67

李宗平等人（1994 年）选用 7 个白肋烟品种 Kentucky 10、Kentucky 14、Kentucky 17、Virginia 509、Burley 21、Burley 37 和 Burley 26 为亲本材料，采用 Griffing Ⅳ遗传交配设计，对株高、节距、茎围和移栽至现蕾天数 4 个农艺性状的配合力进行了分析。结果（见表 4-33）表明，在 4 个农艺性状中，Burley 21 品种的株高和移栽至现蕾天数的 GCA 均为最高正向效应值，SCA 方差为负向，节距和茎围的 GCA 效应值为正向，SCA 方差较小但为正向，以该品种为亲本有可能选育出在 4 个性状上具有优势的组合或者使 4 个性状在杂种后代中整齐地遗传；Kentucky 14 品种的株高、节距和移栽至现蕾天数的 GCA 效应值较大，株高和移栽至现蕾天数的 SCA 方差为负向，而节距的 SCA 方差大，以该品种为亲本有可能选育出在株高和移栽至现蕾天数上具有优势的组合，也有可能选育出在节距上具有强优势的组合或创造易于产生超亲分离的杂种初始群体；Kentucky 17 品种的茎围和移栽至现蕾天数的 GCA 效应值较大，SCA 方差也较大，以其为亲本有可能选育出在茎围和移栽至现蕾天数上具有优势的组合；Kentucky 10 品种的茎围的 GCA 为最高正效应值，SCA 方差较小但为正向，移栽至现蕾天数的 GCA 效应值较大，SCA 方差为负向，以该品种为亲本有可能选育出在茎围和移栽至现蕾天数上具有优势的组合或者使这 2 个性状在杂种后代中整齐地遗传；Virginia 509 品种的移栽至现蕾天数的 GCA 效应值较高，SCA 方差较大，以其为亲本有可能选育出在移栽至现蕾天数上具有优势的组合；Burley 26 品种的移栽至现蕾天数的 GCA 效应值和 SCA 方差均为负向，以其为亲本有可能选育出早熟组合；而 Burley 37 品种作为亲本来改善这 4 个农艺性状的意义不大。

表 4-33　7 个白肋烟品种主要农艺性状的 GCA 效应值和 SCA 方差

亲本		株高	节距	茎围	移栽至现蕾天数
Kentucky 10	GCA 效应值	−5.94	−0.15	0.24	1.29
	SCA 方差	−12.84	0.21	0.03	−0.32

续表

亲本		株高	节距	茎围	移栽至现蕾天数
Kentucky 14	GCA 效应值	1.58	0.15	0.02	1.89
	SCA 方差	−15.76	0.28	0.03	−1.58
Kentucky 17	GCA 效应值	−1.08	0.05	0.12	0.29
	SCA 方差	−36.82	0.10	0.07	0.16
Virginia 509	GCA 效应值	0.94	−0.23	0.02	1.29
	SCA 方差	−32.76	−0.08	0.01	0.72
Burley 21	GCA 效应值	7.54	0.14	0.10	2.09
	SCA 方差	−26.90	0.02	0.03	−1.37
Burley 37	GCA 效应值	0.94	0.17	−0.22	−3.91
	SCA 方差	−32.60	−0.03	0.02	0.33
Burley 26	GCA 效应值	−3.98	−0.13	−0.30	−2.91
	SCA 方差	−34.42	0.23	0.06	−0.49

王毅等人(2009 年)选用 6 个白肋烟品种 Kentucky 907、Burley 31、鄂白 20 号、鄂白 21 号、Kentucky 14 和 Kentucky 17 为亲本材料,采用 Griffing Ⅱ双列杂交模型设计了 21 个基因型处理,基于加-显性模型分析了株高、叶数、茎围、节距、茎叶角度、叶长和叶宽共 7 个主要农艺性状的遗传效应。结果(见表 4-34)显示,不同亲本的加性效应对不同性状的影响有显著差异。白肋烟品种 Kentucky 907 的加性效应对叶数和叶宽有显著正影响,对茎围有显著负影响;Burley 21 的加性效应对茎围有显著正影响,对节距和叶数有显著负影响;鄂白 20 号的加性效应对株高、节距和叶宽有显著正影响,对茎围有显著负影响;鄂白 21 号的加性效应对茎围有显著正影响;Kentucky 14 的加性效应对茎围有显著正影响;Kentucky 17 的加性效应对叶数有显著正影响,而对株高、茎围、节距、茎叶角和叶宽有显著负影响。不同亲本的杂合显性效应对不同性状的影响也有显著差异,并因组配的亲本不同而不同。由于一般配合力是对加性效应的度量,因此,可以将 Kentucky 907 品种作为改善叶数和叶宽的亲本使用,Burley 21、鄂白 21 号和 Kentucky 14 品种作为改善茎围的亲本使用,鄂白 20 号品种作为改善株高、节距和叶宽的亲本使用,Kentucky 17 品种作为改善叶数的亲本使用。

表 4-34 6 个白肋烟品种亲本的加性效应和杂合显性效应对农艺性状的影响

品种	加性		杂合显性				
			Burley 21	鄂白 20 号	鄂白 21 号	Kentucky 14	Kentucky 17
Kentucky 907	正	叶数、叶宽	株高、茎围	茎叶角、叶长、叶宽	茎叶角	株高	
	负	茎围	节距、叶长、叶宽			叶长	叶宽
Burley 21	正	茎围		节距、茎叶角、叶宽	节距、茎叶角、叶宽	叶长	
	负	节距、叶数		叶数	株高		

续表

品种		加性	杂合显性				
			Burley 21	鄂白 20 号	鄂白 21 号	Kentucky 14	Kentucky 17
鄂白 20 号	正	株高、节距、叶宽			茎叶角	叶宽	株高
	负	茎围			节距、叶长、叶宽	株高、茎叶角、叶数	
鄂白 21 号	正	茎围				茎围	叶数、叶长
	负					叶数	茎围、茎叶角
Kentucky 14	正	茎围					茎围
	负						株高
Kentucky 17	正	叶数					
	负	株高、茎围、节距、茎叶角、叶宽					

2. 白肋烟主要经济性状的配合力分析

王毅等人(2006 年)选用 6 个白肋烟品种 Tennessee 90、Burley 64、Burley 37、Kentucky 8959、Virginia 509E 和 Virginia 509 为亲本材料,采用 Griffing Ⅳ遗传交配设计,对产量、产值和上等烟率 3 个经济性状的配合力进行了分析。结果(见表 4-35)显示,这 3 个经济性状的 GCA 效应和 SCA 效应差异均达到显著水平,表明这 3 个农艺性状的遗传多受加性和非加性效应基因的共同控制。但这 3 个性状的 SCA 方差分量均大于 GCA 方差分量,说明这些性状的显性效应和非等位基因互作效应起主要作用。进一步分析(见表 4-36)表明,在这 3 个经济性状中,Tennessee 90 品种的 GCA 均为最高正向效应值,产量和产值的 SCA 方差虽然较小但为正向,而上等烟率的 SCA 方差较大,以其为亲本有可能选育出在上等烟率上具有强优势的组合或创造易于产生超亲分离的杂种初始群体,也可能选育出在产量和产值上具有优势的组合或者使这 2 个性状在杂种后代中整齐地遗传;Burley 37 品种的 3 个性状的 GCA 均为第二正向效应值,SCA 方差也较大,以其为亲本有可能选育出在 3 个经济性状上具有强优势的组合或创造易于产生超亲分离的杂种初始群体;Virginia 509E 品种的产量和上等烟率的 GCA 效应值较高,SCA 方差较大,以其为亲本有可能选育出在产量和上等烟率上具有优势的组合;而 Burley 64、Kentucky 8959 和 Virginia 509 作为亲本来改善这 3 个经济性状的意义不大。

表 4-35 白肋烟主要经济性状的配合力效应方差分析

变异来源	自由度	产量		产值		上等烟率	
		效应值	方差	效应值	方差	效应值	方差
GCA	5	3.71*	4.98	3.03*	841.44	3.44*	2.10
SCA	9	3.45**	182.81	2.26*	5471.36	2.77*	22.28
随机误差	180	74.72		4354.46		12.58	

注:* 表示达 0.05 差异显著水平;** 表示达 0.01 差异显著水平。

表 4-36　6 个白肋烟亲本主要经济性状的 GCA 效应值和 SCA 方差

亲本		产量	产值	上等烟率
Tennessee 90	GCA 效应值	11.83	91.49	5.14
	SCA 方差	4.84	1161.00	19.46
Burley 64	GCA 效应值	−1.32	−5.22	−3.19
	SCA 方差	24.20	2379.00	12.06
Burley 37	GCA 效应值	3.49	33.59	2.22
	SCA 方差	232.32	5538.00	20.54
Kentucky 8959	GCA 效应值	−12.91	−76.37	−3.26
	SCA 方差	226.34	13877.00	30.19
Virginia 509E	GCA 效应值	3.03	−12.14	0.39
	SCA 方差	72.11	4705.00	23.64
Virginia 509	GCA 效应值	−4.13	−31.36	−1.30
	SCA 方差	353.14	13151.00	12.36

李宗平等人(1994 年)选用 7 个白肋烟品种 Kentucky 10、Kentucky 14、Kentucky 17、Virginia 509、Burley 21、Burley 37 和 Burley 26 为亲本材料，采用 Griffing Ⅳ遗传交配设计，也对产量、产值和上等烟率 3 个经济性状的配合力进行了分析。结果(见表 4-37)表明，Kentucky 14 品种的产量和产值的 GCA 均为最高正向效应值，产量的 SCA 方差较大，以其为亲本有可能选育出在产量和产值上具有强优势的组合或创造易于产生超亲分离的杂种初始群体；Kentucky 17 品种的产值和上等烟率的 GCA 效应值较大，上等烟率的 SCA 方差为负向，以其为亲本有可能选育出在产值和上等烟率上具有优势的组合或者使这 2 个性状在杂种后代中整齐地遗传；Burley 26 品种的 3 个性状的 GCA 均为正向效应值，其中产值和上等烟率的效应值大，产量的 SCA 方差大，而上等烟率的 SCA 方差为负向，以该品种为亲本有可能选育出在 3 个性状上具有优势的组合或者使上等烟率在杂种后代中整齐地遗传；而 Kentucky 10 和 Burley 21 作为亲本来改善这 3 个经济性状的意义不大。

表 4-37　7 个白肋烟亲本主要经济性状的 GCA 效应值和 SCA 方差

亲本		产量	产值	上等烟率
Kentucky 10	GCA 效应值	0.88	−4.36	−2.75
	SCA 方差	−0.57		10.82
Kentucky 14	GCA 效应值	9.28	22.39	−2.67
	SCA 方差	15.57		−19.47
Kentucky 17	GCA 效应值	−1.18	0.72	2.71
	SCA 方差	60.41		−6.95
Virginia 509	GCA 效应值	−3.15	−8.27	1.27
	SCA 方差	−13.62		−18.23

续表

亲本		产量	产值	上等烟率
Burley 21	GCA 效应值	−0.61	−5.11	−1.69
	SCA 方差	43.02		16.57
Burley 37	GCA 效应值	−5.72	−13.37	0.85
	SCA 方差	24.72		11.49
Burley 26	GCA 效应值	0.51	7.98	2.28
	SCA 方差	33.71		−6.59

3. 白肋烟主要烟叶品质性状的配合力分析

总氮含量与烟碱含量及氮碱比，常常作为白肋烟烟叶品质性状的代表。王毅等人（2007年）选用6个白肋烟品种LA Burley 21、Burley 67、Tennessee 86、Kentucky 8959、Burley 37和鄂白001为亲本材料，采用Griffing Ⅱ双列杂交模型设计，对烟碱含量、总氮含量及氮碱比3个品质性状的配合力进行了分析。结果（见表4-38）显示，对于这3个品质性状，6个品种间中部叶的GCA均存在极显著差异，上部叶的GCA除总氮外也均存在极显著差异；15个组合间中部叶的SCA均存在极显著差异，上部叶除了总氮和氮碱比的SCA表现不显著外，烟碱的SCA也存在极显著差异，表明这些性状的遗传变异是由基因的加性效应和显性效应共同控制的；所有性状的GCA方差均大于SCA方差，这说明3个品质性状的基因加性效应占主导地位。因此，在实际的育种中宜以选育定型品种为主。

表4-38　白肋烟烟碱含量、总氮含量及氮碱比的配合力方差分析

变异来源	自由度	中部叶			上部叶		
		烟碱	总氮	氮碱比	烟碱	总氮	氮碱比
GCA	5	8.31**	4.21**	4.13**	7.43**	2.45	5.99**
SCA	14	2.87**	2.89**	2.21**	2.10**	1.57	1.83
随机误差	40	0.17	0.04	0.02	0.25	0.31	0.01
GCA/SCA		2.90	1.46	1.87	3.54	1.56	3.27

注：** 表示达0.01差异显著水平。

进一步分析（见表4-39）表明，Kentucky 8959品种上、中部叶烟碱含量的GCA均表现出第一负向效应，并均达到极显著水平，这表明相对于其他品种，Kentucky 8959能使杂交组合的上、中部叶烟碱含量减少幅度大，其上、中部叶氮碱比的GCA表现为第二和第一正向效应，相对于其他品种，Kentucky 8959能使杂交组合的上、中部叶氮碱比增加幅度大；Burley 67品种的上、中部叶烟碱含量的GCA均表现为第二负向效应，上、中部叶氮碱比的GCA表现为第一和第二正向效应，表明Burley 67在降低烟碱含量、提高氮碱比方面也具有较好的潜力；Tennessee 86品种的中部叶烟碱含量的GCA表现较大的负向效应，其余性状的GCA居中，表明该品种在降低中部叶烟碱含量方面具有较好的作用，但同时该品种在降低上中部叶氮碱比、提高上部叶烟碱含量上也具有一定的作用；LA Burley 21和鄂白001品种的中部叶烟碱、总氮含量和上部叶烟碱含量的GCA效应为居中正值，上、中部叶氮碱比的

GCA效应为居中负值，两品种在提高中部叶总氮含量方面具有一定的利用价值；Burley 37品种的上、中部叶烟碱含量和中部叶总氮含量的GCA表现为第一正向效应，上、中部叶氮碱比的GCA分别表现为第一、第二负向效应，表明该品种在降低白肋烟烟碱含量育种上利用价值不大，但该品种在提高白肋烟总氮含量上具有较好的利用价值。由上可见，在目前白肋烟烟叶烟碱含量偏高的情况下，可将Kentucky 8959和Burley 67作为改善烟叶品质性状的亲本材料。通过比较以Kentucky 8959和Burley 67为亲本配制的各杂交组合的SCA值，从中选出最优组合，进而培育出烟叶品质优良的杂交种。另据王毅等人(2010年)在选用6个白肋烟品种Kentucky 907、Burley 21、鄂白20号、鄂白21号、Kentucky 14和Kentucky 17为亲本材料所做的Griffing Ⅱ双列杂交设计的遗传试验结果，Burley 21和Kentucky 17品种对烟叶中烟碱含量具有显著的加性负效应，因而也可以作为改良烟叶品质性状的亲本使用。

表4-39　白肋烟部分亲本烟碱含量、总氮含量及氮碱比的GCA效应值

亲本	中部叶			上部叶		
	烟碱	总氮	氮碱比	烟碱	总氮	氮碱比
LA Burley 21	0.185	0.075	−0.038	0.365	0.064	−0.054
Burley 67	−0.115*	−0.074	0.091	−0.534**	0.003	0.113
Tennessee 86	−0.014*	−0.043	−0.016	0.114	−0.023	−0.001
Kentucky 8959	−0.754**	−0.219**	0.161	−0.665**	−0.089	0.109
Burley 37	0.425	0.208	−0.098	0.517	0.017	−0.102
鄂白001	0.273	0.054	−0.100	0.203	0.062	−0.066

注：* 表示达0.05差异显著水平；** 表示达0.01差异显著水平。

第四节　白肋烟杂交种亲本的选育

前面已经阐述，仅就杂种优势利用的角度来说，白肋烟育种目标应该是在维持烟叶品质和风格不变的条件下，融入多种抗耐性，提高广适性。因此，杂种优势利用的育种实践，应该注重培育优质多抗亲本，以使杂交种在维持烟叶品质和风格不变的前提下，尽量整合多种抗耐性。育种实践已经证明，杂交种能快速组合多个目标性状，尤其在开发多抗基因型方面具有优势，而多抗性亲本是杂交种聚合更多病害抗性的基础。要使培育出的杂交种能在生产上应用推广，则杂交种的亲本至少有一个必须是适应性强的优质品种，最好是双亲的烟叶品质都优良。这也就意味着杂种优势利用的工作重点是，以适应性强的优质品种，最好是生产上大面积推广种植的优质品种为中心亲本，以不同抗源品种为外围亲本，灵活运用多种杂交方式，将不同抗源亲本的抗性因子导入优质品种中，尽可能培育出具有多种抗性的优质亲本，以供配制杂交种使用。尽管美国、津巴布韦等国家在白肋烟生产上使用的品种多为雄性不育杂交种，但育种工作者非常重视杂交亲本的改良工作，这是利用杂交种的基础。

一、抗性基因的挖掘与利用

（一）抗源挖掘与利用策略

1. 抗源的挖掘

抗源挖掘工作的顺利程度直接取决于可利用种质的多样性。寻找抗源应按一定的逻辑程序进行。

首先，选择适应性强的品种。若抗性育种材料不是现成的，就必须从大范围育种品系和地方品种中鉴定筛选有一定利用价值的抗性材料。这些来自地方的抗性材料，对当地的生态条件有很好的适应性，因而育成的抗性亲本也会有很好的适应性。

然后，选择引进的种质材料。若在地方材料中没有找到很好的抗源，就有必要从国外引进品种中挑选抗性材料，尤其要打破烟草类型间的界限，以丰富遗传变异度，从而提高选育效率。

最后，选择栽培品种的原始品种和近缘种。在原始品种和近缘种中经常可以发现抗源。由于中国目前所拥有的白肋烟种质资源的遗传基础狭窄，因此应特别重视对烟草野生种和近缘野生种抗源的利用，以拓宽杂交种亲本的遗传基础。从野生种和近缘野生种抗源转移抗性必须采用特殊的方法，包括体细胞变异、体细胞杂交、远缘杂交等。

2. 抗性利用的一般原则

（1）如果有好的非专化性主效基因抗性，就应毫不犹豫地利用。因为该抗性利用最简单、最廉价，见效也最快。烟草病毒病的抗性多属这一类型，如 TMV、TEV、PVY 等。

（2）如果没有非专化性主基因抗性可用，垂直抗性利用是次优选择。当病原物是地方型或是易控制的类型时，应尽量利用垂直抗性，如烟草黑胫病、青枯病、野火病、南方根结线虫病的一些抗性。

（3）在没有非专化性主基因抗性或垂直抗性可供利用时，就设法利用水平抗性。如美国抗黑胫病育种利用雪茄烟品种 Florida 301 的水平抗性，抗赤星病育种利用烤烟品种 NC95 和 Coker 319 的水平抗性等。

（二）白肋烟育种的主体抗源

世界上大多数国家的白肋烟育种都是在美国白肋烟品种的基础上发展起来的，因而白肋烟品种的抗性来源大多是美国白肋烟育种的抗源。在美国的白肋烟抗病育种中，中前期主要针对根茎类病害，如根黑腐病、黑胫病、根结线虫病、青枯病等，20 世纪 60 年代以来逐步扩展了叶斑类病害，如赤星病、野火病、白粉病、TMV、PVY 等。美国烟草育种者投入很大的精力研究普通烟草的抗病性利用和可与普通烟草栽培种杂交的其他烟草种的抗性利用问题，明确了白肋烟主要病害抗源及其抗性遗传模式（见表 4-40）。综合利用各种病害的抗源，育成大批优质抗病白肋烟新品种，使抗病种类由 1～2 种扩展到 5～7 种，对美国白肋烟生产的持续稳定发展起到了重要作用。这些育成品种业已成为目前世界上白肋烟抗病育种的基石。

表 4-40 美国白肋烟育种主要病害抗源及其抗性遗传方式

病害	病原体	抗源	遗传方式
根黑腐病	*Thielaviopsis basicola*	White Burley、Kentucky 16、Burley 21	加性，多基因
		N. debneyi、Burley 49	显性，单基因
黑胫病	*Phytophthora parasitica* var. *nicotianae*	Florida 301、Burley 11A、Burley 37、Burley 49	隐性，多基因
		N. longiflora、L-8	显性，单基因
		Beinhart 1000-1、Kentucky 17	部分显性，单基因
青枯病	*Pseudomonas solanacearum*	TI448A	加性，多基因
根结线虫病	*Meloidogyne incognita*	TI706	显性，单基因
赤星病	*Alternaria alternata*	Beinhart 1000-1、PD121、Banket A-1、Banket 102	部分显性，单基因
野火病	*Pseudomonas syringae* pv. *tabaci*	*N. longiflora*、TI106、Burley 21、Burley 49	显性，单基因
		N. rustica	显性，单基因
白粉病	*Erysiphe cichoracearum*	Kuo-Fan、Banket 102、PMR Burley 21	隐性，双基因
		N. tomentosiformis、*N. glutinosa*、*N. debneyi*、*N. digluta*	显性，单基因
TMV	*Tobacco mosaic virus*	*N. glutinosa*、*N. digluta*、Kentucky 56	显性，单基因
PVY	*Potato virus* Y	VAM(TI1406)、PVY202、Tennessee 86	隐性，单基因

美国白肋烟抗病育种比较系统，不同病害有不同的主体抗源。

1. 根黑腐病的主体抗源

在白肋烟抗根黑腐病育种上，最早是以 White Burley 作为抗源，育成 Kentucky 16、Burley 1、Burley 2、Burley 11A、Burley 21、Burley 37、Kentucky 14、Kentucky 10 等一系列中抗根黑腐病的品种(见图 4-15)，该抗性由多基因加性效应控制。后来将野生种 *N. debneyi* 对根黑腐病的抗性转育到普通烟草上，育成高抗根黑腐病的白肋烟品种 Burley 49。该抗性是由显性单基因控制的。利用 Burley 49 又相继育成 Kentucky 17、Kentucky 15、Kentucky 78379、Kentucky 8259、Kentucky 8958、Tennessee 86、Tennessee 90 等白肋烟品种，这些品种业已成为美国乃至世界白肋烟抗根黑腐病育种的主体亲本。

2. 黑胫病的主体抗源

白肋烟抗黑胫病育种所使用的原始抗源是雪茄烟品种 Florida 301 和野生种 *N. longiflora*，但在实际育种过程中，常用改进后的白肋烟抗病品种作为抗源，如抗性来自 Florida 301 的 Burley 11A、Burley 37、Burley 49 等和抗性来自 *N. longiflora* 的 L-8(见图 4-16)，而很少使用原始抗源。两种原始抗源均抗 0 号黑胫病生理小种，Florida 301 的抗性由为隐性多基因控制；*N. longiflora* 的抗性由部分显性基因控制。此外，育种研究还使用抗性来自雪茄烟品种 Beinhart 1000-1 的白肋烟品种 Kentucky 17、Kentucky 31、Kentucky 78379 作为抗源，抗 0 号和 1 号黑胫病生理小种，抗性由部分显性基因控制。

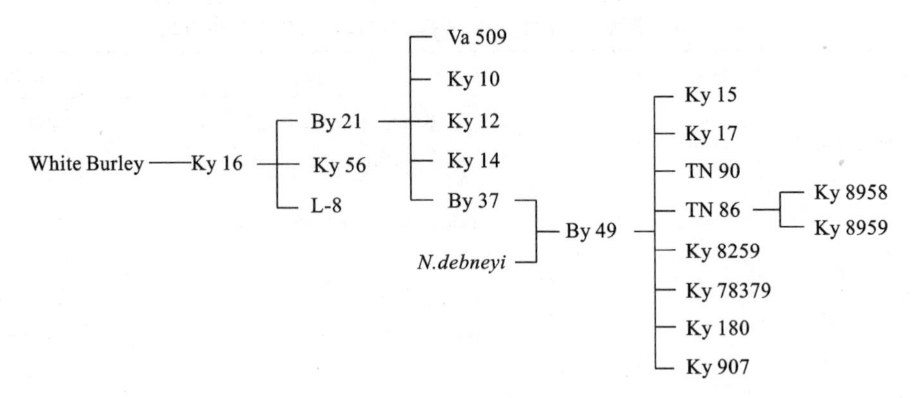

图 4-15　美国白肋烟主要育成品种根黑腐病抗源系谱

Ky:Kentucky;By:Burley;Va:Virginia;TN:Tennessee

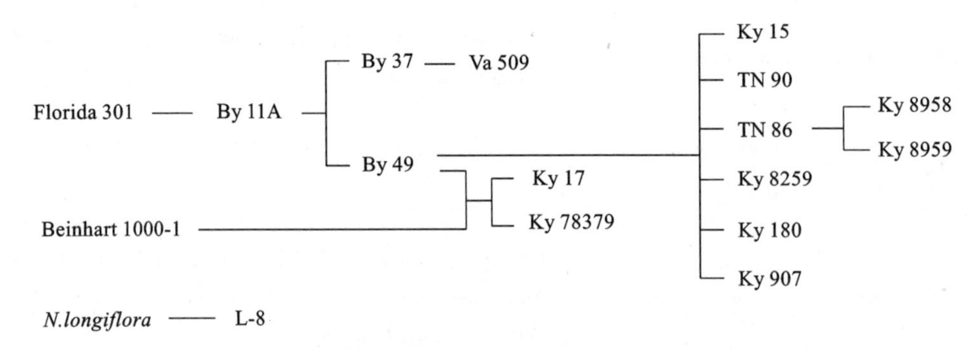

图 4-16　美国白肋烟主要育成品种的黑胫病抗源系谱

Ky:Kentucky;By:Burley;Va:Virginia;TN:Tennessee

3. 青枯病的主体抗源

白肋烟抗青枯病育种所使用的原始抗源是 TI448A,这是世界公认的最具有生产价值的抗源,抗性高而稳定,表现为多基因的加性遗传。目前在育种上,常用抗性来自 TI448A 的白肋烟抗病品种作为抗源,如 Burley Skroniowski、Burley Wloski、Wohlsdorfer Burley、Banket A-1、Kentucky 14、Kentucky 41A、Kentucky 57 等,而很少使用原始抗源。

4. 根结线虫病的主体抗源

白肋烟抗根结线虫病育种所使用的原始抗源是 TI706,抗性由显性单基因控制。目前在育种上,常用抗性来自 TI706 的 Bel 430 及其衍生的 BYS、KBM20、KBM33、S. N(69)、Burley 1、Kentucky 14 等白肋烟抗病品种作为抗源。

5. 赤星病的主体抗源

白肋烟抗赤星病育种中利用的原始抗源是高抗赤星病的雪茄烟品种 Beinhart 1000-1。其抗性由部分显性单基因控制。1976 年 Lapha 将其抗性转育到白肋烟上,育成抗赤星病白肋烟品种 Banket A-1,之后又育成抗赤星病又抗白粉病的白肋烟品种 Banket 102。这两个品种成为后来白肋烟抗赤星病育种的主体抗源,育成 Burley 10、Burley 11A、Kentucky 41A、MBN2、Tennessee 86 等抗病品种。

6. 野火病的主体抗源

白肋烟抗野火病与角斑病育种利用的原始抗源是 *N. longiflora*,只抗野火病 0 号生理小种，不抗1号生理小种，对角斑病的株系也具有部分抗性，为显性单基因遗传。Clayton（1974年）将 *N. longiflora* 的抗性转移给普通烟草，培育出抗病品系 TI106，之后利用 TI106 育成的抗野火病品种 Burley 21 和 Burley 49 成为后来白肋烟抗野火病育种的主体抗源，由 Burley 21 和 Burley 49 衍生的 Kentucky 14、Kentucky 15、Kentucky 17、Kentucky 170、Kentucky 180、Burley 37、Tennessee 86 等系列品种都具高抗野火病特性（见图4-17）。

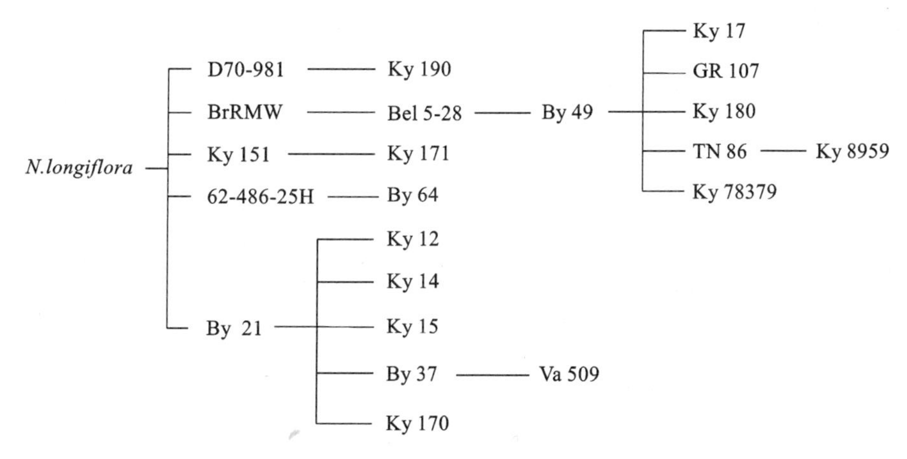

图4-17 美国白肋烟主要育成品种野火病抗源系谱

Ky：Kentucky；By：Burley；Va：Virginia；TN：Tennessee；GR：Greeneville

7. 白粉病的主体抗源

白肋烟抗白粉病育种中利用的原始抗源是抗性来自野生种 *N. glutinosa* 的 *N. digluta* 和日本晾烟品种 Kuo-Fan。前者抗性由显性单基因控制，衍生出 Kentucky 56、Burley 11A 等白肋烟抗病品种。后者抗性由重复隐性基因控制，由其衍生的 Banket 102、PMR Burley 21 等白肋烟抗病品种成为白肋烟抗白粉病育种的主体抗源。

8. TMV 的主体抗源

白肋烟品种对 TMV 的抗性来自野生种 *N. glutinosa*，该抗性是由显性单基因（N-）控制的。将其抗性转移到白肋烟上，育成第一个高抗 TMV 的白肋烟品种 Kentucky 56。之后以 Kentucky 56 作为抗源，相继育成 Burley 21、Burley 37、Burley 49、Kentucky 17、Kentucky 180、Tennessee 86、Tennessee 90、Kentucky 907 等大批高抗 TMV 品种（见图4-18）。这些品种可以完全控制 TMV 的发生，业已成为目前世界上白肋烟抗 TMV 育种的重要抗源。

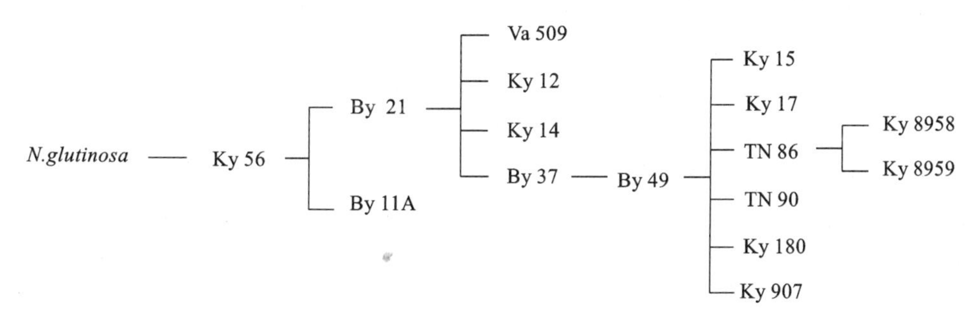

图4-18 美国白肋烟主要育成品种 TMV 抗源系谱

Ky：Kentucky；By：Burley；Va：Virginia；TN：Tennessee

9. PVY的主体抗源

白肋烟抗PVY育种利用的主要抗源是栽培种突变体VAM(即TI1406),其抗性由隐性单基因控制。美国将其抗性导入白肋烟品种Burley 49,育成兼抗PVY、TEV、TVMV三种病毒的品系PVY202,在此基础上育成Kentucky 907、Kentucky 8529、Tennessee 86、Tennessee 90、KDH 926、KDH 960、Greeneville 107、Kentucky 8958、Kentucky 8959等白肋烟抗病品系或品种(见图4-19),使白肋烟抗病毒病育种提高到一个新的水平。

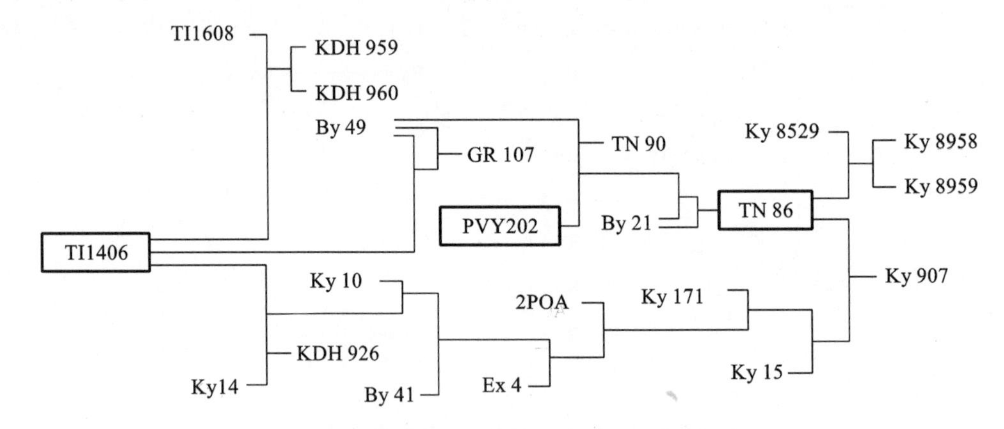

图4-19 美国利用TI1406育成的白肋烟品种亲缘系谱

Ky:Kentucky;By:Burley;Va:Virginia;TN:Tennessee;GR:Greeneville

在杂交亲本选育过程中,主体抗源固然重要,但除重视主体抗源的利用外,还应重视由主体抗源衍生的中间材料的利用。一些综合性状好、抗性强、品质优良的品种往往通过一些中间材料复合杂交育成,如Tennessee 86、Tennessee 90、Kentucky 907等优质多抗白肋烟品种都是利用中间材料PVY202育成。

二、抗病性状的导入方式

培育优质多抗白肋烟杂交种亲本,必须重视主体抗源选配及抗源导入方式。针对不同的病害导入相应的抗源是选育优质多抗白肋烟杂交种亲本的前提。不同抗源由于遗传方式不同,其抗病性状的导入方式也不同,包括单基因控制抗性转移、多基因控制抗性转移、显性基因控制抗性转移和隐性基因控制抗性转移。近年来由于病害生理小种或致病型发生变化,从野生近缘种或原始种中寻找抗源仍是抗病性育种的重要途径,如野生种*N. glutinosa*、*N. longiflora*、*N. debneyi*以及原始栽培种TI1068、TI1406、TI706、TI448A、Beinhart 1000-1等在白肋烟育种中的应用。因而抗性转移又分为种内抗性转移和种间抗性转移。通常情况下,抗性转移每次只针对一个抗病性状,而要培育多抗杂交种亲本,则要考虑多个抗病性状的转移。无论何种抗性转移,在抗源供体向受体品种转移病害抗性的过程中,一旦病害抗性被建立,通常使用回交方案来提高受体品种特征,在获得可用抗性材料的基础上,再综合采用单交、复交、聚合杂交等手段进行农艺性状改造,选育多抗性优良杂交种亲本。

(一)单个抗病性状的导入方法

回交法是烟草上将抗病基因转移给优质而不抗病品种,以使优质品种获得某种抗病性的常用方法。烟草主要病害抗源的抗病性状有两种遗传特征,有些抗病性状属于质量性状遗传，有些抗病性状属于数量性状遗传。抗病性状的遗传特征不同，则在回交转移的具体程序上有些差异。如果已经掌握了转育目标性状的基因数及其遗传规律，就能合理地控制回交后代的群体。

1. 质量性状的回交转育

1）普通烟草种内抗病性的回交转移

种内品种间杂交，要比种间杂交进行抗病性转移简单得多。首先它不会遇到杂交不亲和及杂种不孕的问题；其次，轮回亲本与非轮回亲本的遗传进化相近，不同点少，回交子代容易恢复轮回亲本的性状。

大量的育种实践说明，回交法是具有独特作用的杂交技术，其实质是核遗传物质进行置换。假设A品种的绝大部分性状由核基因单独控制，另有部分性状由细胞质基因单独控制，还有部分性状为核基因和细胞质基因互作控制，而B品种的全部性状由核基因单独控制。如果选用A品种为轮回亲本，那么，在普通烟草种内抗病性回交转移过程中，以A品种为母本、B品种为父本交配时，则由于细胞质基因只通过卵子传递，因而在回交时，无论以轮回亲本A作母本，还是以杂种F_1作母本，所产生的正、反回交一代的表现型都是一致的。因为正、反回交一代杂种的细胞质基因成分都来自轮回亲本A，而核基因成分都是A亲本者占3/4，B亲本者占1/4。相反，如果以B品种为母本，A品种为父本进行交配，回交时，以轮回亲本A作母本交配所获得的杂种表现型，则不同于以杂种F_1作母本交配所获得的杂种表现型。原因是正、反回交一代杂种，虽然具有相同的核基因成分，但细胞质基因成分不同，以轮回亲本A作母本的回交一代细胞质来自A品种，而以杂种F_1作母本的回交一代细胞质来自B品种。据此说明，利用回交法进行种内抗病性转移时，以轮回亲本作为杂交母本是比较适宜的。尤其是在采用白肋烟品种与其他类型烟草品种进行杂交时，更应以白肋烟品种为杂交母本，以强化母本细胞质对杂种后代发育的影响，促使回交后代向着白肋烟轮回亲本的优良综合性状转化。

（1）被转育的抗病性状为显性时的回交导入方法。

如果要转育的抗病性状是由显性单基因控制的，那么在回交过程中，转移的性状容易识别，回交就比较容易进行。在回交后代中，选择具有目标性状的个体直接与轮回亲本回交数次，当具有目标性状的个体已完全恢复轮回亲本的优良性状后，再自交两次，选出显性目标性状的纯合体，即为所需要的新品种。回交程序如图4-20所示。

（2）被转育的抗病性状为隐性时的回交导入方法。

如果需要转育的抗病性状为隐性遗传时，则带有这种隐性基因的植株不能与其他植株相区别，因此，不能依据表型选择具有目标性状的植株进行回交。为获得隐性表型个体，可采用以下两种选择方法。

①回交和自交交替进行：每次回交之前均自交一次，并需要适当扩大自交后代群体，让那些具有输出性状的隐性基因纯合体在自交子代群体内暴露出来，然后从分离的群体中，选择具有隐性目标性状的个体，与轮回亲本继续回交。这样一年回交，一年自交，交替进行。F_2一般种植100～200株，通过逐株逐次的接种，选择多抗性材料，一般选5～10株进行再次回交。回交程序如图4-21所示。此法虽然免除了每代选择的麻烦，但育种时间延长了一倍。

②回交和自交同时进行：在回交后代中，多选单株进行编号，每株同时进行自交和回交。第二年将各单株的回交与自交后代对应种植。凡是自交后代在目标性状上呈现分离

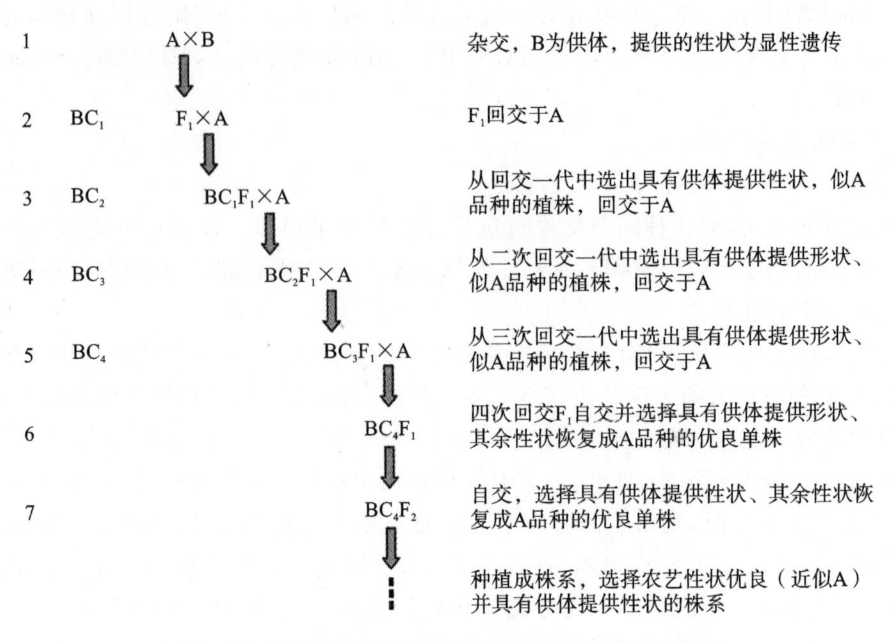

图 4-20　被转育的抗病性状为显性时的回交导入步骤

A 为轮回亲本，B 为供体亲本

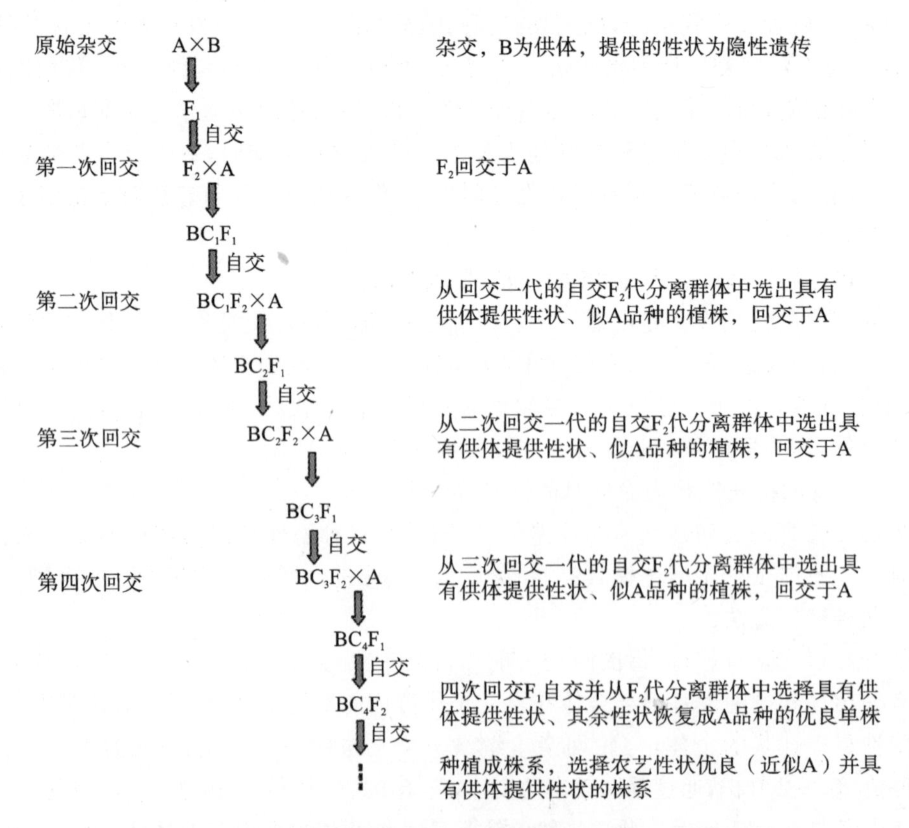

图 4-21　被转育的抗病性状为隐性时的回交和自交交替导入法

A 为轮回亲本，B 为供体亲本

者，说明其相应的回交后代中必有一些带有目标性状基因，那就可以在该回交后代中继续选株回交并自交（见图4-22）。凡自交后代中在目标性状上不出现分离的，就表明它没有目标性状基因，其回交后代应予淘汰，不再回交。此法虽不增加育种年限，但工作量大。如果能筛选出与该隐性基因紧密连锁的分子标记，那么就可以借助分子标记进行连续的回交转育。

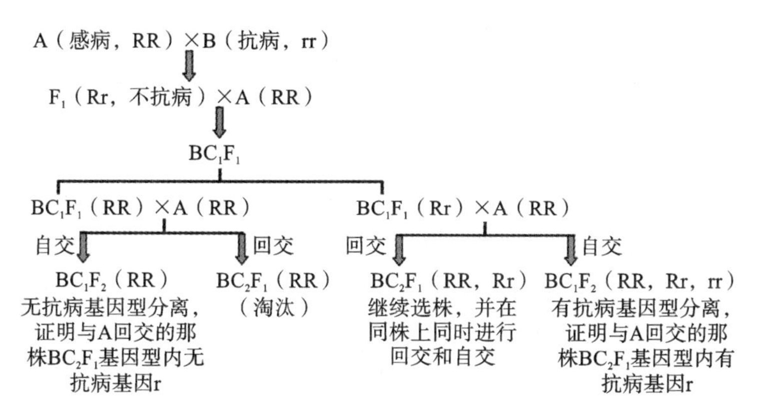

图4-22　在回交世代中鉴别非轮回亲本的隐性输出基因

A为轮回亲本，B为供体亲本

2）烟属种间抗病性的回交转移

美国、津巴布韦生产上推广的烟草品种的抗病性大都来自野生种或其他类型普通烟草。一般通过远缘杂交或不同类型普通烟草间杂交，将抗性基因渗入经济性状优良的普通烟草感病品种中。尤其是种间杂交，它转移的抗病性一般是高抗水平，且往往是简单遗传性质。由于病害生理小种或致病型不断发生变化，从野生近缘种中寻找抗源至今仍然是抗病性育种的重要途径。但不同野生种对不同病害的抗病能力不同，而且大多数野生种的抗病性很难或不可能转移给普通烟草，因此要加速抗病性的转移，必须在有转移可能的野生烟草种上投入更多力量。育种实践证明，适于种间转移的抗病性应是显性的、受单基因支配的、免疫或高抗型的，具备这些特点，转移才易成功，对白肋烟品种改良的价值也大。

（1）烟属种间抗病性状转移的合理化程序。

合理设计育种程序，是进行野生烟草种间抗病性状转移的保证。

第一，必须发掘烟属野生种所具有的显性单基因免疫抗性。由于种间杂种不育，后代仅以F_1群体表现，只能区分高抗与免疫性状，却不能区别它们是受显性单基因支配的，还是受多基因控制的。如（*N. tabacum* × *N. longiflora*）F_1对黑胫病免疫，而F_1的双倍体（$2n=24$ Ⅱt＋10Ⅱl）高度感病，由F_1的表现得出显性抗病性，依据F_1双倍体的表现才得出*N. longiflora*的黑胫病抗性为隐性基因控制的结论。所以，对比分析亲本与杂种的双倍体，对确定烟属野生种抗病性的性质与特点是必要的。

第二，对于已确定被转移的野生烟草，要使其杂交亲和并获得杂种，必须采用一系列手段，如桥杂交、双二倍体、离体授粉、杂种胚培养、花粉处理转移等技术。

第三，要使获得的杂种具有延续性，克服杂种不育，可采用染色体加倍、回交、杂种胚培养等技术。

第四，由于普通烟草的染色体与其他种的染色体是异源的，染色体交换重组的概率低，因此，必须根据选择的目标抗病性状，采用回交和自交相结合的策略，快速纯合稳定。为了提高杂种的育性，克服杂种后代分离世代过长的缺点，常运用回交系谱法，即为了扩大某一亲本对杂种后代的遗传影响，用该亲本与杂种回交1～2次(这种回交1～2次的不完全回交也称有限回交法)，再改用系谱法继续选育。同时，也可对杂种一代少数花粉进行早期培养或对未授粉胚珠进行培养，产生单倍体植株，然后进行染色体的人工加倍，形成各种纯合的二倍体，进而快速选择出稳定的类型。

(2) 烟属种间转移抗病性状的回交方法。

烟属种间转移抗病性状多采用回交法，不同野生种的种间可采用不同的回交方法，一般归为4种。

①从 F_1 代开始回交转移。

育种经验表明，必须用 F_1 作母本与普通烟草杂交，因为种间杂种不能产生具有授精能力的雄配子，却能产生少数具有受精能力的卵子。*N. rustica* 的抗 TMV 基因(N)就是通过这种方法转移给 *N. paniculata* 的。日本用普通烟草与(*N. tabacum* × *N. goodspeedii*)F_1 回交，由于 *N. goodspeedii* 的白粉病抗性是受隐性基因支配的，F_1 及各次回交子代全感病，研究者让 F_1 及各回交子代都自交一次，分离出抗性纯合体后，才能用普通烟草回交，进而育成抗白粉病烤烟品种。

②从 F_1 代双二倍体开始回交转移。

该方法是抗病育种常用方法之一。实践证明，某野生种与普通烟草的亲缘关系越远，其抗性对普通烟草的利用价值越大，但杂交的困难也愈大。双倍体方法可部分解决这个难题。野生种 *N. glutinosa* 的 TMV 抗性向普通烟草品种 Samsun 的转移就是一个例证(见图4-23)。*N. glutinosa*(2x=GG=24)携带抗花叶病的显性基因 N，*N. tabacum*(4x=TTSS=48)与 *N. glutinosa* 杂交，得到了具有 *N. glutinosa* 抗病基因 N 的 F_1(3x=TSG=36)，但不育，这阻碍了抗病基因 N 由 *N. glutinosa* 向 *N. tabacum* 的转移。为了克服远缘杂种的不育性，可将 F_1 加倍成为既抗病又可育的双倍体，即异源六倍体 *N. digluta*(6x=TTSSGG=72=36Ⅱ)，这种可育的 *N. digluta* 便具有 *N. glutinosa* 的野生性状。在育种上，研究者仅关注 *N. glutinosa* 的抗病基因，而不需要它的野生性状。因此，以这个双倍体为中间亲本，再与 *N. tabacum* 杂交，实际上就是回交，产生的异源五倍体又被称为倍半二倍体(sesquidiploid)。在育种工作中，人为地创造一个倍半二倍体是进行染色体替换的重要手段。从中选择抗病植株再与 *N. tabacum* 回交，如此反复多次，最后可以得到抗 TMV 的普通烟草品种。利用这种方法，育种者成功地把 *N. longiflora* 对野火病的免疫抗性转给了具 TMV 抗性(来自 *N. glutinosa*)的白肋烟品种 Kentucky 23；同时，把 *N. debneyi* 的霜霉病抗性转给了普通烟草，育成了两个抗霜霉病品系。

③用亲本同源多倍体杂交的 F_1 开始回交转移。

该方法先使普通烟草($2n$=24Ⅱ t=48)的染色体数加倍成同源多倍体($2n$=24 Ⅳ t=96)，再使这个同源多倍体与某野生种杂交得到 F_1，然后从 F_1 开始进行抗病性的回交转移。这种方法有两个特点：第一，可克服杂交不孕；第二，可以在得到 F_1 的同时得到倍半二倍体，而不必等到 BC_1 阶段。因为，在普通烟草的同源多倍体所产生的配子中，必然有相当数量的含24Ⅱ t染色体的配子，这种配子在种间杂交时与某野生种的配子(n=x W)相结合，形成倍半二倍体的 F_1($2n$Ⅱt+x W)。这样在 BC_1 阶段就可得到(23Ⅱt+Ⅰ t+^{R}ⅠW)的三体了。例如 *N. plumbaginifolia*($2n$=10Ⅱp)对黑胫病是高抗的，其遗传受部分显性基因支配，用

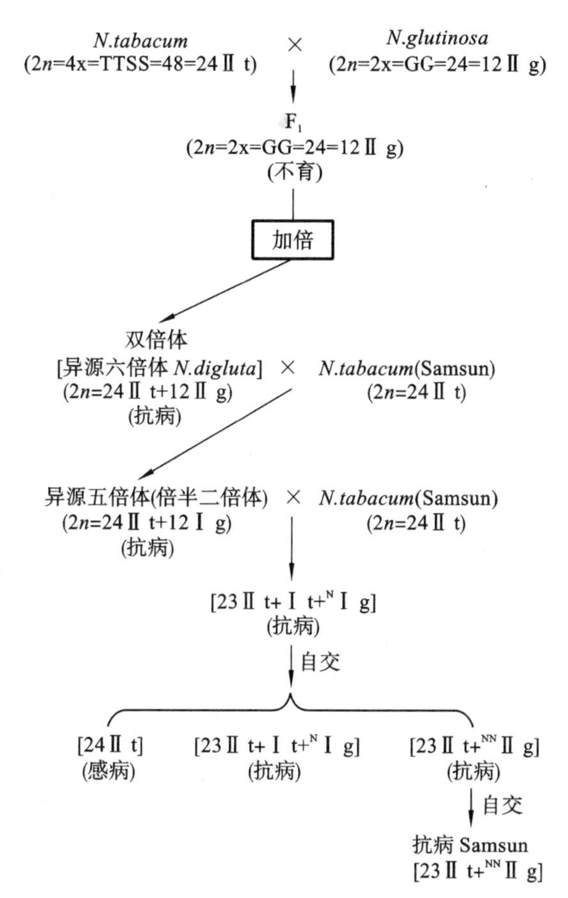

图 4-23　*N. glutinosa* 抗 TMV 基因对普通烟草品种 Samsun 的转移

^{N}Ⅰg 代表 *N. glutinosa* 载有抗病基因 N 的染色体

普通烟草的同源多倍体与之杂交得到倍半二倍体(24Ⅱt＋10p)，再以普通烟草作为回交亲本，从倍半二倍体的 F_1 开始回交，最后得到 $2n=24$Ⅱt 的抗黑胫病的品系，其中之一就是 PD468。另外，先对野种染色体数加倍，再与普通烟草杂交，可以同时克服杂交不孕与杂种不孕，如利用该法转移 *N. debneyi* 的抗性育成抗霜霉病品系。若使普通烟草和某野生种分别加倍成同源多倍体，再杂交，亦可转移抗病性，如 *N. longiflora*($2n=10$Ⅱ l)对野火病免疫，且受显性单基因支配，使 $4n$(*N. longiflora*)× $4n$(*N. tabacum*)，得到的 F_1 用普通烟草回交 10 代，得到一个抗野火病品系 TL106，用它作非轮回亲本育成许多抗野火病的品种。

④中间亲本“桥交法”转移。

当普通烟草与野生种杂交不孕时，就用中间亲本与普通烟草和某野生种杂交得到 F_1，染色体加倍后，用这两个双倍体杂交，这个程序里，中间亲本是使普通烟草与某野生种杂交结合的桥梁。例如，*N. repanda*($2n=24$Ⅱ r)能抗烟草的 8 种病害，最有用的是对根结线虫病的抗性，但由于 *N. repanda* 与普通烟草杂交不孕，有碍抗病性的转移。但 *N. sylvestris* 同普通烟草和 *N. repanda* 都是杂交可孕的，于是就用 *N. sylvestris* 作中间亲本进行桥杂交(见图 4-24)，该方法虽因 *N. repanda* 根结线虫病属隐性遗传而未成功，但把它显性抗 TMV 的性能转给了普通烟草。

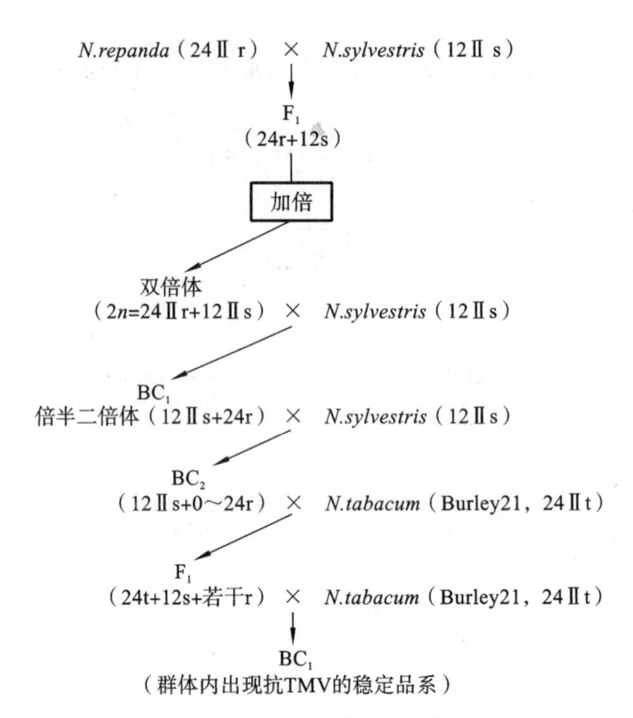

图 4-24　用 *N. sylvestris* 作为中间亲本使 *N. repanda* 的抗病性转移给普通烟草的桥杂交过程

2. 数量性状的回交转育

普通烟草的抗病性受多基因支配的较多，因此，在普通烟草种内抗病性的回交转移中，需要用轮回亲本替换非轮回亲本的基因对数往往不是一两对，常常是多对基因。多基因控制的抗病性比较复杂，感病植株数分布往往接近常态曲线分布。通过回交转移抗病性的回交成效和难易程度主要受两个因素制约：一是控制目标性状的基因数目。控制转育性状的基因越多，回交后代中出现的目标性状基因型的频率越低。二是环境对基因表现的作用。环境条件对数量性状影响大，鉴定选择可靠性差。

对于多基因控制的抗病性，在回交转移过程中一般要注意以下几个问题。

（1）回交后代必须有相当大的群体。当控制某一抗病性状的基因数目增加时，回交后代出现目标性状基因型的比例势必降低。为了导入目标性状基因，回交后代必须种植的植株数应当增加，一般为几百株至上千株，一般只从 F_2 代选择极少植株，大部分要淘汰。

（2）注意非轮回亲本的选择，尽可能选择目标性状比预期要求更好和更高的材料。如果育种目标是通过回交培育中抗的杂交亲本，就必须选择高抗的品种作为非轮回亲本。育种者在选择非轮回亲本时，必须考虑这一点，才能达到理想的回交转育的结果。

（3）每次回交后自交一代。回交能否成功决定于每一世代对基因型的准确鉴定。当环境条件对性状的表现有重大影响时，鉴定比较困难。在这种情况下，最好每回交一次，接着就自交一次，并在 BC_1F_2 群体进行单株鉴定和选择。因为要转育的目标性状基因有的已处于纯合状态，比完全呈杂合状态的 BC_1F_1 个体更容易鉴别。受环境因素影响极其强烈的性状，以单株为基础进行鉴定和选择是不十分可靠的，应该进行重复设计的后代比较试验，在较好的株系内选择单株，继续进行回交。也可以借助 QTL 分子标记，在苗期鉴定，在成株期回交。鉴于上述情况，在转育受环境影响很大的数量性状时，很少用回交方法。

（4）注意轮回亲本的筛选。多年的回交育种实践表明，虽然抗病性是非轮回亲本所具有的，与轮回亲本无关，但回交子代群体内抗病植株的多少及抗病力强度，却常常因轮回亲本的不同而异。在选育抗青枯病的烤烟品种时，分别用400、401和402作轮回亲本与非轮回亲本TI448A进行杂交及回交，回交子代群体中抗病株数总是多些；而用Cash、Golden Dollar和Bonanza作为轮回亲本与TI448A进行杂交与回交时，回交子代群体内抗病株总是少些。又如针对Florida 301的黑胫病抗性，用白肋烟型品种作轮回亲本，回交子代的抗病力就高；以烤烟型品种作轮回亲本，回交子代的抗病力就弱。这说明轮回亲本的遗传背景影响抗性在子代植株中的表达，即存在抗性基因的修饰基因，在育种实践中必须考虑这个因素。

（5）重视子代烟叶产量与品质的选择。普通烟草种内抗病性的转移，往往会遇到抗病与烟叶品质、产量之间的矛盾。因为普通烟草的抗病性受多基因支配的较多，而且常与低产劣质基因存在着紧密的连锁关系，如Beinhart 1000-1的黑胫病抗性、TI706的根结线虫病抗性、Ambalema的TMV抗性等。为打破这种不利的连锁关系，育种家进行了多年不懈的努力，但只有TI806的抗性利用很成功。因此，即使是种内抗性的转移，也必须在保持抗性的同时，重视子代产量与品质的选择。一般而言，对于品质好的品种，回交后代选择抗病性的尺度可以适当放宽，具有中度抗病力就可以。

3. 抗病性状回交转育过程中轮回亲本性状恢复的遗传进度

回交育种的目的，是使育成的品种除了来自非轮回亲本的性状外，其他性状恢复到和轮回亲本一致，而轮回亲本优良性状的恢复程度与回交的次数、回交后代群体的容量、目标性状的鉴定与选择等有关。

1）回交的次数

在回交过程中，对背景性状而言，每回交一次，由轮回亲本导入回交后代的有利遗传物质较上代增加一半，而来自抗病性基因供体亲本的不利遗传物质较上代减少一半。在回交r代后，来自轮回亲本的遗传物质在回交后代中所占的比例为$(1-1/2^{r+1})$，当r较大时，回交后代的背景性状与轮回亲本极为相似。因此，轮回亲本优良性状的恢复程度与回交的次数密切相关。在抗病性状回交转育过程中，若要使轮回亲本优良性状恢复到所希望的程度，则所需的回交次数还与需要转移的非轮回亲本基因数有关。

①在不存在基因连锁的情况下，如果双亲间有n对基因差异，则回交r次以后，从轮回亲本导入基因的纯合体比率约为$(1-1/2^r)^n$，而轮回亲本基因的恢复度约为$(1-1/2^{r+1})^n$（见表4-41）。从表4-41可以看出，对属于简单遗传的抗病性，通常进行4～5次回交，即可恢复轮回亲本的大部分优良性状。从育种实效出发，轮回亲本的农艺性状也并不一定需要100％地恢复。此外，回交次数还与非轮回亲本（供体）的性状表现有关。当非轮回亲本除目标性状之外，尚具备其他一些优良性状时，回交一两次就可能得到综合性状良好的植株。这类植株经自交选育后，虽与轮回亲本有一些差异，却可能结合了非轮回亲本（供体）的某些良好性状，丰富了育成品种的遗传基础。回交次数过多则可能削弱目标性状的强度，并且不一定能获得理想结果。与此相反，如果非轮回亲本有一两个性状显著地差于轮回亲本，为了弥补，就必须进行较多次的回交。例如，当应用栽培种的近缘种作为非轮回亲本时，可能同时引进了一些不理想的性状，为了排除这类性状就必须进行更多次数的回交。

表 4-41　轮回亲本基因恢复的频率

世代	需要替换的基因对数				
	1	2	3	…	n
F_1	1/2	1/4	1/8	…	$(1/2)^m$
BC_1F_1	3/4	9/16	27/64	…	$(3/4)^m$
BC_2F_1	7/8	49/64	343/512	…	$(7/8)^m$
BC_3F_1	15/16	225/256	3375/4096	…	$(15/16)^m$
⋮	⋮	⋮	⋮	⋮	⋮
BC_rF_1	$1-(1/2)^{r+1}$	$[1-(1/2)^{r+1}]^2$	$[1-(1/2)^{r+1}]^3$	…	$[1-(1/2)^{r+1}]^n$

②在供体亲本的目标性状与不良基因连锁时，则轮回亲本优良性状基因置换非轮回亲本不良性状基因的进程减慢，减慢的程度取决于两对连锁基因的连锁强度（即重组率的高低），重组率愈低，转换进程愈慢。在不施加选择的情况下，获得所希望的重组类型的概率可用 $1-(1-C)^r$ 表示，r 表示回交次数，C 表示重组率。表 4-42 反映了不同重组率和不同回交次数下，出现所希望的重组类型的概率的变化规律。从表 4-42 中不难看出，回交次数越多，则所希望的重组类型出现的概率越高。所以，在目标性状基因和不利基因连锁的情况下，必须增加回交次数，才可能获得理想性状的重组。两个基因连锁得愈紧密，回交次数就愈多。

表 4-42　无选择压力下回交亲本的相对基因置换连锁的不利基因的概率

回交次数(r)	重组率(C)					
	0.5	0.2	0.1	0.02	0.01	0.001
1	50.0	20.0	10.0	2.0	1.0	0.1
2	75.0	36.0	19.0	4.0	2.0	0.2
3	87.5	48.8	27.1	5.9	3.0	0.3
4	93.8	59.0	34.4	7.8	3.9	0.4
5	97.9	67.2	40.9	9.2	4.9	0.5
6	98.4	73.8	46.9	11.4	5.9	0.6
7	99.2	79.0	52.2	13.2	6.8	0.7
8	99.6	83.2	57.0	14.9	7.7	0.8
9	99.8	87.1	61.3	16.6	8.6	0.9

③当输出性状为不完全显性或存在修饰基因或为少数基因控制的数量性状时，多次回交后，非轮回亲本的目标性状几乎不能保持原样，所以要适当减少回交次数，较早地停止回交，以免使输入性状受到削弱或还原为轮回亲本。此时，应采用有限回交（1～3 次）后再自交的方式。方法是每回交一代，选择具有转育性状的个体，再按设置的试验重复鉴定，只要出现既具有非轮回亲本的目标性状，又有轮回亲本性状的个体，就停止回交。

2）回交所需的植株数

为了确保回交的植株携有需要转移的目标性状基因，每一回交世代必须种植足够的植株数。若要保证回交后代群体中至少出现 1 株具有目标性状的植株，则需要从理论上确定该群体的最小容量。群体的最小容量可用下式计算：

$$m \geqslant \frac{\lg(1-\alpha)}{\lg(1-p)}$$

式中，m 代表所需的植株数，p 代表杂种群体中合乎需要的基因型的期望比率，α 代表概率水准。

例如，在一项回交育种中，需要从非轮回亲本中转入的抗病性受基因型 AABB 控制，则回交一代植株有 4 种基因型：AaBb、Aabb、aaBb 和 aabb。其频率各占 1/4。其中，抗病类型 AaBb 占 1/4，其余为不抗病类型，占 3/4。为了有 99%的把握（也称概率水准、可靠性）至少选 1 株抗病类型，该回交群体至少应种多少株？

设该群体容量为 m，已知 $\alpha=0.99$，$p=(1/2)^2=1/4$，则 $m \geqslant \lg(1-0.99)/\lg(1-1/4)=16$（株）。也就是说，如要确保在回交后代中出现目的基因的可靠性达 99%，那么回交一代的种植株数不应少于 16 株。

在约定概率水准以后，回交后代群体最小容量仅与控制目标性状的基因对数有关。控制目标性状的基因对数越少，回交后代群体最小容量就越小，回交后代的可控性就越强。对属于简单遗传的抗病性，后代一般种植几株到几十株不等。

3）目标性状的鉴定与选择

鉴定和选择关系到抗病性状转育以及亲本改良的效率与效果。在回交后代中必须选择具备目标性状的个体作回交才有意义，这关系到目标性状能否被导入轮回亲本，亦即回交计划的效果。选株回交的有效性既取决于回交后代群体中目标性状分布的离散性，离散程度越高（即性状间容易区分）越容易选择，又与目标性状得以表现所需的环境条件有关。环境条件越适宜，目标性状就表现得越充分。为了更快地恢复轮回亲本的优良农艺性状，无论需要转育的抗病性状是显性性状还是隐性性状，都应注意从回交后代，尤其是在早期世代中对回交后代群体进行严格鉴定，必须选择目标抗病性状表现突出的个体，再在这些个体内选择那些农艺性状与轮回亲本尽可能相似的个体进行回交，这有助于轮回亲本性状的迅速恢复，以便减少回交次数。如果在回交群体中只对非轮回亲本的目标性状进行严格选择，而对轮回亲本性状不进行严格选择，只希望其通过回交而逐渐恢复，势必增加回交的次数。因此，在早期世代的回交群体中，一方面要选择非轮回亲本的目标性状，一方面也要严格选择轮回亲本的性状，这样可以提高轮回亲本性状的恢复频率，其效果相当于多做一两次甚至三次回交。此外，为了易于鉴别和选择具有目标性状的个体，应创造使该性状得以充分显现的条件。例如，若目标性状为某种抗病性，则应接种病菌并积极创造诱发病害侵染的条件。具体的做法，因所转移的目标性状的显性和隐性、是质量性状还是数量性状而有所不同。育种实践也常采取分子标记的方法辅助选择（molecular marker-assisted selection，MAS）目标性状。

（二）多个抗病性状的导入方法

从白肋烟杂种优势利用的角度而言，希望培育出的杂交种亲本能够抗更多的主要病害生理小种或者抗多个主要病害。因此，需要把对一种抗病性表现不同遗传方式的基因或抗不同生理小种的基因组装到优良遗传背景中，或者把一种或多种抗病性状逐步组装到优良遗传背景中，育成抗多个生理小种或多种病害的杂交种亲本，这就要考虑多个抗病性状的转移。在杂交种亲本培育实践中，可根据育种材料的特点和当地对品种的要求，将回交法灵活运用于杂交种亲本选育程序中。多个抗病性状转育的常用方法有以下几种。

1. 逐步回交法(stepwise backcross method)

当进行多个目标抗病性状基因的导入时，通过回交同时改进一个亲本品种的若干抗病性状是十分困难的。转移多个抗病性状可采用逐步回交法，即在同一回交方案中分步骤先后转移几个目标性状基因。选择几个分别具有不同目标抗病性状基因的供体亲本，这几个亲本的基因应该是独立遗传的，先以一个供体亲本进行抗病性状转移，获得一个抗病性状得到改良的材料后，再以它为轮回亲本，进行第二个抗病性状的转移，如此等等(见图 4-25)。这种方法的关键在于要获得大量的回交种子，繁殖大量 BCF_1 或 BCF_2 群体，要使其中能够出现具有各种目标性状的材料，以便和轮回亲本回交。这种方法周期长，后期的性状鉴定比较困难。

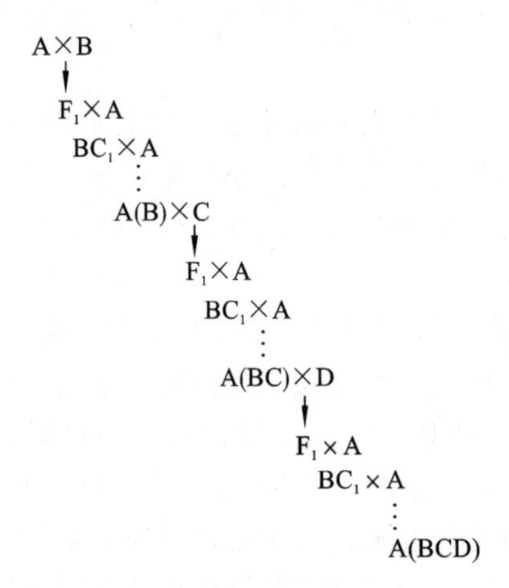

图 4-25 逐步回交法示意图

A 为轮回亲本；B、C、D 为供体亲本

2. 聚合回交法(convergent backcross method)

当目标性状来自较多供体时，可将欲改良亲本与多个供体亲本同时分别回交几代，然后进行聚合杂交，选育出兼具各供体亲本所特有的优良性状的改良亲本。也就是，在几个不同的回交方案中分别转移不同的基因，最后将它们组合于同一个体中。这种方法称为聚合回交法。它是一种择优交配、轮番选择、不断聚合优良基因的常规育种程序，能把短期的和中长期的育种目标结合起来，可将数量性状优良基因转移到优良的遗传背景上，以被近期育种应用；还可通过综合杂交组成复合群体来保存种质，进而合成具有丰富基因储备的种质库，为不断提高育成品种的水平创造条件。在白肋烟育种上，聚合回交法目前仍然不失为聚合多目标性状的重要手段。聚合回交法包括聚合回交和不完全聚合回交两种形式。

1) 聚合回交

聚合回交即是基于超亲积累与回交结合原理的聚合杂交，尤其适合于质量性状(即简单遗传性状或由单基因或寡基因控制的性状)的聚合，一般是利用生产上大面积推广或即将推广的品种作为轮回亲本，分别与具有不同目标抗病性状的品种(系)杂交，回交 3～4 次，然后互交以聚合不同目标抗病性状的基因，培育出具多种抗病性的优质广适亲本。该方法的优点在于能在保持轮回亲本优良品质和适应性的基础上，同步改良其多种抗病性。聚合回交程序如图 4-26 所示。

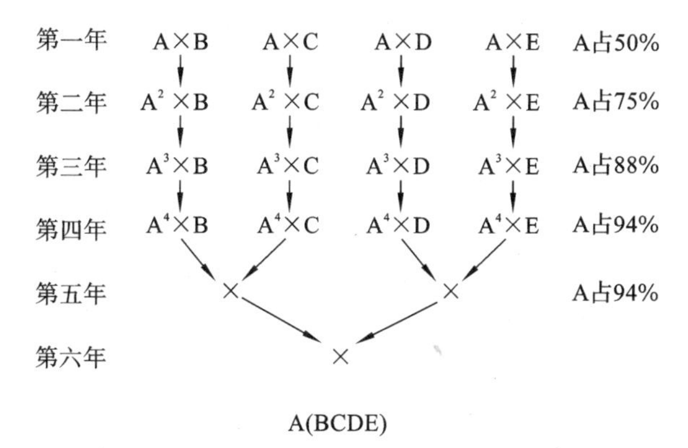

图 4-26 聚合回交法示意图

A 为轮回亲本，B、C、D、E 为供体亲本

该法回交纯合速度快，后代只聚合为轮回亲本一种基因型，容易进行选择，其遗传背景类似于近等基因系，可将优质性状与多种抗病性状聚合到一起，克服了回交导致遗传基础贫乏的缺点，并有可能打破烟叶品质、经济性状和抗病性之间的负相关，获得优良的重组型后代。但是这一方法的工作量大，且回交转育数量性状的选择与鉴定工作难度大。

2）不完全聚合回交

不完全聚合回交即是基于超亲重组与不完全回交结合原理的聚合杂交，尤其适合数量性状（即复杂遗传性状或由多基因控制的性状）的转育和聚合，是育种上常用的方法。其实质就是回交与杂交育种的结合。该方法能够导入不同亲本来源的目的抗病性状，并避免目的抗病性状强度的削弱，同时能够基本恢复轮回亲本的主要农艺性状，可以产生目标性状和非目标性状的超亲重组。不完全聚合回交程序如图 4-27 所示。

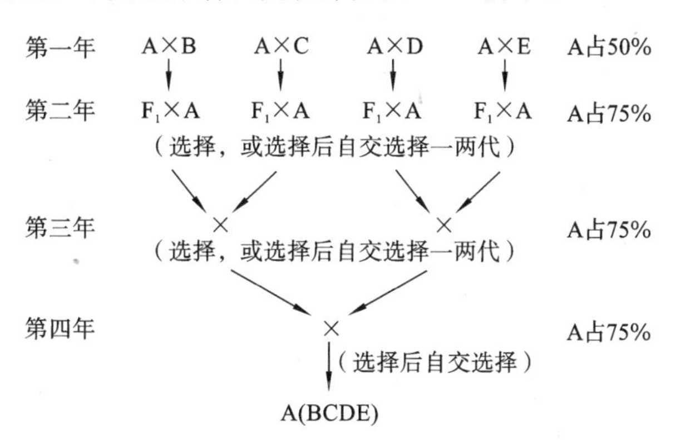

图 4-27 不完全聚合回交法示意图

A 为轮回亲本，B、C、D、E 为供体亲本

3. 复合杂交法（compound hybridization method）

当某病害抗性转育到普通烟草栽培品种上并获得稳定的自交系之后，可采用单交、三交、双交等杂交方式与其他具有不同病害抗性的烟草纯系杂交，在分离世代中采用系谱选择法针对目标病害抗性进行筛选，并兼顾农艺类型，直至选系稳定，以获得多抗性品系。例如，

津巴布韦育种者利用源于 *N. rustica* 的抗野火病和角斑病品系与抗白粉病烤烟品系 T24-1 杂交，从后代中选育出兼抗野火病、角斑病和白粉病的烤烟品系 WZ，进而利用 WZ 品系通过单交(NC37NF×WZ)、三交[(KM10×WZ)×KM10、(KE1×Nr7-12-14-1)×KE1]以及双交[(NC37NF×ZAS)×(NC37NF× WZ)]选育出兼抗野火病 0 号和 1 号小种和角斑病 1 号小种的烤烟品系 VN、NM、ZW 和 XJN；利用源于 *N. tabacum* 和烤烟品种 SC72 的抗爪哇根结线虫病的 ST 品系通过双交[(ST×NC89)×(ST×TB22)]选育出兼抗爪哇根结线虫病和白粉病的烤烟品系 STNCB，进而利用 STNCB 品系和 WZ 品系通过三交[(STNCB×WZ)×K326]以及双交[(KM10×STNCB)×(WZ×AW)、(G28×STNCB)×(WZ×AW)、(KE1×STNCB)×(WZ×AW)]选育出抗根结线虫病、野火病、角斑病、白粉病及其他一些病害的多抗烤烟品系 ONC、XM、XS 和 XZ。

4. 轮回选择法(recurrent selection method)

轮回选择是指基于遗传基础丰富的群体，通过循环选择、互交、再选择、再互交等方法打破不利基因连锁，不断发展具有广阔遗传基础和目标性状的有利基因型，从而提高性状平均值，使群体持续不断地得到遗传改良的育种体系。该方法通过轮复一轮地互交、选择和鉴定，能够将分别存在于群体内不同个体、不同位点上的有利基因在优良的遗传背景中聚集起来，提高群体内数量性状有利基因的频率，打破不需要的基因连锁，同时改良多个目标性状，培育综合性状优良的品种，比常规杂交育种方法显出更强的优越性，尤其在由微效基因控制的性状改良中能够发挥重要作用。

1) 基础群体创建

首先，选取各具特点、主要目标性状突出且亲本间优缺点高度互补、在生态上有较大差异或地理远缘的品种作为原始亲本，包括烟叶品质优良的品种、适应性好的品种，以及具有不同抗病性的品种。亲本数量过少，群体内种质遗传基础贫乏，不易发挥轮回选择的优势。但亲本也不是越多越好，亲本过多，则遗传组成势必复杂，伴随目标性状而来的还有一些不良基因，这些不良基因降低了群体优良基因的出现频率，影响轮回选择效果。此外，亲本太多，为了使提供目标性状的亲本达到所有可能的重组，直到基因平衡，所需互交代数势必增加，从而拉长了轮回选择周期，试验规模相应也会更大，故亲本数量要适中。一般来说，基础群体亲本以 10 个左右为宜。

然后，以烟叶品质优良和适应性好的品种作为受体亲本，以其他抗病品种作为供体亲本进行杂交，所得杂交组合于次季进行再杂交，即单交组合间进行交配，第三季进行不同双交组合间的株与株杂交，种子混合构成原始基础群体(C_0)。注意：对于双交组合，所采用的单交组合亲本尽量不要重复；对于株与株间的互交，单株来源的双交组合也尽量不要重复。在人力、物力允许的情况下，每个双交组合后代除淘汰明显不良单株外，要尽量做到有较多的单株参与互交，以便基因充分重组。

2) 轮回选择

为了易于鉴别和选择具有目标性状的个体，将原始基础群体 C_0 根据目标抗病性数量分成若干组，分别栽植于不同病害病圃或人工接种相应病菌诱发病害。通过鉴定，从每组中筛选出农艺性状优良的且抗病水平达中抗以上的抗病单株，并进行不同组间抗病单株的株与株杂交，即某一组的入选株同时与所有其他组内的入选株成对杂交。将所得杂交种子充分混合构成第一轮选择群体 C_1。采用第一轮选择群体 C_1 的种子，重复上述操作步骤，得到第

二轮选择群体 C_2，以此类推，直到群体内烟株表型接近一致，而基因型高度杂合的第 n 轮选择群体 C_n。对隐性基因控制的性状，可以综合采用自交与杂交相结合的方法，从而提高选择改良的效率。

在各轮选择过程中，遇到综合性状表现特别优异的单株，可以对其进行自交，然后按照系谱法进行选择。对于基本稳定的选系，按目标病害抗性和农艺类型分类进行农艺试验，每类选系选择与其农艺类型或病害抗性类似的1～3个品种作为对照。同时，在不同目标病害的病圃中对每类选系的目标病害抗性进行大田鉴定。对烟叶产量、烟叶品质、烟叶化学成分和抗病性均表现优异的选系，进行品系比较试验，进而选出综合性状优良的具有多种抗病性能的杂交种亲本。

第五节 白肋烟雄性不育系的转育

众所周知，烟叶生产可以直接利用雄性不育系。其主要原因就是烟草是叶用植物，在利用杂种优势时仅需要不育系和保持系，而不需要恢复系，且进行杂交制种时，可以省去人工去雄步骤。因此，烟草上利用雄性不育杂交种，相比于其他作物具有得天独厚的条件。

一、烟草雄性不育种质的主要获得方法

获得烟草雄性不育种质的方法有多种，如通过自然突变或诱变产生雄性不育突变株、利用基因工程转移雄性不育基因获得雄性不育种质等，但烟草育种上使用的雄性不育种质一般是通过远缘杂交和体细胞杂交途径获得的。

（一）远缘杂交创造雄性不育种质

远缘杂交是获得烟草雄性不育种质的主要方法。目前国内外创造的烟草雄性不育种质、烟草雄性不育系大多是通过种间杂交的方法获得的，其细胞质都来源于野生种。1932年，East在研究（*N. langsdorffii*×*N. sanderae*）×*N. sanderae* 过程中发现了烟草雄性不育株，此后，Ciator（1950年）、Burk（1959年，1960年）又先后从一系列的种间杂交中获得来自 *N. debneyi*、*N. megalosiphon*、*N. suaveolens* 和 *N. bigelovii* 细胞质的普通烟草雄性不育系。1985年，久保友明利用 *N. hesperis*、*N. simulans*、*N. paniculata*、*N. knightiana*、*N. rustica*、*N. repanda*、*N. megalosiphon* 等野生种与BY103杂交，分别育成带相应烟草野生种细胞质的BY103细胞质雄性不育系。1988年美国报道，用 *N. amplexicaulis*×*N. tabacum* 杂交的 F_1 再与 *N. tabacum* 回交，其胞质雄性不育率为100%；用 *N. repanda*×SC72杂交的 F_1，再与Maryland609回交8次，获得了细胞质雄性不育品种Bel MS1，而且该品种很容易授粉。据报道，目前与普通烟草种间杂交能产生雄性不育系的种有10余种，如 *N. plumbaginifolia*、*N. glutinosa*、*N. undulata*、*N. langsdorffii* 等。

用种间杂交法创造雄性不育系的基本原理，就是依靠杂交和回交把普通烟草的核及其24Ⅱ染色体放到烟属某野生种的细胞质里。反过来说，把烟属某野生种的核及其染色体换成普通烟草的核及其24Ⅱ染色体。总之，以烟属野生种为母本，利用优良栽培品种连续回交，把普通烟草的细胞质换成某野生种的细胞质，就有可能获得雄性不育性材料。但在以普通烟草为父本与野生种杂交时，常常遇到 F_1 杂种不孕的情况。克服杂种不孕的常用方法，是

将不孕杂种的染色体加倍，使它成为双倍体，其细胞质还是野生种的，但是可育的。这时就用普通烟草作为回交父本同新形成的双倍体回交，就能在回交子代群体内得到雄性不育的分离植株。连续选择不育株回交，即可获得雄性不育系（见图 4-28）。根据以往的经验，不管作为非轮回亲本的野生种有多少条染色体，到了 BC_4 或 BC_5 阶段，除细胞质仍然是野生种外，染色体已经恢复了普通烟草的 24 Ⅱ。这就表明 BC_4 或 BC_5 的核已经基本上与普通烟草相同了。所以，雄性不育系的创造在 BC_4 和 BC_5 阶段就已经基本完成，为了使雄性不育系的特征性状更趋于普通烟草，回交常常要继续到 BC_8 或 BC_9 阶段。

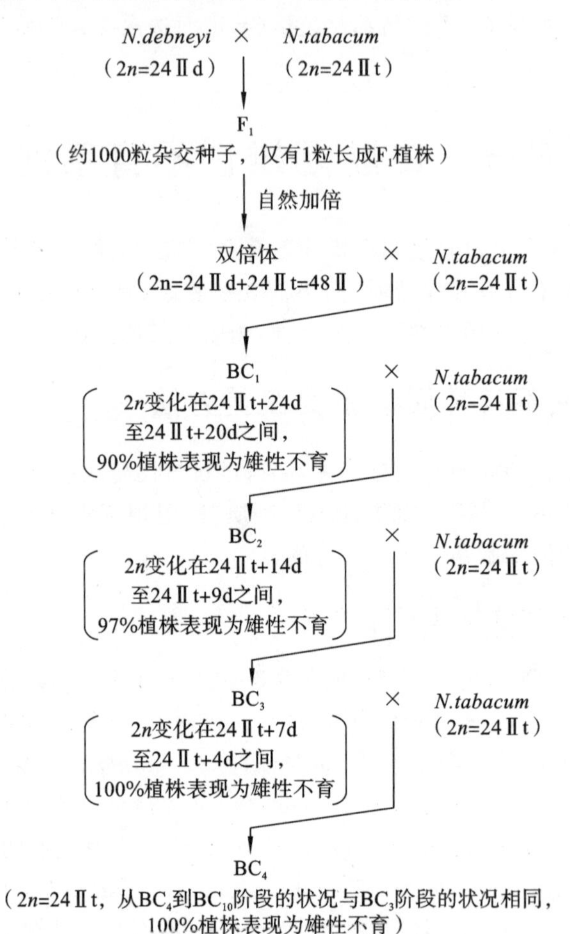

图 4-28 用种间杂交（*N. debneyi*×*N. tabacum*）和连续回交法创造烟草雄性不育系的过程

用种间杂交法创造的烟草雄性不育系具有一些共同的形态特征。雄性不育系不仅不能产生可以授精的花粉，连雄蕊也发育不全，使花药表现各式各样的畸形；有的雄性不育系连花冠也不正常。美国育种者曾经比较过 6 种不同细胞质来源的雄性不育系，它们分别是以野生种 *N. megalosiphon*、*N. suaveolens*、*N. bigelovii*、*N. plumbaginifolia*、*N. debneyi* 和 *N. undulata* 作为非轮回亲本，以马里兰烟品种作为轮回亲本，按传统的杂交和回交法育成的。倘若把正常可育的品种的花器构造称为型Ⅰ，则雄性不育系的花器构造大致分为五种类型。型Ⅱ：花冠正常，花药羽状（细胞质来源于 *N. bigelovii*）。型Ⅲ：花冠正常，花药呈柱头状，花丝缩短（细胞质来源于 *N. megalosiphon* 和 *N. suaveolens*）。型Ⅳ：花冠缩短，花药形状正常但无花粉，花丝缩短，柱头略微伸出花冠唇（细胞质来源于 *N. plumbaginifolia*）。型Ⅴ：花冠缩短，花药变花瓣状，柱头伸出花冠唇 1～1.5 cm（细胞质来源于 *N. undulata*）。型Ⅵ：花冠分裂，花药呈柱头状，花丝缩短（细胞质来源于 *N. debneyi*）。

Nikova 等曾以普通烟草栽培种为母本，与烟草野生种 *N. alata* 杂交，F_1杂种表现为完全雄性不育。这表明，以普通烟草栽培种为细胞质供体，以野生种烟草为核供体，也能产生雄性不育杂种。此外，在回交至第 7 代时雄性不育性仍然表现稳定。胡日华以江西名优晒烟品种广丰铁骨烟群体中突变产生的雄性不育株为细胞质供体，通过单株成对测交、定向选择、连续回交转育，也育成了 7 个细胞质来源于栽培种的雄性不育同型系。

（二）体细胞杂交（原生质体融合）创造雄性不育种质

通过核置换创造核-质杂种，由核-质互作引起的细胞质雄性不育开创了杂交种利用的新时代。利用远缘杂交再连续回交的方式创造核-质杂种需要 10 余个世代，而采用体细胞杂交（亲本一方的细胞核失活，另一方的细胞质失活）可很快地人工合成核-质杂种，并可利用更广泛的核-质资源。其基本原理是用 X 射线照射野生种的原生质体，使它的细胞核停止活动，再与普通烟草品种的原生质体融合，即可形成具有野生种的细胞质和普通烟草品种细胞核的雄性不育系。久保友明用 MS Burley 21 同烟草品种 Tsukuba1 进行细胞融合，仅用一年时间就获得了新品种 MS Tsukuba Ⅰ。久保友明对融合后再生植株的性状以及其后代进行了研究，发现 MS Burley 21 的原生质体经辐射后，其细胞核活动确实停止了，所获得植株中具有 Tsukuba Ⅰ形态的雄性不育株的比率特别高（107/207），证明这种方法很容易传递雄性不育性。龚明良等（1986 年）用普通烟草与烟草野生种 *N. glauca* 的原生质体融合，也获得了雄性不育系（86-6）。

二、烟草利用杂种优势所用雄性不育系的细胞质来源

野生种的不育细胞质往往对烟草的经济性状和烟叶品质性状产生不良的影响，而创造雄性不育系的目的就是用它作为配制杂交种的母本。因此，雄性不育细胞质对烟草经济性状和烟叶品质性状有无不良影响是利用杂种优势的关键问题。久保友明（1985 年）研究表明，将 *N. paniculata* 和 *N. knightiana* 的细胞质导入烤烟中所形成的细胞质雄性不育系，有完整花药，是花粉雄性不育系；而来源于 *N. rustica* 的细胞质，属于非不育系。以上三种细胞质不宜作为生产杂种 F_1的母本。来源于 *N. megalosiphon* 和 *N. debneyi* 的细胞质雄性不育系，对生育期、香吃味有不良影响，亦不宜作为生产杂种 F_1的母本。唯有来源于 *N. suaveolens* 的细胞质雄性不育系，对经济性状和烟叶品质性状无不良影响，可作为母本生产 F_1种子。国内外大量的研究也都表明，来自 *N. suaveolens* 的雄性不育细胞质较好。黄文昌等人将细胞质来源于 *N. suaveolens* 的 7 个白肋烟品种的雄性不育系与对应的同型可育系进行比较，结果表明，这 7 个白肋烟雄性不育系在生育期、植物学特征、农艺性状、经济性状、烟叶品质等方面与同型可育系的表现总体一致。此外，据研究，来自 *N. suaveolens* 的雄性不育细胞质不仅对普通烟草性状不发生影响，而且具有抗赤星病的能力。因此，目前世界上用于培育烟草杂交种的细胞质雄性不育系，如美国的白肋烟、烤烟，日本的晒烟、烤烟，中国的烤烟、白肋烟等，其细胞质大都来源于烟草野生种 *N. suaveolens*。

三、烟草细胞质雄性不育系的转育

为了便于利用杂种优势，有必要将改良的杂交种亲本转育成不育系。在雄性不育系杂种优势利用中，回交转育不育系的主要方法就是，利用来源于烟草野生种 *N. suaveolens* 的细胞质雄性不育系为母本，与细胞质正常、雄性可育的改良后的杂交种亲本杂交，然后以雄性不育的杂种一代为母本，以该雄性可育的杂交种亲本为轮回亲本，回交若干代，使其核基因接近纯合，即形成新的雄性不育系，也就是该杂交种亲本的细胞质雄性不育系。

回交转育雄性不育系时应注意以下两点：

第一，作为杂交种母本的雄性不育系应该具有广适性、烟叶品质优良。因此，回交转育雄性不育系时，所使用的轮回亲本应是适应性强的优质品种，最好是生产上大面积推广种植的品种或由其改良而来的杂交种亲本。这样转育成功的不育系也会具有适应性好、烟叶品质优良的特点，能够作为杂交种的母本使用。

第二，作为杂交种母本的雄性不育系与轮回亲本相比，除育性不同外，其他特征特性应该都与轮回亲本几乎完全相同。在轮回亲本基因型高度纯合的条件下，转育成功的雄性不育系在遗传上也是高度纯合的，这样能够增强所配制杂交种的优势。因此，转育雄性不育系时需进行“饱和回交”，连续回交直到出现既具有雄性不育性，又具有轮回亲本的全部优良性状的个体。为了使转育的不育系尽可能地与轮回亲本在除育性以外的性状上完全相同，一般需转育回交7～8代。

一般情况下，在对某一杂交种亲本进行不育系转育的过程中，往往是不育系转育与其可育同型系的纯化同时进行。假设要利用细胞质来源于烟草野生种 *N. suaveolens* 的雄性不育系 A(用 MsA 表示)，将细胞质正常、雄性可育的改良后的杂交种亲本 B 转育成雄性不育系(用 MsB 表示)，并同时对亲本 B 进行自交纯化，则可同时进行不育系转育与自交纯化程序，如图 4-29 所示。这样可以避免对雄性不育系另外单独进行纯化，能够节省人力、物力和时间。

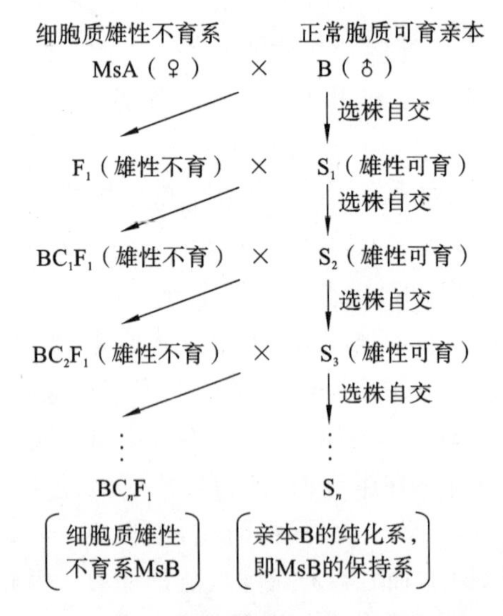

图 4-29 白肋烟细胞质雄性不育系的培育过程

第六节　自肋烟杂交种的组配与鉴定

杂交种的选育包括选择优良亲本、按一定杂交方式组配杂交组合，以及杂交组合鉴定三方面。它与以培育纯系品种为目的的杂交育种不同之处在于，选用亲本、配制组合时特别强调杂种一代的优势表现。

一、对杂交种亲本的基本要求

利用杂种优势首先要选配优良的杂交组合，而能否选配出优良的杂交组合，关键在于亲本的选用是否恰当，并不是任何两个或两个以上品种进行杂交都能得到优良的杂交组合的。必须根据白肋烟育种目标，正确选配杂交亲本，这样组合产生的杂交种才能符合生产的要求。根据白肋烟育种目标，作为杂交种的亲本必须符合以下几条基本要求。

（一）亲本的纯合度高

杂交种不是混杂种，更为重要的是，杂种优势的强弱与亲本的基因型的纯度高度相关。因此，杂种优势利用首先必须提高双亲基因型的纯合度，然后选配优良组合，增加杂种的杂合性与杂种群体的一致性。双亲的遗传纯合度越高，杂种 F_1 代群体的一致性就越好，优势就越大。鉴于此，在杂交组合选配过程中，必须通过选择和自交对亲本进行纯化，并在亲本繁殖、杂交制种时进行严格的除杂去劣保纯工作。

1. 可育亲本的纯化

可育的亲本品种是一个相对稳定的群体，能在一定时间内保存下去，但由于天然杂交、自发突变等因素的影响，亲本群体总会在遗传性状上发生一些变化。一些新育成的亲本品种，性状还会继续分离。对于常规杂交育种来说，这种亲本材料是不需要自交纯化的，可以直接作为杂交亲本使用。而对于杂种优势利用来说，这种种质材料必须进行自交纯化后才能作为杂交种的亲本使用。亲本纯化就是通过选择和自交，剔除不典型的植株，而选择性状典型的植株进行自交留种，尽可能增加亲本群体在主要性状上纯合子的基因型频率，尽可能减小个体间差异，以保证亲本的纯合度，使其性状更为典型，更为整齐一致。自交能使亲本群体中杂合体的杂合基因型分离为子代的多样性基因型，并使杂合的子代基因型分别趋于纯合。选择是鉴别多种多样基因型的手段，可在性状表现最明显的几个关键时期进行。一般在烟株进入旺长期进行初选。在现蕾至中心花开放时期对第 1 次入选单株进行复选，此时整个植株表现较充分，是选择的最佳时期。在腰叶成熟期进一步检查前面当选单株的表现，淘汰表现差的单株。当选单株不打顶，在套袋或隔离条件下自交留种。可育的亲本的常用纯化方法有单株选择法和混合选择法两种，以单株选择法效果较好。

1）单株选择法

单株选择法又称个体选择法，是亲本纯化的最主要方法。这种方法是指从亲本品种群体中，严格按照品种的特征、特性，选择典型优良单株并自交留种，以恢复亲本品种的典型性与一致性，淘汰与亲本品种在植物学性状、形态性状、农艺性状等方面不一致的单株。入选单株按株自交留种，翌年分单株种植成株系，并进行株系间的相互比较，从中选择出性状最典型且整齐一致的优良株系自交留种。入选株系的烟株自交种子混合收获，以作为杂交种的亲本用种。如果当选单株优良、性状典型,但单株后代性状不整齐一致,即不稳定,可在当选株系内再选典型优良单株,分别自交留种,继续种成株系进行比较,这样连续多次去杂选优,并保证隔离采种,直到单株后代性状表现稳定一致。

2) 混合选择法

对于混杂退化程度不太严重的亲本,可采用混合选择法提纯,即在亲本品种的原始群体中严格去劣去杂,选择性状整齐一致、符合该品种特征特性的健壮的优良单株混合留种,以作为杂交种的亲本用种。同单株选择法一样,如果混合选择后的群体性状表现没有整齐一致,还需要连续混合选择多次,直至性状表现一致,实现纯化要求。

2. 雄性不育系的纯化

在烟草杂种优势利用上,杂交种的母本多为细胞质雄性不育系。而雄性不育系的性状是受其可育同型系支配的。因此,在对不育系进行纯化时,一定要在其可育同型系上下功夫。具体做法分为三个阶段,即成对授粉、分系比较、混合繁殖。在不育系繁殖田里,于开花前选择典型的不育系株,去除已开放的花朵和幼蕾,保留即将开放但尚未开放的花朵,用每一当选的性状典型的可育同型系株的即将盛开的花朵分别与一个不育系株成对授粉,并挂上相应牌号;不育系株和相应编号的可育同型系株均分株收种,于翌年分别将各不育系株及其相应编号的可育同型系株相邻种植成株系;选择出性状最为典型且整齐一致的可育同型系的优良株系,取其花粉给相应行号的不育系授粉,这样连续 2～3 次后,所得到的不育系即可作为杂交种的母本使用。

(二) 双亲的一般配合力(GCA)高而互补

一般配合力(GCA)是对基因加性效应的度量,体现的是某一亲本与其他亲本结合时产生优良后代的能力。GCA 高的亲本才能产生 GCA 均值高的后代。因此,在利用杂种优势时,首先应选用 GCA 高的材料作亲本。鉴于此,在选配亲本时,除注意本身的优缺点外,还要通过杂交育种实践积累资料,以便选出配合力高的品种作为亲本。

尽管对于杂种优势利用的育种工作来说,针对组合的特殊配合力(SCA)的选择至关重要,但大量的研究结果表明,若要获得较高的 SCA,则双亲中应至少有一个亲本的 GCA 效应高。虽然有研究结果指出,某些组合的双亲 GCA 都比较低,也能产生较高的 SCA 效应。但从育种实践及大量资料分析,当双亲 GCA 都不高时,组合即使能产生较高的 SCA 效应,在育种中的意义也不大,是无利用价值的。例如,李宗平等人(1994 年)选用 7 个白肋烟品种 Kentucky 10、Kentucky 14、Kentucky 17、Virginia 509、Burley 21、Burley 37 和 Burley 26 为亲本材料,采用 Griffing Ⅳ遗传交配设计,对主要经济性状的配合力进行了分析。结果显示,亲本 Kentucky 10 和 Burley 21 烟叶产值的 GCA 效应值都不高(均为负向),而组合 Kentucky 10×Burley 21 烟叶产值的 SCA 效应值则是 21 个组合中最高的(正向),但组合 Kentucky 10×Burley 21 实际生产的烟叶产值是所有组合中最低的。

前面已述,配合力总效应是特定组合双亲 GCA 效应与组合 SCA 效应的和,即 $c_{ij}=g_i+g_j+s_{ij}$,而杂交组合的性状表现按配合力数学模型则为 $x_{ij}=\mu+g_i+g_j+s_{ij}$。在特定试验中,$\mu$ 为总平均值,是一个常数,组合的性状表现就取决于 g_i、g_j 和 s_{ij}。这 3 个效应值中任何一个增大都能使组合性状值提高。从理论上讲,凡 g_i、g_j、s_{ij} 都为正值的组合的表现均比较好,依次为 2 正 1 负、2 负 1 正,三者全为负值的组合性状表现较差。双亲 GCA 都低而 SCA

较高的组合，是 2 负 1 正的类型，虽然组合性状值与效应值的大小有关，但其与双亲 GCA 高、SCA 也高的组合(三者全为正)及双亲之一 GCA 高、SCA 较高的组合(2 正 1 负)相比还是要差些。因此，只有在亲本 GCA 较高的基础上，选择 SCA 高的组合才有意义。况且，至少双亲之一 GCA 效应较高时，出现较高 SCA 组合的频率比出现较低 GCA 组合的频率要高得多，即用 GCA 较高的亲本杂交更容易得到 SCA 高的组合。

烟草育种中关于亲本配合力研究的大量结果表明，不同亲本同一性状的 GCA 不同，同一亲本不同性状的 GCA 也不同；不同组合同一性状的 SCA 不同，同一组合不同性状的 SCA 也不同。大量的研究分析表明，可能会存在某一亲本在所期望的性状上都具有较高的 GCA，但多数情况下，很少有一个亲本在主要性状上的 GCA 都较高。所以，根据配合力选配亲本时，双亲同一性状的 GCA 值应能够互补，以获得综合性状优良的杂交种。

事实说明，各性状的 GCA 互有高低，选用性状 GCA 可以互补的亲本组配较易得到综合性状好、SCA 也较高的组合。例如，李宗平等人(1994 年)选用 7 个白肋烟品种 Kentucky 10、Kentucky 14、Kentucky 17、Virginia 509、Burley 21、Burley 37 和 Burley 26 为亲本材料，采用 Griffing Ⅳ遗传交配设计，对主要经济性状的配合力进行了分析。结果显示，亲本 Kentucky 14 烟叶产量和产值的 GCA 效应值较高(第一正向效应)，上等烟率的 GCA 效应值较低(负向)，而 Kentucky 17 烟叶产量和产值的 GCA 效应值较低(第一正向效应)，上等烟率的 GCA 效应值较高(第二正向效应)，而组合 Kentucky 14×Kentucky 17 烟叶产量、产值和上等烟率的 SCA 效应值都较高，实际生产的烟叶产量和产值也是所有组合中最高的，上等烟率也较高。

(三) 双亲均具有较多优点，且缺点互补

烟草品种的主要农艺性状、经济性状和烟叶品质性状大多为数量性状，在杂交 F_1 代显示双亲中间值的遗传表达，优势表现相对较低。因此，白肋烟利用杂种优势主要是在维持烟叶品质和风格不变的条件下，尽量整合亲本的多种抗病性，但在杂种 F_1 的发育进程、烟株形态性状、经济性状、烟叶品质性状等方面也要尽量达到最佳状态。一般来说，亲本优点较多时，其后代性状表现的总趋势会较好，出现优良组合的概率将增大。而要求双亲的优缺点互补，对数量遗传的性状来说，会增大杂种后代的平均值；对于质量遗传的性状来说，后代可出现亲本一方所具有的优良性状。

(四) 双亲亲缘关系尽量远

双亲亲缘关系远包括地理远缘、血缘较远，甚至性状差异较大等方面。一般来说，不同生态类型、不同地理起源和血缘较远的品种，具有不同的遗传基础。双亲亲缘关系较远，则双亲之间的显性与隐性基因的相对差异大，双亲之间等位基因的相对差异也多，F_1 有利显性基因的互补作用和各对杂合基因共同作用的遗传效应就越大，杂种优势就越强。大量的育种实践也证明，亲本间的遗传差异是产生杂种优势的根本原因，亲本间的亲缘关系越远，杂种表现强优势的可能性越大。

(五) 至少亲本之一的适应性好、烟叶品质优良

有研究表明，作物的基因型与环境的互作存在于所有世代，所以它不是一个简单的遗

传，而是包括有加性、显性和上位性作用的复杂的数量性状遗传。因此，杂交种的稳定性和适应性是受遗传控制的，可由杂交亲本传递。所以，如果亲本适应性好，或至少亲本之一适应性好，则其杂种 F_1 代对当地的自然和栽培条件也有较好的适应性。

前面已述，白肋烟利用杂种优势主要是在维持烟叶品质不变的条件下，尽量整合亲本的多种抗病性。但烟叶品质性状在杂交 F_1 代显示双亲中间值的遗传表达，优势较低。这就要求杂交种亲本的烟叶品质优良，至少亲本之一的烟叶品质优良，另一亲本的烟叶品质也应达中等以上。没有优质亲本，就难以育成优质杂交种。

二、白肋烟杂交种的组配

优良的亲本是选配优良杂交种的基础，但是有了优良的亲本，并不等于就有了优良的杂交种，双亲性状的搭配、互补以及性状的显隐性和遗传传递力等都影响杂交种目标性状的表现。前面已述，对于许多农艺性状、经济性状和烟叶品质性状而言，烟草纯系之间 F_1 代杂交种显示双亲中间值的遗传表达，杂种优势低，而在抗病性、耐逆性、适应性等方面具有优越性。因此，可以把白肋烟杂种优势利用的着眼点放在多抗和广适性状上。鉴于此，白肋烟利用杂种优势的目标应该是在维持烟叶品质和风格不变的条件下，融入多种抗耐性，提高广适性。也因此，在利用白肋烟杂种优势时，育种目标制定、亲本选配、F_1 代杂交组合鉴定等杂交种选育的各个环节要始终围绕着优质多抗展开，即在维持烟叶品质的前提下，尽量地赋予杂交种多种抗病性。在此基础上，争取杂交种在发育进程、烟株形态性状、经济性状、烟叶品质性状等方面达到最佳状态。

根据烟草生产的特点，能在烟叶生产上应用的杂交种主要是单交种，在某些情况下也可应用三交种。不同类型的杂交种，其亲本组配要求有明显不同。

（一）雄性不育单交种的组配

在利用雄性不育系组配单交种时，必须注意各杂交亲本性状的搭配、互补，尤其是由隐性基因控制的目标抗病性状的共有性和由显性基因控制的目标抗病性状的互补性。只有这样，杂交组合 F_1 代才能在育种目标性状方面有优于亲本的表现，才能选育出符合育种目标要求的杂交种，以在生产上应用。在选择亲本组配杂交种时，一般应遵循如下原则：

1. 杂交种亲本的特征特性表现优良

杂交种父母本最好都要烟叶品质优良、适应性强、经济性状好，至少要保证亲本之一烟叶品质优良、适应性强、经济性状好。对于许多经济性状和烟叶品质性状而言，由于烟草纯系之间 F_1 代杂交种显示双亲中间值的遗传表达，杂种优势低，因此，要获得烟叶品质优良、经济性状好的杂交种，首先要求杂种亲本本身烟叶品质性状和经济性状优良，至少亲本之一烟叶品质优良、经济性状好，另一亲本的烟叶品质和经济性状达中等以上水平，只有这样才能配制出烟叶品质和经济性状表现较好的杂交种。例如，若要选育低烟碱的杂交种就要选用低烟碱的母本和父本进行组配，如果没有低烟碱的亲本则很难达到育种目标。在适应性上，许多杂种 F_1 对环境变化的缓冲力较强，抗旱性、耐寒性有所提高，因而比其双亲适应性广一些，或者倾向于适应性好的亲本。因此，要获得适应性好的杂交种，则杂交种亲本中至少有一个亲本的适应性好。鉴于上述情况，在利用杂种优势进行白肋烟育种时，最好以生产上大面积推广使用品种的抗性改良亲本或其雄性不育系作为杂交种的亲本之一。由于这种亲本往往烟叶品质优良、能适应当地的生态条件、综合经济性状好，因而由其作为亲本之一所组配的 F_1 代杂交种在烟叶品质、适应性和综合经济性状方面也会表现较好。

2. 杂交种亲本具有目标抗病性状

杂交种的母本和父本对当地的主要病害具有至少一种抗性，而且对于由隐性基因或多基因控制的目标抗病性状，要求双亲均具有该种抗病性状，而对于由显性基因控制的目标抗病性状，要求双亲的抗病基因能够互补。

只有杂交种的亲本具有目标抗病性状，杂交种才有可能具有目标抗病性状。如果选用的亲本不具有目标抗病基因，其杂交种也就不可能含有目标抗病基因。杂交种双亲分别所具有的抗病种类越多，则杂交种的抗病种类也会越多，但杂交种的抗病种类并不是其母本与父本抗病种类的简单累加，而取决于母本和父本分别所具有的抗病性是由显性基因控制的还是由隐性基因控制的，是由寡基因控制的还是由多基因控制的。一般而言，有下面几种情况：

(1) 对于由显性基因控制的抗病性来说，只要杂交种的母本和父本有一方具有该种抗病性，则其 F_1 代杂交种就表现出该种抗病性。因此，对于由显性基因控制的目标抗病性状，要求母本和父本的抗病性互补即可。假若母本抗南方根结线虫病而不抗 TMV，而父本抗 TMV 但不抗南方根结线虫病，由于这两种抗病性都是由显性单基因控制的，则其杂交种就会兼抗南方根结线虫病和 TMV 这两种病害。

(2) 对于由隐性基因控制的抗病性来说，只有杂交种的母本和父本均具有该种抗病性，其 F_1 代杂交种才会表现出该种抗病性，若选用的亲本只有一方具有该种抗病性，则其 F_1 代杂交种就不表现该种抗病性。因此，对于由隐性基因控制的目标抗病性状，要求母本和父本均具有该种抗病性状。假若母本抗白粉病和 PVY 而不抗 TMV，而父本抗 TMV 和白粉病但不抗 PVY，由于白粉病和 PVY 都是由隐性基因控制的，而 TMV 是由显性基因控制的，则其杂交种就会兼抗白粉病和 TMV 这两种病害，而不抗 PVY。

(3) 由多基因控制的抗病性，呈数量性状遗传模式，其杂交种的性状表现最复杂。若杂交种只有一个亲本具有某个由多基因控制的目标抗病性状，则该杂交种对该目标病害的抗病性一般居于双亲均值，倘若某亲本的该目标抗性水平不高，则该杂交种可能会因抗病基因在杂交种中表达强度不高而不表现出该目标抗性。而若杂交种的母本和父本均具有某个由多基因控制的目标抗病性状，则目标抗病基因在其 F_1 代杂交种中呈现累加效应，进而使该杂交种表现出该目标抗病性。因此，对于由多基因控制的目标抗病性状，要求母本和父本均具有该目标抗病性状，且抗性至少达到中抗水平。例如，青枯病主体抗源 TI448A 的抗性为中到高抗，表现为多基因的加性遗传。目前白肋烟抗青枯病育种上很少使用这一原始抗源，而主要利用由其育成的白肋烟抗病品种作为抗源。但由其育成的白肋烟抗病品种对青枯病的抗性很难达到 TI448A 的抗性水平，一般为中抗水平。若利用这种抗青枯病的白肋烟品种作为杂交种的亲本之一，则杂交种的抗性水平更低，甚至不表现出抗病性。若杂交种的母本和父本均为抗青枯病的白肋烟品种，则杂交种也会表现出抗病性。

综上可见，在利用杂种优势进行白肋烟育种时，必须在双亲抗病性状搭配上注意控制抗病性状基因的多寡性和显隐性。因此，利用杂种优势育种必须针对当地烟叶生产中实际存在的主要病害，将抗病育种目标落实到具体的抗病性状上，这样才能根据目标病害抗性的遗传特点有针对性地选用适宜的抗病亲本，并采用合理搭配形式来组配杂交种。如果在育种之初对所要解决的病害不清楚，那么在组配杂交种时就不能有针对性地选用抗病亲本，也不能采用合理的搭配形式配制杂交组合，这就不可避免地为杂种优势利用工作增加了盲目性。

3. 杂交种双亲的农艺性状优缺点能够互补

杂交种的母本和父本在农艺性状上必须优点多缺点少，且双亲之间优缺点能够互补。烟草品种的农艺性状主要表现为数量性状遗传，F_1代杂交种多显示双亲中间值的遗传表达。一般来说，当双亲在农艺性状上优点都较多时，则其杂种 F_1代的农艺性状表现也会比较理想。如果双亲在农艺性状上优缺点能够互补，则会增大杂种 F_1代在这些农艺性状上的平均值，使其趋于合理状态。因此，在利用杂种优势进行育种时，要求母本和父本在农艺性状上必须优点多缺点少，且双亲之间优缺点能够互补。如果亲本选配得当，杂种 F_1的发育进程和产量构成因子趋于合理，烟株形态性状和群体通风透光条件趋于理想，就能够培育出在烟叶品质性状和经济性状方面超越亲本的杂交种。

（二）雄性不育三交种的组配

一般而言，烟草杂种优势利用主要是利用单交种优势。但烟草生产上病害种类繁多，仅利用单交种有时很难在保证烟叶品质、综合经济性状和适应性不受损的条件下使烟叶兼抗多种主要病害，这时候可以考虑利用三交种优势。与单交种一样，在利用雄性不育系组配三交种时，也必须注意各杂交亲本性状的搭配、互补，尤其是由隐性基因控制的目标抗病性状的共有性和由显性基因控制的目标抗病性状的互补性。也就是说，在组配三交种时，必须根据不同病害抗性的遗传特点，采用适当的杂交组配方式整合不同品种的抗病基因，并兼顾烟叶品质、综合经济性状和适应性，以在生产上应用。

1. 雄性不育三交种的组配原则

（1）参与组配三交种的亲本的烟叶品质至少中等或更好，其中主导亲本必须在烟叶品质、综合经济性状和适应性方面均表现优异。

在烟草生产上，杂交种的烟叶品质一般居于双亲中值，而杂交种的综合经济性状和适应性一般分别倾向于高值亲本，因此参与配制三交种的亲本的烟叶品质至少中等，其中主导亲本（即在组配三交组合时最后一次杂交的亲本）必须在烟叶品质、综合经济性状和适应性方面均表现优异。

（2）参与组配三交种的亲本均至少对当地的主要病害具有一种抗性，对于由隐性基因或多基因控制的目标抗病性状要求 3 个亲本均具有抗性，而对于由显性基因控制的目标抗病性状要求 3 个亲本间能够互补。

（3）参与组配三交种的亲本必须在株高、着生叶数、叶片形状、叶面平皱等形态特征及开花期、大田生育期上表现相近。

三交组合的 F_1代（即三交种）群体内的基因型要比其他杂交形式的复交组合 F_1代群体内的基因型少很多，生长更整齐，在一定条件下可以看作是相对稳定的。毕竟三交组合涉及 3 个亲本的 2 次杂交，因此其 F_1代在种植时有可能出现分离，致使田间整齐度差。为避免这一现象，在选择三交种亲本时，要求亲本在株高、着生叶数、叶片形状、叶面平皱等形态特征及开花期、大田生育期上表现相近，以确保三交种的大田整齐度。

2. 雄性不育三交种的组配方式

下面举例说明雄性不育三交种的组配形式。

假定要培育兼抗野火病、TMV、根结线虫病、白粉病和青枯病这 5 种病害的三交种，以在生产上应用。前面已述，目前烟草育种上使用的主要抗病材料对野火病、TMV 和根结线虫病这 3 种病害的抗性都是由显性基因控制的，对白粉病的抗性是由隐性基因控制的，对青枯病的抗性是由多基因控制的。根据上述雄性不育三交种的组配原则，参与组配三交种的 3 个亲本必须均抗白粉病和青枯病，而对野火病、TMV 和根结线虫病的抗性应能够互补，同时 3 个亲本在株高、着生叶数、叶片形状、叶面平皱等形态特征及开花期、大田生育期上的表现应尽量相近，并且必须有 1 个亲本在烟叶品质、综合经济性状和适应性方面均表现良好。鉴于此，假设选择了 3 个形态特征和生育期相近的常规可育亲本 A、B 和 C 以及其雄性不育系 MsA、MsB 和 MsC，用来组配三交种。其中，常规可育亲本 A 及其雄性不育系 MsA 的烟叶品质优良、适应性广、综合经济性状好，兼抗野火病、白粉病和青枯病；常规可育亲本 B 及其雄性不育系 MsB 的烟叶品质和综合经济性状表现中等或更好，兼抗 TMV、白粉病和青枯病；常规可育亲本 C 及其雄性不育系 MsC 的烟叶品质和综合经济性状表现中等或更好，兼抗根结线虫病、白粉病和青枯病。那么，根据雄性不育三交种的组配原则，可以按下面 3 种方式组配出符合育种要求的三交种：

第一种组配方式为 MsA×(B×C)。首先将两个常规亲本 B 和 C 杂交，则所得杂交组合(B×C)F_1 的烟叶品质和综合经济性状表现中等或更好，并兼抗 TMV、根结线虫病、白粉病和青枯病；然后以常规亲本 A 的雄性不育系 MsA 为母本，以杂交组合(B×C)F_1 为父本，组配成三交种 MsA×(B×C)。这样组配的三交种就会表现出烟叶品质优良、适应性广、综合经济性状好，同时兼抗野火病、TMV、根结线虫病、白粉病和青枯病这 5 种病害。

第二种组配方式为(MsB×C)×A。首先以常规亲本 B 的雄性不育系 MsB 为母本、常规亲本 C 为父本进行杂交，则所得杂交组合(MsB×C)F_1 的表现与杂交组合(B×C)F_1 相同；然后以该雄性不育组合(MsB×C)F_1 为母本、常规亲本 A 为父本，组配成三交种(MsB×C)×A。这样组配的三交种的表现与第一种方式组配的三交种 MsA×(B×C)相同。

第三种组配方式为(MsC×B)×A。首先以常规亲本 C 的雄性不育系 MsC 为母本、常规亲本 B 为父本进行杂交，则所得杂交组合(MsC×B)F_1 的表现与杂交组合(MsB×C)F_1 和(B×C)F_1 相同；然后以该雄性不育组合(MsC×B)F_1 为母本、常规亲本 A 为父本，组配成三交种(MsC×B)×A。这样组配的三交种的表现与三交种 MsA×(B×C)和(MsB×C)×A 相同。

三、白肋烟杂交种的鉴定

杂种优势是亲本间基因互作和生物与环境条件互作的结果，是一种复杂的生物学现象，它们的表现不仅是复杂多样的，而且是有条件的。所组配的杂交种是否优于生产上的主栽品种，必须经过抗病性、经济性状、烟叶品质和适应性鉴定，这是决定杂交种能否在生产上推广应用的关键环节。

一般情况下，对于所配制的杂交种，首先要同时进行目标抗病性鉴定和经济性状鉴定；然后，根据鉴定结果，筛选出抗病性符合育种要求、综合经济性状表现突出的杂交种，再进行 2～3 年的多点小区比较试验，以鉴定其烟叶品质、经济性状的稳定性和适应性；最后，根据多年多点试验结果，筛选出综合性状表现优良的杂交种，进行生产试验和示范推广。杂交种的一般鉴定程序如图 4-30 所示。

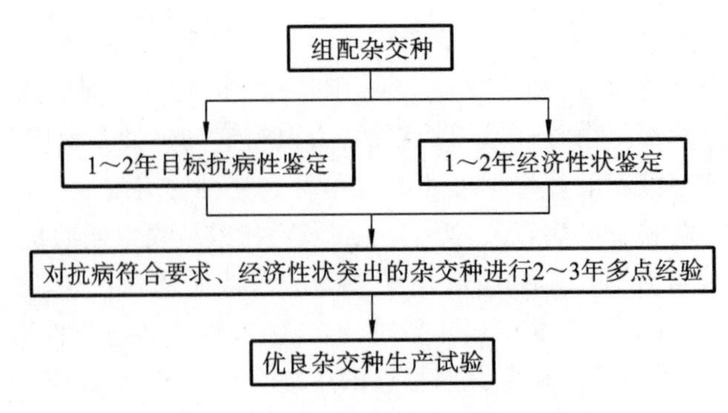

图 4-30 白肋烟杂交种的一般鉴定程序

（一）杂交种的经济性状和目标抗病性鉴定

对于所配制的杂交种，首先要进行植物学特性、形态特征、生育期、成熟特性等农艺性状鉴定，以及烟叶产量、产值、上等烟率、均价等经济性状鉴定。这些性状鉴定工作宜采用多点重复小区试验，并以生产上现有主栽品种作为对照品种。农艺性状和经济性状鉴定必须在正常地块即在无烟草根茎类病害发病历史且病毒病发生较轻的地块进行，以保证每个参试杂交种的群体都能正常生长，进而使每个参试杂交种的农艺性状和经济性状均得以正常表现，以便各参试杂交种的农艺性状和经济性状的表现具有可比性。

在鉴定农艺性状和经济性状的同时，还要对所配制的杂交种进行目标抗病性鉴定。对目标抗病性的鉴定，应根据目标病害的种类分别进行鉴定。各种目标病害抗性鉴定同时在相应目标病害的病圃内进行或采用温室接种方法进行。除以生产上现有主栽品种作为抗病性鉴定对照品种外，每一种目标病害还要设置相应的高抗和易感对照品种，以评价所配制的杂交种对各种目标病害的抗性级别。

一般情况下，对所配制杂交种的农艺性状、综合经济性状和目标抗病性的鉴定要连续进行 2 年，对表现特别优异的杂交种也可只进行 1 年。根据目标抗病性鉴定结果和经济性状鉴定结果对供试的杂交种进行处理，只有经济性状表现突出且兼抗目标病害的杂交种，才能参加进一步的试验。对不抗多数目标病害的杂交种要及时淘汰，对农艺性状和综合经济性状表现与对照品种相比特别差的杂交种也要尽早淘汰，以减少随后试验过程中的参试材料数和工作量，提高杂交种的选择效率。

（二）杂交种的烟叶品质和适应性鉴定

烟叶品质鉴定和适应性鉴定主要通过多年多点试验进行。对通过目标抗病性鉴定和经济性状鉴定筛选出的抗病性符合育种要求且综合经济性状表现突出的杂交种，需要通过 2～3 年的多点重复小区试验进一步鉴定其他性状，并以生产上现有主栽品种作为对照品种。试验中主要鉴定烟叶产量、产值和上等烟率等经济性状的稳定性，烟叶物理特性、化学特性、吸食品质等烟叶品质的总体表现情况，以及对不同生态条件的适应性。根据鉴定结果，筛选出既具有目标抗病性状，又具有较好的适应性、烟叶品质和优良的综合经济性状的杂交种。在对杂交种进行多年多点试验的同时，要注意杂交种子的制种，以满足多年多点试验和生产试验的要求。

第七节　白肋烟杂种优势的固定

农作物杂交种子只能在生产上种植一代，因为杂种二代会产生分离，失去杂种优势。但是年年制种比较费工费力，成本高，同时由于制种上的一些技术不易掌握，常常造成混杂退化，使杂种优势不能充分发挥作用。因此，人们试图固定杂种优势。目前人们在农作物上探讨的杂种优势固定方法包括选择固定法、无性繁殖法、无融合生殖法、双二倍体法、组织培养法、平衡致死法和染色体结构变异法，但效果均不尽如人意。

在烟草上，美国育种者发现，普通烟草与烟属野生种 *N. africana* 杂交可产生能发芽的 F_1 种子，这些 F_1 种子播种后，只有孤雌生殖的烟苗才能存活下来，那些真正的杂交种大部分在发芽后逐渐死去，少数存留的烟苗会带有 *N. africana* 的特殊气味，从而很容易与孤雌生殖的单倍体幼苗区分开来。利用这类单倍体的叶柄体外培养很容易实现单倍体的自然加倍，加倍频率很高，通常达 80%以上。美国烟草育种的实践还表明，利用这种技术获得的品系与常规自交产生的品系类似，不会造成烟叶产量和品质的劣变。

烟属野生种 *N. africana* 能够导致杂交种后代出现孤雌生殖的现象，现在已经被用在杂种优势的固定上。先选择具有目标性状的亲本，配制大量有性杂交组合，从中筛选出优势组合；以优势组合 F_1 为母本，与野生种 *N. africana* 杂交，将所得三交种的种子播种后，从存活的幼苗中剔除带有 *N. africana* 特殊气味的幼苗，剩余幼苗即是优势组合 F_1 孤雌生殖的单倍体幼苗，对这些幼苗进行单倍体检测和抗病性鉴定，再选择优良的单倍体植株的叶柄为外植体进行培养，经自然加倍得到双单倍体植株。这种双单倍体品种就固定了优势组合 F_1 的杂种优势，而且可以作为纯系亲本在育种中进一步使用。其育种程序如图 4-31 所示。这种方法成本较未授粉子房培养低，可以大规模使用，而且能够更好地遗传 F_1 的杂种优势。美国已经利用这种方法培育出几个白肋烟品种。刘勇等采用这种方法，以(Coker 176×NC55) F_1 与 *N. africana* 杂交获得单倍体苗，也获得了兼抗 TMV 和 PVY 的双单倍体。

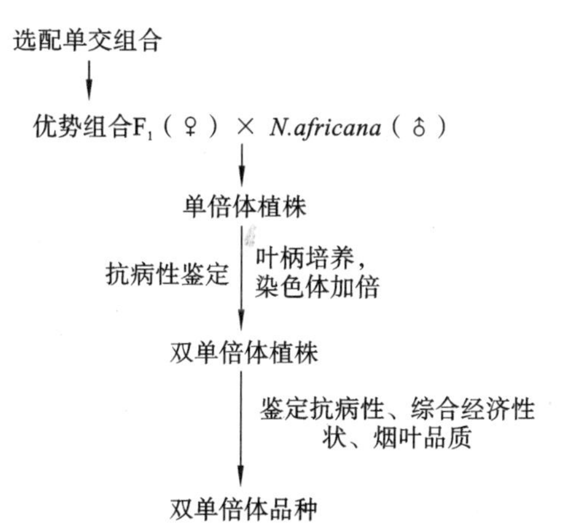

图 4-31　通过 *N. africana* 固定白肋烟杂种优势的一般程序

参考文献

[1] Chaplin J F,Miner G S,骆启章. 遗传因素对烟叶化学成分的影响[J]. 中国烟草科学,1983(1):45-48.

[2] Davis D L,Nielsen M T. 烟草——生产、化学和技术[M]. 北京:化学工业出版社,2003.

[3] Smeeton B W. 烟草品质的遗传控制[J]. 中国烟草科学,1990,(2):41-48.

[4] 蔡长春,张俊杰,黄文昌,等. 利用DH群体分析白肋烟烟碱含量的遗传规律[J]. 中国烟草学报,2009,15(4):55-60.

[5] 曹景林,程君奇,李亚培,等. 一种多抗烤烟杂交种的选育方法:CN104885930B[P]. 2017-09-08.

[6] 曹景林,程君奇,吴成林,等. 一种多抗性烤烟三交种的育种方法:CN105210848B[P]. 2017-07-07.

[7] 曹景林,程君奇,李亚培,等. 优质多抗烟草新品系选育的轮回选择群体创建和选择方法:CN109601369A[P]. 2019-04-12.

[8] 曹景林,余君. 津巴布韦烤烟杂交种的利用与启示[J]. 烟草科技,2017,50(1):17-24.

[9] 柴利广. 白肋烟遗传连锁图谱的构建及烟碱含量QTL的定位[D]. 武汉:华中农业大学,2008.

[10] 陈迪文,柴利广,蔡长春,等. 白肋烟遗传连锁图的构建及黑胫病抗性QTL初步分析[J]. 自然科学进展,2009,19(8):852-858.

[11] 程君奇,章新军,毕庆文,等. 白肋烟香气物质含量的遗传分析[J]. 烟草科技,2010,(9):51-56.

[12] 程君奇,周群,王毅,等. 白肋烟烟叶香味物质含量的动态变化研究[J]. 中国烟草学报,2010,16(5):6-12.

[13] 程君奇,周群,王毅,等. 白肋烟烟叶表皮腺毛密度品种间的差异性研究[J]. 中国烟草科学,2010,31(1):47-52.

[14] 程君奇,王菁菁,周群,等. 白肋烟烟叶腺毛分泌物的遗传分析[J]. 中国烟草学报,2011,17(2):18-24.

[15] 方传斌 方智勇. 关于烤烟细胞质雄性不育杂种优势利用问题[J]. 中国烟草科学,1995,16(3):6-9.

[16] 黄文昌,王毅,蔡长春,等. 烟草黑胫病抗性遗传分析[J]. 中国烟草科学,2009,30(s1):69-74.

[17] 黄文昌,周永碧,朱信,等. 7份白肋烟雄性不育系与同型可育系性状比较[J]. 作物研究,2015,29(1):40-45.

[18] 李永平,马文广. 美国烟草育种现状及对我国的启示[J]. 中国烟草科学,2009,30(4):6-12.

[19] 李宗平. 白肋烟数量性状配合力分析[J]. 湖北农业科学,1994,(2):41-44.

[20] 林智成. 白肋烟烟叶腺毛密度与致香物质的研究[D]. 武汉:华中科技大学,2008.

[21] 刘百战,宗若雯,岳勇,等. 国内外部分白肋烟香味成分的对比分析[J]. 中国烟草学报,2000,6(2):1-5.

[22] 刘齐元,黄海泉,刘飞虎,等. 烟草雄性不育种质创新研究进展[J]. 云南民族大学学报:自然科学版,2004,13(3):193-196.

[23] 刘勇,陈学军,肖炳光,等. 利用母本来源的单倍体技术获得双抗 TMV 和 PVY 烟草株系[J]. 中国烟草学报,2014,20(3):84-88.

[24] 任学良,李继新,李明海. 美国烟草育种进展简况[J]. 中国烟草学报,2007,13(6):57-64.

[25] 史宏志,谢子发,赵永利,等. 四川白肋烟不同品种中性香气成分含量及感官品质分析[J]. 中国烟草学报,2010,16(1):1-5.

[26] 佟道儒. 烟草育种学[M]. 北京:中国农业出版社,1997.

[27] 王毅. 白肋烟主要性状的杂种优势与遗传研究[D]. 郑州:河南农业大学,2008.

[28] 王毅,程君奇,蔡长春,等. 白肋烟主要农艺性状的杂种优势及其遗传分析[J]. 中国烟草科学,2009,30(3):28-32.

[29] 王毅,程君奇,毕庆文,等. 白肋烟主要经济和品质性状的杂种优势及其遗传分析[J]. 中国烟草学报,2010,16(2):31-35.

[30] 王毅,林国平,黄文昌,等. 白肋烟烟碱、总氮含量及氮碱比的配合力与遗传力分析[J]. 中国烟草学报,2007,13(3):52-56.

[31] 王毅,周永碧,张俊杰,等. 白肋烟农艺性状和经济性状的配合力分析[J]. 烟草科技,2006(12):46-50.

[32] 王元英,周健. 中美主要烟草品种亲源分析与烟草育种[J]. 中国烟草学报,1995,2(3):11-21.

[33] 汪清泽,杨兴有,史宏志,等. 达州烟区不同白肋烟品种适应性和烟叶致香成分比较[J]. 农学学报,2015,5(7):87-92.

[34] 吴成林,黄文昌,曹景林,等. 不同基因型白肋烟致香物质含量的比较[J]. 湖南农业科学,2015(4):14-16,19.

[35] 肖国樱,李德清,唐传道,等. 烟草杂种优势利用的途径和方法[J]. 作物研究,1999,13(4):1-3.

[36] 徐增汉,李章海,潘文杰,等. 白肋烟腺毛形态结构的环境扫描电镜观察[J]. 热带作物学报,2010,31(9):1557-1563.

[37] 周群,林国平,程君奇,等. 不同白肋烟品种叶面腺毛密度的动态变化[J]. 湖北农业科学,2009,48(2):373-375.

第五章　白肋烟烟叶品质遗传改良

烟叶品质改良是烟草育种的永久性课题。对于白肋烟育种来说，烟叶品质改良主要聚焦于提高烟叶安全性和改善其吸食品质。烟草中存在一种烟草特有的N-亚硝胺(TSNA)。目前已鉴定出8种TSNA，其中4种较常见：N-亚硝基降烟碱(NNN)，N-亚硝基新烟碱(NAT)，N-亚硝基假木贼碱(NAB)和4-(N-甲基亚硝胺基)-1-(3-吡啶基)-1-丁酮(NNK)。在这4种TSNA中，NNN为主要的TSNA，中国白肋烟中的NNN含量占总TSNA的90%以上。动物实验表明，NNN和NNK具有较强的致癌活性，已被世界公认为是烟草制品中最危险的物质。由于烟草亚硝胺为烟草所特有，而且在烟叶和烟气中含量高，因此，降低烟叶及其制品中TSNA的形成和积累是国际烟草界普遍关心和潜心研究的重要课题。

在栽培烟草的各种类型中，白肋烟烟叶中TSNA含量较高。但TSNA在鲜烟叶中的含量极少，甚至没有，其主要是由于在晾制过程中鲜烟叶内烟碱向降烟碱(又称去甲基烟碱，nornicotine)转化而导致的。在烟株群体中，正常情况下烟叶化学成分以烟碱为主，占总生物碱含量的93%以上，而降烟碱含量一般不超过总生物碱含量的3%。但一些烟株会因为基因突变而形成烟碱去甲基能力，在烟叶调制过程中使烟碱发生转化形成降烟碱。这些降烟碱，遇到烟草中的亚硝酸盐以及氮氧化物(NO_x)，就会发生亚硝化作用，进而生成TSNA。有研究认为，作为TSNA形成的前体物，在生物碱含量相对稳定的条件下，亚硝酸盐供应水平的高低成为TSNA形成多少的决定因素；在亚硝酸盐水平含量相对稳定的条件下，生物碱含量的差异，特别是容易发生亚硝化反应的降烟碱水平对TSNA的形成起决定性的作用。大多研究表明，NNN和TSNA含量主要受降烟碱含量的影响，NNK、NAT和NAB含量主要由亚硝酸盐水平决定。但亚硝酸盐水平是环境影响的结果，而降烟碱水平主要由基因决定。可见，烟碱向降烟碱转化是导致烟叶TSNA含量增高的主要因素之一。因此，就遗传改良而言，降低TSNA水平必须抑制烟碱向降烟碱的转化，降低降烟碱含量。

烟叶中烟碱向降烟碱转化，不仅会使烟叶中TSNA含量增高，而且会因降烟碱在热解过程中产生麦斯明(myosmine)及吡啶(pyridine)化合物而使烟气具有诸如碱味、鼠臭味等异味，进而导致烟叶香吃味品质下降。最近的研究又表明，降烟碱对人体有直接的危害作用，降烟碱可引起人体蛋白质异常糖基化反应，导致吸烟者血浆内积累过多变性蛋白质。降烟碱还可与常用的甾醇类药物共价结合，改变药效和产生毒副作用。因此，白肋烟烟叶品质改良的重点应是烟碱转化性状的改造。

在美国，未经改良的白肋烟品种在群体中形成烟碱转化烟株的比例为15%～20%，其中约半数烟株烟叶中降烟碱占总生物碱的比例大于20%。为此，美国通过立法规定了烟碱转化性状，要求新选育品种的降烟碱含量不得超过总生物碱的6%，已推广的老品种由育种单位负责改良，只有改良后标明LC(低烟碱转化)的品种方可在生产上种植。目前，美国白肋烟生产上推广种植的品种都是标有LC的低烟碱转化品种。中国学者通过对不同烟草类型和品种烟碱转化状况的调查分析，认为国内白肋烟品种也存在严重的烟碱向降烟碱转化问题，造成降烟碱含量和NNN含量增高。例如，中国白肋烟主栽品种鄂烟1号烟株群体内发生烟碱转化的比例高达40%以上；白肋烟引进品种Tennessee 90烟株群体中发生烟碱转化的比例约为20%，烟碱转化程度高的烟株烟叶中降烟碱占总生物碱的比例可达80%。鉴于此，加强对烟碱转化规律的研究，尝试改造烟碱转化性状的遗传基础，是降低中国白肋烟烟叶TSNA含量，提高其安全性和吸食品质的最根本的途径。

第一节　白肋烟烟碱转化与烟叶品质的关系

一、烟碱转化与TSNA的形成

生物碱是一类存在于生物(主要是植物)体内，对人和动物有强烈生理作用的含有氮杂环的碱性物质。生物碱的分子结构多数属于仲胺、叔胺或季胺类，少数为伯胺类。烟草为富含生物碱的作物。在烟属的76个种中，已有45种不同的生物碱被鉴定出来，而烟碱、降烟碱、新烟碱(anatabine)和假木贼碱(anabasine)是烟草中的4种主要生物碱，其中烟碱为叔胺类生物碱，其他3种为仲胺类生物碱。在烟属的种中，60%的种为烟碱积累型，在干烟叶中烟碱为主要生物碱；30%～40%的种为降烟碱积累型，具有烟碱去甲基而转化为降烟碱的能力，如*N. sylvestris*、*N. tomentosiformis*和*N. otophora*。目前栽培的普通烟草(*N. tabacum*)是上述野生种的后代，属于烟碱积累型。在大多数商业烟草品种中，烟碱是主要的生物碱，占生物碱总含量的90%～95%，另外3种仲胺类生物碱仅占生物碱总含量的5%～10%。正常情况下烟叶不具有烟碱去甲基酶活性，但是在烟叶收割后的处理和加工过程中，叶片中部分生物碱发生亚硝基化，大量的烟碱转化成降烟碱。烟碱的代谢与降解产生的次生代谢产物主要就是降烟碱，其次是可替宁(cotinine)和假氧环烟碱(pseudocyclic nicotine，PON)。其中降烟碱和假氧环烟碱都是生成NNN和NNK的中间产物。因此，烟碱转化为降烟碱后，NNN和TSNA含量显著升高。

不同的生物碱由于结构不同，发生亚硝化反应的能力也不相同。研究表明，叔胺类的生物碱相对比较稳定，反应很慢。叔胺类的烟碱首先在吡咯环的1′、2′键发生氧化，断裂开环形成仲胺类的假氧环烟碱，然后进一步发生亚硝化反应生成NNK。但是仲胺类的生物碱与叔胺类的烟碱相比具有较大的不稳定性，很容易发生亚硝化反应生成TSNA，如降烟碱、新烟碱和假木贼碱可直接发生亚硝化反应生成相应的NNN、NAT和NAB。Mirvish等发现在pH=3.4时，降烟碱和亚硝酸钠反应生成NNN是完全的，在2小时内可达90%～100%。烟叶中NAT和NAB的含量则可反映出新烟碱和假木贼碱的含量。

国内外白肋烟普遍存在烟碱转化问题。在栽培品种的烟株群体中，一些植株会因为基因突变形成烟碱去甲基酶，烟碱在此酶的作用下脱去其吡咯环氮原子上的甲基，转化为降烟碱(见图 5-1),可导致烟碱含量的显著降低和降烟碱含量的异常增加,进而使 TSNA 含量大幅度增加。烟碱转化具有不可逆转的特性。虽然在通常情况下栽培烟草中降烟碱占总生物碱含量的比例低于 5%,但是在某些烟草植株的叶片中发生的 N-去甲基化反应可以使高达 95%的烟碱代谢转化为降烟碱。通常用烟碱转化率表示烟碱向降烟碱转化的能力,将具有烟碱向降烟碱转化能力的烟株称为转化株。

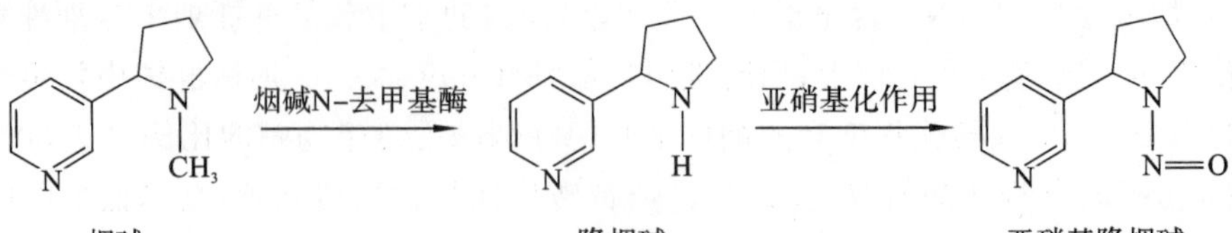

烟碱 —烟碱N-去甲基酶→ 降烟碱 —亚硝基化作用→ 亚硝基降烟碱

图 5-1　烟碱 N-去甲基化及其产物的亚硝基化

美国肯塔基大学应用不同的品种和品系对烟叶生长和调制过程中烟碱转化的规律进行了系统研究。结果表明,烟碱转化在绿叶时期就已经开始,但在收获前转化程度较低。一般来说,高转化株在收获时的烟碱转化率不超过 15%。烟碱转化主要发生在调制过程的前 3 周,在烟叶变黄末期烟碱转化率变化较小,这与烟叶细胞的死亡导致去甲基酶活性终止有关。在另一项试验中,史宏志等人(2002 年)发现在转化株调制后的烟叶中,主脉的烟碱转化率显著高于叶片。进一步研究表明,在叶片和主脉中烟碱转化率的变化具有不同的模式,叶片中烟碱转化高峰期显著早于主脉。在变黄末期主脉的烟碱转化率开始超过叶片,且在最终调制后仍保持较高的烟碱转化率。这是由于主脉失水较慢,干燥过程较长,导致较大比例的烟碱转化为降烟碱。

转化株的烟碱转化主要是通过烟碱去甲基途径在叶片中形成的,降烟碱的形成依赖于根中合成并转移到叶片中的烟碱,且以烟碱的减少为代价。研究表明,通过去除烟株群体中的转化株,可以显著减少烟叶中的降烟碱含量,大幅度降低烟叶中的 TSNA 含量。

二、白肋烟烟碱转化与 TSNA 含量的关系

TSNA 是烟草生物碱发生亚硝化反应的产物。大量试验表明,烟叶生物碱含量和组成与 TSNA 的形成和积累密切相关。Mackown 等研究了白肋烟不同生物碱品系的 TSNA 含量,结果表明,TSNA 含量与烟碱含量、降烟碱含量呈显著的正相关关系,但与硝酸盐含量、亚硝酸盐含量无相关关系。Djordjevic 等采用具有不同生物碱合成能力的烤烟品系进行试验,表明烟叶的生物碱水平与 TSNA 含量呈显著正相关关系,特别是降烟碱与 NNN,新烟碱与 NAT 之间的关系。Anderson 等也证明 NNN 与降烟碱的相关系数高于 NNN 与烟碱的相关系数。Miller 和 Bush 测定了种植在 3 个地点的 30 个白肋烟品种的 TSNA 和生物碱含量,分析表明,NNN 含量、总 TSNA 含量与降烟碱含量以及仲胺类生物碱的比率具有显著的正相关关系,其中 NNN 与降烟碱的相关系数在所有关系中最高,为 0.844。史宏志等选择了 30 株具有不同降烟碱含量的白肋烟烟株(降烟碱含量从 0.05%到 3.0%),分别测定烟叶中 TSNA 含量,发现降烟碱含量与 NNN 含量呈显著正相关关系,相关系数为 0.9。史宏志对中国不同类型烟叶的测定研究也表明二者具有类似的相关关系,其中 NNN 与降烟碱的相关性最大,相关系数高达 0.8633。在另一项试验中,他们通过比较转化株和非转化株

烟叶叶片及主脉中生物碱和 TSNA 含量的差异，发现 NNK、NAT 和 NAB 含量在转化株和非转化株间无显著差异，而叶片和主脉的 NNN 含量与降烟碱含量均呈显著正相关，但主脉中二者的回归直线具有较大的斜率，表明主脉中 NNN 含量的形成对降烟碱更为敏感。这些结果充分表明，烟碱向降烟碱转化是导致白肋烟 NNN 含量和总 TSNA 含量增加的主要因素之一。

向修志等人以 10 份不同烟碱转化率类型的白肋烟品系为材料，探讨了烟碱转化率与 TSNA 含量的关系。研究结果(见表 5-1)表明，白肋烟不同烟碱转化率类型品系之间的烟碱转化率和 TSNA 含量明显不同。低转化(LC)品系的生物碱以烟碱为主，TSNA 组成成分以 NAT 为主；高转化(HC)品系的生物碱则以降烟碱为主，TSNA 组成成分以 NNN 为主；中转化(MC)品系介于两者之间。LC 品系的平均烟碱含量比 HC 品系高 108.24%，平均降烟碱含量减少 93.56%，平均烟碱转化率下降了 93.25%，而平均 NNN 含量和平均 TNSA 总量分别比 HC 品系下降了 86.37%和 64.65%。进一步的相关分析结果(见表 5-2)表明，NNN 含量和 TSNA 总量主要受降烟碱含量和烟碱转化率的影响，与两者均呈正向直线相关，与烟碱含量存在负向对数相关关系；NNK 含量由于受烟碱向降烟碱转化的影响大于烟碱含量，因而与烟碱含量呈正向相关、与降烟碱含量及烟碱转化率呈负向对数相关；相比较而言，NAT 含量与烟碱含量、降烟碱含量及烟碱转化率相关性稍低，NAB 含量亦然。进一步分析 4 种 TSNA 组分间的关系可知，对 TSNA 总量影响最大的是 NNN 含量，其与 TSNA 总量呈正向直线相关；其次是 NNK 含量，与 TSNA 总量呈负向直线相关；而 NAB 含量、NAT 含量与 TSNA 总量相关性较小。综上可见，降低烟碱转化率能够使有害物质 NNN 含量和 TSNA 总量大幅下降，从群体中去除转化株来改造烟碱转化性状，能有效降低烟碱转化率。

表 5-1　不同烟碱转化率类型白肋烟品系之间的烟碱转化率与 TSNA 含量

部位	转化类型	材料号	烟碱/(mg/g)	降烟碱/(mg/g)	烟碱转化率/(%)	TSNA 含量/(μg/g)				
						NNN	NAT	NAB	NNK	总量
中部	高转化	HC1	1.88	2.11	52.88	62.60	7.18	0.29	0.57	70.64
		HC2	1.99	2.42	54.88	65.40	13.02	0.45	0.60	79.47
		HC3	1.61	2.42	60.05	72.80	11.52	0.36	0.54	85.22
		平均	1.83	2.32	55.94	66.93	10.57	0.37	0.57	78.44
	中转化	MC1	2.42	0.84	25.77	28.44	14.36	0.43	0.71	43.94
	低转化	LC1	3.21	0.12	3.60	12.98	16.64	0.76	1.55	31.93
		LC2	3.45	0.09	2.54	6.70	15.58	0.75	1.41	24.44
		LC3	3.31	0.11	3.22	8.14	16.20	0.79	1.51	26.64
		LC4	4.26	0.14	3.18	10.40	15.98	0.91	1.55	28.84
		LC5	3.91	0.11	2.74	7.86	17.58	0.80	1.57	27.81
		LC6	3.98	0.10	2.45	4.62	9.48	0.72	0.99	15.81
		平均	3.69	0.11	2.96	8.45	15.24	0.79	1.43	25.91
	总平均		2.64	1.09	28.22	34.61	13.39	0.53	0.90	49.43

续表

部位	转化类型	材料号	烟碱/(mg/g)	降烟碱/(mg/g)	烟碱转化率/(%)	TSNA 含量/(μg/g)				
						NNN	NAT	NAB	NNK	总量
上部	高转化	HC1	2.04	3.19	60.99	85.40	9.76	0.42	0.44	96.02
		HC2	2.23	2.76	55.31	64.60	11.60	0.44	0.46	77.10
		HC3	2.14	2.87	57.29	81.60	13.62	0.44	0.46	96.12
		平均	2.14	2.94	57.86	77.20	11.66	0.43	0.45	89.75
	中转化	MC1	2.83	1.30	31.48	41.00	15.94	0.35	0.64	57.93
	低转化	LC1	4.55	0.24	5.01	17.54	17.44	0.85	1.12	36.95
		LC2	4.52	0.23	4.84	7.92	17.60	0.82	1.12	27.46
		LC3	4.44	0.22	4.72	13.12	15.68	0.72	1.16	30.68
		LC4	4.69	0.23	4.67	12.88	20.54	0.98	1.35	35.75
		LC5	4.81	0.23	4.56	8.22	20.16	0.85	1.25	30.48
		LC6	4.39	0.21	4.57	7.50	11.10	0.60	1.21	20.41
		平均	4.57	0.23	4.73	11.20	17.09	0.80	1.20	30.29
	总平均		3.18	1.49	31.36	43.13	14.90	0.53	0.77	59.32
HC 平均			1.98	2.63	56.90	72.07	11.12	0.40	0.51	84.10
MC 平均			2.63	1.07	28.62	34.72	15.15	0.54	0.68	51.09
LC 平均			4.13	0.17	3.84	9.82	17.75	0.79	1.37	29.73
LC 比 HC±%			108.24	−93.56	−93.25	−86.37	59.66	96.88	167.43	−64.65
MC 比 HC±%			32.46	−59.29	−49.70	−51.82	36.28	35.00	31.92	−39.25
上部比中部±%			20.17	36.66	11.12	24.63	12.07	25.08	−11.44	20.50

注：HC 表示高转化品系，烟碱转化率＞50%；MC 表示中转化品系，烟碱转化率为 20%～50%；LC 表示低转化品系，烟碱转化率＜5%。

表 5-2　生物碱及烟碱转化率与 TSNA 关系分析

TSNA/(μg/g)	烟碱/(mg/g)	降烟碱/(mg/g)	烟碱转化率/(%)
总量	$y=-64.264\ln x+120.77$ $r^2=0.7594$	$y=22.835x+24.416$ $r^2=0.9621$	$y=1.063x+23.549$ $r^2=0.9490$
NNN	$y=-72.175\ln x+113.63$ $r^2=0.8037$	$y=25.182x+5.88$ $r^2=0.9817$	$y=1.1766x+4.8207$ $r^2=0.9759$
NAT	$y=2.105x+7.5329$ $r^2=0.4216$	$y=-1.8677x+16.411$ $r^2=0.3594$	$y=-0.0907x+16.566$ $r^2=0.3861$
NAB	$y=0.1727x+0.0608$ $r^2=0.7757$	$y=-0.1374\ln x+0.5246$ $r^2=0.7384$	$y=-0.1469\ln x+0.9794$ $r^2=0.7951$
NNK	$y=0.2889x+0.0475$ $r^2=0.5852$	$y=-0.29\ln x+0.7743$ $r^2=0.8871$	$y=-0.2972\ln x+1.7045$ $r^2=0.8779$

向修志等人在对10份白肋烟不同烟碱转化率类型品系的研究中还发现，上部叶降烟碱的增加幅度大于烟碱，导致烟碱转化率、TSNA总量及NNN含量均大于中部叶。李宗平等人在对包括烟碱高转化、低转化和非转化类型的4份白肋烟品系的研究中得到了与其基本一致的结果。白肋烟烟碱含量随着叶位由下至上而逐步升高，在第19～20叶位时达到最大值，而后缓慢回落，随叶位呈二次曲线分布。而烟碱转化率随着叶位的上升，表现先下降后上升的趋势，与烟碱变化曲线相反，即下部叶烟碱转化率高、中部叶低、上部至顶叶缓慢回升，最大值在第4～5叶位。据此认为，白肋烟下中部烟叶烟碱转化率较高是导致其烟碱含量低、香气平淡、品质低下的主要原因之一。史宏志等人研究表明，不同叶位的叶片一般表现为底叶和顶叶的TSNA含量较高，与向修志、李宗平等人的研究结果是吻合的。

三、白肋烟烟碱转化对烟叶感官质量的影响

前面已述，烟碱向降烟碱转化是导致白肋烟NNN含量和总TSNA含量增加的主要因素之一。降烟碱属仲胺类生物碱，具有较大的不稳定性，除极易发生亚硝化反应形成NNN外，还易在烟叶调制和陈化过程中发生生化反应形成一系列降烟碱的衍生物，主要包括降烟碱氧化反应所形成的麦斯明，酰基化反应所生成的一系列含有1～8个碳原子酰基部分的酰化降烟碱(acylnornicotines)。史宏志等研究表明，随着烟叶中降烟碱含量的增加，调制后烟叶的叶片和主脉中的麦斯明含量呈直线增加。Anderson等(1989年)比较了具有不同降烟碱水平的3个白肋烟品系的酰化降烟碱含量，发现具有烟碱转化能力、含有较高降烟碱的品系在烟叶调制过程及调制后比其他品系含有更高的N-甲酰降烟碱及其他酰化降烟碱。这些物质的形成使烟叶散发碱味和鼠臭味，直接影响烟叶的香吃味品质。

向修志等人对10份不同烟碱转化率类型白肋烟品系的吸食品质的研究结果(见表5-3)表明，不同转化类型、不同品种烟叶的感官评吸质量风格迥异。LC品系在香型风格程度、香气量、香气浓度、杂气、劲头及质量档次等多方面优于HC和MC品系，由于HC及MC品系中降烟碱含量较高，因而鼠臭味明显，严重影响烟叶品质。史宏志等人的研究结果也表明，随着烟碱转化程度的提高和降烟碱含量的增加，同一品种白肋烟风格程度显著降低，香气质逐渐下降，香气量减少，香气浓度变淡，生理强度下降，杂气增加，余味变劣，口腔残余加重。综上可见，人为选择烟碱转化株，进而改造目前白肋烟栽培品种的烟碱转化性状，对改善烟叶感官评吸质量是切实有效的。

表5-3　不同烟碱转化率类型白肋烟品系的原烟感官评吸结果

部位	类型	编号	风格程度	香气量	香气浓度	杂气	劲头	刺激性	余味	燃烧性	灰色	质量档次	备注
中部	HC	HC1	较显著$^{-}$	尚足	中等	略重	较小	有	尚舒适$^{-}$	强	灰白	中等$^{-}$	有怪味
		HC2	较显著$^{-}$	尚足$^{-}$	中等$^{+}$	有	较小	有$^{+}$	尚舒适	强	灰白	中等	有怪味
		HC3	显著	尚足	中等	略重	较小	有$^{+}$	尚舒适$^{-}$	强	灰白	中等$^{-}$	有怪味
	MC	MC1	较显著$^{-}$	尚足$^{-}$	中等	略重	中等$^{-}$	有$^{-}$	微苦	强	灰白	中偏下	有怪味

续表

部位	类型	编号	风格程度	香气量	香气浓度	杂气	劲头	刺激性	余味	燃烧性	灰色	质量档次	备注
中部	LC	LC1	较显著$^{-}$	尚足	中等$^{-}$	有	中等$^{-}$	有	尚舒适$^{+}$	强	灰白	中等	
		LC2	较显著$^{-}$	尚足	中等$^{-}$	有	中等	有	尚舒适＋	强	灰白	中等	
		LC3	显著	尚足	中等	有$^{+}$	中等$^{-}$	有	尚舒适	强	灰白	中等	可用性强
		LC4	显著	尚足$^{+}$	中等	较轻	中等	有	尚舒适	强	灰白	中偏上	
		LC5	显著	尚足$^{+}$	中等	较轻	中等$^{-}$	有$^{+}$	尚舒适$^{+}$	强	灰白	中偏上	特征香气好
		LC6	显著$^{-}$	尚足$^{-}$	中等	有	中等$^{-}$	有$^{+}$	尚舒适	强	灰白	中偏上	
上部	HC	HC1	较显著	尚足	中等$^{+}$	有$^{-}$	较小	有$^{-}$	尚舒适$^{-}$	强	灰白	中等$^{-}$	有怪味
		HC2	较显著$^{-}$	尚足$^{-}$	中等	略重	中等$^{-}$	有$^{+}$	尚舒适$^{-}$	强	灰白	中等	有怪味
		HC3	较显著	尚足	中等	有$^{-}$	较小	有	尚舒适$^{-}$	强	灰白	中等$^{-}$	有怪味
	MC	MC1	较显著$^{-}$	尚足$^{-}$	中等	略重	中等$^{-}$	有$^{-}$	微苦	强	灰白	中偏下	有怪味
	LC	LC1	较显著$^{-}$	尚足	中等$^{+}$	有$^{+}$	中等	有$^{+}$	尚舒适$^{+}$	强	灰白	中等	
		LC2	较显著	尚足	中等$^{+}$	有$^{+}$	中等	有	尚舒适	强	灰白	中等	
		LC3	较显著	尚足$^{-}$	中等	有$^{+}$	中等	有	尚舒适	强	灰白	中等	
		LC4	显著	尚足	较浓	较轻	较大$^{-}$	有	尚舒适$^{+}$	强	灰白	中偏上	
		LC5	显著	尚足	中等$^{+}$	较轻	中等$^{+}$	有$^{+}$	尚舒适$^{+}$	强	灰白	中偏上	特征香气好
		LC6	显著	尚足$^{-}$	中等	有	中等	有$^{+}$	尚舒适	强	灰白	中等	

注：HC表示高转化品系，烟碱转化率＞50%；MC表示中转化品系，烟碱转化率为20%～50%；LC表示低转化品系，烟碱转化率＜5%。

第二节　白肋烟烟碱转化性状的遗传特性

一、烟草不同类型和品种间烟碱转化的差异性

（一）烟草不同类型间烟碱转化率和TSNA含量的差异

李宗平等人（2015年）利用烤烟、白肋烟、马里兰烟和晒烟4种类型烟草的8份材料，采用3次重复随机区组设计探讨了烟草不同类型不同品种间烟碱转化率和TSNA含量的差异。供试的8份材料按各自类型烟叶调制方法调制后，取中部叶（第14～15叶位）检测其生物碱含量、烟碱转化率和TSNA含量，结果（见表5-4）表明，白肋烟和马里兰烟的LC品系的烟碱含量最高，其次是晒烟和烤烟，而白肋烟和马里兰烟的HC品系的烟碱含量最低。降烟碱含量和烟碱转化率则是白肋烟和马里兰烟的HC品系最高，其数值远远大于其他供试材料，是其他供试材料的18倍以上；其次是白肋烟和马里兰烟的LC品系；烤烟和晒烟的降烟碱含量和烟碱转化率差异不大，但均相当低。相应地，NNN含量及TSNA

总量也是白肋烟和马里兰烟最高，晒烟次之，烤烟最低。就同一品种而言，白肋烟 LC 品系的 NNN 含量和 TSNA 总量分别比其 HC 品系下降了 92.20%和 87.86%，马里兰烟 LC 品系的 NNN 含量和 TSNA 总量分别比其 HC 品系下降了 92.60%和 90.76%，但都高于其他类型烟草品种。至于 NNK 含量，以白肋烟最高，其次是晒烟，而烤烟和马里兰烟相对较低；NAT 含量也以白肋烟最高，其次是晒烟，而烤烟相对较低；NAB 含量同样以白肋烟最高，其次是晒烟和烤烟，而马里兰烟相对较低。综上可见，烟草不同类型不同品种间，其生物碱含量、烟碱转化率和 TSNA 含量均存在较大差异，无论是降烟碱含量、烟碱转化率，还是 NNN 含量和 TSNA 总量，总体表现是白肋烟、马里兰烟最高，晒烟次之，烤烟最低。而就 4 种 TSNA 在 TSNA 总量中所占的比例而言，各类型烟草均以 NNN 含量最高，数值远大于其他三种 TSNA；其次是 NAT 含量，而 NNK 含量和 NAB 含量差异不大，但均远低于 NNN 含量和 NAT 含量。史宏志等(2007 年)对烤烟、白肋烟、香料烟、马里兰烟和晒烟这 5 种类型计 13 个主栽品种烟碱转化株比例和转化程度分布进行了测定，分析认为，白肋烟品种和杂交种存在严重的烟碱向降烟碱转化问题，所测品种群体中总转化株占烟株群体的比例除 Burley 37 外，均在 30%以上；烤烟品种烟碱转化问题相对较小，转化株占比低，且多为低转化株，所测品种群体中转化株的总占比不超过 7%；香料烟和马里兰烟群体转化株的总占比也偏高，分别为 10.0%和 9.84%，而且有一定比例的高转化株；晒红烟转化株占比较低。这一结果与李宗平等人的研究结果是一致的。史宏志等人(2002 年)在另一项研究中认为，中国主要烟叶类型的 TSNA 含量水平依次为白肋烟＞香料烟 Samsun＞烤烟＞香料烟 Basma。在白肋烟和香料烟中，NNN 和 NAT 为主要的 TSNA，两种物质的含量约占总 TSNA 的 96%，且在总 TSNA 含量较高的烟样中，NNN 含量显著高于 NAT。这一结果与李宗平等人的研究结果也是吻合的。上述研究都表明，烟叶中生物碱含量、烟碱转化率、TSNA 组分及其总量主要受遗传基因控制，不同基因型是决定烟草生物碱和 TSNA 含量的主要因素。

表 5-4 烟草不同类型不同品种烟叶的烟碱转化指标和 TSNA 含量

类型	品种	烟碱/(mg/g)	降烟碱/(mg/g)	烟碱转化率/(%)	TSNA 含量/(ng/g)				
					NNN	NNK	NAT	NAB	TSNA 总量
烤烟	云烟 87	41.94	1.27	2.93	353.73	32.93	189.23	25.69	601.58
	K326	42.76	1.11	2.53	347.56	29.71	183.74	35.30	596.31
白肋烟	Burley 37 LC	57.78	2.35	3.91	1227.84	43.62	720.84	30.52	2022.82
	Burley 37 HC	20.44	53.19	72.24	15736.11	45.03	840.79	44.11	16666.04
马里兰烟	Md609 LC	63.66	2.44	3.69	1122.42	23.75	272.19	22.34	1440.70
	Md609 HC	19.38	57.70	74.85	15174.26	26.30	363.93	21.65	15586.14
晒烟	深色公会晒黄烟	47.51	1.39	2.84	576.13	36.39	341.75	23.86	978.13
	浅色公会晒黄烟	41.11	1.33	3.12	506.55	36.08	346.63	30.66	919.92

李宗平等人(2015 年)还在上述试验中采用不同调制方式对烤烟、白肋烟、马里兰烟和晒烟 4 种类型计 8 份材料的烟叶进行调制,并取调制后的中部叶考查不同类型烟草中生物碱含量、烟碱转化率和 TSNA 含量的变化。结果(见表 5-5)表明,就同一类型烟草而言,不同调制方式对烟叶中生物碱含量、烟碱转化率和 TSNA 含量均有重要影响,例如同一类型烟草的降烟碱含量、烟碱转化率、4 种 TSNA 含量及 TSNA 总量均以晾制最高,晒制次之,烤制最低。但遗传因素仍然起主导作用。在不同的调制方式中,经过人为选择后的白肋烟 LC 品系、马里兰烟 LC 品系烟碱含量均高于 HC 品系,而降烟碱含量、烟碱转化率以及 NNN 含量和 TSNA 总量都远低于 HC 品系;无论是降烟碱含量、烟碱转化率,还是 NNN 含量和 TSNA 总量,总体表现依然是白肋烟和马里兰烟最高,晒烟次之,烤烟最低。这也进一步说明通过人为选择烟碱转化株来改良烟碱转化率性状,进而降低烟叶中 TSNA 含量是有效的。

表 5-5 不同调制方式对不同类型烟草烟碱转化指标和 TSNA 含量的影响

调制方式	类型	品种	烟碱/(mg/g)	降烟碱/(mg/g)	烟碱转化率/(%)	TSNA 含量/(ng/g)				
						NNN	NNK	NAT	NAB	TSNA 总量
烤制	烤烟	云烟 87	41.94	1.27	2.93	353.73	32.93	189.23	25.69	601.58
		K326	42.76	1.11	2.53	347.56	29.71	183.74	35.30	596.31
	白肋烟	Burley 37 LC	60.05	2.29	3.67	1080.80	40.82	634.31	31.11	1787.04
		Burley 37 HC	33.62	33.94	50.24	10351.59	39.30	613.43	45.21	11049.53
	马里兰烟	Md609 LC	65.83	2.36	3.46	985.45	22.74	249.38	22.51	1280.08
		Md609 HC	28.83	32.73	53.17	10348.85	23.72	304.31	22.51	10699.39
	地方晒烟	深色公会晒黄烟	48.22	1.33	2.68	552.85	34.82	352.98	26.96	967.61
		浅色公会晒黄烟	41.46	1.27	2.97	488.54	34.11	345.46	30.77	898.88
晾制	烤烟	云烟 87	40.90	1.38	3.26	537.75	35.82	200.98	26.23	800.78
		K326	41.38	1.21	2.83	483.64	32.67	225.42	38.68	780.41
	白肋烟	Burley 37 LC	57.78	2.35	3.91	1227.84	43.62	720.84	30.52	2022.82
		Burley 37 HC	20.44	53.19	72.24	15736.11	45.03	840.79	44.11	16666.04
	马里兰烟	Md609 LC	63.66	2.44	3.69	1122.42	23.75	272.19	22.34	1440.70
		Md609 HC	19.38	57.70	74.85	15174.26	26.30	363.93	21.65	15586.14
	地方晒烟	深色公会晒黄烟	45.68	1.42	3.02	714.50	36.03	374.81	24.76	1150.10
		浅色公会晒黄烟	39.18	1.36	3.35	652.85	38.29	384.79	25.70	1101.63

续表

调制方式	类型	品种	烟碱/(mg/g)	降烟碱/(mg/g)	烟碱转化率/(%)	TSNA 含量/(ng/g)				
						NNN	NNK	NAT	NAB	TSNA总量
晒制	烤烟	云烟 87	41.55	1.34	3.13	423.55	33.61	194.74	21.06	672.96
		K326	42.71	1.18	2.69	412.55	32.02	213.58	31.47	689.62
	白肋烟	Burley 37 LC	58.72	2.32	3.80	1172.68	41.42	710.70	33.35	1958.15
		Burley 37 HC	25.71	49.52	65.82	12307.19	44.54	751.74	32.22	13135.69
	马里兰烟	Md609 LC	64.13	2.39	3.60	1065.89	22.94	284.52	20.22	1393.57
		Md609 HC	23.67	53.06	69.15	12003.56	25.39	338.14	22.32	12389.41
	地方晒烟	深色公会晒黄烟	47.51	1.39	2.84	576.13	36.39	341.75	23.86	978.13
		浅色公会晒黄烟	41.11	1.33	3.12	506.55	36.08	346.63	30.66	919.92

（二）白肋烟不同品种间烟碱转化率和 TSNA 含量的差异

李超等人(2009 年)对我国白肋烟主栽品种生物碱含量株间分布及其变异性进行了分析，结果(见表 5-6)表明，白肋烟不同品种间烟碱转化性状存在显著差异。就所测试的 5 个品种而言，烟碱含量排序为达所 24＞Tennessee 90＞鄂烟 1 号＞达白 1 号＞宣汉-5，平均含量高者达 8.38%，低者达 4.14%，高者约为低者的 2.0 倍；而烟碱转化率排序大体上与烟碱含量相反，宣汉-5＞达所 24＞鄂烟 1 号＞达白 1 号＞Tennessee 90，但品种间烟碱转化率差异比烟碱含量差异大得多，高者达 34.80%，低者仅有 2.54%。进一步分析发现，烟碱转化率高的品种主要是由于其群体内烟株的烟碱转化水平较高，如宣汉-5 群体内烟株烟碱转化率低者为 2.59%，高者达 66.17%；达所 24 群体内烟株烟碱转化水平整体偏高，低者达 11.86%，高者达 42.40%。而烟碱转化率低的品种，其群体内烟株烟碱转化水平整体偏低，如 Tennessee 90 群体内烟株烟碱转化率低者为 0.96%，高者仅达 13.54%。这一结果也说明，从品种群体中去除高转化株可有效降低品种的烟碱转化率。

表 5-6　白肋烟不同品种烟株间烟碱转化变异分析

品种	数据类型	均值/(%)	变化范围/(%)	标准差	变异系数/(%)
达白 1 号	烟碱	5.88	3.59～7.74	0.853	14.51
	降烟碱	0.23	0.04～2.15	0.377	153.91
	烟碱转化率	3.53	0.99～29.37	5.243	148.53
宣汉-5	烟碱	4.14	1.28～7.63	1.514	36.57
	降烟碱	2.16	0.15～5.52	1.234	57.13
	烟碱转化率	34.80	2.59～66.17	18.315	52.63

续表

品种	数据类型	均值/(%)	变化范围/(%)	标准差	变异系数/(%)
达所 24	烟碱	8.38	2.89～13.82	2.916	34.80
	降烟碱	3.18	0.68～6.36	1.516	47.67
	烟碱转化率	26.46	11.86～42.40	5.643	21.33
鄂烟 1 号	烟碱	7.35	3.08～11.78	1.941	26.41
	降烟碱	0.96	0.04～3.11	0.758	78.96
	烟碱转化率	11.20	0.92～30.92	7.818	69.80
Tennessee 90	烟碱	7.61	4.59～10.67	1.471	19.33
	降烟碱	0.20	0.05～0.96	0.209	104.5
	烟碱转化率	2.54	0.96～13.54	2.914	114.72

张俊杰等人(2010 年)对白肋烟品种间 TSNA 含量的差异进行了研究。结果(见表 5-7)表明,不同品种中部烟叶的 TSNA 含量差异较大,总量范围为 0.899～17.13 μg/g,最高值是最低值的 19 倍。根据 TSNA 总量的差异,可将 15 个参试品种分为 3 类,其中,Burley 21 为高 TSNA 含量品种,TSNA 总量达 17.13 μg/g;Kentucky 8959、Tennessee 97、Kentucky 907、鄂白 20、鄂白 21 为低 TSNA 含量品种,TSNA 总量在 2.00 μg/g 以下;其余品种为中等 TSNA 含量品种,TSNA 总量在 2.00～5.00 μg/g 之间。进一步分析表明,白肋烟中的 TSNA 主要以 NNN 的形式存在,在 TSNA 总量中 NNN 含量所占比重最大,NAT+NAB 次之,NNK 含量所占比重最小(见图 5-2)。上述分析进一步说明,通过筛选来获得低 TSNA 含量的品种是可能的,且降低烟叶 TSNA 含量应以降低 NNN 含量为主要目标。

表 5-7 白肋烟不同品种中部叶 TSNA 含量及其组成

品种	TSNA 含量/(μg/g)				TSNA 组成比例/(%)		
	NNN	NAT+NAB	NNK	TSNA 总量	NNN	NAT+NAB	NNK
Kentucky 8959	0.5000	0.2880	0.1110	0.8990	55.62	32.04	12.35
Virginia 509	2.8610	0.6170	0.1030	3.5820	79.87	17.22	2.88
Tennessee 97	1.2410	0.5450	0.0520	1.8380	67.52	29.65	2.83
Tennessee 86	1.2770	1.2940	0.2420	2.8130	45.40	46.00	8.60
Burley 37	2.5390	0.7820	0.1590	3.4800	72.96	22.47	4.57
Kentucky 16	2.0500	1.4300	0.1870	3.6670	55.90	39.00	5.10
Burley 21	15.6500	1.2360	0.2460	17.1300	91.36	7.22	1.44
Burley 18	2.2020	1.9420	0.5080	4.6530	47.32	41.74	10.92
Burley 26A	2.9960	1.1970	0.3340	4.5280	66.17	26.44	7.38
白茎烟	1.2930	0.9450	0.1760	2.4140	53.56	39.15	7.29
Kentucky 907	0.7677	0.6450	0.1011	1.5140	50.71	42.60	6.68
Kentucky 14	1.2577	1.2320	0.3517	2.8410	44.27	43.36	12.38
Kentucky 17	0.9767	1.0850	0.2053	2.2670	43.08	47.86	9.06
鄂白 20	0.9577	0.5399	0.2409	1.7380	55.10	31.06	13.86
鄂白 21	0.8455	0.5510	0.4750	1.8720	45.16	29.43	25.37

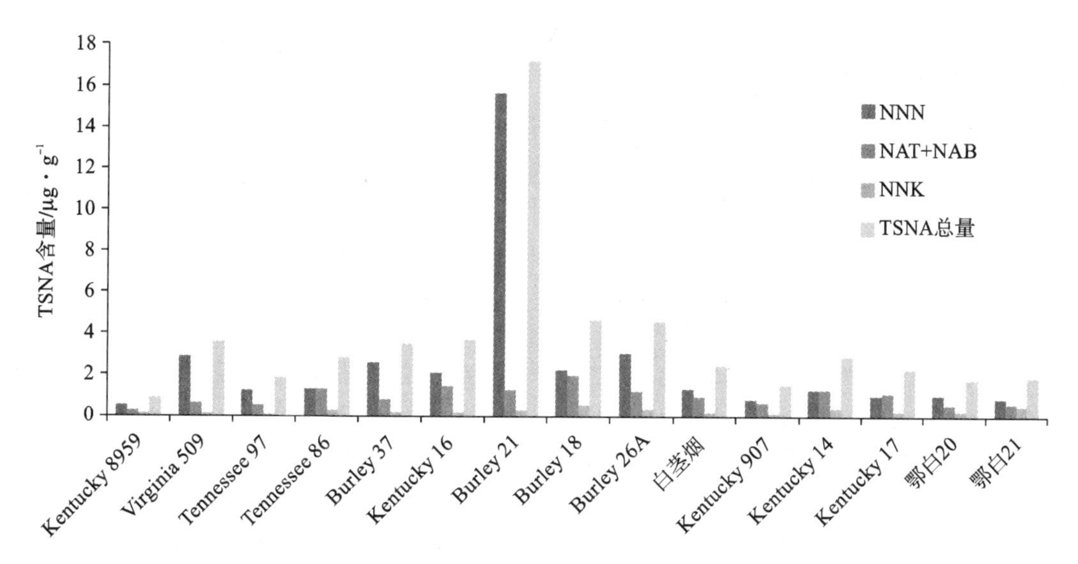

图 5-2 白肋烟不同品种 TSNA 含量及其组分分布

二、白肋烟品种烟碱转化性状的遗传特性

（一）白肋烟品种烟碱向降烟碱转化的遗传机理

普通烟草（*N. tabacum*）是由野生烟草杂交后经自然加倍而形成的异源四倍体，以合成烟碱为主，也含有少量的降烟碱。其野生种祖先一般认为有 *N. sylvestris*、*N. tomentosiformis* 和 *N. otophora*，这 3 种野生烟草均为烟碱转化型种，降烟碱是烟叶中生物碱的最终积累形式。因此，普通烟草在最初形成时，应该也具有烟碱转化能力，其干烟叶中含有较高的降烟碱。

早在 1955 年，Griffith 等在对烟草（*N. tabacum*）的一项育种研究中发现，烟碱去甲基化反应受单一显性基因控制，推测可能存在一种能够催化烟碱去甲基化生成降烟碱的酶。据此提出烟草的烟碱向降烟碱转化性状属简单遗传。Mann 和 Webrew（1958 年）研究了普通烟草与野生烟草杂交后代的分离情况，发现普通烟草与人工合成的异源四倍体的 2 个位点基因存在差异，这 2 个位点基因决定烟叶的降烟碱含量。将这 2 个基因分别定义为 C_s 和 C_t，它们分别来自祖先 *N. sylvestris* 和 *N. tomentosiformis* 的基因组。研究表明，烟碱转化由烟碱去甲基酶催化，每个基因都可编码烟碱去甲基酶的合成。Wernsman 和 Matzinger（1968 年）研究认为，来自 *N. tomentosiformis* 的去甲基基因 C_t 引起烟叶衰老前烟碱向降烟碱的转化，而来自 *N. sylvestris* 的基因 C_s 引起烟叶衰老过程中烟碱的转化。Davis 和 Nielson（1999 年）研究发现，来自 *N. tomentosformis* 的基因引起的去甲基作用发生在叶片的调制过程，该基因在商用栽培品种中似乎表现为主效且活泼的等位基因。Wernsman 等（2000 年）将杂交种 F_1 培养成单倍体，而后人工加倍成双倍体，通过测定双倍体株系的生物碱含量发现，具有 c_tc_t 基因型的植株含有 3%～9%的仲胺类生物碱（主要为降烟碱）；具有 C_tc_t 基因型的植株含有 17%～51%的仲胺类生物碱；具有 C_tC_t 基因型的植株含有 73%～94%的仲胺类生物碱。他们还指出栽培烟草中的 c_t 隐性基因高度不稳定，极易发生显性突变形成去甲基能力，导致烟草体内产生高含量的降烟碱。据估算，所培育的双倍体株系发生突变的概率高达14%。目前学术界已普遍认为，烟碱转化主要发生在烟叶的晾制阶段，烟碱向降烟碱转化受显性双基因控制，由于降烟碱与一种不好的吃味往往联系在一起，因此，目前栽培的普通烟草品种大都是经过人为选择而来的纯合双隐性基因型($c_tc_tc_sc_s$)，不具有烟碱去甲基能力，一旦基因突变为显性或部分显性($C_tC_tC_sC_s$或$C_tC_tc_sc_s$)，烟碱转化能力迅速增强，烟碱含量显著下降而降烟碱含量大幅上升，尤以白肋烟等晾烟较突出。由于烟碱转化是由隐性基因向显性基因的突变，其突变率较高，而且这一频率在组织培养中显著增加，因此不少学者认为烟碱转化基因中可能有移动因子或跳跃因子的参与。

有研究表明，转化株的烟碱去甲基酶活性在烟叶成熟和调制过程中增加。烟叶变棕色后，烟碱去甲基酶活性停止，降烟碱含量趋于稳定。烟碱去甲基酶满足细胞色素p-450类型酶的一些主要标准。因此，许多研究者相信烟碱去甲基酶属于细胞色素p-450类型的酶。美国肯塔基大学的研究人员以cDNA微阵列为基础，从烟草中成功分离克隆出6个与细胞色素p-450同源的基因，被命名为*CYP82E4*家族，其同源性大于90%。Siminszky等通过比较转化株和非转化株的基因差异发现，转化株的细胞色素p-450基因家族*CYP82E4*的集合转录水平显著高于非转化株，用RNA干扰技术抑制*CYP82E4*基因的表达，可以阻止高转化株的降烟碱合成。进一步研究表明，在*CYP82E4*家族中只有异构体*CYB82E4v1*与烟碱转化有关，其编码产物是一种单氧酶，且该单氧酶具有烟碱去甲基化活性。该基因的发现为阐明烟碱去甲基化反应的调控机理提供了可能。

李宗平等人(2007年)发现，在白肋烟品种中，烟碱转化率由隐性向显性突变与花色由显性向隐性突变关系密切。他们在白肋烟品种Burley 37中发现的5株白花突变株当代均为高烟碱转化株。随着世代的增加，白花后代群体花色遗传稳定，高烟碱转化率性状趋于纯合；烟株群体的平均烟碱含量迅速下降，个体间的烟碱含量差异不断加大，有少数烟株烟碱含量为零；平均降烟碱含量则迅速上升，烟株群体生物碱表现为以降烟碱为主(见表5-8)。因此，在白肋烟新品种选育和品种提纯、繁殖过程中，应及时淘汰白色花冠突变烟株，以防群体转化株积累和基因逐渐纯合。

表5-8 白肋烟品种Burley 37白花突变株不同自交世代烟碱转化性状检测结果

烟碱转化性状		Burley 37(红花)	Burley 37-4-9(白花)				Burley 37-4-20(白花)			
		原始群体	0代	S1代	S2代		0代	S1代	S2代	
					株系1	株系2			株系1	株系2
观测株数		46	单株	20	20	20	单株	20	20	20
烟碱	均值/(%)	1.31	0.045	0.55	0.10	0.19	0.040	0.43	0.07	0.08
	最小值/(%)	0.10		0.11	0.02	0.03		0.10	0.00	0.00
	最大值/(%)	2.35		1.12	0.44	0.88		1.70	0.24	0.39
	标准差	0.39		0.33	0.10	0.20		0.36	0.07	0.09
	变异系数/(%)	30.00		59.29	98.64	102.70		83.16	95.40	115.85
降烟碱	均值/(%)	0.06	0.990	0.94	2.09	1.83	1.190	0.90	2.37	2.29
	最小值/(%)	0.01		0.56	0.99	1.38		0.60	1.51	1.74
	最大值/(%)	0.79		1.32	3.14	2.46		1.65	3.30	3.10
	标准差	0.13		0.20	0.52	0.36		0.26	0.49	0.49
	变异系数/(%)	223.96		21.77	25.09	19.56		28.66	20.66	21.38

续表

烟碱转化性状		Burley 37(红花)	Burley 37-4-9(白花)				Burley 37-4-20(白花)			
		原始群体	0代	S1代	S2代		0代	S1代	S2代	
					株系1	株系2			株系1	株系2
烟碱转化率	均值/(%)	4.91	95.652	64.83	95.81	90.54	96.748	70.09	97.04	96.79
	最小值/(%)	1.07		41.61	85.80	61.04		26.26	90.22	81.93
	最大值/(%)	88.98		89.72	99.16	98.53		90.67	99.97	99.91
	标准差	13.47		15.98	3.02	9.17		15.61	2.73	3.90
	变异系数/(%)	274.26		24.65	3.15	10.12		22.27	2.82	4.03

（二）白肋烟品种烟碱转化性状的遗传力和配合力

李宗平等人(2006年)利用4份不同烟碱转化率的白肋烟株系，采用GriffingⅡ双列杂交设计，研究了烟碱、降烟碱和烟碱转化率的遗传效应。根据小区各株烟叶正常晾制结束后第9～10叶位烟叶的检测结果(见表5-9)，4份亲本中Tennessee 90-9的烟碱含量最低，其他3份亲本的烟碱含量达4.9%以上；降烟碱含量则以Tennessee 90-9最高，达2.386%，其他3份亲本的降烟碱含量在0.125%以下；Tennessee 90-9的烟碱转化率最高，达54.559%，属高转化株系，其他3份亲本的烟碱转化率在3%以下，属非转化株系。F测验证实上述4份亲本和6个F_1代组合的烟碱含量、降烟碱含量和烟碱转化率的差异均非常显著。

表5-9　白肋烟不同烟碱转化率株系的生物碱及烟碱转化率平均数

供试材料	烟碱/(%)	降烟碱/(%)	烟碱转化率/(%)
Burley 37-10	4.911	0.099	2.067
Tennessee 90-20	4.990	0.095	1.884
Burley 37-46	4.902	0.125	2.329
Tennessee 90-9	1.994	2.386	54.559
Burley 37-10×Tennessee 90-20	5.373	0.071	1.323
Burley 37-10×Burley 37-46	5.080	0.251	4.709
Burley 37-10×Tennessee 90-9	3.561	1.085	24.518
Tennessee 90-20×Burley 37-46	6.133	0.093	1.473
Tennessee 90-20×Tennessee 90-9	4.964	0.384	7.849
Burley 37-46×Tennessee 90-9	3.467	1.093	24.361

注：表中值为所有植株检测总和与总株数之比。

遗传模型分析结果(见表5-10)表明，烟碱、降烟碱和烟碱转化率的表现型方差主要是遗传基因型方差决定的，而在遗传基因型方差中，亲本的基因加性方差对烟碱转化率的作用最大，在特殊组合中也存在一定的基因非加性效应。环境方差对烟碱、降烟碱和烟碱转化率影响均极小。烟碱的广义遗传力和狭义遗传力分别为80.044%和74.730%，属高遗传力性状，而降烟碱和烟碱转化率的广义遗传力分别达99.236%和99.788%，狭义遗传力分别达

84.126%和80.044%,均高于烟碱,属极高遗传力性状。由于烟碱转化率的广义遗传力和狭义遗传力极高,受环境影响极小,因此,加强对烟草杂交早世代烟碱转化率的选择是必要和有效的。

表 5-10　白肋烟生物碱、烟碱转化率的遗传方差组成及遗传力分析

方差组成及参数	烟碱	降烟碱	烟碱转化率
表型方差	1.418	0.571	471.714
遗传方差	1.275	0.566	470.712
加性方差	1.060	0.480	377.578
非加性方差	0.215	0.086	93.134
环境方差	0.143	0.004	1.002
广义遗传力/(%)	80.044	99.236	99.788
狭义遗传力/(%)	74.730	84.126	80.044

进一步的配合力分析表明,就一般配合力效应(见表 5-11)而言,高转化亲本 Tennessee 90-9 的烟碱为负值,降烟碱、烟碱转化率为最大正向值,与其他 3 个亲本差异极显著,说明其杂交后代烟碱转化能力强;而其他 3 个非转化亲本的烟碱为正值,降烟碱及烟碱转化率为负值,其杂交后代烟碱转化能力弱。就特殊配合力效应(见表 5-12)而言,凡是以高转化亲本 Tennessee 90-9 为父本的杂交 F_1代,其烟碱为负值,烟碱转化率为正值,其他杂交 F_1代则反之。由上可见,非转化株系亲本的一般配合力效应和非转化株系间杂交 F_1代的特殊配合力效应,在降烟碱和烟碱转化率性状上表现为负向,在烟碱性状上表现为正向;高转化株系亲本则相反。因此,在烟草烟碱转化性状改造中应优先选择非转化株系为亲本。

表 5-11　白肋烟亲本的一般配合力效应分析

亲本	烟碱	降烟碱	烟碱转化率
Burley 37-10	0.1916 A	−0.206 A	−3.528 B
Tennessee 90-20	0.627 A	−0.351 A	−9.135 C
Burley 37-46	0.299 A	−0.192 A	−8.448 C
Tennessee 90-9	−1.118 B	0.749	21.111 A
L. S. $D_{(0.05)}$	0.564	0.164	3.059
L. S. $D_{(0.01)}$	0.742	0.216	4.020

注:不同大写字母表示极显著差异性。

表 5-12　白肋烟杂交组合的特殊配合力效应分析

亲本	烟碱	降烟碱	烟碱转化率
Burley 37-10×Tennessee 90-20	0.439 C	−0.5264 a	−22.131 Eb
Burley 37-10×Burley 37-46	0.161 C	−0.1010 ab	−18.819 Ea
Burley 37-10×Tennessee 90-9	−0.873 A	−0.1211 ab	22.327 A

续表

亲本	烟碱	降烟碱	烟碱转化率
Tennessee 90-20×Burley 37-46	0.356 C	−0.2211 ab	−10.871 D
Tennessee 90-20×Tennessee 90-9	−0.328 B	0.0700 b	12.175 B
Burley 37-46×Tennessee 90-9	−1.185 A	0.0912 b	2.014 C
L. S. $D_{(0.05)}$	0.318	0.5640	3.059
L. S. $D_{(0.01)}$	0.419	0.7420	4.020

注：不同小写字母表示显著差异性，不同大写字母表示极显著差异性。

史宏志等人(2007 年)以白肋烟品种 Burley 21 非转化株(烟碱转化率低于 3%，代号 LC)为母本，分别以 Burley 37 非转化株、中转化株(烟碱转化率为 20%～50%，代号 MC)和高转化株(烟碱转化率大于 50%，代号 HC)为父本，研究了杂交种的亲本选配对烟碱转化率和 TSNA 含量的影响。结果(见表 5-13)表明，当亲本均为非转化株时，所配置杂交种烟叶的降烟碱含量和烟碱转化率以及 NNN 含量和 TSNA 总量较低；当亲本中有转化株亲本时，所配置杂交种烟叶的降烟碱含量和烟碱转化率以及 NNN 含量和 TSNA 总量大幅度增加，尤其是亲本中有高转化株亲本时，所配置杂交种烟叶的降烟碱含量和烟碱转化率几乎是亲本均为非转化株杂交种的 8 倍，NNN 含量是亲本均为非转化株杂交种的 3～4 倍，TSNA 总量几乎是亲本均为非转化株杂交种的 2 倍。李进平等人(2007 年)分别以 MS Burley 21 不同烟碱转化率品系为母本、以 Burley 37 非转化品系为父本，比较了所配制的杂交 F_1代的烟碱转化性状，得到类似的结果(见表 5-14)。这进一步说明选择非转化材料作为亲本能够有效地改造杂交种的烟碱转化性状。

表 5-13　白肋烟非转化母本与不同烟碱转化率父本所配 F_1代组合的烟碱转化率和 TSNA 含量

F_1代杂交组合	烟碱/(%)	降烟碱/(%)	烟碱转化率/(%)	TSNA 含量/(μg/g)				
				总量	NNN	NNK	NAT	NAB
Burley 21-LC×Burley 37-LC1	5.45	0.12	2.14	6.75	2.68	0.35	3.73	ND
Burley 21-LC×Burley 37-LC2	4.89	0.16	3.13	6.22	3.01	0.19	3.00	0.01
Burley 21-LC×Burley 37-MC	4.46	0.95	17.54	12.27	9.52	0.48	2.18	0.08
Burley 21-LC×Burley 37-HC	4.53	1.20	20.88	13.33	10.79	0.34	2..20	ND

表 5-14　白肋烟不同烟碱转化率母本与非转化父本所配 F_1 代组合的烟碱转化性状

杂交组合类型		烟碱/(%)	降烟碱/(%)	烟碱转化率/(%)	不同转化株比例/(%)			
					测定株数	非转化株比例	低转化株比例	高转化株比例
高转化×非转化	MS Burley 21-5×Burley 37-7	4.195	1.135	22.872	60	45.00	3.33	51.67
	MS Burley 21-20×Burley 37-46	5.007	1.288	20.844	60	36.67	20.00	43.33
中转化×非转化	MS Burley 21-13×Burley 37-4	6.062	0.130	2.156	60	95.00	5.00	0.00

续表

杂交组合类型		烟碱/(%)	降烟碱/(%)	烟碱转化率/(%)	不同转化株比例/(%)			
					测定株数	非转化株比例	低转化株比例	高转化株比例
非转化×非转化	MS Burley 21-36×Burley 37-1	5.099	0.195	3.627	60	88.33	10.00	1.67

注:非转化株烟碱转化率≤5%;低转化株烟碱转化率介于5%~20%之间;高转化株烟碱转化率≥20%。

(三) 白肋烟品种烟碱转化性状的正反交差异

李宗平(2017年)以性状稳定的 Burley 37 低烟碱转化株(P_1)和高烟碱转化株(P_2)配制杂交组合 $P_1 \times P_2$(正交)和 $P_2 \times P_1$(反交),研究了正、反交形式对杂交种烟碱转化率的影响。结果(见表5-15)表明,正交 F_1代杂交组合烟叶中烟碱含量较高,降烟碱含量、烟碱转化率较低;反交 F_1代杂交组合烟叶中烟碱含量相对低,比正交减少了15.63%,降烟碱含量、烟碱转化率相对高,分别比正交增加了46.92%和57.81%。无论正交还是反交,其烟碱含量、降烟碱含量和烟碱转化率均在 P_1和 P_2之间,但均偏向低烟碱转化亲本 P_1,且以正交更为明显(见图5-3)。进一步分析发现,以低转化株作母本的杂交组合 F_1代(正交)的烟碱含量表现出24.58%的正向平均优势,降烟碱和烟碱转化率则表现出49.79%和57.43%的负向平均优势;以高转化株作母本的杂交组合 F_1代(反交)表现出同样的趋势,但杂种优势小于正交。

表5-15 正反交 F_1代杂交组合的烟碱转化率及杂种优势比较

亲本和组合		烟碱/(mg/g)	降烟碱/(mg/g)	烟碱转化率/(%)
P_1		21.40	1.11	4.95
P_2		6.43	10.53	62.77
$P_1 \times P_2$		17.34	2.92	14.41
$P_2 \times P_1$		14.63	4.29	22.74
双亲平均值		13.92	5.82	33.86
杂种优势(%)	正交	24.58	−49.79	−57.43
	反交	5.12	−26.32	−32.86

李宗平等人(2015年)在另外一个试验中,采用白肋烟雄性不育系 MS Tennessee 90-20(低转化株)、MS Burley 37-4(低转化株)和 MS Tennessee 86-22(高转化株)为母本,以对应的烟碱转化率不同的同一品种的可育系材料 Tennessee 90-9(高转化株)、Burley 37-46(高转化株)和 Tennessee 86-12(低转化株)作父本,按烟碱转化率的高低,分别配制了1个 MS 高转化×低转化组合和2个 MS 低转化×高转化组合。生物碱含量和烟碱转化率测定结果(见表5-16)表明,无论是 MS 高转化×低转化组合,还是 MS 低转化×高转化组合,其 F_1代群体的烟碱含量、降烟碱含量和烟碱转化率均在双亲之间,且均偏向低转化亲本,均能获得烟碱含量的正向平均杂种优势以及降烟碱含量、烟碱转化率的负向平均杂种优势,而且,以低烟碱转化率不育系作母本的杂交组合 F_1代的烟碱含量正向平均优势及其降烟碱含量、烟碱转化率的负向平均优势均大幅度高于以高烟碱转化率不育系作母本的杂交组合 F_1代。

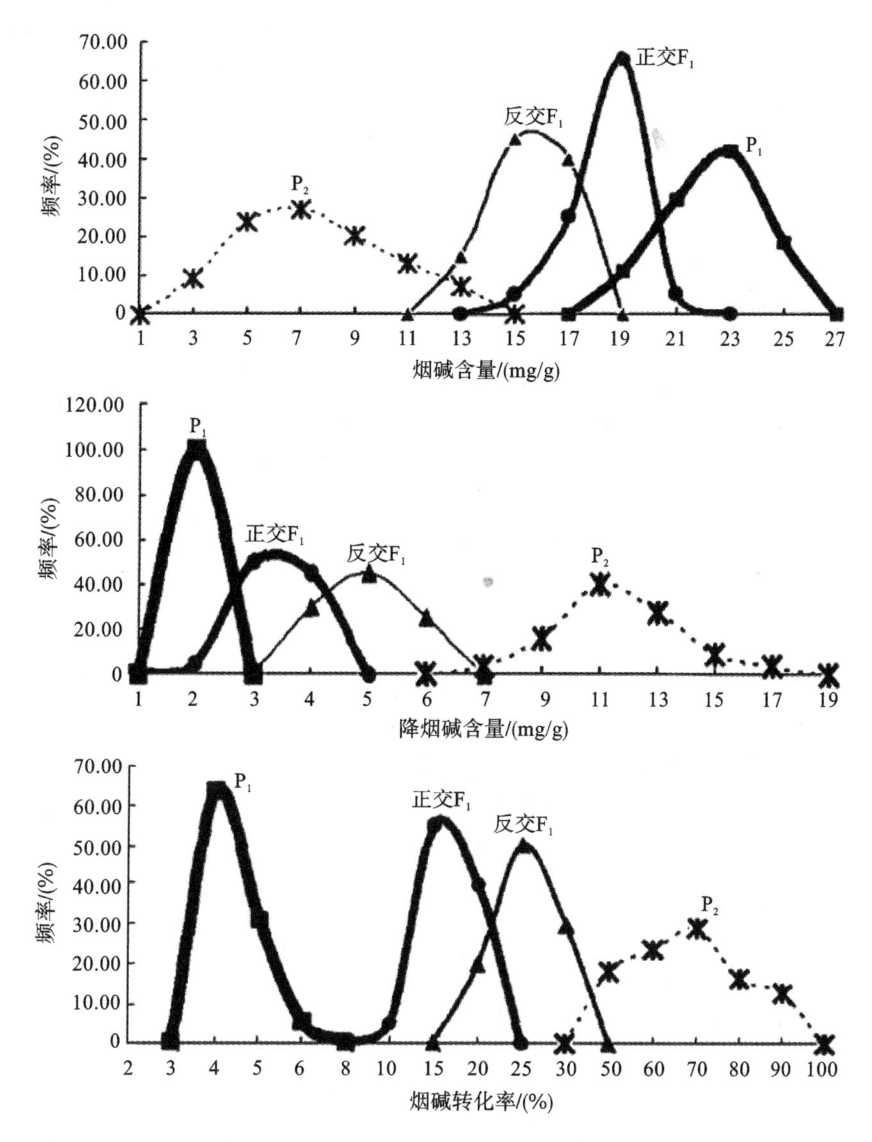

图 5-3　双亲及正反交 F_1 代群体的生物碱和烟碱转化率分布频率

表 5-16　不同白肋烟组合的烟碱转化率杂种优势分析

杂交组合类型	世代		品系	烟碱/(mg/g)	降烟碱/(mg/g)	烟碱转化率/(%)
低转化品系×高转化品系	组合 1	P_1	MS Tennessee 90-20	26.30	1.07	3.90
		P_2	Tennessee 90-9	14.03	10.75	43.38
		F_1	MS Tennessee 90-20×Tennessee 90-9	24.21	3.21	11.70
			双亲平均值	20.16	5.91	23.64
			杂种优势/(%)	20.10	−45.69	−50.51

续表

杂交组合类型		世代	品系	烟碱/(mg/g)	降烟碱/(mg/g)	烟碱转化率/(%)
低转化品系×高转化品系	组合 2	P_1	MS Burley 37-4	24.55	1.05	4.10
		P_2	Burley 37-46	15.14	9.48	38.49
		F_1	MS Burley 37-4×Burley 37-46	23.59	3.03	11.38
			双亲平均值	19.85	5.26	21.29
			杂种优势/(%)	18.87	−42.46	−46.58
高转化品系×低转化品系	组合 3	P_1	MS Tennessee 86-22	13.23	10.49	44.22
		P_2	Tennessee 86-12	23.31	1.11	4.54
		F_1	MS Tennessee 86-22×Tennessee 86-12	19.09	5.07	20.99
			双亲平均值	18.27	5.80	24.38
			杂种优势/(%)	4.46	−12.57	−13.90

在上述的研究中，根据白肋烟品种烟碱向降烟碱转化的遗传机理推测，所谓的高转化亲本，其控制的烟碱向降烟碱转化的基因在群体烟株中并不完全是纯合的，基因型 $C_tc_tc_sc_s$ 可能占比较大，从而导致杂交 F_1 控制烟碱转化的基因在群体烟株中也不完全是纯合的，基因型 $c_tc_tc_sc_s$ 在 F_1 中占比可能也较大，因而烟碱转化率的表现型均值介于双亲之间，进而产生负向杂种优势。不管怎样，上述的研究结果均表明，杂种优势利用是选育低烟碱转化率新品种的有效方法，只要亲本不是基因型纯合的高转化材料，均可获得转化率低于双亲均值的杂交 F_1，在育种中选择纯合的低转化品系或非转化品系作杂交母本特别重要。

（四）不同选择方法的烟碱转化性状遗传进度

烟碱转化性状的突变率比较高，即使严格选择非转化株进行自交，后代群体也会不可避免地出现转化株。尽管这些新产生的突变株，其烟碱转化率一般都比较低，但是，由于烟碱转化性状由显性基因控制，很容易在群体中积累，因此，对于生产用种，有必要针对烟碱转化性状进行连续定向选择。

1. 连续定向选择方法的选择效应

烟碱转化率连续定向选择与提纯的方法一般有单株选择法和集团选择法 2 种。

1）单株选择法的选择效应

史宏志等人（2007 年）以白肋烟品种 Burley 21 和 Burley 37 为材料，研究了烟碱转化性状单株选择法的选择效应。首先，采用乙烯利处理方法分别对 Burley 21 和 Burley 37 烟株开花前自然群体进行转化株的早期诱导和鉴定，根据早期鉴定结果，分别在 Burley 21 和 Burley 37 烟株自然群体内选择 2 个非转化株于开花期进行套袋自交留种。然后，在下一季度对每个入选单株衍生的烟株群体于烟株开花前同样用乙烯利处理方法进行诱导和转化株鉴定，根据鉴定结果分别在每个入选单株衍生的烟株群体内选择 2 个非转化株于开花期进行套袋自交留种。接着，在第3季对每个入选单株衍生的烟株群体进行相同的诱导和转化株鉴定，根据鉴定结果继续分别在每个入选单株衍生的烟株群体内选择2个非转化株于开花期进行套袋自交留种。不同选择世代的不同烟碱转化株比例的统计结果（见表5-17）表明，在Burley 21的自然群体中存在大量转化株，所有转化株比例达70.7%，其中高转化株比例达58.4%；而在Burley 37的自然群体中，烟碱转化株比例相对较低，约为10.9%，而且大部分转化株的烟碱转化率低于20%。无论是烟碱转化株比例高的Burley 21自然群体，还是烟碱转化株比例较低的Burley 37自然群体，通过非转化性状的定向选择，都能使后代群体的转化株比例和转化株的转化程度大幅降低，连续经过2代选择，Burley 21和Burley 37的转化株比例均降低到了5%以下，平均烟碱转化率均小于3%。这说明连续定向单株选择，能够使非转化性状的稳定性得到较大改进，可以有效降低后代群体中转化株的出现比例，进而大幅降低烟碱转化率。

表5-17　白肋烟品种Burley 21和Burley 37在不同单株选择世代的烟碱转化株比例

品种	试验组	选择世代	群体	非转化株比例/(%)	低转化株比例/(%)	中转化株比例/(%)	高转化株比例/(%)	所有转化株比例/(%)	平均烟碱转化率/(%)
Burley 21	组1	世代0	B21	29.3	7.3	5.0	58.4	70.7	49.8
		世代1	B21-1	76.0	8.0	12.0	6.0	24.0	18.7
		世代2	B21-1-1	100.0	0.0	0.0	0.0	0.0	1.4
			B21-1-2	100.0	0.0	0.0	0.0	0.0	1.4
	组2	世代0	B21	29.3	7.3	5.0	58.4	70.7	49.8
		世代1	B21-2	85.0	10.0	5.0	0.0	15.0	9.0
		世代2	B21-2-1	95.0	5.0	0.0	0.0	5.0	1.5
			B21-2-2	100.0	0.0	0.0	0.0	0.0	1.2
Burley 37	组1	世代0	B37	89.0	6.5	2.3	2.3	10.9	5.2
		世代1	B37-1	95.0	5.0	0.0	0.0	5.0	1.5
		世代2	B37-1-1	100.0	0.0	0.0	0.0	0.0	1.1
			B37-1-1	100.0	0.0	0.0	0.0	0.0	1.2
	组2	世代0	B37	89.0	6.5	2.3	2.3	10.9	5.2
		世代1	B37-2	95.0	5.0	0.0	0.0	5.0	1.4
		世代2	B37-2-1	95.0	5.0	0.0	0.0	5.0	1.2
			B37-2-2	100.0	0.0	0.0	0.0	0.0	1.1

注：非转化株烟碱转化率低于5%；低转化株烟碱转化率为5%～20%；中转化株烟碱转化率为20%～50%；高转化株烟碱转化率大于50%。

2）集团选择法的选择效应

集团选择法即混合选择法。李宗平等人以表5-18所列的白肋烟品种为材料，研究了烟碱转化性状集团选择法的选择效应。各品种于团棵期取由下至上第9～10叶位叶片，采用0.3%的乙烯利溶液进行转化株的早期诱导和鉴定，根据早期鉴定结果，剔除转化率大于3%的突变株，非转化株套袋混合留种，供翌年选择使用。不同集团选择世代的不同程度烟碱转化株比例的统计结果（见表5-18）表明，供试品种的自然群体平均烟碱转化率均在5%以上，

MS Tennessee 90 和 MS Kentucky 14 达 22%以上。除 MS 金水 2 号、金水 2 号、Virginia 509E 外,其他均有较高的高转化株比例。但连续经过 3 代的非转化性状的定向集团选择,除 MS 金水 2 号外,其他品种改良系的平均烟碱转化率均比改良前大幅下降,非转化株比例大幅提高,平均烟碱转化率降到 5%以下(半数品种的平均烟碱转化率甚至降到 3%以下),非转化株和低转化株比例达到 100%。这说明连续定向集团选择,也能够使非转化性状的稳定性得到较大改进,可以有效降低后代群体中转化株的比例,进而大幅降低烟碱转化率。

表 5-18 不同白肋烟品种或核心亲本在不同集团选择世代的烟碱转化株比例

品种	选择世代	非转化株比例/(%)	低转化株比例/(%)	中转化株比例/(%)	高转化株比例/(%)	非和低转化株比例/(%)	平均烟碱转化率/(%)
MS 金水 2 号	世代 0	10.00	85.00	5.00	0.00	95.00	5.12
	世代 1	58.82	38.24	2.94	0.00	97.06	4.76
	世代 2	75.00	10.00	5.00	10.00	85.00	9.85
	世代 3	15.00	80.00	5.00	0.00	95.00	6.93
金水 2 号	世代 0	15.00	80.00	5.00	0.00	95.00	5.54
	世代 1	36.84	34.21	5.26	23.68	71.05	22.56
	世代 2	80.00	15.00	0.00	5.00	95.00	3.33
	世代 3	60.00	40.00	0.00	0.00	100.00	4.04
MS Tennessee 90	世代 0	0.00	0.00	75.00	25.00	0.00	22.61
	世代 1	78.95	21.05	0.00	0.00	100.00	3.13
	世代 2	55.00	35.00	0.00	10.00	90.00	9.14
	世代 3	60.00	40.00	0.00	0.00	100.00	3.23
Tennessee 90	世代 0	0.00	90.00	5.00	5.00	90.00	15.38
	世代 1	87.50	6.25	0.00	6.25	93.75	5.86
	世代 2	75.00	20.00	5.00	0.00	95.00	2.71
	世代 3	13.33	86.67	0.00	0.00	100.00	3.90
MS Kentucky 14	世代 0	0.00	70.00	15.00	15.00	70.00	22.01
	世代 1	0.00	43.48	8.70	47.83	43.48	42.94
	世代 2	40.00	25.00	15.00	20.00	65.00	22.71
	世代 3	90.00	10.00	0.00	0.00	100.00	2.44
Kentucky 14	世代 0	22.50	57.50	10.00	10.00	80.00	16.01
	世代 1	68.75	25.00	6.25	0.00	93.75	7.29
	世代 2	60.00	30.00	5.00	5.00	90.00	7.91
	世代 3	93.33	6.67	0.00	0.00	100.00	2.51

续表

品种	选择世代	非转化株比例/(%)	低转化株比例/(%)	中转化株比例/(%)	高转化株比例/(%)	非和低转化株比例/(%)	平均烟碱转化率/(%)
MS Virginia 509E	世代 0	0.00	82.50	7.50	10.00	82.50	14.19
	世代 1	93.10	6.90	0.00	0.00	100.00	2.27
	世代 2	85.00	15.00	0.00	0.00	100.00	1.35
	世代 3	75.00	25.00	0.00	0.00	100.00	2.81
Virginia 509E	世代 0	0.00	95.00	5.00	0.00	95.00	7.57
	世代 1	91.67	8.33	0.00	0.00	100.00	1.97
	世代 2	95.00	5.00	0.00	0.00	100.00	0.32
	世代 3	90.00	10.00	0.00	0.00	100.00	2.78

注：非转化株烟碱转化率低于 3%；低转化株烟碱转化率为 3%～20%；中转化株烟碱转化率为 20%～50%；高转化株烟碱转化率大于 50%。

3）单株选择法和集团选择法选择效果的比较

李宗平等人曾比较了单株选择法和集团选择法的选择效果，结果（见表 5-19 和表 5-20）发现，采用集团选择法仅需选择 2 代，即可基本上使平均烟碱转化率降到 3%以下，平均非转化株比例达到 85%；而采用单株选择法需连续选择 3 代以上才能使平均烟碱转化率降到 3%～4%，平均非转化株比例达到 75%左右。可见，在烟碱转化性状改良效率上，集团选择法优于单株选择法，所需年限短，效果好。此外，他们在对烟碱转化性状进行改良的过程中还发现，采用单株选择法，经连续多代自交，易导致后代其他性状高度纯合而与原始品种产生差异，而采用集团选择法，则能较好地保持原始品种的遗传多样性和典型性。

表 5-19　不同选择方法的群体生物碱含量和烟碱转化率

品种	选择方法	烟碱/(mg/g)	降烟碱/(mg/g)	烟碱转化率/(%)	比改良前变化率/(%)		
					烟碱	降烟碱	烟碱转化率
Burley $21_{原}$	原始群体	4.30	8.46	71.59			
Burley 21 $LC_{团2}$	集团选择 2 代	16.73	0.75	4.29	289.07	−91.13	−94.01
Burley 21 $LC_{单n}$	株选 3 代以上	13.99	0.52	3.55	225.35	−93.85	−95.04
Burley $37_{原}$	原始群体	11.85	3.47	25.76			
Burley $37_{团2}$	集团选择 2 代	12.16	0.30	2.38	2.62	−91.35	−90.76
Burley 37 $LC_{单n}$	株选 3 代以上	12.42	0.50	3.85	4.81	−85.59	−85.05
LA Burley $21_{原}$	原始群体	15.94	1.03	6.44			
LA Burley 21 $LC_{团2}$	集团选择 2 代	14.91	0.32	1.99	−6.46	−68.93	−69.10
LA Burley 21 $LC_{单n}$	株选 3 代以上	8.63	0.35	3.17	−45.86	−66.02	−50.78
平均	原始群体	10.70	4.32	34.60			
	集团选择	14.60	0.46	2.89	36.45	−89.35	−91.65
	单株选择	11.68	0.46	3.52	9.16	−89.35	−89.83

表 5-20　不同选择方法的群体内不同转化株类型分布

品种	选择方法	非转化株/(%)	低转化株/(%)	中转化株/(%)	高转化株/(%)	比改良前变化/(%)			
						非转化株	低转化株	中转化株	高转化株
Burley $21_{原}$	原始群体	0.00	15.00	2.50	82.50				
Burley 21 $LC_{团2}$	集团选择 2 代	65.00	30.00	5.00	0.00	65.00	15.00	2.50	−82.50
Burley 21 $LC_{单n}$	株选 3 代以上	76.67	23.33	0.00	0.00	76.67	8.33	−2.50	−82.50
Burley $37_{原}$	原始群体	2.50	60.00	17.50	20.00				
Burley $37_{团2}$	集团选择 2 代	90.00	10.00	0.00	0.00	87.50	−50.00	−17.50	−20.00
Burley 37 $LC_{单n}$	株选 3 代以上	76.67	20.00	3.33	0.00	74.17	−40.00	−14.17	−20.00
LA Burley $21_{原}$	原始群体	12.50	82.50	5.00	0.00				
LA Burley 21 $LC_{团2}$	集团选择 2 代	100.00	0.00	0.00	0.00	87.50	−82.50	−5.00	0.00
LA Burley 21 $LC_{单n}$	株选 3 代以上	70.00	26.67	3.33	0.00	57.50	−55.83	−1.67	0.00
平均	原始群体	5.00	52.50	8.33	34.17				
	集团选择	85.00	13.33	1.67	0.00	80.00	−39.17	−6.67	−34.17
	单株选择	74.45	23.33	2.22	0.00	69.45	−29.17	−6.11	−34.17

注：群体中烟株烟碱转化率小于 3%为非转化转化株，3%～20%为低转化株，20%～50%为中转化株，大于 50%为高转化株。

2. 白肋烟品种烟碱转化性状的相对稳定性

史宏志等人曾对白肋烟栽培品种烟碱转化性状的遗传行为进行了研究。他们将经过早期鉴定和筛选的 Tennessee 90 烟草分成非转化株、低转化株和高转化株 3 组，分别测定它们的自交 1 代植株的烟碱转化能力，发现所有来自高转化株的后代大部分植株为转化株；来自非转化株的后代大部分植株仍为非转化株，但可出现约 10%的低转化株，这些新产生的低转化株可能是由突变产生的；来自低转化株的后代，可分离出具有不同烟碱转化能力的植株。

美国肯塔基大学的 Jack 等人对 3 个白肋烟品种不同烟碱转化率品系的烟碱转化性状的相对稳定性进行了研究。在田间对选择种植的每个品系取样 50 株，用乙烯利处理使其最大转化，调制后分析烟碱和降烟碱含量。结果表明，L-8 非转化品系的绝大多数后代都是非转化的，但有一个后代发生变异；Tennessee 90 高转化品系烟株产生一致的转化群体，而其他中转化和非转化品系后代群体并不是同质的；Tennessee 90 中转化品系和 Virginia 509 中转化品系产生的后代群体具有连续转化性，其中 Virginia 509 无论高转化、中转化还是非转化品系的后代群体都不是同质的，转化株和非转化株产生的后代在生长的前 3 个月比 Tennessee 90 的后代转化严重。据此认为，L-8 是一个烟碱转化性状稳定品种，Tennessee 90 稳定性居中，Virginia 509 最不稳定。他们的研究结果说明，中转化品种通常是连续转化，高转化亲本比非转化亲本更能产生转化性状一致的后代。

第三节　白肋烟烟碱转化性状的改良

在白肋烟中，由于非转化株向转化株突变率较高，以及缺乏外观可视的鉴别方法，烟草群体可积累一定比例的具有较高降烟碱含量的转化株。因此，对于生产上使用的栽培品种的原始种，必须定期进行烟碱转化性状的改良和提纯。

一、白肋烟烟碱转化的限制标准

美国烟草工业于 1977 年制定了烟叶中仲胺类生物碱的最低限量标准，要求所有新育成品种调制后烟叶的仲胺类生物碱含量比例不能超过总生物碱的 20%，其中主要为降烟碱。2001 年此标准降低到了 15%，2006 年此标准又降低到了 13%。其他不少国家也都制定了烟叶混合样和育种过程单株选择的降烟碱含量比例限制标准。2006 年，美国白肋烟新品种区域试验开始采用双标准控制生物碱组成，一是所有仲胺类生物碱占总生物碱的比例不能超过 12%；二是平均烟碱转化率不能超过 6%，且在任何 2 个试验点的值不能超过 8%。

在白肋烟烟碱转化性状改造的单株选择过程中，需要为转化株的判别制定标准。2003 年以前，美国一般把烟碱转化率大于 5%作为转化株的判别标准，随后美国又将此标准降低到了 3%，并制定了相应的转化株鉴别规程。烟碱转化具有嵌合特征，因此在进行单株取样时，取样部位会对转化株的判断造成影响，Jack 等比较了采用单叶取样和多叶取样对转化株鉴别效果的影响，发现嵌合型的转化株不同部位烟叶的烟碱转化率差异很大，转化率一般在 3%以上，因此，严格按照 3%的选择标准，采用单叶选择可以有效去除群体转化株。但赵永利等人(2009 年)和赵晓丹等人(2012 年)研究认为，烟碱转化率大于 2.5%是确定转化株的可靠判别标准。赵永利等人的研究表明，早期诱导烟叶的新烟碱/降烟碱值低于 0.8 时，烟碱转化率开始显著增加，其对应的烟碱转化率为 2.5%；调制后烟叶的新烟碱/降烟碱值小于 1.1 时，烟碱转化率显著增加，对应的烟碱转化率为 2.8%～2.9%。赵晓丹等人的研究表明，烟碱转化率低于 2.5%的烟株自交后代株系稳定，株间烟碱转化率变异小，且均低于 2.5%；烟碱转化率介于 2.5%和 3%的 3 个烟株的自交后代均表现株间烟碱转化性状的分离，变异幅度分别为 0.439%～10.331%、0.466%～21.834%和 0.394%～3.757%；而烟碱转化率大于 3%的烟株自交后代烟碱转化率株间变异性更大，烟碱转化性状分离严重，烟碱转化率大于 50%的 2 个烟株自交后代烟碱转化率也都较高，是高转化株的表现。

目前在国内，根据烟碱转化率的高低，将烟株分为非转化株(烟碱转化率低于 2.5%)、低转化株(烟碱转化率为 2.5%～20%)、中转化株(烟碱转化率为 20%～50%)和高转化株(烟碱转化率大于 50%)4 种类型。

二、白肋烟烟碱转化株的早期鉴别

从实际意义上讲，通过遗传改良途径去除烟碱转化株，就必须在烟株生长的早期阶段将烟株群体中的转化株鉴别出来，以保证留取纯合非转化株进行繁衍。但在外观形态上，转化株与非转化株无明显差异，目前必须依靠化学分析来测定每一棵烟株的烟碱转化能力。转化株的烟碱转化主要是在烟叶调制过程中发生的，因此，转化株的早期鉴别需要对转化株的烟碱转化性状进行诱导，以便使其在生长早期表达转化性状。

目前有两种方法可诱导转化株的烟碱转化性状在烟株生长早期表达。一是乙烯利处理。用乙烯利水溶液对鲜叶进行处理，诱导转化株烟碱向降烟碱转化，而非转化株由于不具有转化基因，没有烟碱去甲基活性，故不表现转化性状。史宏志等人(2007 年)的研究表明，乙烯利处理可有效激活转化株的烟碱去甲基酶活性，使烟碱转化达到基因型所决定的最大转化程度。对同一转化株而言，乙烯利早期处理后所得到的烟碱转化率一般显著高于正常调制后烟叶的烟碱转化率，因而可以鉴定出一些在正常调制条件下无法有效鉴别的低转化株，提高鉴别的准确性和有效性。二是采用碳酸氢钠、碳酸氢钾、氯化钠等无机盐处理。史宏志等人(2007 年)的研究表明，在最适条件下，碳酸氢钠等无机盐可使转化株的烟碱转化达到特定基因型所决定的最大转化程度，其诱导作用伴随着内源乙烯含量的增加。烟叶处理后晾制的温度对转化株的烟碱转化有较大的影响，晾制温度在 35～37 ℃时为最佳。在此温度下，高转化株的成熟烟叶的烟碱转化率达到 95%以上需要 2～3 d，绿叶需要 4～6 d。由于碳酸氢钠对环境无不利影响，因此该方法能在烟株生长时期安全有效地鉴别出转化株。目前在白肋烟烟碱转化性状改造中，使用较多的是乙烯利处理法。

转化株鉴别宜在烟株团棵期至现蕾期进行，最佳时期是团棵期至旺长期，此时烟株叶片数为 13～15 片，烟株高度为 30～40 cm。过早则烟苗尚小，操作不便，样品量少，过晚则不利于在开花前完成鉴别，影响当季的单株选择。转化株鉴别的一般步骤如下：

首先，选择生长正常、健康无病烟株按单株编号挂牌标记。

然后，按单株编号，采集自下而上第 8～10 叶位的生长定性叶片 1～2 片，串绳后对叶面喷施 0.3%的乙烯利溶液进行烟碱转化诱导处理，在室内保湿晾制 6～8 d，待叶片完全变黄后，按单株编号分别烘干制成粉末样品，检测烟碱和降烟碱含量，计算烟碱转化率。

最后，根据烟碱转化率确定烟株群体中所挂牌标记烟株的烟碱转化能力大小。

三、白肋烟烟碱转化性状的改良

一般而言，对于白肋烟烟草生产上的使用品种来说，若其烟碱转化率高于 5%或者非转化株比例低于 95%，则应该进行烟碱转化性状的改良。一般而言，白肋烟品种烟碱转化性状改良包括纯系品种或亲本的烟碱转化性状改良和杂交种的烟碱转化性状改良。

(一) 白肋烟纯系品种的烟碱转化性状改良

就白肋烟纯系品种而言，烟碱转化性状改良就是针对烟碱转化率进行连续定向选择与提纯，一般有单株选择法和集团选择法两种。

1. 烟碱转化率连续定向选择与提纯的方法

1) 单株选择法

首先，将欲进行烟碱转化性状改良的品种在田间种植，种植株数不低于 100 株，于烟株团棵期至现蕾期根据上述早期鉴定方法，入选烟碱转化率相对较低的单株 15～20 株，于开花期进行套袋自交留种，种子成熟后，按单株号采收，分别标明品种名称、株号、选择世代，供下年使用。

然后，将每个入选单株，于第二年种植成株系，种植株数 40～60 株，可设置对照和重复，以便同时进行原品种典型性状选择和烟碱转化性状鉴定。首先淘汰农艺性状变异和平均烟碱转化率大于 5%或非转化株比例未达 70%的株系，再在入选株系中选择烟碱转化率小于 2.5%的单株 4～6 株。入选的非转化株按系谱编号分别采收、保存，供下年使用。

接着，将每个入选单株，于第三年种植成株行，种植株数 20～40 株，可设置对照和重复，先淘汰性状不典型和平均烟碱转化率大于 2.5%或非转化株比例未达 90%的株系，再淘汰预选株系中烟碱转化率大于2.5%的单株。入选的非转化株按株系混收，标明品种名称、选择世代，供下年使用。

最后，将入选株系于第四年混合种植，进一步淘汰烟碱转化率大于2.5%的突变单株，所收种子即为非烟碱转化原种。

2）集团选择法

集团选择法是目前国内白肋烟烟碱转化性状改良中最常用的方法。

首先，将欲进行烟碱转化性状改良的品种在田间种植40～60株，于烟株团棵期至现蕾期根据上述早期鉴定方法，按单株检测烟碱和降烟碱含量，计算其烟碱转化率。

然后，根据烟碱转化率检测结果，找到田间单株对应编号，保留5～10株烟碱转化率相对较低的单株，打顶或拔出其他烟碱转化率较高的转化株。

接着，对保留的烟碱转化率相对较低的单株于开花期进行套袋自交留种，种子成熟后，按单株号采收，脱粒后按品种混合，标明品种名称、选择世代，供下年使用。

按上述程序连续定向选择3代以上，直至群体植株完全是烟碱转化率≤2.5%的非转化株，且除烟碱转化性状外，其他性状与最初欲改良群体完全一致。

2. 白肋烟核心亲本烟碱转化性状改良与效果

李宗平等人对部分白肋烟核心亲本进行了烟碱转化性状的选择和提纯。采用定向集团选择法，剔除烟碱转化率大于3%（或更低水平）的突变株，对非转化株套袋混合留种，这样连续选择3代以上，大多数亲本改良品系的烟碱转化性状基本达到稳定。取各亲本改良品系（LC）及其对照（CK）的成熟调制后不同部位烟叶进行生物碱含量、烟碱转化率和TSNA含量的测定。结果（见表5-21、表5-22、表5-23）表明，各亲本改良品系（LC）的烟碱转化率均较改良前大幅度下降，下、中、上三个部位烟叶的烟碱转化率几乎都小于5%，半数左右小于3%，NNN含量和TSNA总量也相应地显著下降。与改良前相比，各亲本改良后的LC品系下部叶烟碱转化率下降了49.40%～93.11%，NNN含量降低了24.37%～92.27%，TSNA总量降低了4.98%～89.13%；中部叶烟碱转化率下降了55.93%～89.79%，NNN含量降低了24.86%～87.67%，TSNA总量降低了10.19%～79.26%；上部叶烟碱转化率下降了56.29%～89.71%，NNN含量降低了18.15%～84.51%，除Kentucky 8959外，其他品种TSNA总量降低了4.19%～77.61%。可见，由于各亲本改良前群体的烟碱转化情况不同，因此各亲本改良后品系的烟碱转化率、NNN含量和总TSNA含量的下降幅度也不同。改良品系（LC）与改良前品种两两对比的田间重复试验结果（见表5-24）表明，各改良品系（LC）的植物学特征均保持了改良前的品种典型性，其农艺性状与改良前无明显差异。综上可见，针对烟碱转化性状，对纯系品种或杂交种亲本的连续定向选择是有效的。

表5-21　白肋烟部分核心亲本改良前后下部叶烟碱转化率和TSNA含量比较

品种		烟碱/(mg/g)	降烟碱/(mg/g)	转化率/(%)	NNN/(ng/g)	NNK/(ng/g)	NAT/(ng/g)	NAB/(ng/g)	TSNA总量/(ng/g)
MS Burley 21	LC	27.08	1.33	4.68	8701.53	184.85	4371.15	281.85	13539.38
	CK	14.32	30.36	67.95	81020.20	181.73	2650.38	309.69	84162.00
	比CK±%	89.11	−95.62	−93.11	−89.26	1.72	64.93	−8.99	−83.91

续表

品种		烟碱/(mg/g)	降烟碱/(mg/g)	转化率/(%)	NNN/(ng/g)	NNK/(ng/g)	NAT/(ng/g)	NAB/(ng/g)	TSNA总量/(ng/g)
Burley 21	LC	31.25	1.39	4.26	6191.16	225.45	2535.04	169.15	9120.80
	CK	18.42	18.64	50.30	80055.67	193.82	3259.23	408.64	83917.36
	比CK±%	69.65	−92.54	−91.53	−92.27	16.32	−22.22	−58.61	−89.13
MS Tennessee 86	LC	25.11	0.98	3.76	5121.02	294.93	3369.24	214.42	8999.61
	CK	24.87	3.80	13.25	12108.81	355.49	2859.36	210.91	15534.57
	比CK±%	0.97	−74.21	−71.66	−57.71	−17.04	17.83	1.66	−42.07
Tennessee 86	LC	26.08	0.64	2.40	4816.12	250.88	4659.69	273.60	10000.29
	CK	27.57	1.37	4.73	12420.20	357.91	4625.53	354.96	17758.60
	比CK±%	−5.40	−53.28	−49.40	−61.22	−29.90	0.74	−22.92	−43.69
LA Burley 21	LC	14.78	0.21	1.40	4073.90	313.71	4591.99	315.10	9294.70
	CK	13.62	0.94	6.46	9937.44	421.23	3865.78	234.81	14459.26
	比CK±%	8.52	−77.66	−78.30	−59.00	−25.53	18.79	34.19	−35.72
Burley 37	LC	34.42	0.83	2.35	7090.64	344.50	6422.22	337.65	14195.01
	CK	35.13	6.86	16.34	41358.74	373.84	5874.54	418.45	48025.57
	比CK±%	−2.02	−87.90	−85.59	−82.86	−7.85	9.32	−19.31	−70.44
MS Kentucky 14	LC	30.28	0.66	2.13	3309.79	212.31	3374.43	182.35	7078.88
	CK	24.24	9.05	27.19	26794.54	189.06	3189.25	235.88	30408.73
	比CK±%	24.92	−92.71	−92.15	−87.65	12.30	5.81	−22.69	−76.72
Kentucky 14	LC	26.39	0.54	2.01	3248.41	221.96	4195.57	211.16	7877.10
	CK	24.40	6.09	19.97	20156.57	322.74	3003.56	194.50	23677.37
	比CK±%	8.16	−91.13	−89.96	−83.88	−31.23	39.69	8.57	−66.73
MS Tennessee 90	LC	25.48	0.86	3.26	4824.25	278.50	3215.79	184.32	8502.86
	CK	27.20	9.22	25.32	8542.89	263.54	2843.21	180.31	11829.95
	比CK±%	−6.32	−90.67	−87.10	−43.53	5.68	13.10	2.22	−28.12
Tennessee 90	LC	28.64	1.07	3.60	5008.96	203.60	2712.05	154.22	8078.83
	CK	30.24	6.63	17.98	7510.78	191.08	2632.31	150.31	10484.48
	比CK±%	−5.29	−83.86	−79.97	−33.31	6.55	3.03	2.60	−22.94
MS Kentucky 8959	LC	26.92	0.94	3.37	3393.76	226.44	2922.31	153.13	6695.64
	CK	30.37	3.31	9.83	5525.92	209.20	3203.29	167.19	9105.60
	比CK±%	−11.36	−71.60	−65.67	−38.58	8.24	−8.77	−8.41	−26.47
Kentucky 8959	LC	26.24	0.91	3.35	4038.00	181.43	4022.96	245.69	8488.08
	CK	28.51	3.35	10.51	5595.20	201.39	2963.85	172.40	8932.84
	比CK±%	−7.96	−72.84	−68.12	−27.83	−9.91	35.73	42.51	−4.98

续表

品种		烟碱/(mg/g)	降烟碱/(mg/g)	转化率/(%)	NNN/(ng/g)	NNK/(ng/g)	NAT/(ng/g)	NAB/(ng/g)	TSNA总量/(ng/g)
MS Virginia 509E	LC	27.38	0.78	2.77	4127.75	208.95	4492.73	217.46	9046.89
	CK	27.05	5.56	17.05	9701.04	298.67	3182.39	145.99	13328.09
	比 CK±%	1.22	−85.97	−83.75	−57.45	−30.04	41.17	48.96	−32.12
Virginia 509E	LC	32.06	0.79	2.40	3219.04	217.07	3917.10	166.10	7519.31
	CK	28.21	3.70	11.60	8731.54	210.90	4026.88	193.62	13162.94
	比 CK±%	13.65	−78.65	−79.26	−63.13	2.93	−2.73	−14.21	−42.88
MS 金水 2 号	LC	26.23	1.71	6.12	7426.99	235.70	3659.41	216.87	11538.97
	CK	18.26	9.53	34.29	16606.12	293.04	2655.25	135.79	19690.20
	比 CK±%	43.65	−82.06	−82.15	−55.28	−19.57	37.82	59.71	−41.40
金水 2 号	LC	27.26	1.43	4.98	5615.61	171.91	1998.99	101.20	7887.71
	CK	25.65	6.31	19.74	7424.68	218.52	2582.22	150.19	10375.61
	比 CK±%	6.28	−77.34	−74.75	−24.37	−21.33	−22.59	−32.62	−23.98

表 5-22　白肋烟部分核心亲本改良前后中部叶烟碱转化率和 TSNA 含量比较

品种		烟碱/(mg/g)	降烟碱/(mg/g)	转化率/(%)	NNN/(ng/g)	NNK/(ng/g)	NAT/(ng/g)	NAB/(ng/g)	TSNA总量/(ng/g)
MS Burley 21	LC	37.39	2.07	5.25	11688.64	194.22	6586.14	372.65	18841.65
	CK	33.84	35.05	50.88	80798.02	148.36	1789.82	170.09	82906.29
	比 CK±%	10.49	−94.09	−89.69	−85.53	30.91	267.98	119.09	−77.27
Burley 21	LC	38.88	1.67	4.12	8649.54	228.18	4535.69	245.26	13658.67
	CK	32.67	22.09	40.34	60665.09	201.34	2727.07	289.80	63883.30
	比 CK±%	19.01	−92.44	−89.79	−85.74	13.33	66.32	−15.37	−78.62
MS Tennessee 86	LC	41.61	1.53	3.55	5828.77	208.27	3382.74	166.35	9586.13
	CK	38.02	5.01	11.64	12579.22	226.90	3573.88	179.95	16559.95
	比 CK±%	9.44	−69.46	−69.54	−53.66	−8.21	−5.35	−7.56	−42.11
Tennessee 86	LC	37.09	0.88	2.32	5421.19	219.42	3914.08	183.30	9737.99
	CK	38.55	2.14	5.26	13676.82	212.29	4069.14	215.41	18173.66
	比 CK±%	−3.79	−58.88	−55.93	−60.36	3.36	−3.81	−14.91	−46.42
LA Burley 21	LC	20.57	0.28	1.34	4316.93	193.02	3352.48	175.99	8038.42
	CK	16.01	1.02	5.99	10968.99	304.92	4159.98	234.68	15668.57
	比 CK±%	28.48	−72.55	−77.58	−60.64	−36.70	−19.41	−25.01	−48.70

续表

品种		烟碱/(mg/g)	降烟碱/(mg/g)	转化率/(%)	NNN/(ng/g)	NNK/(ng/g)	NAT/(ng/g)	NAB/(ng/g)	TSNA总量/(ng/g)
Burley 37	LC	48.26	1.12	2.27	7542.69	380.20	5741.51	285.49	13949.89
	CK	41.25	8.01	16.26	45628.87	376.32	4970.09	303.36	51278.64
	比CK±%	16.99	−86.02	−86.05	−83.47	1.03	15.52	−5.89	−72.80
MS Kentucky 14	LC	43.03	1.07	2.43	4223.68	190.52	3241.45	154.83	7810.48
	CK	42.39	11.20	20.90	34246.88	160.63	3063.47	188.05	37659.03
	比CK±%	1.51	−90.45	−88.39	−87.67	18.61	5.81	−17.67	−79.26
Kentucky 14	LC	44.59	1.01	2.21	5008.86	207.63	4423.75	221.75	9861.99
	CK	38.00	8.21	17.77	25718.13	262.65	3008.62	150.77	29140.17
	比CK±%	17.34	−87.70	−87.53	−80.52	−20.95	47.04	47.08	−66.16
MS Tennessee 90	LC	43.94	1.37	3.02	6735.37	255.30	4817.86	243.30	12051.83
	CK	42.99	12.76	22.89	10125.07	253.07	2890.96	149.67	13418.77
	比CK±%	2.21	−89.26	−86.79	−33.48	0.88	66.65	62.56	−10.19
Tennessee 90	LC	42.84	1.69	3.80	5357.76	207.07	3144.92	146.95	8856.70
	CK	38.79	7.78	16.71	7814.07	197.05	3740.64	181.50	11933.26
	比CK±%	10.44	−78.28	−77.28	−31.43	5.09	−15.93	−19.04	−25.78
MS Kentucky 8959	LC	40.87	1.53	3.61	4505.83	211.31	3427.33	151.79	8296.26
	CK	38.85	3.70	8.70	7294.37	189.84	3427.70	152.79	11064.70
	比CK±%	5.20	−58.65	−58.50	−38.23	11.31	−0.01	−0.65	−25.02
Kentucky 8959	LC	42.66	0.87	2.00	4025.12	188.80	3876.47	161.69	8252.08
	CK	43.67	3.85	8.10	5467.36	172.71	3452.43	170.86	9263.36
	比CK±%	−2.31	−77.40	−75.33	−26.38	9.32	12.28	−5.37	−10.92
MS Virginia 509E	LC	41.80	1.22	2.84	4521.57	167.94	4588.41	194.94	9472.86
	CK	42.59	7.02	14.15	10259.78	295.03	5614.22	252.01	16421.04
	比CK±%	−1.85	−82.62	−79.96	−55.93	−43.08	−18.27	−22.65	−42.31
Virginia 509E	LC	35.45	1.06	2.90	4490.13	201.60	6092.66	295.42	11079.81
	CK	34.64	3.82	9.93	9682.21	188.72	2930.26	133.04	12934.23
	比CK±%	2.34	−72.25	−70.77	−53.62	6.82	107.92	122.05	−14.34
MS金水2号	LC	34.04	2.25	6.20	9565.29	227.68	3691.20	173.77	13657.94
	CK	25.96	12.05	31.70	18543.02	231.14	2775.98	145.22	21695.36
	比CK±%	31.12	−81.33	−80.44	−48.42	−1.50	32.97	19.66	−37.05
金水2号	LC	34.00	1.44	4.06	10989.32	259.36	4312.05	242.76	15803.49
	CK	33.24	7.35	18.11	14624.57	239.75	5031.95	278.26	20174.53
	比CK±%	2.29	−80.41	−77.58	−24.86	8.18	−14.31	−12.76	−21.67

表 5-23　白肋烟部分核心亲本改良前后上部叶烟碱转化率和 TSNA 含量比较

品种		烟碱/(mg/g)	降烟碱/(mg/g)	转化率/(%)	NNN/(ng/g)	NNK/(ng/g)	NAT/(ng/g)	NAB/(ng/g)	TSNA总量/(ng/g)
MS Burley 21	LC	58.85	3.15	5.08	11996.42	173.24	5607.36	301.97	18078.99
	CK	43.54	38.97	47.23	77448.24	135.77	2935.40	234.19	80753.60
	比 CK±%	35.16	−91.92	−89.24	−84.51	27.60	91.03	28.94	−77.61
Burley 21	LC	51.65	2.26	4.19	12320.60	279.77	6544.68	332.80	19477.85
	CK	47.46	32.64	40.75	72790.33	237.25	4112.52	303.68	77443.78
	比 CK±%	8.83	−93.08	−89.71	−83.07	17.92	59.14	9.59	−74.85
MS Tennessee 86	LC	50.85	2.01	3.80	7882.39	330.49	7274.04	353.04	15839.96
	CK	48.27	5.77	10.68	13272.92	258.78	6327.89	306.29	20165.88
	比 CK±%	5.34	−65.16	−64.39	−40.61	27.71	14.95	15.26	−21.45
Tennessee 86	LC	50.44	1.24	2.40	9287.75	279.64	6531.67	297.16	16396.22
	CK	52.69	3.06	5.49	19150.31	283.94	7411.43	350.50	27196.18
	比 CK±%	−4.27	−59.48	−56.29	−51.50	−1.51	−11.87	−15.22	−39.71
LA Burley 21	LC	28.38	0.43	1.49	4551.69	374.83	7105.29	379.03	12410.84
	CK	18.00	1.24	6.44	12630.55	380.38	7020.58	382.58	20414.09
	比 CK±%	57.67	−65.32	−76.84	−63.96	−1.46	1.21	−0.93	−39.20
Burley 37	LC	58.20	1.47	2.46	12237.32	379.26	7844.48	404.22	20865.28
	CK	52.50	10.63	16.84	48051.14	372.02	7795.77	440.52	56659.45
	比 CK±%	10.86	−86.17	−85.37	−74.53	1.95	0.62	−8.24	−63.17
MS Kentucky 14	LC	51.78	1.24	2.34	6443.65	236.69	6824.58	329.06	13833.98
	CK	46.00	12.69	21.62	40881.17	164.29	5532.24	397.46	46975.16
	比 CK±%	12.57	−90.23	−89.18	−84.24	44.07	23.36	−17.21	−70.55
Kentucky 14	LC	54.15	1.41	2.54	6731.21	226.35	8650.69	431.80	16040.05
	CK	45.58	8.95	16.41	28733.60	239.91	3661.08	177.99	32812.58
	比 CK±%	18.80	−84.25	−84.54	−76.57	−5.65	136.29	142.60	−51.12
MS Tennessee 90	LC	57.86	1.89	3.16	7774.63	209.43	6345.30	254.47	14583.83
	CK	50.42	15.53	23.55	10482.33	182.02	5504.67	241.97	16410.99
	比 CK±%	14.76	−87.83	−86.57	−25.83	15.06	15.27	5.17	−11.13
Tennessee 90	LC	61.31	2.45	3.84	7511.25	204.73	5367.19	215.56	13298.73
	CK	53.22	10.09	15.94	9782.29	185.08	4450.58	182.94	14600.89
	比 CK±%	15.20	−75.72	−75.89	−23.22	10.62	20.60	17.83	−8.92
MS Kentucky 8959	LC	54.52	1.80	3.20	6597.72	253.29	5573.13	259.38	12683.52
	CK	60.10	5.00	7.68	8060.42	219.73	4763.93	194.06	13238.14
	比 CK±%	−9.28	−64.00	−58.39	−18.15	15.27	16.99	33.66	−4.19

续表

品种		烟碱/(mg/g)	降烟碱/(mg/g)	转化率/(%)	NNN/(ng/g)	NNK/(ng/g)	NAT/(ng/g)	NAB/(ng/g)	TSNA总量/(ng/g)
Kentucky 8959	LC	63.15	1.24	1.93	4803.22	220.49	8250.35	380.23	13654.29
	CK	64.51	5.22	7.49	6187.75	210.63	5044.46	207.96	11650.80
	比CK±%	−2.11	−76.25	−74.28	−22.38	4.68	63.55	82.84	17.20
MS Virginia 509E	LC	56.19	1.63	2.82	5172.48	211.37	6261.03	266.61	11911.49
	CK	59.40	9.94	14.34	10910.66	250.42	6638.08	281.85	18081.01
	比CK±%	−5.40	−83.60	−80.33	−52.59	−15.59	−5.68	−5.41	−34.12
Virginia 509E	LC	55.18	1.61	2.84	5188.10	247.76	7023.74	292.28	12751.88
	CK	59.49	4.70	7.32	10578.02	288.07	5000.45	212.05	16078.59
	比CK±%	−7.24	−65.74	−61.28	−50.95	−13.99	40.46	37.84	−20.69
MS金水2号	LC	50.77	2.86	5.33	10101.58	214.39	5661.81	213.95	16191.73
	CK	42.78	16.91	28.33	20975.80	295.73	7550.21	389.91	29211.65
	比CK±%	18.68	−83.09	−81.18	−51.84	−27.50	−25.01	−45.13	−44.57
金水2号	LC	52.16	2.23	4.10	11379.44	284.89	5930.76	240.96	17836.05
	CK	50.83	11.39	18.31	15347.39	265.37	5631.83	230.97	21475.56
	比CK±%	2.62	−80.42	−77.61	−25.85	7.36	5.31	4.33	−16.95

表5-24 部分白肋烟核心亲本改良前后农艺性状比较

品种		株高/cm	叶数/片	茎围/cm	腰叶长/cm	腰叶宽/cm
MS Burley 21	LC	141.20	25.25	12.36	79.13	33.04
	CK	143.53	25.50	12.38	79.53	34.52
	比CK±%	−1.62	−0.98	−0.16	−0.50	−4.29
Burley 21	LC	137.33	25.07	11.99	78.28	34.17
	CK	141.07	25.13	12.16	78.67	35.47
	比CK±%	−2.65	−0.24	−1.40	−0.50	−3.67
MS Tennessee 86	LC	138.20	25.60	11.24	74.93	34.00
	CK	139.13	25.93	11.43	74.73	33.80
	比CK±%	−0.67	−1.27	−1.66	0.27	0.59
Tennessee 86	LC	139.07	26.40	11.77	75.53	34.33
	CK	137.40	25.60	11.53	75.27	34.20
	比CK±%	1.22	3.12	2.08	0.35	0.38
LA Burley 21	LC	138.33	25.27	11.68	79.13	34.00
	CK	139.53	24.73	11.77	81.13	34.87
	比CK±%	−0.86	2.18	−0.76	−2.47	−2.49

续表

品种		株高/cm	叶数/片	茎围/cm	腰叶长/cm	腰叶宽/cm
Burley 37	LC	144.13	24.33	11.27	75.20	33.07
	CK	142.40	23.53	10.81	77.27	35.27
	比 CK±%	1.21	3.40	4.26	−2.68	−6.24
MS Kentucky 14	LC	145.07	26.33	11.21	74.67	36.00
	CK	144.20	26.07	11.08	74.47	35.87
	比 CK±%	0.60	1.00	1.17	0.27	0.36
Kentucky 14	LC	133.60	24.93	10.86	72.33	36.27
	CK	132.27	25.67	11.01	72.13	35.93
	比 CK±%	1.01	−2.88	−1.36	0.28	0.95
MS Tennessee 90	LC	147.53	26.33	11.00	73.93	35.00
	CK	147.40	26.33	11.51	76.13	36.93
	比 CK±%	0.09	0.00	−4.43	−2.89	−5.23
Tennessee 90	LC	145.87	26.33	10.67	70.67	32.40
	CK	146.07	26.60	11.13	74.40	34.93
	比 CK±%	−0.14	−1.02	−4.13	−5.01	−7.24
MS Kentucky 8959	LC	142.80	25.33	10.88	74.33	40.20
	CK	142.47	25.67	10.93	75.47	40.20
	比 CK±%	0.23	−1.32	−0.46	−1.51	0.00
Kentucky 8959	LC	140.87	25.00	11.07	74.60	39.27
	CK	141.93	25.73	10.99	75.27	38.87
	比 CK±%	−0.75	−2.84	0.73	−0.89	1.03
MS Virginia 509E	LC	141.27	25.93	10.88	73.60	35.07
	CK	143.93	26.00	10.51	74.27	35.07
	比 CK±%	−1.85	−0.27	3.52	−0.90	0.00
Virginia 509E	LC	143.07	26.27	10.59	73.20	35.13
	CK	140.47	26.13	10.77	73.00	35.87
	比 CK±%	1.85	0.54	−1.67	0.27	−2.06
MS 金水 2 号	LC	141.40	24.40	11.29	72.20	40.73
	CK	142.47	24.53	11.00	74.80	42.60
	比 CK±%	−0.75	−0.53	2.64	−3.48	−4.39
金水 2 号	LC	140.00	24.47	11.51	74.67	41.27
	CK	139.20	24.40	11.36	73.93	42.33
	比 CK±%	0.57	0.29	1.32	1.00	−2.50

（二）白肋烟杂交种的烟碱转化性状改良

对白肋烟杂交种烟碱转化性状的改良其实就是对其父、母本烟碱转化性状的改良。因此，欲改良白肋烟杂交种的烟碱转化性状，首先要对雄性不育系母本及其保持系和父本进行改良，然后用改良后的雄性不育系母本和父本重新配制杂交种，即可获得原杂交种的烟碱转化性状改良品种。通常情况下，可将杂交种的烟碱转化性状改良工作与纯系品种、骨干亲本的烟碱转化性状改良工作结合进行。

1. 雄性不育杂交种亲本的烟碱转化性状改良

1）雄性不育系母本保持系和杂交种父本的烟碱转化性状改良

对于雄性不育系母本保持系和杂交种父本的烟碱转化性状改良与上述烟草纯系品种的烟碱转化性状改良方法相同。

2）雄性不育系母本的烟碱转化性状改良

对于作为杂交种母本的雄性不育系的烟碱转化性状改良，有两种方式。

一是先改良其保持系，再用改良后的保持系与该雄性不育系母本回交多代，进而得到低烟碱转化的雄性不育系母本。在每次回交前都必须进行烟碱转化率检测与选择，且至少连续回交 4 代。

二是将雄性不育系母本的烟碱转化性状改良工作与其保持系的烟碱转化性状改良工作同步进行，即在改良其保持系的过程中，每个选择世代均采集保持系非转化单株的花粉与不育系母本群体中的非转化株杂交授粉。其方法同第四章中雄性不育系的纯化（见图 4-29）。这样连续选择 3 代以上，直至该雄性不育系群体植株完全是非转化株，且除育性外，其他性状与保持系完全一致，方可作为欲改良杂交种的母本使用。李宗平等人采用这种方法，在对部分白肋烟核心亲本进行烟碱转化性状改良的同时，也成功地改良了其雄性不育系的烟碱转化性状（见表 5-21、表 5-22、表 5-23、表 5-24）。

2. 白肋烟杂交种烟碱转化性状改良与效果

李宗平等人利用改良后的低烟碱转化率雄性不育系母本和杂交父本，重新配制杂交种，得到鄂烟 1 号 LC、鄂烟 3 号 LC、鄂烟 4 号 LC、鄂烟 5 号 LC、鄂烟 6 号 LC、鄂烟 209 LC、鄂烟 211 LC 等鄂烟系列烟碱转化改良品种。生物碱测定结果（见表 5-25）表明，改良后的各杂交种的烟碱转化率均大幅度下降，各部位的烟碱转化率均小于 5%。与改良前同一部位烟碱转化率相比，下部叶下降了 73.75%～88.70%；中部叶下降了 74.01%～88.91%；上部叶下降了 73.90%～88.42%。

表 5-25　部分鄂烟系列杂交种改良前后群体烟碱转化率比较

品种		上部			中部			下部		
		烟碱/(mg/g)	降烟碱/(mg/g)	转化率/(%)	烟碱/(mg/g)	降烟碱/(mg/g)	转化率/(%)	烟碱/(mg/g)	降烟碱/(mg/g)	转化率/(%)
鄂烟 1 号(MS Burley 21 LC× Burley 37 LC)	LC	75.30	3.20	4.09	63.44	2.57	3.89	48.13	2.33	4.61
	CK	63.59	18.83	22.84	53.99	14.96	21.71	42.13	14.31	25.33
	比 CK ±%	18.41	−83.01	−82.11	17.65	−82.83	−82.09	14.25	−83.75	−81.81

续表

品种		上部			中部			下部		
		烟碱/(mg/g)	降烟碱/(mg/g)	转化率/(%)	烟碱/(mg/g)	降烟碱/(mg/g)	转化率/(%)	烟碱/(mg/g)	降烟碱/(mg/g)	转化率/(%)
鄂烟3号(MS Tennessee 86 LC×LA Burley 21 LC)	LC	57.93	2.06	3.44	42.90	1.34	3.02	31.92	1.24	3.75
	CK	53.79	8.16	13.17	40.73	5.45	11.79	31.41	5.23	14.29
	比CK±%	7.70	−74.72	−73.90	5.34	−75.42	−74.36	1.60	−76.25	−73.75
鄂烟4号(MS Tennessee 90 LC×Kentucky 14 LC)	LC	66.07	2.56	3.73	61.58	2.11	3.33	51.18	1.76	3.33
	CK	61.56	12.86	17.28	56.36	10.07	15.16	42.72	9.45	18.13
	比CK±%	7.33	−80.12	−78.43	9.26	−79.05	−78.07	19.78	−81.37	−81.62
鄂烟6号(MS金水2号LC×Burley 37 LC)	LC	69.72	2.63	3.67	65.13	2.46	3.65	49.25	2.12	4.14
	CK	68.12	12.41	15.41	61.26	10.02	14.06	43.54	9.57	18.03
	比CK±%	2.36	−78.79	−76.22	6.33	−75.42	−74.01	13.11	−77.80	−77.04
鄂烟209(MS Virginia 509E LC×Burley 37 LC)	LC	78.62	2.90	3.56	62.33	2.16	3.35	51.99	1.96	3.63
	CK	66.34	15.99	19.41	58.39	12.58	17.73	43.74	11.07	20.21
	比CK±%	18.50	−81.87	−81.66	6.74	−82.82	−81.09	18.87	−82.26	−82.02
鄂烟211(MS Burley 21 LC×Kentucky 16 LC)	LC	72.10	2.49	3.32	67.92	2.09	2.98	53.18	1.87	3.41
	CK	65.92	26.53	28.70	59.01	21.64	26.84	45.54	19.66	30.14
	比CK±%	9.37	−90.62	−88.42	15.10	−90.37	−88.91	16.77	−90.49	−88.70

李宗平等人还对改良品种鄂烟1号LC和鄂烟3号LC及其改良前品种进行了3次重复的两两对比田间试验，结果(见表5-26、表5-27)表明，改良后的鄂烟1号LC和鄂烟3号LC均保持了原品种应有的特征特性和生产性能，鄂烟1号LC和鄂烟3号LC的大田生长势、农艺性状典型性与对照无明显差异，烟叶产量、产值、均价和上等烟率等经济性状指标与对照基本相当。取成熟调制后不同部位烟叶进行TSNA含量测定，结果(见表5-28)表明，与改良前相比，鄂烟1号LC三个部位烟叶的NNN含量下降了64.18%～70.23%，TSNA总量下降了53.48%～61.34%；鄂烟3号LC三个部位烟叶的NNN含量下降了71.84%～78.22%，TSNA总量下降了55.98%～69.62%。

表 5-26　对比试验中鄂烟 1 号和鄂烟 3 号改良前后农艺性状比较

品种		株高/cm	叶数/片	茎围/cm	下部叶		中部叶		上部叶	
					长/cm	宽/cm	长/cm	宽/cm	长/cm	宽/cm
鄂烟 1 号	LC	143.60	25.27	11.67	69.60	33.67	76.53	34.60	65.40	32.60
	CK	142.27	25.47	11.64	69.73	34.93	77.00	35.93	65.27	32.33
	比 CK±%	0.94	−0.79	0.23	−0.19	−3.63	−0.61	−3.71	0.20	0.82
鄂烟 3 号	LC	137.73	27.08	11.74	70.40	35.40	77.27	36.33	62.73	31.93
	CK	138.67	27.13	11.64	69.27	34.47	75.80	35.27	62.20	33.07
	比 CK±%	−0.67	−0.18	0.86	1.64	2.71	1.93	3.02	0.86	−3.43

表 5-27　对比试验中鄂烟 1 号和鄂烟 3 号改良前后经济性状比较

品种		亩产量/(kg/亩)	亩产值/(元/亩)	均价/(元/kg)	上等烟/(%)
鄂烟 1 号	LC	131.90	2166.07	16.42	44.92
	CK	137.57	2144.79	15.59	38.93
	比 CK±%	−4.12	0.99	5.33	5.89
鄂烟 3 号	LC	153.63	2477.11	16.12	45.59
	CK	151.71	2434.80	16.05	41.92
	比 CK±%	1.27	1.74	0.47	3.67

表 5-28　对比试验中鄂烟 1 号和鄂烟 3 号改良前后群体 TSNA 含量比较

试验	部位	品种	TSNA 含量/(ng/g)					比 CK±%				
			NNN	NNK	NAT	NAB	总量	NNN	NNK	NAT	NAB	总量
鄂烟 1 号改良前后比较	下部	CK	59103.08	111.11	5331.00	340.53	64885.72					
		LC	17593.74	364.89	6440.02	687.79	25086.44	−70.23	228.40	20.80	101.98	−61.34
	中部	CK	66829.48	142.01	8989.32	477.75	76438.56					
		LC	22620.30	308.08	8302.75	895.55	32126.68	−66.15	116.94	−7.64	87.45	−57.97
	上部	CK	72586.55	76.58	5451.53	403.94	78518.60					
		LC	25999.63	220.75	9620.18	682.60	36523.16	−64.18	188.26	76.47	68.99	−53.48
	平均	CK	66173.04	109.90	6590.62	407.41	73280.96					
		LC	22071.22	297.91	8120.98	755.31	31245.43	−66.65	171.07	23.22	85.39	−57.36

续表

试验	部位	品种	TSNA 含量/(ng/g)					比 CK±%				
			NNN	NNK	NAT	NAB	总量	NNN	NNK	NAT	NAB	总量
鄂烟3号改良前后比较	下部	CK	19533.60	230.29	7664.82	424.98	27853.69					
		LC	5501.00	214.31	6206.05	338.48	12259.84	−71.84	−6.94	−19.03	−20.35	−55.98
	中部	CK	29749.58	155.42	7534.02	507.41	37946.43					
		LC	6480.27	140.76	6595.53	330.10	13546.66	−78.22	−9.43	−12.46	−34.94	−64.30
	上部	CK	28824.91	128.72	7767.28	473.12	37194.03					
		LC	6949.64	65.58	4018.18	267.85	11301.25	−75.89	−49.05	−48.27	−43.39	−69.62
	平均	CK	26036.03	171.48	7655.37	468.50	34331.38					
		LC	6310.30	140.22	5606.59	312.14	12369.25	−75.76	−18.23	−26.76	−33.37	−63.97

综上可见，杂交种改良后的 LC 品系均能够保持改良前的品种典型性和生产性能，与对照无明显差异；降烟碱含量、烟碱转化率、NNN 含量和 TSNA 总量均能得到大幅度下降。可见，针对烟碱转化率性状，对白肋烟雄性不育杂交种进行改良也能取得显著的效果。

参考文献

[1] 安佰义，席景会，杨朔，等. 烟草去甲基尼古丁产生的机理[J]. 植物学通报，2007，24(4)：544-552.

[2] 李超，史宏志，谢子发，等. 白肋烟不同品种生物碱含量株间分布与变异性分析[J]. 西南农业学报，2009，22(2)：281-285.

[3] 李进平，李宗平. 一种烟草品种烟碱转化率性状的提纯方法：CN101536670A[P]. 2009-09-23.

[4] 李进平，李宗平，史宏志，等. 降低鄂烟 1 号烟碱向降烟碱转化的遗传改良研究[J]. 中国烟草学报，2007，13(2)：24-32.

[5] 李宗平. 不同杂交方式对白肋烟烟碱转化率的影响[J]. 中国种业，2017(5)：37-40.

[6] 李宗平，李进平，陈茂胜，等. 白肋烟叶片着生部位与烟碱转化的关系研究[J]. 湖北农业科学，2010，49(12)：3009-3102.

[7] 李宗平，李进平，史宏志，等. 白肋烟生物碱和烟碱转化率的配合力及遗传力的研究[J]. 中国烟草学报，2006，12(6)：23-26.

[8] 李宗平，李进平，王昌军，等. 白花白肋烟与烟碱转化的关系研究[J]. 中国烟草学报，2007，13(6)：30-35.

[9] 李宗平，覃光炯，陈茂胜，等. 不同调制方法对烟草烟碱转化及 TSNA 的影响[J]. 中国生态农业学报，2015，23(10)：1268-1276.

[10] 李宗平，张俊杰，郭宇龙，等. 一种降低烟草烟碱转化率的育种方法：CN104855278A[P]. 2015-08-26.

[11] 史宏志，Bush L P，Krauss M. 烟碱向降烟碱转化对烟叶麦斯明和 TSNA 含量的影响

[J]. 烟草科技,2004(10):27-30.

[12] 史宏志,Bush L P,黄元炯,等. 我国烟草及其制品中烟草特有亚硝胺含量及与前体物的关系[J]. 中国烟草学报,2002,8(1):14-19.

[13] 史宏志,李进平,Bush L P,等. 烟碱转化率与卷烟感官评吸品质和烟气 TSNA 含量的关系[J]. 中国烟草学报,2005,11(2):9-14.

[14] 史宏志,李进平,范艺宽,等. 我国不同类型烟叶烟碱转化株的比例和转化程度分布[J]. 中国烟草学报,2007,13(1):25-30.

[15] 史宏志,李进平,李宗平,等. 遗传改良降低白肋烟杂交种烟碱转化率研究[J]. 中国农业科学,2007(1):153-160.

[16] 史宏志,刘国顺. 白肋烟烟碱转化及烟草特有亚硝胺形成[J]. 中国烟草学报,2008,14(B12):41-46.

[17] 史宏志,于建军,刘国顺,等. 烟草烟碱转化株早期诱导鉴定的有效性研究[J]. 华北农学报,2007,22(3):71-75.

[18] 向修志,李宗平,覃光炯,等. 白肋烟烟碱转化率与 TSNA 含量及烟叶评吸质量的关系[J]. 湖南农业科学,2016(6):77-81.

[19] 张俊杰,林国平,王毅,等. 白肋烟低 TSNA 含量的品种筛选初探[J]. 中国烟草学报,2009,15(3):54-57.

[20] 赵晓丹,史宏志,杨兴有,等.白肋烟不同程度烟碱转化株后代烟碱转化率株间变异研究[J]. 中国烟草学报,2012,18(1):29-34.

[21] 赵永利,史宏志,杨兴有,等. 白肋烟烟碱转化率与生物碱含量及新烟草碱/降烟碱值的关系[J]. 河南农业大学学报,2009,43(2):135-138.

第六章　白肋烟种子生产新技术

烟草种子生产是烟草品种服务于烟叶生产的重要保障。随着农村经济的发展和农民收入的提高，农村劳动力急剧减少，土地租赁费及其他相关费用不断上涨，生产成本越来越高。同时，烟草杂交授粉受天气的影响大，授粉效率低，种子产量和质量往往不稳定。因此，需要不断创新白肋烟种子生产技术，在保证种子质量的前提下，提高种子产量，降低种子生产成本。这是白肋烟品种繁育、制种的关键。

第一节　烟草种子生产的生物学基础

烟草属于自花授粉作物，花器大，花杈多，花期长，花粉存活时间较长，种子籽粒很小，繁殖系数大，便于人工从容配制不同的杂交组合，且品种间的人工杂交成功率高，种子的储藏运输也较方便。同其他大多数作物一样，烟草的生育期分为营养生长期和生殖生长期。根据环境条件对生长发育的影响，营养生长期可再分为基本营养生长期和可变营养生长期。在基本营养生长期，地上部的生长锥只进行营养器官(茎、叶)的分化，即使在适宜于花芽分化的条件下，生长锥也不转向花芽分化。可变营养生长期则不同，低温和短日照可促使它较快地从营养生长向生殖生长转化，即生长锥逐渐转向花芽分化。烟草只有在基本营养生长期完成之后才能进入生殖生长阶段。

一、花序分化和形成

烟草的花序是有限的，为复聚伞花序。普通烟草在营养生长阶段，烟草的主茎由顶芽发展延伸形成，主茎与叶之间生有腋芽(axillary bud)，腋芽的外侧与叶之间有副芽。一般来说，烟草所有的腋芽和副芽都可以萌发成分枝并能开花结果。由于烟草顶端有明显的生长优势，因此在营养生长期，腋芽和副芽都不萌动。当烟株转入生殖生长阶段，顶芽发育成第1朵花时，腋芽和副芽也萌动变成了花枝，2个或3个花枝与第1朵花分布在一个水平面上，呈三角形向各个方向发展。具体的表现是：主茎顶端先开第1朵花，在第1朵花附近由腋芽和副芽发育出2～3个花枝，由于腋芽变成的花枝发展较快，因此顶端开出第2朵花；副芽发育稍慢，其顶端相继开出第3朵花。以后每个花枝遵照上述规律，顶芽形成二级花，腋芽和副芽形成二级花枝，花枝顶芽又分化成花。如此循环分化，花愈开愈多，花序愈来愈复杂，同时主茎顶端也愈来愈展开，终于成为一个圆锥形的花丛。

烟草植株的顶芽分化成花及花枝以后，顶芽下方的腋芽也自上而下逐个分化成为花枝。

每个花枝都按上述方式发展成为复聚伞花序。

二、花器形态和构造

烟草的一个花朵内同时具有雄蕊和雌蕊，因此烟草花属于两性完全花。每朵花由花萼、花冠、雄蕊、雌蕊以及花托和花柄构成(见图 6-1 和图 6-2)。

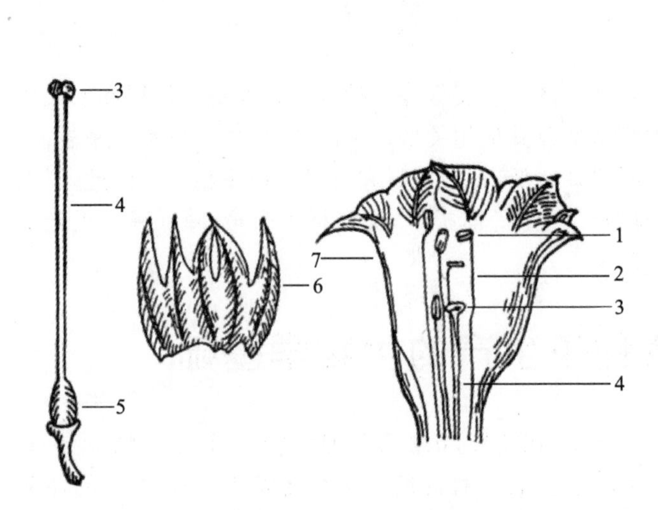

图 6-1　普通烟草花的构造

1—花药；2—花丝；3—柱头；4—花柱；
5—子房；6—花萼；7—花冠

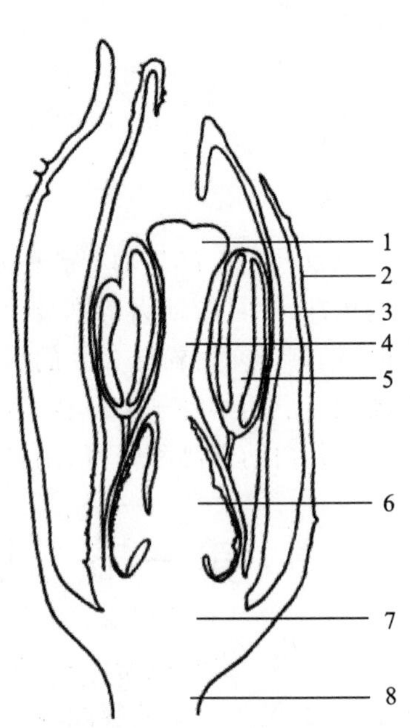

图 6-2　普通烟草花的纵剖面

1—柱头；2—花萼；3—花冠；4—花柱；
5—花药；6—子房；7—花托；8—花柄

(一) 花萼和花冠

烟草花萼由 5 个萼片愈合组成，钟状，包于花冠基部。花萼宿存，花期时为绿色，果实期时为黄褐色，上下表皮都有浓密的表皮毛。花冠由 5 个花瓣构成管状，开花时先端展开成喇叭状。花瓣在未开花时呈乳黄色，随着花的生长，普通烟草花瓣先端的颜色逐渐变成淡红色。普通烟草的管状花冠细而长，一般有 5～6 cm。花萼和花瓣相间排列。

(二) 雄蕊和雌蕊

普通烟草花的雄蕊有 5 枚，与花瓣相间，花丝 4 长 1 短，顶端连在由 2 个花粉囊组成的花药的背部，基部着生在管状花冠的内壁上。花药短而粗，肾形。幼小的雄蕊有一室，随着雄蕊的生长，每个药囊中央的横隔消失，药室隔成前后两个花粉囊。具有 4 个花粉囊的花药，成熟时前后 2 个花粉囊之间的分隔退化消失，花粉囊两两连成一室，最后花药由唇细胞向内作缝状裂开。

雌蕊由柱头、花柱和子房三部分组成，形似一个长颈的细口瓶。子房由 2 个心皮组成，膨大成底部宽而上端略尖的圆锥体，子房基部周围有一圈膨大的蜜腺。子房上位，中轴胎座，2 房 2 室，每室生有众多的胚珠，这些胚珠受精后即发育成种子。子房顶部有一细长的花柱。花柱的先端是膨大的柱头，在中央线上以一沟分成两瓣。柱头表皮着生一层表皮毛，能分泌黏液，因此是湿型柱头。

三、开花习性

普通烟草从大田移栽到现蕾一般需要50～60 d，从现蕾到开花需8～10 d。整个花序进入盛花期是在中心花开放后的5～10 d，盛花期持续8～15 d，盛花期后开花强度逐渐减弱，直到花朵全部开完。每个花序从中心花开放时起，到所有花朵全部开完，需要25～35 d，而每一朵花从花冠张开到种子成熟，需要28～35 d。由于品种和栽培环境的不同，现蕾期和开花持续期可能稍长或稍短。人为打顶可以促进更多杈花枝的形成，从而延长烟株的开花持续时间。

整个花序的开放顺序，品种之间虽不完全相同，但总趋势大致相似。茎顶端中心花首先开放，各个主花茎基部的第1朵花接着开放。直接长在主花茎上的那些花朵，是基部的花先开，顺序地往顶端延伸。次生花茎基部的第1朵花和第2朵花，一般与直接长在主花茎上的，但着生部位都在它们之上的那些花同时开放。次生花茎顶端的花朵最晚开放。

普通烟草的花在昼夜的不同时间内，开放强度的差异很大。白天开放的花数占当日开放总数的75%～80%，晚间开放的花数仅占当日开花总数的20%～25%。就是说，普通烟草不分昼夜都在开花。白天开花最多的时间是8:00—16:00；晚间开花的时间集中在18:00—20:00和拂晓4:00—5:00。温度和湿度，对烟草的开花有着规律性的影响。一般地说，晴天开花较多，阴天或下雨天则开花较少。另外，如果前一天的温度较高和湿度较小，后一天开放的花数就会多些；如果前一天温度较低和湿度较大，后一天开放的花数就有所减少。因此，灌水次日的开花数也比较少，这是因为灌水降低了田间的温度，提高了田间的湿度。

烟草的雄雌蕊一般同时成熟，花药一般是在花开之前或正当开花的时间散粉，此时柱头和花药的位置相当，有利于实现自交。由于品种不同和环境的影响，也会发生一定的天然杂交，其异交率一般在4%左右，传粉方式主要是通过虫传和风传。因此，烟草的自交留种和杂交制种必须在隔离条件下进行。

四、胚胎发育

（一）花粉粒的形态结构

烟草的花粉呈淡黄色，圆形或近四面体圆形，直径为25～40 μm，上有4个圆形的发芽孔。花粉粒的壁表面平滑。花粉粒内含透明的细胞质。营养核较大，呈圆球形，直径为7～8 μm。生殖核较小，呈椭圆形。每株烟正常开花数量约500朵，每朵花生成花粉粒数量为2.0×10^5～3.4×10^5粒，每克花粉含花粉粒数为1.20×10^8～1.63×10^8粒。烟草花粉的生活时间较长，便于储藏运输。据刘仁祥等报道，烟草花粉常温常湿保存4 d或常温干燥保存15 d仍有很强的活力，常温干燥储存1年仍有一定的活力。另据孙光玲等报道，室内自然温湿条件下，培养皿中存放的花粉12 d后即完全丧失了活力；而同是室温条件，存放在干燥器中的花粉几乎可保持1个月的寿命。冷冻干燥条件下储藏的花粉，寿命可长达1年半以上。

（二）胚珠及胚囊的形态结构

烟草的胚珠很小，倒生在中轴胎座上，具有两层珠被。幼年胚珠的中央部分是一个大型小孢子母细胞，经过减数分裂后成为四个大孢子，靠近珠孔的三个较小，后来退化消失，只有靠里的一个较大的大孢子继续发育。成熟的胚囊是由大孢子（即胚囊母细胞）发育而成的，整体呈梨形，含有一个卵细胞、两个幼细胞、两个极核和三个反足细胞。

（三）授粉、受精和胚胎发育

在花朵始开期进行授粉后，经过 41～45 h，花粉管进入胚珠，到达珠心。花粉管到达胚囊后，管端开裂，放出两个精子，与卵细胞及极核进行双受精。双受精完成后，助细胞与反足细胞很快就退化消失，极核移向胚囊的另一端，开始分裂，形成胚乳。受精后的卵细胞经过约 1 h 的休止，开始分裂，最初两次是横分裂，形成直线排列的四个细胞。这时叫作直列四细胞原胚期。由末端细胞分裂而来的两个细胞，经过两次纵分裂，这两次的分裂面相交成直角，达到了“八细胞胚期”。由基细胞横分裂而来的两个细胞，各经过一次横分裂，形成一串直列的四个细胞，此时一共有六层细胞：近珠孔处由基细胞分裂而来的三个直列细胞（第一、二、三层细胞）形成了不发达的胚柄；第四层的一个细胞参加胚体的组成，以后形成胚根端；由末端细胞分裂而来的第五层的四个细胞进一步发展成胚根的基部和胚轴；最后第六层的四个细胞，进一步发展成子叶。此时约在授粉 50 h 以后。

五、果实和种子

烟草蒴果呈长卵圆形，上端稍尖，略近圆锥形，成熟时沿愈合线及腹缝线裂开。花萼包被在果实外方，与果实等长或略短。果皮甚薄，革质，相当坚韧。幼嫩时果皮细胞内含叶绿体，可进行光合作用。果实成熟时，果皮外部干枯成膜质，胚座也干枯，种子由裂缝外出。

烟草的种子很小，形态不一，有椭圆形、卵圆形、近圆形和肾形等，表面都具有凹凸不平的波状花纹，萌发孔也都不明显。与大多数农作物种子一样，烟草种子也由种皮、胚乳和胚三部分组成。

烟草蒴果大、籽粒小，一个单株最多可有 700 多个蒴果，一个蒴果平均籽粒数为 2000～4000 粒。普通烟草种子待果皮颜色呈黄白色、果尖呈褐色，而种子呈褐色时即可采收，但有些烟草种质如一些野生种和原始栽培种，蒴果成熟后容易裂果。因此，只要种子呈褐色，而不管果皮颜色如何，都要及时采收，以获得足够的种子量。

第二节　白肋烟杂交种种子生产新技术

烟草杂交种包括有性杂交种和雄性不育杂交种。有性杂交种一般用于杂交育种和优势杂交组合筛选，所需种子量不多，但在配制杂交种时需要对母本去雄。而雄性不育杂交种主要供给大田生产使用，需种量大，但不需要对母本去雄。至于雄性不育纯系品种或雄性不育系，也主要是供给大田生产使用或用来配制雄性不育杂交种，其种子繁育方法与雄性不育杂交种相同。

一、有性杂交技术

烟草有性杂交技术的主要环节有：选择具有该品种典型特征特性的健壮无病母本和父本植株；采用适当的去雄和授粉方法；严格进行套袋隔离；做好杂交后的母株管理工作。其具体步骤如下：

（一）选择母本植株和花朵

根据杂交组合，在母本品种小区内挑选具有该品种典型性状、生长正常、健壮无病的个体做母株，不要选择花期过早或过迟以及混杂个体作母株。用作杂交的母株花朵，以花冠未开口、顶端微显红色、花药尚未开裂的花朵为好。严禁用花冠已开放或花冠虽未开放，但花药已开裂散粉的花朵作母花，因为这样的花朵很可能已经自花授粉。母花选好后，应进行必要的整枝，将母株上的其余花朵、花蕾和青果全部剪去，并喷洒防治烟青虫的农药。一般一株母株留花10～15朵即可。

（二）母本去雄

母花选好后要及时去雄。去雄时，先从上向下轻轻将花冠撕裂，再用镊子将五个雄蕊花药全部摘除。去雄时，如发现已经开裂散粉的花药，应随时将该朵花剪掉。若手指、剪刀或镊子等沾上花粉，应马上用酒精棉球擦掉，以免传播花粉，造成自交。

（三）选择父本植株和采集花粉

父本植株的选择同母本一样严格。应在父本品种小区内挑选具有本品种典型性状、生长正常、无病、正在扬花的个体做父株。由于有性杂交要求的种子量往往不大，因而通常是边去雄边采粉边杂交。所以，一般选用花冠转红色、即将开放但花药暂未开裂的花朵，作为父本花。采集花朵，放入纸袋中，随用随取。

（四）杂交授粉

烟株一般比较高大，杂交授粉时可先用花枝钩（见图6-3）钩住母本烟株的花序下端茎部，拉至授粉者胸前，并固定。授粉前，必须先用酒精棉球将手指、剪刀、镊子或其他授粉工具消毒。授粉时，用类似铅笔头的授粉针（见图6-3）尖端从父本花的花粉囊裂缝处挑取花粉，涂抹在母本花朵柱头中央的沟中即可。除雨天外，其他任何时间均可采用该方法进行授粉。

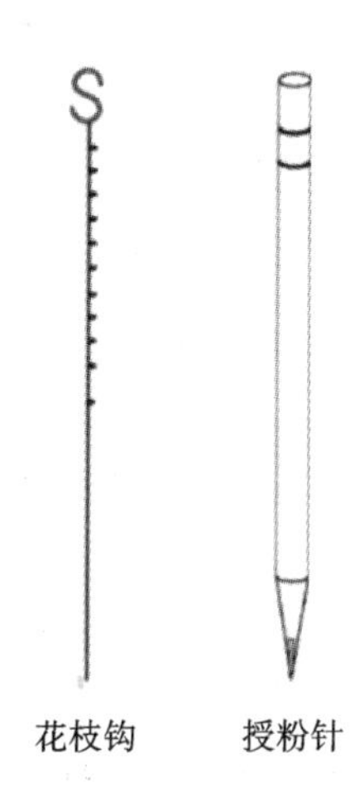

图6-3　烟草杂交授粉用授粉针和花枝钩

（五）套袋隔离，挂牌标记

杂交结束后，应随即套上规格大小适宜的尼龙网袋并封口，然后挂上小纸牌，用铅笔在牌上写明杂交组合、授粉日期、花朵数，并登记在记载本上备查。每做完一个杂交组合，所用过的工具都要用酒精擦洗干净，并用酒精棉球擦手，以防将这个组合的花粉带到下一组合。如果一个花序上分别杂交数个组合，应将小纸牌分别拴在杂交花朵的旁边，以免混淆，然后将整个花序轻轻套一个大尼龙网袋并封口。

（六）定期检查，适时收种

授粉后 7 d 左右，应将尼龙网袋摘掉，剪去新生的花枝和花蕾，再喷洒一次农药，防治烟青虫。摘袋后 7 d 左右再检查是否有新生的花枝和花蕾并喷药。授粉后 25～30 d，杂交的蒴果由绿色变为黄白色，而果尖呈褐色，划破果皮可见种子呈黄褐色时，即可收种。收种时，按不同杂交组合单收晒干或阴干，分别脱粒，装袋保存。装袋时，应将母株上挂的小纸牌一起装入袋中，并根据纸牌上的标记，将组合名称、杂交时间、杂交地点和收种时间等内容认真填写在种子袋正面，以防差错和混杂。

二、雄性不育杂交种制种技术

（一）制种地块的选择

烟草制种田通常要求地势平坦、肥力中等或偏上、无重茬、无病害发生、排灌方便。为了防止不同烟草品种间的生物学混杂，不同品种制种田（包括母本和父本）必须设置 800～1000 m 的隔离区或利用自然山峦隔离。据李宗平等人研究，采用隔离大棚种植可免除对自然隔离带的要求，并能有效地防止蚜虫传播病毒病。但采用隔离大棚种植，土壤施氮量应比露天栽培减少 30%、氮磷钾配比应调至 1∶3∶2，以防止烟株因营养过剩导致的植株徒长、生殖生长延迟等现象。

（二）父、母本播栽期的确定

烟叶生产的关键时期是烟叶成熟期，而白肋烟种子生产的关键时期是现蕾期至蒴果成熟期。据李宗平等人（2013 年）的研究结果，此期的温度、光照和降雨量是否适宜，直接影响白肋烟种子产量和质量的高低（见表 6-1）。因此，白肋烟杂交制种父、母本的播栽期应根据制种区域的常年气候表现情况而定，以使花期和蒴果成熟期避开当地降雨高峰期而温光条件又能满足烟株生长发育和蒴果成熟为宜。一般情况下，父本宜比母本早栽 15～20 d，这就需要父本要早于母本 15～20 d 育苗。

（三）制种田施肥

以烟草种子生产为目的的烟株，对营养条件的要求比以烟叶生产为目的的烟株更为苛刻，营养条件既要满足烟株前期营养生长的需要，又要满足后期开花、结果等生殖生长的需要。白肋烟种子生产田通常施纯氮 15 kg/亩（即施纯氮 15 kg/667 m^2），磷肥与钾肥按 N∶P_2O_5∶K_2O=1∶2∶2 准备，50%作基肥，50%作追肥。但是，在白肋烟杂交种制种上，为了提高产量，往往需要多留杈花枝，这就必然需要大幅增加施肥总量，提高追肥和坐果肥的比例。

李宗平等人（2012 年）以鄂烟 6 号母本 MS 金水 2 号和鄂烟 209 母本 MS Virginia 509E 为材料，采用裂区设计，以施氮量为主处理、氮磷钾配比为副处理，分析比较了不同施氮量及氮磷钾配比对白肋烟杂交种种子质量、产量和生产成本的影响。结果（见表 6-2、表 6-3）表明，施氮量对烟草种子产量和单果种子粒数有极显著或显著影响，而对种子千粒重的影响较小。种子产量随着施氮量的增加而显著提高，单果种子粒数也有随施肥量的增加而增加的趋势，但施氮量由 16 kg/亩增加到 18 kg/亩以后，单果种子粒数的增幅开始变缓，而种子千

表 6-1　温光条件与烟草种子产质量指标之间的回归方程

产质量指标	年日照量/h	12～22 ℃积温	气温/℃			降雨量/mm		
			7 月	8 月	9 月	7 月	8 月	9 月
产量/(kg·hm^{-2})	$y=0.0462x-53.68$ $r=0.8498^*$	$y=0.0058x-9.04$ $r=0.8193^*$	$y=1.84x-38.55$ $r=0.7143^*$	$y=2.01x-42.37$ $r=0.7578^*$	$y=1.74x-28.05$ $r=0.7305^*$	$y=-0.13x+32.38$ $r=-0.7983^*$	$y=-0.12x+22.97$ $r=-0.8650^*$	$y=-0.17x+34.14$ $r=-0.9144^*$
出籽率/(%)	$y=0.0338x-35.51$ $r=0.9515^*$	$y=0.0034x-0.60$ $r=0.7115^*$	$y=0.1x-16.03$ $r=0.5802^*$	$y=1.11x-18.46$ $r=0.5508^*$	$y=0.88x-9.09$ $r=0.5540^*$	$y=-0.06x+20.45$ $r=-0.5605^*$	$y=-0.06x+16.49$ $r=-0.6365^*$	$y=-0.09x+22.86$ $r=-0.7247^*$
种子千粒重/mg	$y=0.0274x+45.29$ $r=0.6806^*$	$y=0.0059x+65.19$ $r=0.8852^*$	$y=1.96x+32.87$ $r=0.8152^*$	$y=1.86x+36.01$ $r=0.8174^*$	$y=1.83x+44.36$ $r=0.8029^*$	$y=-0.07x+93.78$ $r=-0.7782^*$	$y=-0.05x+87.71$ $r=-0.8698^*$	$y=-0.11x+99.21$ $r=-0.8161^*$
发芽率/(%)	$y=0.0194x+65.06$ $r=0.3718$	$y=0.0033x+80.54$ $r=0.4108$	$y=1.23x+59.27$ $r=0.4219$	$y=0.92x+67.21$ $r=0.3191$	$y=1.08x+67.80$ $r=0.3849$	$y=0.02x+85.75$ $r=0.1538$	$y=0.04x+84.57$ $r=0.3306$	$y=-0.003x+90.96$ $r=-0.0179$

注：r 表示相关系数；* 表示 5%差异显著水平。

粒重在不同施氮量处理间无显著差异。分析结果(见表 6-3)还显示,氮磷钾配比对种子产量、单果种子粒数和种子千粒重均有极显著的影响。在相同施氮量的前提下,增施磷、钾肥可以显著或极显著地提高种子产量、单果种子粒数和种子千粒重,其中磷肥的作用大于钾肥,但在高氮量水平下,增施磷、钾肥的效果有限。以 MS 金水 2 号为例,种子产量以施氮量 19 kg/亩、氮磷钾配比为 1∶3∶3 的组合最高,其次是施氮量 19 kg/亩、氮磷钾配比为 1∶3∶2的组合,而施氮量 15 kg/亩、氮磷钾配比为 1∶2∶2 组合的种子产量最低。施肥总量的增加和氮磷钾比例的提高,必然导致生产成本上升,因此,他们还依据 MS 金水 2 号的试验数据对各种处理组合烟草种子的生产成本进行了分析。结果(见表 6-4)表明,在相同氮磷钾配比的条件下,随着施氮量的增加,每亩种子的生产成本也相应地增加,最高施氮量比最低施氮量每亩种子生产成本平均增加 153.97 元千克;在相同施氮量的条件下,增加磷用量则每亩种子生产成本平均增加 77.25 元,增加钾用量则每亩种子生产成本平均增加 132.08 元,同时增加磷、钾肥则每亩种子生产成本平均增加 209.33 元,而每千克种子生产成本也呈上升趋势。由上可见,提高氮磷钾比例导致的种子生产成本增加额大于提高施氮量。

表 6-2 施氮量及施肥比例对 MS 金水 2 号和 MS Virginia 509E 制种产量的影响

MS 金水 2 号				MS Virginia 509E			
主处理施氮量/(kg/亩)	副处理氮∶磷∶钾	产量/(kg/亩)	产量均值/(kg/亩)	主处理施氮量/(kg/亩)	副处理氮∶磷∶钾	产量/(kg/亩)	产量均值/(kg/亩)
15	1∶2∶2	12.12 e D	13.36 c C	14	1∶2∶2	13.60 d C	14.75 b B
	1∶3∶2	13.36 cd CD			1∶3∶2	15.01 c B	
	1∶3∶3	14.59 bc BC			1∶3∶3	15.64 bc B	
17.5	1∶2∶2	14.63 bc BC	15.35 b B	16	1∶2∶2	14.90 c BC	15.48 b B
	1∶3∶2	15.43 ab AB			1∶3∶2	15.72 bc B	
	1∶3∶3	16.00 a AB			1∶3∶3	15.83 bc B	
19	1∶2∶2	16.27 a AB	16.48 a A	18	1∶2∶2	16.21 b AB	17.13 a A
	1∶3∶2	16.57 a A			1∶3∶2	17.46 a A	
	1∶3∶3	16.59 a A			1∶3∶3	17.71 a A	

注:表中数据后大写字母表示 1%差异显著水平,小写字母表示 5%差异显著水平。

表 6-3 施氮量及施肥比例对 MS Virginia 509E 制种单果种子粒数和种子千粒重的影响

处理		单果种子粒数			种子千粒重		
		均值/粒	差异显著水平		均值/mg	差异显著水平	
			5%	1%		5%	1%
施氮量/(kg/亩)	14	2318.2	b	A	83.99	a	A
	16	2454.3	a	A	84.19	a	A
	18	2466.3	a	A	84.51	a	A

续表

处理		单果种子粒数			种子千粒重		
		均值/粒	差异显著水平		均值/mg	差异显著水平	
			5%	1%		5%	1%
氮：磷：钾	1：2：2	2351.8	b	B	81.90	c	C
	1：3：2	2434.3	a	AB	84.36	b	B
	1：3：3	2452.8	a	A	86.42	a	A

表 6-4　施氮量及施肥比例对 MS 金水 2 号制种生产成本的影响

主处理 亩施氮量/(kg/亩)	副处理 氮：磷：钾	亩成本 /(元/亩)	种子成本 /(元/kg)
15	1：2：2	556.06	45.88
	1：3：2	637.12	47.69
	1：3：3	737.12	50.52
17.5	1：2：2	642.35	43.91
	1：3：2	743.31	48.17
	1：3：3	859.98	53.75
19	1：2：2	704.40	43.29
	1：3：2	754.13	45.51
	1：3：3	933.70	56.28

李宗平等人(2014 年)还以鄂烟 1 号母本 MS Burley 21 为材料，在扩序增花(由 1 个主花序变 3 个杈花序)的条件下，开展了施氮量、氮磷钾肥料配比以及基肥、追肥和坐果肥的施用比例 3 个单因素多次重复试验。结果(见表 6-5)表明，增加施氮量能显著或极显著地提高种子的产量和种子千粒重，但当施氮量达到 22 kg/亩时，由于烟株前中期营养生长过于旺盛，开花期延迟，黑头、落蕾现象突出，蒴果增大不明显，因此产量增幅变缓，种子千粒重反而比施氮量为 20 kg/亩时略有降低，但差异不显著。单独增施磷肥或单独增施钾肥或同时增施磷肥和钾肥，均能显著或极显著地提高种子产量和种子千粒重，其中磷肥效果大于钾肥，这与磷肥利于蒴果增大增重有关。总体上看，在扩序增花的条件下，种子产量和种子千粒重均以氮磷钾比例为 1：4：2 和 1：4：3 处理较高，其次是氮磷钾比例为 1：3：2 和 1：3：3 处理，而氮磷钾比例为 1：2：2 和 1：2：3 处理的种子产量和种子千粒重较低。基肥、追肥和坐果肥的施用比例对烟草种子产量和种子千粒重也有极显著的影响。在扩序增花的条件下，无论施用坐果肥还是无坐果肥，烟草种子产量和种子千粒重均随着基肥比例的减少和追肥比例的相应增加而明显提高；完全不施坐果肥的处理由于其蒴果相对较小较轻，因而种子产量和种子千粒重均低于施用坐果肥的处理。总体上看，种子产量和种子千粒重均以基肥 25%、追肥 50%、坐果肥 25%处理最高，其次是基肥 25%、追肥 75%、无坐果肥

处理，而基肥50%、追肥50%、无坐果肥处理的种子产量和千粒重最低。施氮量、氮磷钾配比以及肥料施用比例对白肋烟杂交种的种子发芽势和发芽率的影响不大，处理间差异不显著。

表6-5 施氮量、氮磷钾比例和基追果肥比例对MS Burley 21制种产、质量的影响

处理		产量			种子千粒重			发芽势			发芽率		
		均值/(kg/亩)	差异显著水平		均值/mg	差异显著水平		均值/(%)	差异显著水平		均值/(%)	差异显著水平	
			5%	1%		5%	1%		5%	1%		5%	1%
施氮量/(kg/亩)	15	19.17	c	B	81.32	c	C	90.52	a	A	95.99	a	A
	18	26.39	b	A	83.22	b	B	91.22	a	A	96.50	a	A
	20	26.82	ab	A	83.46	a	A	91.44	a	A	96.82	a	A
	22	26.98	a	A	83.44	a	AB	91.34	a	A	96.28	a	A
氮：磷：钾	1：2：2	25.02	c	C	82.60	c	A	89.56	a	A	99.81	a	A
	1：3：2	29.17	b	B	86.20	b	A	92.27	a	A	98.03	a	A
	1：4：2	32.51	a	A	87.30	ab	A	90.36	a	A	97.76	a	A
	1：2：3	26.84	c	BC	83.80	c	A	90.01	a	A	98.24	a	A
	1：3：3	30.57	b	AB	87.90	ab	A	91.46	a	A	97.98	a	A
	1：4：3	33.61	a	A	88.40	a	A	92.35	a	A	98.58	a	A
基：追：果	50：25：25	24.04	d	D	85.10	bc	B	86.95	a	A	96.81	a	A
	33：33：33	27.61	bc	BC	86.50	ab	AB	89.58	a	A	95.08	a	A
	25：50：25	34.75	a	A	87.80	a	A	87.73	a	A	94.82	a	A
	50：50：0	20.89	e	E	85.00	c	BC	87.39	a	A	95.29	a	A
	33：67：0	25.87	c	BC	86.30	ab	AB	88.80	a	A	95.03	a	A
	25：75：0	29.35	b	B	87.40	a	A	89.66	a	A	95.62	a	A

综上可见，增加施氮量能显著或极显著地提高种子的单果种子粒数和种子产量，降低每千克种子的生产成本；增加磷、钾肥配比尤其是增加磷肥配比对种子的单果种子粒数、种子产量及种子千粒重也有利，但每千克种子的生产成本也增加，尤其是钾肥成本大于磷肥；适当下调基肥比例而上调追肥比例并增施坐果肥也能显著或极显著地提高种子产量和种子千粒重。综合考虑认为，在白肋烟杂交种的种子生产中，以施纯氮18～20 kg/亩、氮磷钾比例以1：(3～4)：2为宜；基肥只要满足烟株打顶早期生产发育的基本要求即可，侧重提高追肥和坐果肥的比例，既可以有效防治因施肥总量的增加而引起的烟株早期营养过旺，又可以促进腋芽生长发育，充分满足花枝的需要，最佳基肥、追肥和坐果肥比例为25%：50%：25%。其中，基肥于移栽前15～20 d条施，追肥于移栽后30～35 d穴施，坐果肥于初花期以后视烟株长势于烟株一侧多次开穴稀施(在本章介绍的种子生产技术中，一般于抹芽留杈工序完成后10～15 d，且杈花枝中心花开放后再稀施坐果肥，坐果肥需要用水稀释至浓度为

3%～5%)。上述施肥模式能够显著提高种子产质量,而种子生产成本较低。

(四)制种田栽植模式

白肋烟杂交种种子生产通常采用单行高垄覆膜,行株距为 1.2 m×0.6 m,父本和母本烟株比例为 1∶3。但这种栽植模式的种子产量较低,父本种植面积大,种子生产成本高。利用本章所阐述的白肋烟杂交种种子生产新技术,父本和母本烟株比例仅需 1∶8 即可。

李宗平等人(2012 年)以鄂烟 209 母本 MS Virginia 509E 为材料,采用裂区设计,以覆膜方式为主处理,栽培规格为副处理,分析比较了栽培处理方式对白肋烟杂交种产质量的影响。结果(见表 6-6)表明,同条件下,双行栽培的平均单果种子粒数略高于单行栽培,平均亩产量显著高于单行栽培,平均种子千粒重略低于单行栽培。低垄覆膜的平均单果种子粒数低于平地覆膜,在双行栽培模式下差异达显著水平;低垄覆膜的平均种子千粒重也低于平地覆膜,但差异不显著;低垄覆膜的平均亩产量高于平地覆膜,在单行栽培模式下差异达显著水平,在双行栽培模式下差异达极显著水平。单果种子粒数在单行栽培模式下栽植密度最高的处理(1 m×0.5 m)和栽植密度最低的处理(1.2 m×0.6 m)显著高于另外 2 个栽植密度处理,在双行栽培模式下不同栽植密度的差异不显著。种子千粒重在单行栽培模式下不同栽植密度的差异不显著,而在双行栽培模式下栽植密度最低的处理(1.2 m×0.8 m×0.5 m)显著或极显著高于其他 3 个栽植密度处理。但种子亩产量在单行栽培模式下随着栽植密度的减小而降低,最高栽植密度处理(1 m×0.5 m)与最低栽植密度处理(1.2 m×0.6 m)间差异达显著水平,在双行栽培模式下则是栽植密度居中的 2 个处理(1.2 m×0.6 m×0.6 m 和 1 m×0.8 m×0.5 m)较高,显著或极显著地高于最低栽植密度处理和最高栽植密度处理;在双行栽培模式下,大行距同为 1.2 m 时,栽植密度处理为 1.2 m×0.6 m×0.6 m 的种子亩产量极显著高于栽植密度处理为 1. 2 m×0.8 m×0.5 m 的种子亩产量,说明适当增加行间距、缩小株距,有利于种子亩产量的提高。综上分析认为,在白肋烟杂交种的种子生产中,母本采用双行、低垄覆膜、栽植规格为 1.2 m×0.6 m×0.6 m 或 1 m×0.8 m×0.5 m 时,有利于种子产质量的提高。父本烟株仍可采用单行栽培,行距为 1.0～1.1 m,株距为 0.45～0.5 m。

表 6-6 单、双行栽培条件下不同覆膜方式和栽植规格对杂交制种种子产质量的影响

栽培模式	处理		单果种子粒数			种子千粒重			亩产量		
			均值/粒	差异显著水平		均值/mg	差异显著水平		均值/kg	差异显著水平	
				5%	1%		5%	1%		5%	1%
单行栽培	覆膜方式	低垄覆膜	1968.92	a	A	82.11	a	A	14.73	a	A
		平地覆膜	2220.25	a	A	82.93	a	A	11.82	b	A
	行距×株距	1 m×0.5 m	2312.83	a	A	82.05	a	A	14.52	a	A
		1.2 m×0.5 m	1920.67	b	C	83.13	a	A	13.12	ab	A
		1 m×0.6 m	1960.67	b	BC	82.46	a	A	12.92	b	A
		1.2 m×0.6 m	2184.17	a	AB	82.44	a	A	12.52	b	A

续表

栽培模式		处理	单果种子粒数			种子千粒重			亩产量		
			均值/粒	差异显著水平		均值/mg	差异显著水平		均值/kg	差异显著水平	
				5%	1%		5%	1%		5%	1%
双行栽培	覆膜方式	低垄覆膜	2083.67	b	A	81.02	a	A	17.71	a	A
		平地覆膜	2289.50	a	A	82.56	a	A	14.79	b	B
	宽行距×窄行距×株距	1.2 m×0.6 m×0.6 m	2208.00	a	A	79.38	b	B	17.64	a	A
		1 m×0.8 m×0.5 m	2178.50	a	A	81.67	ab	AB	16.63	ab	AB
		1 m×0.6 m×0.6 m	2160.17	a	A	81.33	b	AB	15.76	bc	B
		1.2 m×0.8 m×0.5 m	2199.67	a	A	84.77	a	A	14.98	c	B

（五）扩序增花

烟草种子生产收获的对象一般是烟株主花序所结的蒴果，为了提高种子的饱满度、种子千粒重等质量指标，可将侧花枝完全抹除。但在实际生产过程中，当遇不良气候或其他原因导致烟株落蕾、落花严重或杂交种花期不遇时，往往会留 1～2 个主花序以下的由腋芽发育而成的杈枝，以弥补种子产量的不足。有报道认为，由主茎上的花序所获得的种子和打顶以后由杈芽侧枝上的花序所获得的种子，在种子产量和种子的发芽率上并没有任何不同。为了提高烟草种子的产量和质量，李宗平等人基于上述施肥和栽培模式，利用打顶留杈原理，并结合植物生长调节剂的应用，研发出依靠杈花枝上花序进行烟草种子生产的新途径，在提高白肋烟杂交种种子的产、质量上效果显著。

1. 母本打顶留杈

在白肋烟杂交制种中，对母本进行打顶留杈，可以促进杈花枝的发育，以便依靠杈花枝上花序进行烟草种子生产，以提高种子产量，降低种子生产成本。

1）打顶时期

李宗平等人的研究结果（见表 6-7、表 6-8）表明，鄂烟 1 号的雄性不育系母本 MS Burley 21 在现蕾期打顶，则杈花枝生长势较强，花期集中，蒴果能正常成熟；在初花期打顶，则杈花枝生长势较弱，花期集中，蒴果基本可以正常成熟；在盛花期打顶，则杈花枝生长势弱，开花期比对照晚 42 d，蒴果因后期气温下降等，成熟期延长。但 3 种时期打顶留杈均可大幅提高种子产量，打顶时期越早，产量越高，其中在现蕾期打顶的产量比对照增长 148.09%，随着打顶时期的后延，种子产量的增长率大幅下降，可能与烟株的后期营养供应、杈花枝的发育及蒴果成熟的环境条件有关。3 种时期打顶留杈处理中，除现蕾期打顶的种子千粒重与对照差异不显著外，初花期打顶和盛花期打顶由于烟株体内营养消耗大，蒴果成熟的气温已明显下降，因而种子千粒重大幅度下降，均极显著低于常规杂交制种；而不同打顶时期对种子发芽势和发芽率影响较小。

由上可见，在白肋烟杂交种种子生产上对母本进行打顶留杈处理是可行的，打顶时期以现蕾期为宜，可结合品种的去杂去劣进行。于现蕾前、现蕾期、中心花开放期各进行 1 次去杂去劣，直至品种纯度达到 99%后，再进行打顶。在对母本烟株进行打顶时，要打去烟株整个花序及以下 5～8 片嫩叶，烟株高度控制在 100～120 cm，这样杈枝生长速度快，蒴果成熟正常。

表 6-7　不同打顶时期对烟株生长发育的影响

组别	移栽日期（月/日）	打顶日期（月/日）	第一杈花枝初花日期（月/日）	蒴果采收结束日期（月/日）	移栽至初花天数/d	初花至蒴果采收结束天数/d	移栽至蒴果采收结束天数/d	杈花枝生长势
现蕾期打顶	5/6	6/18	7/19	9/3	74	46	120	较强
初花期打顶	5/6	6/29	7/31	9/18	86	49	135	较弱
盛花期打顶	5/6	7/5	8/6	10/5	92	60	152	弱
常规生产(CK)	5/6	—	6/25	8/18	50	49	103	强

表 6-8　不同打顶时期对烟草种子产质量的影响

组别	产量			种子千粒重			发芽势			发芽率		
	均值/(kg/亩)	差异显著性		均值/mg	差异显著性		均值/(%)	差异显著性		均值/(%)	差异显著性	
		5%	1%		5%	1%		5%	1%		5%	1%
现蕾期打顶	15.58	a	A	81.33	a	A	91.58	a	A	96.76	a	A
初花期打顶	13.09	b	B	76.12	b	B	91.45	a	A	97.18	a	A
盛花期打顶	11.48	c	C	75.59	b	B	93.28	a	A	96.19	a	A
常规生产(CK)	6.28	d	D	81.44	a	A	92.39	a	A	97.60	a	A

2）留杈数

李宗平等人的研究结果(见表 6-9、表 6-10)表明，MS Burley 21 打顶后留杈 2 个和 3 个处理的开花期比对照晚 29～32 d，但杈花枝生长势较强，且第一至第三杈花枝的花期集中，蒴果成熟正常，秋分节令之前采收结束。留杈 4 个处理的第四杈花枝，因着生部位低、其上叶片遮光等，发育慢，开花晚，后期因气温下降等，其蒴果成熟期明显延长。3 种留杈数处理均可极显著地提高种子产量，3 种留杈数处理间的种子产量差异也达极显著水平，其中尤以留杈 3 个处理的种子产量最高，比对照增长 158.46%，其次是留杈 4 个处理，其种子产量比对照增长 141.42%，而留杈 2 个处理的种子产量仅比对照提高 96.21%。3 种留杈数处理中，除留杈 4 个处理的种子千粒重极显著低于对照外，留杈 2 个和 3 个处理的种子千粒重与对照基本相当。不同留杈数处理对种子发芽势和发芽率的影响较小。

由上可见，在白肋烟种子生产上，基于前述施肥和栽培模式，杂交种母本烟株打顶后留杈花枝 2～3 个是可行的，即在母本烟株上部 3～4 个由腋芽发育而成的杈花枝中保留 2～3 个杈枝作授粉花枝。由于大多烟草品种叶序按 1/3 的顺序排列，3 个杈花枝夹角互为 120°，杈花枝间互不遮光，生长势较强，花期集中。留 4 个杈花枝处理时虽然种子产量的增幅达 141.42%，但种子千粒重大幅下降，且第四杈花枝开花晚、蒴果成熟期延长，不能正常成熟采收，因而不建议采用。为了得到更多的父本花朵和花粉，对于父本烟株，则不打顶，而是保留烟株所有杈枝，任其发育为花枝。

表 6-9　不同留杈数对白肋烟烟株生长发育的影响

留杈数	移栽日期（月/日）	打顶日期（月/日）	第一杈花枝初花日期（月/日）	蒴果采收结束日期（月/日）	打顶至初花天数/d				移栽至初花天数/d	移栽至采收结束天数/d	杈花枝生长势
					第一杈花枝	第二杈花枝	第三杈花枝	第四杈花枝			
留杈 2 个	5/4	6/22	7/24	9/5	32	33	—	—	81	134	较强
留杈 3 个	5/4	6/22	7/24	9/8	32	33	35	—	81	137	较强
留杈 4 个	5/4	6/22	7/24	10/9	32	33	35	46	81	158	稍强
常规生产(CK)	5/4	—	6/27	8/24	—	—	—	—	54	110	强

表 6-10　不同留杈数对白肋烟种子产质量的影响

留杈数	产量			种子千粒重			发芽势			发芽率		
	均值/(kg/亩)	差异显著水平 5%	差异显著水平 1%	均值/mg	差异显著水平 5%	差异显著水平 1%	均值/(%)	差异显著水平 5%	差异显著水平 1%	均值/(%)	差异显著水平 5%	差异显著水平 1%
留杈 2 个	16.58	a	A	82.00	a	A	88.35	a	A	93.25	a	A
留杈 3 个	21.84	b	B	81.76	a	A	89.62	a	A	94.29	a	A
留杈 4 个	20.40	c	C	77.14	b	B	88.83	a	A	94.35	a	A
常规生产(CK)	8.45	d	D	82.21	a	A	89.48	a	A	93.91	a	A

2. 母本和父本诱芽促花

对杂交制种的母本来说，需要刺激腋芽生长并发育成杈花枝，以便能够多留杈花枝，提高制种产量。对杂交制种的父本来说，烟株除主花枝外，还需要较多的腋芽及由其发育而成的侧花枝，以便能够为杂交制种提供更多的父本花朵和花粉。

大量的研究已经证明，烟草的花芽分化及腋芽发育除与烟株营养有关外，与烟株的内源激素水平的关系更为密切，只有当烟株体内促进茎形成的赤霉素（gibberellin，GA）和直接促进开花的开花素（florigen）结合在一起时，烟株才能开花。细胞分裂素（cytokinin，CTK）是活跃的细胞分裂因子，存在于根和芽中，能促进茎段营养芽的增长，并与合成的生长素（auxin）一起促进花芽及根的发生；生长素是分生组织细胞在有丝分裂时形成的，吲哚乙酸（indole-3-acetic acid，IAA）活性最高，游离 IAA 的含量在细胞分裂后期随着细胞数量增加而下降；在开花期施用萘乙酸（naphthylacetic acid，NAA）能有效诱导花芽的形成；GA 的作用是促进茎的伸长生长和刺激种子糊粉组织中某些酶的释放；多胺（polyamine，PA）具有抑制衰老、促进细胞分裂的活性，在第一个花芽形成时腐胺（putrescine，Put）含量达最高水平，参与烟草生长发育的营养生长和生殖生长过程。可见，利用植物生长调节剂来对杂交制种的母本和父本进行诱芽促花是一条重要途径。

1）不同植物生长调节剂的诱芽促花效果

李宗平等人（2013 年）研究了矮壮素（chlorocholine chloride，CCC）、6-苄氨基腺嘌呤（6-benzylaminopurine，6-BA）、IAA、NAA、GA3、Put、尸胺（cadaverine，Cad）、亚精胺（spermidine，Spd）、精胺（spermine，Spm）和维生素 E（vitamin E，VE）不同浓度在白肋烟品种 Burley 37 烟株上的施用效果。结果（见表 6-11）发现，10 种植物生长调节剂对烟株腋芽发育、开花数以及种子产量、单果种子粒数和种子千粒重均有显著的影响，其中，对种子千粒重的影响相对较小。

表 6-11　不同植物生长调节剂对 Burley 37 开花数、腋芽数及其种子产质量的影响

药剂	处理/(mg/L)	单株开花数/朵		单株腋芽数/个		单果种子粒数/粒		种子千粒重/mg		产量/(kg/亩)	
		均值	比 CK ±%	均值	比 CK ±%	均值	比 CK ±%	均值	比 CK ±%	均值	比 CK ±%
	400	448	16.62	4.13	8.77	1644.67**	6.18	81.79	1.32	5.31	10.86
	600	499*	29.94	5.53**	45.61	1715.33**	10.74	81.43	0.87	6.96**	45.30
CCC	800	501*	30.50	6.53**	71.93	1886.67**	21.80	82.06*	1.65	7.65**	59.64
	1000	407	5.91	4.87**	28.07	1635.00**	5.55	84.05**	4.12	5.81	21.22
	1200	387	0.90	4.10	7.89	1581.00	2.07	83.48**	3.40	5.00	4.31
	20	562**	46.31	6.53**	71.93	1667.33**	7.64	80.96	0.28	5.76	20.25
	50	641**	67.05	6.63**	74.56	1686.67**	8.89	82.22*	1.84	7.78**	62.35
6-BA	100	561**	45.99	6.87**	80.70	1683.67**	8.69	82.06*	1.65	7.56**	57.76
	150	545**	41.92	6.80**	78.95	1634.00**	5.49	82.64**	2.36	7.42**	54.91
	200	503*	30.92	6.37**	67.54	1595.33	2.99	82.59**	2.30	7.12**	48.57
	20	485	26.21	5.20**	36.84	1593.00	2.84	80.96	0.28	5.36	11.90
	50	371	−3.27	7.23**	90.35	1567.67	1.21	81.64	1.13	5.08	6.12
IAA	90	317	−17.53	7.53**	98.25	1535.33	−0.88	79.54	−1.47	4.49**	−6.26
	150	221**	−42.54	7.93**	108.77	1275.67**	−17.65	80.54	−0.23	4.41**	−7.93
	200	184**	−52.03	8.50**	123.68	1020.00**	−34.15	81.28	0.68	3.85**	−19.55
	10	497*	29.41	5.53**	45.61	1623.33*	4.80	81.07	0.42	5.38	12.32
	30	366	−4.70	7.33**	92.98	1521.33	−1.79	81.75	1.27	5.10	6.40
NAA	50	226**	−41.28	7.70**	102.63	1068.00**	−31.05	80.91	0.23	3.66**	−23.59
	150	169**	−56.08	7.77**	104.39	660.00**	−57.39	76.28**	−5.51	3.33**	−30.48
	200	137**	−64.25	8.13**	113.86	646.00**	−58.30	74.39**	−7.86	2.06**	−57.06
	30	367	−4.54	5.97**	57.02	1426.33**	−7.92	79.17	−1.94	4.10**	−14.47
	50	271	−29.31	6.37**	67.54	1288.00**	−16.85	78.27**	−3.04	3.56**	−25.75
GA3	90	239**	−37.65	6.83**	79.82	990.00**	−36.09	78.96	−2.19	3.42**	−28.60
	150	136**	−64.64	8.20**	115.79	666.00**	−57.00	79.59	−1.41	1.85**	−61.45
	200	81**	−78.89	8.47**	122.81	526.33**	−66.02	79.54	−1.47	1.82**	−62.07

续表

药剂	处理/(mg/L)	单株开花数/朵		单株腋芽数/个		单果种子粒数/粒		种子千粒重/mg		产量/(kg/亩)	
		均值	比 CK ±%	均值	比 CK ±%	均值	比 CK ±%	均值	比 CK ±%	均值	比 CK ±%
Put	10	594**	54.79	7.50**	97.37	1685.67**	8.82	80.96	0.28	6.63**	38.41
	30	587**	52.87	7.50**	97.37	2729.00**	76.18	81.90**	1.45	10.73**	123.94
	50	512*	33.46	7.60**	100.00	2558.00**	65.14	81.98	1.55	10.76**	124.70
	70	438	14.19	7.83**	106.14	2543.67**	64.21	82.90**	2.69	8.48**	76.97
	100	410	6.88	8.20**	115.79	2528.00**	63.20	82.38**	2.04	6.27**	30.90
Cad	10	567**	47.66	6.83**	79.82	1534.33	−0.95	80.90	0.22	6.06**	26.51
	30	532**	38.41	6.60**	73.68	1548.00	−0.06	81.27	0.67	6.74**	40.71
	50	500*	30.26	6.40**	68.42	1763.33**	13.84	80.79	0.08	6.68**	39.39
	70	408	6.21	6.30**	65.79	1701.00**	9.81	80.58	−0.18	6.65**	38.90
	100	393	2.29	6.20**	63.16	1562.67	0.88	81.48	0.93	6.49**	35.56
Spd	10	625**	62.86	5.33**	40.35	1697.33**	9.58	82.06*	1.65	7.08**	47.81
	30	618**	60.91	6.40**	68.42	2198.00**	41.90	82.27*	1.91	8.95**	86.78
	50	606**	57.75	7.00**	84.21	1706.00**	10.14	82.90**	2.69	8.30**	73.21
	70	440	14.49	6.33**	66.67	1615.00*	4.26	84.11**	4.18	6.38**	33.12
	100	399	3.86	5.50**	44.74	1571.00	1.42	84.47**	4.64	4.37**	−8.84
Spm	10	633**	64.72	4.43**	16.67	1733.00**	11.88	79.90	−1.03	6.87**	43.42
	30	572**	49.05	4.60**	21.05	1859.67**	20.06	80.60**	−0.16	7.53**	57.13
	50	457	18.90	5.10**	34.21	1782.00**	15.04	82.64**	2.36	7.64**	59.43
	70	427	11.23	5.50**	44.74	1628.33**	5.12	81.37	0.80	6.90**	44.05
	100	417	8.67	5.67**	49.12	1586.33	2.41	81.69	1.19	6.74**	40.64
VE	30	632**	64.51	6.70**	76.32	1998.00**	28.99	81.06	0.41	10.51**	119.42
	50	620**	61.41	7.70**	102.63	2272.67**	46.72	82.69**	2.43	10.52**	119.62
	90	588**	53.10	7.57**	99.12	2257.67**	45.75	84.69**	4.91	9.12**	90.40
	150	447	16.32	6.63**	74.56	1645.67**	6.24	84.69**	4.90	9.03**	88.52
	200	436	13.52	6.60**	73.68	1588.00	2.52	82.58**	2.29	5.43	13.36
清水(CK)		384		3.80		1549.33		80.37		4.79	

注：各药剂不同浓度于现蕾期-初花期喷施烟株，连续施药 3 次，每次施药间隔时间为 2 天；各烟株主花序留果，留果数为 120 个；* 表示 t 测验差异显著，** 表示 t 测验差异极显著。

各种植物生长调节剂的具体表现为：

CCC：随着施用浓度增加，烟株腋芽发育、开花数、种子产量和单果种子粒数，呈先增后降的趋势，烟株矮化、叶片深绿皱缩、花序紧缩等症状明显；施用浓度达 1000～1200 mg/L 时花序严重紧缩，出现花柄腐烂现象。适宜施用浓度是 600～800 mg/L。

6-BA：施用浓度为 50 mg/L 时，开花数较多，种子产量、单果种子粒数较高；施用浓度为 100 mg/L 时，腋芽生长旺盛，腋芽数量最多。适宜施用浓度为 20～50 mg/L。

IAA：施用浓度为 20 mg/L 时，开花数、种子产量和单果种子粒数高于对照，且随着施用浓度增加而下降。腋芽数有随浓度增加而增加的趋势，高浓度时主茎上出现气生根群。适宜施用浓度是 20 mg/L。

NAA：施用浓度为 10 mg/L 时，开花数、种子产量和单果种子粒数高于对照，随着施用浓度增加而下降。腋芽数有随浓度增加而增加的趋势，高浓度时主茎上出现气生根群。施用浓度达 150 mg/L 时主茎气生根群增多，叶片翻卷严重，花蕾数量减少且花蕾发育不良，大量萎缩。适宜施用浓度是 10 mg/L 左右。

GA3：各浓度处理的开花数、种子产量和单果种子粒数均低于对照，随着施用浓度增加而差异增大，顶芽、腋芽随着施用浓度增加而生长较快、数量增多，施用浓度达 150 mg/L 时叶色黄绿发白，花枝细长，花蕾细长，且大多花蕾不能正常开花结实。因此认为，烟草种子生产上一般不宜使用 GA3。

多胺：Put 对腋芽发育、开花数、种子产量和单果种子粒数具有促进作用，适宜施用浓度 30～50 mg/L，其次是 Spd，再次是 Cad 和 Spm，Spd、Cad、Spm 的适宜施用浓度均为 30 mg/L。

VE：各施用浓度对腋芽发育、开花数、种子产量和单果种子粒数具有促进作用，腋芽生长旺盛，腋芽数量较多。适宜浓度为 50 mg/L。

他们还研究了 6-BA(20 mg/L)、Put(10 mg/L)、Cad(10 mg/L)、Spd(10 mg/L)、Spm(10 mg/L)和 VE(30 mg/L)在白肋烟品种 Kentucky 16 烟株上的施用效果。结果(见表 6-12)也表明，6-BA、Put、Cad、Spd、Spm 和 VE 均可以促进花芽分化和花朵发育(见图 6-4)，中心花开放后 10～12 d，当天开花数大幅增加，18～20 d 达最大值，其中 6-BA 处理的平均单株开花数累积达 683 朵，比对照增长 55%，其次是 VE，比对照增长 47%，四种多胺处理比对照的增长率均在 20%以上，以 Put 为佳。此外，6 种植物生长调节剂也均可显著或极显著地提高种子产量和单果种子粒数，而对种子千粒重、发芽势和发芽率影响不大。其中，6-BA、VE、Put 和 Cad 的种子产量均比对照增长 30%以上，差异达极显著水平。VE 对单果种子粒数的影响最大，比对照增长了 71.86%，其次是 6-BA，比对照增长了 48.71%，四种多胺处理的效果也较好，单果种子粒数增长率为 18%～40%。可见，外源植物生长调节剂在刺激花器发育的同时，也能提高烟株的结实能力。

表 6-12　不同植物生长调节剂对白肋烟品种 Ky16 单株花朵数及种子产、质量的影响

处理	单株花数		产量		单果种子粒数		种子千粒重/mg	发芽势/(%)	发芽率/(%)
	均值/朵	比 CK ±%	均值/(kg/亩)	比 CK ±%	均值/粒	比 CK ±%			
20 mg/L 6-BA	683 a A	55	11.90 a A	42.71	1670 b B	48.71	82.8 a A	91.25 a A	95.25 a A
10 mg/L Put	567 b B	29	11.10 a A	33.11	1575 bc B	40.25	82.4 a A	92.00 a A	95.75 a A
10 mg/L Cad	539 c B	22	11.06 a A	32.62	1447 cd BC	28.85	83.3 a A	87.25 a A	92.25 a A

续表

处理	单株花数		产量		单果种子粒数		种子千粒重/mg	发芽势/(%)	发芽率/(%)
	均值/朵	比 CK ±%	均值/(kg/亩)	比 CK ±%	均值/粒	比 CK ±%			
10 mg/L Spd	540 bc B	22	10.60 a AB	27.13	1595 bc B	42.03	85.4 a A	92.00 a A	95.50 a A
10 mg/L Spm	532 c B	21	10.46 a AB	25.39	1336 d CD	18.97	85.2 a A	90.75 a A	93.85 a A
30 mg/L VE	648 a A	47	11.63 a A	39.44	1930 a A	71.86	82.3 a A	91.75 a A	95.50 a A
清水(CK)	441 d C		8.34 b B		1123 e D		82.9 a A	91.75 a A	95.00 a A

注:各种植物生长调节剂于现蕾期-初花期喷施烟株,连续施药 3 次,每次施药间隔时间为 2 天;各烟株主花序留果,留果数为 120 个;表中数据后大写字母表示 1%差异显著水平,小写字母表示 5%差异显著水平。

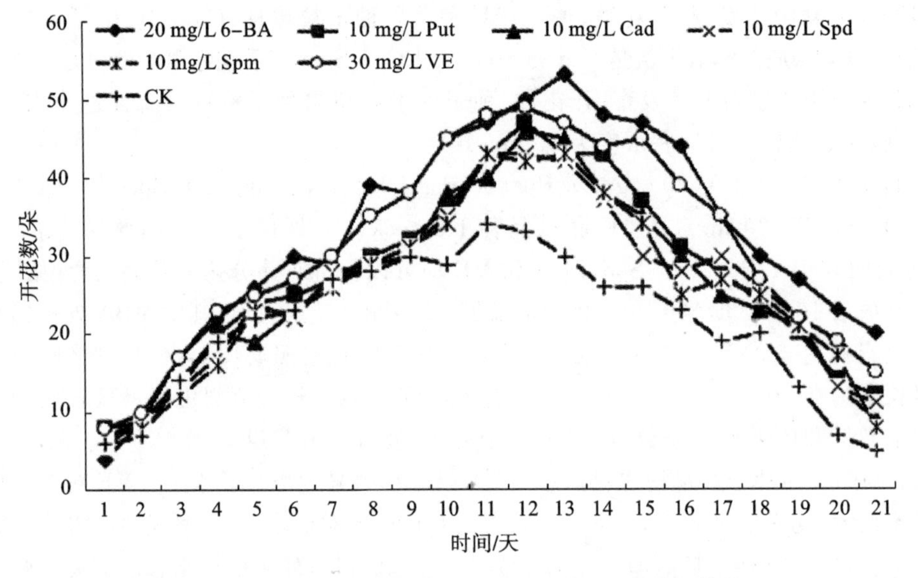

图 6-4 不同植物生长调节剂处理下逐日平均单株开花数

2) 植物生长调节剂的混合使用

为了消除生长素、细胞分裂素、生长抑制剂等激素类药剂的副作用,并充分利用腐胺(Put)、亚精胺(Spd)和维生素 E(VE)全面参与植物生长发育全过程,能有效地促进花器发育。李宗平等人(2013 年)根据上述试验结果,从中选用 IAA、Put 和 VE 的混合液作为烟株腋芽萌发生长的化学诱导调节剂,其中 IAA 具有促进植物器官生长、诱导腋芽分化、消除顶端优势的生理作用,Put 和 VE 具有促进细胞分裂、侧芽发育的生理作用,三者混合可以诱导和促进侧芽生长发育。选用 CCC、6-BA、Spd 和 VE 的混合液作为烟株侧枝开花的化学诱导调节剂,其中 CCC 具有抑制细胞伸长的生理作用,6-BA、Spd 和 VE 具有促进细胞分裂、诱导花芽分化、促进开花和花器发育、提高花粉活力、防止器官脱落等生理作用,四者混合可以诱导和促进花蕾、花朵发育。

（1）烟株腋芽萌发生长的化学诱导调节。

李宗平等人的研究结果（见表 6-13）表明，母本现蕾打顶后或父本现蕾时，连续 3 天喷施由 100 kg 水、10～20 mg IAA、50～100 mg Put 和 50～90 mg VE 混合制备而成的腋芽诱导调节剂，或用棉球蘸取腋芽诱导调节剂卡在第 1～10 叶腋处，或用毛笔蘸取腋芽诱导调节剂涂在烟株自上而下的第 1～10 叶腋处，均对诱导腋芽萌发、促进杈花枝的形成、提高开花数量具有显著效果，并能够刺激父本烟株主花序的花朵发育。施药后第 10 d，处理烟株从上到下几乎每个叶腋都有腋芽萌发，平均腋芽数达 24.5 或 25.5 个，已发育成 10 cm 以上的侧枝达 11.8 或 21.3 个，而对照同期仅有 1.3 或 1.2 个腋芽（第 1～2 既定芽）；至施药后 50 d，处理烟株第 1～15 个叶腋的侧枝几乎均已现蕾或开花，平均现蕾开花数为 12.6 或 14.8 个，第 1～6 或第 1～9 侧枝上发育 2～3 个二级侧枝，而对照同期仅第 1～4 叶腋（既定芽）的侧枝现蕾开花，平均现蕾开花数仅有 3.3 或 3.2 个，侧枝上无二级侧枝，其他“不定芽”均处于潜伏状态，尚未萌发。

表 6-13　腋芽诱导调节剂促进烟株腋芽萌发的效果比较

品种	处理	喷施后 10 d				喷施后 30 d				喷施后 50 d			
		总腋芽数		10 cm 以上腋芽数		总腋芽数		现蕾开花腋芽数		总腋芽数		现蕾开花腋芽数	
		均值/个	叶位	均值/个	叶位	均值/个	叶位	均值/个	叶位	均值/个	叶位	均值/个	叶位
Burley 37	10 mg IAA+50 mg Put+50 mg VE+100 kg 水	24.5	1～26	11.8	1～14	—	—	—	—	24.5	1～26	12.6	1～15
	清水(CK)	1.3	1～2	0.0		—	—	—	—	6.5	1～7	3.3	1～4
Kentucky 16	20 mg IAA+90 mg Put+90 mg VE+100 kg 水	25.5	1～26	21.3	1～20	25.5	1～26	8.2	1～10	25.5	1～26	14.8	1～15
	清水(CK)	1.2	1～2	0.0		5.8	1～6	1.5	1～2	7.8	1～8	3.2	1～4

（2）烟株侧枝开花的化学诱导调节。

李宗平等人的研究结果（见表 6-14）表明，待上述经过诱导处理后的腋芽萌发而成的侧枝长至 10～20 cm，且其新叶已展开 1～2 片时，分批剪去烟株成熟叶片的 1/3～1/2，以改善侧枝的光照条件并促进其生长发育，待侧枝长至 20～30 cm 且即将现蕾时，连续 3 天喷施由 100 kg 水、800～1000 mg CCC（可使用 300～400 mg 多效唑替换）、50～100 mg 6-BA、10～30 mg Spd 和 30～50 mg VE 混合配制而成的侧枝开花诱导调节剂，则能有效地促进侧枝的花蕾发育生长。经诱导处理烟株的侧枝茎秆矮小粗壮，生殖生长提前，花序紧凑，花朵数多，同时，侧枝花序以下的第 2～3 个腋芽又逐步发育成二级侧花枝，继续开花，从而增加了全烟株的开花数量。诱导处理烟株的平均总开花数为 3117 或 3565 朵，同对照比较，总花朵数增加 2475 或 2883 朵，增加花粉 5.21 或 6.07 g，主花序花朵增加 120 或 157 朵，增长率达 48.98%或 69.78%，侧枝花朵增加 2355 或 2726 朵，增长率达 593.20%或 596.50%。

表 6-14 侧枝开花诱导调节剂促进烟株及侧枝开花数量的效果比较

品种	处理	主花序开花数/朵	侧枝花朵										总开花数/朵	花粉数量/g
			第一侧枝开花数/朵		第二侧枝开花数/朵		第三侧枝开花数/朵		第四侧枝开花数/朵		其他侧枝开花数/朵	总数/朵		
			主花序	二级侧枝	主花序	二级侧枝	主花序	二级侧枝	主花序	二级侧枝				
Burley 37	800 mg CCC +50 mg 6-BA +10 mg Spd +30 mg VE+ 100 kg 水	365.00										2752.00	3117.00	6.49
	清水(CK)	245.00										397.00	642.00	1.28
	比 CK±	120.00										2355.00	2475.00	5.21
	比 CK±%	48.98										593.20	385.51	405.74
Kentucky 16	1000 mg CCC +100 mg 6-BA +30 mg Spd +50 mg VE+ 100 kg 水	382	234	112	226	102	204	101	184	71	1949	3183	3565	7.43
	清水(CK)	225	158	0	120	0	105	0	74	0	0	457	682	1.36
	比 CK±	157	76	112	106	102	99	101	110	71	1949	2726	2883	6.07
	比 CK±%	69.78	48.10		88.33		94.29		148.65			596.50	422.73	446.32

（六）花粉采集与储藏

在白肋烟杂交制种过程中，充足及时的花粉供给是提高人工授粉速度的前提。传统的人工授粉方法主要有花对花授粉和授粉针拨药取粉授粉方法。前者即用已开的父本花朵对准盛开的母本花朵，将已裂开的父本花药上的花粉涂到母本柱头上；后者即用授粉针等工具，剥开即将开放的父本花朵中的花药，撬出花粉，随即涂在母本柱头上。两种授粉方法速度极慢，而且父本花的最佳采粉时期不易把握，稍早花药未开裂，无花粉，稍晚则花粉早已随风散落，误工误事，同时要求随采随用，遇到阴雨天气则无法授粉易造成田间大量父本花朵浪费，而晴天授粉时也会出现父本花朵严重不足的情况，常需种植大量父本，投入大量人力收集花粉来满足母本授粉的需要，授粉工作效率低，制种成本高。若能早期采集父本花粉并储藏，以供当年或多年使用，则可以最大限度地利用父本田中的花朵，保障花粉的充足供应，解决烟草杂交制种中父母本花期不遇的问题，大大提高整个杂交授粉效率，且能减少父本种植量，进而降低种子生产成本。

1. 花粉采集

烟草花粉采集最为困难的环节是花药脱离，通常采用人工逐朵撕花管、摘取花药，时间长，用工多，种子生产成本高。为此，李宗平等人（2013 年）研发出了烟草花药脱离机（见图 6-5），该机器可方便、快速、高效率地将花药脱离出来，节省大量人工时间，省时省力，且花药破损率低，浪费少，能够提高花粉收集效率，降低生产综合成本。

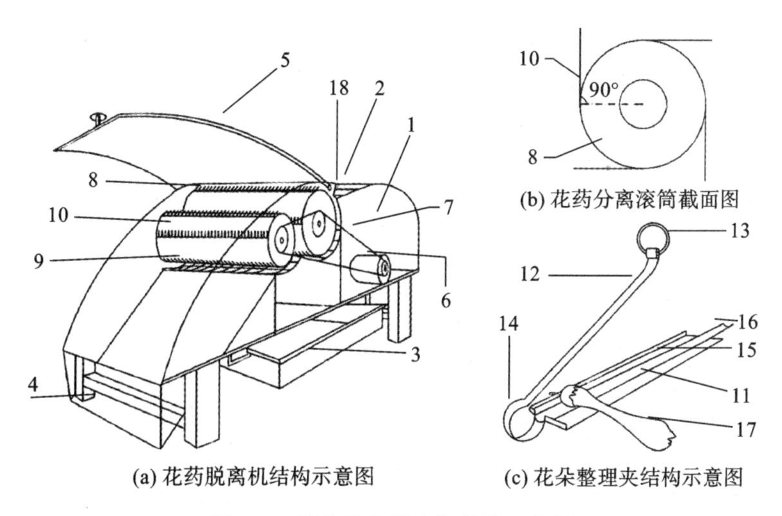

图 6-5　烟草花药脱离机结构示意图

1—壳体；2—进料口；3—花药收集盒；4—料渣出口；5—机盖；6—电机；7—传动带；8—花药分离滚筒；9—筛网；10—花药脱离针；11—夹板；12—夹片；13—扣环；14—弹片；15—凹槽；16—手柄；17—烟草花朵；18—花朵整理夹

利用花药脱离机采集花粉的一般程序如下。首先，从父本田中采摘发育时期一致、花冠将开未开、顶端微红膨大的花朵。然后，将采摘的花朵集中起来，用花药脱离机将花药从花朵中剥离出来，并用 20 目细筛将花药与花丝、柱头、花瓣等杂质分开，收集花药，平铺放入垫布的瓷盘内。接着将花药放入 34～36 ℃恒温干燥箱内干燥，待花药完全裂开、花粉完全散出时，取出花药。随之，用 60 目样品筛将花粉与花粉囊分开，收集花粉，并进行花粉含水量

(要求≤8%)和花粉活力(要求≥80%)检测。最后,将经检测符合要求的花粉装入广口瓶中,贴上标签,密封保存备用。

据报道,烟草花粉活力在中心花开放后 40 d 内大于 80%,45 d 以后明显降低。因此,采集父本花朵时,可视父本发育情况多次采摘,最佳采摘时期为初花后 45 d 内。

2. 花粉冷冻干燥、储藏和活力恢复

在烟草杂交种制种过程中,花粉保存方法通常有保鲜冰箱保存法和液氮保存法。前者保存时间短,一般是 20~30 d;后者需常添加液氮,维护成本较高,限制了其应用。为此,李宗平等人(2013 年)研发出了一种从花粉预冻温度、预冻时间、冷冻干燥温度、冷冻干燥时间、冷冻干燥后的花粉中长期储藏方式,到储藏后的花粉应用于授粉前的活力恢复方式等一整套系统方法,采用该方法保藏的花粉,活力强,田间授粉的坐果率高,种子生产的综合成本大幅降低。

1) 花粉的冷冻干燥

冷冻真空干燥技术,其原理是使生物体完全冻结,在一定的真空条件下使冻晶升华,从而达到低温脱水的目的,其优点是干燥彻底,能排出 95%~99%的水分。冰冻干燥对保持生物形态、生理机能有着特殊的作用,现已广泛用于保存医药产品、动植物组织切片、鸟兽大型标本制作、文物保护、食品工业等方面。

李宗平等人将冷冻真空干燥技术应用于烟草花粉的储藏,也取得了成功。他们以鄂烟 1 号父本 Burley 37 花粉为材料,在预冻温度-50~-45 ℃条件下,开展了烟草花粉储藏的冷冻真空干燥技术的研究。结果(见表 6-15)表明,在预冻温度-50~-45 ℃条件下,预冻时间的长短与花粉水分散失率的关系较为密切,随着预冻时间的延长,花粉水分散失率有增大的趋势,预冻时间 4 h 的花粉水分散失率为 70.59%,极显著地高于预冻时间 2 h 的 67.60%,而预冻时间的长短与花粉活力、田间授粉后坐果率关系不密切,这可能与预冻花粉量有关。抽真空时间的长短对花粉水分散失率及花粉活力的影响最大,其花粉水分散失率和花粉活力均随着抽真空时间的延长而提高,抽真空 4 h 时花粉平均含水量为 4.33%,水分散失率仅 36.82%,花粉活力为 82.68%,而抽真空 12 h 时花粉平均含水量为 0.14%,水分散失率达 97.97%,花粉活力上升到 86.64%,水分散失率和花粉活力均显著或极显著地高于抽真空 4 h 的处理。将冷冻干燥的花粉进行活力恢复并授粉于鄂烟 1 号母本 MS Burley 21 后,田间坐果率也有随抽真空时间延长而提高的趋势,但差异不显著。冷冻干燥前添加防冻剂,对花粉干燥、花粉活力及花粉授粉后的田间坐果率均没有明显的影响,但添加防冻剂的花粉复水后,易结团,不利于田间人工授粉操作。

表 6-15 烟草花粉冷冻干燥试验各处理因素对花粉水分散失率和花粉活力的影响

处理因素		水分散失率/(%)	花粉活力/(%)	田间授粉后坐果率/(%)
预冻时间	2 h	67.60 a A	84.80 a A	88.27 a A
	3 h	68.66 a AB	84.31 a A	89.50 a A
	4 h	70.59 b B	84.31 a A	85.19 a A
抽真空时间	4 h	36.82 a A	82.68 bA	86.19 a A
	8 h	72.07 b B	84.10 ab A	87.09 a A
	12 h	97.97 c C	86.64 a A	89.67 a A

续表

处理因素		水分散失率/(%)	花粉活力/(%)	田间授粉后坐果率/(%)
添加防冻剂	无添加	69.31 a A	85.11 a A	87.04 a A
	2.5%甘油+2.5%二甲基亚砜+6.5%蔗糖	68.92 a A	84.95 a A	89.01 a A
	1.25 mL 甘油+1.25 mL 二甲基亚砜+3.25 g 蔗糖+50 mL 水	68.63 a A	83.37 a A	86.89 a A

注:小写字母表示5%差异显著水平,大写字母表示1%差异显著水平。预冻温度为−50～−45 ℃。

进一步分析各处理因素间互作效应,结果(见表6-16)表明,在同一预冷时间(X因素)处理水平下,抽真空时间(Y因素)和添加防冻剂(Z因素)处理的各水平间的水分散失率差异较大,差异均达极显著水平。而在同一抽真空时间处理的水平下,预冷时间处理和添加防冻剂处理的水分散失率差异相对较小。在添加防冻剂处理的不同水平中,抽真空时间处理各水平间的水分散失率差异大于预冷时间处理。其中,抽真空时间不同水平处理间的水分散失率差异较大,均达显著或极显著水平。由此认为,在3种处理因素中,抽真空时间处理是水分散失的主要因素,其次是预冷时间处理,添加防冻剂处理对水分散失的影响最小。花粉活力方面,在预冷时间、抽真空时间和添加防冻剂这3种处理因素间的互作效应达显著水平。在预冷时间处理的不同水平下,抽真空时间各处理水平间花粉活力差异大于添加防冻剂处理。其中,在预冷2 h这个处理中,抽真空时间处理和添加防冻剂处理的花粉活力随处理水平升高而呈下降趋势,在预冷3 h和预冷4 h处理中则呈上升趋势。在抽真空不同时间水平下,预冷时间不同处理水平间花粉活力差异大于添加防冻剂处理,其中在抽真空4 h、8 h处理中花粉活力随预冷时间延长而呈下降趋势,在抽真空12 h处理中花粉活力随预冷时间延长而呈上升趋势;添加防冻剂不同处理水平间的花粉活力差异未达显著水平。在添加防冻剂不同处理水平下预冷时间处理和抽真空时间处理不同水平间的花粉活力差异不大。

表6-16　烟草花粉冷冻干燥试验各处理因素对花粉水分散失率和花粉活力的互作效应

处理因素		水分散失率/(%)			花粉活力/(%)		
		水平1	水平2	水平3	水平1	水平2	水平3
X1	Y	34.26 a A	70.61 b B	97.95 c C	90.69 a A	86.28 a A	77.45 b B
	Z	68.47 c C	67.98 b B	66.36 a A	90.02 a A	83.34 b AB	81.05 b B
X2	Y	37.52 a A	70.61 b B	97.80 c C	78.19 c B	84.47 b AB	90.29 a A
	Z	67.45 a A	68.27 b B	70.27 c C	81.88 a A	86.85 a A	84.21 a A
X3	Y	38.69 a A	74.99 b B	98.10 c C	79.17 b B	81.57 b B	92.18 a A
	Z	69.25 a A	70.51 b B	72.02 c C	83.41 a A	84.65 a A	84.85 a A
Y1	X	34.26 a A	37.52 a A	38.69 a A	90.69 a A	78.19 c B	79.17 b B
	Z	38.20 c C	36.45 b B	35.81 a A	82.63 a A	83.23 a A	82.20 a A
Y2	X	70.61 b B	70.61 b B	74.99 b B	86.28 a A	84.47 b AB	81.57 b B
	Z	71.73 a A	72.31 b B	72.16 b B	84.63 a A	83.50 a A	84.18 a A

续表

处理因素		水分散失率/(%)			花粉活力/(%)		
		水平 1	水平 2	水平 3	水平 1	水平 2	水平 3
Y3	X	97.95 c C	97.86 c C	98.10 c C	77.45 b B	90.29 a A	92.18 a A
	Z	98.01 a A	98.00 a A	97.90 a A	88.06 a A	88.11 a A	83.74 a A
Z1	X	68.47 c C	67.45 a A	69.25 a A	90.02 a A	81.88 a A	83.41 a A
	Y	38.20 c C	71.73 a A	98.01 a A	82.63 a A	84.63 a A	88.06 a A
Z2	X	67.98 b B	68.27 b B	70.51 b B	83.34 b AB	86.85 a A	84.65 a A
	Y	36.45 b B	72.31 b B	98.00 a A	83.23 a A	83.50 a A	88.11 a A
Z3	X	66.36 a A	81.88 a A	83.41 a A	81.05 b B	84.21 a A	84.85 a A
	Y	35.81 a A	72.16 b B	97.90 a A	82.20 a A	84.18 a A	83.74 a A

注：试验预冷温度为－50～－45 ℃。表中，X 为预冷处理，分 3 个水平，水平 1(X1)为预冷 2h，水平 2(X2)为预冷 3h，水平 3(X3)为预冷 4h；Y 为抽真空处理，分 3 个水平，水平 1(Y1)为抽真空 4h，水平 2(Y2)为抽真空 8 h，水平 3(Y3)为抽真空 12 h；Z 为冷冻干燥前添加防冻剂处理，分 3 个水平，水平 1(Z1)为无添加防冻剂，水平 2(Z2)的防冻剂为 2.5%甘油＋2.5%二甲基亚砜＋6.5%蔗糖，水平 3(Z3)的防冻剂为 1.25 mL 甘油＋1.25 mL 二甲基亚砜＋3.25 g 蔗糖＋50 mL 水；小写字母表示 5%差异显著水平，大写字母表示 1%差异显著水平。

综上研究结果，利用冷冻干燥技术进行烟草花粉干燥是可行的。在烟草花粉的冷冻干燥过程中，不需添加防冻剂。花粉最佳的冷冻干燥方法是：在温度－50～－45 ℃条件下预冷 2～4 h，然后在冷冻抽真空时的花粉平摊厚度 1 cm 以内条件下抽真空 8～12 h 为宜，随花粉量及平摊厚度的增加，抽真空的时间应按 0.1 cm/h 相应延长。该方法能在保证花粉较高活力的前提下，排出花粉内 97%～98%的水分，有利于花粉长期储藏。

2）花粉的中长期保存

表 6-17 列出了冰箱保鲜储藏、低温冰柜储藏、冷冻真空干燥-干燥器常温保存和冷冻真空干燥-低温保存 4 种花粉储藏方法。李宗平等人(2013 年)以鄂烟 1 号父本 Burley 37 花粉为材料，比较了这 4 种花粉储藏方法对花粉活力的影响，并将储藏时间不同的花粉分别与鄂烟 1 号母本 MS Burley 21 进行杂交授粉，考查了不同储藏方法不同储藏花粉时间对田间授粉后坐果率的影响。其研究结果(见表 6-18、表 6-19、表 6-20)表明：

(1) 冰箱保鲜储藏法：由于花粉未经任何干燥处理，直接在 4～6 ℃的冰箱保鲜室储藏，2 周后花粉活力和授粉后坐果率大幅下降，8 个月后完全丧失活力，因此，该方法的储藏时间宜短于 2 周。

(2) 低温冰柜储藏法：由于采用了干燥剂(硅胶)干燥和－18 ℃的冰柜储藏，花粉活力比冰箱保鲜储藏法有所提高，3 周后花粉活力和授粉后坐果率大幅下降，该方法的储藏时间宜短于 3 周。

(3) 冷冻真空干燥-干燥器常温保存法：在冷冻干燥处理后，花粉水分丧失率为 97.13%，采用干燥器常温保存，储藏时间以 3 周至 3 个月为宜。

(4) 冷冻真空干燥-低温保存法：由于采用冷冻干燥处理和－18 ℃的低温储藏，花粉水分丧失率为 97.66%，储藏 12 个月后花粉活力和授粉后坐果率仍然较高，该方法可以作为烟草花粉中长期储藏方式。李宗平等人以白肋烟品种 Kentucky 14、Tennessee 90 和 Kentucky 16 花粉对此结果进行了验证，结果(见表 6-21)表明，3 个品种的花粉水分丧失率均在 97%以上，8 个月后花粉活力均在 80%以上，同处理前比较，8 个月后花粉活力仅下降 1.33%～2.61%。

表 6-17　烟草花粉不同储藏方法

储藏方式	储藏方法说明
冰箱保鲜储藏法	将装有花粉的广口瓶瓶口采用石蜡密封后直接置于冰箱保鲜室储藏（YC/T367-2010 法）
低温冰柜储藏法	将装有花粉的广口瓶放入有干燥剂（硅胶）的干燥器中，干燥器用凡士林封口加盖后，再将干燥器置于－18 ℃的冰柜中储存
冷冻真空干燥-干燥器常温保存法	首先将装有花粉的广口瓶加盖后置于冷冻干燥机的冷阱内，在－50 ℃的条件下，预冷 3 h；然后取出花粉瓶，将花粉倒出平摊在干燥盘内，厚度小于 10 mm，在－50 ℃条件下，抽真空 10 h；待冷冻干燥结束后，迅速取出花粉、装瓶、加盖、用石蜡封口，最后放入有干燥剂（硅胶）的干燥器中，干燥器口面涂上凡士林，加盖封口后放在室内常温保存
冷冻真空干燥-低温保存法	首先将装有花粉的广口瓶加盖后置于冷冻干燥机的冷阱内，在－50 ℃的条件下，预冷 3 h；然后取出花粉瓶，将花粉倒出平摊在干燥盘内，厚度小于 10 mm，在－50 ℃条件下，抽真空 10 h；待冷冻干燥结束后，迅速取出花粉、装瓶、加盖、用石蜡封口，再用铝箔纸袋包装，封口机封口，最后放入－18 ℃的冰柜中保存

表 6-18　白肋烟品种 Burley 37 花粉不同储藏方式储藏前后的水分含量

储藏方式	处理前水分/(%)	处理后水分/(%)	水分散失率/(%)
冰箱保鲜储藏法	7.68	7.68	0.00
低温冰柜储藏法	7.68	7.68	0.00
冷冻真空干燥-干燥器常温保存法	7.68	0.22	97.13
冷冻真空干燥-低温保存法	7.68	0.18	97.66

表 6-19　白肋烟品种 Burley 37 花粉不同储藏方式对花粉活力的影响

储藏时长	花粉活力/(%)				花粉活力递减百分比/(%)			
	冰箱保鲜储藏法	低温冰柜储藏法	冷冻真空干燥-干燥器常温保存法	冷冻真空干燥-低温保存法	冰箱保鲜储藏法	低温冰柜储藏法	冷冻真空干燥-干燥器常温保存法	冷冻真空干燥-低温保存法
处理前	76.82	76.82	76.82	76.82	0	0	0	0
1 周	67.23	71.43	74.13	74.28	－12.48	－7.02	－3.50	－3.31
2 周	61.58	64.91	70.25	73.97	－19.84	－15.50	－8.55	－3.71
3 周	57.93	63.81	68.37	73.76	－24.59	－16.94	－11.00	－3.98
1 个月	55.52	58.05	66.74	73.58	－27.73	－24.43	－13.12	－4.22
2 个月	40.49	50.28	64.84	73.36	－47.29	－34.55	－15.59	－4.50
3 个月	32.58	26.41	58.35	72.58	－57.59	－56.59	－24.04	－5.52
5 个月	10.51	33.35	50.26	72.56	－86.32	－65.62	－34.57	－5.55
8 个月	0.00	23.75	39.81	72.53	－100.00	－69.08	－48.18	－5.58
12 个月	0.00	0.00	33.57	72.48	－100.00	－100.00	－56.30	－5.65

表 6-20　白肋烟品种 Burley 37 花粉不同储藏方式对授粉后坐果率的影响

储藏时长	授粉后坐果率/(%)				授粉后坐果率递减百分比/(%)			
	冰箱保鲜储藏法	低温冰柜储藏法	冷冻真空干燥-干燥器常温保存法	冷冻真空干燥-低温保存法	冰箱保鲜储藏法	低温冰柜储藏法	冷冻真空干燥-干燥器常温保存法	冷冻真空干燥-低温保存法
处理前	96.92	96.92	96.92	96.92	0	0	0	0
1 周	88.58	93.27	94.57	95.85	−8.61	−3.77	−2.42	−1.10
2 周	70.21	88.94	92.58	95.37	−27.56	−8.23	−4.48	−1.60
3 周	56.48	76.57	90.72	93.48	−41.73	−21.00	−6.40	−3.55
12 个月	0.00	0.00	34.15	92.51	−100.00	−100.00	−64.76	−4.55

表 6-21　3 个白肋烟品种花粉经冷冻真空干燥-低温保存的水分散失率和花粉活力

品种	水分散失率/(%)			花粉活力/(%)					
	处理前水分	处理后水分	水分散失率	处理前	1 个月后	2 个月后	3 个月后	5 个月后	8 个月后
Kentucky 14	5.81	0.153	97.37	93.51	93.27	93.06	92.68	92.54	92.28
Tennessee 90	6.07	0.134	97.79	87.49	87.08	86.92	86.52	86.17	85.72
Kentucky 16	6.34	0.152	97.60	91.07	90.12	89.57	89.47	89.13	88.75

由上可见,烟草花粉中长期储藏的最佳方式是冷冻真空干燥-低温保存法。即将烟草花粉收集起来,进行冷冻真空干燥处理后置于−18 ℃低温冰箱或冰柜储藏,随时可进行复水后授粉,花粉活力强,授粉效果好。该方法彻底改变了过去父本花粉必须现采现用的杂交制种生产方式,避免了父母本花期不遇和父本花雨天浪费量大、晴天供应不足等对杂交种生产的影响。

3) 花粉的活力恢复

在授粉前,需对花粉进行复水,以恢复其活力。将冷冻干燥的花粉于田间授粉前 0.5 h,在室温下用蒸馏水或 0.9%生理盐水浸泡 15～20 min,或在生物培养箱(温度 25～30 ℃、相对湿度 95%以上)的条件下复水 30 min,或在水浴锅(温度 30～35 ℃)的条件下复水 30 min,然后迅速摊开自然风干,备用。每次复水的花粉量以够 2 h 授粉用为宜。

3. 花粉活力鉴定

为了检验花粉的萌发受精能力,经过长期储藏的花粉在使用之前,都必须做花粉活力检测。花粉活力鉴定方法主要有三类:一是染色法,如氯化三苯基四氮唑(2,3,5-Triphenyl-2H-tetrazolium chloride,TTC)染色法、碘化钾染色法、荧光染色法、甲基蓝染色法等;二是花粉离体萌发测定法,如葡萄糖花粉萌发培养法、蔗糖花粉萌发培养法等;三是花粉授粉结实检测法。据孙光玲等报道,烟草花粉活力测定以葡萄糖及蔗糖花粉萌发培养法较为可靠。碘化钾染色法、荧光染色法由于能使未成熟和衰老的花粉着色,而这些花粉不一定具有受精能力,因此这两种方法的花粉活性测定值偏高。花粉授粉结实检测法是根据结实情况判断花粉活性,结果比较准确,但由于授粉到每个柱头的花粉量较多,因而无法定量判断花粉的活力。

李宗平等人(2013年)以白肋烟品种Burley 37的新鲜花粉为材料,比较了15种不同处理方式对花粉活力的影响,如表6-22所示。研究结果表明,利用葡萄糖或蔗糖花粉萌发培养法鉴定花粉活力,比较准确可靠。其鉴别花粉具有活力的依据是花粉能够萌发并形成花粉管,因而需要加入适宜浓度的硼酸和钙离子,以促进花粉管的形成,便于判定花粉活力。在不同的葡萄糖或蔗糖浓度处理中,3%葡萄糖或10%蔗糖是烟草花粉离体萌发培养的适宜浓度,花粉萌发率较高,在此培养基的基础上添加50 mg/L硼酸和20 mg/L氯化钙,则形成花粉管的数量明显增多,从而更能反映花粉活力的实际情况。而在未加入硼酸和钙离子的葡萄糖及蔗糖溶液中培养花粉,花粉粒的萌发孔只能形成小凸起,或花粉粒膨胀后破裂,溢出内容物,形成花粉管的数量较少,无法判定花粉真实活力。

此外,培养时间、培养温度也是影响烟草花粉萌发和花粉管形成的重要因素。培养时间过短,有活力的花粉粒还未萌发形成花粉管,或形成的花粉管过短不能计数为有活力的花粉粒;培养温度过低时花粉粒不能正常萌发形成花粉管,培养温度过高会使花粉粒死亡,失去活力。因而花粉离体培养时间及培养温度对花粉活性检测结果都有明显影响。分析比较各种葡萄糖及蔗糖处理可知,采用"3%葡萄糖+50 mg/L硼酸+20 mg/L $CaCl_2$"及"10%蔗糖+50 mg/L硼酸+20 mg/L $CaCl_2$"为培养基,恒温25 ℃暗箱保湿培养3h,花粉活力可达86.8%和91.3%,比较接近新鲜花粉活力的实际情况(见图6-6)。而利用TTC染色法鉴定花粉活力,虽然简便快捷,但重复性差。TTC染色法的原理是有活性花粉粒在呼吸作用中能产生将无色TTC还原成红色TTF的$NADH_2$或$NADPH_2$,因而有活性的花粉粒会被染成红色。经冷冻干燥处理或长期干燥低温保存的花粉,因呼吸作用较弱而染色效果不理想,花粉粒着色色度深浅不易分辨,TTC染色法的检测结果往往与花粉活力的实际情况差别较大(见图6-6),所以,TTC染色法不宜作为经冷冻干燥处理或长期干燥低温保存的烟草花粉活力的鉴定方法,仅适用于新鲜花粉的活力检测,在37 ℃的温度条件下,采用0.5%TTC染色0.5 h,新鲜花粉的活力检测结果达74.8%。

表6-22　不同花粉活力鉴定方法的效果比较

处理编号	处理方法	培养时间/h	培养温度/℃	花粉活力/(%)
a	0.5%TTC染色法	0.5	37	74.8
b	1%葡萄糖花粉萌发培养法	1.5	35	6.6
c	2%葡萄糖花粉萌发培养法	1.5	35	7.2
d	3%葡萄糖花粉萌发培养法	1.5	35	15.0
e	4%葡萄糖花粉萌发培养法	1.5	35	7.5
f	5%葡萄糖花粉萌发培养法	1.5	35	23.9
g	5%蔗糖花粉萌发培养法	1	35	8.3
h	10%蔗糖花粉萌发培养法	1	35	13.3
i	15%蔗糖花粉萌发培养法	1	35	20.0
j	3%葡萄糖+20 mg/L硼酸+20 mg/L $CaCl_2$	1.5	35	25.6
k	3%葡萄糖+30 mg/L硼酸+20 mg/L $CaCl_2$	1.5	35	29.5
l	3%葡萄糖+40 mg/L硼酸+20 mg/L $CaCl_2$	1.5	35	41.9

续表

处理编号	处理方法	培养时间/h	培养温度/℃	花粉活力/(%)
m	15%蔗糖+10 mg/L 硼酸	1	35	45.4
n	3%葡萄糖+50 mg/L 硼酸+20 mg/L $CaCl_2$	3	25	86.8
o	10%蔗糖+50 mg/L 硼酸+20 mg/L $CaCl_2$	3	25	91.3

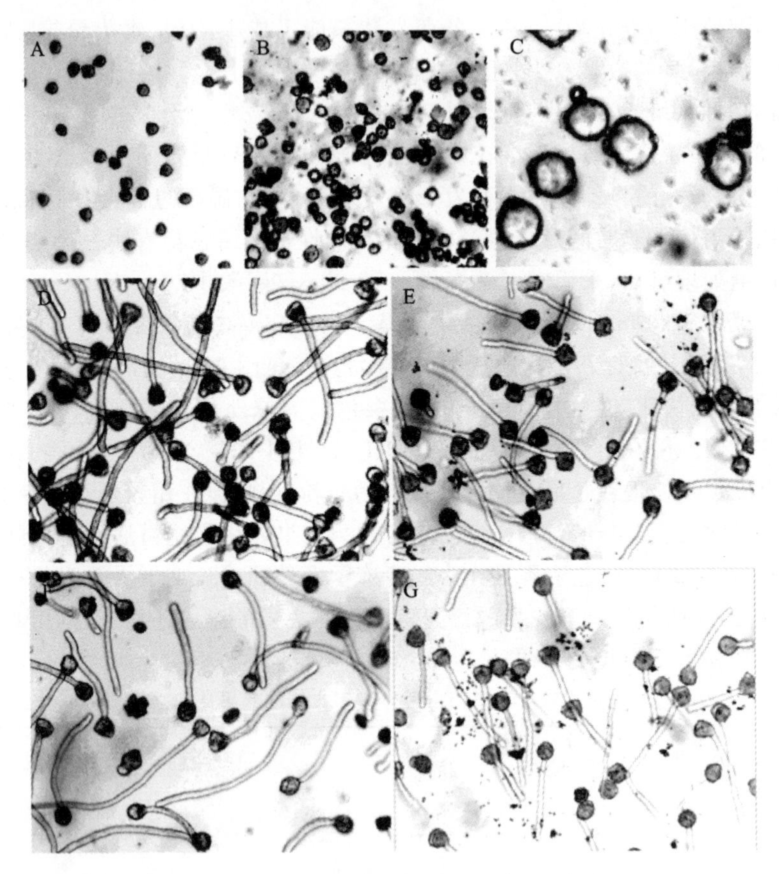

图 6-6 TTC 染色法、葡萄糖花粉萌发法和蔗糖花粉萌发法检测花粉活力效果

A:TTC 染色法检测新鲜花粉;B:TTC 染色法检测储藏花粉;C:TTC 染色法检测干燥花粉;
D:葡萄糖花粉萌发培养法检测新鲜花粉;E:葡萄糖花粉萌发培养法检测储藏花粉;
F:蔗糖花粉萌发培养法检测新鲜花粉;G:蔗糖花粉萌发培养法检测储藏花粉

(七)人工授粉

在传统烟草杂交制种过程中,人工授粉是一项费时、费工的工作。采用的花对花授粉和授粉针拨药取粉授粉方法速度慢,父本花需求量大、浪费大,需要人工多,授粉效率低,制种成本高,这已成为限制烟草杂交种种子生产发展的瓶颈。为了加快授粉速度、提高授粉效率和效果、降低杂交种种子生产成本,李宗平等人研发出了烟草杂交授粉用具——授粉笔和授粉枪,并发展了其与适宜花粉介质配合使用的人工授粉新方法,大大提高了白肋烟杂交制种效率,降低了父母本种植比例和制种成本。

1. 花粉介质及适宜配比

据报道，将父本花粉收集后，添加一定比例的介质，可以大幅度提高授粉效率。适宜用作烟草花粉介质的主要有两类，一是液体介质，主要使用硼酸、蔗糖、氯化钙、腐胺、精胺、亚精胺等溶液与花粉混合，配成液体介质花粉；二是固体介质，包括可溶性淀粉、滑石粉、葡萄糖粉、蔗糖粉、花粉囊粉末等。马文广等研究认为，可溶性淀粉是适宜的烟草花粉介质之一。按2∶1(可溶性淀粉∶花粉)的重量比制备成的可溶性淀粉介质花粉可使每株烟的平均坐果率达90.4%，每个蒴果的平均种子数达3003.9粒，能达到节约纯花粉用量、降低种子生产成本的目的。邓盛斌等研究认为，可溶性淀粉和葡萄糖粉均可作为花粉介质，与纯花粉分别按照1∶1和0.5∶1的重量比混合后授粉，坐果率分别显著提高了6.86%和5.13%，单果种子粒数分别显著提高了14.07%和10.89%，单果种子重量分别显著提高了14.68%和10.34%。郑昀晔等报道，采用Spd液体介质花粉也能提高坐果率和种子千粒重，进而节约花粉用量。

李宗平等人(2016年)以白肋烟鄂烟3号母本MS Tennessee 86的烟株、父本LA Burley 21的花粉为材料，马铃薯淀粉和800目食用滑石粉作为花粉介质的试验结果(见表6-23和表6-24)表明，花粉与淀粉配比在1∶1～1∶6时，结实坐果率可达85%以上，花粉节约量为50%～80%，单果种子粒数在2500粒以上，种子发芽率在90%以上，极显著高于其他处理；当花粉与淀粉配比为1∶8～1∶10时，结实坐果率在70%以下，对种子产量、质量影响较大。而滑石粉作为介质的结实坐果率、单果种子粒数略低于淀粉作花粉介质的情况，不同比例对杂交授粉效果及种子质量影响趋势与淀粉介质相同；当花粉与滑石粉介质配比为1∶5～1∶6时，结实坐果率可达80%以上，花粉节约量达85%左右，单果种子粒数在2300粒以上，种子发芽率达90%以上；当花粉与滑石粉配比为1∶7～1∶10时，结实坐果率在70%以下，对种子产量、质量影响较大。由上可见，在白肋烟杂交种制种过程中，使用淀粉、滑石粉作为花粉介质是可行的，在适宜的比例内，两种介质对结实坐果率、单果种子粒数及种子发芽率影响不大，同时起到稀释花粉而节省花粉用量的效果；花粉与淀粉、滑石粉的适宜配比均为1∶5～1∶6，结实坐果率可达80%以上，可节约80%以上的花粉，能够在烟草种子生产中起到经济高效作用。

表6-23　淀粉介质不同配比对杂交授粉效果及种子质量的影响

花粉∶淀粉	坐果率			单果种子粒数			发芽率			花粉节约量/(%)
	均值/(%)	差异显著水平		均值/粒	差异显著水平		均值/(%)	差异显著水平		
		5%	1%		5%	1%		5%	1%	
1∶1	90.15	a	A	2672.81	a	A	92.48	a	A	50.0
1∶2	89.00	ab	A	2549.53	ab	A	92.06	a	A	67.0
1∶5	87.90	b	AB	2517.15	ab	AB	91.74	ab	A	83.3
1∶6	85.93	c	B	2505.64	b	B	90.45	b	A	85.0
1∶7	70.96	d	C	2385.15	c	C	88.24	bc	AB	87.5
1∶8	60.07	e	D	2086.74	de	DE	87.39	c	B	88.9
1∶9	56.46	f	E	2015.48	e	E	87.34	c	B	90.0
1∶10	51.16	j	F	1823.65	F	F	87.28	c	B	90.9
100%花粉(CK)	90.29	a	A	2567.28	a	A	92.78	a	A	0

表 6-24　滑石粉介质不同配比对杂交授粉效果及种子质量的影响

花粉∶滑石粉	坐果率			单果种子粒数			发芽率			花粉节约量/(%)
	均值/(%)	差异显著水平		均值/粒	差异显著水平		均值/(%)	差异显著水平		
		5%	1%		5%	1%		5%	1%	
1∶1	83.87	b	AB	2458.25	a	A	93.08	a	A	50.0
1∶2	83.27	b	B	2432.73	ab	A	92.75	a	A	67.0
1∶5	82.62	bc	BC	2384.95	b	AB	92.68	ab	A	83.3
1∶6	80.83	c	C	2368.46	b	B	91.72	b	A	85.0
1∶7	67.79	d	D	2228.59	c	C	90.64	b	AB	87.5
1∶8	57.69	e	E	2122.87	de	DE	88.75	c	B	88.9
1∶9	55.59	e	E	2065.62	e	E	88.05	cd	B	90.0
1∶10	50.68	f	F	1755.54	F	F	86.58	d	C	90.9
100%花粉(CK)	87.59	a	A	2482.47	a	A	93.67	a	A	0

2. 授粉用具

李宗平等人(2013 年)等人研制了烟草杂交授粉用具——授粉笔和授粉枪，其结构示意图分别如图 6-7 和图 6-8 所示。

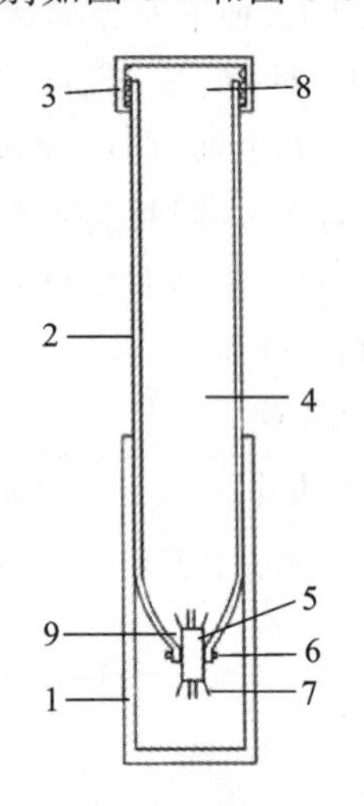

图 6-7　烟草杂交授粉笔

1—笔帽；2—笔杆；3—尾盖；
4—笔杆内腔；5—授粉珠或授粉轮；
6—转轴；7—授粉毛刷；
8—加粉口；9—出粉口

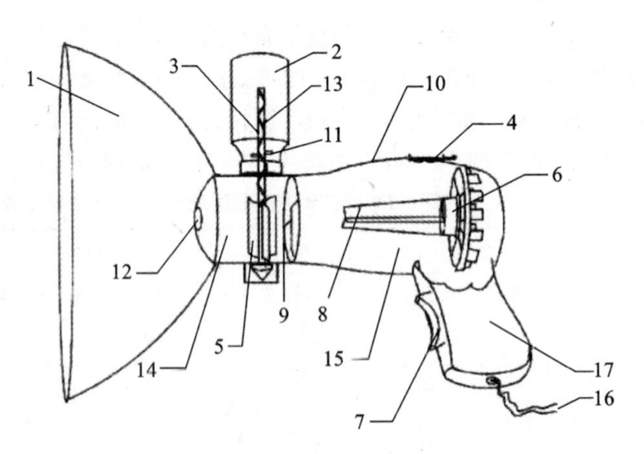

图 6-8　烟草杂交授粉枪

1—喷粉罩；2—出粉口；3—转轴；4—风速调节阀；5—风叶；
6—微型风扇装置；7—变挡电源开关；8—风向导轴；9—隔风板；
10—枪身；11—花粉搅拌桨；12—出粉口；13—螺旋状花粉通道；
14—出粉腔；15—送风腔；16—电源连接线；17—枪柄

李宗平等人(2016 年)以白肋烟鄂烟 3 号母本 MS Tennessee 86 的烟株、父本 LA Burley 21 的花粉为材料，选用滑石粉作为花粉介质，按照花粉与滑石粉配比为 1∶5 和 1∶10 配制成两种介质花粉，对授粉笔和授粉枪的授粉效果进行了检验。试验结果(见表6-25)表明，使用授粉笔一次性授粉，花粉与介质比例为 1∶5 时坐果率达 86.67%，单果种子粒数为

2428.58 粒；花粉与介质比例为 1∶10 时坐果率仅有 50.5%，单果种子粒数仅为 1826.75 粒。使用授粉枪授粉，花粉与介质比例为 1∶5 时坐果率达 100%，单果种子粒数达 2634.28 粒；花粉与介质比例为 1∶10 时坐果率也可达 76.67%，单果种子粒数为 2026.54 粒，种子发芽率无显著差异。由上可见，使用授粉笔和授粉枪一次性授粉的花粉与介质比例均以 1∶5 效果最好。但授粉枪授粉更接近自然杂交授粉，平均坐果率、单果种子粒数均高于授粉笔授粉，当花粉与介质比例为 1∶10 时，坐果率仍可达 76.67%，单果种子粒数达 2026.54 粒，针对其所需粉量较大、易遗漏少量背面或下部花朵的不足，可利用其低配比、纯花粉量少、速度快、劳动强度小的优点，进行一天多次的反复授粉。因此，授粉枪授粉适宜在盛花期或所需授粉花朵数较多的情况下使用，花粉与介质比例以 1∶10 为宜。

表 6-25　授粉笔与授粉枪授粉效果比较

授粉方式	花粉∶滑石粉	平均坐果率/(%)	单果种子粒数/粒	种子发芽率/(%)	花粉节约量/(%)
授粉笔	1∶5	86.67	2428.58	92.53	83.30%
	1∶10	50.5	1826.75	92.05	90.90%
授粉枪	1∶5	100	2634.28	92.12	83.30%
	1∶10	76.67	2026.54	91.37	90.90%

3. 授粉方法

李宗平等人(2016 年)以白肋烟雄性不育系 MS Burley 21 和 MS Virginia 509E 为母本花供体，以白肋烟品种 Burley 37 为父本花粉供体的研究结果(见表 6-26、表 6-27、表 6-28)表明，采用授粉笔一次性授粉时，随着花粉与淀粉介质配比的增加，蒴果长度与直径亦呈下降趋势，坐果率、单果种子粒数随之降低，而种子千粒重变化不大；当花粉与淀粉介质配比为 1∶5～1∶6 时，坐果率在 85%以上，蒴果大小、单果种子粒数和种子千粒重与对照相当，可节约 80%的花粉。采用授粉枪连续 10 天每天授粉 3 次时，种子千粒重均较对照有所增加；但当花粉与滑石粉配比为 1∶5～1∶9 时，蒴果大小与对照相当，配比调整到 1∶11 以上时蒴果明显减小；当花粉与滑石粉配比 1∶5～1∶11 时，坐果率达 90%以上，单果种子粒数在 2400 粒以上，与授粉笔授粉(1∶2)和拨药取粉授粉(纯花粉)的效果相当，当花粉与滑石粉配比达1∶13～1∶15 时，坐果率、单果种子粒数下降。液体介质喷雾授粉的效果最差，表现为蒴果发育不良，坐果率低，单果种子粒数少。

综上研究，授粉笔或授粉枪结合使用花粉介质的一般授粉方法为：

(1) 在母本烟株开花 10～20 朵时，开始准备授粉。授粉前，首先疏除母本烟株杈花枝中心花开放后 6～8 d 内开放的花朵，然后取出短期储存的新鲜花粉加入淀粉混配，或取出长期保存的花粉经复水处理 15～30 min 后自然风干，加入淀粉混配。花粉与淀粉的混配比例根据选用的授粉工具而定，采用人工授粉笔授粉时，花粉与淀粉按照质量比 1∶5～1∶6 的比例混配均匀；采用授粉枪喷粉时，花粉与滑石粉按照质量比 1∶8～1∶10 的比例混配均匀。每次授粉的配粉量以够 2 h 授粉使用为宜。

(2) 授粉时，将混配好的花粉采用人工授粉笔或授粉枪进行授粉，每一花枝分期授粉 6～8 轮，每轮间隔 3～4 d。采用人工授粉笔授粉时间为 9:00—18:00，授粉枪的授粉时间为 10:00—16:00，每轮连续喷粉 2～3 d。采用授粉枪授粉，速度快、花粉散落面大，因此在烟株花朵集中的盛花期进行授粉最好，考虑到其存在花柱遗漏现象，可一天授粉多次。

表 6-26 MS Burley 21 不同淀粉介质比例花粉配合授粉笔授粉的效果比较

花粉：淀粉	蒴果大小		坐果率		单果种子粒数		种子千粒重		节约花粉/(%)
	长度/cm	直径/cm	均值/(%)	比CK±%	均值/粒	比CK±%	均值/mg	比CK±%	
1：2	1.554	1.083	90.55aA	−1.54	2290a	−2.1	89a	1.1	50
1：3	1.548	0.985	90.22aA	−1.91	2391a	2.3	89a	1.1	67
1：4	1.544	0.983	89.46aA	−2.73	2238a	−4.3	86ab	−2.3	75
1：5	1.536	0.976	88.84aA	−3.41	2262a	−3.3	86ab	−2.3	80
1：6	1.484	0.939	87.44aA	−4.92	2198a	−6.0	85ab	−3.2	83
1：7	1.432	0.805	80.42bAB	−12.55	1900b	−18.7	84ab	−4.5	86
1：8	1.336	0.796	77.10bB	−16.17	1881b	−19.5	84ab	−4.5	89
1：9	1.330	0.645	69.30 cC	−24.65	1773b	−24.2	82b	−6.8	90
1：0(CK)	1.547	0.985	91.97aA	—	2338a	—	88a	—	0

注：小写字母表示5%差异显著水平，大写字母表示1%差异显著水平。

表 6-27 MS Virginia 509E 不同滑石粉介质比例花粉配合授粉枪多次授粉的效果比较

花粉：滑石粉	蒴果大小		坐果率			单果种子粒数			种子千粒重		
	长度/cm	直径/cm	均值/(%)	比CK1±%	比CK2±%	均值/粒	比CK1±%	比CK2±%	均值/mg	比CK1±%	比CK2±%
1：5	1.6847	0.9463	92.82	1.39	0.48	2546.30	−2.48	−4.02	84.00	0.00	2.44
1：7	1.6657	0.9430	92.25	0.76	−0.14	2535.30	−2.90	−4.44	84.40	0.48	2.93
1：9	1.6343	0.9430	91.58	0.03	−0.87	2491.30	−4.58	−6.09	87.00	3.57	6.10
1：11	1.5820	0.8747	90.25	−1.42	−2.31	2452.70	−6.06	−7.55	89.00	5.95	8.54
1：13	1.4780	0.8550	86.24	−5.80	−6.65	1869.30	−28.41	−29.54	91.00	8.33	10.98
1：15	1.3873	0.8383	74.67	−18.44	−19.17	1678.30	−35.72	−36.74	93.00	10.71	13.41
授粉笔授粉(1：2,CK1)	1.6893	0.9410	91.55		−0.90	2611.00		−1.58	84.00		2.44
拨药取粉授粉(1：0,CK2)	1.6757	0.9523	92.38			2653.00			82.00		

表 6-28 不同液体介质喷雾授粉的效果比较

处理		坐果率/(%)	单果种子粒数/粒	种子千粒重/mg
介质配方	花粉：介质溶液			
硼酸 0.02 g+蔗糖 100 g+水 1 L	1：100	61.72	134.7	72
硼酸 0.02 g+蔗糖 100 g+水 2 L	1：100	52.33	284.0	76
硼酸 0.02 g+聚乙二醇 100 g+水 1 L	1：100	34.60	119.0	66
硼酸 0.02 g+聚乙二醇 100 g+水 2 L	1：100	41.33	113.7	68

续表

处理		坐果率/(%)	单果种子粒数/粒	种子千粒重/mg
介质配方	花粉：介质溶液			
硼酸 0.02 g＋亚精胺 145.25 g＋水 1 L	1∶100	47.48	154.7	71
硼酸 0.02 g＋亚精胺 145.25 g＋水 2 L	1∶100	53.45	217.0	71
硼酸 0.02 g＋蔗糖 100 g＋水 1 L	1∶150	45.45	107.7	72
硼酸 0.02 g＋蔗糖 100 g＋水 2 L	1∶150	39.94	156.7	83
硼酸 0.02 g＋聚乙二醇 100 g＋水 1 L	1∶150	29.62	81.67	83
硼酸 0.02 g＋聚乙二醇 100 g＋水 2 L	1∶150	33.69	128.7	85
硼酸 0.02 g＋亚精胺 145.25 g＋水 1 L	1∶150	43.94	226.7	83
硼酸 0.02 g＋亚精胺 145.25 g＋水 2 L	1∶150	49.61	160.7	82
硼酸 0.02 g＋蔗糖 100 g＋水 1 L	1∶200	37.30	96.67	79
硼酸 0.02 g＋蔗糖 100 g＋水 2 L	1∶200	27.38	185.3	83
硼酸 0.02 g＋聚乙二醇 100 g＋水 1 L	1∶200	22.75	134.0	85
硼酸 0.02 g＋聚乙二醇 100 g＋水 2 L	1∶200	29.20	104.3	85
硼酸 0.02 g＋亚精胺 145.25 g＋水 1 L	1∶200	43.69	116.0	82
硼酸 0.02 g＋亚精胺 145.25 g＋水 2 L	1∶200	36.72	93.0	86

（八）疏花留果

为了使杂交蒴果籽实饱满，提高种子质量，在杂交授粉结束 6～8 d 后必须进行疏花留果。在常规杂交制种技术中，通常是于授粉前疏除母本烟株主花枝中心花开放后 6～8 d 内开放的花朵，保留授粉结束后 5 d 内的花朵，每株留果 100～120 个。但本章所介绍的白肋烟杂交制种技术是依靠杈花枝上花序进行杂交种种子生产，除同样需要于授粉前疏除母本烟株杈花枝中心花开放后 6～8 d 内开放的花朵，以及母本烟株授粉结束后杈花枝上所有未开放的花朵和花蕾外，其留果数和留果部位均与常规杂交制种技术的要求不同。

1. 留果数

李宗平等人（2014 年）以鄂烟 1 号母本 MS Burley 21 为材料的研究结果表明，在母本烟株打顶后保留 3 个杈花枝的条件下，留果数以 80 个/杈的蒴果最大、果重最重。随着留果数的增加，蒴果逐渐变小，果重亦随之下降。研究结果（见表 6-29）还表明，种子千粒重也均表现为随留果数的增加而下降的趋势，留果数在 80～150 个/杈的范围内时，其种子千粒重均在 80 mg 以上，且极显著地高于留果数为 180 个/杈以上的处理，但各种留果数处理间的单果种子粒数没有显著性差异。留果数在 80～150 个/杈的范围内时，种子产量是逐步提高的，而后呈下降趋势，以留果 150 个/杈时产量最高，产量达 32.58 kg/亩，显著或极显著地高于其他留果数处理。不同留果数处理的种子均具有较高的发芽势和发芽率，但各种处理间没有显著差异。由上可见，在亩栽烟株数量、每株留杈数一致的条件下，单杈留果数是影响种子产量的主要变量，在一定范围内种子产量随单杈留果数的增加而增加，而种子千粒重随单杈留果数的增加呈下降趋势，但单果种子粒数和种子发芽势、发芽率受留果数的影响较小。综合认为,在采用打顶留杈技术的种子大田生产过程中,烟株打顶后宜留 3 个杈花枝,每个杈花枝的留果数以 120～150 个为宜。

表 6-29　不同留果数对烟草种子产、质量的影响

留果数	产量			单果种子粒数			种子千粒重			发芽势			发芽率		
	均值/(kg/亩)	差异显著水平 5%	差异显著水平 1%	均值/粒	差异显著水平 5%	差异显著水平 1%	均值/mg	差异显著水平 5%	差异显著水平 1%	均值/(%)	差异显著水平 5%	差异显著水平 1%	均值/(%)	差异显著水平 5%	差异显著水平 1%
80 个/杈	19.70	d	D	2194.33	a	A	82.15	a	A	92.83	a	A	95.21	a	A
120 个/杈	27.33	c	C	2195.67	a	A	81.32	b	B	90.19	a	A	96.68	a	A
150 个/杈	32.58	a	A	2184.00	a	A	81.25	b	B	90.07	a	A	96.08	a	A
180 个/杈	30.04	b	B	2194.67	a	A	77.45	c	C	89.50	a	A	94.84	a	A
200 个以上/杈	28.15	c	C	2176.33	a	A	76.25	d	D	90.41	a	A	96.23	a	A

2. 花枝留果部位

采用打顶留杈的扩序增花技术后,烟株由 1 个主花序变成了 2～3 个杈枝主花序,留蒴果量增加了 2～3 倍。为进一步完善烟草扩序增花技术,李宗平等人采用如图 6-9 所示取样处理方法,每处理烟株 5 株,打顶后留杈花枝 3 个,每个杈花枝留 5 个一级花枝,每个一级花枝分前端(中心花周围第 3 个花杈)、中端(第 4～6 个花杈)、末端(第 7 花杈以下)分别取成熟蒴果 2 个,每个杈花枝共取蒴果 30 个,每株取蒴果 90 个,研究了不同杈花枝及其留果部位对种子产质量的影响。结果(见表 6-30)表明,单果种子粒数在 3 个杈花枝间的差异表现为第 3 杈花枝>第 2 杈花枝>第 1 杈花枝,且第 3 杈花枝与第 1 杈花枝之间的差异达显著

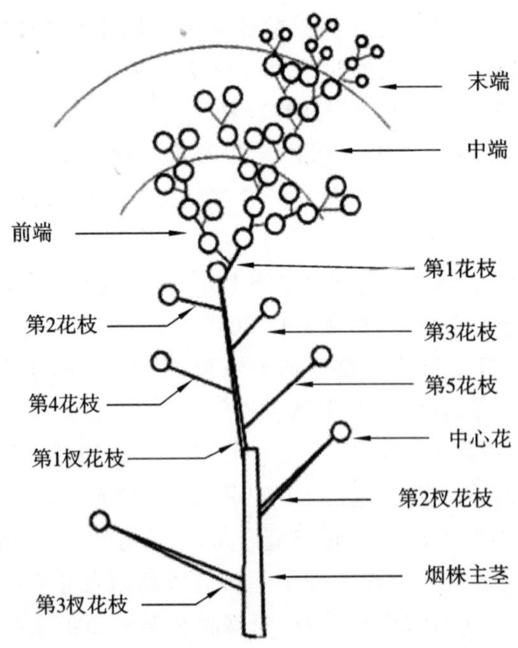

图 6-9　杈花枝、花枝及其留果部位取样处理示意图

水平，而种子千粒重、发芽势和发芽率在 3 个杈花枝间没有明显差异。杈花枝上的 5 个花枝之间的单果种子粒数和种子千粒重有较大差异，表现为第 3 花枝的单果种子粒数最高，与第 5、1、2 花枝之间的差异达极显著水平，其次是第 4、5 花枝，且第 4 花枝与第 1、2 花枝之间的差异达极显著水平；种子千粒重表现为第 1 花枝＞第 2 花枝＞第 3 花枝＞第 4 花枝＞第 5 花枝，且第 1～3 花枝间差异不显著，但第 4、5 花枝的种子千粒重迅速下降；而种子发芽势和发芽率在第 1～5 花枝间均无明显差异。花枝上留果部位不同，则单果种子粒数和种子千粒重有明显差异，不同留果部位的单果种子粒数表现为末端＞中端＞前端，而种子千粒重则相反，表现为前端＞中端＞末端，且前端与末端的差异均达极显著水平，花枝末端的单果种子粒数比前端高 27.79%，花枝末端的种子千粒重比前端下降 5.91%；而不同留果部位之间的种子发芽势、发芽率没有明显差异。

表 6-30　不同杈花枝间种子千粒重、单果种子粒数、种子发芽势和发芽率差异显著性分析

处理		单果种子粒数			种子千粒重			发芽势			发芽率		
		均值/粒	差异显著水平 5%	差异显著水平 1%	均值/mg	差异显著水平 5%	差异显著水平 1%	均值/(%)	差异显著水平 5%	差异显著水平 1%	均值/(%)	差异显著水平 5%	差异显著水平 1%
杈枝序号（从上至下）	1	1800.20	b	A	77.79	a	A	86.36	a	A	93.30	a	A
	2	1835.47	ab	A	77.43	a	A	86.31	a	A	93.37	a	A
	3	1873.47	a	A	77.19	a	A	86.30	a	A	93.43	a	A
一级花枝序号（从上至下）	1	1796.33	bc	C	81.48	a	A	86.21	a	A	93.53	a	A
	2	1795.56	bc	C	80.69	a	A	86.37	a	A	93.81	a	A
	3	1915.00	a	A	78.81	ab	AB	86.48	a	A	93.55	a	A
	4	1867.56	ab	AB	75.90	b	B	86.25	a	A	93.08	a	A
	5	1807.44	bc	BC	70.48	c	C	86.30	a	A	92.88	a	A
花枝留果部位	前端	1615.53	c	C	79.70	a	A	86.36	a	A	93.30	a	A
	中端	1829.07	b	B	77.72	a	AB	86.31	a	A	93.37	a	A
	末端	2064.53	a	A	74.99	b	B	86.30	a	A	93.43	a	A

由上可见，开花早的蒴果单果种子粒数低，而种子千粒重与其相反，开花早的种子千粒重高，但不同杈花枝、不同花枝及不同留果部位间的种子发芽势和发芽率均无明显差异。综上认为，在白肋烟种子生产中，烟株打顶后留 3 个杈花枝，每个杈花枝保留第 1、2、3 花枝的前中端（第 1～6 花杈）和第 4 花枝前端（第 1～3 花杈）的蒴果，能获得较高的种子产量和质量。不同花枝的末端和第 5 花枝上的种子千粒重较小，不宜留取。

（九）保果防虫与采收

1. 保果防虫

在白肋烟种子生产过程中，为了防止或减少落花落果，通常要喷施保果药剂和杀虫药剂。二者往往结合起来施用。一般是在母本盛花期开始，每 3～5 d 喷施 1 次保果杀虫药剂，其配方为 100 kg 水＋0.1～0.2 kg 硼砂＋0.3～0.5 kg 磷酸二氢钾＋0.5～1 kg 尿素（可用 0.2～0.5 kg 硝酸钾替换），混合后，再根据害虫的种类加入对应的杀虫剂，其中光谱杀虫剂与水的重量比为1∶800～1∶1000,专用杀虫剂与水的重量比为1∶2000～1∶2500。杀虫剂一般选用蚜虫杀虫剂、烟青虫杀虫剂或斜纹夜蛾杀虫剂。

2. 采收脱粒

在常规烟草种子生产技术中,一般在果皮变褐80%左右时采收,将采收的蒴果放在种子晾房内自然风干,之后往往采用人工脱粒加工,如人力冲击脱粒、揉搓脱粒和石碾碾压脱粒等,十分费工,效率低,浪费大。为此,李宗平等人(2013年)研制出一种烟草蒴果专用种子脱粒机,其结构示意图如图6-10所示。采用该种脱粒机进行烟草种子脱粒,方便、省工、省时,脱粒彻底,种子无损伤,解决了传统种子脱粒效率低、浪费大和种子质量低等缺陷,大幅度提高了生产效率,降低了劳动强度,节约了生产成本。

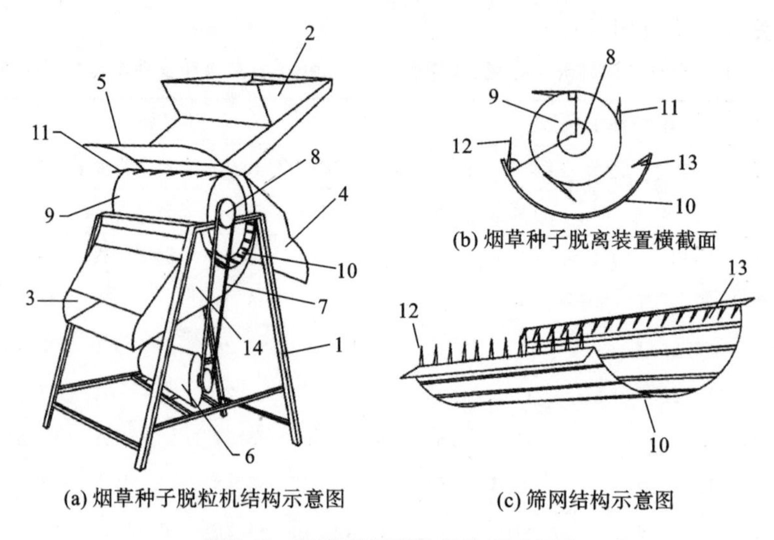

图 6-10　烟草种子脱粒机结构示意图

1—支架;2—进料漏斗;3—出籽漏斗;4—出渣漏斗;5—机盖;6—电机;7—传送带;8—传动轴;9—滚筒;10—筛网;11—滚筒脱粒小钉;12—筛网前排脱粒钉;13—筛网后排脱粒钉;14—机身栅栏

第三节　白肋烟常规品种种子生产新技术

白肋烟常规品种即纯系可育品种,包括一般可育种质材料、少数巨型多叶烟草品种资源,以及生产上使用的纯系可育品种。由于它们所需繁育的种子量和开花特性不同,因而繁种方法有所区别。

一、常规种质材料的繁种

对于一般的烟草育种单位来说,保存烟草种质资源的常用方法是将晒干的种子放在干燥器内,或密封后放在冰箱内保存。一般当发芽率下降到50%时繁种1次,或者4～5年轮流繁种1次。由于每份种质材料所需种子量不大,因而通常是在每份材料的种植小区内于开花期选择有代表性的健壮烟株,用适当规格大小的尼龙网袋套袋留种。套袋时,先剪掉开的花和结的果,仅留花蕾,喷上杀虫剂;然后套上袋子,封住下口,挂上牌子,写上材料名称或编号及套袋日期;15 d后,多数果实形成,摘掉袋子,剪掉其余的花和蕾以及过多的果,每株留果 50 个左右；待多数蒴果果皮由青色变成黄白色而果尖部呈褐色时及时采收，晒干或阴干，脱粒并将种子装袋，入库保存。

二、巨型多叶烟草种质资源的繁种

少数巨型多叶烟草品种资源表现出明显的短日性，在正常烟草生长季节种植，只能分化叶芽，而不分化花芽，多至上百片叶子不现蕾，因而采用常规繁种方法很难收到种子。对这类品种资源，可以通过打顶留杈方法进行繁种或使用杂交制种方法繁种。当烟株长至 30～40 片叶时进行打顶，留叶 18～22 片；待长出腋芽后，保留主茎顶端向下 2～5 片叶腋中的腋芽，抹除其余腋芽。可在打顶后和选留腋芽后及时用适当生长调节剂进行化学调控，以促进腋芽发育和刺激花芽分化，同时注意在打顶时期和烟杈现蕾期追施适当量的肥料。待杈烟开花后进行修枝修花留种，单杈留果数控制在 80 个以内，待 70％～80％蒴果果皮呈黄白色而果尖部呈褐色时即可收种。

三、常规纯系良种的繁育

（一）繁种地块的选择

对繁种地块要求同雄性不育杂交种制种田的地块要求，尤其要注意与其他烟草品种的隔离，以免发生自然杂交。

（二）播栽期的确定

与白肋烟杂交制种父、母本的播栽期一样，纯系常规品种繁种的播栽期同样应根据繁种区域的常年气候表现情况而定，尽量使花期和蒴果成熟期避开当地降雨高峰期，保证温光条件满足烟株生长发育和蒴果成熟的需要。

（三）繁种田施肥

在白肋烟纯系常规品种繁种上，为了提高产量，与杂交制种一样，也需要多留杈花枝，这就必然需要大幅增加施肥总量，提高追肥和坐果肥的比例。因此，繁种田施肥可参照杂交种制种田施肥，即施纯氮 18～20 kg/亩，氮磷钾比例为 1∶(3～4)∶2，基肥、追肥和坐果肥比例为 25％∶50％∶25％。要注意的是，基肥要结合起垄施于欲栽植烟株的烟行带底部，追肥要结合中耕培土于烟株附近穴施，坐果肥于初花期以后视烟株长势于烟株一侧多次开穴稀施（在本章介绍的种子生产技术中，坐果肥是在抹芽留杈工序完成后 10～15 d，且杈花枝中心花开放后再稀施，坐果肥需要用水稀释至浓度为 3％～5％）。该施肥模式既能够显著提高种子产质量，又能最大限度降低种子生产成本。

（四）栽植模式

一些常规烟草品种往往因为花丝发育不全，低于柱头，而致使自交结实率低、种子产量低。白肋烟常规纯系品种繁种通常采用单行高垄覆膜，行株距为 1.2 m×0.6 m。但这种栽植模式不能解决某些常规纯系品种自交结实率低的问题。为此，李宗平等人（2013 年）设计了三行一带垄体模式，结合后面提及的人工辅助授粉方式达到了提高繁种产量、降低生产成本的目的。他们比较了双行平行垄、双行高低垄、中间高两边低的三行一带垄(见图 6-11)以及常规单行垄这 4 种垄体模式对常规纯系品种繁种产量和质量的影响。其中双行垄、三行垄的垄间大行距为 1.2 m,垄内小行距为 0.8 m,单行垄的行距为 1.2 m,株距均为 0.6 m。研究结果(见表 6-31)表明,在自然授粉的条件下,3 种垄体模式的单果种子粒数与常规单行垄没有显著差异,但三行一带垄和双行平行垄的种子产量显著高于常规单行垄,分别比常规单行垄提高了 32.7%和 13.4%。结合人工辅助授粉效果,认为纯系常规品种繁种的田间种植方式以三行一带垄为宜,即垄间距为 1.2～1.3 m,垄内行距为 0.7～0.8 m,中间行垄高为 25～30 cm,两侧行垄高为 5～10 cm,株距为 0.6～0.8 m。

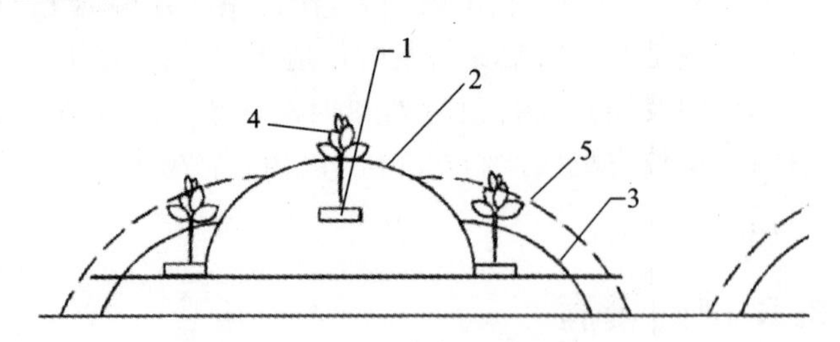

图 6-11　三行一带垄体横截面示意图

1—基肥条;2—移栽前中间行高垄;3—移栽前两边行低垄;4—烟株;
5—两边低垄中耕大培土

表 6-31　不同垄体模式对纯系常规品种的种子产量和单果种子粒数的影响

处理	单果种子粒数				产量			
	均值/粒	差异显著水平		比 CK±%	均值/(kg/亩)	差异显著水平		比 CK±%
		5%	1%			5%	1%	
双行平行垄	1042.7	b	A	−10.4	10.59	b	AB	13.4
双行高低垄	1274.0	a	A	9.5	9.36	c	B	0.2
三行一带垄	1182.0	ab	A	1.5	12.39	a	A	32.7
单行垄(CK)	1164.0	ab	A		9.34	c	B	

(五)扩序增花

白肋烟纯系常规品种繁种的常规做法是:不打顶,所有腋芽一律抹掉,只留主花枝。为了提高烟草种子的产量,与杂交制种一样,纯系常规品种繁种往往也需要通过打顶来消除顶端生长优势和通过施用植物生长调节剂来诱芽促花,以便能够多留杈花枝,进而提高种子产量,降低种子生产成本。其做法可以参考杂交种母本扩序增花技术。

1. 打顶留杈

现蕾期结合品种的去杂去劣工作进行打顶。先于现蕾前、现蕾期、中心花开放期各进行 1 次去杂去劣,直至品种纯度达到 99%后,再进行打顶。在对烟株进行打顶时,要打去每株烟株的整个花序及以下 5～8 片嫩叶,同时要控制三行一带垄的中间行烟株高度在 100～120 cm,两侧行的烟株高度在 90～110 cm。打顶工序完成后 5～7 d,对所有烟株进行抹芽留杈处理,保留烟株自上而下 3～4 个腋芽,使之发育成的 2～3 个杈花枝,其他腋芽一律抹掉。

2. 诱芽促花

现蕾打顶后，连续 3 天喷施由 100 kg 水、10～20 mg IAA、50～100 mg Put 和 50～90 mg VE 混合制备而成的植物生长调节剂，诱导腋芽发育。当腋芽萌发而成的侧枝长至 20～30 cm 且即将现蕾时，连续 3 天喷施由 100 kg 水、800～1000 mg CCC、50～100 mg 6-BA、10～30 mg Spd 和 30～50 mg VE 混合配制而成的植物生长调节剂，诱导侧枝开花。具体操作详见杂交种母本扩序增花技术。

（六）人工辅助授粉

通常，常规纯系品种繁种是不采取人工辅助授粉措施的，但一些常规烟草品种存在着自交结实率低的问题，任其自然授粉，则种子产量低。这就需要人工辅助授粉。

李宗平等人利用干粉和液态粉人工辅助授粉方式，试图提高纯系常规品种的种子产量和质量，虽然两种人工辅助授粉方式均能明显提高种子产量、单果种子粒数和种子千粒重（见表 6-32），例如，干粉人工辅助授粉方式能使产量提高 138.7%、单果种子粒数提高 81.2%、种子千粒重提高 19.36%，液态粉人工辅助授粉方式能使产量提高 63.4%、单果种子粒数提高 17.5%、种子千粒重提高 8.01%，但采用干粉人工辅助授粉及液态粉人工辅助授粉方式均导致种子生产成本的增加，其中干粉人工辅助授粉完全等同人工杂交授粉，种子成本比对照增加 54.19%，液态粉人工辅助授粉的种子成本比对照增加 608.94%，主要原因是花粉用量大、花粉来源成本和授粉人工成本高，一般不宜采用。

表 6-32　干粉、液态粉辅助授粉对纯系常规白肋烟品种繁种产质量和成本的影响

处理	单果种子粒数		种子千粒重		产量		发芽率		亩成本		种子成本	
	均值/粒	比 CK ±%	均值/mg	比 CK ±%	均值/(kg/亩)	比 CK ±%	均值/(%)	比 CK ±%	均值/元	比 CK ±%	均值/(元/kg)	比 CK ±%
干粉人工辅助授粉	2024	81.2	82	19.36	15.45	138.70	97.25	4.1	9252.23	258.78	598.85	54.19
液态人工辅助授粉	1312	17.5	74.2	8.01	10.45	63.40	94.35	1	28772.30	1015.73	2753.33	608.94
自然授粉(CK)	1117		68.7		6.64		93.42		2578.79		388.37	

注：干粉中花粉与淀粉比例为 1∶4；液态粉中，蔗糖浓度为 100 g/L，花粉浓度为 7.5 g/L，氯化钙浓度为 10 mg/L。于盛花期在每天 14:00 进行辅助授粉 1 次。

然后，他们又考查了人工摇粉辅助授粉与不同垄体模式结合起来的繁种效果。结果（见表 6-33）表明，不同垄体模式结合人工摇粉辅助授粉的种子产量均极显著地高于单行垄自然授粉。其中三行一带垄结合人工摇粉辅助授粉（见图 6-12）的种子产量最高，达 13.17 kg/亩，比对照增加了92.83%;单果种子粒数达1788.3粒,比对照增加了9.3%;种子千粒重达74.6 mg,比对照增加了9.4%。其次是双行高低垄结合人工摇粉辅助授粉,种子产量为12.11 kg/亩,比对照增加了77.31%;单果种子粒数为1921.8粒,比对照增加了17.5%;而种子千粒重为64.5 mg,比对照下降了5.4%。尽管不同垄体模式结合人工摇粉辅助授粉使每亩成本增加800元,比对照增加了31.02%,但由于不同垄体模式结合人工摇粉辅助授粉的种子产量增加,因而种子成本大幅下降,其中三行一带垄结合人工摇粉辅助授粉处理的种子成本下降了32.05%,双行高低垄结合人工摇粉辅助授粉处理的种子成本下降了26.10%。

表 6-33 不同垄体模式结合辅助摇粉授粉对白肋烟常规品种繁种产质量和成本的影响

处理	单果种子粒数		种子千粒重		产量		发芽率		亩成本		种子成本	
	均值/粒	比CK ±%	均值/mg	比CK ±%	均值/(kg/亩)	比CK ±%	均值/(%)	比CK ±%	均值/元	比CK ±%	均值/(元/kg)	比CK ±%
三行一带垄+摇粉	1788.3	9.3	74.6	9.4	13.17 Aa	92.83	95.07	1.31	3378.79	31.02	256.55 Aa	−32.05
双行高低垄+摇粉	1921.8	17.5	64.5	−5.4	12.11 Aab	77.31	95.26	1.51	3378.79	31.02	279.01 Aa	−26.10
双行平行垄+摇粉	1410.6	−13.8	65.7	−3.7	10.25 Ab	50.07	96.35	2.67	3378.79	31.02	329.64 ABb	−12.69
单行垄自然授粉(CK)	1635.8		68.2	0	6.83 Bc		93.84		2578.79		377.57 Bc	

注:人工摇粉于开花初期至盛花期每天11:00、14:00、16:00进行;小写字母表示5%差异显著水平,大写字母表示1%差异显著水平。

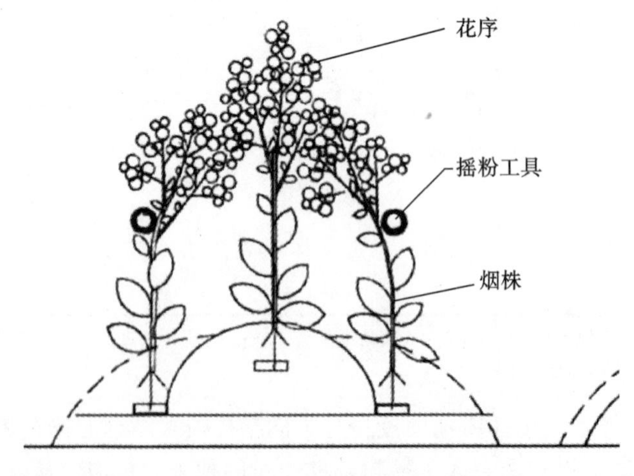

图 6-12 三行一带垄体结合人工摇粉辅助授粉的横截面示意图

他们采用大区对比试验，比较了三行一带垄结合人工摇粉辅助授粉方式与常规单行高垄自然授粉的效果。结果（见表 6-34）进一步表明，人工摇粉辅助授粉对提高种子产量、增加单果种子粒数有明显的作用。人工摇粉辅助授粉后，种子产量比对照增加 121.13%，单果种子粒数增加 230.99%，种子千粒重则略有降低，可能与单果种子粒数、产量的提高有关。

表 6-34　人工摇粉辅助授粉对烤烟常规品种云烟 87 种子产量、单果种子粒数和种子千粒重的影响

处理	产量/($kg \cdot 亩^{-1}$)	单果种子粒数/粒	种子千粒重/mg
人工摇粉辅助授粉	19.88	3065	78.1
自然自交授粉(CK)	8.99	926	86.6
比 CK±%	121.13	230.99	−9.81

注：人工摇粉于开花初期至盛花期每天 11:00、14:00、16:00 进行。

综上研究认为，对于纯系常规白肋烟品种来说，在繁种过程中采用三行一带垄种植方式结合人工摇粉辅助授粉是最佳措施，成本低，效果好。其具体辅助授粉方法为：在烟株杈花枝中心花开放后 5～7 d 开始至疏花前 5 d，在晴天的每天 9:00—16:00，手握或采用外力辅助授粉工具夹住烟株，使每个烟株带中的两侧行烟株花序与中间行烟株的花序轻轻碰撞，中间行烟株花序的花粉和所有着生在花序上部花朵的花粉，散落到两侧烟株花朵和烟株花序下部花朵的花柱上，同一烟株连续辅助授粉 20～25 d，外力辅助授粉工具可以是竹竿、木棍、绳索等。

（七）疏花留果

为了使蒴果籽实饱满，提高种子质量，纯系常规品种繁种同杂交种种子生产一样，也需要进行疏花留果。在常规纯系品种繁种技术中，通常于授粉前疏除主花枝中心花开放后 6～8 d 内开放的花朵，每株留果 100～120 个。但本章所介绍的白肋烟纯系常规品种繁种技术是依靠杈花枝上花序进行种子生产的，除同样需要在人工辅助授粉之前，疏除烟株杈花枝中心花开放后 6～8 d 内开放的花朵外，其留果数和留果部位均与常规繁种技术的要求不同。一般是在人工辅助授粉结束后 5～7 d 进行留果操作，疏除烟株杈花枝上所有未开放的花朵和花蕾，每个杈花枝保留第 1、2、3 花枝的前中端（第 1～6 花杈）和第 4 花枝前端（第 1～3 花杈）的蒴果，每个杈花枝留果数以 120～150 个为宜。这样，每一烟株留 2～3 个杈花枝，共计可留蒴果 250～450 个，能获得较高的种子产量和质量。不同花枝的末端和第 5 花枝上的种子千粒重较小，不宜留取。具体操作可参考杂交种种子生产中母本疏花留果技术。

（八）保果防虫与采收

在白肋烟纯系常规种子繁种过程中，为了防止或减少落花落果，与杂交种种子生产一样，也需要喷施保果药剂和杀虫药剂。具体操作同杂交种种子生产中母本保果防虫技术。待单个蒴果果皮变褐 80%～85%时即可采收，成熟一个采收一个，采收的蒴果在种子晾房内摊晾 10～20 d，自然风干后即可采用烟草蒴果专用种子脱粒机进行种子脱粒。

参考文献

[1] 曹景林,程君奇,李亚培,等. 一种巨型多叶烟草品种的繁种方法:CN104663215B[P]. 2016-11-02.

[2] 黄凯,刘岱松,吴自友,等. 烟草杂交花枝钩:CN203985419U[P]. 2014-12-10.

[3] 黄凯,刘岱松,吴自友,等. 烟草杂交授粉针:CN203985418U[P]. 2014-12-10.

[4] 李宗平,李进平,郭宇龙,等. 一种烟草人工授粉针拨药取粉杂交授粉方法:CN102362577A[P]. 2012-02-29.

[5] 李宗平,李进平,王文明,等. 一种电动鼓风式烟草杂交授粉枪:CN202998995U[P]. 2013-06-19.

[6] 李宗平,王文明,徐世平,等. 烟草花药脱离机:CN203027751U[P]. 2013-07-03.

[7] 李宗平,王文明,徐世平,等. 一种烟草种子脱粒机:CN203120493U[P]. 2013-08-14.

[8] 李宗平,杨丽萍,郭宇龙,等. 不同气象因子对烟草种子产量质量的影响分析[J]. 中国种业,2013(12):69-72.

[9] 李宗平,张俊杰,郭宇龙,等. 一种烟草腋芽生长发育的化学诱导调节方法:CN103597994B[P]. 2015-01-21.

[10] 李宗平,张俊杰,彭灏,等. 烟草花粉活力鉴定方法筛选[J]. 中国烟草科学,2013,34(4):80-82.

[11] 李宗平,张俊杰,彭灏,等. 烟草花粉冷冻干燥方法研究初报[J]. 中国烟草科学,2015,36(2):38-42.

[12] 李宗平,张俊杰,彭灏,等. 一种烟草花粉冷冻真空干燥、低温中长期保存方法:CN103222459A[P]. 2013-07-31.

[13] 李宗平,张俊杰,王文明,等. 一种烟草杂交授粉笔:CN203167758U[P]. 2013-09-04.

[14] 李宗平,赵云飞,张俊杰,等. 打顶留杈技术在烟草种子生产的应用初报[J]. 中国种业,2014(3):57-60.

[15] 李宗平,祖炳桥,李进平,等. 一种经济、高效的烟草雄性不育杂交一代种子的制种方法:CN103348909A[P]. 2013-10-16.

[16] 李宗平,祖炳桥,徐世平,等. 一种烟草种子人工辅助授粉繁殖方法:CN103250632A[P]. 2013 08-21.

[17] 佟道儒. 烟草育种学[M]. 北京:中国农业出版社,1997.

[18] 张俊杰,李宗平,曹景林,等. 一种用于烟草杂交制种的花粉收集方法:CN106612981A[P]. 2017-05-10.

[19] 张俊杰,李宗平,徐世平,等. 花粉介质在白肋烟杂交制种中的应用[J]. 中国烟草科学,2016,37(5):6-9.